LES

CHEMINS DE FER

FRANÇAIS

TOME PREMIER

PÉRIODE ANTÉRIEURE AU 2 DÉCEMBRE 1851

ALFRED PICARD

CONSEILLER D'ÉTAT, INGÉNIEUR EN CHEF DES PONTS ET CHAUSSÉES
ANCIEN DIRECTEUR DES CHEMINS DE FER AU MINISTÈRE DES TRAVAUX PUBLICS

LES
CHEMINS DE FER
FRANÇAIS

ÉTUDE HISTORIQUE
SUR
LA CONSTITUTION ET LE RÉGIME DU RÉSEAU
DÉBATS PARLEMENTAIRES
ACTES LÉGISLATIFS — RÉGLEMENTAIRES — ADMINISTRATIFS — ETC.

PUBLIÉ SOUS LES AUSPICES DU MINISTÈRE DES TRAVAUX PUBLICS

TOME PREMIER
PÉRIODE ANTÉRIEURE AU 2 DÉCEMBRE 1851

PARIS
J. ROTHSCHILD, ÉDITEUR
13, RUE DES SAINTS-PÈRES, 13

1884

ABREVIATIONS

Km. — *Kilomètre*.
B. L. — *Bulletin des Lois*.
M. U. — *Moniteur universel*.

AVANT-PROPOS

Appelé à l'Administration centrale des Travaux publics, au moment où s'engageait vigoureusement l'exécution du grand programme de 1879 et où se posait impérieusement la question du régime des chemins de fer, j'ai cru devoir reprendre, ab ovo et dans tous leurs détails, l'histoire du réseau français et l'étude, non seulement des actes législatifs, réglementaires ou administratifs intervenus depuis l'origine des voies ferrées, mais encore des travaux préparatoires qui avaient servi de base à ces actes et des débats, si instructifs et si intéressants, qui s'étaient produits au sein du Parlement. Les leçons du passé sont en effet, en matière d'administration comme en toutes choses, le guide le plus sûr et l'on ne saurait en recueillir avec trop de soin les précieux enseignements.

Pour fixer mon attention et mes souvenirs, j'ai analysé fidèlement tous les documents que j'étais ainsi conduit à examiner. Tout d'abord, ce travail fait à bâtons rompus, dans les rares et courts instants de répit que me laissaient des fonctions très absorbantes, était exclusivement destiné à mon usage personnel. Mais, depuis, j'ai pensé qu'il pourrait y avoir un certain intérêt à le livrer à la publicité, malgré les imperfections de forme résultant des conditions dans lesquelles il avait été préparé.

Ce n'est point une œuvre critique : la situation que j'occupais, comme collaborateur direct du Ministre des Travaux publics, m'imposait à cet égard la plus grande réserve. Ce n'est qu'un historique consciencieux et complet de la constitution du réseau, de ses transformations successives, des phases par lesquelles il est passé pour arriver à son assiette et à son régime actuel. Il n'en sera pas moins, je l'espère, de quelque utilité. En le consultant, le lecteur évitera des recherches longues et laborieuses dans de nombreux textes épars, dont quelques-uns même n'existent pas en dehors des archives du Ministère des Travaux publics ; il y trouvera la plupart des éléments et des matériaux nécessaires pour la solution des problèmes ardus et complexes soulevés par ce que l'on est convenu aujourd'hui d'appeler la question des chemins de fer. *Ces problèmes touchent de si près à la prospérité et à la grandeur de notre pays, que je m'estimerai heureux si j'ai pu venir ainsi en aide à ceux auxquels incombe la glorieuse, mais lourde tâche de les résoudre au mieux de l'intérêt public.*

Le plan de l'ouvrage est des plus simples : j'y ai suivi l'ordre chronologique, le seul compatible avec la multiplicité et la variété des faits qui y sont relatés.

Je l'ai arrêté provisoirement, sauf à le poursuivre plus tard, aux lois de classement de 1879 qui constituent la dernière étape, le dernier trait saillant de l'histoire des chemins de fer français.

Il comprend quatre volumes. Le premier correspond à la période d'essai et d'enfantement du réseau, ainsi qu'à ses premiers développements sous la Monarchie de Juillet et la République de 1848. Le second s'étend de 1852 à 1870 ; il embrasse par suite toute l'ère des fusions, des concentrations entre les mains d'un petit nombre de Compagnies, et des conventions de 1859, 1863 et 1868 qui, sauf quelques modifications, subsistent encore aujourd'hui. Le troisième est consacré à la période de 1870 à 1879. Chacun de ces trois premiers volumes comporte des subdivisions détérminées par des faits importants et caractéristiques.

Quant au quatrième volume, il comprend tous les textes usuels et notamment les actes organiques qui régissent les chemins d'intérêt général et les chemins d'intérêt local ; les conventions avec les principales Compagnies de la Métropole et de l'Algérie ; les

documents concernant la constitution du réseau d'État ; des renseignements sur les tarifs, sur les délais de transport, sur l'organisation du contrôle de l'exploitation, sur le comité consultatif,
la Commission de vérification des comptes des Compagnies et
le comité de l'exploitation technique des chemins de fer. J'y ai
inséré en outre des tableaux statistiques résumant les publications
périodiques du Ministère des Travaux publics et deux cartes des
chemins français et algériens. Ce volume annexe sera une sorte de
vade mecum des personnes appelées à prendre part à l'instruction, à l'étude ou à la discussion des affaires de chemins de fer,
soit au point de vue de la construction des lignes nouvelles et du
régime à leur attribuer, soit au point de vue des rapports entre les
Compagnies, le public et l'État.

    J'ai eu soin d'indiquer les sources auxquelles j'avais puisé et
de donner les numéros du Moniteur, du Journal officiel et du
Bulletin des Lois utiles à consulter, de telle sorte qu'il sera toujours facile de se reporter aux textes in extenso et de les rapprocher des extraits ou des résumés contenus dans ma publication.

    Enfin, chaque tome est suivi de tables chronologique et mé-
thodique disposées de manière à rendre les recherches aussi rapides
que possible.

    Tels sont, en quelques mots, les principes et l'ordre qui ont
présidé à la rédaction de l'ouvrage.

    Les Bureaux du Ministère des Travaux publics n'ont cessé de
me prêter un concours empressé. Je dois tout particulièrement
remercier le Chef distingué de la Division « du contrôle des comptes
des Compagnies et de la statistique des chemins de fer », M. Sys-
termans, qui a bien voulu préparer, avec ses collaborateurs, les
tableaux statistiques annexés au tome IV.

AVRIL 1883.

PREMIÈRE PARTIE

PÉRIODE DE 1823 à 1841

ORIGINE DES CHEMINS DE FER

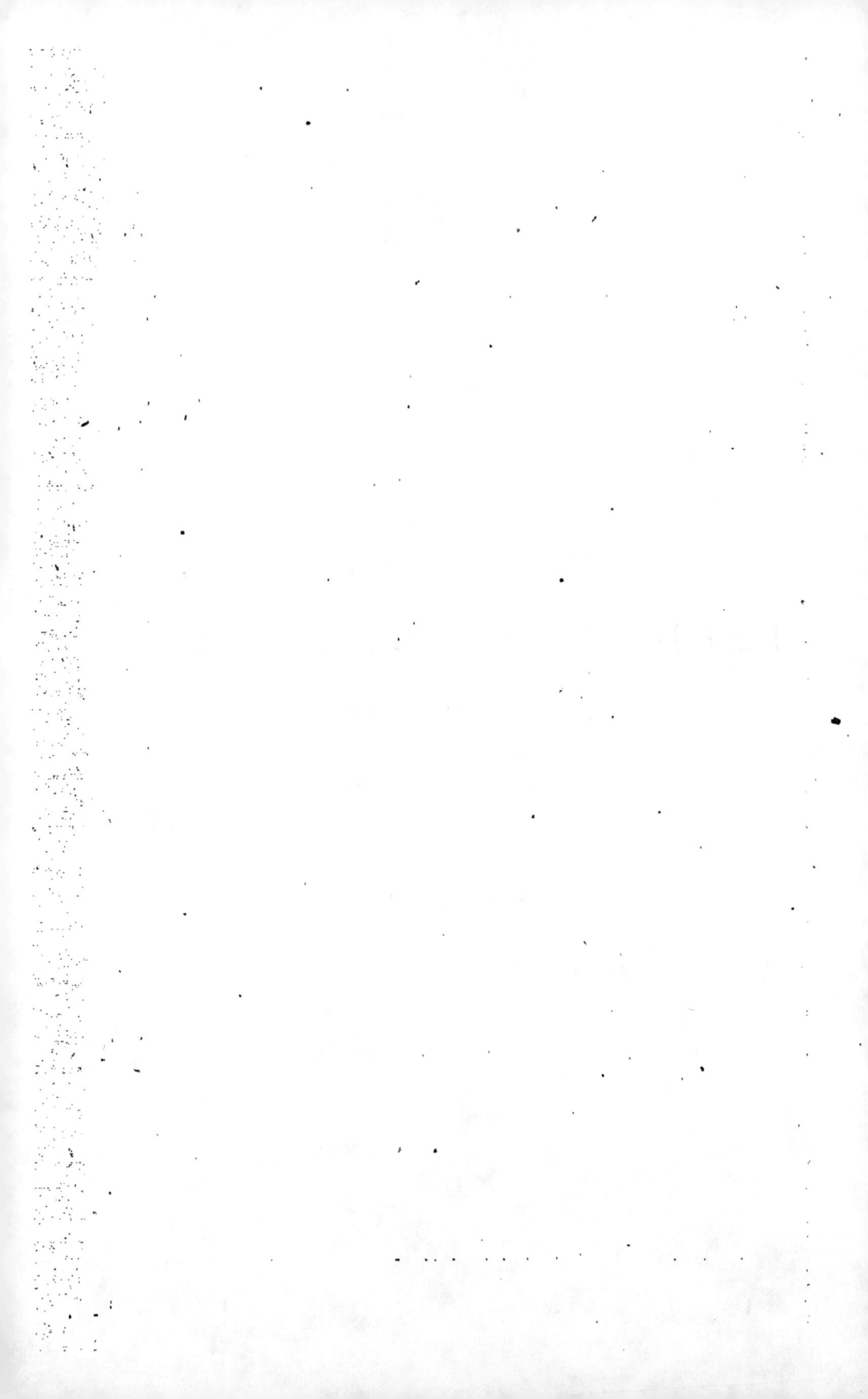

LES
CHEMINS DE FER
FRANÇAIS

PREMIÈRE PARTIE. — PÉRIODE DE 1823 à 1841

ORIGINE DES CHEMINS DE FER

CHAPITRE Ier. — ANNÉES 1823 à 1852

1. — **Concession du chemin de fer d'Andrézieux à Saint-Étienne.** — La première concession de chemin de fer en France remonte au 26 février 1823. Par ordonnance royale de cette date [B. L., 1er sem. 1823, n° 591, p. 193], MM. de Lur-Saluce et consorts furent autorisés, sous le titre de « *Compagnie du chemin de fer* », à établir une ligne « de la Loire au Pont-de-l'Ane, sur la rivière de Furens, « par le territoire houiller de Saint-Étienne » (Andrézieux à Saint-Étienne, 23 km.). Ils étaient investis du droit d'expropriation à charge par eux de se conformer à la loi

du 8 avril 1810. Les transports étaient limités aux marchandises, particulièrement aux houilles. La taxe kilométrique était réglée à 0 fr. 0186 par hectolitre de houille ou par 50 kilogrammes de marchandises de toute autre nature. La concession était d'ailleurs *perpétuelle* (1).

Une deuxième ordonnance du 30 juin 1824 approuva le tracé du chemin.

Enfin une troisième ordonnance du 21 juillet 1824 [B. L., 2ᵉ sem. 1824, n° 691 *bis*, p. 1], autorisa la constitution et approuva les statuts d'une société anonyme dite « Compagnie du chemin de fer de Saint-Étienne à la Loire » pour l'exécution et l'exploitation de la ligne. La Société était formée pour quatre-vingt-dix-neuf ans, sauf renouvellement. Le capital social était d'un million effectif, représenté par 200 actions de 500 fr. chacune, auxquelles s'ajoutaient 8 actions gratuites données à l'auteur des projets, qui devenait le directeur de l'entreprise. Les actions restaient nominatives jusqu'à la mise en exploitation et pouvaient ensuite être transformées en actions au porteur à partir de l'achèvement de la ligne ; elles devaient jouir d'un intérêt de 5 % ; le surplus des produits nets était réparti à titre de dividende, sauf déduction d'un dixième destiné à être mis en réserve pour subvenir aux accidents et aux améliorations du chemin ; tous les cinq ans, la partie de la réserve qui était reconnue excéder les besoins devait être répartie en dividendes extraordinaires (2).

La ligne fut mise en exploitation en 1828.

(1) Le mérite de cette première application des chemins de fer revient entièrement à M. Beaunier, alors ingénieur des mines, depuis inspecteur général au même corps et directeur de l'école de Saint-Étienne.

(2) Il a paru intéressant de donner quelques indications sur la constitution des premières compagnies de chemins de fer, parce que l'histoire de ces Compagnies est inséparable de celle de la formation du réseau.

2. — Concession du chemin de Saint-Étienne à Lyon. —

La seconde concession est celle du chemin de fer de Saint-Étienne à Lyon, par Saint-Chamond, Rive-de-Gier et Givors (58 km.). Au lieu d'être consentie directement, elle fit l'objet d'une adjudication passée le 27 mars 1826 au profit de MM. Séguin frères (1), Biot et Cie, et approuvée par ordonnance du 7 juin 1826 [B. L., 2e sem. 1831, sér. 9, 2e partie, n° 107, p. 317], malgré les protestations des propriétaires du canal de Givors qui contestaient l'utilité de l'œuvre et prétendaient à l'allocation d'une indemnité.

Les transports étaient, comme pour la ligne précédente, limités aux marchandises. Le maximum de la taxe kilométrique, primitivement fixé à 0 fr. 15 par tonne, avait été ramené à 0 fr. 098 par le rabais de l'adjudication [B. L., 2e sem. 1831, sér. 9, 2e partie, n° 108, p. 315]; mais une ordonnance du 16 septembre 1831, prenant en considération la situation financière de la Compagnie, le porta à 0 fr. 12, pour la remonte de Givors à Rive-de-Gier, et 0 fr. 13 pour la remonte de Rive-de-Gier à Saint-Étienne.

La concession était perpétuelle.

L'entreprise avait d'ailleurs donné lieu à un cahier des charges qui constitue en quelque sorte l'embryon des cahiers des charges actuels et où l'on trouve notamment la stipulation d'un délai pour l'exécution; celle du versement d'un cautionnement; celle de la déchéance avec confiscation de la partie non encore remboursée du cautionnement et réadjudication au compte des concessionnaires, en cas d'inobservation des clauses du contrat; celle de la liberté absolue pour le Gouvernement d'autoriser ou d'ordonner

---

(1) L'un des frères Séguin est l'inventeur de la chaudière tubulaire; cette invention qui honore la France a joué un rôle prépondérant dans l'industrie des chemins de fer, en permettant de donner à la locomotive une très grande puissance sous un volume relativement restreint.

l'établissement de nouvelles voies de communication ; enfin celle du contrôle et de la surveillance de l'administration.

Une société anonyme dite « du chemin de fer de Saint-Étienne et à Lyon » se constitua pour la construction et l'exploitation de ce chemin, et les statuts en furent approuvés par ordonnance du 7 mars 1827 [B. L., 1er sem. 1827, n° 155 *bis*, p. 51].

La Société était formée pour quatre-vingt-dix-neuf ans.

Le fonds social était de 10 millions en 2 000 actions de 5 000 fr. chacune, donnant droit à un intérêt de 4 °/₀ par année et à une part proportionnelle de la moitié des bénéfices nets.

A ces *actions de capital* s'ajoutaient 400 *actions d'industrie* entre lesquelles devait être répartie la seconde moitié des bénéfices ; 60 de ces actions étaient attribuées aux fondateurs et 340 à MM. Séguin frères et Edouard Biot, nommés directeurs des travaux.

Les actions des deux catégories étaient nominatives ou au porteur.

Les statuts prévoyaient en outre la création éventuelle de 200 actions nouvelles de capital à 5 000 fr. l'une, pour le service des intérêts des autres actions pendant la construction, en cas d'insuffisance de la somme de 10 millions pour y pourvoir.

Les dépenses à engager, soit pour l'augmentation du matériel roulant, soit pour la reconstruction totale ou partielle de la ligne, devaient être prélevées sur les bénéfices nets, mais en réservant autant que possible 3 °/₀ de dividende aux actions de capital et aux actions d'industrie.

MM. Séguin frères et Biot ne devaient recevoir aucun dividende pour leurs actions d'industrie, avant que les bénéfices nets fussent assez élevés pour permettre de distribuer 3 °/₀ de dividende aux actions de capital ; cette clause n'était toutefois valable que pour un délai de trente années (1).

Une ordonnance du 5 décembre 1830 [B. L., 2ᵉ sem. 1830, 2ᵉ partie, sér. 9, nᵒ 20, p. 581] prescrivit le prolongement du chemin de fer de Saint-Étienne à Lyon, jusqu'à la Saône.

La mise en exploitation eut lieu, par sections, de 1830 à 1833.

3. — Concession du chemin d'Andrézieux à Roanne. —

Vint ensuite la concession perpétuelle du chemin de fer d'Andrézieux à Roanne (67 km.), qui fit l'objet d'une adjudication passée le 21 juillet 1828 au profit des sieurs Mellet et Henry et approuvée par ordonnance du 27 août 1828 [B. L., 2ᵉ sem. 1828, nᵒ 251, p. 228].

Ce n'était encore qu'une ligne à marchandises; elle comportait une série de plans inclinés; la taxe kilométrique par tonne était fixée au maximum à 0 fr. 15 pour le trafic à la descente (direction d'Andrézieux à Roanne), et à 0 fr. 18 pour le trafic à la remonte, chiffres ramenés respectivement à 0 fr. 145 et 0 fr. 175 par le rabais de l'adjudication.

Le cahier des charges présentait une grande analogie avec celui de la ligne de Saint-Étienne à Lyon [B. L., 2ᵉ sem. 1826, nᵒ 301 bis, p. 1].

Le chemin devait être relié à Andrézieux avec celui de Saint-Étienne à la Loire.

Les projets de tracé dressés par les concessionnaires furent approuvés par des ordonnances des 21 mars 1830 et 21 juillet 1833 [B. L., 1ᵉʳ sem. 1830, nᵒ 348, p. 213, et 2ᵉ sem. 1833, sér. 9, 2ᵉ partie, 1ʳᵉ section, nᵒ 243, p. 51], et la ligne fut livrée à la circulation en 1834.

---

(1) Le revenu annuel moyen des actions d'industrie, de 1843 à 1853 (époque de la cession à la compagnie du Grand-Central), a été de près de 1 000 fr.

La société qui se constitua pour l'exécution et l'exploitation du chemin prit la dénomination de « Compagnie du chemin de fer de la Loire ». Ses statuts furent approuvés par ordonnance du 26 avril 1829. Le fonds social était de 10 millions en 2 000 actions de capital dont 1 000 seulement furent émises à l'origine. Les concessionnaires devaient rester propriétaires de 20 actions pendant toute la durée des travaux. L'intérêt réservé aux actions de capital était de 4 %; le surplus du bénéfice, abstraction faite de la part versée à la réserve, était attribué pour moitié aux actions de capital et pour l'autre moitié à 400 actions de jouissance dont 15 % étaient accordées aux fondateurs et le surplus aux auteurs du projet. Les actions de capital restaient nominatives jusqu'à leur libération; les actions de jouissance étaient nominatives ou au porteur. Les auteurs du projet consentaient toutefois à ce que pendant dix ans, à compter de l'époque fixée pour l'achèvement des travaux, les actions de jouissance ne reçussent aucune rémunération avant que les actions de capital eussent touché, outre l'intérêt à 4 %, un dividende de 3 %. Le fonds de réserve était fixé à 500 000 fr. au maximum.

4. — Concession du chemin d'Épinac au canal de Bourgogne. — La quatrième concession fut celle du chemin à marchandises d'Épinac au canal de Bourgogne (27 km.). consentie directement et à perpétuité au profit des sieurs Joannès et Samuel Blum et fils, par ordonnance du 7 avril 1830 [B. L., 1er sem. 1830, n° 350, p. 247]. La taxe kilométrique par tonne était de 0 fr. 13 dans la direction d'Épinac au canal de Bourgogne et de 0 fr. 15 dans la direction inverse. La mise en exploitation eut lieu en 1835.

5. — Concession du chemin de Toulouse à Montauban. —

Cette concession fut suivie de celle du chemin à marchandises de Toulouse au Tarn, à Montauban, (50 km.), consentie à perpétuité, à la suite d'un concours infructueux, au profit des sieurs Martin et Gimet, par ordonnance du 21 août 1831 [B. L., 2ᵉ sem. 1831, sér. 9, 2ᵉ partie, 1ʳᵉ section, n° 108, p. 339]. La taxe était de 0 fr. 13 par tonne et par kilomètre dans la direction de Toulouse au Tarn, et de 0 fr. 15 dans la direction inverse. Le cahier des charges était semblable à ceux des lignes de Saint-Étienne à Lyon et d'Andrézieux à Roanne.

La concession de ce chemin de fer resta sans effet.

6.—Observations sur le caractère des chemins concédés de 1823 à 1832.

— Comme on le voit, les concessions faites de 1823 à 1832 furent peu nombreuses et ne portèrent que sur des lignes d'ordre secondaire, exclusivement affectées au transport des marchandises et presque toutes destinées à mettre des centres industriels en communication avec les voies navigables. La traction se faisait par chevaux. On ne se rendait évidemment encore aucun compte du rôle économique considérable que les chemins de fer étaient appelés à jouer et de l'influence prépondérante qu'ils devaient exercer plus tard sur le développement de la richesse publique.

Les caractères principaux des concessions faites pendant cette période d'enfance des voies ferrées étaient d'ailleurs les suivants :

1° Perpétuité, sans aucune réserve de reprise éventuelle par l'État ;

2° Concession par ordonnance royale, sans intervention du législateur ;

3° Construction exclusive aux frais des concessionnaires sans prêt, subvention ou garantie d'intérêt de l'État ;

4° Simplicité extrême des tarifs, réduits à un prix unique pour toutes les marchandises, quelle que fût leur nature ;

5° Élévation du prix des actions destinées à constituer le fonds social des Compagnies ;

6° Réalisation des fonds au moyen d'actions, à l'exclusion de toute émission d'obligations ;

7° Insuffisance des stipulations relatives à l'action de l'État sur la construction et l'exploitation.

CHAPITRE II. — ANNÉES 1833-1834

7.— Intervention du législateur dans les concessions de chemins de fer. — Un fait relativement important se produisit en 1832. La compagnie concessionnaire du chemin de fer de Saint-Étienne à Lyon organisa sur cette ligne un transport de voyageurs et y essaya la traction par locomotives.

On comprit dès lors que l'importance des voies ferrées comportait l'intervention du législateur.

8. — Concession du chemin de Montbrison à Montrond. — Aussi fut-ce une loi du 26 avril 1833 [B. L., 1833, n° 96, p. 140] qui statua sur le principe de l'exécution du premier chemin concédé à la suite de ces expériences.

Aux termes du projet de loi [M. U., 1er février 1833], le Gouvernement était autorisé à procéder, avec concurrence et publicité, à la concession d'un embranchement du chemin d'Andrézieux à Roanne, s'en détachant à Montrond pour aboutir à Montbrison (16 km.). *La durée de la concession ne devait pas excéder quatre-vingt-dix-neuf années ;* le maximum de la taxe kilométrique était fixé à 0 fr. 15 par tonne.

M. Baude fut chargé du rapport à la Chambre [M. U., 28 février 1833]. Il s'attacha à démontrer, d'une part, l'utilité du terme assigné à la durée de la concession, d'autre part, l'innocuité et la possibilité légale de l'emprunt de l'accotement d'une route départementale par le chemin de fer, sur une partie de son tracé. Au nom de la Commission, il demanda : 1° que le tarif fût modifié de manière à prévoir le transport des voyageurs moyennant un péage maximum de 0 fr. 60 pour toute distance et à ne comporter qu'un péage de 0 fr. 10 par tonne kilométrique pour les marchandises : 2° que la loi consacrât le principe de la libre circulation sur le chemin de fer, sous réserve de l'observation des règlements spéciaux de police, avec attribution d'une taxe de transport égale au plus à la moitié des taxes de péage ci-dessus indiquées, lorsque le concessionnaire ferait lui-même les transports avec son matériel et ses moyens de traction.

M. Salverte combattit le projet de loi et les propositions de la Commission, au double point de vue de l'aliénation temporaire d'une partie du sol de la route sur laquelle devait être établi le chemin et de la liberté de circulation sur la voie ferrée moyennant péage, qui lui paraissait de nature à donner lieu à des désordres et à des accidents.

M. Delessert demanda l'exclusion des machines à vapeur, eu égard à l'emprunt de la route par le chemin de fer.

Après une discussion fort longue [M. U., 28 mars 1833] et à la suite des observations formulées par M. Legrand, directeur général des ponts et chaussées, la Chambre adopta purement et simplement le projet de loi du Gouvernement.

A la Chambre des pairs [M. U., 23 avril 1833], M. le vicomte Dode, rapporteur, reprocha au Gouvernement de ne pas avoir soumis le projet à l'enquête prescrite par l'ordonnance du 28 février 1831, de manière à provoquer l'avis des riverains de la route, des établissements de roulage et de messagerie qui la fréquentaient, de tous les intéressés qui pouvaient se croire compromis par la concession deman-

dée. Il rappela l'avis du Conseil général des ponts et chaussées, nettement défavorable à l'usurpation partielle de la
route ; il fit valoir les dangers auxquels serait exposée la
circulation habituelle sur cette route, surtout pendant la
nuit et la mauvaise saison, et lors de l'exécution des travaux de réparation ; il insista sur l'incompatibilité qui existait, aux yeux de la Commission, entre les deux modes de
viabilité, sur une voie de 10 mètres de largeur ; il chercha
à établir que le chemin de fer pourrait être exécuté en dehors
de la route sans que les dépenses fussent hors de porportion
avec les recettes, sauf aux départements et à la ville de
Montbrison à fournir des subventions peu élevées ; il conclut
par suite au rejet.

Mais en séance publique [M. U., 23 avril 1833], le projet
de loi fut défendu avec habileté. M. Legrand fit valoir qu'une
enquête, dans les formes prescrites par l'ordonnance du
28 février 1831, n'était pas nécessaire pour un projet entraînant, non pas l'exécution d'une voie nouvelle, mais l'appropriation d'une voie préexistante à une circulation spéciale (1) ; que l'expérience de l'Angleterre prouvait l'inanité des
dangers redoutés par suite de la juxtaposition des deux
modes de transport ; qu'en égard à la faible circulation de
la route, la zone réservée à la circulation ordinaire serait
encore assez large ; que, du reste, le Gouvernement serait
armé pour ordonner toutes les mesures propres à assurer la
sécurité publique.

La loi fut votée le 24 avril.

Une ordonnance du 16 novembre 1834 [B. L., 2ᵉ sem. 1834,

---

(1) Aujourd'hui, au contraire, en vertu de la loi du 11 juin 1880 et des
règlements d'administration publique rendus pour l'exécution de cette loi, les
projets des tramways sont soumis à une enquête qui indique nettement aux
intéressés et particulièrement aux riverains les modifications à apporter aux
conditions de la circulation et des accès.

sér. 9, 2ᵉ partie, 1ʳᵉ section, nº 346, p. 221], intervenue en
exécution de la loi du 26 avril 1833 et après une enquête
locale conforme aux prescriptions de l'ordonnance du
18 février 1834, arrêta le devis et le cahier des charges de
l'entreprise.

Le devis contenait des indications assez développées sur
les dispositions techniques.

Quant au cahier des charges, il était très rudimentaire;
toutefois, le droit de contrôle et de surveillance de l'État y
était bien spécifié. Le maximum de la taxe kilométrique
pour les marchandises était de 0 fr. 15 par tonne; le maximum du prix des places dans les voitures à voyageurs était
de 1 fr.; le concessionnaire avait la faculté de réduire ce
prix, mais il ne pouvait le relever ensuite sans l'autorisation
du Gouvernement.

L'adjudication fut passée au profit du sieur Pierre Cher-
blanc et homologuée par ordonnance du 14 septembre 1835
[B. L., 2ᵉ sem. 1835, sér. 9, 2ᵉ partie, 1ʳᵉ section, nº 387, p. 298].

Une société anonyme se constitua sous la dénomination de « Compagnie du chemin de fer de Montbrison à
Montrond », pour la construction et l'exploitation de ce
chemin. Les statuts en furent approuvés par ordonnance
du 31 janvier 1837 [B. L., 1ᵉʳ sem. 1837, supp., nº 264, p. 81].
Le fonds social était composé: 1º d'une somme de 175 000 fr.,
représentée par 175 actions nominatives ou au porteur de
1 000 fr. chacune; 2º d'une subvention de 25 000 fr. de la
ville de Montbrison; 3º d'une subvention de 50 000 fr. accordée par le Gouvernement.

Le chemin fut mis en exploitation en 1839; mais la concession fut abandonnée en 1848.

9. — **Loi du 27 juin 1833 ouvrant un crédit pour des
études de chemins de fer.**

1. — PROJET DE LOI. — Le 29 avril 1833 [M. U., 30 avril 1833]. le Gouvernement se décida à solliciter du Parlement, à l'occasion du projet de budget de 1834. un crédit de 500 000 fr. pour des études de chemins de fer.

Voici comment s'exprimait alors le Ministre du commerce et des travaux publics (M. Thiers) dans son exposé des motifs :

« Je ne viens pas vous proposer de créer des chemins de
« fer aux dépens de l'État : une telle pensée ne saurait
« entrer ni dans votre esprit. ni dans le nôtre ; mais je
« viens vous proposer de lever les difficultés qui, en France,
« empêchent souvent et retardent toujours l'exécution de
« ces chemins.

« Ce qui rend difficile l'entreprise des chemins de fer,
« c'est la dépense des études préparatoires. le délai pour la
« vérification de ces études et la longueur des enquêtes
« préalables. Ces études sont fort coûteuses. Il faut qu'une
« Compagnie soit formée d'avance pour en faire les frais,
« c'est-à-dire qu'elle soit formée avant de savoir quel sera
« son objet, quelle en sera la dépense et si la concession lui
« en sera faite. Pour éluder cette difficulté, on ne dépense
« en études que le moins possible ; on fait des études incom-
« plètes, insuffisantes, qui ne donnent qu'une fausse idée de
« la dépense et du revenu possible. et trompent ainsi les
« spéculateurs. Souvent aussi l'administration des ponts et
« chaussées est obligée d'ordonner qu'elles soient refaites.
« A ce temps perdu se joint le temps consommé pour les
« enquêtes. On impute ces pertes de temps à l'adminis-
« tration qui n'y peut rien, qui en faisant de son mieux ne
« peut suppléer à ce que ne peuvent pas faire les Com-
« pagnies. Dans cet intervalle, on se plaint et on n'agit pas.
« De plus, une foule de capitalistes dirigent leurs spécu-
« lations tantôt sur un point, tantôt sur un autre, sans

« aucune vue d'ensemble. De la sorte il ne se prépare
« aucune ligne suivie qui puisse embrasser le pays dans ses
« grandes directions.

« Nous venons vous offrir le moyen de parer à ces incon-
« vénients. En consacrant une somme de 500 000 fr. seule-
« ment à cet objet, le Gouvernement, qui possède un corps
« d'ingénieurs habiles, pourra faire lui-même les études
« préparatoires. Il étudiera le tracé, estimera les dépenses
« et le revenu présumable, fera les enquêtes préalables ; en
« faisant tout cela sur une ligne générale et dans des vues
« d'ensemble, il dirigera les efforts des capitalistes de
« manière à nous préparer des communications continues
« et suivies.

« Viendront ensuite des Compagnies exécutantes aux-
« quelles on pourra adjuger sans délai, sans perte de
« temps, des travaux réalisables à l'instant même.

« Le Gouvernement fera étudier plusieurs lignes ; mais
« il se propose d'en tracer immédiatement une qui traver-
« serait cinq des premières villes de France : le Havre,
« Rouen, Paris, Lyon, Marseille, et joindrait ainsi l'Océan
« à la Méditerranée. Des Compagnies se présentent déjà
« pour entreprendre les portions les plus fréquentées de
« cette ligne, comme les environs de Rouen, Paris et Lyon.
« L'avantage de desservir des directions très fréquentées
« fera soumissionner les portions qui avoisinent les grandes
« villes et l'intérêt tout aussi grand de combler les lacunes
« et de mettre en rapport des points comme Paris et Lyon,
« fera terminer le tout.

« Nous espérons que, les études achevées, de nom-
« breuses soumissions seront faites pour toute cette ligne. »

L'exposé que nous venons de reproduire montre que,
tout en réservant explicitement l'exécution des chemins de
fer à l'industrie privée, le Gouvernement reconnaissait la

nécessité de prendre lui-même la direction des études et de leur imprimer des vues d'ensemble.

II. — RAPPORT A LA CHAMBRE DES DÉPUTÉS. — Le rapporteur à la Chambre des députés, M. de Bérigny, conclut, au nom de la Commission, à l'allocation du crédit; il formula dans son rapport des considérations intéressantes [M. U., 25 mai 1833] : « L'importance des chemins de fer,
« disait-il, est incontestable, surtout si on les établit conve-
« nablement, car les distances considérables disparaîtraient,
« pour ainsi dire. L'unité de la France, que les étrangers
« admirent et qui fait notre force, serait plus assurée ; les
« voyages se multiplieraient, les connaissances s'éten-
« draient, les préjugés s'effaceraient, les peuples de nos
« anciennes provinces, continuellement en rapport entre
« eux, étendraient leurs affections au delà du pays qui les
« a vus naître, et bientôt il n'y aurait plus réellement qu'une
« patrie.

« Sous le rapport de la défense, quels avantages ne pré-
« sentent pas les chemins de fer ! Une armée, avec tout
« son matériel, pourrait, en quelques jours, être transportée
« du Nord au Midi, de l'Est à l'Ouest de la France. Un
« pays qui pourrait ainsi, tout à coup, porter des masses
« considérables de troupes sur un point donné de ses fron-
« tières, ne serait-il pas invincible et ne pourrait-il pas
« obtenir de grandes économies dans son état militaire ?

« On voit que les chemins de fer, outre l'immense
« avantage qu'ils offrent au commerce, présentent aussi un
« grand intérêt national sous le rapport moral et politique.
« Il est d'autant plus utile que les études des grandes lignes
« soient faites sous la surveillance et d'après les ordres du
« Gouvernement que, déjà, plusieurs directions ont été pro-
« posées par des Compagnies sans être appuyées de projets

« qui puissent permettre d'en apprécier les conséquences
« et l'utilité ; on conçoit d'ailleurs que les Compagnies
« reculent devant les dépenses que nécessitent de bonnes
« études lorsque, après les avoir faites, elles peuvent être
« évincées par une adjudication en n'obtenant qu'une indem-
« nité toujours insuffisante.

« Les études proposées serviront tout à la fois à fixer
« le Gouvernement sur les avantages et les inconvénients des
« marchés qu'il aura à passer avec des Compagnies exécu-
« tantes ; elles préviendront des concessions partielles qui
« ne seraient pas en harmonie avec les grandes lignes, dont
« elles retarderaient ou empêcheraient même l'exécution ;
« elles faciliteront la formation de Compagnies exécutantes,
« soit pour l'ensemble, soit pour des parties détachées ;
« elles feront connaître celles de ces parties qu'il pourrait
« être nécessaire de subventionner pour relier les points
« les plus éloignés, soit entre eux, soit avec le centre du
« royaume.

« On pourrait peut-être craindre que les chemins de fer
« ne formassent une concurrence nuisible à nos canaux et
« n'en diminuassent les produits ; mais cette objection tombe
« dès qu'on fait remarquer que, de tous les transports, celui
« par eau est le moins coûteux. Les chemins de fer, en gé-
« néral, serviront principalement au transport des voyageurs
« puisque, s'ils sont bien faits, ils sont seuls dans le cas de
« permettre de circuler avec la plus grande vitesse et le
« plus d'économie, et que, plus la civilisation se développe,
« plus le besoin de circulation rapide devient impérieux.
« Lorsqu'on a entrepris le chemin de fer de Liverpool à
« Manchester, on comptait sur le transport d'une grande
« quantité de marchandises, et il est arrivé que cette
« quantité n'est que de 80 000 tonneaux par an ; mais, en
« revanche, le nombre des voyageurs est de 400 000. Il

« paraît que de Lyon à Saint-Étienne le nombre des voyageurs
« a augmenté dans une proportion encore plus grande. Qui
« peut douter qu'un chemin de fer de Paris à Dieppe, par
« exemple, correspondant avec celui qui va joindre Londres
« à Brighton, et qui permettrait d'aller de Paris à Londres
« en 18 heures et pour un prix très modique, ne fût jour-
« nellement couvert de voyageurs et ne fût un puissant
« moyen de resserrer tous les liens et la bonne harmonie
« qui règnent entre les deux nations dont la civilisation et
« les institutions ont le plus de rapport entre elles? »

L'évolution qui s'accomplissait dans l'appréciation sur
le rôle des chemins de fer s'accusait très nettement dans
ce rapport.

M. de Bérigny faisait ressortir avec beaucoup de force
l'importance de ces nouvelles voies de communication pour
le transport des voyageurs autant que leur influence sur le
développement des relations, des connaissances et de l'instruction; sur la consolidation de l'unité française : sur le
rapprochement des nations voisines.

Il prévoyait avec sagacité l'usage que pourrait en faire
l'autorité militaire pour la défense du pays.

Il insistait avec raison sur la nécessité de ne pas trop
morceler les concessions.

Enfin il faisait allusion aux craintes que concevaient déjà
quelques esprits sur la concurrence entre les chemins de fer
et les canaux; mais il les repoussait comme mal fondées,
en faisant valoir que chacune de ces deux catégories de voies
de communication avait son domaine spécial et distinct. Rien
n'est encore plus vrai aujourd'hui : presque partout où des
voies navigables et une voie ferrée ont été accolées, le développement de l'industrie et du commerce a été tel qu'après une
crise passagère, de faible durée, le trafic de la voie préexistante s'est trouvé notablement accru. Loin de se faire la

guerre, les chemins de fer et les canaux s'entr'aident mu-
tuellement en accomplissant le rôle naturel qui leur est
dévolu ; les uns transportent les voyageurs, les marchandises
de prix, les produits manufacturés, tout ce qui ne peut subir
de longs délais ; les autres, au contraire, transportent les
matières premières, de peu de valeur, pour lesquelles la
vitesse est secondaire, qui ne sont pas susceptibles de supporter des tarifs élevés et qui, par suite, ne constituent pas,
pour les chemins de fer, un trafic rémunérateur.

III. — DISCUSSION A LA CHAMBRE DES DÉPUTÉS. — Dans le
cours de la discussion devant la Chambre des députés,
[M. U., 31 mai et suivants] M. de Bérigny expliqua que la
somme de 500 000 fr. serait probablement consacrée aux
lignes :

Du Havre et de Dieppe à Marseille par Rouen, Paris
et Lyon ;

De Lille et de Calais à Bayonne, par Paris et Bordeaux ;

De Strasbourg et de Metz à Nantes, par Nancy et
Paris ;

De Strasbourg à Lyon ;
et de Bordeaux à Marseille, par Toulouse.

La Chambre des députés adopta finalement une rédaction laissant entière l'initiative de l'administration.

IV.— PRÉSENTATION, RAPPORT ET VOTE A LA CHAMBRE DES
PAIRS. — Le Gouvernement saisit ensuite la Chambre des
pairs de sa proposition [M. U., 11 juin 1833] ; il l'appuya
d'un exposé analogue à celui qui avait été fait à la Chambre
des députés ; les progrès que les chemins de fer devaient
provoquer dans l'ordre moral, politique, intellectuel et
matériel y étaient mis en relief ; le Ministre déclarait,
comme il l'avait déjà fait antérieurement, que l'exécution

et l'exploitation des voies ferrées était exclusivement du ressort des associations particulières, mais qu'il appartenait à l'État de guider l'esprit d'association, en donnant une base certaine à ses calculs par la rédaction de projets bien étudiés, l'évaluation précise des dépenses, la réunion des documents statistiques permettant d'apprécier les revenus probables de l'opération.

Sur le rapport favorable de M. le baron de Barante [M. U., 20 juin 1833], la Chambre des pairs vota sans débat [M. U., 23 juin 1833] l'allocation qui fut dès lors comprise dans la loi de finances du 27 juin 1833 [B. L., 1er sem., n° 106, p. 265].

De nouveaux crédits furent inscrits au budget des exercices ultérieurs pour la continuation de ces études.

Les premières lignes étudiées furent celles de Paris :

1° Sur Rouen et le Havre avec embranchement vers Dieppe, Elbeuf et Louviers ;

2° Sur la frontière de Belgique, par Lille et Valenciennes, avec embranchement sur le littoral de la Manche ;

3° Sur Strasbourg, par Nancy, avec embranchement vers Metz ;

4° Sur Lyon et Marseille, avec embranchement vers Grenoble ;

5° Sur Nantes, par Orléans et Tours ;

6° Sur Bordeaux et Bayonne, par Tours.

10. — Concession du chemin d'Alais à Beaucaire. — Vers la même époque intervint une loi du 29 juin 1833 (1) [B. L., 1er sem. 1833, n° 108, p. 346], portant approbation de l'adjudication passée au profit de MM. Talabot, Veaute,

_____

(1) L'exposé des motifs et le projet de loi sont insérés au *Moniteur* du 8 juin 1833.

Abric et Mourier pour la concession d'un chemin de fer d'Alais à Beaucaire par Nîmes (72 km.).

La concession avait été précédée d'une enquête régulière, en conformité de l'ordonnance royale du 28 février 1831. Elle était accordée *à perpétuité*.

Le chemin était encore exclusivement affecté aux marchandises ; la taxe kilométrique était :

À la descente, de 0 fr. 10 par tonne de houille, et de 0 fr. 15 par tonne de marchandises de toute autre nature ;

À la remonte, de 0 fr. 17 par tonne de toutes marchandises sans distinction.

En recourant aux documents parlementaires, on trouve, dans le rapport de M. Mallet à la Chambre des députés [M. U., 18 juin 1833], une discussion utile à analyser sur la durée de la concession. La Commission s'était divisée à cet égard.

Les partisans du système des concessions à temps faisaient valoir que quatre-vingt-dix-neuf ans équivalaient presque à une concession perpétuelle, puisque l'amortissement ne dépassait pas, dans ce cas, les quatre dix-millièmes du capital (une annuité de 40 fr. suffisant à l'amortissement de 100 000 fr.) ; que, par suite, si une affaire était assez belle pour tenter des concessionnaires, ils la prendraient tout aussi bien pour quatre-vingt-dix-neuf ans qu'à perpétuité ; que, par ce moyen, l'État rentrerait un jour en possession de l'entreprise et réduirait alors, au grand soulagement des consommateurs, les tarifs de transport.

Les partisans du système des concessions à perpétuité, tout en reconnaissant l'exactitude des calculs qu'on leur opposait, prétendaient que, moralement, il n'était pas indifférent d'avoir une propriété incommutable, surtout eu égard à l'aléa inévitable des évaluations de recettes ; qu'une Compagnie prendrait beaucoup plus de soin d'une chose inaliénable ; et que, dès lors, le chemin serait mieux établi et

mieux entretenu. Ils invoquaient l'exemple et l'expérience
de l'Angleterre.

Sans se prononcer entre ces deux systèmes, dans des
termes généraux, la Commission conclut, au cas particulier,
en faveur de la perpétuité. Ce fut la dernière concession faite
dans ces conditions.

Le tracé du chemin de fer d'Alais au Rhône fut approuvé
par ordonnance du 19 octobre 1835 [B. L., 2ᵉ sem. 1835,
sér. 9, 2ᵉ partie, 1ʳᵉ section, n° 391, p. 633], et l'ouverture
eut lieu le 19 août 1840.

11. — Loi du 7 juillet 1833 sur l'expropriation. —
La loi de finances du 21 avril 1832 avait stipulé que, désormais, nulle création « *aux frais de l'État* » d'une voie de
communication ou d'un ouvrage public important ne
pourrait plus avoir lieu qu'en vertu d'une loi spéciale ou
d'un crédit ouvert à un chapitre spécial du budget. La
demande du premier crédit devait d'ailleurs être accompagnée d'une évaluation totale de la dépense.

La loi du 7 juillet 1833 [B. L., 1ᵉʳ sem. 1833, n° 107,
p. 305], sur l'expropriation pour cause d'utilité publique,
régla l'intervention du législateur pour les travaux exécutés
par l'industrie privée, aussi bien que pour les travaux exécutés par l'État.

Les stipulations suivantes y furent introduites : « Tous....
« chemins de fer..... entrepris par l'État ou par des Com-
« pagnies particulières, avec ou sans péage, avec ou sans
« subside du Trésor, avec ou sans aliénation du domaine
« public ne pourront être exécutés qu'en vertu d'une loi
« qui ne sera rendue qu'après une enquête administrative.

« Une ordonnance royale suffira pour autoriser l'exé-
« cution des..... chemins de fer d'embranchement de moins
« de 20 000 mètres de longueur.....

« Cette ordonnance devra également être précédée d'une
« enquête.

« Ces enquêtes auront lieu dans les formes déterminées
« par un règlement d'administration publique (1). »

Ainsi, aux termes de la loi de 1833, il fallait en principe
un acte législatif pour la création d'un chemin de fer ; il
n'était dérogé à cette règle qu'en ce qui concernait les lignes
d'embranchement de moins de 20 kilomètres de développement, qui ne pouvaient exercer d'influence appréciable sur
l'économie générale du réseau et pour lesquelles une délégation était donnée au Gouvernement.

**12. — Concession du chemin des carrières de Long-Ro-
cher au canal du Loing.** — Nous ne mentionnons que pour mémoire, en 1834, une ordonnance du 16 octobre [B. L., 2° sem.
1834, sér. 9, 2° partie, 2° section, n° 118, p. 667] portant
concession d'un chemin de fer industriel des carrières de
Long-Rocher au canal du Loing (3 km.) ; car cette concession fut abandonnée en 1869.

(1) Le règlement prévu par la loi du 7 juillet 1833 est intervenu le 18 février 1834 ; il est encore en vigueur.

CHAPITRE III. — ANNÉE 1835

13. —Projet de loi non voté concernant le chemin de Paris au Havre et à Rouen. — Le 2 avril 1835, le Gouvernement soumit à la Chambre des députés deux projets de loi relatifs, l'un au chemin de fer de Paris au Havre et à Rouen, avec embranchement sur Pontoise et sur Dieppe ; l'autre, au chemin de fer de Paris à Saint-Germain.

Nous dirons d'abord quelques mots du premier qui était de beaucoup le plus important.

Dans son exposé des motifs [M. U., 3 avril 1835], le Ministre de l'intérieur commençait par insister sur l'action considérable que devaient exercer les chemins de fer au point de vue de l'abaissement du prix des transports et, par suite, des produits manufacturés, et sur la nécessité qui s'imposait à l'État de pousser aussi rapidement que possible le développement de ces voies de communication. Il donnait quelques renseignements sur la situation des études entreprises par les ingénieurs et rendait, à cette occasion, hommage au zèle et au talent de ces fonctionnaires. Parmi toutes les lignes maîtresses sur lesquelles devait avant tout se porter l'attention des services publics, il signalait celle de Paris à la mer, par le Havre et Dieppe, que l'Angleterre était prête à compléter sur son territoire par un chemin de Londres à la Manche. Il examinait ensuite les voies et moyens à employer pour la réalisation de l'entreprise ; cette partie de l'exposé mérite d'être reproduite *in*

extenso. « Il y a, disait le Ministre de l'intérieur, deux espèces
« de lignes : d'abord les lignes courtes entre deux points
« rapprochés et riches, comme Lyon et Saint-Étienne,
« Liverpool et Manchester, et puis des lignes projetées à
« grande distance pour réunir des points éloignés et d'une
« haute importance, comme Paris et le Havre, Lyon et
« Marseille. Quant aux premières, il n'y a pas de doute pour
« nous, l'industrie particulière peut les créer ; elle l'a déjà
« fait en Angleterre et en France, et elle se propose de
« continuer, car on nous demande avec empressement des
« lignes de Paris à Saint-Germain, de Paris à Versailles.
« Aussi nous vous proposons de les livrer à l'industrie par-
« ticulière sans aucun secours du Gouvernement et sans
« autre intervention de sa part que celle qu'il doit toujours
« exercer dans l'intérêt de la sécurité publique, afin que les
« travaux soient bien conçus, bien exécutés, et que la vie
« des hommes ne soit pas compromise.

« Mais quant aux lignes qui s'étendent à 50 ou 100 lieues,
« qui doivent vaincre d'immenses difficultés, engager de
« nombreux capitaux, il nous a semblé, premièrement que
« le Gouvernement devait en diriger le tracé, secondement
« qu'il devait venir au secours des Compagnies au moyen
« d'un système de subvention dont je vous tracerai tout à
« l'heure le mode et l'étendue.

« D'abord le Gouvernement doit intervenir dans le tracé,
« parce que les Compagnies ne songeant qu'au profit immé-
« diat sacrifieraient entièrement la bonne direction d'une
« ligne ou au désir d'éviter une dépense, ou au désir de
« rencontrer, en passant, un grand profit. Or il nous a
« semblé que, s'il importait par exemple de toucher, en
« allant à la mer, des points aussi considérables sous le
« rapport du revenu que Rouen, le Havre, Dieppe, il fal-
« lait aussi, dans l'intérêt général, aller à la mer par la

« ligne la plus courte et il nous a semblé qu'une ligne aussi
« directe que possible, avec des embranchements commodes
« sur les points importants. était préférable à une ligne qui
« dévierait sans cesse de son but final pour toucher à la
« fois à tous les points de la contrée.....

   « Quant aux moyens financiers, nous avons pensé encore
« qu'il fallait un système mixte qui ferait intervenir à la
« fois les Compagnies et l'État lui-même. Dans les grandes
« directions, pas plus que dans les petites, nous n'avons
« eu l'idée de repousser l'industrie particulière. Il nous a
« paru certain aussi que les Compagnies seules, réduites à
« elles-mêmes, seraient impuissantes. Nous avons cru qu'il
« fallait les aider. Voici les motifs sur lesquels nous fon-
« dons cette opinion.

   « En Angleterre, pays beaucoup plus riche qu'aucun
« autre en capitaux et où les Compagnies ont accompli de
« nombreux travaux, elles n'ont pas encore exécuté de
« grandes lignes de chemins de fer. Les lignes de Londres
« à Birmingham, de Londres à Bristol, de Londres à
« Brighton n'existent encore qu'en projet, ou ne présen-
« tent que des travaux à peine commencés. En Amérique,
« les dépenses ne sont que le quart de ce qu'elles sont chez
« nous, à cause du bas prix des terrains, à cause de la
« grossière exécution des chemins de fer ; de plus, ces
« lignes étant tracées dans des régions où souvent il n'y a
« pas même de routes ordinaires, l'urgence du besoin est
« telle que le profit est certain et immédiat. Les Compa-
« gnies sont donc bien plus attirées que chez nous, et
« cependant elles n'ont pas exécuté encore de lignes de
« cinquante et cent lieues ; elles en ont tracé de trente et
« quarante, et avec des subventions des États particuliers
« qui se sont élevées au tiers, à la moitié, quelquefois même
« aux trois cinquièmes de la dépense totale.

« Ces exemples, et ce que nous avons vu depuis trois
« ans, nous ont convaincus qu'en France, moins encore
« qu'en Angleterre où les capitaux abondent, qu'en Amé-
« rique où les créations de chemins de fer sont urgentes,
« les Compagnies pourraient créer de vastes lignes sans le
« secours d'une subvention.

« Nous nous proposons donc d'adjuger, avec concurrence
« et publicité, à la Compagnie qui voudra s'en charger et
« qui fera les meilleures conditions, le chemin de fer de
« Paris à la mer, s'embranchant sur Rouen et aboutissant
« au Havre et à Dieppe, moyennant un secours dont nous
« allons vous indiquer le mode et la quotité.

« Beaucoup de capitalistes nous avaient suggéré une
« idée : c'était d'assurer aux Compagnies un certain taux
« d'intérêt. Ce système, il faut le dire, le plus certain de
« tous pour amener des capitaux, grevait cependant l'État
« de charges énormes et, en faisant peser sur lui tous les
« hasards fâcheux de l'entreprise, ne lui assurait aucun de
« ses bénéfices. Ainsi, par exemple, le moindre taux d'in-
« térêt dont nous ayons entendu parler était celui de 3 %.
« Supposez une masse de travaux qui eût coûté 100 mil-
« lions, l'État aurait eu, au taux de 3 %, un intérêt annuel
« de 3 millions à payer. Or, pour l'État qui a un crédit
« assuré, l'intérêt équivaut au capital lui-même ; donner
« un revenu annuel de 3 millions, c'est identiquement don-
« ner un capital répondant à 3 millions de rente, c'est-à-
« dire un capital de 80 millions en 3 %, par exemple.
« Or donner 80 millions sur 100, c'est supporter presque
« toute la dépense avec le désavantage que, si l'entreprise
« ne réussit pas, on perd les avances faites et que, si elle
« réussit, les Compagnies spéculatrices recueillent tout le
« bénéfice, puisque l'État ne fait, dans ce système, que
« recouvrer ses déboursés ; c'est enfin accepter presque

« toute la dépense à ses risques et périls, sans chance
« de bénéfices et sans avoir l'avantage que l'État a toujours
« lorsqu'il exécute lui-même, de faire mieux, puisqu'il
« opère dans des vues d'intérêt public, vues toujours plus
« saines et plus hautes que celles des Compagnies.

« Ce système ne nous a donc point paru admissible.
« Nous en avons préféré un autre dont nous avons trouvé
« le germe en Amérique et que nous avons essayé de com-
« pléter et de régulariser. Ce système consiste à rendre
« l'État actionnaire dans l'entreprise, aux mêmes conditions
« que le public.

« Ainsi, par exemple, supposez, comme tout à l'heure,
« une masse de travaux de 100 millions ; si l'État prend un
« cinquième, un quart, un tiers des actions, c'est une sub-
« vention de 20, de 25 ou de 33 millions qu'il fournit. Il a
« part aux chances bonnes comme aux chances mauvaises.
« Il dispose dans le conseil de la Compagnie d'une somme
« de voix proportionnée à la somme de ses actions ; il a,
« dès lors, outre l'autorité de police qui lui est assurée
« dans tous les cas, une influence considérable dans la Com-
« pagnie ; il peut la diriger dans le sens le plus avantageux.
« L'ouvrage achevé, le succès établi, si l'entreprise a
« réussi, il peut, en aliénant ses actions avec l'autorisation
« des Chambres, rentrer dans ses capitaux, les porter sur
« d'autres entreprises utiles, ou bien en faire l'abandon au
« public, en exigeant la réduction des tarifs d'un cinquième,
« d'un quart, d'un tiers, suivant la somme d'actions dont il
« ferait l'abandon. Mais en tout cela il serait libre d'agir
« selon le vœu des Chambres et dans le plus grand intérêt
« de la chose publique.

« L'État sera représenté par deux commissaires au choix
« du Ministre de l'intérieur et du Ministre des finances
« et votant dans les Compagnies suivant les instructions

« arrêtées par les deux Ministres qui les auront nommés,
« dans le double intérêt du Trésor et de la viabilité géné-
« rale du royaume.

« Il est un autre avantage qui nous a semblé devoir être
« accordé aux capitalistes auxquels l'État vient s'associer
« dans ces entreprises. Les capitalistes cherchent un profit
« immédiat ou du moins prochain pour leurs capitaux;
« l'État ne recherche d'autres bénéfices que la création de
« grands ouvrages et l'accélération de la prospérité publique.
« Il doit donc ne pas se hâter de prélever l'intérêt de sa
« mise de fonds et nous vous proposons de consentir à ce
« qu'il ne touche les dividendes de ses actions que lorsque
« les autres actionnaires auxquels il s'est joint auront touché
« un intérêt de 4 ou 5 °/₀. Vous fixerez le taux qui vous pa-
« raîtra le plus équitable. »

L'exposé des motifs ajoutait que les Compagnies ne devraient être admises à soumissionner qu'après avoir accepté
les résultats des études de l'État et déposé un cautionnement montant au trentième des travaux; que le concessionnaire aurait, avant tout commencement d'exécution, à justifier
d'une somme de crédit égale au montant de l'entreprise;
qu'il ne pourrait toucher aucune somme du Trésor avant
d'avoir achevé la partie des travaux correspondant à son
fonds social, déduction faite de la part de l'État; toutefois,
le fractionnement de la ligne en sections était admis.

Suivait un projet de loi conforme, fixant la souscription
de l'État au cinquième de l'estimation, jusqu'à concurrence
d'un maximum de 12 millions, et attribuant aux actionnaires
5 °/₀ d'intérêt avant participation du Trésor dans les bénéfices.

On le voit, la proposition du Gouvernement impliquait
tout un système qui peut se résumer ainsi :

Exécution des lignes secondaires par l'industrie privée,
sans subside du Trésor;

Exécution des lignes maîtresses par l'industrie privée avec concours de l'État. sous forme d'achat d'actions et, par suite, intervention du Gouvernement dans les conseils des Compagnies.

La commission de la Chambre des députés chargée de l'examen du projet de loi ne fit pas de rapport; dans les pourparlers qu'elle eut avec le Ministre, elle insista sur la nécessité absolue de ne pas décider l'établissement du chemin de Paris à Rouen et au Havre par Gisors, avant que les études par la vallée de la Seine fussent terminées; quel que fût le véritable motif de sa détermination de ne pas présenter de rapport, le système proposé par le Gouvernement ne put, par suite de cette détermination, être soumis aux délibérations du Parlement.

Il en résulta un retard regrettable dans la constitution de notre réseau.

Les concessions continuèrent à ne s'appliquer qu'à des lignes d'ordre secondaire.

14.—Concession du chemin de Paris à Saint-Germain.— C'est dans cette catégorie qu'il faut ranger la concession du chemin de fer de Paris à Saint-Germain (19 km.). Ainsi que nous l'avons dit précédemment, le projet de loi tendant à accorder cette concession à M. Émile Péreire fut déposé à la Chambre des députés le 2 avril 1835 [M. U.. 3 avril 1835]; le conseil général des ponts et chaussées avait conclu à une adjudication dont le rabais aurait porté sur la durée de la concession: mais le Gouvernement ne crut pas possible d'enlever à l'auteur des études le fruit de ses travaux et de lui susciter des concurrences que ne justifierait pas l'intérêt public; tel avait. d'ailleurs, été l'avis de la Chambre de commerce de Paris et des commissions d'enquête des départements de la Seine et de Seine-et-Oise.

Le cahier des charges imposé aux concessionnaires était très développé; il ne comprenait pas moins de quarante-huit articles; un grand nombre de stipulations de ce cahier des charges ont été reproduites depuis, dans les actes analogues.

L'écartement des rails, mesuré entre leurs bords intérieurs, était fixé à 1 m. 44; le rayon minimum des courbes, à 800 mètres. Les obligations de la Compagnie pour le rétablissement des communications et des écoulements d'eau étaient soigneusement indiquées. Il en était de même pour les clôtures et l'entretien. Avant tout commencement d'exécution, le concessionnaire devait justifier d'un fonds social de 3 millions et de la réalisation, en espèces, du cinquième au moins de cette somme. La clause de déchéance et de réadjudication était libellée avec précision. La Compagnie était soumise au contrôle et à la surveillance de l'administration. Le tarif distinguait pour la première fois le péage, c'est-à-dire la part de la taxe correspondant à l'usage de la voie ferrée, du prix de transport proprement dit; il ne prévoyait encore qu'une classe de voyageurs taxés à 0 fr. 075 par kilomètre (non compris l'impôt); mais il comportait 3 classes de marchandises pour lesquelles la taxe kilométrique, par tonne, était de 0 fr. 12, 0 fr. 14 et 0 fr. 16.

La durée de la concession était de quatre-vingt-dix-neuf ans; à l'expiration de ce délai, le chemin faisait retour à l'État, sauf les objets mobiliers.

Le rapport à la Chambre des députés fut rédigé par M. Lamy [M. U., 15 mai 1835]. Il mettait en évidence, avec beaucoup de raison, l'intérêt qu'il y avait à établir un chemin de fer desservant directement Paris, pour mettre les capitalistes à même d'apprécier *de visu* les avantages des voies ferrées et les disposer à s'associer à des entreprises analogues, mais plus vastes.

Tout en reconnaissant à l'unanimité la nécessité de ne faire de concessions qu'avec publicité et concurrence. la Commission s'était divisée sur le choix entre la concession directe et l'adjudication. Plusieurs membres demandaient qu'après un premier concours technique entre les projets, il y eût, sur le meilleur de ces projets. une adjudication dont le rabais porterait, soit sur la durée de la concession, soit sur le tarif: ils pensaient ainsi mettre l'administration à l'abri de tout soupçon et assurer à l'État et au public les conditions les plus avantageuses. D'autres membres, au contraire, faisaient valoir tout ce qu'il y avait d'inique à enlever à l'auteur du meilleur projet, moyennant une indemnité illusoire, le fruit de son travail et de son mérite; ils rappelaient toutes les garanties dont le choix du concessionnaire direct était entouré par le fait des enquêtes préalables et de l'intervention du législateur: ils invoquaient les collusions entre les entrepreneurs et les entraînements des adjudications qui assuraient le succès des spéculateurs téméraires ou indélicats. La majorité de la Commission se prononça en principe pour l'adjudication; mais, dans l'espèce, elle admit la proposition du Gouvernement.

Le Ministre s'était d'ailleurs entendu avec la Commission et le concessionnaire pour apporter certaines modifications de détail au cahier des charges primitif.

C'est en cet état que l'affaire vint devant la Chambre dans ses séances des 30 mai et 6 juin 1835 [M. U., 31 mai et 7 juin 1835]. Elle provoqua une discussion assez longue qui roula, en grande partie, sur le mode de concession. Les arguments invoqués de part et d'autre furent, avec plus de développements, ceux que nous avons relatés comme s'étant produits au sein de la Commission. Les partisans de la concession directe insistèrent particulièrement sur les nombreux exemples d'adjudications de travaux publics qui avaient donné lieu à des rabais exagérés, à la ruine des en-

1   3

trepreneurs, et, par suite, à des embarras pour l'État, à des retards et à des augmentations finales de dépense ; ils insistèrent également sur ce fait qu'en dépouillant ainsi, pour un rabais souvent insignifiant, l'auteur d'un projet, non seulement du profit, mais encore de l'honneur de l'entreprise, on étoufferait certainement le génie industriel. Ils obtinrent gain de cause et la loi fut votée par la Chambre des députés.

Le rapport de M. le comte de Germiny à la Chambre des pairs fut complètement favorable [M. U., 28 juin 1835]; nous n'y relevons qu'une critique intéressante dirigée contre le principe de l'article 41 du cahier des charges aux termes duquel le Gouvernement se réservait la faculté de faire établir d'autres voies de communication dans la même région, sans avoir à indemniser le concessionnaire. Cette stipulation, absolument contraire à la pratique de l'Angleterre, paraissait à la Commission susceptible, sinon dans l'espèce, au moins en général, de compromettre la vitalité de l'œuvre et, par conséquent, d'aller contre le but poursuivi par les pouvoirs publics.

La discussion en séance publique fut relativement courte [M. U., 30 juin 1835]. Il convient, toutefois, de noter des observations qui furent présentées par M. Humblot-Conté et qui tendaient à assigner aux bénéfices des concessionnaires une limite à partir de laquelle les excédents seraient consacrés à des abaissements de tarifs. Ces observations furent combattues, notamment par M. Legrand, commissaire du Roi, qui invoqua, d'une part, la nécessité de n'apporter aucune entrave à l'industrie naissante des chemins de fer, et, d'autre part, la véritable limitation imposée aux profits de l'entreprise par le caractère temporaire de la concession. La loi fut votée le 29 juin et prit la date du 9 juillet [B. L., 2° sem. 1835, n° 150, p. 177].

Une société comprenant, entre autres membres, MM. de Rothschild, d'Eichtal, Davillier et Émile Péreire, se constitua au capital de 6 millions, représenté par 12 000 actions au porteur, de 500 fr. chacune ; les statuts de cette société furent approuvés par ordonnance du 4 novembre 1835 [B. L., sér. 9, 2ᵉ partie, 2ᵉ section, 2ᵉ sem. 1835, n° 170, p. 845]. M. Émile Péreire recevait un titre de fondation divisé en 2 000 coupons. Les actionnaires devaient toucher, avant toute autre répartition, un dividende de 25 fr. ; l'excédent était attribué, moitié aux actions, un quart au titre de fondation de M. Péreire, un quart à la réserve. Le versement à la réserve était fixé au minimum à 1/2 % du capital ; il était assuré, le cas échéant, par un prélèvement sur le dividende de 25 fr. ; quand la réserve atteignait 1 700 000 fr., on distribuait 100 fr. par action et on ne conservait que 500 000 fr. ; mais le dividende annuel diminuait de 5 fr. Une fois les actions ainsi amorties, la réserve croissait jusqu'à concurrence d'un million ; le surplus était réparti dans la proportion des deux tiers aux porteurs d'actions et d'un tiers au titre de fondation. — La mise en exploitation eut lieu en 1837.

15. — Concession des chemins de Saint-Waast et d'Abscon à Denain (Anzin), d'Alais à la Grand'Combe, et de Villers-Cotterets au Port-aux-Perches. — Quatre ordonnances portèrent ensuite concession de lignes peu importantes, à savoir :

(a) Lignes de Saint-Waast à Denain et d'Abscon à Denain (15 km.), concédées pour quatre-vingt-dix-neuf ans à la compagnie des mines d'Anzin par ordonnances du 24 octobre 1835 [B. L., 2ᵉ sem. 1835, sér. 9, 2ᵉ partie, 1ʳᵉ section, n° 391, p. 364 et 366] et ouvertes en 1838. Le tarif kilométrique (péage et transport) était de 0 fr. 10 par voyageur et de 0 fr. 10 par tonne de marchandises.

(*b*) Ligne d'Alais à la Grand'Combe (17 km.), concédée pour quatre-vingt-dix-neuf ans à MM. J. Veaute, Abric et Mourier, par ordonnance du 12 mai 1836 [B. L., 1ᵉʳ sem. 1836, nº 434, p. 337] et ouverte en 1841. Le tarif kilométrique était de 0 fr. 12 par voyageur et par tonne de houille, de 0 fr. 17 à la remonte et de 0 fr. 15 à la descente par tonne de marchandises de toute autre nature.

(*c*) Ligne industrielle de Villers-Cotterets au Port-aux-Perches (8 km.), exclusivement destinée au transport des bestiaux et des marchandises, concédée pour une période de quatre-vingt-dix-neuf ans à M. Charpentier par ordonnance du 6 juin 1836 [B. L., 1ᵉʳ sem. 1836, nº 439, p. 4] et ouverte en 1839. Le tarif prévoyait trois classes de marchandises taxées à 0 fr. 16, 0 fr. 18 et 0 fr. 20.

CHAPITRE IV. — ANNÉE 1836

16.—Concession du chemin de Montpellier à Cette.—Le 9 mai 1836 [M. U., 10 mai 1836], le Gouvernement présenta à la Chambre des députés un projet de loi relatif au chemin de Montpellier à Cette (27 km.) que MM. Mellet et Henry offraient d'exécuter à leurs risques et périls. Le cahier des charges était, à quelques différences près, semblable à celui du chemin de fer de Paris à Saint-Germain. Toutefois le tarif prévoyait deux classes de voyageurs, l'une avec voitures découvertes et non fermées, taxée à 0 fr. 05; l'autre avec voitures couvertes et fermées, taxée à 0 fr. 075. La houille payait 0 fr. 10; il y avait, en outre, trois classes de marchandises taxées à 0 fr. 12, 0 fr. 14 et 0 fr. 16. Si, après cinquante années, il était reconnu que le dividende moyen des cinq dernières années avait excédé 10 °/₀ du capital engagé dans l'entreprise, le tarif devait être diminué de manière à ramener à ce chiffre la répartition entre les actionnaires. Pour la première fois, on stipulait l'obligation de brûler la fumée des locomotives.

Le rapport de M. Mallet fut favorable [M. U., 27 mai 1836]. Lors de la discussion [M. U., 12 juin 1836], M. Arago demanda que, une fois les taxes abaissées par le concessionnaire, elle ne pussent être relevées sans l'assentiment du conseil municipal de Montpellier; il motivait sa proposition par la tendance inévitable qu'avaient les Compagnies de chemins de fer à réduire temporairement leurs prix, de manière à tuer les entreprises concurrentes de transport par voie de terre ou par voie d'eau, et à les relever ensuite, au grand détriment du public, qui se trouvait ainsi dépossédé du bénéfice de cette concurrence. M. Legrand, commissaire du Roi, combattit l'amendement, en invoquant le principe de la liberté des transactions commerciales; l'impossibilité de placer le transporteur par chemin de fer sous un régime légal particulier; les fraudes que les Compagnies seraient tentées de commettre en contractant secrètement des traités particuliers. Le Ministre du commerce fit valoir, en outre, les inconvénients qu'il y aurait à mettre ainsi le concesssiónnaire à la discrétion du conseil municipal de Montpellier, trop directement intéressé à l'avilissement des taxes. La Chambre repoussa la proposition de M. Arago.

Nous relevons, dans le rapport de M. le marquis de Cordoue à la Chambre des pairs [M. U., 26 juin 1836], ce détail que la nécessité, pour le concessionnaire, de se procurer du coke pour l'alimentation de ses locomotives était envisagée comme pouvant hâter l'éclairage au gaz des villes de Cette et de Montpellier et comme attestant, une fois de plus, l'enchaînement des progrès matériels.

La Chambre des pairs adopta le projet le 29 juin [M. U., 30 juin 1836], et la loi fut sanctionnée le 9 juillet 1836 [B. L., 2º sem. 1836, nº 444, p. 128].

Une société se forma sous la dénomination de « Société anonyme du chemin de fer de Montpellier à Cette », au capital de 3 millions, représenté par 6 000 actions de 500 fr. chacune. Sur cette somme, 125 000 fr. étaient consacrés à payer les droits à la concession et les études, et 200 000 fr. à constituer un fonds de réserve.

Les statuts de la Compagnie furent approuvés par ordonnance du 4 juillet 1838 [B. L., 2º sem. 1838, supp., nº 378, p. 17], et le chemin fut livré à la circulation en 1839.

17. — **Concession du chemin de Paris à Versailles, rive droite et rive gauche.** — En même temps que le Gouvernement saisissait la Chambre des députés du projet de loi relatif au chemin de fer de Montpellier à Cette, il lui en présentait un autre [M. U., 11 mai 1836], concernant le chemin de fer de Paris à Versailles (35 km.).

A la suite d'enquêtes ouvertes sur divers projets reliant les deux villes, soit par la rive droite, soit par la rive gauche de la Seine, le Ministre du commerce et des travaux publics avait reconnu l'opportunité d'y substituer un nouveau projet, par la rive droite, étudié par les ingénieurs de l'État et se détachant, près d'Asnières, de la ligne de Saint-Germain. Il demandait l'autorisation de procéder, par la voie de la publicité et de la concurrence, à la concession du chemin pour quatre-vingt-dix-neuf ans. Le cahier des charges était presque identique à celui de la ligne de Paris à Saint-Germain : il prévoyait une classe de voyageurs à 0 fr. 18, trois classes de marchandises à 0 fr. 14, 0 fr. 16 et 0 fr. 18 ; la houille était taxée à 0 fr. 10 ; le tarif du chemin de Saint-Germain était ainsi majoré de 0 fr. 01 pour les voyageurs et de 0 fr. 02 pour les marchandises. L'exposé des motifs justifiait cette majoration par la différence des pentes qui atteignaient 5 millimètres au lieu d'être limitées à 3 millimètres, et qui augmentaient ainsi les frais de traction.

Le rapport à la Chambre des députés fut confié à M. Salvandy [M. U., 8 juin 1836]. La Commission dont il était l'organe critiquait très vivement la proposition du Gouvernement : elle reprochait particulièrement au tracé adopté par l'administration :

D'allonger outre mesure le parcours et d'augmenter d'autant la durée et le prix du transport ;

De descendre inutilement vers la Seine, à Asnières, pour remonter ensuite péniblement à Versailles ;

De mal desservir Saint-Cloud ;

D'obliger le nouveau concessionnaire à subir de la part de celui de la ligne de Saint-Germain un péage excessif ;

D'exposer à des encombrements et à des accidents sur le tronc commun aux deux chemins ;

De déshériter les quartiers commerçants de Paris, au profit d'un quartier de luxe.

La Commission paraissait pencher pour un tracé par la rive gauche (1), se détachant du carrefour de la Croix-Rouge ; le Ministre lui proposa alors de mettre simultanément en adjudication deux chemins par les deux rives ; elle se rallia à cette proposition et amenda, en conséquence, le dispositif du projet de loi ; elle stipula notamment que chacun des chemins pourrait pénétrer dans Paris jusqu'à 1 500 mètres du mur d'enceinte, que le rabais porterait sur un prix total de 1 fr. 80 par voyageur, et que les taxes de marchandises seraient réduites de 0 fr. 01 pour le péage et 0 fr. 01 pour le transport.

Lorsque le débat fut porté devant la Chambre, le projet de loi fut assez vivement attaqué [M. U., 14 juin 1836]. On reprocha à l'administration de ne s'être pas éclairée par des enquêtes suffisantes et d'avoir sollicité du Parlement une véritable abdication de ses pouvoirs, en lui demandant une délégation pour statuer sur les résultats de l'adjudication. On jugea très sévèrement les dispositions techniques du projet de la rive droite. M. Arago nia l'utilité d'un double chemin de Paris à Versailles et présenta d'ailleurs, au sujet du projet de la rive droite, des observations très singulières sur le délai nécessaire au percement du souterrain de Saint-Cloud, ainsi que sur les inconvénients et les dangers que comporterait, pour les voyageurs, la traversée de ce

(1) Des tracés par cette rive avaient fait l'objet d'études, notamment de la part de MM. Séguin frères et Polonceau.

souterrain par suite de la fumée des locomotives et surtout
des écarts entre les températures intérieure et extérieure :
aujourd'hui ces observations ne pourraient plus supporter
l'examen, surtout pour un tunnel n'ayant pas plus de
800 mètres de longueur.

Après plusieurs discours de M. Legrand, le projet de
loi proposé par la Commission fut voté par la Chambre des
députés, avec de légères modifications de rédaction.

Devant la Chambre des pairs, le rapport de M. le baron
Rogniat [M. U., 29 juin 1836] conclut à l'adoption du
projet; nous ne retiendrons de ce rapport que l'indication
de la limite de 5 millimètres à admettre pour les pentes et
de celle de 1 000 mètres à assigner aux rayons, sauf des
cas exceptionnels, ainsi que la valeur de 0 50 assignée au
coefficient d'exploitation, c'est-à-dire au rapport entre les
dépenses et les recettes brutes. Depuis, par suite des transformations du matériel et particulièrement des freins, on
est arrivé à accepter des pentes et des courbes beaucoup
plus accusées; quant au coefficient d'exploitation, il a peu
varié pour l'ensemble du réseau. Dans le cours de la discussion en séance publique [M. U., 30 juin 1836], M. Humblot-Conté revint sur les arguments qu'il avait déjà développés en faveur du système des concessions directes.
M. Passy, Ministre du commerce et des travaux publics,
exposa, à cette occasion, ses vues sur la question; ses préférences étaient pour la concession directe, quand l'administration ne se trouvait qu'en présence d'un seul projet susceptible d'exécution; dans le cas contraire, il était favorable
au principe de l'adjudication. D'autre part, M. le baron
Mounier et M. Humblot-Conté protestèrent contre la pénétration exagérée des deux lignes dans Paris, pénétration qui,
en réalité, n'était pas limitée puisqu'on se bornait à fixer
1 500 mètres pour limite de la distance *à vol d'oiseau* du ter-

minus au mur d'enceinte. M. Legrand, puis M. Passy, Ministre, expliquèrent que la rédaction émanait de la commission de la Chambre ; que, d'ailleurs, il serait loisible de ne pas atteindre le maximum indiqué par la loi ; enfin que l'on tiendrait grand compte des avis de la municipalité à ce sujet. Ce débat montre combien on prévoyait peu, à cette époque, l'utilité de rapprocher les gares du centre de Paris et combien, au contraire, certains esprits timorés tendaient à les en éloigner le plus possible.

La loi fut votée par les pairs le 29 juin et prit la date du 9 juillet 1836 [B. L., 2° sem. 1836, n° 444, p. 143].

Une ordonnance du 24 mai 1837 [B. L., 1er sem. 1837, n° 512, p. 411] approuva les adjudications passées le 26 avril :

1° Pour le chemin de la rive droite, au profit de MM. de Rothschild frères, Davilliers et Cie, Thurneyssen et Cie, Louis d'Eichtal et fils, Jacques Lefèvre et Cie, avec rabais de 0 fr. 82 sur le maximum de 1 fr. 80 pour la taxe totale des voyageurs entre Paris et Versailles ;

2° Pour le chemin de la rive gauche, au profit de MM. B. L. Fould, Fould-Oppenheim et A. Léo, avec rabais de 0 fr. 08 sur le même maximum.

Les statuts de la société constituée pour le chemin de la rive gauche furent approuvés par ordonnance du 21 novembre 1837 [B. L., 2° sem. 1837, supp., n° 588, p. 137]; le fonds social était de 11 millions, en 22 000 actions au porteur, de 500 fr. Les neuf dixièmes des bénéfices étaient répartis entre les actionnaires ; le dernier dixième était attribué à la réserve qui devait recevoir, par an, au moins 1/2 °/₀ du capital social ; quand la réserve atteignait un million, elle cessait de s'accroître et l'excédent était distribué aux actionnaires ; si l'ensemble des répartitions entre les porteurs d'actions n'atteignait pas 25 fr. par titre et par an, il était prélevé sur la réserve une somme suffisante pour former ce dividende, sans que ces prélèvements pussent la réduire au-dessous de 500 000 fr.

Quant aux statuts de la société constituée pour le chemin de la rive droite, ils furent approuvés par ordonnance du 25 août 1837 [B. L., 2ᵉ sem. 1837, supp., n° 316, p. 613]. Le fonds social était de 8 millions en 16 000 actions nominatives ou au porteur, de 500 fr.; la Société se réservait, toutefois, de le porter à 10 millions.

La mise en exploitation eut lieu en 1839, pour le chemin de la rive droite. et en 1840, pour le chemin de la rive gauche.

CHAPITRE V. — ANNÉE 1837

18.—**Prêt de l'État à la compagnie des chemins d'Alais à Beaucaire et d'Alais à la Grand'Combe.** — Le 8 mai 1837, le Ministre des travaux publics, de l'agriculture et du commerce (M. Martin du Nord) déposa sur le bureau de la Chambre des députés six projets de loi dont deux seulement furent votés.

Nous commencerons par ceux qui reçurent l'adhésion du Parlement.

Le premier [M. U., 9 mai 1837] tendait à des modifications à apporter aux conditions de la concession des chemins de fer d'Alais à Beaucaire et d'Alais à la Grand'Combe, concédés à MM. Talabot, Veaute, Abric et Mounier, l'un par une loi du 29 juin 1833 et l'autre par une ordonnance du 12 mai 1836.

La Compagnie avait à pourvoir à une dépense de 9 200 000 fr. environ ; les capitaux auxquels elle faisait appel n'osaient s'engager dans une carrière nouvelle qui n'était pas encore bien explorée et trouvaient, d'ailleurs, un emploi avantageux dans d'autres branches de l'industrie locale ; le fonds social ne se constituait pas.

Les concessionnaires se tournèrent alors vers l'État pour solliciter son appui et obtenir de lui un prêt de 6 millions aux conditions suivantes :

1° La société des mines de la Grand'Combe et des che-

mins de fer du Gard donnerait, en garantie du remboursement, ses propriétés, évaluées à 3 millions: la responsabilité
solidaire de ses six gérants: les travaux exécutés par elle; le
dépôt à la caisse des dépôts et consignations d'une somme
de 6 millions en actions de la Société;

2° Elle payerait annuellement à l'État l'intérêt à 3 %
des sommes prêtées;

3° Le remboursement s'effectuerait en douze annuités,
dont la première à échoir deux ans après la mise en activité
de la ligne entière;

4° La Société livrerait aux services de l'État dans la Méditerranée, pendant la période de remboursement de sa
dette, les houilles nécessaires à leur consommation, en
qualité au moins égale à celle des houilles qu'ils employaient
antérieurement et à un prix inférieur de 8 fr. par tonne
au prix de l'adjudication en cours pour les bateaux à vapeur
du port de Toulon.

Le Gouvernement crut devoir agréer la demande de la
société concessionnaire; une convention provisoire fut passée
entre le Ministre et cette Société et soumise à la sanction du
Parlement.

Dans son exposé des motifs, le Ministre, tout en déclarant
qu'en principe l'État ne devait pas disposer des deniers
publics en faveur d'entreprises d'intérêt privé, justifiait, au
cas particulier, le concours du Trésor par le caractère véritablement national de l'œuvre; par la nécessité d'assurer
l'arrivée à bon marché des houilles dans le bassin méditerranéen et de refouler ainsi les charbons anglais; par le
développement incessant de la navigation à vapeur et de la
consommation de combustible; par la valeur des gages
qu'offrait la Société; par l'économie annuelle de plus de
300 000 fr. que réaliserait l'État sur ses achats de charbons
pour la marine militaire et le service des bateaux poste, en

égard à la dernière des conditions du prêt sollicité par la Compagnie.

Au nom de la commission de la Chambre, M. d'Harcourt fit un rapport favorable [M. U., 14 mai 1837], en ajoutant toutefois aux garanties du projet de convention diverses garanties supplémentaires, à savoir :

1° L'obligation pour la Compagnie de justifier, avant la délivrance des fonds, d'une valeur de travaux supérieure d'un cinquième à la somme versée ;

2° L'adhésion et la solidarité de quatre des principales maisons de Marseille ;

3° Une hypothèque, non seulement sur les mines de la Compagnie, mais encore sur le chemin et son matériel.

Dans la discussion en séance publique [M. U., 27 juin 1837], le 26 juin, M. Boissy d'Anglas s'éleva très ardemment contre le système des prêts de l'État à l'industrie privée. Suivant lui, « l'argent des contribuables devait payer « les charges de l'État et ne devait pas être employé à un « autre usage, et encore moins servir un intérêt particulier ; « le rôle de prêteur ne convenait pas à un pays qui se trou- « vait grevé d'une dette considérable..... ; il fallait protéger, « encourager l'industrie, lui procurer au besoin des maté- « riaux à bon marché ; mais il était interdit de lui livrer « les deniers publics, dont la destination aux charges du « Gouvernement était sacrée ». Il contestait, en outre, la valeur des garanties offertes par la Compagnie et des avantages résultant pour l'État de la clause relative au prix des houilles à livrer par la Compagnie aux départements de la marine et des finances.

M. Fulchiron, au contraire, soutint la proposition du Gouvernement et donna, à l'appui de son opinion, des renseignements statistiques intéressants, desquels il déduisait que l'économie annuelle de la marine de l'État et du

commerce marseillais atteindrait au moins 2 500 000 fr.
par le fait de la construction du chemin de fer. M. de
Chastellier se prononça dans le même sens, en invoquant
particulièrement la nécessité de se soustraire au monopole
des houilles anglaises sur le littoral méditerranéen et dans
le midi de la France, et de favoriser, par tous les moyens
possibles, l'essor de l'industrie mécanique.

M. Baude combattit le projet; il y voyait l'origine de
l'exécution des chemins de fer par l'État; suivant cet orateur, « si les travaux publics étaient exécutés uniquement
« par le Gouvernement, souvent des considérations étran-
« gères à leur économie, c'est-à-dire à la comparaison de
« la dépense faite avec l'utilité produite, prévaudraient
« dans les conseils de l'administration ».

Plusieurs membres de la Chambre prirent ensuite la
parole; nous mentionnerons notamment M. Berryer, qui
défendit la proposition.

La discussion générale fut close par des discours du
Ministre et de M. Legrand. Il ne sera pas sans intérêt
de reproduire une partie des paroles prononcées par le
commissaire du Roi, parce qu'elles mettent en relief les
hésitations au milieu desquelles on se débattait alors pour
la détermination du système à adopter en matière de concessions de chemins de fer : « Voyez, Messieurs, dans quel
« cercle d'inconséquences nous roulons sans cesse; tous les
« jours, de toutes parts, on demande des chemins de fer;
« de toutes parts on dit qu'en France nous restons en ar-
« rière, tandis que les pays voisins s'élancent avec ardeur
« dans cette carrière nouvelle; et quand nous vous propo-
« sons les moyens de marcher en avant, on nous oppose à
« chaque instant des fins de non-recevoir; si nous propo-
« sons une concession directe, on réclame l'adjudication
« avec publicité et concurrence; si nous nous décidons pour

« le système de l'adjudication, on nous fait un crime de ne
« pas avoir conféré la concession directe à telle ou telle
« Compagnie. Si nous venons au secours de l'industrie par
« une subvention en capital, c'est un don gratuit et sans
« objet que nous accordons à des Compagnies pour attirer
« plus sûrement les capitaux ; nous penchons vers le mode
« de garantie d'intérêt, les reproches deviennent plus graves
« encore : nous compromettons l'avenir. Eh ! Messieurs !
« c'est cependant avec le système de la garantie d'intérêt
« qu'en ce moment même, sur la frontière du royaume, de
« l'autre côté du Rhin, s'exécute un canal qui pourra bien,
« quelque jour, porter un coup funeste à votre prospérité,
« si vous ne vous hâtez de prendre les mesures nécessaires
« pour prévenir un résultat si fâcheux.

« Que si, renonçant à la subvention et à la garantie,
« nous venons proposer un prêt pur et simple, on s'écrie
« que nous créons un mauvais précédent, que nous com-
« promettons les intérêts du Trésor, lorsque nous avons en-
« touré ce prêt de toutes les garanties imaginables.

« En Angleterre, Messieurs, sur cette terre classique de
« l'industrie, on ne connaît ni la subvention, ni la garantie
« d'intérêt. C'est par des prêts seulement qu'on vient au
« secours de toutes ces grandes opérations....., et quand
« nous vous demandons d'adopter le même moyen pour
« un chemin d'une haute importance qui doit vous af-
« franchir du tribut que vous payez à l'étranger, quand
« nous avons pris soin d'entourer ce prêt de toutes les ga-
« ranties possibles, on nous reproche de compromettre les
« intérêts du Trésor. Messieurs, si vous voulez des chemins
« de fer, il faut vouloir les moyens de les entreprendre et
« de les terminer. »

La Chambre des députés vota, finalement le projet, en
élevant à 4 % le taux de l'intérêt et en portant à quatorze

années le délai durant lequel la houille devait être livrée à prix réduit aux services publics, dans les ports de la Méditerranée.

A la Chambre des pairs, le rapport de M. le comte de Villegontier fut favorable. M. le comte de Boissy d'Anglas reprit une partie des arguments invoqués à la Chambre des députés par les adversaires du projet. Après une réplique du Ministre des travaux publics, la loi fut votée le 12 juillet M. U., 13 juillet 1837], et prit la date du 17 juillet 1837 B. L., 2ᵉ sem. 1837, nᵒ 524, p. 213].

19. — Concession du chemin de Mulhouse à Thann. —

Le second projet de loi présenté le 8 mai 1837 et accepté par le Parlement [M. U., 9 mai 1837] concerne le chemin de Mulhouse à Thann (20 km.), dont la concession était accordée pour quatre-vingt-dix-neuf ans à M. Nicolas Kœchlin. Le cahier des charges était un peu plus complet encore que les précédents et se rapprochait de sa forme définitive. Le tarif comportait deux classes de voyageurs : l'une avec voitures fermées et couvertes, taxée à 0 fr. 08 ; l'autre avec voitures découvertes et non fermées, taxée à 0 fr. 06 ; trois classes de marchandises, taxées respectivement à 0 fr. 15, 0 fr. 16 et 0 fr. 17 ; enfin un prix spécial de 0 fr. 12 pour la houille. A l'expiration des trente premières années de la concession et au bout de chaque période de quinze années, à dater de cette expiration, le tarif pouvait être révisé ; s'il était reconnu que le dividende moyen des quinze dernières années eût excédé 10 % du capital primitif, les taxes devaient être réduites dans la proportion de l'excédent. Des immunités étaient stipulées au profit des transports militaires et postaux.

M. de Las Cases, rapporteur à la Chambre des députés, conclut [M. U., 23 mai 1837] à l'adoption du projet de loi

en raison de l'importance manufacturière de la ville de
Mulhouse et de la richesse de la vallée de Thann.

M. Haas, député, contesta, mais sans succès, l'utilité de
l'entreprise qui ne devait suivant lui provoquer qu'un
abaissement insignifiant des prix de transport, tout en portant une grave atteinte à la propriété privée et aux intérêts
de nombreux entrepreneurs de transports par terre. A la
suite d'une discussion assez longue [M. U., 25 mai 1837],
à laquelle prirent part notamment MM. Vivien, Legrand et
Dufaure, la Chambre admit un amendement aux termes duquel les terrains occupés par le chemin de fer étaient soumis à l'impôt foncier comme ceux des canaux, en conformité
de la loi du 25 avril 1803 (cette clause avait été insérée dans
plusieurs actes antérieurs de concession); l'amendement
stipulait, en outre, que l'impôt sur le prix des places de
voyageurs porterait exclusivement sur la part de ce prix
correspondant au transport proprement dit, abstraction
faite du péage.

Un débat fort intéressant s'engagea ensuite sur l'introduction, dans le cahier des charges, d'une disposition proposée par M. Salverte et ainsi conçue : « A toute époque,
« après l'expiration des trente premières années de la con-
« cession, le Gouvernement aura la faculté de racheter la con-
« cession entière du chemin de fer ; ce rachat aura lieu au
« taux moyen du cours des actions, pendant les cinq années
« qui auront précédé celle où le Gouvernement fera usage
« de la faculté qui lui est conférée par le présent article. »
M. Salverte, appuyé par M. Dufaure, justifia son amendement par l'étendue des droits dont était investi le concessionnaire et par la nécessité absolue de réserver à l'État le
droit de se substituer, à un moment donné, à ce concessionnaire, dans un intérêt public, politique ou commercial; c'était
l'application, sous une forme spéciale, du droit constitutionnel

d'expropriation dont le Gouvernement ne pouvait se dépouiller. Le principe même de l'amendement fut peu combattu; mais les conditions indiquées pour le rachat furent critiquées avec raison : on objecta que le Gouvernement pourrait être accusé de chercher à profiter d'un avilissement temporaire des titres pour réaliser une opération fructueuse, au détriment de la Compagnie ; que, dans beaucoup de cas, les actions n'auraient pas de cours officiel; qu'il pourrait même ne pas exister d'actions. M. Berryer proposa d'inscrire, purement et simplement, la faculté de rachat dans les conditions prévues par la loi sur l'expropriation ; mais M. Teste lui démontra, sans peine, l'impossibilité du fonctionnement du jury en pareille matière. M. de Las Cases, tout en adhérant à l'amendement, demanda qu'il fût complété par la disposition additionnelle suivante : « Le prix de l'achat fait par le « Gouvernement ne pourra jamais être au-dessous du prix « que l'établissement et la confection du chemin auront « coûté, suivant estimation d'experts.» Ce sous-amendement fut repoussé par le motif que, plus on approchait du terme de la concession, moins cette concession avait de valeur. Après un échange d'observations, émanant particulièrement du Ministre et de M. Legrand, la Chambre pensa que la question était trop grave pour être résolue incidemment, à l'occasion d'une ligne secondaire, et l'amendement fut retiré.

A la Chambre des pairs [M. U., 11 juillet, 1837], M. de la Villegontier conclut à l'adoption, qui fut prononcée sans discussion; la loi fut rendue exécutoire le 17 juillet 1837 [B. L., 2° sem. 1837, n° 524, p. 247], et le chemin livré à la circulation en 1839.

Une société en commandite, formée le 19 juillet 1837, se transforma le 30 juillet 1852 en « société anonyme du chemin de fer de Mulhouse à Thann » [B. L., 2° sem. 1852,

supp., n° 263, p. 152]. Le fonds social était de 2 600 000 fr.,
représentés par 5 200 actions au porteur, de 500 fr.;
5 °/₀ des bénéfices étaient mis à la réserve, jusqu'à concurrence d'une somme de 100 000 fr. ; le surplus était affecté
aux charges d'un emprunt antérieur de 400 000 fr. et à la
répartition entre les actionnaires.

20.— **Projets de loi non votés concernant les chemins
de Paris à la frontière de Belgique, de Lyon à Marseille
et de Paris à Orléans.** — En même temps que les deux
projets de loi dont nous venons de parler, le Gouvernement
en avait déposé trois autres.

I.—Chemin de Paris a la frontière de Belgique.—Le
premier tendait à la concession à M. John Cockerill d'une
ligne de Paris à Lille et à la frontière de Belgique avec
embranchement sur Valenciennes. Dans l'exposé des motifs
le Gouvernement faisait ressortir l'importance des relations
entre Paris, le nord de la France et la Belgique ; le rôle
considérable que jouerait la ligne nouvelle comme artère
principale d'où se détacheraient des embranchements vers
Boulogne, Calais et Dunkerque, c'est-à-dire vers l'Angleterre ; la nécessité de resserrer les liens de la France avec
ces deux puissances pour contrebalancer les tendances du
groupement matériel des pays d'outre-Rhin. Deux tracés
avaient été étudiés, l'un par Amiens, l'autre par Saint-
Quentin [M. U., 9 mai 1837], à la suite d'une enquête
dans laquelle toutes les compétitions avaient pu se produire ;
le Gouvernement proposait le tracé par Amiens ; les motifs
de ce choix étaient que la direction de Saint-Quentin était
déjà desservie par des voies navigables perfectionnées et,
d'autre part, que la direction d'Amiens, tout en parcourant
une contrée jusqu'alors dépourvue de moyens de communication faciles et économiques avec le centre de la France,

devait servir tout à la fois aux relations de Paris avec Londres et de Paris avec Bruxelles. La dépense était évaluée à 80 millions ; le Ministre considérait cette entreprise comme trop colossale pour ne pas comporter le concours de l'État. Des négociations avaient été engagées avec deux demandeurs en concession. Le premier sollicitait pendant quarante-six ans une garantie de 4 % ; le second réclamait une subvention du quart de la dépense et la faculté d'introduire en franchise 5 000 tonnes de fer laminé ; il se contentait d'une jouissance de cinquante années ; après les quinze premières années, à dater de l'homologation de la concession, le Gouvernement avait la faculté de racheter la ligne au prix de 250 000 fr. par kilomètre, prix qui se réduisait d'année en année de 6 500 fr. ; le tarif était relativement faible :

Voyageur en voiture ouverte, suspendue sur ressorts.	0 fr.	03
Voyageur en voiture fermée, suspendue sur ressorts.	0	05
Voyageur en voiture suspendue avec butoirs à ressorts, garnie et fermée à glaces. . . .	0	07
La tonne de houille.	0	06
La tonne de marchandises de 1re classe. . .	0	08
La tonne de marchandises de 2e classe. . .	0	10
La tonne de marchandises de 3e classe. . . .	0	12

C'est à cette dernière offre que le Gouvernement s'était arrêté : la subvention ne pouvait, en aucun cas, dépasser 20 millions. Le chemin devait être affranchi de l'impôt foncier.

Le rapport à la Chambre des députés fut présenté par M. de Rémusat [M. U., 28 mai 1837]. Après avoir donné une adhésion chaleureuse au principe de l'exécution du chemin, le rapporteur examinait la question d'exécution par l'État, ou l'industrie privée ; tout en proclamant que la gratuité des voies publiques était le droit commun en France, il reconnaissait l'utilité de déroger à la règle pour hâter la réalisation d'améliorations que l'État serait impuissant à assurer immédiatement par lui-même, sans surcharger outre mesure son budget ; cette dérogation lui paraissait d'autant plus justifiée qu'il s'agissait, non pas de satisfaire à une nécessité, mais de perfectionner un état de choses préexistant. L'association de la puissance publique et de l'initiative privée lui semblait devoir varier selon les circonstances ; suivant l'importance et la difficulté de l'entreprise. Pour les lignes de peu de longueur, d'intérêt local, d'un revenu assuré, le rôle de l'État devait suivant lui se borner à l'autorisation, à la surveillance, à la police de l'œuvre ; au contraire, pour les grandes artères dépassant les forces de l'industrie privée, le Gouvernement devait intervenir dans les dépenses, sous une forme appropriée aux circonstances. Dans l'espèce, le concours du Trésor s'imposait à raison de la longueur et de l'utilité générale de la ligne. La concession devait, d'ailleurs, être accordée directement beaucoup plutôt que par adjudication, eu égard aux garanties que nécessitait une œuvre si gigantesque.

La Commission s'était ralliée au tracé par Amiens. Appelée à se prononcer entre le système de la garantie d'intérêt et celui de la subvention en capital, elle avait repoussé le premier qui, à côté de ses avantages incontestables pour les capitaux engagés dans l'entreprise, avait l'inconvénient de laisser indéterminée l'étendue des sacrifices de l'État et de désintéresser, dans une certaine mesure, le concessionnaire d'une bonne exploitation ; elle avait admis, au contraire, le second. Elle avait conclu à l'adoption du projet de loi, sous réserve de certaines modifications, dont la principale consistait à adjoindre au chemin un embranchement de Cambrai à Douai, sans augmentation de la subvention.

II. — CHEMIN DE LYON A MARSEILLE. — Le second projet de loi était relatif au chemin de fer de Lyon à Marseille [M. U., 29 mai 1837]. L'exposé des motifs justifiait l'établissement de cette ligne par l'imperfection de la navigation du Rhône, qui exigeait jusqu'à trente-cinq jours pour la remonte de Beaucaire à Lyon, et par l'excessive fréquentation de la route de terre. Le tracé proposé partait de Perrache, suivait la rive gauche du Rhône, passait par ou près Vienne, Tarascon et Arles et aboutissait à la Joliette. Son développement était de 347 kilomètres. Quatre embranchements devaient desservir le quartier des Broteaux à Lyon, la place Pentagone à Marseille, le canal de Beaucaire près Tarascon, et la ville d'Arles. L'enquête avait été généralement favorable ; la commission du département des Bouches-du-Rhône, notamment, avait insisté sur la nécessité de la ligne pour mettre Marseille à même de lutter avec le Havre, Anvers et surtout Trieste où arrivaient les cotons de l'Égypte et du Levant à destination de Zurich et de l'Allemagne. Le projet de loi tendait à une adjudication au rabais sur la durée de la concession fixée au maximum à quatre-vingt-dix-neuf ans ; l'État aurait garanti un minimum de 4 % pendant trente ans, sans que le capital ainsi gagé pût dépasser 70 millions. Les taxes étaient de 0 fr. 04, 0 fr. 06, 0 fr. 075 pour les voyageurs ; 0 fr. 10, 0 fr. 12, 0 fr. 14 pour les trois classes de marchandises ; et 0 fr. 08 pour la houille. A l'expiration des trente premières années de la concession et après chaque période de quinze années, à dater de cette expiration, le tarif pouvait être révisé et réduit, si le dividende moyen des quinze dernières années excédait 10 % du capital primitif. A toute époque, après l'expiration du délai

de garantie, le Gouvernement pouvait racheter la concession.
au taux moyen du cours des actions pendant les trois dernières années.

La commission de la Chambre, à laquelle fut renvoyé le
projet, comprenait dans son sein MM. Thiers, Berryer et
Dufaure, rapporteur. Elle agita tout d'abord la question du
choix à faire entre une voie ferrée et un canal latéral (1); sans
méconnaître l'utilité du canal, elle pensa que le chemin de
fer devait avoir la priorité; elle émit d'ailleurs, à cette occasion, les idées les plus justes sur la coexistence des voies
ferrées et navigables dans la même direction.

La Commission reprit l'étude de la question de l'exécution
par l'État ou par l'industrie privée. Ses préférences paraissaient être pour la première solution. Nous ne pouvons nous
dispenser de reproduire quelques extraits du rapport si clair.
si précis, si éloquent de M. Dufaure [M. U., 8 juin 1837] :

« ..... Les chemins de fer font autre chose que présenter
« des facilités à l'industrie et des bénéfices à l'intérêt privé.....
« Nous nous attachons de plus en plus à cette unité nationale
« qu'organisèrent, il y a cinquante ans, les travaux de l'As-
« semblée constituante. Nos lois, nos mœurs, nos usages
« contribuent de jour en jour à la fortifier. Les limites des
« anciennes provinces ont disparu; les traces de leurs vieux
« idiomes s'effacent; les époques de leur agglomération ne
« sont plus qu'une histoire presque oubliée. Confondus dans
« les camps, dans les écoles, sous les mêmes maîtres et sous
« les mêmes drapeaux, les Français du Nord sont les frères
« des Français du Midi, et tout ce qui tend à resserrer les
« liens de notre unité nationale est au nombre des intérêts
« les plus pressants du pays.

« Rien ne pourrait y tendre plus activement que les

---

(1) Ce canal n'a pas été exécuté.

« grandes lignes de fer, ces merveilleuses voies de commu-
« nication qui, par la rapidité du voyage, engagent les popu-
« lations à se mêler et à confondre les produits de leur
« territoire et de leur travail. Les extrémités de la France
« seront plus rapprochées et plus unies.

. . . .

« Au centre de ces communications se trouverait la ca-
« pitale du royaume, et un autre grand intérêt public serait
« ainsi satisfait : l'action du pouvoir central, trop souvent dis-
« sipée dans une préoccupation trop minutieuse des intérêts
« locaux, s'exercerait plus prompte et plus puissante que
« jamais pour les objets qui doivent véritablement appeler sa
« sollicitude. Ne serait-ce rien que cette facilité de la porter
« en peu d'instants sur toutes les frontières du royaume,
« de faire arriver dans une nuit des troupes fraîches et prêtes
« au combat de Paris aux bords du Rhin, de Lyon au pied
« des Alpes?
« Nous croyons donc que les principales lignes de com-
« munication destinées à unir le Nord au Midi, l'Est à
« l'Ouest, et Paris à toutes les extrémités du royaume, ne
« sont pas seulement d'intérêt commercial, mais surtout
« d'intérêt national; qu'il serait bon que le Gouvernement
« les fît exécuter avec toutes les ressources, le zèle et la
« science qui sont à sa disposition, qu'elles lui appartinssent
« et qu'il pût, à sa volonté, sans consulter aucun intérêt
« privé, les conserver, s'en servir, ou, si des malheurs l'exi-
« geaient, les détruire. »
À un autre point de vue, M. Dufaure ajoutait : « L'agio-
« tage et le monopole, voilà les deux dangers que nous
« redoutons en abandonnant les principaux chemins de fer
« à des entreprises particulières, et nous regretterions que
« les premiers grands essais tentés dans notre pays fussent
« déconsidérés par les maux qu'ils auraient produits.

« Il nous aurait d'ailleurs paru désirable que le Gouver-
« nement choisît une ligne importante sur laquelle le corps
« savant qui est à sa disposition pût donner aux entreprises
« particulières une sorte de modèle de toutes les améliora-
« tions, de tous les perfectionnements qui manquent aux
« chemins de fer. »

Néanmoins, tenant compte du chiffre élevé de la dépense
et du courant d'opinion qui s'était manifesté en faveur de
l'industrie privée, la Commission adopta la proposition du
Ministre.

Elle se prononça également en faveur de l'adjudication,
attendu qu'il n'y avait pas de demande de concession directe.

Au sujet du concours de l'État et de sa forme, voici
en quels termes s'exprimait M. Dufaure :

« La minorité de votre Commission préfère le concours
« du Gouvernement par la garantie d'intérêt ; la majorité
« accorde, au contraire, la préférence au concours du Gou-
« vernement par l'avance d'une partie du capital.

« Lorsque vous garantissez, dit-on à l'appui de la pre-
« mière opinion, les intérêts du capital qui sera employé dans
« les travaux, vous faites prendre à l'État un engagement
« qui ne commence qu'après et à condition que les travaux
« seront achevés ; vous vous assurez, ce qui doit être le but
« du concours accordé par le Gouvernement, vous vous as-
« surez la pleine et parfaite exécution d'un projet que vous
« avez cru utile au pays, vous ne vous exposez pas à des
« dépenses sans résultats, à des sacrifices sans dédomma-
« gement.

« L'expérience n'a pas appris encore si ce mode de
« subvention était plus efficace que l'autre pour attirer et
« réunir les capitaux nécessaires à de si grandes entre-
« prises ; mais il est facile de voir que chacun d'eux s'adres-
« serait à des capitaux différents.

« L'actionnaire de la Compagnie, à laquelle l'État fournit
« une partie de son capital, n'a aucun revenu assuré ; il n'est
« même pas certain de l'achèvement du chemin qui doit
« donner une valeur à son action. Le rentier prudent, le
« propriétaire timide qui aura pu épargner une partie de
« ses revenus, le travailleur économe qui aura pu conserver
« quelque fruit de son travail, ne les confieront pas à de
« telles entreprises ; elles seront recherchées, au con-
« traire, par le spéculateur hardi qui calcule que son action
« représente à la fois le fonds qu'il a versé et une part pro-
« portionnelle de celui que l'État fournit, qu'ainsi elle
« augmente chaque jour de valeur vénale, que l'engoue-
« ment, l'ardeur du jeu peuvent lui en donner une autre
« encore ; qui songe à la revendre à la première occasion
« favorable, bien plus qu'au revenu qu'elle pourra lui pro-
« curer dans un temps éloigné. Les actions, avec ce mode
« de subvention, ne seront qu'un aliment nouveau fourni à
« l'agiotage ; il y aura sans doute toujours de l'agiotage ;
« il s'attachera inévitablement à toutes ces entreprises
« particulières, mais il sera beaucoup moins excité par la
« garantie d'intérêt.

« Les actions ainsi garanties seront achetées avec des
« capitaux réels ; leur principale valeur sera dans le revenu
« certain qu'elles présenteront, leur valeur accessoire dans
« le revenu éventuel qu'elles promettront ; ce seront des
« titres de famille que l'on ne revendra que par nécessité
« et non par spéculation.

« Dans le calcul des dépenses nécessaires pour achever
« ces grands travaux, il peut y avoir bien des mécomptes ;
« les fonds primitivement réunis peuvent être insuffisants.
« Il faut trouver des actionnaires nouveaux ; ils profiteront,
« comme les actionnaires primitifs, de la garantie d'intérêt.
« Le taux de l'intérêt diminuera, il est vrai, à mesure que

« s'accroîtra le capital ; il se réduira à 3 1/2, à 3 % ; du
« moins, il y aura toujours un revenu assuré. Mais, avec le
« second mode de subvention, comment obtiendrez-vous de
« nouveaux fonds, qui ne seront plus encouragés par un
« concours proportionnel de l'État, qui redouteront une
« déchéance et des adjudications au rabais, et qui calcule-
« ront peut-être qu'il leur serait plus avantageux de profiter
« d'une telle adjudication que de soutenir l'entreprise pri-
« mitive ?

« La minorité de votre Commission pense que la subven-
« tion par garantie d'intérêt offre, quoique dans un bien
« moindre degré, deux des avantages de la confection
« directe des travaux par l'État ; qu'elle prête moins à l'a-
« giotage ; et qu'elle permet au Gouvernement, par son in-
« tervention nécessaire dans les opérations de la Compagnie,
« d'assurer une bonne exécution des travaux, et de s'op-
« poser aux abus du monopole.

« La majorité de votre Commission n'a trouvé, au
« contraire, de véritable avantage à la subvention par ga-
« rantie d'intérêt, que celui de n'engager l'État qu'après
« que le chemin est achevé, et peut-être aussi d'appeler
« plus sûrement les capitaux ; mais le premier de ces résul-
« tats serait à peu près obtenu si la subvention en capital
« n'est fournie que par portions, successivement et après la
« confection de chaque partie du chemin.

« On ne concevrait pas, au surplus, que l'agiotage
« s'exerçât sur des actions qui ne représentent qu'un re-
« venu éventuel, plus que sur des actions qui jouissent du
« double et précieux avantage de représenter à la fois un
« revenu éventuel et un revenu fixe et solidement garanti.

« Il importe assez peu de faire intervenir l'État dans les
« opérations d'une Compagnie particulière et de le faire
« participer, dans quelque rapport, à ses bénéfices et à ses

« pertes. Il y a longtemps que le régime des régies intéres-
« sées est apprécié et condamné.

« L'État aurait intérêt à trouver, chaque année, dans
« les produits du chemin de fer un revenu net qui le dis-
« pensât de fournir tout ou partie de la somme qu'il aurait
« garantie. L'intérêt de la Compagnie serait au contraire
« d'employer, pendant la durée de la garantie, les produits
« du chemin de fer, d'abord à l'entretenir, puis à l'amé-
« liorer, laissant à ses actionnaires, pour trente ans, l'intérêt
« promis par le Gouvernement et leur ménageant, pour l'a-
« venir, des revenus plus considérables.

« Quelles seraient donc les dépenses qui devraient être
« prélevées sur le produit brut du chemin? Comment les
« distinguer? Ce serait, entre la Compagnie et le Gouver-
« nement, une cause incessante de difficultés et le résultat
« vraisemblable serait d'assujettir l'État à payer tout l'in-
« térêt qu'il aurait garanti.

« A ce compte, la subvention en garantie d'intérêt
« devient infiniment plus onéreuse qu'une subvention en
« capital; elle engage beaucoup trop le Trésor public et
« pour un temps éloigné où cet engagement pourrait être
« très onéreux. Payer 4 % pendant trente ans, c'est payer
« plus que le capital employé aux travaux, successivement
« à la vérité, mais aussi sans aucun dédommagement finan-
« cier. »

Finalement la Commission conclut :

1° A faire une première adjudication, dont le rabais
porterait sur le montant d'une subvention en capital fixée,
au maximum, au quart de la dépense, sans que cette dépense excédât 70 millions ;

2° Si cette adjudication était infructueuse, à en tenter
une seconde, dont le rabais porterait sur la durée de la
garantie, le taux restant fixé à 4 %. Dans l'un et l'autre cas,

la durée de la concession était de quatre-vingt-dix-neuf ans.

La Commission repoussa, en outre, la stipulation tendant à exonérer de la contribution foncière les terrains formant l'assiette du chemin de fer, et apporta au cahier des charges quelques autres changements sur lesquels nous n'avons pas à insister.

III.—Chemin de paris a orléans.— Le troisième projet de loi était relatif à la ligne de Paris à Orléans, par Ivry, Choisy-le-Roi, Juvisy et Étampes, avec embranchement sur Corbeil [M. U., 9 mai 1837]. La longueur du chemin était de 115 kilomètres ; la dépense était évaluée à 22 millions. La durée de la concession était de quatre-vingt-dix-neuf ans ; l'État allouait une subvention de 3 millions, sur laquelle devait porter le rabais de l'adjudication. Le tarif et les dispositions relatives à sa révision et au rachat étaient les mêmes que dans le cahier des charges du chemin de Lyon à Marseille.

La commission de la Chambre des députés conclut, par l'organe de M. Cordier, rapporteur, à l'adoption du projet de loi [M. U., 24 mai 1837]. L'utilité nationale du chemin était surtout motivée, à ses yeux, par la nécessité de créer une concurrence aux canaux concédés de Briare, d'Orléans et du Loing dont les taxes étaient tout à fait excessives. Elle appuya vivement le système des concessions par adjudication, mais en appelant l'attention de l'administration sur l'opportunité d'exiger des Compagnies adjudicataires des garanties sérieuses, par la dénomination des adjudicataires, principaux administrateurs, souscripteurs et ingénieurs dans l'acte de société. Elle proposa, d'ailleurs, de décider que le rabais porterait d'abord sur le montant de la subvention et ensuite sur la durée de la concession, si le soumissionnaire renonçait à toute subvention.

Après coup, le Ministre demanda diverses modifications au cahier des charges ; la principale était la suivante. Tout en maintenant les taxes totales, on réduirait le péage, de manière à faciliter les transports par des entrepreneurs autres que le concessionnaire.

La Commission fit un rapport supplémentaire [M. U.. 27 juin 1837], concluant à l'adoption des changements réclamés par le Gouvernement. Elle en profita pour combattre la demande d'ajournement formulée dans une discussion générale, dont nous aurons à parler plus loin. Elle fit valoir que l'État recevrait au moins un intérêt annuel de 10 %, de sa subvention, grâce aux immunités des transports postaux et militaires et à l'impôt du dixième sur les voyageurs ; que la construction du chemin fournirait du travail à un grand nombre de familles ; que la ligne offrait tous les éléments de succès. Elle s'opposa énergiquement à la remise complète du chemin de fer entre les mains de l'État.

Malgré l'insistance de la Commission, le projet ne fut pas discuté devant la Chambre et devint caduc, par suite de l'expiration de la législature. Il en fut de même des deux précédents (Paris à la Belgique et Lyon à Marseille).

21.—Concession du chemin d'Épinac au canal du Centre.

— Pendant que l'instruction de ces trois projets de loi se poursuivait à la Chambre, le Gouvernement en déposait cinq autres, à la date du 3 juin. Deux seulement furent votés ; c'est par eux que nous commencerons.

Le premier concernait le chemin des houillères d'Épinac au canal du Centre (24 km.) [M. U.. 4 et 5 juin 1837] ; c'était un chemin industriel à marchandises, qu'il s'agissait de concéder à M. Blum, déjà concessionnaire de la ligne d'Épinac au canal de Bourgogne ; sa longueur était de 25 kilomètres ; il comportait d'assez fortes pentes et même des plans in-

clinés (1). La dépense était évaluée à 1 400 000 fr., le tarif
était de 0 fr. 12 pour la houille, qui devait constituer la plus
forte part du trafic, et de 0 fr. 17 pour les autres marchandises ; la durée de la concession était de quatre-vingt-dix-
neuf ans. Le cahier des charges prévoyait la révision des
taxes dans les conditions précédemment indiquées pour le
chemin de Mulhouse à Thann, c'est-à-dire à l'expiration des
trente premières années de la concession, et, ensuite, de
chaque période de quinze années ; s'il était reconnu que
le dividende moyen des quinze dernières années eût excédé
10 %, le tarif était réduit dans la proportion de l'excédent.

La commission de la Chambre, par l'organe de M. de
Bussières, appuya la proposition du Gouvernement [M. U.,
18 juin 1837] ; le nouveau chemin devait, en effet, rendre des
services pour le transit entre Marseille et Paris, faire concurrence aux canaux unissant la Loire à la Seine, mettre en
présence sur le canal de Bourgogne les produits de diverses
houillères, amener au Creuzot les minerais destinés à l'alimentation de ses hauts-fourneaux.

La loi fut votée sans difficulté par les deux Chambres
[M. U., 25 juin, 11 juillet et 13 juillet 1837] et rendue exécutoire le 17 juillet 1837 [B. L., 2e sem. 1837, n° 524, p. 233] ;
mais elle resta sans effet.

22. — Concession du chemin de Bordeaux à La Teste.

— Le second projet de loi déposé le 3 juin 1837 [M. U., 4 et
5 juin 1837] et voté par la Chambre des députés tendait à
adjuger la concession d'un chemin de fer de Bordeaux à la
Teste (52 km.), destiné à vivifier sur son trajet les Landes de
Gascogne et à rattacher à Bordeaux le port de La Teste,

(1) Il y avait trois plans inclinés dont deux à pentes de 0,05 et un à pente
de 0,163. Le transport des voyageurs était formellement interdit, à raison des
dangers que présentait alors la circulation sur ces plans inclinés.

qui était le seul point d'entrepôt des produits des Landes et, en outre, le seul lieu de refuge assuré pour les bâtiments surpris par la tempête sur l'immense étendue des côtes comprises entre Bayonne et l'embouchure de la Gironde. Le rabais de l'adjudication devait porter sur la durée de la concession, fixée au maximum à quatre-vingt-dix-neuf ans. Le projet de loi stipulait la faculté de révision des tarifs, telle qu'elle a été définie à propos du chemin de Mulhouse à Thann, et la faculté de rachat après les trente premières années de la concession, au taux moyen du cours des actions pendant les trois années précédentes. Le cahier des charges prévoyait les taxes suivantes : deux classes de voyageurs, l'une en voitures découvertes et non fermées, suspendues sur ressorts, tarifée à 0 fr. 05, et l'autre en voitures couvertes et fermées, suspendues sur ressorts, à 0 fr. 075 : trois classes de marchandises, à 0 fr. 12, 0 fr. 14, 0 fr. 16 ; le sel marin, à 0 fr. 08 et la houille, à 0 fr. 10.

Dans son rapport à la Chambre des députés [M. U., 2 et 23 juin 1837], M. Laurence rappela la triste situation des Landes de Gascogne, vouées à toutes les causes de stérilité, d'insalubrité et d'abandon ; l'indifférence regrettable que pendant longtemps le Gouvernement avait manifestée pour cette situation; les efforts de l'initiative privée pour suppléer à l'action du pouvoir central; l'ouverture par une Compagnie d'un canal reliant Arcachon aux étangs du littoral; la constitution d'une société pour la création de forêts, la mise en valeur des terres arrosables et l'élève des bestiaux ; les semis de pins effectués sur les dunes dans le but de les fixer et de protéger ainsi les cultures avoisinantes. Il fit ressortir les bienfaits qu'apporterait avec lui le nouveau chemin de fer, et conclut à adopter le projet de loi sans modification.

La Chambre des députés émit un vote favorable [M. U., 23 juin 1837], mais en supprimant la clause de rachat pour des motifs exprimés dans la discussion générale qui eut lieu, dans la même session, sur la question des chemins de fer.

La Chambre des pairs, tout en regrettant la suppression de la stipulation relative au rachat et en jugeant un peu longues les périodes de révision, vota également la loi le 12 juillet [M. U., 13 juillet 1837], sur le rapport de M. le comte de la Villegontier [M. U., 11 juillet 1837]. Cette loi prit la date du 17 juillet [B. L., 2ᵉ sem. 1837, n° 524, p. 217].

L'adjudication fut passée, le 26 octobre, au profit de M. de Vergès qui se contentait d'une concession de trente-quatre ans huit mois, et approuvée par ordonnance du 15 décembre 1837 [B. L., 2ᵉ sem. 1837, n° 551, p. 852].

Les statuts de la société anonyme qui se substitua à M. de Vergès furent approuvés par ordonnance du 25 février 1838 [B. L., 1ᵉʳ sem. 1838, supp., n° 360, p. 513]; le fonds social était de 5 millions, en 10 000 actions nominatives jusqu'à leur libération, et ensuite nominatives ou au porteur, à volonté; le capital pouvait être élevé à 6 millions. Le vingtième des bénéfices était mis à la réserve, jusqu'à concurrence d'une somme de 300 000 fr.; l'excédent se répartissait entre les actions.

La mise en exploitation eut lieu en 1841.

23. — Projets de loi non votés concernant les chemins de Paris à Rouen, au Havre et à Dieppe; de Paris à Tours; et d'Andrézieux à Roanne.

I. — CHEMIN DE PARIS AU HAVRE ET A DIEPPE.—Des trois projets de loi déposés le 3 juin 1837 sur le bureau de la Chambre des députés, mais non votés, le premier tendait à l'adjudication d'un chemin de Paris à Rouen, au Havre et à Dieppe [M. U., 5 juin 1837]. Pendant le cours des enquêtes, les avis les plus contradictoires avaient été formulés au sujet du choix à faire entre le tracé par les plateaux ou par Gisors, et le tracé par la vallée de la Seine. Aussi le cahier des charges laissait-il à l'adjudicataire la faculté d'opter pour l'un ou l'autre de ces tracés, à charge par lui d'indiquer par avance, dans sa soumission, la direction suivant laquelle il entendait exécuter les travaux.

La durée de la concession était de quatre-vingt-dix-neuf ans. Le rabais de l'adjudication devait porter sur la subvention de l'État, laquelle était fixée au maximum à 10 millions et appliquée exclusivement au prolongement, sur le Havre et sur Dieppe, de la ligne de Paris à Rouen. Le tarif était de 0 fr. 04, 0 fr. 06, 0 fr. 075 pour les trois classes de voyageurs (dont la définition était la même que dans le cahier des charges du chemin de Lyon à Marseille); de 0 fr. 06 pour la houille; de 0 fr. 10, 0 fr. 12, 0 fr. 14 pour les trois classes de marchandises. Le projet de loi comprenait, comme les projets antérieurs, la clause de révision et la clause de rachat.

Dans son rapport à la Chambre des députés [M. U., 17 juin 1837]. M. Mathieu commença par faire connaître son appréciation sur les avantages des chemins de fer, sur la limite dans laquelle il fallait les construire, sur les pentes et les courbes susceptibles d'être admises. Après ce préambule technique et économique, il passa en revue les diverses phases de l'instruction de l'affaire et proposa l'adoption du projet de loi avec divers changements dont les plus essentiels étaient les suivants :

1° Le chemin serait complété par des embranchements sur Elbeuf et sur Louviers ;

2° Si l'adjudication demeurait sans résultat, il serait procédé à une nouvelle adjudication ne portant plus que sur la section de Paris à Rouen, sans subvention et avec rabais sur la durée de la concession ;

3° Deux têtes de ligne seraient établies à Paris, l'une rue Saint-Lazare, entre les rues de Clichy et du Rocher, pour les voyageurs ; l'autre rue La Fayette, entre les rues du Faubourg-Saint-Denis et du Faubourg-Poissonnière pour les marchandises ;

4° En cas de rachat, l'indemnité devait être basée sur le cours des actions pendant les cinq et non les trois dernières années.

Le projet de loi ne fut pas discuté et devint caduc.

II. — CHEMIN DE PARIS A TOURS. — Il en fut de même d'un autre projet de loi, présenté le même jour, pour un chemin de Paris à Tours par Chartres, s'embranchant sur l'une des deux lignes de Paris à Versailles [M. U., 5 juin 1837]. Ce chemin devait faire l'objet d'une adjudication portant sur le rabais de la subvention fixée au maximum à 6 millions ; la durée de la concession était de quatre-vingt-dix-neuf ans. Le tarif était identique à celui de la ligne de Paris à Rouen, au Havre et à Dieppe, sauf pour la houille qui était taxée à 0 fr. 08 au lieu de 0 fr. 06 ; les clauses de révision et de rachat reproduisaient également celles du cahier des charges de cette dernière ligne.

Le rapport fut fait par M. Bureaux de Pusy [M. U., 2 juillet 1837]. L'administration n'ayant pas fourni d'appréciation sur le trafic probable du chemin de fer, afin de ne pas engager sa responsabilité en cas de mécomptes pour les concessionnaires, le rapporteur lui reprocha cette réserve excessive et exprima l'avis que dorénavant, pour justifier l'utilité publique de l'œuvre, le Gouvernement devrait produire des documents statistiques détaillés à cet égard. Par des supputations assez développées il établit que l'économie réalisée sur les transports correspondrait à un capital de 77 millions, tandis que la dépense de construction (frais de

roulement compris, ne dépasserait pas 58 millions. Il conclut
donc à l'opportunité de la concession. Il repoussa d'ailleurs
la proposition de subvention, en faisant valoir d'une part que
les capitaux particuliers pouvaient suffire à de grandes
entreprises de travaux publics, lorsqu'elles étaient fructueuses pour le pays, et d'autre part que les subventions
de l'État troublaient injustement les conditions de concurrence des divers centres de production. La Commission
pensa, en outre, que l'embranchement sur la ligne de
Versailles, rive gauche, devait être rendu obligatoire et
qu'il fallait laisser au Gouvernement, et sous sa responsabilité, le soin d'autoriser plus tard, s'il le jugeait nécessaire,
un second embranchement sur la rive droite ; elle considérait en effet qu'il ne serait peut-être pas prudent de réunir
sur un même tronc les trois chemins de Versailles, de Saint-
Germain et de Tours. En définitive, le rapport concluait à
l'approbation du projet de loi, sous réserve de modifications
dont les plus importantes résultaient des observations ci-
dessus relatées : le rabais devait porter, non plus sur la
subvention qui disparaissait, mais bien sur la durée de la
concession. Les conclusions du rapport ne furent pas discutées.

III. — CHEMIN D'ANDRÉZIEUX A ROANNE. — Enfin le troisième projet de loi déposé le 3 juin et non accepté par la
Chambre des députés, quoique soumis à une discussion
publique, concernait le chemin de fer d'Andrézieux à Roanne,
antérieurement concédé à perpétuité par ordonnance du
27 août 1828 [M. U., 3 juin 1837]. Des dépassements considérables s'étaient produits sur les évaluations primitives
de la dépense ; puis étaient survenus les événements de 1830
et la crise commerciale et industrielle de 1831. La Compagnie
avait pu achever les travaux, mais il lui avait été impossible de

se procurer tout le matériel roulant nécessaire à une bonne exploitation ; elle avait été, par suite, constituée en état de faillite le 1er mai 1836 ; elle s'était alors tournée vers le Gouvernement pour solliciter de lui le prêt d'une somme qui lui permît de désintéresser ses créanciers, d'améliorer le chemin et de compléter son matériel. Le Ministre, considérant que la ligne d'Andrézieux à Roanne présentait une utilité véritablement nationale pour le transport, vers la Loire et vers Paris, des houilles de Saint-Étienne, n'avait pas cru devoir repousser absolument la demande de la Compagnie. Il avait, en conséquence, sollicité du Parlement l'autorisation de traiter avec la Société, dès sa reconstitution légale, pour le prêt d'une somme de 4 millions ; l'État aurait reçu un intérêt de 3 °/₀ ; il aurait d'ailleurs été remboursé au moyen d'un amortissement annuel de 2 °/₀ commençant au plus tard deux ans après la signature de la convention ; la Compagnie aurait affecté au paiement des intérêts et à l'amortissement les travaux exécutés ou à exécuter sur le chemin de fer, le dépôt à la caisse des dépôts et consignations d'une somme de 4 millions en actions, enfin les produits et revenus de toute espèce de l'exploitation.

La commission de la Chambre émit un avis favorable par l'organe de M. Janvier [M. U., 25 juin 1837] ; elle admettait en effet qu'il était de la dignité, de la justice de l'État de chercher à sauver d'une manière complète les actionnaires qui, les premiers, avaient tenté la précieuse, mais périlleuse industrie des chemins de fer, et qu'il y avait, du reste, lieu de tenir compte du retard apporté à l'achèvement des canaux latéraux à la Loire et du préjudice que ce retard avait causé à la Compagnie au point de vue des débouchés du chemin. Toutefois, elle avait complété la loi par l'institution d'un commissaire royal près de la Compagnie ; par la réduction de la concession à quatre-vingt-dix-neuf ans, à compter de la promulgation de la loi ; par l'addition d'une clause stipulant qu'en cas d'inexécution des engagements de la Société la totalité de la dette serait exigible.

Le projet de loi fut discuté ou plutôt mis aux voix immédiatement après celui qui concernait la ligne d'Alais à Beaucaire et rejeté pour les mêmes motifs, sans discussion nouvelle.

24. — **Discussion générale sur les chemins de fer à la Chambre des députés en 1837** [M. U., 17, 20 et 21 juin 1837]. — Nous avons fait connaître antérieurement qu'une discussion générale sur les chemins de fer s'était engagée, en 1837, à la Chambre des députés ; il ne sera pas inutile de la résumer à grands traits.

Cette discussion commença le 16 juin par un long discours de M. Jaubert. L'honorable député fit ressortir l'influence considérable que les chemins de fer exerçaient sur les relations commerciales des diverses provinces entre elles et avec les pays voisins, sur la situation relative des différents centres de production et de consommation, sur le régime douanier, sur l'action politique et gouvernementale ; la véritable révolution qu'ils allaient accomplir motivait, à ses yeux, une étude d'ensemble, un examen attentif de toutes les questions que pouvait soulever leur établissement. Après avoir critiqué l'étendue des propositions, alors soumises au Parlement, qui lui semblaient hors de proportion avec les capitaux disponibles en France, il discuta le choix à faire entre l'exécution par l'État et l'exécution par l'industrie privée et revendiqua hautement pour l'État toutes les lignes principales, c'est-à-dire celles du Havre à Strasbourg, de Lille à Marseille, de Metz à Bayonne, de Bordeaux à Cette. A l'appui de son opinion, il invoquait l'inachèvement ou la mauvaise exécution d'un certain nombre de chemins de fer antérieurement concédés ; l'agiotage auquel donnerait lieu l'excessive importance des entreprises confiées aux Compagnies ; la ruine à laquelle seraient exposés une foule de familles, de petits rentiers engouffrant le produit de leur épargne sur la foi d'une annonce pompeuse et mensongère; l'exemple de la Belgique où le Gouvernement avait dû provoquer une loi refrénant les excès de la spéculation ; les catastrophes financières des États-Unis ; l'inconvénient d'aliéner, pour un temps nécessairement long, la libre disposition des tarifs ; le devoir qui s'imposait à l'État de fournir gratuitement toutes les voies de communication présentant un caractère de nécessité. Subsidiairement, il insistait pour l'égalité des tarifs. Il combattait en principe toute subvention; parmi les différents modes de concours, celui qu'il jugeait le plus défectueux était celui de la garantie d'intérêt, qui entraînerait une mauvaise gestion des Compagnies et mêlerait l'administration à cette gestion. Examinant la préférence à donner au système d'adjudication ou au système de concession directe, il se prononçait nettement pour ce dernier, seul susceptible, suivant lui, d'offrir les garanties voulues de capacité et de moralité et de créer les dévouements généreux en attribuant aux concessionnaires l'initiative, la responsabilité morale et l'honneur de leurs entreprises. Chemin faisant, il émettait l'opinion qu'il ne faudrait pas s'effrayer de voir le Gouvernement issu de la révolution de juillet engager pour un milliard de travaux de chemins de fer.

Après M. Jaubert, M. le colonel Paixhans se plaignit tout d'abord de ce que le Gouvernement n'eût pas arrêté un programme d'ensemble des travaux de viabilité restant à exécuter; il chercha à esquisser ce programme et indiqua les trois chiffres suivants qu'il est utile de noter, savoir :

Somme consacrée, de 1830 à 1837, aux travaux publics : 530 millions ;

Dépenses afférentes à des travaux votés depuis la récente création du budget extraordinaire : 470 millions, dont 270 à payer par le Trésor :

Montant total de l'évaluation des travaux dont ces 470 millions constituaient l'amorce : 2 300 000 000 fr., dont 1 000 000 000 fr. à payer par le Trésor.

L'orateur ne jugeait pas ce sacrifice exagéré ; en effet, Napoléon Ier, malgré ses énormes dépenses de guerre, avait, en quinze ans, consacré plus d'un milliard aux travaux publics. La Restauration avait pu, dans le même délai, payer plus d'un milliard aux étrangers, plus d'un milliard aux émigrés, 300 millions pour l'expédition d'Espagne et 300 millions pour les canaux.

Néanmoins, il ne se dissimulait pas les écueils que pouvaient susciter l'agiotage, le renchérissement du prix des matériaux et notamment du fer, l'accroissement excessif des salaires au détriment de l'agriculture et de l'industrie.

Quoiqu'il en soit, les avantages que les chemins de fer devaient procurer au pays étaient tels, qu'il n'hésitait pas à désirer de les voir commencer sans retard et continuer avec persévérance. Il montrait à la Chambre la Belgique terminant ses grandes lignes et accaparant le transit entre l'Angleterre et l'Allemagne ; la Suisse tendant la main à la Hollande, à l'Allemagne, à l'Autriche et attirant à elle la Belgique, notre meilleure alliée ; l'Autriche ouvrant ses relations sur la Baltique par le chemin du Danube à l'Elbe, sur l'Orient par l'amélioration de la navigation du Danube, sur l'Italie, l'Adriatique, la Méditerranée.

Il insistait pour la prompte exécution des lignes de Paris sur le Havre, sur l'Angleterre et la Belgique, sur Strasbourg, sur Marseille et sur Bordeaux.

A M. le colonel Paixhans succéda M. Fould, qui reprocha dans des termes comminatoires au Gouvernement de n'avoir aucune unité de vues, aucun système, aucun plan ; d'avoir présenté des projets de loi de complaisance dans un intérêt électoral ; d'avoir proposé des concessions directes sans aucun discernement ; de n'avoir même pas su proportionner les cautionnements à l'importance des entreprises ; d'avoir ouvert des enquêtes locales nécessairement illusoires au lieu d'une grande enquête parlementaire ; d'avoir présenté tardivement ses projets. Il insista pour que l'administration fût invitée à réviser ses propositions dans des vues d'ensemble, pour que les grandes lignes restassent entre les mains de l'État, et pour que les autres fussent concédées sans subvention, le concours des finances publiques étant inutile si l'œuvre comportait des avantages réels. Il fit valoir que l'État pouvait, à l'inverse des Compagnies, ne chercher qu'une rémunération directe relativement faible, tout en recueillant des bénéfices indirects très élevés. Finalement, il conclut à ne voter dans la session que les projets de loi portant concession de lignes secondaires sans subvention.

Le Ministre des travaux publics répliqua à M. Fould, repoussa les reproches adressés à son administration, montra que les études avaient été faites dans des vues d'ensemble et justifia la priorité attribuée aux grandes lignes dont il avait présenté les projets, notamment à celle de Paris à la Belgique. Tout en se montrant, en principe, favorable à l'exécution par l'État des lignes principales, il fit remarquer que la charge imposée au Trésor serait excessive et qu'en pareille matière il ne fallait pas de système absolu. Il fit valoir les raisons générales qui militaient, dans chaque cas particulier, en faveur de l'un des trois systèmes de concours (subvention, garantie d'intérêt, prêt) ; il exprima toutefois ses préférences pour les subventions directes qui correspondaient à un sacrifice bien déterminé du Trésor.

A la séance suivante, M. Berryer prit la parole ; il solli-

cita le vote à brève échéance des lois relatives aux lignes de
Paris au Havre, de la Méditerranée au Nord, de Paris à
Orléans et à Tours. Son opinion sur la répartition des travaux entre l'État et les Compagnies fut conforme à celle du
Ministre. Il soutint qu'il y avait justice à subventionner les
chemins de fer, qui devaient enrichir le Trésor par le développement des communications, des affaires, de la fortune
publique ; il ajouta que le concours de l'État était même de
la plus haute utilité, parce qu'il lui permettait d'insérer la
faculté de rachat dans les actes de concession et en outre
d'avoir un pied dans l'entreprise, d'en surveiller la gestion
intérieure et de mieux s'opposer aux abus du monopole de
fait accordé aux Compagnies. Passant à l'examen des différentes formes de concours, il repoussa le système des prêts,
sauf dans les cas spéciaux où le Trésor trouverait des
garanties assurées de remboursement. Il combattit également
le système des subventions en capital, à raison de l'agiotage
qui pouvait en découler. Voici un extrait de son discours à
ce sujet : « Un chemin de fer est évalué à 80 millions. Le
« Gouvernement intervient ; il s'oblige à faire un quart du
« capital. Le lendemain du vote de la loi, il y a sur la place
« 60 millions d'actions pour une valeur de 80 millions. Que
« dit le porteur de ces actions : « A quel prix voulez-vous
« 60 millions d'actions qui en valent 80 ? »... Il y a évidem-
« ment 25 % de bénéfice acquis par le fait de l'allocation
« par l'État d'un quart du capital. » Il préconisa, au
contraire, le système de la garantie d'intérêt, qui avait
l'avantage de n'engager l'État que sur des travaux achevés et
de faire appel aux capitaux sérieux, aux capitaux désireux
de se classer, et non aux capitaux dévorants de la spéculation. Il défendit enfin l'introduction en franchise, dans une
mesure restreinte, des rails et des machines, afin d'éviter les
prétentions exagérées de l'industrie métallurgique française.

Le Ministre des finances, se plaçant au point de vue du rôle de son département, indiqua les raisons qui avaient conduit l'État à appliquer, suivant les circonstances, telle ou telle forme de concours. Il réfuta l'argumentation de M. Berryer, au sujet des subventions en capital, en faisant remarquer que le fait même de l'allocation de ces subventions démontrait les difficultés financières de l'œuvre et devait décourager plutôt qu'encourager la spéculation.

M. Vivien développa les craintes que lui inspirait l'émission, en peu de temps, de 500 millions d'actions sur la place, eu égard surtout à ce fait que les versements seraient échelonnés sur un intervalle de temps assez long et que, dès lors, le jeu de la Bourse s'engagerait inévitablement lors des premiers versements, relativement restreints; il attaqua, comme M. Fould, l'incohérence des propositions du Gouvernement. Suivant lui, les lignes de chemins de fer devaient suivre les courants de circulation antérieurement constatés et réunir, par la voie la plus directe, les grands centres de population; les subventions devaient être accordées de manière à ne pas favoriser une entreprise plus que les autres; la concession directe devait toujours être exclue, au profit de l'adjudication qui seule pouvait sauvegarder les intérêts du Trésor.

M. Legrand répliqua à M. Vivien. Après avoir fait ressortir le soin et l'habileté avec lesquels les ingénieurs de l'État avaient étudié et rédigé leurs projets, il établit que ces projets avaient été conçus dans un esprit d'ensemble indéniable. L'orateur donna à cette occasion une définition curieuse des diverses voies de communication : « Les routes « de terre, disait-il, sont les voies de l'agriculture; les ca- « naux, les rivières, sont les voies du commerce; les chemins « de fer sont les voies de la puissance, des lumières et de la « civilisation. » Le but qu'avait poursuivi le Gouvernement était de rattacher à la capitale tous les grands centres de

population et de mettre la capitale elle-même en relation
avec les pays voisins. M. Legrand reproduisit les raisons
financières qui s'opposaient à l'exécution de tout le réseau
par l'État et demanda que le Parlement admît pour auxiliaires l'intelligence et l'activité de l'intérêt privé, en l'aidant
par une subvention en capital ou une garantie d'intérêt, avec
faculté de révision des tarifs et de rachat. Il démontra que
les déterminations prises par le Gouvernement pour la forme
du concours, pour sa quotité, pour le choix entre l'adjudication et la concession directe, avaient été le fruit, non pas
du hasard, mais bien d'une étude raisonnée des circonstances
spéciales à chaque affaire.

M. Duchatel monta ensuite à la tribune pour attaquer le
système de la garantie d'intérêt, dont l'inconvénient le plus
grave était de désintéresser les concessionnaires d'une bonne
administration, s'ils ne prévoyaient pas, à brève échéance,
des revenus élevés; qui obligeait d'ailleurs l'État à s'ingérer
dans les dépenses et les recettes de la Compagnie, à contrôler
tous les comptes; qui garantissait les soumissionnaires contre
les mauvaises chances, en leur laissant tous les profits; et
qui, dès lors, prêtait à l'agiotage autant, si ce n'est plus, que
les subventions.

M. Berryer revint à la charge en faveur de la garantie
d'intérêt.

M. Ganneron fit un long discours dans le même sens, en
y ajoutant une proposition qui ne s'était pas encore fait jour
et qui tendait à fixer à forfait, aux deux tiers par exemple,
le rapport entre la dépense et la recette brute de l'exploitation, pour simplifier la vérification des comptes et l'action
administrative.

Après quoi, la Chambre prononça le renvoi, à la suite du
budget, de tous les projets de loi relatifs aux grandes lignes.
C'était les rendre caducs, puisque la législature devait, en

fait, prendre fin aussitôt après le vote de la loi de finances.

Si nous jetons un coup d'œil rétrospectif sur cette discussion générale et sur les quelques discussions spéciales dont nous avons rendu compte, nous y voyons se manifester les opinions, les tendances les plus opposées sur tous les graves problèmes que soulevait l'établissement des chemins de fer. L'exécution par l'État avait ses apôtres ; l'industrie privée avait aussi les siens ; enfin les partisans d'un système mixte était assez nombreux. Il en était de même du mode de concession. L'opportunité du concours de l'État donnait lieu aux controverses les plus ardentes. La forme de ce concours, elle-même, divisait les meilleurs esprits. Malgré des études approfondies, malgré de savants rapports, malgré des discours éloquents prononcés par les voix les plus autorisées, la Chambre n'était pas parvenue à se faire une conviction et s'était vue réduite à ajourner encore une fois, faute de décision, le commencement des grandes artères du réseau français ; notre pays se laissait ainsi distancer de plus en plus par les nations voisines et son génie d'initiative semblait, en cette occasion, lui devenir infidèle.

Le développement des chemins de fer concédés à la fin de la session était seulement de 404 kilomètres et celui des chemins de fer en exploitation de 167 kilomètres.

25.— Travaux de la commission extraparlementaire, instituée à la fin de 1837. — A la suite des échecs éprouvés par le Gouvernement devant la Chambre, M. Martin, Ministre des travaux publics, de l'agriculture et du commerce, constitua, par arrêtés des 28 octobre et 10 novembre 1837, une commission extraparlementaire dont il se réserva la présidence, pour examiner la solution à donner au problème de l'établissement des chemins de fer.

Cette commission était composée de MM.

Le comte d'Argout, pair de France, gouverneur de la Banque de France ;

Cerclet, maître des requêtes au conseil d'État ;

Charlier (Victor) ;

Le comte Daru, pair de France ;

Dufaure, ancien député ;

Dumon (de Lot-et-Garonne), conseiller d'État, ancien député ;

Le baron de Fréville, pair de France, conseiller d'État ;

Gréterin, conseiller d'État, directeur de l'administration des douanes ;

Legrand, conseiller d'État, directeur général des ponts et chaussées et des mines, ancien député ;

Le comte Mathieu de la Redorte, ancien député ;

Michel, président du tribunal de commerce de la Seine ;

Le baron Mounier, pair de France ;

Odier, pair de France, censeur de la Banque de France ;

Passy, ancien député ;

Réal (Félix), conseiller d'État, ancien député ;

Tarbé de Vauxclair, pair de France, conseiller d'État.

En procédant à l'installation de la Commission, le Ministre prononça un discours à la suite duquel il posa les questions suivantes :

1° Le Gouvernement exécutera-t-il lui-même les grandes lignes de chemin de fer, ou bien acceptera-t-il les offres des Compagnies qui réuniront les conditions de solvabilité et de capacité exigées ?

2° L'État fera-t-il exécuter les chemins de fer par l'administration des ponts et chaussées ou par des administrations spéciales, ou par des entrepreneurs adjudicataires travaillant sous sa surveillance ?

3° L'État percevra-t-il un péage sur les chemins de fer qu'il aura fait exécuter à ses frais?

4° Ce péage (1) aura-t-il pour objet de procurer un bénéfice, d'amortir la dépense primitive, ou seulement d'indemniser le Trésor des frais d'entretien, de transport et d'administration?

5° L'État percevra-t-il par ses agents ou par des fermiers adjudicataires?

6° Quel sera le mode de traiter avec les Compagnies? Sera-ce par concession ou par adjudication?

7° L'adjudication, dans le cas ou elle aura lieu, portera-t-elle sur le tarif ou sur la durée de la concession?

8° Quelle sera la quotité du cautionnement? Sera-t-elle proportionnelle au coût présumé du chemin?

9° Quelles sont les conditions à imposer au concessionnaire pour assurer l'exécution complète de ses obligations?

10° Les Compagnies pourront-elles, à volonté, changer les prix en se renfermant dans les limites de leurs tarifs?

11° Un certain nombre de places ne sera-t-il pas affranchi du maximum fixé par le tarif?

12° Les tarifs seront-ils soumis à révision? Dans quel délai?

13° Le tracé prévu pour le chemin sera-t-il ou non obligatoire?

14° Quelle sera la surveillance à exercer par le Gouvernement pendant les travaux et après leur achèvement?

15° Quel sera le mode de rachat? Dans quel délai pourra-t-il être exercé?

16° Quelles sont les réserves à faire au sujet de la faculté

---

(1) On remarquera que le mot « péage » était un mot impropre, puisqu'au lieu de l'appliquer exclusivement au passage sur la voie ferrée on le considérait comme comprenant éventuellement la remunération du transport.

de faire d'autres chemins ou tous embranchements sur les chemins de fer?

17° Quelles contributions devra-t-on payer pour les terrains à occuper par le chemin et pour les bâtiments servant à l'exploitation?

18° L'impôt du dixième ne doit-il porter que sur le prix du transport?

19° L'égalité des tarifs est-elle possible? Est-elle conciliable avec le système d'exécution par les Compagnies?

20° Quelles sont les précautions à prendre pour concilier le service des douanes avec la célérité?

21° Quelles sont les mesures à prendre pour la sécurité des voyageurs et la liberté de la circulation?

22° Quelles sont les pénalités à adopter contre les tiers et les agents des Compagnies?

23° Quelles sont les règles à adopter pour l'exercice du droit accordé aux tiers d'établir des transports à leur compte sur les chemins des Compagnies et du Gouvernement?

24° Les matériaux entreront-ils ou non en franchise? Et dans quelle proportion?

25° Y a-t-il lieu d'admettre la faculté de dépossession provisoire des propriétés traversées, moyennant consignation?

26° Les chemins de fer appartiennent-ils à la grande ou à la petite voirie?

1re QUESTION. — *Exécution par l'État ou par les Compagnies.*

La Commission se prononça pour le partage des travaux entre l'État et les Compagnies. Mais elle se divisa sur les bases de cette répartition; certains membres exprimèrent l'avis que l'État devait se réserver les lignes présentant un caractère politique ou militaire; d'autres formulèrent l'opinion qu'il convenait d'accepter le concours de l'industrie

privée toutes les fois qu'il s'offrirait dans des conditions favorables à l'intérêt public et de ne laisser à l'État que les lignes
pour lesquelles il ne serait pas fait d'offres de cette nature ;
sans choisir entre ces deux systèmes, la Commission pensa
qu'il serait prudent d'armer l'État contre les sollicitations,
en arrêtant un programme de classement, sauf ratification
ultérieure du Parlement.

Pour déférer à cette demande, le Ministre et M. Legrand, directeur général, soumirent à la Commission un
plan d'ensemble du réseau des grandes lignes dont la France
paraissait devoir être dotée, dans le double but de relier
Paris, siège du Gouvernement, aux grands centres de population et de desservir le transit, soit de l'Océan à la
Méditerranée et réciproquement, soit de l'une ou l'autre
des deux mers vers l'Allemagne (l'État devant, suivant
M. Legrand, être maître des tarifs des grandes artères et
pouvoir les modifier à son gré dans l'intérêt du commerce
national). Ce réseau comprenait les lignes suivantes :

1° Paris à Rouen et au Havre, avec embranchement sur
Dieppe ;

2° Paris à la frontière de Belgique par Lille, d'une
part, et par Valenciennes, d'autre part, avec embranchement, par la vallée de la Somme, sur Abbeville, Boulogne,
Calais et Dunkerque ;

3° Paris à la frontière d'Allemagne, par Nancy et Strasbourg, avec embranchement sur Metz ;

4° Paris vers Lyon et Marseille, avec embranchement
sur Grenoble ;

5° Paris à Nantes ou à la frontière maritime de l'Ouest,
par Orléans et Tours ;

6° Paris à la frontière d'Espagne, par Orléans, Tours,
Bordeaux et Bayonne ;

7° Paris à Toulouse par Orléans et Bourges ;

8° Bordeaux à Marseille par Toulouse ;

9° Marseille à la frontière de l'Est par Lyon, Besançon, Bâle et Strasbourg.

En tenant compte des troncs communs, c'était un réseau de 1 244 lieues et une dépense d'un milliard ; mais M. Legrand pensait que, au moins provisoirement, on pourrait ne porter les efforts du pays que sur les parties les plus urgentes de ces chemins, correspondant à un développement de 500 lieues et à une dépense de 500 millions.

Ce classement donna lieu à des débats prolongés qui se terminèrent par des résolutions favorables, au moins à la plupart des lignes indiquées dans le programme ; il fut d'ailleurs entendu que l'exécution devrait être partagée entre l'État et l'industrie privée : les lignes réservées à l'État étaient celles de Paris à la frontière de Belgique, Paris à Marseille, et Paris à Orléans.

2ᵉ Question. — *Exécution par l'administration des ponts et chaussées, par des administrations spéciales, ou par des entrepreneurs adjudicataires, des lignes réservées à l'État.*

La Commission se prononça pour l'exécution par des entrepreneurs, mais en spécialisant les adjudications, de manière à ne pas y englober des travaux trop divers et à ne pas provoquer ainsi des sous-traités nécessairement onéreux pour l'État. Elle conseilla en outre de décentraliser un peu les pouvoirs alors détenus par l'administration supérieure.

3ᵉ ET 4ᵉ Questions. — *Péage à percevoir par l'État sur ses lignes.*

L'avis fut qu'un péage devait être perçu sur les chemins de fer de l'État et qu'il devait être calculé de manière à assurer un bénéfice au Trésor. Toutefois les taxes afférentes aux marchandises devaient être moins onéreuses que les taxes afférentes aux voyageurs.

5ᵉ Question. — *Perception du péage des lignes de l'État par ses agents ou par des fermiers.*

La Commission fut à peu près unanime pour repousser l'action directe de l'État et préférer un fermage.

6ᵉ Question. — *Mode de traiter avec les compagnies adjudicataires des concessions.*

Après une discussion dans le cours de laquelle furent reproduits les arguments que nous avons déjà cités antérieurement en faveur de l'un ou l'autre des deux modes de procéder, la Commission exprima l'opinion :

Qu'il y avait lieu de recourir à la concession directe, quand il ne se présentait qu'une Compagnie ;

Que ce mode de concession se justifiait surtout dans le cas où le projet avait été conçu et étudié par le concessionnaire ;

Qu'au contraire l'adjudication s'imposait pour les travaux étudiés par l'État et si on se trouvait en présence de plusieurs Compagnies sérieuses.

7ᵉ Question. — *Convenance de faire porter l'adjudication sur le tarif ou sur la durée de la concession.*

Le rabais sur la durée de la concession réunit l'unanimité des suffrages ; quant au rabais sur les tarifs, il fut repoussé comme susceptible d'amener la ruine des Compagnies et par suite des chemins de fer.

Incidemment, la Commission décida que les tarifs auraient une durée d'un an, qu'ils seraient arrêtés par le préfet sur la proposition de la Compagnie et qu'ils seraient portés, au moins trois mois à l'avance, à la connaissance du public.

8ᵉ Question. — *Quotité du cautionnement.*

La solution, sur ce point, fut la suivante :

« Le cautionnement sera effectué en deux versements

« égaux, l'un avant l'adjudication de la concession, l'autre
« dans un certain délai après cette adjudication.

« Il sera du dixième du capital jugé nécessaire pour
« l'entreprise, dans les affaires évaluées à 20 millions et au-
« dessous. Au-dessus de 20 millions et de 10 en 10 millions,
« la proportion décroîtra sans qu'on puisse jamais exiger
« plus de 3 millions. Ce cautionnement sera rendu par par-
« ties proportionnelles, au fur et à mesure de l'achèvement
« des travaux. »

9ᵉ QUESTION. — *Conditions propres à assurer l'exécution des
obligations du concessionnaire.*

La Commission exprima l'avis que, dans le cas où le concessionnaire n'achèverait pas ses travaux, il y aurait lieu de
procéder à une adjudication, « moyennant la vente, au profit
« du concessionnaire dépossédé, des parties terminées ».

Si cette adjudication échouait, l'État recevrait, à titre de
dommages-intérêts, les travaux exécutés et la portion non
encore restituée du cautionnement, sous toutes réserves des
droits des tiers.

10ᵉ QUESTION. — *Modification des taxes par le concessionnaire.*

Cette question avait été résolue incidemment lors de la
discussion de la septième question, comme nous l'avons indiqué ci-dessus.

11ᵉ QUESTION. — *Opportunité d'affranchir un certain nombre
de places du maximum fixé par les tarifs.*

Malgré les observations d'un membre de la Commission
qui craignait les abus, il fut résolu qu'un dixième des places
pourrait être taxé par le concessionnaire à un taux supérieur
au maximum, en échange des commodités spéciales qu'elles
offriraient ; le prix devait, toutefois, en être fixé trois mois
avant son application et être maintenu pendant un délai minimum d'un an.

12° QUESTION. — *Révision des tarifs.*

La Commission, se basant sur la stérilité des travaux d'amélioration de certains canaux par suite du refus des concessionnaires d'abaisser leurs tarifs, jugea indispensable de prévoir la révision des taxes de chemins de fer, mais en limitant l'exercice de ce droit de révision afin de ne pas faire peser incessamment sur la Compagnie une menace susceptible de paralyser l'esprit d'association. Elle admit que le Gouvernement pourrait réviser les tarifs, quand le revenu moyen établi sur une période de quinze années consécutives aurait été de plus de 10 %, du capital primitif; un délai de quinze ans au moins devait séparer deux révisions successives.

13° QUESTION. — *Caractère obligatoire du tracé pour le concessionnaire.*

Le tracé prévu parut devoir lier le concessionnaire, mais seulement dans ses points principaux.

14° QUESTION. — *Surveillance du Gouvernement pendant l'exécution des travaux et après leur achèvement.*

Cette question ne fut pas discutée.

15° QUESTION. — *Clause de rachat.*

La Commission fut très divisée sur l'inscription du droit de rachat dans les actes de concession. Neuf membres se prononcèrent finalement dans un sens favorable, afin de ménager à l'État la possibilité de reprendre les chemins de fer dans un intérêt public, par exemple pour apporter dans l'exploitation des procédés nouveaux que le concessionnaire se refuserait à mettre en œuvre, pour abaisser les taxes dans un intérêt de concurrence commerciale avec les pays voisins, pour faciliter le prolongement des lignes, etc... La minorité craignait de décourager l'industrie privée, en lui enlevant la sécurité et en exposant le Gouvernement à la tentation d'user de son droit dans un simple intérêt fiscal.

Sur le délai avant l'expiration duquel le rachat ne pourrait être opéré, la contradiction fut encore plus vive: sept voix repoussèrent tout délai; huit membres au contraire exprimèrent l'avis qu'il était indispensable d'assurer au concessionnaire un certain temps de jouissance et le fixèrent à quinze ans.

Quant à l'indemnité, la Commission examina diverses bases de règlement, notamment l'allocation d'une annuité représentant 10 °/₀ du capital, le remboursement de ce capital, le paiement d'une annuité établie d'après le revenu moyen d'un certain nombre d'années avec addition d'une prime pour tenir compte des bénéfices futurs dont le concessionnaire était privé. C'est ce dernier système qui prévalut; il fut admis que le revenu moyen serait déterminé sur les sept dernières années, en retranchant les deux plus mauvaises, pendant lesquelles il pourrait s'être produit des réparations imprévues équivalant à des travaux de construction, des accidents inattendus, des perturbations graves; quant à la prime justifiée par la présomption d'augmentation du trafic, en raison du développement de l'industrie, du progrès de l'aisance, de l'accroissement de la population et de la circulation, du perfectionnement du système général de communications, elle fut fixée à un tiers si le rachat était opéré à l'expiration de la première période de quinze années, à un quart s'il l'était durant la seconde période, et à un cinquième, au delà.

16ᵉ QUESTION. — *Réserve relative aux embranchements et aux voies ferrées voisines.*

La discussion sur ce point fut tout à fait incomplète.

17ᵉ QUESTION. — *Contribution à faire peser sur les chemins de fer.*

La Commission reconnut que les chemins de fer devaient être assujettis à l'impôt comme toute autre propriété.

18° QUESTION. — *Opportunité de ne faire porter que sur le prix du transport proprement dit l'impôt du dixième afférent aux places de voyageurs.*

L'avis qui parut réunir les suffrages fut qu'il serait injuste de faire porter l'impôt, non seulement sur le prix de transport, mais encore sur le péage : car ce serait mettre les chemins de fer dans un état d'infériorité vis-à-vis des routes.

Cette observation était absolument judicieuse; malheureusement on perçoit encore de nos jours l'impôt sur la totalité du prix, et la charge qui en résulte pour le public est d'autant plus lourde qu'au lieu d'être de 10 %, cet impôt est de 23, 2 %.

19° QUESTION. — *Possibilité et utilité de l'uniformité des tarifs.*

Cette uniformité fut votée à la presque unanimité, aussi bien pour les voyageurs que pour les marchandises.

20° QUESTION. — *Précautions à prendre pour concilier le service des douanes avec la célérité.*

A la suite d'explications du directeur général des douanes, tendant à établir la possibilité de concilier toutes les exigences, la Commission admit qu'il suffirait d'introduire dans les lois de chemins de fer une disposition autorisant le Gouvernement à déterminer par des ordonnances et des règlements les mesures à prendre pour assurer le service des douanes.

21°, 22° ET 23° QUESTIONS. — *Mesures à prendre pour la sécurité des voyageurs et la liberté de la circulation. — Pénalités à édicter contre les tiers et les agents des Compagnies. — Règles à adopter pour l'exercice du droit accordé aux tiers de jouir du transport à leur compte sur les chemins de fer.*

Ces questions ne furent pas mises en délibération.

24° QUESTION. — *Introduction en franchise des matériaux.*

Sur ce point, il s'engagea un débat dans lequel il y a lieu

de relever les points suivants : on évaluait à 120 kilomètres le développement et à 30 millions le coût des chemins de fer à exécuter annuellement par l'État; on supposait que, de leur côté, les Compagnies en feraient autant (1). Le poids des rails à employer à la superstructure de ces chemins était de 30 000 tonnes environ; à raison de 345 fr. la tonne (2), c'était une dépense de 10 millions. Certains membres de la Commission considéraient l'industrie française comme incapable de suffire à des commandes de cette importance, l'évaluation du poids des fers laminés annuellement dans nos usines oscillant de 60 à 100 000 tonnes. Mais la majorité de la Commission pensa que la production nationale offrait assez d'élasticité pour pourvoir aux besoins : qu'elle serait sollicitée à se développer et à augmenter ses moyens d'action ; qu'il en résulterait un grand profit pour le pays ; et qu'il fallait bien se garder d'enrayer cet essor par la concurrence étrangère. Elle se borna à émettre l'avis qu'il conviendrait d'autoriser le Gouvernement à abaisser les droits d'entrée des rails, si en fait la proportion entre les demandes et la fabrication élevait le prix au-dessus du taux de 1837.

25ᵉ Question. — *Dépossession provisoire des propriétés moyennant consignation.*

La Commission, reculant devant l'extension du droit d'expropriation tel qu'il était défini par la loi de 1833, conclut à ajourner toute mesure nouvelle jusqu'à ce que la nécessité en fût démontrée.

Cette appréciation était parfaitement justifiée ; la prise de possession avant règlement définitif de l'indemnité rendrait souvent impossible l'évaluation raisonnée de cette

---

(1) Actuellement on exécute environ 1 200 kilomètres par an.

(2) Aujourd'hui le prix est de 180 fr. en moyenne par tonne de rails en acier pris à l'usine.

indemnité par le jury, attendu que le bouleversement du sol par les travaux qui y seraient exécutés ne permettrait plus de juger *de visu* de sa valeur. Aussi, bien que le droit de dépossession préalable en cas d'urgence soit prévu par les lois en vigueur, l'administration s'attache-t-elle à n'en user qu'à titre tout à fait exceptionnel et en cas d'absolue nécessité.

26ᵉ Question. — *Classement des chemins de fer dans la grande ou dans la petite voirie.*

La Commission appuya à l'unanimité le classement dans la grande voirie.

26. — Concession du chemin du Creuzot au canal du Centre. — L'année 1837 se ferma, au point de vue des chemins de fer, par la concession d'une ligne industrielle à marchandises du Creuzot au canal du Centre (10 km.), concédée pour quatre-vingt-dix-neuf ans au profit de MM. Schneider et Cⁱᵉ. [Ordonnance du 26 décembre 1837 ; B. L., 2ᵉ sém. 1837, n° 552, p. 933].

Le tarif comprenait trois classes de marchandises taxées à 0 fr. 12, 0 fr. 15 et 0 fr. 18. La houille et le minerai étaient classés dans la première série. A l'expiration des trente premières années et après chaque période subséquente de quinze années, le tarif était révisable, si le dividende moyen des quinze dernières années avait excédé 10 %.

La ligne fut ouverte en 1840.

CHAPITRE VI. — ANNÉE 1858

27. — Concession du chemin de Bâle à Strasbourg. —
Le premier projet de loi déposé pendant le cours de la session de 1838 [M. U. 28 janvier 1838] fut celui qui concernait
le chemin de fer de Strasbourg à Bâle (140 km.). Depuis plus
de dix-huit mois, le Gouvernement français était entré en
négociation avec le Gouvernement bavarois pour l'établissement d'une ligne située sur la rive gauche du Rhin et s'étendant jusqu'à Mannheim. MM. Kœchlin de Mulhouse avaient,
avec l'autorisation de l'administration, rédigé le projet de
la section de Strasbourg à Bâle. C'est cette section que le
Ministre proposait de concéder aux auteurs du projet. La
longueur était de 140 kilomètres : la dépense était évaluée à
26 millions.

L'objet du nouveau chemin était de multiplier les relations déjà si actives de l'Alsace avec la Suisse ; de suppléer,
le cas échéant, à la navigation du canal du Rhône au Rhin ;
de former le complément de la grande communication de
Paris à Strasbourg ; de contribuer au développement des départements du Bas-Rhin et du Haut-Rhin ; de conserver à
la France le passage, sur son territoire, du transit qui des
bouches du Rhin et de l'Allemagne septentrionale se dirigeait vers la Suisse et l'Italie.

Le concessionnaire était tenu, aux termes du cahier des
charges, ou de prolonger la ligne jusqu'à Lauterbourg, ou
de concourir à ce prolongement par une subvention d'un
million, dans le cas où le Gouvernement bavarois entrepren-

drait la ligne de Lauterbourg à Mannheim dans un délai de
cinq ans. La durée de la concession était de soixante-dix ans.
Le cahier des charges prévoyait deux classes de voyageurs,
l'une avec voitures couvertes, fermées à glaces et suspendues
sur ressorts, à 0 fr. 075 et l'autre avec voitures découvertes,
suspendues sur ressorts, à 0 fr. 05; trois classes de marchandises à 0 fr. 12, 0 fr. 14 et 0 fr. 16; et une classe spéciale
à 0 fr. 09 pour les houilles. A l'expiration de chaque période
de quinze années, à partir de l'achèvement des travaux, le
tarif devait être révisé et réduit, si le dividende moyen des
quinze dernières années excédait 10 °/₀ du capital primitif;
à toute époque après les quinze premières années, à partir
de la date fixée pour l'achèvement des travaux, le rachat
pouvait être opéré; pour régler l'indemnité, on relevait les
dividendes distribués aux actionnaires pendant les sept années antérieures, en déduisant les deux plus mauvaises; ce
dividende moyen était augmenté du tiers, si le rachat était
effectué dans la première période de quinze années à dater
de l'époque à laquelle le droit était ouvert au Gouvernement,
du quart pendant la période suivante, du cinquième pour
les périodes suivantes. Le minimum de vitesse pour les
voyageurs était fixé à 8 lieues à l'heure.

M. de Golbéry, rapporteur à la Chambre [M. U., 4 février
1838], exposa que la Commission avait cru devoir appuyer
la proposition du Gouvernement, sans attendre la discussion
générale de la question des chemins de fer, parce qu'il fallait prendre l'avance sur le grand-duché de Bade qui cherchait à reporter la ligne sur la rive droite du Rhin. Il
justifiait la concession directe par cette considération que
nul autre avant-projet que celui de MM. Kœchlin n'avait été
présenté; il concluait, en définitive, à l'approbation du projet
de loi.

La discussion à la Chambre des députés ne fut pas très

longue [M. U., 6 et 7 février 1838]. Elle débuta par un discours de M. Jaubert. L'orateur rappela tout d'abord les précédents de la dernière législature en 1837, la démarcation faite entre les lignes principales et les lignes secondaires, le vote de certaines lignes secondaires, l'ajournement de la décision relative aux lignes principales, le mouvement qui s'était accusé en faveur de l'exécution de ces dernières par l'État. Le chemin de Bâle à Strasbourg lui semblait devoir être laissé dans la catégorie des artères principales, eu égard aux transports considérables qu'elle desservirait, à sa situation près de la frontière, à l'importance capitale de la forteresse de Strasbourg. Quelque tentante que fût l'offre de MM. Kœchlin et Cie, n'était-il pas imprudent de livrer ce chemin à l'industrie privée? Il critiqua le défaut d'entente préalable avec la Suisse et l'insuffisance des études sur certains points. Toutefois, il déclara que, si la Chambre ne reconnaissait pas à la ligne le caractère d'artère principale du réseau, il voterait le projet de loi.

M. Fulchiron répondit en invoquant la nécessité de prendre l'avance sur le pays de Bade, en raison de l'impossibilité de faire vivre simultanément deux chemins de fer sur les deux rives du Rhin : l'ajournement équivaudrait à une fin de non-recevoir. Il exprima son étonnement de voir environner, comme à plaisir, d'obstacles et d'objections la réalisation d'une œuvre éminemment utile, que la France devrait être trop heureuse de voir entreprendre, sans bourse délier, par des concessionnaires offrant toutes garanties. Il insista sur l'urgence.

M. Billaudel, après un plaidoyer en faveur du Midi et du Sud-Ouest, formula des observations sur l'impôt que les pouvoirs publics imposaient aux voyageurs et qui établissait une inégalité flagrante entre les habitants du Nord et les habitants du Midi, plus éloignés de Paris.

Le Ministre fit remarquer que cet impôt était très léger et que, d'ailleurs, il était perçu pour les chemins de fer, par application d'une disposition législative générale concernant les voitures publiques. Il établit que, dans la pensée du Gouvernement, la ligne devait être classée parmi les chemins secondaires et reproduisit les motifs qui militaient en faveur d'une solution immédiate.

M. Gaugnier prononça un discours dans lequel il demanda la suppression de la clause de rachat et la perpétuité des concessions, seule susceptible, suivant lui, de décider des citoyens honorables à attacher leur nom à des entreprises d'utilité publique et à en suivre avec persévérance les améliorations. La réduction des tarifs lui paraissait également de nature à paralyser l'essor de l'industrie des chemins de fer et à provoquer, de la part des concessionnaires, la dissimulation de leurs recettes ; à ses yeux, cette réduction s'opérait tout naturellement, par l'avilissement de la valeur des métaux monétaires. Il se déclara hostile à toute subvention de l'État, les concessions ne devant être accordées que pour des lignes capables de vivre par elles-mêmes ; il affirma ses préférences pour le système des concessions directes ; l'adjudication ne lui semblait admissible que dans le cas où plusieurs concurrents avaient fait des études dans plusieurs directions.

Le projet de loi fut voté.

A la Chambre des pairs, il donna lieu à un rapport favorable de M. Tarbé de Vauxclairs [M. U., 27 février 1838].

Lors de la discussion [M. U., 20 et 21 février 1838], M. le comte Daru critiqua : 1° le minimum qui avait été fixé par le cahier des charges pour la vitesse des trains de voyageurs et que l'expérience des chemins de fer déjà en exploitation soit en France, soit à l'étranger, lui faisait considérer comme exagéré ; 2° la pénalité prévue en cas d'inobservation de cette clause, pénalité qui consistait dans la restitution de la taxe et qui paraissait à l'orateur devoir être remplacée par une amende.

M. Tarbé de Vauxclairs justifia la disposition en litige en faisant observer qu'il était indispensable de fixer un minimum de vitesse, afin d'empêcher les Compagnies de ralentir la marche de leurs trains après avoir tué les services concurrents de diligences; le chiffre de huit lieues n'avait rien d'exagéré, surtout en prévision de l'avenir. La Commission s'en remettait à la décision de la Chambre pour la pénalité.

M. le comte d'Argout, pour éviter des abus éventuels de la part des concessionnaires, présenta un amendement tendant à leur interdire d'émettre et de négocier des actions ou des promesses d'actions avant de s'être constitués en compagnie anonyme dûment autorisée. Cet amendement fut voté avec réserve de l'addition du mot « négociables » à la suite des mots « promesses d'actions », et, sauf cette modification, la loi fut votée et renvoyée à la Chambre des députés.

Devant cette Chambre [M. U., 25 et 27 février 1838], M. Jaubert profita de ce que le débat était rouvert pour contester à nouveau l'urgence d'une décision et demander l'ajournement jusqu'à la discussion générale sur les chemins de fer. Après une réfutation du Ministre des travaux publics, M. Odilon Barrot attaqua l'amendement qui impliquait, pour MM. Kœchlin, l'autorisation de se substituer une société anonyme et qui, par suite, enlevait les garanties déterminantes de la concession et substituait une responsabilité illusoire à une responsabilité personnelle nettement définie. Le Ministre fit observer qu'eu égard au chiffre élevé de la dépense on n'avait jamais pu considérer MM. Kœchlin comme obligés de faire eux-mêmes tous les fonds, que dès lors la constitution d'une société s'imposait inévitablement, et que la Chambre des pairs avait eu exclusivement en vue de s'opposer à la création d'une société en commandite, par suite des nombreux abus auxquels avaient donné lieu les sociétés de cette nature.

Malgré les efforts réitérés de M. Jaubert, la loi fut enfin définitivement votée par la Chambre des députés et rendue exécutoire le 6 mars 1838 [B. L., 1ᵉʳ sem. 1838, nᵒ 559, p. 81].

Une ordonnance du 14 mai 1838 [B. L., 1ᵉʳ sem. 1838, supp., nᵒ 370, p. 778] approuva les statuts de la Société anonyme formée pour l'exécution et l'exploitation du chemin. Le fonds social était de 42 millions, en 84 000 actions au porteur, de 500 fr. chacune ; sur cette somme, un million était affecté au fonds de roulement de l'entreprise et un million au paiement éventuel de la subvention due par la Compagnie dans le cas du prolongement de la ligne jusqu'à Lauterbourg. Le dixième des bénéfices devait être prélevé pour former un fonds de réserve, fixé au maximum à 2 500 000 fr.

La ligne fut complètement ouverte en 1844. Pendant la construction, en 1840, l'État fut conduit à venir en aide à la Compagnie. C'est un point sur lequel nous aurons à revenir ultérieurement.

28. — Projet de classement et discussion générale sur les chemins de fer à la Chambre des députés, en 1838.

I. — PROJET DE LOI. — Le 15 février 1838, le Ministre présenta un projet de loi concernant quatre chemins de fer reliant : le premier, Paris à Douai, Lille et Valenciennes ; le second, Paris à Rouen ; le troisième, Paris à Orléans ; et le quatrième, Marseille à Avignon. Ce projet de loi était précédé d'un exposé des motifs très soigné, très développé, dû à la plume de M. Legrand, directeur général des ponts et chaussées et des mines [M. U., 16 février 1838].

L'auteur de l'exposé commençait par faire le tableau des
perfectionnements successifs apportés aux voies de communication, au fur et à mesure que la civilisation s'était développée. Il montrait la tendance incessante des diverses
villes de France à étendre leurs relations et ajoutait : « Les
« chemins de fer répondent merveilleusement à ce nouveau
« besoin de la société. Ils créent, pour les hommes et pour
« les choses, une rapidité de circulation jusqu'alors in-
« connue : en quelques instants ils portent du centre aux ex-
« trémités le mouvement et la vie, et les extrémités, à leur
« tour, renvoient au cœur de l'État le mouvement et la vie
« qu'elles en ont reçus. Les chemins de fer sont assurément,
« après l'imprimerie, l'instrument de civilisation le plus
« puissant que le génie de l'homme ait pu créer, et il est
« difficile de prévoir et d'assigner les conséquences qu'ils
« doivent un jour produire sur la vie des nations. » Pour
mieux justifier l'urgence de l'exécution du réseau des lignes
principales, il fournissait des renseignements statistiques
fort intéressants sur la vitesse et le prix des transports, par
les diverses voies de communication ; ces renseignements
peuvent se résumer comme il suit :

		VITESSE EN LIEUES A L'HEURE	DISTANCE PARCOURUE PAR JOUR EN LIEUES	PRIX DU TRANSPORT PAR TONNE ET PAR LIEUE
ROUTES de TERRE	ROULAGE ordinaire..	1 lieue	8 lieues	0 fr. 80
	ROULAGE accéléré..	—	20 lieues	1 , 50
	MESSAGERIES.........	2 lieues		4 , 00
CANAUX ET RIVIÈRES............		2/3 lieues (non compris les pertes de temps au passage des écluses).		0 , 08 sans le péage. 0 , 25 avec le péage.
CHEMINS DE FER...............				0,28 à 0,30 sans le péage.

1   7

Il passait ensuite à l'indication des considérations d'après lesquelles le Gouvernement avait arrêté le plan d'ensemble du réseau français. Deux idées principales avaient présidé à l'étude de la structure de ce réseau. On avait tout d'abord admis que les chemins de fer étaient principalement destinés au transport des voyageurs et que, dès lors, il importait de relier Paris, siège du Gouvernement, aux grands centres de population; on avait, en second lieu, cherché à assurer dans les conditions les plus satisfaisantes le transit entre l'Océan et la Méditerranée et le transit de ces deux mers sur l'Allemagne, la Suisse et l'Italie. Conçu dans cette double pensée, le réseau devait comprendre les lignes principales suivantes:

1° Paris à Rouen et au Havre, avec embranchement sur Dieppe, Elbeuf et Louviers;

2° Paris à la frontière de Belgique par Lille, d'une part, et par Valenciennes, d'autre part, avec embranchement, par la vallée de la Somme, sur Abbeville, Boulogne, Calais et Dunkerque;

3° Paris à la frontière d'Allemagne par Nancy et Strasbourg, avec embranchement sur Metz;

4° Paris vers Lyon et Marseille, avec embranchement sur Grenoble;

5° Paris à Nantes et à la frontière maritime de l'Ouest, par Orléans et Tours;

6° Paris à la frontière d'Espagne par Orléans, Tours, Bordeaux et Bayonne;

7° Paris à Toulouse par Orléans et Bourges;

8° Bordeaux à Marseille par Toulouse, avec embranchement sur Tarbes et sur Perpignan;

9° Marseille à la frontière de l'Est par Lyon, Besançon et Bâle.

La ligne de Paris à Rouen et au Havre et ses embranchements devaient, pour ainsi dire, mettre en contact avec Paris les ports qui avaient le plus de relations avec la capitale et qui lui envoyaient les denrées exotiques nécessaires à sa consommation ; le négociant, que le mouvement de ses affaires forçait à rester à Paris, pourrait ainsi, dans l'espace de quelques heures, aller surveiller par lui-même ses armements, étendre le cercle de ses opérations, au grand profit de la prospérité commerciale du pays. Le jeu fictif des capitaux serait remplacé par des opérations réelles, éminemment favorables à l'échange des produits de notre sol et de notre industrie.

La ligne de Paris à Lille devait imprimer une nouvelle activité aux relations avec la Belgique ; resserrer les liens des deux nations ; associer la France au bénéfice des voies de même nature déjà ouvertes ou entreprises par le Gouvernement belge ; ouvrir ainsi des débouchés sur Gand. Bruxelles, Anvers, Liège, Aix-la-Chapelle, Cologne. L'embranchement sur Boulogne, Calais et Dunkerque aurait pour effet d'établir une communication sûre et rapide entre l'Angleterre et la France, de mettre Londres à quelques heures de Paris, de maintenir le passage de nos voisins sur le sol français pour leurs voyages en Suisse et en Italie, d'affermir une alliance précieuse pour la paix du monde, de multiplier les échanges des produits de l'intelligence entre les Anglais passés maîtres dans les arts industriels et les Français, doués d'une supériorité incontestée dans les arts libéraux.

Le chemin de Paris à Strasbourg avait pour objet de desservir le transit du Havre vers l'Allemagne et la Suisse, et de faciliter l'approvisionnement en matières premières et l'écoulement des produits des nombreuses et intéressantes fabriques de l'Alsace.

La ligne de Paris à Lyon et à Marseille était destinée à

nous assurer le trafic avec le Levant et à dégager les transports des entraves de la navigation du Rhône.

Le chemin de Paris à Nantes devait offrir aux provinces de l'Ouest un débouché réclamé par elles avec une légitime impatience et donner à l'industrie et au commerce nantais la vitalité qui leur manquait.

Celui de Paris à Bayonne avait pour objet de desservir la ville importante de Bordeaux, de faire pénétrer dans les Landes de Gascogne les bienfaits de la civilisation, et de jeter sur le nord de l'Espagne les produits français.

La ligne de Paris à Toulouse ouvrait au travers de la France une voie centrale.

Le chemin de Bordeaux à Marseille devait mettre en relation deux de nos plus grandes places maritimes et unir l'Océan à la Méditerranée ; il pouvait être utilement complété par deux embranchements sur Tarbes et sur Perpignan.

Enfin la ligne de Marseille à la frontière de l'Est était destinée à assurer le transit de la Méditerranée sur l'Allemagne et sur la Suisse.

Il s'agissait en tout d'un réseau de 1 100 lieues évalué à un milliard.

Toutefois, le Gouvernement reconnaissait l'impossibilité de tout entreprendre à la fois et la nécessité d'établir un ordre de priorité sage, mesuré, prévoyant, afin de ne pas trop surcharger les finances publiques, de ne pas rapprocher outre mesure les chantiers, d'éviter une hausse exagérée des salaires et du prix des matériaux.

En tenant compte notamment de la distribution des voies navigables sur notre territoire et de l'opportunité d'établir avant tout des chemins de fer dans les régions qui n'étaient pas encore dotées de voies de communication économiques, le Ministre plaçait en première ligne les sections de Paris à la Belgique, de Paris à Rouen, de Paris à Orléans, de Marseille à Avignon.

L'exposé des motifs traitait ensuite avec une grande autorité la question d'exécution par l'État ou par l'industrie privée. Il y a là des belles pages à lire entièrement. Le Gouvernement se prononçait catégoriquement pour la construction par l'État des lignes maîtresses; les raisons principales qu'il invoquait à l'appui de son opinion étaient les suivantes.

1° Le territoire de la France occupait une surface considérable. Les frontières étaient séparées par de grandes distances. L'intérêt de la France, de l'industrie, du commerce et de la civilisation exigeaient impérieusement que ces distances pussent être franchies à bon marché, c'est-à-dire *que les tarifs fussent peu élevés*, sous peine de restreindre les relations, de manquer le but, d'isoler les unes des autres les diverses régions du royaume; c'est ainsi que, sur les routes, les rivières et les canaux appartenant à l'État, on avait été conduit à supprimer ou à réduire à un taux des plus modiques les droits de péage. Dès lors, l'État seul pouvait se charger des travaux; il n'avait d'ailleurs pas besoin de rechercher, comme une association particulière, le remboursement direct de l'intérêt de ses capitaux; cet intérêt lui était rendu par mille voies indirectes, par la prospérité du pays, par l'augmentation de la valeur du sol, par les progrès du commerce et de l'industrie, par la multiplicité des échanges de toute espèce.

2° Il était indispensable *que l'État restât maître des tarifs* afin de pouvoir les modifier et les régler suivant les besoins du moment. L'expérience funeste des canaux concédés était là pour en faire foi. La Belgique, qui nous avait devancés dans la carrière, s'était déterminée à régler elle-même les tarifs de ses chemins de fer, suivant les exigences de ses intérêts: la solidarité entre les deux pays exigeait impérieusement que nous pussions nous concerter avec elle sur la fixation des taxes et, par suite, que la libre possession et la souveraine administration de nos grandes voies ferrées ne fussent point aliénées. En outre, tout était vague, tout était incertain, tout échappait aux prévisions dans cette question des chemins de fer ; il était impossible d'assigner la destinée de ces nouvelles entreprises. Était-il dès lors prudent d'abandonner à l'industrie privée des voies de communication qui devaient devenir quelque jour des lignes essentiellement politiques et militaires et qu'on pouvait justement assimiler à des rênes de gouvernement ?

3° Si la puissance de l'industrie privée s'était plusieurs fois signalée par des opérations renfermées dans des limites plus ou moins restreintes, il était douteux qu'elle ne succombât pas, quand il s'agirait d'embrasser des spéculations exigeant des capitaux si considérables. Sans doute les affaires pourraient être engagées ; on créerait, on émettrait, on jetterait dans le public des actions qui pourraient se négocier au début avec succès ; mais ces titres ne tarderaient pas à tomber dans un discrédit complet. Ce serait une grande faute que d'offrir à l'agiotage, à cette plaie de notre époque, des aliments nouveaux susceptibles de lui donner la plus déplorable activité, la plus effrayante extension.

4° L'industrie privée aurait du reste encore un champ d'action fort étendu dans l'établissement des lignes secondaires ; elle trouverait un puissant élément de succès dans ce fait que ces lignes se rattacheraient à des artères maîtresses, sur lesquelles les marchandises pourraient continuer à circuler d'autant plus loin que le tarif imposé sur la direction principale serait plus faible.

5° Tous les grands travaux, tous ceux qui exigeaient de grands efforts, de grands capitaux, avaient été jusqu'alors exécutés par l'administration publique dont le zèle et le dévouement étaient à toute épreuve et qui avait à sa disposition des moyens d'action pour ainsi dire illimités et un corps d'ingénieurs distingués.

6° Le système de possession par l'État n'était pas absolument exclusif du concours de l'intérêt privé pour l'exécution des travaux : rien n'interdisait d'essayer, puis d'étendre, s'il y avait lieu, les marchés de construction à forfait.

7° Enfin, si l'intervention de l'État paraissait excéder ses limites naturelles, il serait possible de concéder à des Compagnies quelques-unes des lignes classées dans le réseau principal, en choisissant les moins importantes et en n'acceptant d'offres que de la part de sociétés offrant les garanties requises de moralité et de sécurité.

Après la question de la construction, l'auteur de l'exposé traitait celle de l'exploitation. L'État suivrait-il l'exemple de la Belgique et exploiterait-il par lui-même ? Organiserait-il une régie analogue à celle que mettait en pratique l'administration des postes ? Confierait-il à des fermiers le soin de l'exploitation, moyennant une redevance annuelle ? Le Gouvernement ne se considérait pas comme suffisamment éclairé par les leçons et le jugement de l'expérience pour prendre un parti immédiat : il croyait imprudent de donner, d'ores et déjà, la sanction législative à tel ou tel système dont l'usage pourrait signaler les inconvénients encore inaperçus ; il sollicitait donc l'autorisation de faire des essais et d'en attendre l'achèvement : il provoquerait alors des lois approbatives de traités passés avec des fermiers ; la durée des baux de fermage serait du reste assez faible pour que l'État recouvrât, à des termes suffisamment rapprochés, la faculté de modifier les tarifs et de les approprier aux besoins nouveaux, aux situations nouvelles que le temps aurait pu créer.

Le projet de loi fixait des maxima provisoires de taxes, à savoir : 0 fr. 075 pour les voyageurs, 0 fr. 12 en moyenne pour les marchandises ; ces chiffres, assez élevés, se justifiaient par cette double considération que les lignes nouvelles ne seraient pas ouvertes sur toute leur longueur avant la fixation de leur régime définitif, et que, d'autre part, il valait mieux être conduit à abaisser qu'à élever les tarifs.

L'exposé des motifs entrait ensuite dans de longs développements sur le tracé des divers chemins de fer dont le Gouvernement proposait l'exécution. Nous ne saurions évidemment, sans nous écarter du but que nous poursuivons, analyser ces développements.

Quant au projet de loi, il contenait les stipulations suivantes.

Des dotations respectives de 80, 32, 20 et 25 millions étaient affectées à l'établissement de quatre lignes allant : la première, de Paris à la frontière du Nord, par Saint-Denis, Pontoise, Beauvais, Amiens, Arras, Douai, Lille et Roubaix, avec embranchement de Douai sur Valenciennes et la frontière ; la seconde, de Paris à Rouen, par Pontoise, Gisors, Etrépagny et Charleval, avec embranchements sur Louviers et sur Elbeuf ; la troisième, de Paris à Orléans, par Étampes ; la quatrième, de Marseille à Avignon, par Arles et Tarascon.

Le mode d'exploitation définitive était réservé pour une loi à intervenir après l'achèvement total de chaque ligne. En attendant, il serait pourvu par des ordonnances au régime provisoire ; les tarifs maxima de cette période d'attente étaient ceux que nous avons indiqués précédemment.

II. — RAPPORT A LA CHAMBRE DES DÉPUTÉS. — La commission chargée de l'examen du projet comprenait notamment MM. Duvergier de Hauranne, le comte Jaubert, Cordier,

Arago, Berryer, de Rémusat, Chasles, le colonel Paixhans, Odilon Barrot, Thiers et Billault. Ce fut Arago qui rédigea le rapport [M. U., 26 avril 1838]. Il commença par citer quelques chiffres destinés à donner la mesure de la valeur des chemins de fer relativement aux autres voies de communication. D'après ces données statistiques, un cheval de force moyenne marchant au pas, pendant neuf à dix heures sur vingt-quatre, ne pouvait porter sur son dos plus de 100 kilog. Sans se fatiguer davantage, le même cheval pouvait, attelé à une voiture, traîner à la même distance :

Sur une bonne route ordinaire empierrée 1 000 kilog.

Sur un chemin de fer................. 10 000   —

Sur un canal........................ 60 000   —

Une route ordinaire empierrée coûtait 70 000 fr. de premier établissement et 2 000 fr. d'entretien annuel par lieue ; pour un canal, les dépenses correspondantes étaient de 500 000 et de 5 000 fr. ; enfin, pour certaines lignes de chemins de fer, le prix de construction par lieue s'était élevé jusqu'à 3 000 000 fr.

Ainsi, avec la traction par chevaux, les chemins de fer étaient fort inférieurs aux canaux ; mais la locomotive avait complètement modifié cette situation.

Toutefois, l'art des chemins de fer était encore dans son enfance ; le poids des machines allait sans cesse en croissant ; les Anglais avaient une tendance à augmenter la largeur de la voie ; on cherchait à admettre des pentes plus fortes, des rayons plus courts, des rails plus pesants ; la locomotive était encore très imparfaite.

Le rapport concluait donc à l'impossibilité d'engager simultanément, comme le proposait le Gouvernement, la construction de quatre grandes lignes, au risque de ne plus pouvoir profiter des progrès que l'art aurait faits, pendant la période nécessairement assez longue d'exécution. Il paraissait de beaucoup préférable d'établir successivement ces lignes en y concentrant toutes les ressources et de bénéficier ensuite, pour les autres, de toutes les innovations que la théorie et l'expérience auraient fait éclore.

Tout en se déclarant partisan des chemins de fer, le rapporteur critiquait l'importance que leur avait attribuée l'exposé des motifs au point de vue du transit ; il formulait également des doutes sur leur valeur stratégique ; il exprimait la crainte que les transports en wagon eussent pour effet d'efféminer les troupes et de leur faire perdre la faculté des grandes marches ; il craignait que l'ennemi ne détruisît facilement les voies ferrées au moyen de reconnaissances effectuées par quelques partisans. Il contestait en outre le caractère politique qui leur était assigné.

L'exécution lui paraissait devoir être réservée à l'industrie privée, sauf en ce qui concernait les lignes pour lesquelles il n'y avait pas de soumissionnaires, soit à cause de l'incertitude des produits, soit à raison de leur insuffisance reconnue. Le Gouvernement se mettait d'ailleurs en contradiction avec lui-même en proclamant, par exemple, la nécessité de construire à l'aide des ressources du Trésor le chemin de Paris à la Belgique, alors qu'en 1837 il avait proposé de concéder le même chemin. Comment distinguer les grandes lignes des embranchements que seuls le Ministre voulait confier à l'industrie ? Comment justifier la différence de traitement de ces deux catégories de chemins au point de vue des tarifs ? L'État ne pouvait exploiter par lui-même ; dès lors qu'il reconnaissait la nécessité d'un affermage, il serait fatalement conduit à traiter pour un temps assez long, sous peine de ne pas trouver de Compagnies consentant à faire les frais d'acquisition du matériel ; la prétendue mobilité des tarifs devenait, par suite, illusoire. On n'avait du reste pas à redouter l'exagération des taxes de la part des

Compagnies, car elles ne pouvaient avoir du trafic qu'à la condition d'appliquer des prix modérés : il suffisait, pour se mettre à l'abri de tout abus, d'inscrire dans les actes de concession le droit de révision des tarifs et le droit de rachat.

La Commission estimait que le Gouvernement s'était trompé en alléguant l'impossibilité pour l'industrie privée d'engager sérieusement et de mener à bonne fin des entreprises si colossales. Elle pensait que l'État prendrait des garanties suffisantes en stipulant dans le cahier des charges :

1° Le versement d'un cautionnement ;

2° La déchéance, en cas de non exécution des travaux dans le délai déterminé ou d'infraction grave aux dispositions de l'acte de concession (une adjudication aurait ensuite lieu au profit de la Compagnie et la dévolution définitive à l'État ne serait prononcée que dans le cas où, après deux épreuves à six mois d'intervalle, il n'y aurait pas eu d'acquéreur ; une indemnité pourrait d'ailleurs, si cette dernière éventualité se réalisait, être accordée au concessionnaire par un acte législatif) ;

3° La faculté de rachat moyennant allocation d'une indemnité basée sur le revenu des dix dernières années ;

4° L'obligation, pour les gérants, administrateurs et directeurs, de posséder une portion du capital social assez forte pour répondre de leur bonne gestion et de la déposer à la caisse des dépôts et consignations, avec interdiction de l'aliéner jusqu'à l'entier achèvement des travaux ;

5° L'interdiction des actions industrielles susceptibles de négociation et de transfert, de telle sorte que la part des bénéfices destinée à récompenser les ingénieurs et les gérants et à exciter leur activité restât purement personnelle ;

6° L'obligation d'attendre la promulgation de la loi pour entreprendre l'émission et la négociation des titres, même provisoires ;

7° La justification d'engagements dûment souscrits, représentant un capital social au moins égal à la moitié de l'estimation de la dépense, avant la signature du cahier des charges ;

8° Le versement du dixième de ce capital avant la présentation de la loi.

Le rapport concluait en outre à décider que, sauf dans des cas fort rares, la concession directe serait préférée à l'adjudication, comme offrant seule le moyen d'apprécier la moralité et la solidité des Compagnies ; que les projets devraient, avant toute proposition aux Chambres, être suffisamment étudiés pour permettre d'apprécier les frais de construction et les difficultés techniques ; que le projet de loi devrait être accompagné des statuts de la Compagnie à laquelle le Gouvernement proposerait d'accorder la concession, ainsi que de l'avis du conseil d'État sur ces statuts.

Après un hommage rendu au talent, à la science, au dévouement des ingénieurs des ponts et chaussées, le rapport s'élevait en termes très vifs contre la tendance du Gouvernement à accaparer tous les grands travaux ; contre les dépenses excessives qu'il engagerait, suivant son habitude, au lieu d'approprier les ouvrages à leur fin ; contre son défaut d'aptitude à gérer des affaires ayant un caractère commercial, exigeant une pratique assez longue des hommes et des choses, ne se prêtant pas aux formes minutieuses et compliquées de notre administration, nécessitant souvent des transactions privées interdites par les règlements.

Le spectre de l'agiotage que l'administration agitait à l'appui de sa thèse ne pouvait peser sérieusement sur les décisions du Parlement ; s'il devait en fait y avoir agiotage, ce ne serait pas la distraction de quelques chemins de fer qui enrayerait le mal.

Enfin, la Commission attaquait la partie financière du

problème. Elle reproduisait une déclaration du Ministre des finances d'après laquelle, malgré l'élévation du montant des travaux (207 millions), il y serait pourvu exclusivement par les excédents des recettes sur les dépenses et la réserve de l'amortissement. Ces ressources lui paraissaient absolument aléatoires : d'autre part, la situation du pays ne permettait pas, à ses yeux, de rouvrir le livre de la dette publique.

Enfin, après s'être défendue de la responsabilité qu'on pouvait tenter de faire peser sur elle, par suite du retard dans l'exécution du réseau, elle concluait au rejet pur et simple du projet de loi.

III.—DISCUSSION A LA CHAMBRE DES DÉPUTÉS.—La discussion publique embrassa quatre séances [M. U., 8, 9, 10 et 11 mai 1838]. Le débat s'ouvrit par un long discours de M. Martin, Ministre des travaux publics.

Le Ministre repoussa le reproche d'incohérence qui avait été adressé à l'administration : il rappela que si, en 1837, il avait proposé la concession de lignes actuellement réservées dans son programme à l'action directe de l'État, il l'avait fait à son corps défendant et pour tenir compte du sentiment antérieur de la Chambre. Mais, pendant le cours même des discussions de la session de 1837, les préférences de la Chambre avaient paru se transformer complètement ; tous les orateurs qui avaient pris la parole s'étaient prononcés pour l'exécution des grandes lignes par l'État ; une commission de la Chambre, dont M. Dufaure était l'organe, avait exprimé une opinion analogue : l'avis de la commission extraparlementaire réunie après la fin de la précédente législature avait été le même. Le Gouvernement n'avait pu hésiter, en présence de telles manifestations, à revenir à la combinaison qu'il avait toujours préconisée.

Le Ministre combattit ensuite la partie du rapport qui

tendait à ne pas trop engager la construction des chemins de fer, afin de pouvoir profiter des perfectionnements, des améliorations auxquels conduiraient l'expérience et la science. C'était, suivant lui, conseiller des atermoiements indéfinis ; car jamais la science n'aurait dit son dernier mot. D'ailleurs, comment expliquer que le reproche de témérité et d'imprévoyance formulé contre le plan du Gouvernement ne subsistât pas, si ce plan, au lieu d'être réalisé par l'État, l'était par l'industrie privée ?

Le rapport avait cherché à démontrer que l'exposé des motifs faisait miroiter outre mesure les avantages du transit ; le Ministre s'éleva de toute sa force contre les appréciations de la Commission à cet égard ; suivant lui, une grosse erreur avait été commise : on n'avait vu dans le transit que l'industrie des transports et on avait perdu de vue qu'autour de cette industrie venaient s'en grouper une foule d'autres, notamment celles de la commission, des achats et ventes, des compagnies d'assurances, des armateurs, des constructions navales, de la navigation. Il invoqua l'exemple des nations voisines qui, comprenant mieux la situation, ne reculaient devant aucun sacrifice pour attirer sur leur sol les courants internationaux.

Le Ministre passa à l'examen de la mesure dans laquelle il était possible de recourir à l'industrie, des limites dans lesquelles on pouvait en user, sans compromettre le levier si puissant et si utile de l'association. Le crédit privé n'était pas une mine inépuisable et, s'il était facile de recueillir les souscriptions, il était beaucoup plus difficile d'assurer la réalisation des versements. Déjà, pour des entreprises voisines de Paris, à peu près assurées du succès, il y avait eu des moments de découragement et il avait fallu le concours et l'énergie des banquiers appartenant aux conseils d'administration des Compagnies, pour échapper à des désastres.

Ce qui s'était produit pour des entreprises d'ordre secondaire pourrait se reproduire, avec une gravité beaucoup plus grande, pour des entreprises considérables et amener des crises qui se répercuteraient sur toutes les branches de l'activité nationale.

Les concessions déjà faites correspondaient à une dépense totale de plus de 120 millions. Pouvait-on y ajouter impunément la somme de 160 millions qu'exigeraient les quatre grandes lignes visées par le projet de loi? Tout au plus, la chose serait-elle à la rigueur admissible pour les lignes de Paris à Orléans et de Paris au Havre, qui avaient fait l'objet de demandes émanant de sociétés sérieuses. Mais il en était tout autrement des lignes de Marseille à Avignon et de Paris à la Belgique, pour lesquelles aucune offre n'avait été faite : la dernière, particulièrement, nécessitait une dépense de 80 millions et il était en outre indispensable de rester maître de ses tarifs dans l'intérêt des relations avec la Belgique.

Le Ministre affirmait que l'état de nos finances permettait de faire face à tous les besoins. Il terminait en repoussant les allégations du rapport sur la prétendue inaptitude de l'administration à exécuter des travaux si considérables; le passé du corps des ponts et chaussées et l'exemple de la Belgique étaient là pour répondre victorieusement à une telle accusation.

Au Ministre succéda M. Jaubert qui se fit le champion convaincu de la construction par l'État de toutes les lignes principales. Les objections soulevées par le rapport, au sujet de la détermination de ces lignes, ne lui paraissaient pas sérieuses : des difficultés du même ordre avaient surgi pour le classement d'autres voies de communication et on avait su les résoudre. Le tort du Gouvernement avait été de présenter un programme trop vaste, hors de proportion avec les ressources budgétaires; mais, sous réserve de cette exagération, il avait agi sagement en voulant réserver à l'État la construction des lignes maîtresses. M. Jaubert relevait, comme l'avait déjà fait le Ministre, l'inconséquence que commettait la Commission lorsqu'après avoir reproché au Gouvernement de vouloir amorcer à la fois quatre grandes lignes et de compromettre ainsi l'application des perfectionnements de l'art, elle admettait l'exécution simultanée des mêmes lignes par l'industrie privée. Il examinait ensuite si réellement l'administration méritait le brevet d'incapacité qui lui avait été décerné en matière de travaux d'utilité publique.

« C'est une chose un peu usée, disait-il, que de reprocher « à l'administration des ponts et chaussées son esprit de « corps et sa raideur; sa raideur qui tire sa source de son « intégrité même et des difficultés qu'elle rencontre pour « faire prévaloir l'intérêt public contre les intérêts parti- « culiers sans cesse agissants.

« Personne, dans cette enceinte, ne saurait contester sans « ingratitude les services immenses qu'elle a rendus au pays. « Nul ne saurait nier qu'elle soit très savante; les projets si « élaborés de chemins de fer qu'elle vous a présentés « seraient au besoin une nouvelle preuve de sa haute « capacité. L'administration des ponts et chaussées n'est « pas seulement très savante, elle a exécuté de grandes « choses; nous n'avons, pour nous en convaincre, qu'à jeter « les yeux autour de nous : routes, canaux, tout est son « œuvre, et elle pourrait être, quoi qu'on en dise, parfaite- « ment en état de se charger des chemins de fer. » Les dépassements de dépenses qu'on lui imputait n'étaient pas supérieurs à ceux qu'avait révélés la gestion des Compagnies. Le côté faible de l'administration était sa lenteur; mais il fallait l'attribuer à l'insuffisance numérique du personnel, à la modicité de ses rétributions, à l'âge un peu trop avancé de certains chefs, à l'excès de la centralisation.

Passant à l'exploitation, M. Jaubert exprimait ses préférences pour l'exploitation par l'État, à l'exclusion des fermages. Les Compagnies auxquelles on était porté à attribuer une supériorité, parce qu'elles avaient le stimulant de l'intérêt privé, n'étaient pour la plupart, à ses yeux, que de « mauvais petits gouvernements mal administrés, dont les actionnaires étaient les contribuables ».

Il jugeait impossible de faire naître à bref délai un nombre suffisant de grandes Compagnies offrant les garanties voulues. Le trafic honteux qui s'était fait, depuis quelque temps, sur les titres était le dissolvant le plus actif de l'esprit d'association ; il importait de ne pas lui donner d'aliments et il ne pouvait y en avoir de plus certain que les grandes affaires de chemins de fer qui laissaient tant de place à l'inconnu.

M. Jaubert insistait sur la nécessité d'avoir pour les lignes principales des tarifs peu élevés et à peu près uniformes ; or le Gouvernement pouvait se contenter d'un intérêt très faible de son capital, en faire même le sacrifice et se borner à la rémunération des frais de transport : le principe de la gratuité des grandes voies de communication était, suivant lui, un principe supérieur à l'application duquel il était impossible d'échapper ; tout le monde reconnaissait l'intérêt de la possession des chemins de fer par l'État, puisqu'on avait proscrit les concessions perpétuelles et stipulé le droit de rachat : pourquoi ne pas faire profiter la génération actuelle du bénéfice de cette possession ? Le Gouvernement pourrait d'ailleurs imposer ainsi des tarifs plus modérés aux concessionnaires des embranchements, qui bénéficieraient indirectement de la modicité des taxes sur les lignes principales.

Au point de vue politique, l'exécution par l'État devait exercer la plus salutaire influence en faisant sentir davantage

1

8

l'action gouvernementale et en montrant que les pouvoirs publics se mettaient à la tête du mouvement et du progrès social.

Puis l'orateur insistait sur l'influence du transit ; il mettait en relief le rôle stratégique des chemins de fer, en faisant observer à juste titre qu'il pouvait suffire de quelques heures de retard dans l'arrivée des troupes pour mettre en péril le sort du pays.

Il montrait l'Angleterre faisant elle-même ses grandes voies de communication et ne confiant les chemins de fer à l'industrie privée que parce qu'à proprement parler elle n'avait pas de ligne principale ; quant à la Hollande, à la Belgique et aux États-Unis, ils exécutaient les chemins de fer par eux-mêmes.

M. Jaubert adhérait au plan d'ensemble du Gouvernement, sauf distraction des lignes du Centre, de Toulouse à Bordeaux et de Lyon à Strasbourg.

Subsidiairement, il insistait pour l'exécution immédiate du chemin de la Manche à la Méditerranée par Paris et Lyon, le plus important de tous, complété par une voie de navigation de Toulouse à Bordeaux et Caen, qui desservirait l'ouest de la France. Il conseillait de pourvoir par un emprunt aux voies et moyens.

L'orateur suivant, M. Duvergier de Hauranne, contesta que le Ministre eût traduit le sentiment exprimé par la Chambre dans la discussion générale de 1837 et soutint que, si un vote avait eu lieu sur la question d'exécution par l'État, une majorité écrasante se serait prononcé à l'encontre. Il professait une foi complète dans l'avenir des chemins de fer et dans les capacités du corps des ponts et chaussées ; l'argument tiré par la Commission, des perfectionnements susceptibles d'être apportés aux voies ferrées, ne lui paraissait pas de nature à enrayer le développement de ces voies de communication ; il considérait aussi comme utile que le Gouvernement se mit à la tête des grandes entreprises nationales; mais, avant de s'engager, il importait de savoir quelle serait la dépense et par quels moyens financiers on y ferait face. En ce qui concernait la dépense, il croyait l'estimation d'un million par lieue tout à fait insuffisante ; en Angleterre, pour un développement de 91 lieues, le prix moyen avait été de 2 180 000 fr.; en Belgique, pour 36 lieues construites en terrain plat, dans des conditions très défectueuses, le coût ne devait pas être inférieur à 800 000 fr. ; en France même, la lieue reviendrait à 1 400 000 fr. pour le chemin de Saint-Étienne à Lyon, et à 2 200 000 fr. pour le chemin de Paris à Saint-Germain. Il fallait donc porter le prix unitaire à 1 500 000 fr. ; pour 1 100 lieues ce serait une dépense de 1 650 millions; en réduisant le réseau à 600 lieues, ce serait encore une dépense de 900 millions. A ces sommes il fallait ajouter au moins 400 millions d'autres travaux extraordinaires déjà votés ou proposés.

En ce qui touchait les ressources, le Ministre des finances avait indiqué les excédents de recettes et la réserve de l'amortissement. Il ne fallait pas trop compter sur les excédents de recettes, car les dépenses allaient également en croissant. Il en était de même de la réserve d'amortissement qui trouverait sous peu son emploi, pour rembourser les porteurs de rentes résolus à ne pas accepter la conversion.

Le véritable moyen de pourvoir à la situation était d'avoir recours à l'esprit d'association, actif et fécond quoi qu'on en eût dit, et aux capitaux assez abondants en France pour aborder cette grande œuvre des chemins de fer.

Examinant s'il y avait lieu de tendre vers la gratuité du passage sur les voies ferrées, il exprimait l'avis qu'autant cette gratuité était rationnelle pour les routes qui pénétraient dans toutes les parties de la France, qui portaient partout la vie et la prospérité, autant elle l'était peu pour les chemins de fer destinés exclusivement au transport des voyageurs et des marchandises précieuses et ne desservant que certaines directions privilégiées, à l'exclusion et même au détriment du surplus du territoire.

L'uniformité des tarifs était, selon lui, condamnée par l'inégalité du prix de revient des lignes, des frais d'exploitation, de la fréquentation, des conditions de concurrence.

Quant aux motifs tirés de la politique et des nécessités de la défense, pour justifier la construction par l'État, l'orateur ne les jugeait pas sérieux. Même en concédant les chemins de fer, il était facile d'assurer le service postal, le transport des troupes, l'interruption des communications en cas de guerre. La meilleure preuve en était que le Gouvernement comptait affermer les chemins après leur achèvement.

Avec les précautions indiquées par la Commission, l'agiotage ne serait pas à craindre. Il serait en outre nécessaire que les projets de lois ne fussent pas soumis prématurément au Parlement ; que les éléments scientifiques, économiques, financiers de l'entreprise fussent complètement étudiés auparavant par l'administration ; que les statuts de la Compagnie eussent de même été discutés par le conseil d'État.

M. Duvergier de Hauranne ajoutait que la Commission ne voulait pas exclure complètement l'État, mais restreindre son rôle ; lui réserver les lignes reconnues d'utilité générale, qui n'offriraient aucune chance de succès à l'industrie privée, eu égard au rapport entre les recettes et les dépenses ; et laisser les autres aux Compagnies, sauf à aider ces dernières, dans une certaine mesure, par des subventions ou des garanties d'intérêts.

A la séance suivante, le 8 mai, le président du conseil, M. le comte Molé, monta à son tour à la tribune. Il fit ressortir que tout le monde était à peu près d'accord pour faire

une part à l'État et une part aux Compagnies et que le différend ne portait que sur la répartition. Il insista sur la nécessité
absolue de réserver à l'État la ligne de Paris à la Belgique
qui, par son étendue et son importance politique, stratégique
et commerciale, ne pouvait être livrée aux hasards d'une
Compagnie, ainsi que la ligne de Marseille à Avignon qui
présentait des difficultés exceptionnelles de construction. Il
adjura la Chambre de ne plus souscrire à aucun ajournement
et de doter enfin le pays de ces nouvelles voies dont se cou-
vraient les territoires environnants.

M. de Laborde répondit au président du conseil en s'é-
levant contre la doctrine qui tendait à déclarer le travail
régalien ; il estimait que les travaux de chemins de fer, à
l'inverse de ceux des canaux, offraient très peu d'aléa et se
prêtaient par suite parfaitement à des concessions. Passant
en revue les diverses lignes, il conseillait de concéder la
ligne de Belgique, qui traversait des terrains peu accidentés
et un pays riche : il laissait au contraire à l'État la ligne de
Marseille qui présentait un grand intérêt national et ne
devait donner que de faibles revenus, et celle de Strasbourg
qui avait un caractère essentiellement militaire et cos-
mopolite. Avec cette répartition, le Gouvernement serait le
régulateur et non l'ouvrier des travaux, et répandrait partout ses bienfaits sans montrer la main qui les dispensait.

M. Muret de Bort critiqua l'étendue excessive du programme : suivant lui, l'État avait encore trop à faire en vue
de l'achèvement des routes, des canaux, de l'amélioration
des rivières, pour se lancer ainsi dans l'exécution d'un
grand réseau de chemins de fer. Il fallait être très prudent,
ne faire que quelques concessions bien assises, bien morales.
En tout état de cause le Gouvernement avait eu très grand
tort de ne pas présenter, en regard du plan des travaux, un
plan pour la réalisation des ressources : les excédents des

recettes, la réserve de l'amortissement ne fourniraient rien ; il faudrait, soit un emprunt, soit au besoin l'aliénation des forêts, qui seraient mieux aménagées, mieux exploitées par des particuliers que par l'État.

Le Ministre des finances traita le côté financier du problème. Il exposa que jamais il n'avait redouté l'absence de capitaux, mais qu'il avait craint un concours trop imprudent et trop précipité de ces capitaux, surtout en France, où on se laissait séduire volontiers par ce qu'il pouvait y avoir de vague et de merveilleux dans une opération. Les catastrophes causées par les spéculations de Law, par celles des Compagnies des Indes, avant la révolution de 1789, étaient là pour commander la sagesse et la prévoyance. Le Ministre des finances avait donc pensé qu'il convenait de ne pas faire un appel trop large à l'industrie privée. Des raisons de même ordre s'opposaient, à ses yeux, à ce que, de son côté, l'État s'engageât trop avant dans la carrière. Mais, en revanche, il avait, comme ses collègues, jugé indispensable d'arrêter un plan bien défini et possible et d'en commencer la réalisation, pourvu qu'aucun engagement pécuniaire ne fût contracté par avance, qu'il y eût seulement un engagement moral, et que l'on se réservât de faire, s'il y avait lieu, des emprunts échelonnés. Ces emprunts lui semblaient fort légitimes, attendu que les travaux publics bien entendus fournissaient toujours des placements à très gros intérêts. Il maintenait d'ailleurs que les excédents de recettes offraient une ressource précieuse et que certainement la réserve de l'amortissement fournirait aussi des disponibilités.

M. de Golbéry combattit spécialement le chemin de Belgique, qui devait favoriser le port d'Anvers au détriment des ports de France, et plaida la cause des chemins du Havre à Paris et de Paris à Strasbourg qui, suivant lui, méritaient la priorité, au double point de vue du transit et de la défense.

Ensuite M. Berryer prononça un grand discours en faveur des conclusions de la Commission. Il chercha à démontrer que, contrairement aux allégations du Ministre des travaux publics, la Chambre précédente avait nettement combattu l'intervention militante de l'État dans la construction de notre réseau, puisqu'elle n'avait voté que des concessions et même des concessions sans subvention. Après s'être efforcé d'établir que l'avantage des chemins de fer était surtout la vitesse et qu'ils serviraient principalement au transport des hommes, il reproduisit cette idée que « l'industrie « particulière avait seule le secret du juste rapport des « avantages et des dépenses ; qu'elle seule savait approprier les travaux à leur fin ; qu'elle seule savait éviter les « folles dépenses où entraîne précisément le grandiose dans « les travaux qui ne le réclament pas ». Il exprima l'avis que les capitaux se réuniraient facilement entre les mains des Compagnies, dès que les précautions nécessaires seraient prises législativement pour régulariser l'organisation de ces sociétés et les moraliser, et dès que les pouvoirs publics auraient affirmé leur résolution de ne pas concéder des chemins de fer à quiconque se présenterait, sans avoir suffisamment apprécié, et l'utilité de ces lignes, et l'avantage qu'elles pourraient procurer. La distinction établie par le Gouvernement entre les chemins à réserver à l'État et les chemins à concéder ne pouvait se justifier ; la désignation de « lignes politiques » était une locution vide de sens ; d'ailleurs le Gouvernement annonçait son intention d'affermer, après leur achèvement, les chemins qu'il aurait construits ; il était en outre en contradiction manifeste avec ses propositions de 1837. M. Berryer revint sur les arguments déjà développés au sujet des récriminations auxquelles l'État s'exposerait en se faisant lui-même le dispensateur des voies ferrées au profit de certaines régions et au détriment des autres, ainsi que de l'impossibilité pour l'État de faire face aux dépenses dans un délai relativement court. Il combattit le système des emprunts partiels qu'avait indiqué le Ministre des finances ; il préférait le système des emprunts généraux contractés à un moment convenablement choisi. Il attaqua très vivement les observations présentées par le Ministre des finances ; contesta les prétendues raisons d'État alléguées pour ne pas concéder la ligne de Belgique ; certifia que des offres très sérieuses, sans subvention, avec garantie de recourir aux capitaux étrangers s'il le fallait, avaient été présentées au Gouvernement. Il représenta ce chemin comme ne pouvant empêcher la Belgique d'entrer dans le zollverein prussien et comme faisant, au contraire, d'Anvers l'intermédiaire entre Londres et Paris. Il termina par une péroraison ardente contre le projet de loi.

À la suite d'un bon discours de M. Caumartin qui appuya les propositions du Gouvernement, la Chambre entendit M. de Lamartine. L'éloquent orateur témoigna toute son impatience de voir l'autorité de la science et la puissance de la parole se coaliser pour contester au pays l'une de ses nécessités les plus urgentes ; d'entendre une commission composée des hommes les plus éminents n'apporter, après trois mois d'études, que des dénégations. Il fallait absolument entreprendre et livrer promptement quelques grandes lignes. Jamais les Compagnies, êtres égoïstes, ne termineraient ces lignes, parce qu'elles ne pouvaient être fructueuses pour elles. Le Gouvernement ne pouvait d'ailleurs abdiquer son rôle, inféoder l'avenir de la viabilité de la France à une puissance d'intérêt individuel. Comment se feraient ensuite les modifications de tarifs, les améliorations, les perfectionnements? Les Compagnies seraient maîtresses du Gouvernement et des

Chambres avant dix ans : elles auraient entre les mains un personnel et des intérêts plus forts que ceux de l'État ; elles seraient investies d'un monopole écrasant ; elles seraient maîtresses des élections : le bénéfice des actionnaires serait substitué au bénéfice social. L'histoire des Compagnies n'était jusqu'alors que celle de nos désastres, de nos ruines, de nos catastrophes industrielles et commerciales. Pouvait-on, du reste, mettre un instant en balance des associations individuelles fondées temporairement sur le désir d'un lucre incertain, avec l'État en qui se résumait toute la nation ? Leur responsabilité, purement pécuniaire, pouvait-elle être comparée à la responsabilité incessante, morale, politique du Gouvernement ? C'était un singulier spectacle que de voir un savant comme Arago venir taxer ainsi d'impuissance le corps des ingénieurs fournis par cette école polytechnique dont il était un des professeurs les plus éminents. Le rôle des individus était de faire ce qui était borné, passager comme eux ; celui de l'État était de faire les choses impérissables. Parmi les chemins les plus urgents était celui de Paris à la Belgique qui était appelé à desservir les populations les plus agglomérées, les plus industrieuses. La Belgique était notre avant-poste, notre forteresse ; il fallait s'y relier au plus vite.

A Lamartine succéda M. Billault qui rappela tous les travaux faits par les Compagnies en France et à l'étranger, qui repoussa la doctrine de l'exécution par l'État comme une doctrine de gouvernement absolu complètement inadmissible sous un Gouvernement constitutionnel. L'État ne devait être préféré pour la construction que s'il faisait mieux, plus vite et moins cher. Or les Compagnies pourraient prendre à l'État ses meilleurs ingénieurs et, non seulement profiter de toutes leurs capacités, mais les dégager des entraves de l'administration, les mettre à même de travailler

avec l'aiguillon de la responsabilité personnelle et en obtenir
ainsi davantage que le Gouvernement; rien ne les empêcherait d'exécuter aussi bien; elles feraient certainement plus
vite, parce qu'elles ne seraient pas, comme le Ministre, es-
claves des volontés financières du Parlement et des crises
politiques; elles feraient enfin à meilleur marché, parce que,
« au lieu de procéder par adjudication, de prévenir plusieurs
« mois à l'avance les fournisseurs, de leur donner rendez-
« vous à jour fixe, elles pourraient traiter par intermé-
« diaire, conserver le secret (condition du succès, du bon
« marché en matières commerciales) et s'associer, au be-
« soin, les fournisseurs ».

Quant à l'exploitation, comment la confier à l'État? L'administration, avec ses lenteurs, avec ses procédés, en serait
incapable; il fallait l'énergie de l'industrie privée. M. Billault reproduisit ensuite, en les commentant, les objections
empruntées au défaut de plan financier et à l'imprévoyance
du Gouvernement qui voulait entreprendre plusieurs grandes
lignes à la fois sans expérience préalable, sans garantie pour
leur prompte exécution. A part l'Angleterre, les autres
pays n'étaient pas autant en avance sur le nôtre qu'on s'était
plu à le dire; il n'y avait donc pas péril en la demeure
et nécessité de précipiter les choses. La principale richesse
de la France était la richesse agricole; elle languissait;
il fallait, avant tout, créer un réseau de vicinalité à mailles
serrées. M. Billault terminait en s'efforçant d'établir qu'a-
vant la ligne de Belgique, il fallait faire passer celle de
Paris à Strasbourg, d'une utilité stratégique et commerciale
incontestée.

Puis M. Legrand prit la parole. Il passa en revue les
exemples cités comme preuves de la puissance de l'esprit
d'association et montra que, dans la plupart des cas, les
concessionnaires avaient été plus lents et moins parcimonieux

que l'État. Il montra que, tout en restant au service du Gouvernement, les ingénieurs pouvaient produire des travaux qui, par leur économie, leur solidité, leur beauté, étonnaient tous les ingénieurs étrangers ; il donna les preuves les plus évidentes de leur désintéressement et ajouta : « Gardons-« nous bien de les décourager. Entretenons ce feu sacré qui « brûle encore chez eux, et réjouissons-nous de voir qu'au « temps où nous vivons la monnaie de l'honneur ait pu con-« server autant de prix pour une certaine classe de per-« sonnes. » Avec de tels agents, on ne pouvait être fondé à taxer l'administration d'incapacité pour la construction. M. Legrand soutint ensuite que l'État pourrait parfaitement gérer l'exploitation des chemins de fer et que, même en affermant les lignes, il obtiendrait des conditions de beaucoup préférables à celles d'une concession, puisque le fermier n'aurait pas à se rémunérer du capital de construction. Il renouvela l'argumentation de l'exposé des motifs sur la nécessité pour le Gouvernement de conserver certaines lignes maîtresses. Il justifia son évaluation d'un million par lieue, en la basant sur le prix de revient d'un certain nombre de chemins français et étrangers.

Après le discours de M. Legrand, le rapporteur, M. Arago, résuma la discussion. Loin de vouloir retarder l'exécution des chemins de fer, la Commission s'était bornée à demander une meilleure distribution des travaux et la substitution d'une construction progressive à la construction simultanée, afin de profiter successivement, pour chacune des lignes, des résultats de l'expérience et des progrès de la science. Envisageant le côté financier de la proposition, M. Arago reprocha de nouveau au Gouvernement de ne pas avoir mis les voies et moyens en regard des prévisions de dépenses et d'avoir ainsi laissé planer une incertitude excessive sur l'avenir des travaux. Il fournit des indications sur la situation

encore très imparfaite de l'art, notamment pour la locomotive; sur l'infériorité des chemins de fer comparés aux canaux,
en ce qui concernait le transport des marchandises. Il donna
des renseignements statistiques qui lui semblaient de nature
à faire douter de la productivité pécuniaire des chemins de
fer, au moins pour un certain nombre de lignes dont le
classement était proposé par le Gouvernement. Relativement à l'exécution par l'État ou l'industrie privée, il chercha
à établir par des faits que l'intérêt privé trouvait le moyen
de résoudre des questions jugées insolubles par l'administration; qu'autrefois l'administration s'était montrée absolument favorable aux concessions; que souvent de grosses
erreurs avaient été commises dans les devis des ingénieurs
de l'État; qu'avant son entrée dans le cabinet, le président
du conseil avait condamné l'uniformité des tarifs. Rendant
un hommage éclatant au mérite personnel des ingénieurs
des ponts et chaussées, il attaqua l'organisation administrative dans laquelle ils étouffaient, la lenteur que cette
organisation imprimait aux travaux exécutés par l'État.
Examinant si réellement l'agiotage était à redouter, il commença par faire observer que le Gouvernement laissait lui-
même un champ très vaste à la spéculation en réservant à
l'industrie privée tous les embranchements, c'est-à-dire une
dépense de beaucoup supérieure à celle des lignes principales; il ajouta qu'avec des précautions comme celles qui
avaient été indiquées dans le rapport, il était facile de la
restreindre, de la limiter. Il taxa d'exagération les assertions de l'exposé des motifs sur la valeur stratégique des
chemins de fer; il soutint qu'entre les mains de Compagnies
soumises à des cahiers de charges bien étudiés, les voies ferrées rendraient, à ce point de vue, les mêmes services. Le
Gouvernement pouvait dépenser son activité sur les routes
et les rivières, qui étaient dans le plus fâcheux état, et sur

les canaux où il y avait lieu de poursuivre l'augmentation de la vitesse de marche des bateaux. Il exposa les résultats de ses investigations pour établir que des Compagnies très sérieuses avaient formulé des offres, même pour le chemin de la Belgique ; qu'avec le système des concessions la France aurait le concours des fonds étrangers, qui lui échapperait dans le système de l'exécution par l'État. Il termina par la réfutation des raisons soi-disant politiques invoquées par le Ministre à l'appui de sa proposition pour le chemin de Belgique.

Le Ministre des travaux publics lui répondit ; il se plaignit amèrement de voir le Gouvernement accusé d'imprévoyance quand il présentait des projets isolés, et d'exagération lorsqu'il soumettait à la Chambre un plan d'ensemble. Le coût des travaux qu'il tenait à voir engager immédiatement ne dépassait pas 160 millions à dépenser en sept ou huit ans. Fallait-il pour cela un emprunt ? Les ressources ordinaires ne suffiraient-elles pas ? Il déclara ne pouvoir accepter le rôle que la Commission voulait attribuer au Gouvernement et qui était de faire exclusivement les lignes pour lesquelles aucune Compagnie ne se présentait. L'esprit d'association n'existait pour ainsi dire pas en France ; il ne s'était manifesté que par des œuvres peu importantes ; les concessions déjà faites ou indiquées par l'administration comme susceptibles d'être faites à bref délai s'élevaient à 210 millions. Le Gouvernement serait souverainement imprudent s'il consentait à mettre entre ses mains des entreprises aussi colossales que celle du chemin de fer de la Belgique.

Le Ministre contesta que des Compagnies aient pu se former pour cette dernière ligne : il s'efforça d'en prouver toute l'utilité en montrant que, sans nuire aux ports français, elle arracherait à l'Allemagne, pour le reporter sur notre territoire, le transit d'Anvers vers la Suisse et l'Italie ; il insista sur sa valeur stratégique, sur la liberté d'action qu'il fallait laisser tout entière à l'État et qui s'exercerait nécessairement à un degré moindre vis-à-vis d'une Compagnie puissante. Il s'éleva très vivement contre la critique faite contre l'exécution, aux frais des contribuables, de lignes ne desservant que certaines parties de la France : cet argument était, à ses yeux, antinational. Il termina en déclarant que, si la Chambre rejetait le projet de loi, elle assumerait devant le pays toute la responsabilité du retard apporté à l'œuvre des chemins de fer.

M. Le Peletier d'Aunay critiqua le défaut de propositions du Gouvernement pour les ressources à affecter aux chemins de fer et la tendance à faire des lignes sur lesquelles les tarifs seraient inférieurs à ceux des autres directions.

Après une réplique du Ministre des finances, la clôture de la discussion générale fut prononcée.

A propos du premier article, M. Odilon Barrot proposa de déclarer d'utilité publique les lignes de Paris au Havre, de Paris à Orléans, de Paris à Strasbourg, de Marseille à Avignon et de Paris à la frontière du Nord ; de décider en principe la concession, par une loi ultérieure, des deux premières ; et, pour le surplus, de surseoir à statuer sur les moyens d'exécution jusqu'à la session suivante. Mais, sur l'observation que son amendement n'avait pas d'application utile, il fut conduit à le retirer.

Finalement la loi fut rejetée par 196 voix contre 69.

29. — Observations sur la d'scussion générale de 1838.

— Ainsi cette discussion solennelle, que l'on attendait avec tant d'impatience et d'où l'on espérait voir enfin sortir la grande charte des chemins de fer, finissait, comme celle de 1837, par un avortement complet. Et pourtant, ni le talent,

ni la science n'avaient fait défaut aux représentants du Gouvernement et aux membres de la Chambre qui avaient par-
ticipé au débat ; les questions politiques, économiques,
sociales que soulevait l'établissement des nouvelles voies de
communication, avaient été traitées avec éclat par les partisans comme par les adversaires du projet de loi.

La responsabilité de cet avortement incombe surtout à la
Commission et à son savant rapporteur qui avait fait véritablement une œuvre de passion : qui avait refusé jusqu'au
bout de laisser fléchir ses principes absolus devant la nécessité d'entrer dans la voie de l'exécution ; qui s'était obstiné
à repousser toutes les propositions de conciliation formulées par le Ministre des travaux publics. De son côté, le
Gouvernement avait eu le tort de ne pas justifier suffisamment des voies et moyens par lesquels il comptait pourvoir
à la réalisation de son programme ; il s'était évidemment
trompé en admettant que les lignes secondaires réservées par
lui à l'industrie privée pourraient vivre par elles-mêmes
sans le secours des grandes lignes.

La lutte s'était à peu près circonscrite sur le mode
d'exécution des lignes maîtresses. Le Gouvernement et une
partie des membres de la Chambre voulaient en voir confier
les travaux à l'État ; la majorité des députés, au contraire,
jugea qu'il convenait de les abandonner à l'industrie privée.
Ce fut le seul fait qui se dégageât bien nettement de la discussion. Le vote frappait l'État d'incapacité non seulement
pour l'exploitation, mais encore pour la construction des
chemins de fer.

Quel que soit le jugement que l'on porte sur la détermination de la Chambre, quelque regret que l'on puisse encore
éprouver du nouveau retard apporté par cette détermination à la constitution de notre réseau, on ne saurait se défendre d'un véritable sentiment d'admiration en relisant les

discours prononcés par la plupart des orateurs pendant le cours du débat, en constatant l'ampleur et la hauteur de vue avec laquelle plusieurs d'entre eux traitèrent du rôle à assigner à l'esprit d'association et à l'initiative individuelle.

30. — **Loi du 2 juillet 1838 relative à l'impôt sur le transport des voyageurs.**— Parmi les documents législatifs de l'année 1838, nous avons à signaler particulièrement la loi du 2 juillet 1838 concernant l'impôt sur le transport des voyageurs [B. L., 2ᵉ sem. 1838, nᵒ 584, p. 17].

L'impôt du dixième dont étaient frappés les transports sur les voies de terre portait exclusivement sur les frais du transport proprement dit.

Il paraissait rationnel d'observer le même principe sur les chemins de fer, et par suite d'affranchir de l'impôt la portion des taxes correspondant au péage, c'est-à-dire à l'intérêt et à l'amortissement du capital de premier établissement. Les concessions de 1837 et de 1838 l'avaient nettement stipulé ; mais il n'en était pas de même des concessions antérieures.

Le Ministre des travaux publics présenta en conséquence le 24 avril 1838 [M. U., 25 avril 1838] à la Chambre des députés un projet de loi édictant cette règle à titre de mesure générale et stipulant que, pour les chemins dont les cahiers des charges ne contiendraient pas de tarifs ou ne donneraient pas la ventilation des taxes, on opérerait par analogie. Le projet de loi tendait, en outre, à généraliser l'autorisation donnée à un certain nombre de Compagnies de faire entrer dans la composition de leurs trains des voitures spéciales pour lesquelles elles pourraient régler la taxe de gré à gré avec les voyageurs, sans que le nombre des places de cette nature excédât le dixième du nombre total des places du convoi.

La Commission, dont M. Garnier-Pagès fut le rapporteur [M. U., 19 mai 1838], considéra qu'en principe l'impôt sur la circulation des voyageurs était contraire aux intérêts de la circulation ; qu'il frappait, non les fortunes, mais les besoins ; qu'il était d'autant plus élevé que les distances à parcourir et, par suite, les dépenses étaient plus considérables. Elle conclut à la suspension complète de la perception pendant dix années à compter du jour de la promulgation de la loi, pour les chemins déjà livrés à la circulation, et du jour de la mise en exploitation, pour les autres. Elle repoussa la proposition relative aux places de luxe qui ne lui semblait, ni utile, ni opportune pour les concessions antérieures, et qui pourrait être examinée séparément pour les concessions ultérieures.

En ce qui concernait l'impôt, la Chambre repoussa l'amendement de la Commission, malgré les efforts du rapporteur et de M. Billault ; elle y voyait en effet, avec raison, un privilège au profit des chemins de fer, et au détriment des autres voies de communication, une subvention déguisée. En ce qui concernait les places de luxe, elle décida conformément aux conclusions du rapport [M. U., 29 et 30 mai 1838].

La loi fut votée sans discussion par la Chambre des pairs [M. U., 21 et 28 juin 1838].

31. — Concession du chemin de Paris à Rouen, au Havre et à Dieppe, avec embranchement sur Elbeuf et sur Louviers, et annulation de cette concession.

I. — LOI DU 6 JUILLET 1838. — (A). *Projet de loi.* — Le 26 mai 1838, le Ministre des travaux publics déposa un projet de loi portant concession du chemin de fer de Paris à Rouen, au Havre et à Dieppe, avec embranchement sur Elbeuf et Louviers, au profit de MM. Chouquet, Lebobe et Cⁱᵉ [M. U.,

27 mai 1838]. Tout en manifestant le regret que la Chambre n'eût pas consenti à réserver à l'État une ligne d'une si grande importance, le Gouvernement mettait au-dessus de ses préférences la nécessité de constituer au plus tôt notre réseau de voies ferrées. La ligne principale devait passer par les plateaux, c'est-à-dire par Pontoise, Chars, Gisors, Étrepagny, Charleval, Rouen et Yvetot. Le projet de loi stipulait « qu'aucune autre ligne de chemin de fer, soit de Paris à « Rouen, soit de Paris aux points intermédiaires entre « Paris et Rouen, desservis par les lignes concédées à la « Compagnie, ne pourrait être autorisée avant l'expiration « d'un délai de vingt-huit ans à partir de la promulgation « de la loi ». Il contenait d'ailleurs la clause de style portant interdiction d'émettre des actions ou des promesses d'actions négociables avant la formation d'une société anonyme dûment constituée : cette clause se justifiait par la nécessité de donner des garanties aux capitaux engagés. L'exposé des motifs expliquait qu'il avait paru impossible, sous peine d'un ajournement regrettable, de satisfaire au vœu de la Chambre concernant l'examen préalable par le Conseil d'État des statuts de la Compagnie ; il ajoutait que ce conseil ne délibérait et ne pouvait délibérer, au moins d'après les errements actuels, que sur les statuts des Compagnies jouissant d'une existence légale et pourvues d'un titre émané, soit du pouvoir législatif, soit du pouvoir exécutif, suivant les cas. La concession était faite pour quatre-vingts ans. Le tarif comportait deux classes de voyageurs taxées à 0 fr. 075 et 0 fr. 050 ; trois classes de marchandises en petite vitesse taxées à 0 fr. 12, 0 fr. 14 et 0 fr. 16 ; et une classe spéciale pour la houille, à 0 fr. 09. Une fois abaissées au-dessous de ces limites les taxes ne pouvaient plus être relevées avant un délai de six mois. La perception devait se faire indistinctement et sans aucune faveur.

(B). *Rapport à la Chambre des députés.* — M. Vitet, rapporteur à la Chambre des députés [M. U., 7 et 10 juin 1838], reconnut que le nouveau tracé par les plateaux était complètement différent du premier, qui avait donné lieu à une réprobation si générale, et qu'il était absolument satisfaisant. Il constata que les concessionnaires présentaient toute la surface voulue : que la société en formation était fondée sur les bases principales indiquées antérieurement par la Chambre ; qu'il n'y avait, ni actions industrielles, ni titres bénéficiaires, ni parts d'intérêt apparentes ou occultes ; que le montant des engagements dépassait notablement le capital nécessaire. Il s'attacha à justifier la clause par laquelle l'État s'interdisait la concession de lignes concurrentes pendant un délai de vingt-huit ans. A cet effet il invoqua le chiffre élevé de la dépense (90 millions), l'impossibilité d'exposer des capitaux si considérables à une concurrence désastreuse dès le début de l'opération, l'exemple des ponts à péage, celui de l'Amérique d'où les privilèges et les monopoles étaient bannis et qui, cependant, introduisait une stipulation analogue dans ses chartes de chemins de fer ; il modifia même la rédaction pour la rendre plus conforme aux intérêts de la Compagnie. Il conclut à la suppression du privilège accordé aux marchandises en transit, qui permettrait aux pays voisins de payer moins cher les produits exotiques, les matières premières ; qui donnerait une véritable prime aux provenances de leur industrie et de leur agriculture ; qui les aiderait à nous battre sur les marchés étrangers ; qui nous ferait les facteurs de nos rivaux. Il demanda qu'un minimum de vitesse fût fixé pour les marchandises de toute nature quand l'expéditeur le demanderait, sauf paiement du tarif prévu pour les poissons auxquels on considérait comme applicable le minimum de 8 lieues par heure assigné à la vitesse des convois de voyageurs ; il proposa de faire approuver par l'administration les prix spéciaux relatifs aux expéditions indiquées comme affranchies du tarif général. En ce qui concernait le rachat, il émit l'avis qu'il convenait : 1° de prendre comme base de l'indemnité, non le dividende des actions, mais le *produit net*, c'est-à-dire l'excédent des recettes sur les dépenses ordinaires d'entretien et d'exploitation ; 2° de stipuler le paiement du matériel roulant et des objets mobiliers, après estimation à dire d'experts ; cet avantage qu'on avait jugé équitable de ménager à la Compagnie à l'expiration de la concession, c'est-à-dire après amortissement des capitaux, lui paraissait plus légitime encore en cas d'éviction pendant le cours de cette concession.

Les diverses modifications recommandées par la Commission furent acceptées par les concessionnaires.

(c). *Discussion à la Chambre des députés.* — Le projet de loi provoqua un débat assez prolongé à la tribune de la Chambre [M. U., 16 et 17 juin 1838] (1). M. Billault reprocha au Gouvernement l'étendue excessive de ses propositions qui comprenaient à peu près simultanément neuf lignes, dont deux principales et sept de moindre importance, et qui devaient porter à 390 millions les dépenses à effectuer en huit ans pour les nouvelles voies de communication : n'était-ce pas surcharger la place outre mesure de valeurs obligées de se soutenir sans revenu, pendant de longues années ?

L'industrie métallurgique serait, sans doute, en mesure de pourvoir à la fourniture des rails, puisqu'il lui suffirait d'augmenter sa production d'un dixième ; néanmoins il pourrait en résulter un relèvement regrettable des cours et il serait

---

(1) Bien que les projets de loi du 19 mai (voir *infra*) fussent antérieurs, ce fut sur le chemin de Paris au Havre que s'ouvrit la discussion : c'est ce qui en explique l'étendue.

utile que, par un projet de loi spécial, le Gouvernement
soumît au Parlement la question d'abaissement éventuel des
droits d'entrée sur les fers étrangers. La situation était plus
périlleuse encore pour les bois destinés aux traverses,
pour les locomotives, pour le personnel ouvrier à employer
à la construction, pour le personnel d'exploitation.

Suivant l'orateur, les conditions du cahier des charges
devaient forcément amener l'insuccès des entreprises et,
par suite, donner lieu à des catastrophes. C'est ainsi que
le retour gratuit à l'État, dans un délai relativement restreint, ne se comprenait pas; à l'étranger, les chemins de
fer n'étaient pas grevés de cet amortissement qui pèserait
si lourdement sur eux. Le transport à moitié prix du matériel et du personnel militaire, le transport gratuit des
dépêches, l'impôt du dixième sur les voyageurs, les maxima
assignés aux taxes, le taux très bas de ces maxima, relativement à ceux de l'Amérique et de l'Angleterre (1), étaient,
à ses yeux, préjudiciables aux intérêts des actionnaires auxquels les pouvoirs publics devaient pourtant leur protection
contre les concessionnaires, souvent trop aventureux et désireux surtout de faire des émissions. Il prévoyait l'insuffisance des devis, la nécessité où les concessionnaires se trouveraient alors de réaliser des ressources supplémentaires,
les difficultés qu'ils éprouveraient, le concours que l'État
serait obligé de leur prêter. Les calculs laborieux auxquels
il s'était livré et dont il donna les résultats à la Chambre,
les investigations faites par lui à l'étranger, le faible produit
que l'on pouvait attendre du transport des marchandises,
le déterminaient à considérer comme impossible d'avoir un
mouvement suffisant pour équilibrer les recettes et les
charges. Après une discussion sur l'insuffisance de l'instruc-

(1) En Belgique les tarifs étaient déjà plus bas qu'en France.

tion contradictoire des divers projets en présence, il exprima l'opinion que la clause concernant la garantie de non-concurrence, surtout telle qu'elle était sortie des délibérations de la Commission, liait outre mesure le Gouvernement et que la sagesse et l'équité des pouvoirs publics devaient suffire aux concessionnaires. Il fit connaître qu'à son sens l'obligation de constituer la Compagnie en société anonyme avant toute émission d'actions était illusoire et que le danger naîtrait aussi bien après la formation de la société; il indiqua un remède consistant à interdire la négociation des actions avant l'achèvement d'un cinquième au moins des travaux.

M. Legrand combattit les observations de M. Billault. Tout en se refusant à donner sur les revenus du chemin une appréciation qui serait ensuite exploitée dans le public, il rétorqua, par des exemples pris en Belgique, les craintes formulées au sujet des dépenses de premier établissement, d'entretien, de traction (1); les tarifs lui paraissaient rémunérateurs, d'après les résultats de l'expérience d'autres voies ferrées et, particulièrement, de celle de Lyon à Saint-Étienne.

M. Passy, comme M. Billault, attaqua la clause de non-concurrence; il l'envisageait comme une conséquence de l'insuffisance des tarifs et des bénéfices assurés à la Compagnie. Le Ministre des travaux publics lui répondit; il fit valoir notamment que l'administration s'était entourée des avis les plus compétents avant d'arrêter les tarifs; que les concessionnaires eux-mêmes, gens honorables, ne les avaient pas acceptés sans un examen approfondi; que des taxes modérées pouvaient seules permettre au public de jouir des bienfaits des chemins de fer.

(1) M. Legrand estimait les frais de transport à un kilomètre à 1 c. 1/2 par voyageur, à 2 c. par tonne de marchandises avec retour à charge et à 4 c. 1/2 par tonne avec retour à vide.

M. Berryer insista pour le relèvement des taxes de voyageurs ; ce relèvement était, suivant lui, compensé par les avantages offerts au public au point de vue de la vitesse, de l'économie de temps : il jugeait indispensable d'assurer un sort avantageux aux Compagnies pendant les premières années de leur existence et d'empêcher ainsi les entreprises de chemins de fer de se discréditer, de se dépopulariser ; il estimait que, malgré l'acceptation des concessionnaires, l'accroissement des tarifs était nécessaire, les contrats de la nature de celui qui était en discussion n'ayant pas seulement un caractère privé ; la solidarité des intérêts de la Compagnie avec les intérêts généraux du pays devait imposer cette modification. La possibilité de révision après un délai suffisait pour sauvegarder la situation : ce délai pouvait être réduit et ramené, par exemple, de quinze à cinq ans. Il fallait bien se garder de mettre en discrédit les 300 millions de valeurs en actions de chemins de fer émises sur la place.

Mais l'amendement présenté par M. Berryer fut repoussé, et, en réalité, il était impossible qu'il ne le fût pas.

La Chambre rejeta également un autre amendement qu'avait présenté la Commission, de concert avec le Ministre des travaux publics, pour entrer, jusqu'à un certain point, dans les vues de M. Berryer et qui prévoyait l'augmentation des taxes au bout de cinq ans, si le dividende moyen de cette première période n'atteignait pas 4 1/2 °/₀ ; elle considéra, en effet, qu'une loi spéciale pouvait intervenir, le cas échéant, si la nécessité en était démontrée.

La loi fut votée et renvoyée à la Chambre des pairs.

(D). *Rapport et vote à la Chambre des pairs*. — M. le baron Dupin fut chargé du rapport à cette dernière Chambre [M. U., 4 juillet 1838]. Il s'attacha à justifier, avec beaucoup de

soin, le tracé par les plateaux. Nous extrayons de son rapport les tableaux suivants qui sont fort intéressants.

1° *Tableau du commerce maritime des six ports de mer les
plus peuplés de nos côtes de l'Océan* (1).

PORTS.	POPULATION.	TONNAGE DES NAVIRES sortis en 1837.	DROITS de douane et de navigation perçus en 1837.
	Habitants.	Tonneaux.	Francs.
Le Havre.............	25 618	550 371	18 096 947
Bordeaux.............	98 705	326 219	10 141 689
Rouen..............	92 083	287 002	3 000 362
Nantes.............	75 895	168 758	6 096 130
Brest..............	29 773	71 185	324 182
Boulogne............	25 732	89 687	778 132

2° *Tableau comparatif du commerce par habitant pour les mêmes
ports.*

PORTS	TONNAGE DES NAVIRES SORTIS EN 1837		DROITS DE DOUANE ET DE NAVIGATION PERÇUS EN 1837	
	Tonnes	Kg.	Fr.	c.
Le Havre...............	21	483	706	41
Bordeaux...............	3	305	102	74
Rouen................	3	116	32	58
Nantes................	2	223	80	32
Brest................	2	330	10	88
Boulogne..............	3	485	30	24

(1) LES CHIFFRES CORRESPONDANTS POUR 1881 SONT :

	POPULATION.	TONNAGE des navires sortis.	DROITS de douane et de navigation.
Pour le Havre........................	105 867 h.	2 266 133 t.	39 840 595 fr.
— Bordeaux......................	221 305	1 491 699	30 465 416
— Rouen.......................	105 906	655 445	15 230 391
— Nantes......................	124 319	175 227	16 130 371
— Brest......................	66 110	122 308	625 802
— Boulogne....................	44 842	544 664	9 278 004

3° *Progrès comparés des entrées dans les quatre grands ports de l'Océan, de 1826 à 1836.*

PORTS	AUGMENTATIONS	DIMINUTIONS
Le Havre........................	37 1/2 °/₀	»
Rouen...........................	15 °/₀	»
Bordeaux........................	»	3 °/₀
Nantes	»	1 1/2 °/₀

Comme le montrent ces tableaux, c'est au Havre que l'intensité de la vie commerciale était déjà le plus considérable. M. Dupin présageait donc l'avenir le plus brillant pour le chemin de Paris au Havre; il conclut à l'adoption du projet de loi qui fut voté [M. U., 6 juillet 1838], après une courte discussion sur un point qui avait déjà préoccupé la Chambre : nous voulons parler de l'éventualité du relèvement des taxes en cas d'insuffisance des produits.

La loi prit la date du 6 juillet 1838 [B. L., 2ᵉ sem. 1838, n° 587, p. 37].

II. — LOI DU 1ᵉʳ AOUT 1839, RÉSILIANT LA CONCESSION. — (A). *Projet de loi.* — Une société se constitua pour l'exécution du chemin. Mais, dès le 10 juin 1839, le Ministre fut obligé de déposer un projet de loi modifiant profondément la concession [M. U., 10 juin 1839]. Une crise très grave s'était produite sur le marché. La Compagnie n'avait pu réaliser l'intégralité des ressources nécessaires. Elle avait dû solliciter l'autorisation de n'exécuter, au moins provisoirement, que la section de Paris à Rouen; le relèvement des tarifs; la modification des conditions du tracé et du profil; une garantie d'intérêt de 4 °/₀, amortissement compris, pendant quarante-six ans. Le Gouvernement proposa d'autoriser la Compagnie à n'entamer, jusqu'à nouvel ordre, que la section de Paris

à Pontoise; de réserver à l'État le droit de racheter ce
tronçon moyennant remboursement des dépenses d'établissement, si, dans le délai d'un an, une loi n'accordait pas à
la Compagnie le concours jugé par elle nécessaire pour l'achèvement de son œuvre ; enfin, de déléguer à l'administration
le pouvoir de statuer : 1° sur les modifications à apporter aux
clauses du cahier des charges concernant les dispositions
techniques du chemin ; 2° à titre provisoire, sur les modifications à apporter aux tarifs.

(B). *Rapport à la Chambre des députés.* — M. Billault, rapporteur à la Chambre des députés, conclut à la résiliation
pure et simple du contrat avec restitution du cautionnement.
[M. U., 26 juin 1839]. La Commission avait jugé inacceptable
la proposition du Gouvernement qui préjugeait la solution
des questions les plus graves ; qui engageait, soit l'allocation
d'une garantie d'intérêt, soit la continuation des travaux par
l'État si, dans le délai prévu, cette allocation n'était pas accordée et si une Compagnie nouvelle ne se trouvait pas, comme
cela était probable, prête à se substituer à la première au
moment voulu ; qui altérait de la manière la plus fâcheuse la
situation respective des parties contractantes ; enfin qui faisait table rase des titres et des motifs invoqués par la Compagnie en 1838 pour l'obtention de la concession, de préférence aux Compagnies concurrentes. Le rapporteur critiquait
de nouveau, à cette occasion, les errements suivis par le
Gouvernement ; il lui reprochait de continuer à n'exiger la
constitution des sociétés qu'après le vote des lois de concession ; il indiquait, du reste, l'opportunité de la formation
d'une grande commission extraparlementaire pour examiner,
sous la présidence du Ministre, la question de l'intervention
de l'État et celle des modifications à apporter aux cahiers
des charges.

(c). *Discussion à la Chambre des députés.* — L'affaire donna lieu à un débat très vif à la Chambre [M. U., 6 et 7 juillet 1839]. M. Grandin, député de la Normandie, rappela les projets de loi successifs présentés par le Gouvernement pour le chemin de fer de Paris à Rouen et à la mer, et leur insuccès; il attaqua violemment l'administration et l'accusa d'avoir voulu fatiguer le pays pour que, de guerre lasse, il se mît entre ses mains et souscrivît enfin à l'exécution par l'État; il protesta énergiquement contre toute combinaison qui enlèverait à l'industrie privée la construction de notre réseau de voies ferrées et proclama la nécessité de débarrasser les concessionnaires de toutes les entraves qu'ils subissaient par le fait des tarifs, des conditions de tracé, de la faculté de rachat, de la limitation des bénéfices; il déclara repousser absolument le projet de loi du Gouvernement et adhérer à celui de la Commission.

M. de Chasseloup-Laubat combattit à la fois le projet de la Commission qui, en abrogeant la loi de 1838, remettait tout en question et rouvrait la lutte entre le tracé par la vallée et le tracé par les plateaux, et le projet du Gouvernement qui, suivant l'orateur, n'offrait aucune garantie aux droits acquis des populations, aux besoins impérieux du pays, et livrait l'État à la merci de la Compagnie concessionnaire. En effet cette Compagnie, maîtresse de la section la plus productive du chemin, élèverait certainement les prétentions les plus excessives pour la continuation des travaux, et le rachat de sa concession présenterait d'ailleurs de telles difficultés qu'il serait impossible de le réaliser. M. de Chasseloup-Laubat insista pour que le concessionnaire fût mis en demeure d'entreprendre les travaux sous peine de confiscation de son cautionnement, la bienveillance et l'aide de l'État lui étant au contraire acquis en principe, s'il déférait à cette invitation.

M. Muret de Bort attaqua les conclusions de la Commission qui, suivant lui, devaient porter un coup fatal à l'industrie des chemins de fer, en provoquant une liquidation déshonorante pour la Compagnie. Il indiqua, entre autres moyens de venir en aide à cette Compagnie, l'ajournement de la deuxième voie prévue au projet. Il signala du reste, à cette occasion, les embarras inextricables dans lesquels on ne cesserait de se débattre, si on n'exigeait pas une responsabilité plus complète des souscripteurs d'actions et si on persistait à faire d'un seul coup des concessions considérables exigeant des capitaux que la Bourse était incapable de fournir.

M. de Lamartine reprit la thèse de l'exécution de toutes les grandes lignes par l'État. Il fit le tableau de la situation des chemins antérieurement concédés, les uns à peine entrepris, d'autres non commencés ; il montra les actions décriées, les actionnaires découragés. Il mit en relief, pour les grandes artères, l'intérêt supérieur qu'avait l'État à conserver la liberté de sa tarification, de son régime douanier. Il s'éleva d'ailleurs contre l'idée de couvrir le crédit des Compagnies par des garanties d'intérêt : « c'était, sui-« vant lui, la création du grand livre de l'agiotage public « avec la sanction et l'hypothèque du Trésor, de l'impôt et « des contribuables ; c'était le Trésor au pillage ; c'était le « malheureux contribuable constitué, par la loi, le croupier « de l'agioteur ». Il conclut énergiquememt au rejet de la loi.

M. Dumon fit un plaidoyer habile en faveur de l'honorabilité de la Compagnie. Il chercha à établir que la déchéance ne pourrait être prononcée légalement qu'après plusieurs années et qu'ainsi on se trouvait dans la nécessité de traiter avec les concessionnaires pour ne pas perdre un temps précieux. Il appuya donc le projet de loi du Gouvernement.

Après un discours dans lequel le rapporteur développa

les arguments qu'il avait consignés dans son rapport, la Chambre adopta la proposition de la Commission.

(D). *Rapport et vote à la Chambre des pairs.* — La Chambre des pairs, saisie à son tour, se prononça dans le même sens, sur le rapport de M. le comte Daru [M. U., 23 et 25 juillet 1839]. Ce rapport attribuait surtout le mal à la rigueur excessive des cahiers des charges ; il conseillait d'y remédier, d'une part en atténuant les stipulations des contrats, et d'autre part en prêtant un appui, non seulement moral, mais matériel aux capitaux : jamais l'industrie n'avait grandi que sous l'influence protectrice des gouvernements ; il concluait à l'adoption du projet de loi voté par la Chambre des députés, tout en exprimant le regret que la proposition du Ministre, plus bienveillante et plus favorable à une prompte exécution de la ligne, n'eût pas prévalu.

La loi résiliant la concession fut rendue exécutoire le 1ᵉʳ août 1839 [B. L., 2ᵉ sem. 1839, n° 665, p. 89].

32. — Concession du chemin de Paris à Orléans.

I. — PROJET DE LOI. — En même temps que le projet de loi relatif au chemin de fer de Paris à Rouen, au Havre et à Dieppe était présenté au Parlement, c'est-à-dire le 26 mai 1838, le Ministre des travaux publics en déposait un autre sur le bureau de la Chambre des députés, pour la concession du chemin de Paris à Orléans (114 km.) à MM. Casimir Lecomte et Cⁱᵉ [M. U., 27 mai 1838]. La ligne devait passer par Étampes. La durée de la concession était de soixante-dix ans. Le Gouvernement s'engageait à n'autoriser, avant un délai de vingt-cinq ans à compter de la promulgation de la loi, aucune autre ligne de Paris à Orléans ou aux points intermédiaires desservis par la Compagnie concessionnaire. Il était interdit à la Compagnie d'émettre des actions ou promesses d'actions négociables avant de s'être constituée en société anonyme dûment autorisée. Le tarif comportait deux classes de voyageurs à 0 fr. 075 et 0 fr. 05 ; trois classes de marchandises à 0 fr. 12, 0 fr. 14 et 0 fr. 16 ; une classe spéciale de houille à 0 fr. 09. Les dispositions du cahier des charges étaient les mêmes que pour le chemin de Paris au Havre.

II. — RAPPORT A LA CHAMBRE DES DÉPUTÉS. — Le rapport à la Chambre des députés fut présenté par M. Vivien [M. U., 15 juin 1838]. Il proclama l'utilité incontestable du chemin et adhéra à la direction générale proposée par le Gouvernement, mais exprima le regret que l'administration n'eût pas étudié plus complètement l'évaluation de la dépense, les recettes probables, les frais d'exploitation, et n'eût pas justifié les tarifs inscrits au cahier des charges ; cependant l'importance des relations à desservir et le nombre considérable des demandes en concession ne laissaient aucun doute dans l'esprit des membres de la Commission sur les conditions favorables dans lesquelles serait placé le chemin d'Orléans.

Un dissentiment s'était élevé dans le sein de la Commission au sujet du mode de concession. Quelques-uns de ses membres, considérant que le tracé avait été étudié par les ingénieurs de l'État et qu'il s'était présenté plusieurs Compagnies, opinaient pour l'adjudication. Mais la majorité ne s'était pas rendue à ces arguments, qui ne pouvaient prévaloir contre les raisons antérieurement développées en faveur du système de la concession directe ; tous ses doutes avaient d'ailleurs été dissipés par ce fait que, seule, la société Lecomte avait une organisation financière arrêtée et fournissait les garanties matérielles nécessaires pour la réalisation d'une entreprise de plus de 30 millions de francs.

La Commission avait écarté une réclamation des maîtres de poste relative au droit de 0 fr. 25 qui leur était attribué par les lois, pour tout transport de voyageurs comportant une vitesse de 10 lieues ou davantage par jour; elle avait fait observer que, le cas échéant, si la réclamation était reconnue fondée, rien n'empêcherait de frapper les voyageurs par chemin de fer d'un impôt correspondant.

Elle avait repoussé également une réclamation de la compagnie concessionnaire du chemin de Paris à Versailles, rive gauche, qui avait invoqué l'engagement pris par le Gouvernement de faire de ce chemin la tête de celui de Paris à Chartres et Tours : cette dernière ligne était, en effet, indépendante de celle de Paris à Orléans.

Elle avait enfin rejeté les demandes d'indemnités formées par les demandeurs en concession qui se trouvaient évincés; il n'était en effet pas démontré que l'État eût profité de leurs études.

Le rapport concluait à imposer à la Compagnie l'obligation, d'ailleurs acceptée par elle, d'établir des embranchements sur Corbeil, Pithiviers, Arpajon.

Tout en faisant ses réserves au sujet du principe de la clause de garantie contre la création de lignes concurrentes, la Commission exprimait l'avis que cette clause ne présentait rien d'inconstitutionnel ; elle l'admettait donc, mais avec l'addition suivante : « Néanmoins, si avant l'expiration de « ce délai la nécessité de l'établissement d'une seconde ligne « était constatée par une enquête administrative, une « nouvelle concession pourrait être faite par une loi. Les « dispositions ci-dessus ne feront point obstacle : 1° à la « concession des embranchements qui seraient accordés à « des compagnies concessionnaires de lignes formant « prolongement ou embranchement à celle de Paris à « Orléans, afin d'établir une communication entre cette

« ligne et leurs gares et magasins ; 2° à la concession
« d'embranchements qui, par leur jonction avec la ligne
« concédée, viendraient mettre Paris et Orléans en commu-
« nication par une voie de fer continue. Ils ne pourront,
« toutefois, être autorisés qu'autant que la longueur totale
« de la nouvelle ligne qu'ils compléteraient sera d'un quart au
« moins plus longue que la ligne présentement concédée et
« que les prix de transport de Paris à Orléans seront
« maintenus à un quart au-dessus de ceux de cette ligne. »

La Commission compléta, en outre, le projet de loi par
les stipulations qui suivent et dont le but se comprend sans
explication : « Les statuts de la Société imposeront aux
« sieurs Lecomte et Cⁱᵉ de conserver entre leurs mains,
« pendant toute la durée des travaux, une quantité d'actions
« représentant au moins un million en valeur nominale,
« lesquelles seront inaliénables pendant ce temps. La
« présente concession ne pourra être l'objet d'aucun prix,
« au profit des concessionnaires, lorsqu'elle sera transmise
« à la Société. La part de bénéfices qui serait attribuée, à
« titre de récompense, aux directeurs, ingénieurs et
« autres agents de la Compagnie ne pourra être convertie
« en actions. »

Elle introduisit de plus dans le dispositif de la loi une
clause, qui est devenue depuis l'article 53 du cahier des
charges et dont l'origine et la portée ont été souvent mé-
connues. Voici en quoi consistait cette clause.

Si la Compagnie, déjà investie d'un monopole de fait sur
le chemin de fer, avait pu entreprendre des services de
transport en prolongement et accorder ainsi, pour les
parcours correspondants, des taxes abaissées ; si même
elle avait eu la faculté de passer des traités particuliers avec
certains entrepreneurs pour les mêmes services, leur donner
des privilèges pour l'inscription des voyageurs, l'accès de

leurs voitures, etc...., il est certain que toutes les entreprises concurrentes de messageries auraient été immédiatement abandonnées et qu'il aurait pu en résulter ensuite les plus graves inconvénients pour le public. Il fut donc stipulé « que la Compagnie ne pourrait, sous les peines portées à « l'article 419 du Code pénal, former aucune entreprise de « transport de voyageurs ou de marchandises par terre ou « par eau, pour desservir les routes aboutissant au chemin « de fer de Paris à Orléans, ni faire directement ou indi-« rectement, avec des entreprises de ce genre, sous quelque « dénomination ou forme que ce pût être, des arrange-« ments qui ne seraient pas également consentis en faveur « de toutes les entreprises desservant les mêmes routes ».

Les règlements d'administration publique rendus en exécution de cette disposition devaient « prescrire toutes « les mesures nécessaires pour assurer la plus complète « égalité entre les diverses entreprises de transport, dans « leurs rapports avec le service du chemin de fer de Paris à « Orléans ».

Jusqu'alors aucune sanction n'avait été édictée contre les perceptions illégales de taxes non autorisées par le cahier des charges. Le rapport proposait de frapper les Compagnies, en cas de contravention, d'une amende ne pouvant être inférieure à 16 fr.. ni excéder dix fois le montant des sommes illégalement perçues, sans préjudice des restitutions dues aux parties intéressées.

De même, une amende de 50 à 1 000 fr. pouvait être infligée aux Compagnies, en cas : 1° de réduction de la vitesse des trains de voyageurs au-dessous du minimum réglementaire; 2° d'infraction au cahier des charges pour le nombre des places à donner dans les voitures soumises à un tarif spécial.

La division des taxes légales en droits de péage et droits

1

10

de transport avait été faite sans base certaine; il importait de pouvoir la réviser à brève échéance, au point de vue, d'une part, de la perception de l'impôt sur le transport, d'autre part, de la circulation des voitures autres que celles de la Compagnie sur les rails du chemin de fer; la même nécessité s'imposait pour la classification des objets dénommés aux tarifs; la Commission compléta en conséquence le projet de loi par une clause prévoyant la révision législative de la répartition des taxes et de la classification, cinq ans après l'achèvement des travaux, puis tous les quinze ans.

Le rapport conclut aussi à autoriser le Gouvernement, en l'absence des Chambres, à réduire le droit d'entrée sur les rails, au cas où une hausse subite viendrait à se déclarer.

En ce qui concernait le cahier des charges, le Ministre passa avec la Compagnie, sur l'avis de la Commission, un traité additionnel dont les principales clauses étaient les suivantes.

1° La Compagnie était tenue d'acheter les terrains pour quatre voies aux abords de Paris, sur la longueur déterminée par l'administration;

2° Les voitures de 2ᵉ classe devaient être couvertes;

3° Le prix des places de luxe devait être fixé par le Ministre au 1ᵉʳ janvier de chaque année; le nombre de ces places spéciales ne pouvait excéder le dixième de celui des places du convoi;

4° Dans le cas où des perceptions auraient eu lieu à des prix inférieurs à celui du tarif, l'administration pouvait déclarer la réduction ainsi consentie applicable à toute la partie correspondante du tarif, pour un délai minimum de six mois;

5° Le poids des bagages que chaque voyageur pourrait faire transporter gratuitement était porté de 15 à 25 kilog.;

6° Les assimilations des marchandises non dénommées étaient réglées par l'administration, sur la proposition de la Compagnie ;

7° Les prix de transport des objets de faible poids, ou de faible densité, et des métaux ou objets précieux étaient de même arrêtés par l'administration sur la proposition de la Compagnie ;

8° En cas de rachat, l'annuité à servir à la Compagnie était le produit net moyen des sept dernières années (déduction faite des deux plus mauvaises), augmenté du tiers, si le rachat avait lieu dans un délai de quinze ans à partir du jour où le droit en était ouvert au Gouvernement, du quart pour la période suivante de quinze ans, et du cinquième pour les périodes suivantes ;

9° La Compagnie pouvait être assujettie par les lois ultérieures portant concession de chemins de prolongement ou d'embranchement, soit à laisser aux concessionnaires de ces chemins le droit d'exploiter en concurrence avec elle la ligne d'Orléans à Paris avec réciprocité, soit à leur accorder une réduction de péage de 10, 15, 20 ou 30 %, suivant que le prolongement avait moins de 100, de 200, de 300 kilomètres ou excédait cette longueur ;

10° Dans le cas où le chemin de Paris à Strasbourg ou celui de Paris à Lyon seraient embranchés sur celui de Paris à Orléans, la loi de concession des nouvelles lignes pourrait assujettir le concessionnaire de la ligne d'Orléans à la cojouissance du tronc commun, sauf remboursement de la moitié du capital d'établissement, ou stipuler au profit, soit de l'État, soit de la nouvelle Compagnie, une réduction de moitié sur les droits de péage ;

11° La Compagnie était tenue de s'entendre éventuellement avec les Compagnies voisines pour les correspondances et pour les échanges de matériel, faute de quoi il y serait pourvu d'office par le Gouvernement.

III.—DISCUSSION A LA CHAMBRE DES DÉPUTÉS.—Lors de la discussion à la tribune de la Chambre des députés [M. U., 17 juin 1838], les pénalités que la Commission avait voulu prévoir dans la loi furent repoussées ; il fut d'ailleurs entendu que le Ministre préparerait, aussitôt que possible, un projet de loi d'ensemble sur la police des chemins de fer. La clause concernant la réduction éventuelle des droits d'entrée sur les rails étrangers fut aussi repoussée, comme étant du domaine d'une loi générale. Pour le surplus, les propositions de la Commission furent admises.

IV.— RAPPORT ET VOTE A LA CHAMBRE DES PAIRS.—A la Chambre des pairs, ce fut M. le comte Daru qui eut à présenter le rapport sur l'affaire [M. U., 5 juillet 1838]. Après quelques critiques sur l'insuffisance des documents fournis par l'administration relativement au trafic probable, le rapporteur se prononça catégoriquement pour le système de la concession directe et pour la limitation de la durée de la concession ; il exprima le regret de ne pas voir inscrite dans le contrat la faculté de relever les tarifs, dans le cas où leur insuffisance serait constatée ; il critiqua l'excessive étendue des cahiers des charges, qui noyait en quelque sorte les clauses importantes au milieu des clauses secondaires ; néanmoins, il conclut à l'approbation.

Les pairs adoptèrent sans discussion [M. U., 6 juillet 1838] la loi qui fut rendue exécutoire le 7 juillet 1838 [B. L., 2ᵉ sem. 1838, n° 587, p. 56].

Les statuts de la Société furent approuvés par ordonnance du 13 août 1838 [B. L., 2ᵉ sem. 1838, supp., n° 383, p. 338]. Le fonds social était de 40 millions en 80 000 actions au porteur de 500 fr. chacune ; ces actions étaient remises après libération de 25 % ; à défaut de versement de l'un quelconque des termes, à la date fixée, les actions étaient vendues sur duplicata à la Bourse, aux risques et périls des retardataires ; chaque administrateur devait posséder au moins 60 actions inaliénables pendant la durée de ses fonctions. Chaque année, il était opéré sur les produits nets : 1° un premier prélèvement pouvant atteindre 1 % du capital social pour l'amortissement ; 2° un second prélèvement de 5 % au moins, jusqu'à concurrence du dixième du fonds social, pour la constitution du fonds de réserve. Les membres du conseil d'administration et M. Lecomte étaient tenus de conserver, pendant la durée des travaux, une quantité d'actions inaliénables représentant au moins une valeur nominale d'un million.

Ces statuts furent modifiés ultérieurement. Les conditions de la concession furent d'ailleurs changées en 1839 : nous y reviendrons plus tard.

33. — **Projets de loi concernant six chemins. Concession, restée sans effet, du chemin de Lille à Dunkerque et de deux chemins industriels dans l'Allier.** — Peu de jours après la fin de la discussion générale, le 19 mai 1838, le Ministre des travaux publics déposa, sur le bureau de la Chambre des députés, six projets de loi [M. U., 21 mai 1838] tendant à la concession des lignes de Montpellier à Nîmes, de Bordeaux à Langon, de Mézières à Sedan, de Lille à Dunkerque et des mines de Giers à la rivière d'Allier (en deux sections distinctes).

Le chemin de Montpellier à Nîmes avait pour objet de réunir deux villes comptant, l'une 35 500 et l'autre 43 000 habitants ; de desservir l'itinéraire suivi par les voyageurs se rendant de la Méditerranée dans le bassin de la

Garonne, ou de Toulouse et Bordeaux vers l'Est de la France et l'Italie ; de relier les chemins de fer en construction de Cette à Montpellier et de Nîmes à Alais et Beaucaire ; et de mettre ainsi le Rhône et le port de Cette en communication rapide. Trois avant-projets avaient été présentés ; mais ils différaient peu l'un de l'autre et étaient devenus tous trois la propriété des sieurs Farel et consorts, de Montpellier. C'est à ces entrepreneurs que le Gouvernement proposait d'accorder la concession. La dépense était évaluée à 10 millions pour une longueur de 49 kilomètres. Pendant l'enquête, un embranchement avait été instamment demandé dans la direction d'Aigues-Mortes ; mais l'administration n'avait pas cru pouvoir imposer aux concessionnaires le supplément de dépense que comportait la construction de cet embranchement.

Le chemin de Bordeaux à Langon constituait l'amorce de la grande ligne de Bordeaux à Marseille ; il avait pour objet principal de suppléer aux imperfections de la navigation de la Garonne, souvent entravée par les marées, les crues, les inondations, les brouillards et les glaces. Sa longueur était de 42 kilomètres, 5. Il devait être concédé aux sieurs Baour et Cie, Walter et David Johnston, Balguerie et Cie, Hippolyte Raba, David Frédéric Lopez Dias.

Le chemin de Mézières à Sedan, que le Gouvernement proposait de concéder aux sieurs Monchy et Cie, était destiné à relier ces deux villes par une voie économique beaucoup plus courte que la Meuse dont les méandres, dans cette partie de son cours, étaient très nombreux. Sa longueur était de 20 kilomètres environ et son estimation, de 3 500 000 fr.

Le chemin de Lille à Dunkerque avait pour but de desservir les nombreuses relations de la ville de Lille, chef-lieu du département le plus populeux de France, avec le port de

Dunkerque. Il s'agissait de le concéder à M. Dupouy, alors président de la chambre de commerce de Dunkerque.

Les deux derniers chemins étaient destinés à mettre en communication avec l'Allier et à rendre ainsi exploitables les gîtes de combustible minéral d'un vallon affluent de cette rivière : l'un aboutissait au-dessous de Moulins, avait 22 kilomètres de longueur et était évalué à 1 200 000 fr. ; l'autre aboutissait au-dessus de Monestay, avait 25 kilomètres de longueur et était estimé à 1 750 000 fr. Ils devaient être concédés à deux sociétés concessionnaires de mines.

La concession de tous les chemins que nous venons d'énumérer devait être faite sans subvention, prêt, ni garantie d'intérêt. Les projets de loi stipulaient que les concessionnaires ne pourraient émettre d'actions ou de promesses d'actions négociables, avant de s'être constitués en sociétés anonymes dûment autorisées conformément à l'article 37 du Code de commerce ; une exception était faite toutefois à cette règle pour les Compagnies minières auxquelles étaient concédés les chemins des mines de Giers à l'Allier.

La durée de la concession était de soixante-dix ans pour les quatre premiers chemins ; pour les deux chemins industriels de l'Allier, elle était égale à celle de l'exploitation des mines, sans pouvoir dépasser quatre-vingt-dix-neuf ans.

Le tarif des lignes de Montpellier à Nîmes, de Bordeaux à Langon, de Mézières à Sedan et de Lille à Dunkerque, prévoyait deux classes de voyageurs à 0 fr. 075 et à 0 fr. 050 : trois classes ordinaires de marchandises à 0 fr. 12, 0 fr. 14 et 0 fr. 16 ; et une classe spéciale pour la houille, à 0 fr. 10. Il contenait une clause de révision à la fin de chaque période de quinze années, à partir de l'achèvement des travaux, au cas où le dividende moyen de cette période excéderait 10 % du capital primitif. Quant au tarif des chemins de l'Allier, il ne prévoyait que le transport des marchandises taxées à 0 fr. 12, à la descente, et à 0 fr. 15, à la remonte ; il ne comportait d'ailleurs pas de clause de révision.

Le rapport sur le chemin de Montpellier à Nîmes fut confié à M. de Chabaud-Latour [M. U., 3 juin 1838]. Tout en exprimant le regret que les statuts de la Société n'eussent pas été examinés préalablement par le conseil d'État, suivant le vœu exprimé par la commission Arago, il conclut à l'approbation. Il y a lieu de relever dans ce rapport des indications intéressantes sur les chiffres que l'on admettait alors comme représentant la valeur des frais d'exploitation : on estimait à 5 000 fr. la dépense kilométrique annuelle d'entretien et d'administration du chemin, à 0 fr. 015 la dépense kilométrique par voyageur pour frais d'entretien et de traction, à 0 fr. 04 la dépense analogue par tonne de marchandises. Il convient également de citer les deux extraits suivants :
« Votre vote eût été émis avec bien plus de sûreté après
« l'approbation, par le Conseil d'État, des statuts qui au-
« raient fixé d'une manière absolue :
    « La composition du conseil d'administration :
    « La part d'actions réservée à chaque sociétaire ;
    « Le montant des sommes souscrites dans les localités
« traversées ;
    « L'intérêt minimum que chaque administrateur s'en-
« gageait à conserver dans l'entreprise jusqu'à l'entier achè-
« vement des travaux ;
    « L'obligation du versement immédiat d'une fraction
« considérable des engagements souscrits ;
    « Les ressources d'émission d'actions que se réservait
« la Société et les limites dans lesquelles elles étaient ren-
« fermées ;
    « L'interdiction de transformer les actions nominatives

« en actions au porteur, à moins du solde complet du capi-
« tal qu'elles représentaient :

« L'interdiction absolue de dividendes anticipés, des
« actions industrielles, etc...

Et plus loin : « Votre commission ne peut qu'approuver
« l'obligation imposée à la Compagnie de se constituer en
« société anonyme avant l'émission d'actions ou de pro-
« messes d'actions. Mais, dans une entreprise considérable,
« la fortune personnelle d'un gérant ne peut offrir qu'une
« garantie très faible. Elle n'est engagée, d'ailleurs, que
« dans le cas où la Compagnie est en faillite. Qu'importe-
« rait à un homme peu honorable que sa fortune fût alors
« compromise, s'il a pu réaliser secrètement des bénéfices
« considérables sur les grands travaux qu'il a dû diriger. Un
« gérant ne peut être changé qu'à la suite de procès inter-
« minables. La signature d'un gérant n'est d'ordinaire ac-
« compagnée que de celle d'un agent secondaire sur lequel
« il peut exercer toute influence. Les fonctions de gérant
« sont tellement pénibles, la responsabilité qu'elles en-
« traînent peut devenir si grave qu'elles seront bien rare-
« ment acceptées par des personnes qui, par leur fortune et
« leur position sociale, offrent cette garantie morale qu'au-
« cune disposition légale ni fiscale ne peut suppléer. Dans
« la société anonyme, au contraire, se trouve en première
« ligne la garantie si précieuse de l'approbation des sta-
« tuts par le Conseil d'État. Le directeur peut être changé
« par une simple délibération ; il est surveillé par un con-
« seil d'administration dont ambitionnent de faire partie les
« hommes les plus honorables, lorsqu'il s'agit de grands
« travaux d'utilité publique. La signature de l'un des admi-
« nistrateurs est le contrôle nécessaire de celle du direc-
« teur. »

Le projet de loi fut adopté [M. U., 19 juin 1838], après

le rejet d'un singulier amendement tendant à porter à quatre-vingt-dix-neuf ans la durée de la concession.

Le rapport sur le chemin de Bordeaux à Langon [M. U., 1er juin 1838] fut fait par M. Billault. Tout en exprimant le regret que, ni le concessionnaire, ni l'administration n'eussent fourni de renseignements précis sur l'estimation des dépenses de construction et des dépenses d'exploitation, ainsi que sur les produits probables du chemin, la Commission se montra favorable à la déclaration d'utilité publique et à la concession directe. Comme la Commission dont M. de Chabaud-Latour était le rapporteur (projet de loi relatif à la ligne de Montpellier à Nîmes), elle formula le désir que les statuts de la Société fussent désormais examinés par le Conseil d'État avant les délibérations de la Chambre. Elle demanda qu'en règle générale le montant du fonds social dont la Compagnie aurait à justifier avant le commencement des travaux fût égal à celui du devis définitif; elle proposa d'inscrire dans la loi l'interdiction de relever, avant un délai de six mois, les taxes que la Compagnie aurait abaissées au-dessous des limites fixées par le cahier des charges et l'obligation de faire la perception indistinctement et sans faveur.

Le conseil municipal de Bordeaux ayant suscité des difficultés au sujet de l'entrée du chemin dans la ville, M. Billault demanda l'ajournement de la discussion pour laisser au Gouvernement et aux demandeurs en concession le temps d'aplanir ces difficultés.

L'affaire en resta à ce point.

Le rapport sur le chemin de Mézières à Sedan fut confié à M. de Golbéry [M. U., 4 et 5 juin 1838]. Il fut entièrement favorable. Le projet de loi fut adopté sous les réserves suivantes [M. U., 19 juin 1838] :

1° Le cahier des charges stipulait que les prix du tarif ne seraient pas applicables aux denrées et objets ne pesant pas 200 kilog. sous le volume d'un mètre cube ; aux métaux précieux et autres valeurs ; aux colis pesant moins de 200 kilog. Pour l'expédition de ces diverses catégories, les prix de transport devaient être débattus avec la Compagnie.

La Chambre, pensant qu'il ne pouvait pas en pratique exister de garanties pour des expéditeurs conduits à discuter avec une société investie d'un monopole, attribua au Ministre le droit d'arrêter, sur les propositions de la Compagnie, les tarifs correspondant à ces expéditions.

2° La Chambre investit de même l'administration du droit de fixer au 1er janvier de chaque année le prix des places de luxe.

3° Une disposition semblable à celle que nous avons signalée pour la ligne de Bordeaux à Langon fut introduite dans la loi, afin d'empêcher le relèvement, à brève échéance, des taxes abaissées et de prescrire l'égalité de traitement vis-à-vis de tous les expéditeurs.

Les concessionnaires ayant demandé l'autorisation de faire des études entraînant des modifications dans l'assiette de leur concession, la présentation du projet de loi à la Chambre des pairs fut ajournée et l'affaire resta sans suite.

Le rapport sur le chemin de Lille à Dunkerque à la Chambre des députés fut présenté par M. le général Lamy [M. U., 2 juin 1838]. Il concluait à l'approbation, sauf suppression du traitement de faveur prévu pour les marchandises en transit qui étaient assimilées aux houilles.

Nous relevons, dans ce rapport, la phrase suivante relative au règlement de l'indemnité en cas de rachat : « A l'article 44

« du cahier des charges où il est question du prix de rachat
« et où ce prix est supputé d'après le produit net du chemin
« pendant un certain nombre d'années, il n'est pas fait men-
« tion du mobilier ; sans doute, comme le produit net qui
« sert de base à l'évaluation du prix est également le fruit
« du capital employé à la construction du chemin et du
« capital que représente le mobilier, il est, selon nous, évi-
« dent que le Gouvernement doit, en payant le prix, être
« censé acquéreur de l'immeuble et du meuble ; mais peut-
« être serait-il à propos qu'une rédaction plus explicite,
« dans des occasions subséquentes, fût substituée à la ré-
« daction du projet. » Cette observation était des plus judi-
cieuses : ce n'est que plus tard que les cahiers des charges
ont imposé à l'État l'obligation de payer en cas de rachat,
outre l'indemnité basée sur le revenu du chemin, la valeur
du matériel roulant et du mobilier, c'est-à-dire de payer une
seconde fois des objets déjà compris implicitement dans la
liquidation de l'indemnité principale.

La Chambre des députés vota le projet de loi [M. U.,
19 juin 1838], avec la suppression qu'avait proposée le rapporteur pour les marchandises en transit et sous les réserves déjà admises pour la ligne de Mézières à Sedan.

La Chambre des pairs l'adopta également [M. U., 7 juillet
1838] sur le rapport de M. Chevandier [M. U., 7 juillet 1838]
et la loi fut rendue exécutoire le 9 juillet 1838 [B. L., 2ᵉ sem.
1838, n° 587, p. 78].

Mais M. Dupouy, concessionnaire, fit d'inutiles efforts
en France et à l'étranger pour réunir les fonds nécessaires.
Le Ministre proposa en 1839 [M. U., 5 juin 1839] de le relever
de ses engagements et de lui restituer son cautionnement.
M. Duvergier de Hauranne, rapporteur à la Chambre des
députés [M. U., 14 juin 1838], fit valoir que, malgré la nécessité de ne pas encourager en général les spéculateurs à con-

tracter à la légère, il y avait lieu de prendre en considération dans l'espèce la crise survenue sur le marché des actions de chemins de fer, l'honorabilité parfaite de M. Dupouy, l'utilité de ne pas décourager l'industrie, la faute commise par le Parlement lorsqu'il avait accordé la concession sans s'assurer à l'avance de la constitution de la Société ; il émit donc un avis favorable, mais demanda qu'à l'avenir le Gouvernement exigeât une étude plus complète et produisît les statuts de la Compagnie en même temps que le projet de loi. La Chambre des députés et la Chambre des pairs (1) se prononcèrent dans le même sens [M. U., 18 juin, 16 et 19 juillet 1839]. La loi de concession fut ainsi rapportée par une deuxième loi du 26 juillet 1839 [B. L., 2ᵉ sem. 1839, n° 664, p. 85].

Quant aux chemins miniers de l'Allier, ils donnèrent lieu, à la Chambre des députés, à un rapport de M. Allard [M. U., 2 juin 1838]. La seule question discutée dans ce rapport fut celle de savoir s'il ne serait pas préférable d'imposer un tronc commun aux deux lignes, afin de réduire le trouble apporté à la propriété privée par les expropriations ; mais la Commission repoussa cette solution, à raison de l'allongement de parcours qu'elle imposerait à l'un des deux concessionnaires et aux difficultés qui pourraient résulter de l'opposition de leurs intérêts. Le projet de loi, voté par la Chambre des députés [M. U., 19 juin 1838], fut renvoyé à la Chambre des pairs. Le rapporteur, M. de Gérando [M. U., 1ᵉʳ juillet 1838], examina notamment : 1° si l'utilité publique pouvait être prononcée pour des chemins qui, au premier abord, semblaient à peu près exclusivement destinés à des-

----

(1) Le rapporteur à la Chambre des pairs, M. le vicomte Rogniat, avait cru devoir critiquer la rigueur, excessive suivant lui, du cahier des charges. Mais ses critiques ne furent pas discutées.

servir des mines ; 2° s'il n'y avait pas des inconvénients à faire des concessions dans des conditions telles que leur sort fût lié à celui de mines dont la propriété pouvait être transmise sans intervention et sans contrôle de l'administration, et que l'exploitation des nouveaux chemins de fer pût être interrompue en même temps que l'exploitation minière avant le terme des concessions. Sur le premier point, il fit valoir l'intérêt général que comportait le développement de l'industrie minière ; sur le second, il invoqua des précédents ; il conclut donc à l'adoption, qui fut prononcée sans discussion [M. U., 4 juillet 1838]. La loi fut rendue exécutoire le 25 juillet 1838 [B. L., 2ᵉ sem. 1838, n° 591, p. 178]. Mais les chemins ainsi concédés ne furent pas construits.

34. — **Projet de loi concernant le chemin de Lille à Calais.** — Le 31 mai 1838, le Ministre des travaux publics déposa à la Chambre des députés un projet de loi portant concession au sieur John Cockerill d'un chemin de Lille à Calais et rédigé sur les mêmes bases que les précédents. La durée de la concession était de soixante-dix ans [M. U., 1ᵉʳ juin 1838].

Le rapport de M. Delebecque fut entièrement favorable [M. U., 10 juin 1838].

La Chambre vota la loi sous réserve des additions déjà admises pour le chemin de Sedan à Mézières [M. U., 19 juin 1838].

Mais l'affaire ne reçut pas de suite.

CHAPITRE VII. — ANNÉE 1839

35.— Modification de la concession du chemin de Bordeaux à La Teste. — Des erreurs avaient été commises dans les premiers nivellements relatifs à la ligne de Bordeaux à la Teste ; le concessionnaire ne tarda pas à les reconnaître et à constater qu'elles rendaient absolument incompatibles le tracé et la limite de pente stipulés au cahier des charges ; il présenta en conséquence un nouveau projet que l'administration jugea très satisfaisant, mais que le Ministre ne crut pas possible d'approuver sans l'autorisation du Parlement, eu égard aux prescriptions précises de l'acte de concession. Le Gouvernement présenta, en conséquence, le 4 juin 1839, un projet de loi tendant à « autoriser la Com-« pagnie à proposer des modifications au tracé général « indiqué à l'article 2 du cahier des charges annexé à la loi « du 17 juillet 1837, ces modifications ne pouvant être exé-« cutées que moyennant l'approbation préalable et le con-« sentement formel de l'administration supérieure » [M. U., 5 juin 1839].

La commission de la Chambre émit un avis favorable en étendant l'autorisation aux modifications concernant le maximum des pentes ; elle signala d'ailleurs la nécessité d'attribuer à l'administration, en pareille matière, des pouvoirs plus étendus, pour éviter de saisir les Chambres de détails si peu importants et d'imposer aux Compagnies et

au pays les délais inhérents à toute mesure législative [M. U.,
6 juillet 1839].

La Chambre des députés vota le projet de loi en le complétant, non seulement en ce qui touchait le maximum des
pentes, mais encore en ce qui concernait la largeur du
chemin, le minimum du rayon des courbes, le nombre des
gares et diverses autres dispositions [M. U., 10 juillet 1839].

La loi fut également votée par la Chambre des pairs
[M. U., 25 et 27 juillet] et rendue exécutoire le 1er août 1839
[B. L., 2e sem. 1839, n° 665, p. 96].

36.—Prêt à la compagnie du chemin de Paris à Versailles (rive gauche).

I. — PROJET DE LOI. — La Compagnie concessionnaire
s'était constituée au capital de 8 millions, jugé suffisant pour l'exécution et la mise en exploitation de cette
ligne. Mais de graves mécomptes s'étaient produits sur la
dépense des acquisitions de terrains, sur le prix des matériaux, sur le salaire des ouvriers ; la Compagnie avait notablement dépassé le montant de son fonds social; elle ne
pouvait, d'ailleurs, émettre les actions de la réserve créée
par l'un des articles de ses statuts, ni réaliser l'emprunt que
l'assemblée générale des actionnaires avait autorisé. Le
Gouvernement considéra qu'il serait excessif de frapper de
déchéance une société qui avait fait les plus grands efforts
pour s'acquitter loyalement de ses obligations et qu'une
mesure de cette nature discréditerait l'industrie des chemins de fer. Il présenta donc, le 4 juin 1839, un projet de
loi ayant pour objet d'autoriser un prêt de 5 millions [M. U.,
5 juin 1839]. Cette somme, ajoutée au capital social et aux
2 millions de réserve dont la réalisation serait sans doute
facile, une fois l'appui de l'État assuré à la Compagnie,

devait parfaire l'estimation rectifiée qui s'élevait à 15 millions. Les deux premiers cinquièmes devaient être mis à la disposition de la Société immédiatement après la convention à passer pour l'exécution de la loi; deux autres cinquièmes, après la réalisation et l'emploi de la moitié du fonds de réserve de 2 millions; enfin le dernier cinquième, après la réalisation et l'emploi de la totalité de ce fonds. Le taux de l'intérêt était fixé à 4 °/₀; le remboursement devait commencer trois ans après l'époque fixée pour l'achèvement des travaux et se faire ensuite par vingtième; la Compagnie affectait au paiement des intérêts et au remboursement du capital le chemin, son matériel d'exploitation et toutes ses dépendances; en cas de retard du paiement, le Gouvernement pouvait mettre saisie et arrêt sur les revenus du chemin. La Compagnie était tenue de fournir une caution bonne et solvable pour la réalisation de la première moitié de son fonds de réserve; faute de réaliser ce fonds dans des délais à déterminer, la Compagnie encourait la déchéance et devait, avant tout, rembourser à l'État la portion du prêt déjà effectuée, avec les arrérages d'intérêt.

II. — RAPPORT A LA CHAMBRE DES DÉPUTÉS. — La commission de la Chambre des députés, par l'organe de M. Cochin, conclut à repousser la proposition du Gouvernement [M. U., 29 juin 1839]; la Compagnie ne lui paraissait pas, en effet, fournir des garanties suffisantes de remboursement. Elle se borna à proposer d'accorder des facilités d'exécution en prorogeant le délai d'exécution et en autorisant l'administration à statuer sur les demandes en modification du tracé, du profil en long, des dispositions des ouvrages, des tarifs légaux, qui seraient présentées par la Compagnie.

Dans l'intervalle qui sépara la rédaction du rapport de la discussion publique, la Compagnie produisit une lettre par laquelle diverses personnes, notamment M. Fould, député, et M. Achille Fould, banquier, prenaient vis-à-vis du Gouvernement l'engagement de garantir personnellement l'exécution du chemin, si le prêt était consenti. Néanmoins la Commission, ne trouvant point encore là des gages suffisants de remboursement, maintint ses conclusions primitives.

III.—Discussion a la chambre des députés.—Le projet de loi fut très vivement combattu par M. Boissy d'Anglas [M. U., 9 juillet 1839]. Suivant l'orateur, les événements étaient faciles à prévoir dès le début ; tout le mal avait son origine dans la cupidité des premiers actionnaires ; le prêt constituerait un emploi abusif des deniers des contribuables, une violation implicite des droits de la Compagnie à laquelle avait été concédé le chemin de la rive droite, un pas nouveau fait dans une voie fatale. M. Lherbette joignit ses critiques à celles de son collègue : disposé à se montrer favorable aux Compagnies avant la concession, il voulait le maintien strict, sévère des conventions une fois qu'elles étaient arrêtées ; il le voulait en haine de l'agiotage et de la légèreté des spéculateurs qui finiraient par tuer l'esprit de travail. Il tenait à ce qu'en entreprenant une affaire on ne fût pas conduit à escompter par avance l'influence qu'on pourrait exercer plus tard sur les pouvoirs publics pour en obtenir des subsides ; à ce qu'on ne cherchât pas, pour ce motif, à y attacher des membres du Parlement, des parents, des alliés des Ministres, au risque de déconsidérer le Gouvernement et les Chambres ; à ce qu'on ne portât pas atteinte au prestige du sacerdoce politique. Aux yeux de M. Lherbette, la ligne n'avait qu'un caractère d'intérêt local et non un caractère d'utilité générale comportant à tout prix le concours de l'État ; l'offre de MM. Fould et consorts donnait une garantie d'achèvement et non une garantie de remboursement ; non seulement les actionnaires ne pourraient rien recevoir une fois le chemin en exploitation, mais le produit net ne serait même pas suffisant pour fournir les annuités à servir à l'État; quant à la ligne elle-même offerte comme gage, elle ne valait que par son revenu et ne constituait, par suite, pas une garantie réelle.

La thèse contraire fut soutenue par M. Couturier qui fit valoir l'engagement, sinon légal, du moins moral, de l'État au regard du public et des propriétaires expropriés. Elle le fut également par M. de Tracy, qui invoqua la nécessité de ne pas laisser inutilisés les travaux déjà exécutés et de ne pas en faire perdre le bénéfice au pays, l'impossibilité d'arriver à la mise en exploitation par un autre moyen que celui qui faisait l'objet du projet de loi, la probabilité d'un produit net considérable par suite du développement de la capitale et du prolongement ultérieur de la ligne. M. Fould, à son tour, fit ressortir l'honorabilité parfaite de la Compagnie; il la montra trompée par les devis du Gouvernement; il mit en relief l'inanité des prétendues facilités consenties par la Commission; il développa des calculs desquels il résultait que le produit net de l'exploitation suffirait largement pour assurer le remboursement et même pour distribuer un dividende dès l'origine.

M. Legrand crut devoir relever les reproches articulés par M. Fould contre l'administration, tout en maintenant le projet de loi.

Enfin, le Ministre des travaux publics prononça un long discours; après avoir constaté que l'achèvement du chemin était assuré, il s'attacha à démontrer que le gage était suffisant; qu'il était inexact de considérer comme spécieuse la garantie pour l'État d'une ligne représentant un capital de 15 millions; que, suivant toutes les apparences, le revenu serait considérable. Il ajouta qu'après tout, même dans le cas le plus défavorable de l'insuffisance des recettes pour le remboursement et le service des intérêts, l'État ferait encore une excellente affaire en fournissant à la Compagnie les moyens de terminer la ligne et de doter la France d'un nouvel instrument puissant de civilisation et d'activité sociale. C'était, suivant le Ministre, un leurre que de considérer comme possible l'achèvement du chemin par une autre Compagnie; aucune société ne voudrait engager 7 à 8 millions, alors que les pouvoirs publics auraient jugé insuffisamment gagé un prêt de 5 millions. Les travaux resteraient donc en l'état et le Gouvernement serait conduit à faire lui-même les frais du rétablissement des lieux.

Le projet de loi fut adopté par la Chambre des députés [M. U., 9 juillet 1839].

IV. — RAPPORT ET VOTE A LA CHAMBRE DES PAIRS. — A la Chambre des pairs, il donna lieu à un rapport favorable de M. Gautier et fut voté sans débat [M. U., 23 et 25 juillet 1839].

La loi fut rendue exécutoire le 1er août 1839 [B. L., 2e sem. 1839, n° 665, p. 90.]

37. — Modification de la concession du chemin de Paris à Orléans.

I. — PROJET DE LOI. — La Compagnie à laquelle le chemin de fer de Paris à Orléans avait été concédé par la loi du 7 juillet 1838 s'était mise courageusement à l'œuvre ; mais le discrédit général dont étaient alors frappées les entreprises de chemins de fer n'avait pas tardé à l'atteindre ; la rentrée du second versement d'acompte sur les actions n'avait pu se faire.

Le Gouvernement, désireux de sauver cette société de la ruine, soumit à la Chambre des députés un projet de loi analogue à celui qu'il avait présenté le même jour pour la ligne de Paris à la mer et dont nous avons été conduit à rendre

compte précédemment [M. U., 11 juin 1839]. Les engagements de la Compagnie étaient, aux termes de ce
projet de loi, restreints à la section de Paris à Juvisy et à
l'embranchement de Corbeil. Si, dans le cours de la session
suivante, une loi n'était pas rendue pour assurer à la Compagnie concessionnaire le concours de l'État qu'elle jugerait
nécessaire pour l'achèvement du chemin concédé, dans toutes
ses parties, elle serait affranchie de l'obligation de continuer
les travaux au delà de Juvisy, relevée de toute déchéance et
remise en possession de son cautionnement. En ce cas,
l'État aurait la faculté de racheter la partie de la ligne déjà
construite, moyennant remboursement des dépenses effectives. Enfin, délégation était donnée à l'administration pour
statuer sur les modifications au tracé, aux dispositions techniques principales et aux tarifs, qui pourraient être proposées par la Compagnie.

II. — Rapport a la chambre des députés. — Dans son
rapport [M. U., 23 juin 1839], M. Vivien fit le tableau de
toutes les grandes entreprises de chemins de fer souffrant
et languissant ; des Compagnies concessionnaires invoquant
l'appui du Gouvernement ; des actions subissant une baisse
notable ; du discrédit prenant la place de la confiance et de
l'enthousiasme des premiers jours. Il attribua cette fâcheuse
situation aux manœuvres de la spéculation, à l'insuffisance
des devis de l'administration, aux mécomptes survenus dans
les expropriations, au défaut de maturité des concessions
faites à la suite du rejet du projet de loi tendant à confier
les grandes lignes à l'État, enfin à l'erreur commise par les
Chambres qui, entrevoyant pour les chemins de fer des
horizons trop brillants, avaient cru devoir limiter les bénéfices par les conditions les plus rigoureuses. La proposition
du Gouvernement ne paraissait pas exempt de défauts ; elle

avait l'inconvénient de ne présenter qu'un caractère provisoire, de réserver la solution définitive, de laisser planer le doute et l'incertitude sur l'avenir; cependant elle était commandée par les circonstances, par l'impossibilité de présenter et de discuter en temps utile pendant la session de 1839 une loi sur le concours de l'État à l'exécution des travaux. La Commission s'assura que la construction était en bonne voie entre Paris et Corbeil; que les études étaient avancées pour la section de Juvisy à Orléans; que des commandes de matériaux étaient faites pour cette section; que les administrateurs attachaient leur honneur à mener l'entreprise à terme; que la moitié des actions étaient entre les mains de détenteurs connus et sûrs; que le recouvrement se ferait sans peine dès que la confiance aurait pu renaître. Elle conclut à l'adoption du projet de loi, sauf à amender la rédaction afin de bien établir que, si la Compagnie n'obtenait pas pendant la session de 1840 le concours dont elle aurait besoin pour achever les travaux, elle ne serait pas nécessairement évincée de la section de Juvisy à Orléans, mais aurait simplement la faculté de renoncer à cette section.

III. — DISCUSSION A LA CHAMBRE DES DÉPUTÉS. — Le débat à la Chambre fut très vif [M. U., 4, 5 et 6 juillet 1839]. Il débuta par un discours de M. Portalis qui, tout en rendant hommage aux efforts faits par la Compagnie de Paris à Orléans, proposa de retrancher de la loi toute promesse de concours pécuniaire. L'orateur considérait comme imprudent de faire une promesse de cette nature, alors qu'elle aurait certainement pour effet immédiat une nouvelle oscillation dans les cours de la Bourse; que, ni le principe, ni la forme du concours n'étaient et ne pouvaient être actuellement discutés et déterminés; que jamais une loi ne devait contenir de clauses aléatoires ; qu'il était conforme aux traditions et aux convenances de ne pas engager la législature suivante ; qu'une fois entré dans cette voie, l'État pourrait être entraîné et obligé moralement à accorder également des subsides aux autres Compagnies placées dans une situation embarrassée ; qu'on ne savait même pas si l'on disposerait des voies et moyens nécessaires à cet effet ; que des circonstances nouvelles pouvaient, à la fin de 1839 et au commencement de 1840, faire revivre la confiance et rendre inutile la participation de l'État. Chemin faisant, il se prononça contre le système des prêts, par ce motif qu'en fait le Gouvernement ne pourrait appliquer avec rigueur le privilège de sa créance et se rembourser en privant les actionnaires de tout revenu.

M. Gallos, qui lui succéda à la tribune, insista très longuement sur les erreurs considérables qui avaient été commises par l'administration dans ses devis ; sur la précipitation excessive avec laquelle elle avait préparé les concessions ; sur la rigueur inutile de beaucoup de dispositions des cahiers des charges ; sur les transformations que subissait, à vue d'œil, le matériel fixe et roulant des chemins de fer et qui auraient dû rendre le Gouvernement plus prévoyant et plus circonspect ; sur l'insuffisance des garanties prises au regard des Compagnies pour l'achèvement de leurs travaux ; sur les variations du Conseil d'État dans sa jurisprudence au sujet des conditions de formation des sociétés ; sur la fausse assimilation que les pouvoirs publics avaient faite entre l'Angleterre et la France au point de vue de la situation financière et de l'esprit d'association ; sur les formalités et les entraves dont souffraient les Compagnies pour l'approbation de leurs projets ; sur la réglementation dans laquelle elles étouffaient ; sur l'insuffisance des tarifs ; sur les lenteurs de l'expropriation.

Néanmoins, il appuya le projet de loi qu'avait présenté le Gouvernement et qu'il interprétait comme un aveu du bien fondé de ses critiques ; mais il demanda formellement que le Ministre étudiât et soumît au Parlement en 1840 les questions suivantes.

1° Les capitaux particuliers pouvaient-ils être appelés à exécuter les grands travaux d'utilité publique ? Dans le cas de l'affirmative, quelles étaient les garanties à prendre pour assurer l'achèvement des travaux et sauvegarder les intérêts des sociétaires ?

2° Si l'État était obligé d'intervenir, quelle serait la forme de son concours ? Ne vaudrait-il pas mieux lui réserver les entreprises que les Compagnies ne pourraient pas exécuter seules ?

3° Quelle était la délimitation à faire entre la partie purement législative des concessions et celle qui devait demeurer dans le domaine administratif, pour accroître la liberté d'action des Compagnies ?

4° Comment pourrait-on diminuer les formalités et augmenter la célérité des rapports entre les Compagnies et l'administration ?

5° N'y avait-il pas quelques réformes à introduire dans le corps des ponts et chaussées au point de vue de ses études *économiques ?*

Après une attaque assez violente de M. de Vatry, qui plaida la cause de l'exécution pure et simple du contrat primitif, le Ministre des travaux publics vint justifier le projet de loi par des considérations tirées principalement de la nécessité de ne pas discréditer l'industrie des chemins de fer ; de ne pas laisser sans travail les nombreux ouvriers occupés à cette industrie ; de ne pas suspendre les travaux alors que toutes les autres nations nous devançaient dans la carrière.

M. de Laborde, qui était député d'un arrondissement

traversé par le chemin de fer et actionnaire de la Compagnie, joignit ses efforts à ceux du Ministre.

Jusqu'alors la discussion n'était pas sortie des limites de la question spéciale dont la Chambre était saisie. Mais M. Dupin en élargit le cadre dans un grand discours où il présenta des observations générales sur la question des chemins de fer. Il rappela que l'État avait tout d'abord cherché à s'emparer de l'exécution du réseau : mais que, dans des vues politiques, il avait formulé un programme tellement gigantesque qu'il avait effrayé et fait reculer le Parlement. Ensuite étaient venues les Compagnies qui s'étaient précipitées sur les concessions avec une irréflexion coupable, sans s'inquiéter par avance des moyens de tenir leurs engagements ; c'était l'agiotage bien plutôt que la vraie finance, que la banque, qui avait ainsi mis la main sur les voies ferrées ; dans de telles conditions, on courait nécessairement à un échec. Il était inutile de rechercher la cause du mal dans l'insuffisance des évaluations de l'administration, qu'il était du devoir des demandeurs en concession de vérifier, non plus que dans la loi sur l'expropriation qui existait et était pratiquée depuis 1833 et qui, d'ailleurs, constituait une immense conquête sur les errements antérieurs. L'orateur exprima l'avis que les sociétés anonymes, véritables abstractions, offraient à cet égard bien moins de garanties que les sociétés en nom collectif dont les associés restaient engagés, enchaînés jusqu'au bout, jusqu'à la ruine. Quoiqu'il en soit, il passa à l'examen des remèdes à apporter à la situation. Le droit rigoureux dont la France, par excès de sensibilité, reculait à user, permettait la déchéance, l'adjudication à la folle enchère. A côté de cette mesure sévère, il en était une autre bienveillante, mais nette, précise : c'était la résolution du contrat. Pourquoi le Gouvernement s'était-il arrêté à une solution intermédiaire, mixte, bâtarde?

La Société adhérait-elle valablement à cette modification des conventions primitives? Les actionnaires d'Orléans, par exemple, souscriraient-ils à une combinaison qui permettrait de limiter le chemin à Corbeil? Comment trouverait-on des Compagnies consentant à exécuter les prolongements, en restant tributaires de celles qui conserveraient entre leurs mains les têtes de lignes près de Paris? N'y avait-il pas, dans la combinaison proposée par le Gouvernement, un changement immoral des bases sur lesquelles avait été ouvert le concours entre les divers demandeurs en concession; une prime à l'impuissance, à la légèreté, à l'inexécution des traités; un danger pour l'honneur et la réputation des hommes publics qui s'exposaient à la suspicion en votant ainsi, après coup, des subventions en faveur d'entreprises auxquelles ils pouvaient être intéressés? N'était-il pas imprudent, anormal de prendre par avance, en l'inscrivant dans la loi, l'engagement vague, indéterminé, de prêter le concours de l'État aux Compagnies dans la détresse? La base indiquée pour le rachat n'exposait-elle pas l'État au paiement de dépenses frustratoires? Bref, M. Dupin jugeait la question insuffisamment étudiée et émettait le vœu que l'examen en fût ajourné, sauf à convoquer les Chambres avant la fin de l'année. Il n'y avait point, à ses yeux, péril en la demeure, attendu que les ouvriers regorgeaient d'ouvrage de tous côtés.

Le débat étant porté sur ce terrain, M. Duchatel, Ministre de l'intérieur, crut devoir intervenir. Il défendit chaleureusement les chemins de fer. Il démontra que, si ces nouvelles voies de communication périclitaient, c'était, non point par l'insuffisance, mais par la défiance des capitaux, et qu'il fallait absolument et au plus tôt prendre, pour rassurer le crédit, toutes les mesures compatibles avec l'intérêt public. Il fit remarquer qu'il n'était nullement nécessaire de provoquer l'adhésion de l'assemblée des actionnaires, puisque le projet de loi se bornait à donner des facilités à la Société, en ajournant à l'année suivante les modifications à apporter éventuellement aux conventions primitives. Il ajouta qu'en cas de rachat les intérêts du Trésor seraient absolument sauvegardés, puisque le conseil de préfecture, le Conseil d'État et le Parlement auraient à statuer sur l'indemnité. Il prouva que, le cas échéant, la Compagnie concessionnaire du prolongement ne serait pas obligée de passer sous les fourches caudines de la première, dont la concession pourrait toujours être reprise par l'État.

Il conclut à une décision immédiate.

M. Billault continua la discussion générale. Tout en se déclarant partisan aussi convaincu que jamais de l'exécution par les Compagnies, il exprima le regret que, contrairement aux précédents et à l'avis du Conseil d'État, le Gouvernement eût consenti, après délibération en conseil des Ministres, à renoncer, au profit des sociétés de chemins de fer, aux garanties essentielles qui consistaient :

1° Pour les actions au porteur, à exiger le versement intégral avant la remise des titres ;

2° Pour les actions nominatives, à maintenir entre les mains du conseil d'administration des moyens efficaces pour suivre, de cessionnaire en cessionnaire, la responsabilité du paiement intégral. Rien n'obligeait à se dépouiller de ces garanties que tous les grands commerçants, les jurisconsultes les plus éminents, jugeaient indispensables. Cet acte de faiblesse ne pouvait qu'être favorable à l'agiotage et nuisible au crédit sérieux et solide.

L'orateur repoussa ensuite hautement le reproche adressé aux Chambres et au Gouvernement relativement à l'insuffisance des devis : le Gouvernement avait eu soin de bien indiquer que ces devis ne constituaient qu'une étude sommaire, une étude d'avant-projet. Il appartenait aux Compagnies, il était de leur devoir de faire, avant tout, les vérifications nécessaires.

Puis M. Billault établit par des chiffres que, si les fondateurs qui détenaient pour 17 millions d'actions montraient moins de pusillanimité, ne suivaient pas l'exemple des autres actionnaires, faisaient leurs versements aux termes fixés par les statuts, ils pourraient continuer sans peine les travaux et attendre ainsi la session suivante pendant laquelle l'État ne manquerait pas de leur venir en aide, au cas où ils auraient mérité son appui et où l'utilité d'une mesure de bienveillance aurait été reconnue.

Il termina en formulant ses craintes au sujet des monopoles qu'on allait instituer pour les têtes de nos grandes lignes, au sujet des difficultés que le rachat présenterait le cas échéant, et conclut par suite contre le projet de loi.

Ce fut le Ministre des finances qui répondit à M. Billault. Il développa à peu près les mêmes idées que son collègue de l'intérieur et s'attacha surtout à prouver que c'était la vie des Compagnies et de l'esprit d'association qui était en jeu. Nous retenons de son discours cette indication que de 1814 à 1839 l'épargne annuelle de la France était évaluée à 130 millions.

M. Vivien, rapporteur, ramena la discussion sur le terrain de la loi spéciale au chemin de fer de Paris à Orléans; il invoqua en faveur du projet les arguments qu'il avait déjà consignés dans son rapport; il fit notamment remarquer que les administrateurs n'étaient tenus de posséder que pour un million d'actions; que, s'ils en avaient en fait pour 17 millions, on ne pouvait pas penser à les obliger d'agir pour le surplus autrement que la généralité des actionnaires; et que, dès lors, l'argumentation de M. Billault sur ce point devait être repoussée.

La Chambre entendit ensuite M. Martin (du Nord), ancien Ministre des travaux publics, qui vint défendre l'administration dont il avait eu la direction contre les reproches relatifs à l'insuffisance des évaluations : il expliqua qu'en présence des nombreuses demandes formulées pour la concession des chemins de fer, il ne pouvait, sans manquer à ses devoirs, imposer aux concessionnaires des tarifs supérieurs à ceux dont ils déclaraient eux-mêmes se contenter : il montra qu'en toute circonstance les Compagnies avaient trouvé, soit auprès de l'administration des ponts et chaussées, soit auprès du Ministre lui-même, toutes les facilités nécessaires pour arriver au terme de leurs travaux. Après avoir fait remarquer qu'il était impossible de renoncer aux chemins de fer ou de songer à les faire exécuter par l'État et que, dès lors, il n'y avait d'autre alternative que de venir en aide aux Compagnies, il conclut à l'adoption du projet de loi, mais en réclamant la modification de rédaction nécessaire pour bien réserver les droits de l'État et l'opinion de la Chambre en ce qui touchait au mode et à la quotité du concours de l'État.

M. Berryer parla également avec éloquence en faveur du projet de loi.

Enfin, après deux discours, l'un de M. Dufaure, Ministre des travaux publics, l'autre de M. Billault, que nous nous dispensons d'analyser parce qu'ils ne firent que reproduire sous une autre forme des considérations déjà invoquées pour et contre la proposition du Gouvernement, cette proposition fut adoptée, sauf suppression de la disposition portant implicitement promesse de concours.

IV. — RAPPORT A LA CHAMBRE DES PAIRS. — A la Chambre des pairs, le rapport fut présenté par M. Charles Dupin [M. U., 26 juillet 1839].

Cet honorable rapporteur fit une étude fort intéressante. Les principaux points qu'il traita spécialement furent les suivants.

1° *Conditions comparées du succès des chemins de fer en France et chez les nations rivales.*

Aux États-Unis, le pays avait peu de routes avec lesquelles les chemins de fer eussent à lutter. Là, du reste, comme dans la Grande-Bretagne, la circulation sur les voies de terre était grevée d'un droit de péage suffisant pour rembourser les frais de construction et payer les dépenses d'entretien.

Le prix du combustible était, en outre, beaucoup plus élevé en France.

Par conséquent, toutes choses égales d'ailleurs, l'établissement des chemins de fer dans notre pays présentait des difficultés bien plus grandes que chez nos rivaux.

A ces difficultés naturelles, M. Dupin ajoutait l'intervention exagérée, jalouse, de l'administration; les entraves apportées à l'esprit d'association; la rigueur excessive des cahiers des charges.

Malgré tous les obstacles qu'elles rencontraient sur leur chemin, M. Dupin estimait que les Compagnies avaient fait preuve d'une vitalité, d'une virilité remarquables.

2° *Concurrence du Gouvernement avec les Compagnies.*

Le Gouvernement, grâce à un crédit de 500 000 fr. qu'il avait obtenu des Chambres, avait pu faire étudier superficiellement un réseau fort étendu et s'était ensuite présenté devant le Parlement avec un programme gigantesque en revendiquant pour l'État les lignes les plus importantes. Mais il avait échoué et conclu alors beaucoup trop hâtivement des conventions avec deux Compagnies.

3° *Concession spéciale du chemin de Paris à Orléans. — État des travaux. — Situation financière de la Compagnie.*

Le rapport donnait à cet égard des renseignements que nous avons déjà reproduits.

4° *Cause des embarras financiers des Compagnies.*

M. Dupin attribua ces embarras au développement inconsidéré des sociétés en commandite (vers le commencement de 1838, la fièvre était telle que l'on constituait par jour au moins une société, 3 600 actions et 2 millions de valeurs tant réelles que fictives), à l'ardeur avec laquelle les pouvoirs publics avaient renchéri sur la rigueur des cahiers des charges, au soin jaloux avec lequel ils avaient cherché à réduire les bénéfices.

Il exprima le regret que le Gouvernement n'eût pas constitué une Commission formée des membres les plus compétents des Chambres et du Conseil d'État pour rechercher les moyens de remédier à la situation.

V. — VOTE A LA CHAMBRE DES PAIRS. — Sous le bénéfice de ces observations, le rapporteur conclut à l'adoption de la loi qui fut votée sans discussion [M. U., 27 juillet 1839] et rendue exécutoire le 1er août 1839 [B. L., 2e sem. 1839, n° 665, p. 94].

38. — Loi de principe autorisant des modifications aux cahiers des charges des concessions. — Nous avons vu que, dans diverses espèces, le Parlement avait autorisé les Compagnies à demander des modifications au tracé général des chemins de fer dont elles étaient concessionnaires, au maximum de leurs pentes, au minimum de rayon de leurs courbes, aux autres dispositions techniques, et donné délégation à l'administration pour accepter celles de ces modifications qui seraient compatibles avec les intérêts généraux et, en outre, pour statuer à titre provisoire sur les changements qui pourraient être réclamés dans les tarifs légaux.

Le 10 juillet le Ministre déposa un projet de loi tendant à généraliser cette mesure [M. U., 11 juillet 1839].

M. Billault, rapporteur à la Chambre des députés, émit un avis favorable [M. U., 17 juillet 1839].

Il était juste, en effet, dans la situation des Compagnies, de ne pas leur refuser toutes les mesures propres à réduire les dépenses de premier établissement, sans nuire à la sécurité des voyageurs et sans exagérer les frais d'exploitation. Il était également équitable de laisser à l'administration la faculté d'apporter aux tarifs des modifications provisoires, d'en suivre les effets et de recueillir ainsi les données nécessaires pour venir plus tard soumettre au Parlement des tarifs définitifs faisant une part bien pondérée à l'intérêt public et à l'intérêt des Compagnies.

Lors de la discussion devant la Chambre des députés [M. U., 23 juillet 1839], M. Gaugnier monta à la tribune pour formuler ses vues sur le meilleur moyen de poursuivre l'exécution des chemins de fer. Il préconisa le système qui prévalut en 1842 et qui consistait dans la construction de la plate-forme par l'État, et demanda au Gouvernement d'étudier et de soumettre aux Chambres un programme conçu sur cette base.

La loi fut ensuite votée malgré les critiques dirigées contre l'étendue du pouvoir discrétionnaire mis à la disposition du Ministre.

A la Chambre des pairs, M. le comte Daru présenta un rapport [M. U., 2 août 1839] dans lequel il mit en relief la confusion faite antérieurement entre les clauses des cahiers des charges qui devaient conserver un caractère législatif et celles qui avaient un caractère purement administratif ; le défaut d'élasticité des contrats, résultant de cette confusion ; le tort que l'on avait eu de vouloir tout fixer, tout réglementer avant d'être éclairé par l'expérience ; la faute que l'on avait commise en dépouillant le pouvoir administratif d'attributions qu'il devait conserver.

D'après les savantes recherches auxquelles s'était livré le rapporteur, les Américains et les Anglais, qui nous avaient précédés dans l'application du nouveau mode de locomotion, avaient adopté deux systèmes tout à fait différents.

Les États-Unis, pressés de posséder des voies de communication, avaient avant tout visé à la rapidité et à l'économie de construction; la lieue de chemin de fer ne leur avait coûté que 250 000 fr.

L'Angleterre, au contraire, ayant des capitaux plus abondants, des distances moins longues à franchir, avait dépensé, pour ses neuf premières lignes, 2 343 750 fr. par lieue et, pour les seize suivantes, 1 780 000 fr.; elle s'était en effet attachée à une construction aussi parfaite que possible.

La France, dont la population n'était pas très riche, dont le territoire était très étendu, avait eu le tort de copier servilement l'Angleterre; elle aurait dû suivre une ligne de conduite intermédiaire entre celle de cette puissance et celle des États-Unis, sauf à se réserver les moyens de perfectionner plus tard.

M. le comte Daru conclut donc à l'approbation des propositions du Gouvernement en signalant, d'une part, l'opportunité de réduire autant que possible le prix de la classe inférieure des voyageurs et, d'autre part, l'impossibilité de poursuivre utilement l'uniformisation des taxes sans tenir compte de l'importance du trafic et de la dépense de premier établissement.

Quand l'affaire vint en séance publique [M. U., 3 août 1839]. M. le baron Rogniat, après avoir renouvelé les reproches déjà articulés contre la sévérité des cahiers des

1

charges, exprima le regret que l'on eût renoncé à la perpétuité des concessions.

Après son discours, la Chambre haute vota la loi qui fut rendue exécutoire le 9 août 1839 [B. L., 2ᵉ sem. 1839, n° 670, p. 211].

Ce fut, en matière de chemins de fer, le dernier acte de la session.

La situation des réseaux construits ou en construction était alors la suivante :

DÉSIGNATION DES CHEMINS	LONGUEUR	OBSERVATIONS
	kilom.	
Saint-Étienne à Andrézieux...............	22	En exploitation.
Saint-Étienne à Lyon...................	58	Id.
Andrézieux à Roanne...................	67	Id.
Épinac au canal de Bourgogne.....	28	Id.
Nîmes à Beaucaire.....................	24	Id.
Montbrison à Montrond.................	13,5	Id.
Paris à Saint-Germain.................	18	Id.
Saint-Waast à Denain...................	9	Id.
Cette à Montpellier...................	27	Id.
Paris à Versailles (rive droite)...........	18	Achevé mais non encore exploité.
Mulhouse à Thann....................	20	Id.
Le Creuzot au canal du Centre...........	10	Id.
Villers-Cotterets au Port-aux-Perches......	8	Id.
Paris à Versailles (rive gauche)..........	19	En construction.
Nîmes à Alais.......................	46	Id.
Alais à la Grand'Combe.................	18	Id.
Épinac au canal du Centre...............	24	Id.
Bordeaux à la Teste...................	51	Id.
Abscon à Denain.....................	6	Id.
Strasbourg à Bâle....................	140	Id.
Montet aux mines de l'Allier.............	25	Id.
Paris à Orléans......................	120	Id.

39. — Travaux de la commission extraparlementaire instituée à la fin de 1839. — A la suite de l'échec du Gouver-

nement, lors de la discussion générale des chemins de fer, en
1838, le Ministre des travaux publics s'était borné à présenter
des projets de loi isolés ne portant, pour la plupart, que sur
des lignes d'ordre secondaire. L'œuvre de la constitution de
notre réseau s'était trouvée paralysée. M. Dufaure, alors
chargé du portefeuille des travaux publics, comprit que le
moment était venu de la faire revivre ; il résolut donc d'en
saisir le Parlement pendant sa session de 1840. Mais auparavant il jugea nécessaire de s'éclairer de l'avis d'une grande
Commission composée de MM. le comte d'Argout, pair de
France ; Baude, conseiller d'État ; Cavenne, inspecteur général des ponts et chaussées ; François, maître des requêtes
au Conseil d'État ; le baron de Fréville, pair de France ;
Gautier, pair de France ; le comte Jaubert, député ; Kermaingant, inspecteur divisionnaire des ponts et chaussées ;
Legentil, député ; Legrand, sous-secrétaire d'État des travaux publics ; Rivet, député ; Smith, conseiller à la cour
de Riom, secrétaire ; Vivien, député.

Le programme des travaux de cette Commission était le
suivant :

1° Quel système doit-on adopter pour l'exécution des
chemins de fer ? L'État doit-il en être exclusivement chargé,
ou doit-on en abandonner la confection à l'industrie privée ?

2° L'État étant chargé d'exécuter certaines grandes
lignes de chemins de fer, comment procédera-t-il à leur
exécution ? Sera-ce par les moyens ordinaires ? ou sera-ce
par des adjudications à forfait ?

3° Quelles sont les simplifications que l'on pourrait apporter au mode ordinairement employé dans l'exécution des
travaux publics, si l'État avait des chemins de fer à construire ?

4° Ne pourrait-on pas adopter un système mixte dans
lequel l'État ferait ce que l'on peut appeler le sol des chemins

de fer, c'est-à-dire les terrassements, les ouvrages d'art, etc., et laisserait à des Compagnies le soin de fournir et de poser les rails, d'acheter le matériel d'exploitation?

5° Si l'on reconnaissait que l'on doit, en général, abandonner l'exécution des chemins de fer à des Compagnies, lorsqu'elles offriraient les garanties nécessaires, n'y aurait-il pas cependant certaines lignes qui devraient, dans tous les cas, être réservées à l'État?

6° L'État devra-t-il concourir à l'établissement des chemins de fer exécutés par des Compagnies et quels sont les différents modes de concours que l'on pourrait adopter?

7° Quel doit être le mode de formation et de constitution des Compagnies, et quelles sont les conditions à exiger d'elles, pour la garantie de leur solvabilité et de leurs moyens d'exécution?

8° Quelles sont les modifications qu'il y aurait lieu d'apporter aux cahiers des charges actuels, notamment en ce qui concerne les tarifs?

Nous allons indiquer brièvement les opinions qui furent émises et les avis qui furent donnés sur ces divers points.

I. — EXÉCUTION PAR L'ÉTAT OU PAR L'INDUSTRIE PRIVÉE. — L'avis fut : 1° que l'on ne devait adopter aucun système absolu et qu'il n'y avait lieu, dès lors, ni d'exclure le Gouvernement de l'exécution des chemins de fer, ni de lui confier cette exécution à titre exclusif;

2° Que le choix à faire entre l'État et les Compagnies pour cette exécution dépendait entièrement des circonstances, de l'état du crédit et d'autres faits qui ne permettaient de poser aucune règle générale;

3° Qu'il était des cas dans lesquels l'État devait nécessairement être chargé de l'établissement des chemins de fer, par exemple lorsqu'il s'agissait d'une ligne à laquelle se

liaient de grands intérêts politiques et commerciaux et pour
l'exécution de laquelle les Compagnies n'offriraient point les
conditions convenables et les garanties nécessaires.

II. — Mode d'exécution des lignes éventuellement réservées a l'état. — Trois membres exprimèrent l'opinion
que les travaux devraient être divisés en sections qui feraient
l'objet d'adjudications à forfait, toutes les fois que les circonstances le permettraient.

Quatre membres conclurent au maintien des formes
existantes, sauf les modifications susceptibles d'être admises
dans le but d'améliorer les travaux.

Deux membres' enfin, tout en considérant le système
ordinaire comme le meilleur, se montrèrent favorables à
des essais restreints d'adjudications à forfait.

III. — Simplifications a apporter aux formalités de
l'exécution des travaux par l'état. — La Commission, considérant qu'il importait d'abréger les délais qu'entraînaient
les recours trop multipliés au Ministre, dans l'exécution des
travaux publics, fut d'avis que l'administration devait, par
des délégations prudentes pour tout ce qui était objet de détail, chercher, autant que possible, à faciliter l'accélération
des travaux.

IV. — Examen du système mixte consistant dans l'exécution de l'infrastructure par l'état et du surplus par des
compagnies. — Il parut à la Commission que, dans le cas où
l'exécution d'une ligne serait confiée à l'État, cette exécution pourrait le plus souvent se limiter à l'infrastructure,
que l'industrie privée serait ainsi dégagée de la partie la plus
aléatoire des travaux et qu'elle trouverait par suite plus
facilement les capitaux nécessaires.

V. — Opportunité d'abandonner tous les chemins de fer a l'industrie privée, s'il se présentait des compagnies offrant les garanties nécessaires, ou au contraire de réserver certaines lignes a l'état. — La Commission, se préoccupant des intérêts politiques en jeu, de la nécessité de ne pas dépouiller le Gouvernement de l'influence inhérente à l'exécution de certaines grandes lignes, des pouvoirs excessifs que ces lignes conféreraient aux Compagnies entre les mains desquelles elles seraient placées, des exigences internationales, de l'autorité que l'administration devait conserver, le cas échéant, sur leurs tarifs, conclut à réserver en tous cas à l'État certains chemins à déterminer, par exemple celui de Paris à la frontière belge.

VI. — Concours de l'état a l'établissement des lignes construites par les compagnies. — Les quatre formes de concours qu'examina la Commission furent : la subvention, le prêt, la souscription d'une partie du capital social au même titre que les autres actionnaires, enfin la garantie d'intérêt.

Le système de la subvention fut repoussé, comme prêtant trop à l'arbitraire et à l'injustice, et comme constituant une prime susceptible d'offrir un dangereux aliment à l'agiotage.

Le prêt fut admis, mais surtout pour les entreprises arrêtées dans leur exécution par l'épuisement du capital primitivement souscrit, et à condition que le remboursement avec intérêts fût assuré.

L'intervention de l'État comme actionnaire donna lieu à des divergences : à côté de l'avantage qu'elle présentait de donner au Gouvernement, outre son autorité de police, une action directe sur la gestion des concessionnaires, elle avait l'inconvénient d'aliéner dans une certaine mesure la li-

berté des Compagnies et d'établir une regrettable confusion
entre l'administration et le contrôle; néaumoins elle fut acceptée en principe.

Quant à la garantie d'intérêt, elle parut de nature à développer l'esprit d'association par la réunion des petits capitaux ; à provoquer le classement des actions de chemins de
fer entre les mains de preneurs sérieux ; à diminuer d'autant le nombre des titres accessibles aux brusques revi-
rements des spéculations aventureuses ; à calmer la panique
qui régnait sur le marché ; à combattre l'agiotage, en fixant
la valeur des titres ; à activer l'exécution des travaux, en
leur assurant un revenu déterminé dès leur achèvement.
Bien qu'elle pût, jusqu'à un certain point, désintéresser les
Compagnies d'une bonne administration , elle fut conseillée
par la Commission. Ainsi les trois derniers modes de concours furent admis. sous la réserve qu'il n'en serait fait
usage qu'avec une prudente discrétion et pour des communications d'une utilité générale.

VII. — CONSTITUTION DES COMPAGNIES. — GARANTIES A
EXIGER D'ELLES.

La discussion porta sur les trois points suivants :

(A). *Devait-on ne saisir les Chambres des projets de concession
qu'après la constitution des Compagnies?*

La Commission se prononça affirmativement sur ce premier point , afin que les concessions fussent accordées en
toute connaissance de cause à des Compagnies sérieuses
et non à des capitalistes n'offrant d'autres garanties effectives que leur cautionnement. Il fut d'ailleurs entendu
que , si plusieurs demandes concurrentes en concession
étaient présentées, le Gouvernement aurait le droit et le
devoir de faire un choix : le soumissionnaire agréé constituerait la Compagnie dont les statuts seraient soumis au

Conseil d'État et communiqués au Parlement à l'appui du projet de loi.

(B). *Quelle devait être l'étendue des engagements des sous-cripteurs ? Ces engagements devaient-ils porter sur la totalité ou seulement sur partie des sommes souscrites ?*

Les idées les plus diverses furent mises en avant. Quelques membres craignaient qu'en stipulant la responsabilité des premiers souscripteurs jusqu'à complet versement du montant de leurs actions, on n'éloignât les banquiers, intermédiaires forcés pour toutes les grandes entreprises. Après une discussion assez longue, la Commission émit l'avis :

1° Qu'il ne pouvait y avoir de règle absolue à l'égard de la responsabilité des souscripteurs primitifs ; que cette responsabilité devait être, suivant les circonstances et surtout suivant l'importance des travaux à exécuter, limitée ou indéfinie jusqu'à l'achèvement des travaux ;

2° Que, dans tous les cas, le minimum de la garantie ne devrait pas être au-dessous de 50 °/₀ ;

3° Que les administrateurs devraient être tenus de posséder individuellement une quantité déterminée d'actions nominatives pendant toute la durée des travaux.

(C). *Après le paiement de 50 °/₀ effectué par le souscripteur, lui délivrerait-on une action nominative ou une action au porteur ?*

A la suite d'un échange d'observations contradictoires tendant, les unes à ne délivrer jusqu'à la fin des travaux que des actions nominatives, afin de mieux assurer la garantie du versement intégral, et les autres à délivrer des actions au porteur après le versement de la première moitié du capital, afin de donner aux titres la mobilité nécessaire pour attirer les capitaux, ce fut ce dernier avis qui prévalut.

(D). *Par quel mode s'effectuera le recouvrement des actions ?*

La Commission conclut, pour la première moitié du

capital, à poursuivre les souscripteurs retardataires sur leurs biens personnels par les voies ordinaires, et pour le surplus, à poursuivre les actionnaires par la vente de leurs titres après une mise en demeure et l'accomplissement de certaines formalités de publicité.

(E). *Devait-on exiger un cautionnement pour garantir, soit le commencement des travaux, soit leur achèvement?*

La Commission pensa qu'il était nécessaire d'exiger un cautionnement des Compagnies et que ce cautionnement devait être versé, avant l'adjudication ou la concession, dans une caisse publique, pour être restitué successivement au prorata des travaux exécutés.

(F). *Le Gouvernement ne devait-il pas forcer la Compagnie qui n'exécuterait pas ses engagements à les remplir jusqu'à concurrence des cinquante centièmes pour lesquels les souscripteurs étaient responsables?*

Malgré l'opinion de quelques membres qui voulaient limiter la pénalité à la déchéance et à la confiscation du cautionnement, la majorité de la Commission estima que, eu égard aux droits considérables attribués aux concessionnaires et au préjudice que l'inexécution de leurs engagements causait au public, il convenait de réserver au Gouvernement le pouvoir d'exercer un recours contre tous les actionnaires de la Compagnie, jusqu'à concurrence des 50 % dont ils avaient la responsabilité personnelle, et d'attribuer le montant de ce recouvrement à la nouvelle Compagnie ou au nouvel entrepreneur qui serait chargé d'achever le travail.

VIII. — MODIFICATIONS A APPORTER AU CAHIER DES CHARGES (1). — Les divers points ci-dessous énumérés furent examinés avec le plus grand soin.

(1) Le rapport sur cette question fut rédigé par M. le comte Jaubert.

(A). *Le cahier des charges devait-il contenir l'indication détaillée du chemin?*

Il fut convenu que la désignation du chemin ne devait être exprimée dans le cahier des charges qu'en termes généraux, avec faculté pour les Compagnies d'apporter à leurs premiers projets, sous l'approbation de l'administration supérieure, les modifications dont la nécessité pourrait être reconnue en cours d'exécution.

(B). *Devait-on donner aux Compagnies une garantie contre les concurrences qui pourraient s'élever à leur préjudice?*

La concurrence fut admise à titre de principe général; toutefois la Commission émit l'avis que, dans des cas exceptionnels où il serait impossible d'assurer autrement au pays l'avantage de la création de voies ferrées, une garantie temporaire pourrait être accordée contre la concurrence des lignes parallèles.

(C). *Devait-on limiter à 10 % le bénéfice annuel et réduire proportionnellement les tarifs lorsque cette limite serait dépassée?*

Sur l'observation qu'une limitation de cette nature était contraire aux règles de l'économie politique et industrielle, et qu'elle constituait une excitation à la fraude, la mesure fut repoussée par la Commission.

(D). *Quelle devait être la durée des concessions? Fallait-il les accorder à titre temporaire ou perpétuel?*

La Commission considérant que toute concession d'une voie publique était une délégation faite par l'État au profit des particuliers; qu'un chemin de fer était une voie publique formant nécessairement une dépendance du domaine public inaliénable; qu'eu égard au peu d'importance de l'amortissement pour une concession de longue durée, la situation des actionnaires était à peu près la même, avec l'une ou l'autre des deux solutions, se prononça contre la perpétuité.

(E). *Devait-on maintenir le principe du rachat? Quels devaient être le mode et les conditions du rachat?*

Le principe du rachat et les stipulations en vigueur pour la liquidation de l'indemnité parurent devoir être maintenus.

(F). *Sur quoi devait porter, à l'expiration de la concession, le remboursement à faire par l'État aux Compagnies dont il prenait la place?*

La Commission émit l'avis qu'à l'époque fixée pour l'expiration de la concession et par le fait seul de cette expiration, le Gouvernement devait entrer immédiatement en possession de tous les objets mobiliers et immobiliers appartenant à la Compagnie et ayant pour destination directe, nécessaire, l'exploitation du chemin : le surplus devait être payé à dire d'experts.

IX. — Modifications à apporter aux tarifs.

(A). *Devait-on diviser, dans les actes de concession, les taxes en droit de péage et prix de transport?*

La réponse fut affirmative, en raison : 1° de l'éventualité de la répartition précédemment indiquée pour les travaux de certaines lignes entre l'État et les Compagnies : 2° de l'assiette de l'impôt, qui, aux termes de la loi du 2 juillet 1838, ne devait porter que sur le prix de transport : 3° du principe du libre passage sur les rails, des voitures n'appartenant pas au concessionnaire.

(B). *Le droit de péage devait-il être arrêté définitivement ou susceptible d'être modifié par la Compagnie?*

Il fut reconnu que la fixation du droit de péage reposait sur des éléments difficiles à prévoir par avance, mobiles et variables, et qu'il fallait par suite ne pas en interdire la modification, mais en donnant à cet égard les garanties voulues au public.

La Commission conclut donc à ne déterminer dans le cahier des charges qu'un maximum au-dessous duquel la Compagnie pourrait descendre, après en avoir prévenu l'administration, mais à charge par elle de ne pouvoir ensuite, sans autorisation, opérer un relèvement avant un délai de six mois.

(c). *Sur quelles bases le péage devait-il être établi?*

Il fut décidé que le péage devait être établi :

1° D'après le capital présumé nécessaire pour la construction du chemin ;

2° D'après l'importance probable du trafic.

(d). *Convenait-il de réserver au Gouvernement le droit de réviser, à certains intervalles, le maximum fixé pour le droit de péage?*

Cette révision parut devoir être stipulée à des époques périodiques, pour tenir compte des changements survenus dans l'assiette du péage.

(e). *Le prix de transport serait-il illimité ou déterminerait-on un maximum?*

La Commission conclut à la nécessité d'un maximum, dans le but d'empêcher les Compagnies d'élever outre mesure leurs tarifs, après avoir tué les entreprises rivales.

(f). *Sur quelles bases devait être fixé le maximum du prix de transport?*

La Commission, considérant qu'il convenait de pondérer les intérêts du public et ceux des Compagnies, et, d'autre part, qu'un chemin de fer qui ne transporterait pas à des prix au moins aussi bas que les entreprises par voie de terre ne présenterait pas une utilité sérieuse, fut d'avis d'adopter:

1° Pour les voyageurs, un maximum égal au minimum du tarif des messageries ;

2° Pour les marchandises en grande vitesse, un maximum égal au minimum du tarif du roulage accéléré ;

3° Pour les marchandises en petite vitesse, un maximum
égal au minimum du tarif du roulage ordinaire.

(G). *Devait-on imposer aux Compagnies une clause restric-
tive, d'après laquelle le maximum du prix de transport, une fois
abaissé, ne pourrait plus être relevé pendant un délai déterminé ?*

L'avis fut que les Compagnies devaient pouvoir abaisser
leurs taxes en prévenant l'administration qui homologuerait
les demandes sans pouvoir refuser d'y faire droit, mais qu'ensuite elles n'auraient pas la faculté de les relever avant un
délai de six mois, à moins d'une autorisation de l'administration supérieure.

(H). *Le Gouvernement devait-il se réserver le droit de réviser
le maximum du prix de transport à certains intervalles ?*

La réponse fut affirmative, étant entendu que la révision se ferait par voie législative.

Le programme primitif fut ensuite complété par les
questions suivantes.

X. — EMBRANCHEMENTS ET LIBRE PARCOURS.

(A). *Maintiendrait-on le droit d'embranchement tel qu'il était
consacré par le cahier des charges et l'étendrait-on en faveur des
propriétaires riverains ?*

L'avis fut que les concessionnaires devaient être obligés
de recevoir tous les embranchements que l'administration
croirait devoir autoriser, pour cause d'utilité publique, au
profit des autres Compagnies, des grands établissements industriels, ou même des propriétaires riverains.

(B). *Maintiendrait-on le droit de libre circulation en faveur
de tous les propriétaires d'embranchements et l'étendrait-on à
tous les cas où l'administration jugerait utile de l'accorder ?*

La Commission se prononça pour le maintien, sauf à

l'administration à déterminer, suivant les circonstances, le mode et les conditions de cette libre circulation.

XI. MODIFICATIONS A INTRODUIRE DANS LA LOI SUR L'EXPROPRIATION. — La Commission examina un assez grand nombre de dispositions de la loi de 1833. Mais nous nous abstiendrons d'analyser ses réponses qui sortent du cadre spécial de notre étude.

A la suite de ces questions de principe, la Commission eut à se prononcer sur des questions particulières concernant la situation de la Compagnie du chemin de fer de Paris à Orléans. Elle fut notamment consultée sur l'opportunité d'accorder à la Compagnie la garantie d'un minimum d'intérêt applicable à la totalité de la dépense à faire, sans détermination de la limite de cette dépense.

Une discussion approfondie s'engagea à cet égard. La majorité de la Commission se prononça en tout état de cause pour que le capital sur lequel porterait la garantie fût limité, de manière à ne pas laisser absolument indéterminés les engagements de l'État ; mais le système en lui-même provoqua de très vives critiques ; il fut considéré comme désintéressant par trop les concessionnaires d'une bonne gestion. Le débat n'était pas clos lorsque la Compagnie transforma sa demande primitive et sollicita le concours de l'État sous une différente forme, qui consistait à prendre des actions pour la moitié du capital social en ne réclamant d'intérêts que lorsque les autres actionnaires auraient reçu un dividende de 5 %. Le nombre des actions serait porté de 80 000 à 160 000, et leur valeur réduite de 500 à 250 fr.

La Commission reprit l'étude de l'affaire sur ces nouvelles bases. Le système de la participation de l'État, à titre d'actionnaire, lui parut, tout compte fait, offrir les plus sérieux avantages dont les principaux étaient :

1° De permettre au Gouvernement d'exercer un contrôle plus efficace ;

2° D'attirer plus facilement les capitaux ;

3° De faire profiter le Trésor des bénéfices, si l'entreprise en percevait, et de lui conférer une partie de la propriété du chemin, si au contraire l'exploitation était infructueuse ;

4° De rendre, le cas échéant, le rachat moins onéreux ;

5° De fournir immédiatement à la Compagnie des sommes lui permettant d'engager et de pousser rapidement ses travaux ;

6° De bien déterminer la quotité du concours de l'État ;

7° De correspondre, suivant toute probabilité, à un sacrifice moindre.

Mais il fut entendu que les actions de l'État devraient être placées sur le même pied que toutes les autres et qu'on laisserait au Ministre le soin d'apprécier l'importance à donner à la souscription de l'État.

La Commission, appelée à en délibérer de nouveau à la suite d'une proposition de la Compagnie qui déclarait consentir à la limitation à 40 millions du capital garanti, mais sous la réserve que, si un emprunt était nécessaire, l'intérêt et l'amortissement en seraient compris dans les dépenses d'exploitation, déclara maintenir purement et simplement son premier avis, malgré les efforts de M. Bartholony, délégué du conseil d'administration, et de M. Julien, ingénieur de la Compagnie.

La Commission conclut ensuite :

1° Au rejet d'une demande en garantie d'intérêt de la compagnie concessionnaire du chemin de fer de Montpellier à Cette ;

2° Au rejet d'une demande en concession, avec garantie d'intérêt, d'un chemin de Villers-Cotterets à Soissons, introduite par un sieur Charpentier qui ne justifiait pas de la constitution d'une société ;

3° A la possibilité d'accueillir une demande en concession d'une ligne de Paris à Rouen, par la vallée.

En ce qui concernait le projet de cahier des charges et les conditions de cette dernière concession, elle émit les avis suivants.

Les plans définitifs devaient comprendre la désignation des principales gares de stationnement et de chargement ou de déchargement.

Les terrains nécessaires aux gares d'évitement seraient acquis immédiatement ; toutefois les aménagements de ces gares pourraient être ajournés jusqu'à ce que l'expérience en eût démontré la nécessité.

Le Ministre de travaux publics aurait à accorder, pour les détails du tracé, les pentes, la traversée des voies de terre, les matériaux de construction, toutes les facilités compatibles avec la sûreté publique, les intérêts généraux du pays et la bonne exécution des travaux.

Le cahier des charges contiendrait l'indication d'un minimum de vitesse pour les voyageurs.

Le nombre des places de luxe serait limité au cinquième du nombre total des places du convoi.

La durée de la concession serait de quatre-vingt-dix-neuf ans.

Le chemin ne serait pas affranchi de sa quote-part d'impôts.

Il ne serait pas donné suite au désir de la Compagnie de voir entrer en franchise ou à prix réduit les locomotives et les machines et outils employés à la construction du chemin, des exceptions de cette nature ne pouvant être consenties par dérogation aux lois générales de l'État.

La demande de la Compagnie tendant à ce que, pour donner plus de sécurité aux prêteurs, la faculté d'emprunter fût énoncée dans la loi de concession ou dans le cahier des charges, ne serait pas accueillie, les clauses de cette nature étant du domaine des statuts à soumettre au Conseil d'État.

Les actions resteraient nominatives pendant toute la durée des travaux et jusqu'à complet achèvement des versements.

Il ne serait servi aucun intérêt pendant l'exécution des travaux et avant que le chemin donnât des produits (le Conseil d'État s'était antérieurement prononcé dans ce sens).

Le Gouvernement pourrait concourir en prenant un certain nombre d'actions à déterminer par le Ministre.

1

CHAPITRE VIII. — ANNÉE 1840

40. — **Allocation d'une garantie d'intérêt à la compagnie de Paris à Orléans. Prêt aux compagnies de Strasbourg à Bâle et d'Andrézieux à Roanne. Exécution par l'État des chemins de Montpellier à Nîmes, de Lille et de Valenciennes à la frontière de Belgique.**

I. — PROJET DE LOI. — Nous avons vu les Compagnies constituées pour les lignes importantes rencontrer, dès le début, des écueils sur leur route ; nous avons vu les pouvoirs publics obligés, pendant la session législative de 1839, de tempérer les clauses des cahiers des charges et même d'accorder un secours pécuniaire à la Compagnie du chemin de Versailles (rive gauche). Mais on n'avait fait qu'aller au plus pressé, que prendre en quelque sorte des mesures conservatoires ; il fallait aviser à des mesures plus efficaces.

(A). *Chemin de fer de Paris à Orléans.* — La situation était particulièrement tendue pour la Compagnie de Paris à Orléans ; il était indispensable, ou de limiter ses engagements à la section de Paris à Corbeil, ou de lui fournir les moyens de poursuivre et d'achever ses travaux jusqu'à Orléans. La seconde combinaison était évidemment la seule qui fût compatible avec l'intérêt général ; seule aussi, elle pouvait relever en France l'esprit d'association et lui rendre la force et le courage nécessaires pour multiplier les grands travaux d'où dépendait l'avenir du pays.

C'est ainsi que le comprit le Gouvernement. Toutefois il ne crut pas devoir entrer complètement dans les vues de la Compagnie, qui sollicitait la garantie d'un minimum d'intérêt.

La Commission extraparlementaire, dont nous avons relaté les travaux, s'était en effet prononcée contre ce mode de concours ; elle y avait vu l'inconvénient :

De faire sur le marché une situation trop privilégiée aux actions placées ainsi à l'abri de toute chance de perte et appelées, néanmoins, à profiter des chances éventuelles de bénéfice ;

De trop pousser la spéculation à se lancer inconsidérément dans des affaires mal étudiées ;

De créer des valeurs au moins équivalentes, si ce n'est supérieures, aux titres de rente de l'État.

Le prêt, usité en Angleterre, n'avait pas soulevé les mêmes objections ; mais il ne trouvait rationnellement son application que lorsque les Compagnies touchaient à la fin de leur entreprise ; lorsqu'elles avaient épuisé leur fonds social ; lorsque, au moyen de ce fonds social, elles avaient exécuté des travaux assez importants pour servir de gage à l'emprunt.

La subvention gratuite avait également paru admissible en principe ; elle offrait l'avantage de limiter nettement le sacrifice du Trésor, de ne pas lier le sort de l'État avec celui de la Compagnie, de laisser à cette dernière une parfaite indépendance ; toutefois elle devait être restreinte à une somme relativement modique.

Le Gouvernement et la Commission s'étaient donc arrêtés, dans l'espèce, au système qui consistait à prendre un certain nombre d'actions. Ce mode de subside avait l'avantage de diminuer le capital à demander aux particuliers ; de faciliter, par suite, la formation du fonds social ; de faire participer l'État aux chances favorables de l'entreprise; d'assurer la présence de ses représentants dans le sein des conseils et des assemblées des Compagnies; de donner ainsi aux autres actionnaires la garantie d'une surveillance et d'un contrôle salutaires; de réaliser dans sa plénitude l'alliance des forces gouvernementales et des forces industrielles; d'associer les capitaux, les lumières, les efforts et l'influence du Gouvernement et de l'industrie.

Une question subsidiaire se posait, c'était celle des conditions respectives à faire aux actions de l'État, et aux autres actions pour le partage des bénéfices. Ces deux catégories de titres devaient-elles être traitées sur le même pied ou, au contraire, devait-on accorder un privilège à la seconde? La Commission extraparlementaire avait émis un avis nettement défavorable à la deuxième solution. Mais la Compagnie insista; elle déclara que, pour rétablir le crédit de l'entreprise, pour relever l'esprit d'association du découragement et de l'atonie dont il souffrait, il fallait une assistance plus vive et plus efficace. Le Gouvernement jugea qu'il convenait de ne pas lui refuser cet encouragement et de savoir faire quelques sacrifices à l'intérêt supérieur de l'achèvement du chemin, et que, d'ailleurs, une fois la ligne en exploitation, l'État en retirerait indirectement des avantages assez nombreux et assez grands pour consentir à laisser les autres actionnaires prélever sur le produit net un intérêt limité de leurs capitaux.

Le Ministre des travaux publics déposa en conséquence sur le bureau de la Chambre des députés, le 7 avril 1840 [M. U., 8 avril 1840], un projet de loi aux termes duquel:

1° Il était autorisé « à prendre intérêt, au nom de « l'État, dans l'entreprise du chemin de fer, jusqu'à con- « currence des deux cinquièmes du fonds social déterminé « par les statuts annexés à l'ordonnance du 13 août 1838,

« soit de la somme de 16 millions », aucun versement ne
devant être fait qu'après le paiement et l'emploi des trois
autres cinquièmes du fonds social ;

2° Il ne devait être attribué de dividende à l'État qu'après
que les autres actionnaires auraient touché sur le produit
net 4 °/₀ de leur mise de fonds. Au delà des 4 °/₀ attribués
par privilège en vertu de la stipulation précédente, l'État
prendrait 4 °/₀ du montant de son capital. Le surplus du
bénéfice serait réparti dans la proportion d'un quart pour
l'État et trois quarts pour les autres actionnaires. Les réserves qui pourraient être éventuellement distribuées le
seraient entre l'État et les actionnaires proportionnellement
à leurs mises de fonds ;

3° L'État serait représenté dans les assemblées et dans
les conseils de la Compagnie par un commissaire spécial qui
disposerait de 100 voix dans les assemblées et aurait voix
délibérative dans les conseils ;

4° Des conventions de détail seraient passées pour l'application des clauses qui précèdent et ratifiées par des
ordonnances royales.

Indépendamment des conditions financières que nous
venons de faire connaître, le projet de loi apportait certaines
modifications au cahier des charges.

Parmi ces modifications, il en était qui concernaient le
tracé du chemin, les pentes, les rayons des courbes, les
ouvrages d'art.

L'obligation d'établir les embranchements d'Arpajon et
de Pithiviers était transformée en une faculté.

Le cautionnement, au lieu de n'être complètement
restitué qu'après l'achèvement des travaux, devait l'être
lorsqu'une fraction de ces travaux assez importante pour
former une garantie suffisante serait terminée.

La durée de la concession était portée de soixante-dix à quatre-vingt-dix-neuf ans.

Le tarif était remanié comme il suit :

Voyageurs. 1re classe (voitures couvertes, fermées à glace et suspendues sur ressorts).	0 fr.	10
2e classe (voitures couvertes et suspendues sur ressorts).	0	075
3e classe (voitures découvertes, mais suspendues sur ressorts).	0	50
Houille.	0	125
Marchandises. 1re classe.	0	20
2e classe.	0	18
3e classe.	0	16

La proportion des places de luxe dans les trains était élevée d'un dixième à un cinquième.

La clause de limitation des bénéfices, qui avait paru être l'une des principales causes de l'éloignement des capitalistes pour les chemins de fer, était supprimée.

Était également rapportée la partie de la loi du 7 juillet 1838, qui avait trait à la révision des tarifs cinq ans après l'achèvement des travaux au double point de vue de la répartition des taxes en péage et transport et de la classification ; il importait en effet d'assurer aux souscripteurs la fixité indispensable dans les éléments de leur spéculation.

(B). *Chemin de fer de Strasbourg à Bâle.* — La Compagnie de Strasbourg à Bâle avait également subi l'influence de la crise. Les actions, d'abord soutenues au pair, étaient en peu de temps tombées à moins de 350 fr. ; les porteurs de titres, inquiets de cette dépression des cours, hésitaient à faire leurs derniers versements. Le conseil d'administration de la Compagnie avait en conséquence sollicité, avec les plus vives instances, le concours de l'État, sous forme de garantie d'intérêt ; après des négociations assez laborieuses, le Gouvernement s'était mis d'accord avec lui pour prendre des actions jusqu'à concurrence des trois dixièmes du fonds social, soit de 12 600 000 fr. Les conditions de cette souscription étaient celles que nous avons relatées pour la ligne de Paris à Orléans, sauf sur le point suivant. Au lieu d'exécuter par elle-même, la Compagnie avait passé un marché à forfait avec M. Kœchlin, pour la construction du chemin moyennant une somme de 40 millions; ce mode spécial d'exécution détermina le Ministre à modifier légèrement la règle qu'il avait admise pour l'échelonnement des versements du Trésor ; il fut convenu « qu'aucun versement ne « serait fait par l'État tant que le sieur Nicolas Kœchlin n'au- « rait pas justifié de la réalisation d'une dépense proportion- « nelle au montant des versements opérés dans ses mains par « les autres actionnaires; qu'après cette justification les fonds « de l'État seraient mis à sa disposition au fur et à mesure, « de l'exécution de nouveaux travaux ou de nouvelles dé- « penses, mais en retenant un quart de la valeur de ces tra- « vaux et dépenses, ce dernier quart ne devant être payé « qu'après la réception du chemin de fer par la Compagnie ».

Le projet de loi du 7 avril 1840 [M. U., 8 avril 1840] contenait un titre libellé sur cette base ; il modifiait d'ailleurs le cahier des charges, comme pour la concession de Paris à Orléans, et supprimait en outre, conformément à une décision prise antérieurement pour une autre ligne, l'assimilation des marchandises de transit à la houille dans le tarif.

(c). *Chemin de fer d'Andrézieux à Roanne.* — La situation du chemin de fer d'Andrézieux à Roanne présentait des difficultés d'un autre ordre. Ce chemin était en exploitation, mais exigeait encore des dépenses auxquelles les charges de la Compagnie l'empêchaient de pourvoir. Les embarras contre lesquels la Compagnie avait à lutter résultaient de l'insuffisance des évaluations primitives, des événements de 1830, de la crise commerciale et industrielle de 1831, du retard survenu dans l'ouverture à la navigation des canaux latéraux à la Loire. Le Gouvernement pensa que c'était le cas de l'aider à se relever de la faillite qui avait été prononcée contre elle, en lui prêtant 4 millions. Cette somme devait être affectée, pour les trois quarts, à des travaux d'achèvement et d'amélioration et à l'accroissement du matériel roulant, et, pour le dernier quart, au paiement de terrains, de salaires d'ouvriers, de matériel qui n'étaient pas encore soldés.

La Société devait payer à l'État un intérêt de 4 °/₀ par an, lui rembourser le capital par un amortissement annuel de 2 °/₀ commençant trois ans après la signature de la convention, affecter par privilège à titre de garantie : 1° le chemin, ses dépendances et son matériel évalués à 11 millions; 2° les revenus annuels qui, pendant l'année écoulée du 1ᵉʳ mai 1838 au 1ᵉʳ mai 1839, s'étaient élevés à 100 000 fr.

Le projet de loi du 7 avril 1840 [M. U., 8 avril 1840] formulait une proposition dans ce sens; il stipulait du reste qu'avant tout la Compagnie devrait être relevée de sa faillite et reprendre l'aptitude nécessaire pour entamer et conclure les négociations.

(D). *Chemin de fer de Montpellier à Nîmes.* — Dans la session de 1838, le Gouvernement avait présenté un projet de loi portant concession d'un chemin de Montpellier à Nîmes ; mais, à la suite de changements apportés au cahier des charges par la Chambre des députés, la Compagnie s'était retirée et l'affaire était restée en suspens. On ne pouvait pourtant laisser subsister plus longtemps la lacune comprise entre le chemin de Montpellier à Cette et celui d'Alais à

Beaucaire ; le premier de ces chemins était livré à la circulation, le second était achevé et mis en exploitation entre
Nîmes et Beaucaire ; il fallait, sans plus tarder, assurer la
continuité de la ligne du Rhône à Cette et l'accès facile à ce
port des charbons du bassin d'Alais. Prenant en considération la puissance des intérêts généraux en jeu et la convenance
de ne pas dépouiller le Midi du concours que l'État prêtait,
sous différentes formes, à la constitution du réseau dans
d'autres régions de la France, le Ministre inséra dans son
projet de loi du 7 avril 1840 [M. U., 8 avril 1840] une disposition autorisant l'État à exécuter le chemin et à y affecter
une somme de 14 millions.

(E). *Chemins de fer de Lille et de Valenciennes à la frontière
de Belgique.* — Le Gouvernement demandait également
[M. U., 8 avril 1840] l'affectation d'une somme de 10 millions à l'établissement de deux chemins reliant Lille et
Valenciennes à la frontière de Belgique. Les nécessités de
la défense, celles de la douane, les traités à passer avec nos
voisins pour l'exploitation dans la zone frontière, l'urgence
des travaux, l'importance des relations de nos deux grandes
villes industrielles du Nord avec la Belgique, l'état de malaise de la population ouvrière dont il importait d'employer
les bras inoccupés, paraissaient justifier la remise de ces
lignes entre les mains de l'État.

II. — RAPPORT DE LA COMMISSION DE LA CHAMBRE DES DÉ-
PUTÉS. — L'affaire fut renvoyée par la Chambre des députés
à une Commission composée de MM. Mathieu, Duvergier de
Hauranne, Luneau, Lasnyer, Martin (du Nord), de Larcy,
Matter, Deslongrais et de Beaumont (rapporteur).

Cette Commission [M. U., 4 juin 1839] proclama tout
d'abord la nécessité pour la France de posséder le plus tôt

possible le réseau de chemins de fer nécessaire à sa prospérité commerciale, à sa sûreté politique, à son honneur
national ; elle posa en principe que la règle devait être
l'exécution par l'industrie privée sans subside de l'État :
pour justifier cette opinion, elle fit valoir, d'une part, que
les Compagnies construisaient plus rapidement, plus économiquement, et ne demandaient la rémunération de leur
œuvre qu'aux usagers du chemin de fer, à la différence de
l'État qui employait l'argent des contribuables à des travaux
inutiles au plus grand nombre, et, d'autre part, que tout
concours du Trésor avait pour corollaire un contrôle nuisible à l'indépendance du concessionnaire.

Néanmoins la Commission reconnut qu'étant donnée la
situation, ce principe ne pouvait pas être appliqué dans toute
sa rigueur et que le Gouvernement avait sagement agi en
proposant d'y déroger, afin de raviver l'esprit d'association
prêt à s'éteindre et de rappeler les capitaux vers les grandes
entreprises au succès desquelles se liait intimement la fortune publique.

Ainsi d'accord avec le Ministre sur l'opportunité d'accorder le concours de l'État aux Compagnies dans la détresse,
elle discuta longuement la forme de ce concours.

(A). *Chemin de fer de Paris à Orléans.* — En ce qui concernait plus particulièrement le chemin d'Orléans, sans repousser à un point de vue général la participation de l'État,
en qualité d'actionnaire, aux chemins de fer concédés, sans
contester les avantages d'unir sous cette forme la puissance
gouvernementale avec les forces de l'association particulière, les ressources, l'activité et le génie de l'industrie
privée avec la sagesse, la prudence et les conseils de l'autorité, la Commission éleva au cas particulier des objections
graves contre ce système, tel qu'il devait fonctionner d'après

le projet de loi. Elle lui reprocha d'engager gravement les
finances publiques sans offrir à l'État la perspective d'aucun
avantage équivalent; d'exposer le Trésor aux risques les
plus redoutables, si l'affaire était mauvaise; de laisser ses capitaux improductifs, si l'affaire était bonne, et de ne leur
donner qu'une rémunération minime, si l'affaire était excellente; d'obliger moralement l'État à faire face lui-même
aux suppléments de dépenses, dans le cas où sa première
souscription ajoutée à celle des autres actionnaires ne suffirait pas pour l'achèvement des travaux.

Elle exprima une préférence très marquée pour le système de la garantie d'un minimum d'intérêt, auquel elle
attribua le mérite :

D'assurer plus complètement l'exécution de l'entreprise,
en subordonnant à la mise en exploitation de la ligne le bénéfice du concours du Trésor :

De ne pas aventurer les fonds publics ;

D'être souverainement efficace pour encourager les capitaux, en garantissant tout à la fois un intérêt modique,
mais certain, et l'amortissement dans un délai de beaucoup
inférieur à la durée de la concession :

D'appeler les petits capitaux et de favoriser le classement des actions, en leur assignant une valeur peu sujette
aux variations et en les soustrayant par suite aux jeux de la
Bourse et aux manœuvres de l'agiotage.

On avait formulé la crainte que la garantie d'intérêt con-
duisît les concessionnaires à se désintéresser de leur exploitation et, d'autre part, que les actions de chemins de fer
ainsi gagées par l'État fussent préférées aux titres de rente.
La Commission fit observer qu'en prenant un taux suffisamment bas pour l'intérêt garanti, on éviterait de porter
atteinte à l'esprit d'initiative, à la vigilance, à l'activité des
Compagnies et, d'un autre côté, que les titres de rente don-

nant droit à un intérêt supérieur, payé à jour fixe, feraient toujours prime sur les actions de chemins de fer moins bien dotées et dont le service exigerait des vérifications préalables et serait, par conséquent, exposé à des délais, à des difficultés, à des ajournements.

Ce fut donc finalement au système de la garantie d'intérêt que s'arrêta la Commission pour le chemin de fer d'Orléans, après avoir provoqué et obtenu l'adhésion du Gouvernement.

Le taux garanti fut de 3 %, plus 1 % d'amortissement pendant quarante-six ans.

Il fut stipulé que le capital garanti serait celui qu'exigerait le premier établissement, y compris les intérêts à 4 % pendant la période de construction, mais seulement jusqu'à concurrence de 40 millions, montant du fonds social : l'annuité à payer par l'État fut, en conséquence, limitée à 1 600 000 fr.

Toutefois, comme la Compagnie pouvait être conduite à dépasser son évaluation primitive et, dès lors, à contracter des emprunts, elle fut autorisée à comprendre, le cas échéant, l'intérêt de ces emprunts dans ses dépenses d'exploitation.

Il fut en outre entendu (et c'était un principe nouveau qui n'avait pas encore été indiqué) que les sommes versées à titre de garantie d'intérêt auraient le caractère d'une avance, remboursable sur les excédents de revenu net au-dessus du chiffre de 4 % réservé aux actionnaires.

Enfin pour éviter les abus, la Commission inscrivit dans son contre-projet une disposition d'après laquelle un règlement d'administration publique déterminerait les formes suivant lesquelles la Compagnie serait tenue de justifier vis-à-vis de l'État : 1° du montant des capitaux employés dans l'entreprise ; 2° de ses frais annuels d'entretien et de ses recettes.

La Commission donna d'ailleurs son adhésion à toutes les propositions de l'administration tendant à tempérer la rigueur du cahier des charges primitif. Elle émit le vœu que le Gouvernement entrât même plus avant dans cette voie, qu'il n'imposât pas aux Compagnies des tarifs trop bas et que, sans renoncer à la tutelle légitime de l'État sur une industrie investie d'un monopole de fait, il rendît cette tutelle plus légère et moins agissante. Néanmoins elle conclut à l'introduction dans la loi d'une clause déjà admise antérieurement et portant interdiction à la Compagnie « soit de « former aucune entreprise de transport de voyageurs « ou de marchandises par terre ou par eau, pour desservir « les routes aboutissant au chemin de fer, soit de faire « directement ou indirectement avec des entreprises de ce « genre, sous quelque dénomination ou forme que ce pût « être, des arrangements qui ne seraient pas également « consentis en faveur de toutes les entreprises desservant « les mêmes routes ». Cette clause était complétée par les deux dispositions suivantes : « L'interdiction ne s'applique « point aux entreprises de camionnage appartenant à la « Compagnie, ni aux voitures omnibus que la Compagnie « établirait, soit au point d'arrivée, soit aux stations.

« Des règlements d'administration publique prescriront « les mesures nécessaires pour assurer la plus complète « égalité entre les diverses entreprises de transport, dans « leurs rapports avec le service du chemin de fer, et déter- « mineront le maximum de distance que pourront parcourir « les omnibus de la Compagnie. »

(B). *Chemin de fer de Strasbourg à Bâle.* — En ce qui concernait le chemin de fer de Strasbourg à Bâle, la Commission constata l'état de détresse de la Compagnie. Les actions étaient tombées de 500 à 420 fr. ; les porteurs de titres, dé-

couragés, n'avaient acquitté que les sept dixièmes du fonds
social, soit 29 400 000 fr., et restaient redevables de
12 600 000 fr. La Commission pensa qu'en l'état et dans
l'espèce, la solution la meilleure consistait à prêter à la
Société la somme de 12 600 000 fr. qui lui faisait défaut, de
manière à délier les actionnaires du paiement des trois derniers dixièmes de leur souscription et, en même temps, à
soustraire M. Kœchlin aux embarras des poursuites contre
les retardataires. Le Gouvernement se rallia à cette solution.
Les conditions du prêt furent les suivantes :

1° Aucun versement ne serait fait par l'État tant que le
sieur Nicolas Kœchlin n'aurait pas justifié de la réalisation
des dix-huit quarantièmes des travaux et dépenses nécessaires à l'achèvement de l'entreprise.

2° Le taux de l'intérêt du prêt était fixé à 4 °/₀, non compris 1 °/₀ d'amortissement. L'intérêt ne courait que de la
mise en exploitation ; l'amortissement ne commençait que
trois ans après l'époque fixée pour l'achèvement du chemin
de fer.

3° La Compagnie affectait par privilège au paiement
des intérêts et au remboursement de la somme prêtée, le
chemin, ses dépendances, son matériel ainsi que les produits et revenus de toute nature de l'exploitation.

4° L'amortissement était prélevé avant toute distribution
de dividende aux actionnaires ; quant à l'intérêt de 4 °/₀,
l'État ne devait le percevoir qu'après que les actionnaires
auraient touché sur le produit net 4 °/₀ de leur mise de fonds.

(c). *Chemin de fer d'Andrézieux à Roanne.* — En ce qui
concernait le chemin de fer d'Andrézieux à Roanne, la combinaison proposée par le Ministre reçut l'adhésion complète
de la Commission ; cependant elle jugea difficile pour la
Compagnie de se faire relever de sa faillite, si l'hypothèque

privilégiée attribuée à l'État par le projet de loi primait même les créances antérieures dont le montant s'élevait à 2 millions, non compris celles dont les titulaires seraient désintéressés par la somme d'un million comprise à cet effet dans le prêt ; elle considéra en outre cette mesure comme injuste pour les tiers et comme inutile, eu égard à la valeur du gage, et conclut à y renoncer.

(D). *Chemins de fer de Montpellier à Nîmes, et de Lille et Valenciennes à la frontière belge.* — La Commission donna un avis nettement favorable à l'exécution par l'État du chemin de Montpellier à Nîmes qui ne pouvait être établi, dans la situation actuelle, par l'industrie privée ; qui était destiné d'ailleurs à mettre en communication deux villes ayant ensemble une population de plus de 40 000 âmes, à établir un nouveau lien entre le Rhin et la Méditerranée, à ouvrir pour Lyon une route rapide vers l'Espagne, à faciliter les rapports entre Marseille et Bordeaux ; et qui présentait par suite une importance exceptionnelle.

Des considérations analogues conduisirent la Commission à se prononcer de même en faveur des propositions du Gouvernement, pour les deux lignes de Lille et de Valenciennes à la frontière.

III. — Discussion a la chambre des députés [M. U., 11, 12, 13, 14, 16 et 17 juin 1840]. — 1. *Discussion générale.* — Ce fut M. Gallos qui engagea la discussion en séance publique de la Chambre des députés. Tout en se déclarant favorable au projet de loi, il formula les doutes les plus sérieux sur la capacité de l'industrie privée en France pour l'exécution des chemins de fer, eu égard à l'immobilisation de nos capitaux qui se portaient de préférence sur la propriété immobilière ; il critiqua l'insuffi-

sance des garanties prises au regard des Compagnies, la
marche anormale suivie dans les concessions que l'on
accordait à des sociétés avant leur constitution, la complication extrême des rapports entre les Compagnies et l'administration ; il réclama, en conséquence, du Gouvernement,
l'étude de ces questions.

M. de Gasparin se prononça de même pour l'adoption
du projet de loi, en insistant pour que les actes succé-
dassent enfin aux paroles et en ajoutant qu'à son sens on
avait eu le plus grand tort de ne pas considérer les voies
ferrées comme œuvre de Gouvernement.

M. de Boissy d'Anglas, au contraire, combattit le principe du concours de l'État aux travaux concédés à des
Compagnies ; il attaqua vivement ces Compagnies et surtout les banquiers qui détenaient les titres dans un but de
spéculation ; il invoqua l'état précaire de nos finances et les
charges qui pesaient sur notre budget ; enfin il exprima ses
préférences pour la construction par l'État.

Mais les trois discours que nous venons d'analyser en
quelques lignes ne constituaient que la préface du débat
qui fut véritablement ouvert par M. Duvergier de Hauranne. Après avoir établi que partout les chemins de fer
rendaient plus qu'ils ne promettaient, l'orateur indiqua
l'insuffisance des évaluations premières comme la cause
réelle du malaise des Compagnies. Repoussant l'exécution
par l'État, il proclama la nécessité de venir en aide aux concessionnaires ; de les aider à achever leur œuvre ; de les
traiter, non pas en ennemis, mais en alliés, en collaborateurs ; de leur accorder des conditions telles qu'ils
eussent plus de chances de profit que de perte ; d'attirer
et de retenir ainsi les petits capitalistes, et d'exclure du
même coup les spéculateurs. Il demanda que les rigueurs
du cahier des charges fussent tempérées. Il traita longue-

ment la question des tarifs par des exemples pris en Angleterre et en Amérique et par des calculs basés sur les dépenses de premier établissement, les frais d'exploitation et l'importance du trafic, et conclut :

A élever le maximum des taxes de voyageurs à 0 fr. 14 ou 0 fr. 15 :

A donner toutefois une satisfaction aux classes pauvres, en instituant des transports moins coûteux par trains mixtes de faible vitesse.

Il démontra, en outre, que les divers modes de concours pouvaient être rationnellement employés, attendu qu'ils s'adressaient à des capitaux différents, la garantie d'intérêt s'adaptant surtout aux capitaux timides et le prêt ou la la participation de l'État, comme actionnaire, aux capitaux plus aventureux. Sous le bénéfice de ces observations, il conseilla à la Chambre de voter le projet de loi tel qu'il était sorti des délibérations de la Commission.

M. Dietrich, qui prit ensuite la parole, déclara tout d'abord qu'il considérait comme très dangereux, pour la morale publique, la confusion des intérêts du Trésor avec ceux des grandes Compagnies dans lesquelles figureraient toujours des personnages politiques importants et vis-à-vis desquels l'administration n'agirait par suite pas avec une entière indépendance. Toutefois, reconnaissant la nécessité de marcher en avant, il ne voulut pas s'opposer à ce que, dans l'espèce, l'État prêtât son concours aux Compagnies. Mais, pour l'avenir, il demanda :

1° Qu'il fût procédé le plus tôt possible à un classement des grandes lignes à exécuter ;

2° Que, seulement ensuite, on déterminât, pour chacune d'elles, le mode d'exécution à adopter, sans s'attacher à aucun principe absolu et en se bornant à réserver au Gouvernement une forte intervention pour l'uniformité des règles d'exploitation.

Examinant les divers modes de concours, il repoussa absolument la participation de l'État comme actionnaire, à laquelle il reprochait d'engager indéfiniment le Trésor et de faire jouer au Gouvernement un rôle qui ne lui convenait pas. Toutes ses préférences étaient pour le prêt hypothécaire, avec garantie parfaite de remboursement du capital et des intérêts : ce système ne solidarisait pas les intérêts de l'État et ceux des Compagnies, n'exigeait aucun contrôle de l'administration dans la gestion intérieure des sociétés. L'orateur admettait également la garantie d'intérêt, à un taux modique, mais sans supplément pour l'amortissement du capital qui devait naturellement s'opérer dans un délai plus ou moins long par le fait du développement du trafic et des recettes, et, en revanche, sans limitation du capital garanti. Il recommandait, en terminant, l'essai de marchés à forfait pour les chemins dont la construction serait réservée à l'État.

M. Jaubert, alors Ministre des travaux publics, rappela que jadis il avait été l'un des plus ardents défenseurs de l'exécution par l'État ; il énuméra toutes les raisons qu'il avait fait valoir sur ce point dans des discussions antérieures; néanmoins, il déclara que, s'inclinant devant la volonté de la Chambre, il était entré de bonne foi et sans arrière-pensée dans la voie de la construction par les Compagnies. Il justifia les divers modes de concours proposés d'un commun accord par la Commission et le Gouvernement et réfuta les attaques dirigées contre l'administration, au sujet de la complication de ses rapports avec les Compagnies et de la rigueur des cahiers des charges.

M. Pascalis critiqua le système du prêt, en invoquant l'aléa du remboursement et l'impossibilité pour l'État d'agir en créancier sévère, impitoyable, usant de la plénitude de ses droits. Il défendit le système de la participation à titre d'actionnaire, en n'accordant aux autres porteurs de titres que le privilège d'un dividende plus élevé, afin d'encourager les capitaux sans porter atteinte au principe d'une association intime entre les intérêts du Trésor et ceux des autres souscripteurs.

La clôture de la discussion générale ayant été prononcée, le rapporteur, M. de Beaumont, commenta le travail de la Commission, et la discussion s'engagea sur les articles du projet de loi.

2. *Discussion sur les articles.* — (A). CHEMIN DE FER DE PARIS A ORLÉANS. — Sur le mode de concours proposé pour cette ligne, M. Luneau fit un discours très étudié; il s'éleva contre la diversité des systèmes admis par la Commission, diversité qu'il jugeait attentatoire à l'égalité, à la parité de traitement dont devaient jouir tous les concessionnaires. Il s'attacha, par un historique fidèle de la constitution de la Compagnie, à démontrer que les concessionnaires primitifs avaient induit la Chambre en erreur, en se déclarant détenteurs de souscriptions très divisées représentant un chiffre supérieur à l'évaluation des dépenses; qu'après coup ils avaient concentré les titres entre les mains d'un petit comité financier; qu'ils avaient forcé la main au Gouvernement et obtenu de lui, contrairement à l'avis du Conseil d'État, la limitation de leur responsabilité à 25 %; qu'au lieu de se préoccuper de l'exécution des travaux, ils avaient eu exclusivement en vue une spéculation sur les titres; que dès lors ils ne méritaient nullement les sympathies des pouvoirs publics. La garantie d'intérêt qu'on leur accordait uniquement parce qu'ils l'exigeaient n'était pas admissible, aux yeux de M. Luneau, surtout avec la latitude qui était

laissée à la Société de contracter des emprunts à un taux indéterminé, jouissant d'un prélèvement privilégié sur les produits de l'exploitation. Le système du prêt était le seul compatible avec la situation. L'orateur développa un amendement dans ce sens.

L'amendement de M. Luneau fut combattu par M. Duchatel. Suivant cet honorable député, la discussion devait être portée plus haut que ne l'avait fait son contradicteur. Il était avéré qu'un prêt ne suffirait pas à relever la Compagnie ; il s'agissait donc de savoir si l'on voulait, oui ou non, sauver cette Compagnie et empêcher un nouveau retard dans la construction du chemin de fer. On avait reproché à la garantie d'intérêt d'avoir pour conséquence inévitable une intervention de l'État dans les affaires de la Société et, par suite, d'être une source de conflits, de gêne, d'embarras ; mais n'était-il pas rationnel que le concessionnaire abdiquât une partie de sa liberté d'action en échange du concours qui lui était apporté ? L'objection tirée de ce que le zèle des administrateurs n'aurait plus de stimulant, tombait d'elle-même devant la modicité du taux garanti. Les craintes relatives à la concurrence des actions gagées par l'État contre les titres de rente n'étaient pas plus sérieuses : car les emprunts ne se feraient ni simultanément, ni dans les mêmes circonstances. M. Duchatel insista de nouveau sur ce fait que la garantie d'intérêt offrait le double avantage de n'engager l'État qu'après l'achèvement du chemin et, d'autre part, de mesurer exactement l'assistance sur les besoins.

M. Thiers, président du conseil, prononça ensuite un discours dans lequel, après avoir affirmé ses préférences pour l'exécution par l'État, mais reconnu en même temps que le chiffre élevé des dépenses ne permettait pas d'y recourir, il conjura la Chambre d'en finir et de voter les propositions de la Commission. Il montra que, dans tous les systèmes de concours, l'intervention de l'État, sa surveillance étaient indispensables ; que, dans tous également, le sacrifice annuel était en définitive à peu près le même ; que la garantie d'intérêt était le seul moyen de venir efficacement en aide aux Compagnies naissantes.

Après une attaque vigoureuse de M. Garnier-Pagès, qui jugeait la garantie d'intérêt fatale à l'esprit d'association, et une réponse de M. Berryer, qui défendit avec sa vigueur habituelle les conclusions de la Commission, l'amendement de M. Luneau fut mis aux voix et repoussé.

M. de Vatry présenta à son tour un second amendement tendant à ouvrir au Ministre des travaux publics un crédit de 26 millions pour l'exécution du chemin de fer de Juvisy à Orléans, étant entendu toutefois qu'il ne serait fait usage de ce crédit que si la Compagnie renonçait, conformément à l'article 3 de la loi du 1er août 1839, à l'exécution de ladite section ; il motiva sa proposition par la nécessité de ne pas donner une nouvelle prime à l'agiotage et à l'avidité de la Compagnie. Cet amendement, appuyé par M. Deslongrais, fut rejeté.

Un troisième amendement fut formulé par M. Monier de la Sizeranne ; il avait pour objet de substituer aux mots « garantie d'intérêt » le mot « subvention » ; son auteur faisait en effet remarquer que, d'après le libellé du projet de loi de la Commission, l'État ne devait pas faire face aux insuffisances, dans le cas où les recettes brutes seraient inférieures aux dépenses d'exploitation augmentées des charges des emprunts et que, dès lors, il n'y avait pas à proprement parler garantie d'intérêt.

Malgré cette observation, l'amendement ne fut pas accueilli.

La Chambre vota ensuite le projet de loi de la Commission, avec quelques corrections ayant pour objet :

De préciser que la Compagnie serait tenue de consacrer 1 °/₀ à l'amortissement de son capital social ;

De spécifier que le taux de l'intérêt et de l'amortissement des emprunts dont les charges devraient être prélevées sur le produit brut serait soumis à l'agrément de l'État ;

De bien indiquer que la disposition relative au remboursement des avances de l'État s'appliquerait pendant toute la durée de la concession ;

De retrancher l'article qui avait été introduit par la Commission au sujet des correspondances par voie de terre ou par eau, et qui était déjà édicté par la loi du 7 juillet 1838.

La Chambre décida en outre, sur la proposition de M. Dufaure, diverses modifications au cahier des charges, en conférant au Gouvernement le pouvoir d'autoriser le croisement à niveau des routes et chemins.

Elle repoussa, d'ailleurs, un amendement de M. Dejean portant relèvement des tarifs, qui lui paraissaient trop peu rémunérateurs et qu'il proposait d'élever comme il suit :

Voyageurs ....
- 1ʳᵉ classe : 0 fr. 125 au lieu de 0 fr. 10.
- 2ᵉ classe : 0 10 — 0 075
- 3ᵉ classe : 0 07 — 0 05

Marchandises .
- 1ʳᵉ classe : 0 25 au lieu de 0 20
- 2ᵉ classe : 0 20 — 0 18
- 3ᵉ classe : 0 18 — 0 16

Cet amendement avait été défendu par M. Dufaure qui le considérait comme devant présenter l'avantage d'assurer la prospérité de la ligne ; de faire, par suite, renaître la confiance dans l'industrie des chemins de fer ; et, d'un autre côté, de réduire les avances de l'État au titre de la garantie d'intérêt ; mais il avait été vigoureusement combattu par le Ministre, ainsi que par M. Billault qui avait fait ressortir par des chiffres toutes les chances de succès de l'œuvre avec les tarifs consentis par le cahier des charges.

La Chambre rejeta de même un amendement de M. Luneau dont l'objet était de maintenir la clause de révision, au bout de cinq ans, de la répartition des taxes en péage et frais de transport.

(B). CHEMIN DE FER DE STRASBOURG A BALE. — Les propositions de la Commission furent adoptées après le rejet de plusieurs amendements sur lesquels il serait superflu d'insister.

(C). CHEMIN DE FER D'ANDRÉZIEUX A ROANNE. — Il en fut de même pour le chemin de fer d'Andrézieux à Roanne.

(D). CHEMIN DE FER DE MONTPELLIER A NIMES. — M. de Boissy d'Anglas s'opposa à l'exécution par l'État en faisant valoir notamment que le Gouvernement, ayant concouru pour 6 millions à la ligne d'Alais à Beaucaire, serait presque inévitablement conduit à remettre l'exploitation du nouveau chemin entre les mains de la Compagnie concessionnaire de cette dernière ligne et à constituer ainsi dans la région un véritable fief des plus dangereux (1).

M. de Larcy, au contraire, défendit vivement le projet de loi en faisant ressortir l'utilité incontestable de l'œuvre et l'impuissance de l'industrie privée à pousser plus loin son intervention dans la construction des chemins de fer de la région.

Après un échange d'observations entre M. Deslongrais et le Ministre des travaux publics, la Chambre adopta les conclusions de la Commission.

---

(1) Cette Compagnie était en outre liée d'intérêts avec celle du canal de Beaucaire à Aigues-Mortes.

(E). CHEMIN DE FER DE LILLE ET DE VALENCIENNES A LA FRONTIÈRE BELGE.
— Sans s'opposer au vote des dispositions proposées d'un
commun accord par le Gouvernement et la Commission,
M. Roger (du Nord) demanda que le Ministre fût invité
à présenter le plus tôt possible un projet de loi complémentaire pour l'exécution d'un chemin de Lille à la mer.
Il redoutait, en effet, que les ports d'Anvers et d'Ostende
supplantassent complètement le port de Dunkerque et
devinssent les ports d'approvisionnement du Nord, du Pas-
de-Calais, de la Somme, de l'Aisne et de la Seine, au grand
détriment des intérêts français.

Tout en reconnaissant le bien fondé de cette demande
et en exprimant le désir d'y donner satisfaction le plus tôt
possible, le président du conseil démontra que, étant données
les communications fluviales préexistantes, le danger n'était
pas si grand, ni si pressant, qu'il y eût nécessité d'y pourvoir
d'urgence.

Après cette explication de M. Thiers, la loi fut votée.

La Chambre passa ensuite à l'examen des dispositions
additionnelles dont divers députés réclamaient l'inscription
dans la loi.

La première, proposée par M. Anisson, tendait à autoriser les Compagnies à introduire les rails étrangers, moyennant paiement d'une taxe équivalente à 20 $^o/_o$ de leur
valeur ; mais elle ne fut pas appuyée.

La seconde émanait de M. Arago ; elle avait pour objet
d'imposer la fabrication en France des neuf dixièmes au
moins des machines locomotives, pour les chemins subventionnés par l'État ; malgré les efforts de son auteur qui
invoquait l'intérêt supérieur du développement de l'industrie mécanique en France, elle fut renvoyée à la commission des douanes.

IV. — RAPPORT ET VOTE A LA CHAMBRE DES PAIRS [M. U.,
4 juillet 1840]. — M. le baron Charles Dupin, rapporteur
à la Chambre des pairs, débuta par une protestation contre
le dépôt d'un projet si considérable, à la veille de la fin de
la session ; il demanda à cette occasion que dorénavant les
projets de loi relatifs à des entreprises de travaux publics
par l'État ou par des Compagnies fussent apportés dans les
quatre premiers mois de la session, faute de quoi les rapports
concernant ces projets ne seraient présentés qu'après le vote
de la loi des recettes; il se plaignit, d'ailleurs, qu'interprétant faussement l'article 15 de la charte aux termes duquel
« toute loi d'impôt devait être d'abord votée par la Cham-
« bre des députés » le Gouvernement se fût considéré comme
obligé de saisir cette Chambre avant celle des pairs de tous
les projets de loi comportant une dépense. Il critiqua, en
outre, très vivement la réunion dans un même projet de loi
de propositions si diverses, si peu connexes.

Passant à l'examen des dispositions relatives au chemin
de fer de Paris à Orléans, il attaqua la précipitation, la légèreté avec lesquelles la concession avait été faite ; la faute
financière qu'avait commise la Compagnie en frappant dès
l'origine ses actions d'une prime notable et en décourageant
ainsi les souscripteurs honnêtes et prévoyants. En revanche,
il loua l'activité que la Société avait déployée dans les travaux. Tout en constatant les tempéraments apportés au
cahier des charges, il exprima l'avis que les clauses du
contrat étaient encore beaucoup trop rigoureuses et qu'on
avait eu tort de distraire de la loi, pour les reporter dans
le cahier des charges, des stipulations d'un caractère
purement législatif; il réclama un grand débat sur le
choix à faire entre la perpétuité et la limitation de la
durée des concessions. Discutant les sacrifices que l'État
pourrait avoir à faire par suite du jeu de la garantie d'intérêt,

il cita les chiffres suivants qu'il est intéressant de reproduire et qui donnaient pour diverses lignes l'accroissement
immédiat du nombre des voyageurs, par suite de l'établissement de diverses lignes :

Liverpool à Manchester.	300 %
Stokton à Darlington.	380 %
Newcastle à Carlisle.	454 %
Arbroath à Forfar.	900 %
Bruxelles à Anvers.	1 400 %.

Il évalua, d'autre part, la progression du revenu annuel à
1 1/2 % au minimum et en déduisit qu'en fait la garantie
ne fonctionnerait que durant un très petit nombre d'années.
Il signala à la bienveillance de l'administration deux réclamations de la Compagnie tendant, l'une à pouvoir expédier
à prix débattu des convois spéciaux, à grande ou à petite
vitesse ; l'autre à payer pendant la construction 4 % d'intérêt aux actionnaires.

Sous le bénéfice de ces observations, il conclut à l'adoption pure et simple de la loi qui fut votée sans débat par la
Chambre des pairs [M. U., 5 juillet 1840] et rendue exécutoire le 15 juillet 1840 [B. L. 2ᵉ sem. 1840, n° 763,
p. 235).

A la suite de la loi dont nous venons de faire connaître
l'économie, il intervint :

1° Une ordonnance du 16 octobre 1840 [B. L., 2ᵉ sem.
1840, n° 773, p. 636] approuvant la convention passée entre
le Ministre et la Compagnie de Strasbourg à Bâle en exécution de cette loi ;

2° Une deuxième ordonnance du 29 octobre de la même
année [B. L., 2ᵉ sem. 1840, n° 774, p. 657 et n° 779, p. 791]
modifiant le cahier des charges et fixant comme il suit le

tarif maximum à percevoir pendant la durée de quatre-vingt-dix-neuf ans assignée à la concession :

Voyageurs....	1re classe. — Voitures couvertes et fermées, à glace, suspendues sur ressorts.	0 fr.10
	2e classe. — Voitures couvertes et suspendues sur ressort.	0 075
	3e classe. — Voitures découvertes, mais suspendues sur ressorts.	0 05
Houille..		0 125.
Marchandises.	1re classe.	0 20
	2e classe.	0 18
	3e classe.	0 16

3° Une ordonnance du 31 janvier 1841 [B. L., 1e sem. 1841, supp., n° 523, p. 99] portant approbation des statuts modifiés de la Compagnie d'Orléans, reconstituée au capital de 40 millions. (Aux termes de ces statuts, il était tout d'abord prélevé sur le produit net, l'intérêt et amortissement des emprunts, 1 % du capital social pour amortissement des actions et 3 % pour le service de l'intérêt de ces titres.)

4° Une ordonnance du 19 mai 1841 [B. L., 1er sem. 1841, supp., n° 541, p. 621] autorisant la Compagnie reconstituée du chemin de fer d'Andrézieux à Roanne. (Aux termes des statuts, le nombre des actions était de 12 000 ; le produit net était, avant tout, affecté à l'intérêt et à l'amortissement du capital, y compris le prêt de l'État, conformément à la convention à passer en exécution de la loi du 15 juillet 1840.)

5° Une ordonnance du 28 septembre 1841 [B. L., 2e sem. 1841, n° 856, p. 331] approuvant la convention que nous venons de mentionner, pour le chemin de fer d'Andrézieux à Roanne.

41. — Concession du chemin de Paris à Rouen. Prêt de l'État à la Compagnie.

I. — Projet de loi. — La Compagnie qui avait obtenu la concession du chemin de fer de Paris à Rouen et au Havre par les plateaux, en vertu de la loi du 6 juillet 1838, n'avait pas tardé à reculer devant l'étendue de sa tâche, et une loi nouvelle du 1er mai 1839 était venue, sur sa demande, la dégager des obligations qu'elle avait contractées et autoriser le Gouvernement à lui restituer son cautionnement.

Une Compagnie nouvelle se présenta en 1840 pour obtenir la concession de la même ligne, mais par la vallée et jusqu'à Rouen seulement ; elle comprenait notamment dans son sein MM. Ch. Laffitte et Blount.

Le Ministre crut devoir agréer son offre et déposa sur le bureau de la Chambre des députés, le 23 mai 1840 [M. U., 24 mai 1840], un projet de loi dont les principales stipulations étaient les suivantes :

L'État prenait intérêt dans l'entreprise jusqu'à concurrence de 7 millions (1) ; il ne devait d'ailleurs effectuer aucun versement avant que la Compagnie eût justifié de la réalisation et de l'emploi de 18 millions au moins. Après cette justification, il donnait un million' ; les autres acomptes étaient fournis par somme d'un million, au fur et à mesure de l'exécution de nouveaux travaux et de nouvelles dépenses pour une somme double ; le dernier million n'était payé qu'après l'emploi de la totalité du fonds social fourni par les actionnaires autres que l'État.

Il n'était attribué de dividende à l'État qu'après que les autres actionnaires avaient touché, sur le produit net, 4 °/₀

(1) La dépense totale était estimée à 50 millions.

de leur mise de fonds ; au delà de ces 4 °/₀ attribués par privilège, l'État prenait 4 °/₀ du montant de son capital ; le surplus du bénéfice était réparti dans la proportion d'un huitième au profit du Trésor et de sept huitièmes au profit des autres porteurs de titres.

L'État devait être représenté dans les assemblées et dans les conseils de la Compagnie par un commissaire spécial, auquel il était attribué 100 voix dans les assemblées générales et qui avait voix délibérative dans les conseils.

Le Ministre était, en outre, autorisé à consentir un prêt de 7 millions exclusivement destiné aux travaux et à l'acquisition du matériel du chemin de fer, ladite somme devant être versée par moitié après la réalisation et l'emploi d'une somme de 43 millions, au moins, et au fur et à mesure de l'exécution de nouveaux travaux et de nouvelles dépenses pour des sommes au moins égales à l'importance de chaque versement ; le taux de l'intérêt de ce prêt était fixé à 4 °/₀ ; le remboursement du capital devait commencer trois ans après l'époque fixée pour l'achèvement du chemin et s'effectuer par trentième, d'année en année ; la Compagnie garantissait le paiement du capital et des intérêts par l'affectation de la ligne, de ses dépendances, et du matériel d'exploitation ; l'État pouvait, en cas de retard, mettre saisie-arrêt sur les revenus du chemin de fer.

Il était convenu que, dans le cas où ultérieurement une autre Compagnie offrirait d'exécuter à ses frais le prolongement du chemin jusqu'au Havre, comme au cas où ce prolongement serait exécuté par l'État, la Compagnie serait tenue d'exécuter à frais et profits communs la partie comprise entre le point d'embranchement sur la ligne de Paris à Rouen et la limite de la commune de Rouen ; le prêt de l'État devait alors être augmenté de 4 millions.

Les conventions à passer entre l'État et la Compagnie

pour l'exécution de la loi devaient être ratifiées par ordonnance royale.

Il était interdit aux concessionnaires d'émettre des actions ou promesses d'actions négociables, avant de s'être constitués en société anonyme dûment autorisée.

L'exposé des motifs exprimait, à cet égard, le regret que l'urgence de la présentation du projet de loi n'eût pas permis d'en faire précéder le dépôt de la constitution de la Société ; mais il avait été entendu que la Chambre des pairs ne serait saisie qu'après l'approbation des statuts. Il avait été en outre convenu qu'un cautionnement de 3 600 000 fr. en numéraire, en rentes sur l'État ou en autres effets du Trésor public serait versée avant que la Commission de la Chambre des députés arrêtât les termes de son rapport.

Le cahier des charges était à peu près calqué sur celui du chemin de Paris à Orléans ; toutefois, le tarif des voitures de 1re classe pour voyageurs était porté de 0 fr. 10 à 0 fr. 125, eu égard aux difficultés du tracé ; celui des voitures de 2e classe était porté de 0 fr. 075 à 0 fr. 10 ; enfin celui des voitures de 3e classe, de 0 fr. 05 à 0 fr. 075. La concession était consentie pour quatre-vingt-dix-neuf ans. Le chemin devait s'embrancher, au delà d'Asnières, sur celui de Saint-Germain ; mais l'État se réservait le droit d'imposer ultérieurement, par voie législative, à la Compagnie, si l'utilité en était reconnue, l'obligation d'établir une entrée spéciale et distincte.

II. — RAPPORT A LA CHAMBRE DES DÉPUTÉS. — La commission de la Chambre des députés se montra favorable à la concession [M. U., 11 juin 1840] ; mais elle modifia la forme du concours de l'État. Elle considéra la participation du Trésor, à titre d'actionnaire, comme susceptible de faire peser sur le Gouvernement une responsabilité trop lourde en raison de son intervention dans la gestion de la Compagnie, et comme dangereuse pour les autres sociétés qui n'obtiendraient pas la même faveur et qui, par suite, se trouveraient frappées de déconsidération. Elle proposa donc, par l'organe de son rapporteur, M. Garnier-Pagès, l'adoption d'une combinaison différente consistant à prêter à la Compagnie 14 millions, à verser par moitié, dans les conditions indiquées au projet de loi pour le prêt restreint de 7 millions, mais seulement après réalisation et emploi d'une somme de 36 millions au moins.

Elle abaissa à 3 °/₀ le taux de l'intérêt, pour tenir compte :

De ce que son système était moins avantageux pour la Compagnie que celui du projet de loi ;

De ce que l'État trouvait de larges compensations dans les immunités accordées aux transports militaires et postaux et dans le retour gratuit de la ligne à l'expiration de la concession.

III. — DISCUSSION A LA CHAMBRE DES DÉPUTÉS. — A la tribune, M. de Chasseloup-Laubat combattit le projet de loi [M. U., 17 juin 1840]. Il attaqua :

Le tracé par la vallée qui, au point de vue des intérêts généraux, lui paraissait de beaucoup inférieur au tracé par les plateaux ;

La limitation à Rouen du nouveau chemin, qu'il considérait comme de nature à provoquer les difficultés les plus graves lorsqu'il s'agirait de concilier les intérêts de la Compagnie concessionnaire avec ceux de l'administration du prolongement vers Le Havre ;

La solidarité établie entre la ligne de Rouen et celle de Saint-Germain, au départ de Paris ;

Les clauses de l'acte de société portant attribution d'intérêt pendant l'exécution des travaux, restriction de la garantie des actionnaires aux trois dixièmes, allocation d'une part de bénéfice aux fondateurs ;

Le rejet d'une proposition formulée par une Compagnie qui sollicitait la concession du chemin par les plateaux avec une garantie d'intérêt.

Il demanda donc l'ajournement jusqu'à la session suivante et indiqua la possibilité de combiner la construction de la ligne de Normandie avec celle de la ligne de Belgique.

Après une réplique du Ministre des travaux publics, la loi fut votée par la Chambre des députés.

IV. — RAPPORT ET DISCUSSION A LA CHAMBRE DES PAIRS. — Devant la Chambre des pairs, M. le marquis de La Place présenta un rapport tout à fait favorable, en s'attachant à constater que la ligne pourrait être prolongée sur le Havre et qu'ainsi les intérêts de ce port n'étaient pas compromis [M. U., 8 juillet 1840].

M. le baron Thénard, redoutant un retard dans l'exécution de la section de Rouen au Havre, préconisa l'établissement immédiat par l'État d'une ligne de Paris au Havre par les plateaux [M. U., 10 juillet].

Le Ministre des travaux publics lui répondit en faisant l'historique des phases par lesquelles était passé le chemin de Paris vers la mer et en insistant sur l'urgence d'une solution, ne fût-ce pas la meilleure, sur la possibilité d'un prolongement vers le Havre, ainsi que sur l'intention bien arrêtée du Gouvernement d'assurer l'établissement de ce prolongement.

Plusieurs discours furent encore prononcés, mais sans soulever aucune question nouvelle, et les pairs adoptèrent finalement le projet de loi sans modification. La loi prit la date du 15 juillet 1840 [B. L., 2ᵉ sem. 1840, nº 754, p. 267].

Les statuts de la Société qui se constitua, pour l'exécution du chemin et son exploitation, furent approuvés par ordonnance du 28 juin 1840 [B. L., 2ᵉ sem. 1840, supp., n° 498, p. 65].

Le fonds social était de 36 millions en 72 000 actions de 500 fr. chacune. Ces actions restaient nominatives jusqu'à complète libération : les cédants étaient garants solidaires de leurs cessionnaires pour les trois premiers dixièmes du prix des actions. Pendant la durée des travaux, les actionnaires recevaient un intérêt de 3 % des sommes versées. Après la mise en exploitation, le produit net était employé : 1° à servir un intérêt de 5 % aux actionnaires ; 2° à amortir le capital par un prélèvement de 1 % ; 3° à fournir un dividende.

Une ordonnance du 17 mars 1841 [B. L., 1ᵉʳ sem. 1841, supp., n° 527, p. 290] autorisa la Compagnie à porter de 3 à 4 % l'intérêt servi aux actionnaires pendant la période d'exécution.

42. — **Concession d'un chemin à rails de bois de l'Adour à Magescq.** — Pour clore l'année 1840, il ne nous reste à mentionner que deux faits.

Le premier est la concession d'un chemin à rails de bois de l'Adour à Magescq, par ordonnance du 20 décembre 1840 [B. L., 2ᵉ sem. 1840, supp., n° 520, p. 904]. Une ordonnance ultérieure, du 29 juin 1842, étendit la concession jusqu'à Dax.

43. — **Relèvement du droit de péage sur le chemin de Saint-Etienne à Lyon.** — Le second fait est le relèvement du droit de péage de la ligne de Saint-Étienne à Lyon pour les marchandises : la taxe fut portée de 0 fr. 09 c. 1/2 à 0 fr. 12 c.

1   15

CHAPITRE IX. — ANNÉE 1841

44. — Prorogation de la concession du chemin de Bordeaux à la Teste. — Une loi du 17 juillet 1837 avait autorisé le Gouvernement à procéder par la voie de la publicité et de la concurrence à l'adjudication de la concession du chemin de fer de Bordeaux à La Teste; le rabais devait porter sur la durée de la concession dont le maximum était fixé à quatre-vingt-dix-neuf ans par le cahier des charges.

Nous avons vu que cette adjudication eut lieu au profit du sieur de Vergès, moyennant une durée de moins de trente-cinq ans.

La Société des négociants et des capitalistes bordelais mit immédiatement la main à l'œuvre; mais bientôt des difficultés surgirent et il fallut apporter aux stipulations du cahier des charges des modifications qui furent approuvées par une loi du 1er août 1839. Il en résulta des retards; d'autre part, les évaluations primitives des dépenses subirent une augmentation notable. La Compagnie, craignant de s'engager dans des sacrifices dont la courte durée de la concession ne lui permettrait pas de trouver la rémunération, sollicita l'augmentation de cette durée, qu'elle exprima le désir de voir porter à quatre-vingt-dix-neuf ans.

Le Gouvernement considéra comme équitable d'entrer jusqu'à un certain point dans les vues de la Compagnie et présenta, le 5 avril 1841, un projet de loi tendant à fixer à

soixante-dix ans la durée de la concession du chemin de fer
[M. U., 6 avril 1841].

La commission de la Chambre des députés, par l'organe de M. Goury, prenant en considération les motifs invoqués par le Gouvernement et le concours prêté par l'État à
d'autres Compagnies, souscrivit au projet de loi, mais sous
la réserve qu'il serait complété par un article stipulant en
faveur de l'État la faculté de rachat dans les conditions
fixées pour la concession du chemin de Paris à Rouen
[M. U., 21 avril 1841].

En séance publique [M. U., 29 avril], M. Boissy d'Anglas
combattit la mesure comme susceptible d'ébranler la confiance que l'État devait inspirer quand il appelait le public
à traiter avec lui sous la garantie des formes régulières et
protectrices établies par les lois de finances. Il présenta un
amendement ayant pour objet de réduire la prorogation à
treize ans, de manière à ne pas dépasser la durée qu'avait
consentie le concurrent de M. de Vergès, lors de l'adjudication.

M. Mallet défendit au contraire le projet de loi en dé-
montrant par un calcul d'annuités que la valeur actuelle du
sacrifice de l'État, par le fait du retard apporté à son entrée en jouissance du chemin, était de moins d'un million.

Après un discours de M. Barbet, conçu dans le même
esprit que celui de M. Boissy d'Anglas, M. Legrand, sous-
secrétaire d'État, fit valoir les raisons d'ordre supérieur
qui, suivant lui, ne permettaient pas de laisser écraser la
Compagnie sous le poids de l'expérience qu'elle avait tentée,
à un moment où les chemins de fer étaient encore si peu
connus et où, par suite, les erreurs étaient si faciles. Il
montra que l'achèvement de la ligne était assuré, si les pouvoirs publics venaient en aide au crédit de la Compagnie
par la faveur qu'elle sollicitait ; il mit en relief la compen-

sation que recevait l'État par le fait de l'inscription du droit
de rachat dans la loi.

La Chambre des députés vota ensuite le projet de loi tel
que l'avait amendé la Commission, et rejeta successivement :

L'amendement de M. Boissy d'Anglas ayant pour objet
de réduire à quarante-huit ans la durée de la concession ;

Un amendement que M. Luneau avait formulé et aux
termes duquel la prorogation était expressément subordonnée à l'achèvement du chemin dans le délai imparti par
l'acte de concession (cette disposition était inutile et dangereuse, puisque les pénalités sous le coup desquelles
tombait la Compagnie, si elle ne terminait pas la ligne dans
le délai voulu, étaient déterminées par le cahier des
charges) ;

Un amendement de M. Barbet tendant à régler, le
cas échéant, l'indemnité de rachat d'après la durée primitive de la concession et retirant ainsi d'une main ce que
l'on donnait de l'autre [M. U., 29 avril 1841].

La Chambre des pairs vota sans discussion la loi [M. U.,
23 mai et 3 juin 1841] qui fut rendue exécutoire le 13 juin
1841 [B. L., 1er sem. 1841, n° 820, p. 807]. Le chemin fut
ouvert dans le courant de l'année 1841.

45. — **Concession du chemin de Decize au canal du
Nivernais.** — La compagnie des mines de Decize désirant
relier ces mines au canal du Nivernais par une voie ferrée
sollicita l'autorisation nécessaire ; cette autorisation lui fut
accordée par une ordonnance du 12 septembre 1841 [B. L.,
2e sem. 1841, n° 860, p. 387].

La ligne était à voie étroite (1m. 10) ; elle était exclusivement affectée au service des mines ; il était stipulé que
« dans le cas où ultérieurement la Compagnie viendrait à
« effectuer des transports pour le compte du public, elle

« ne pourrait le faire qu'après y avoir été autorisée par un
« règlement d'administration publique, lequel fixerait en
« même temps le tarif des prix de transport ».

Les statuts de la Société furent approuvés par ordonnance du 17 mai 1842 [B. L., 1er sem. 1842, supp., n° 603,
p. 655] et le chemin fut livré à l'exploitation en 1844.

46. — Projet de loi non voté concernant un chemin de Paris à Meaux.

— Pendant le cours de la session de 1841,
le Gouvernement avait présenté un projet de loi, portant
concession au profit des sieurs Gouze, Daugny et Cie d'un
chemin de fer de Paris à Meaux [M. U., 9 mars 1841].

Ce chemin devait être établi sur l'une des berges du
canal de l'Ourcq. Il avait fait l'objet de quatre projets présentés : le premier par MM. Flachat, Mony et Péliet ; le
second par M. Michel ; le troisième par M. Arnoux ; et le
quatrième par les sieurs Gouze et Cie.

La préférence avait été accordée à ce dernier projet
dont les auteurs étaient les seuls à offrir les garanties
voulues d'exécution et à exciper d'un traité avec la compagnie du canal de l'Ourcq (1). La concession devait expirer
en même temps que le bail du canal. Le tarif était de 0 fr. 12,
0 fr. 10 et 0 fr. 075 pour les trois classes de voyageurs ;
0 fr. 125 pour la houille ; 0 fr. 16, 0 fr. 18, 0 fr. 20 pour
les trois classes de marchandises.

La commission de la Chambre des députés, par l'organe de M. Portalis, avait émis un avis favorable [M. U.,
5 mai 1841], sauf réduction du prix des places de voyageurs à 0 fr. 10, 0 fr. 08, 0 fr. 06 pour les trois classes et
addition d'une clause, aux termes de laquelle la Compagnie

_____

(1) Ce canal appartenait à la ville de Paris, qui en avait cédé l'usufruit à une
compagnie particulière par un bail emphythéotique.

aurait à soumettre à l'administration le système à adopter
pour le passage des courbes à petit rayon, et à ne pas s'é-
carter de plus de 200 mètres des berges du canal pour le
redressement de ces courbes.

Mais l'affaire resta sans suite et le projet de loi fut
retiré le 31 janvier 1842.

47. — Réflexions sur les faits survenus pendant la période de 1833 à 1841.

— La période de 1833 à 1841
que nous venons de parcourir se caractérise surtout par
une évolution profonde dans l'appréciation du rôle des chemins de fer, dont on commençait à comprendre toute l'importance économique et sociale, et par l'étude approfondie
des graves problèmes que soulevait la construction de ces
nouvelles voies de communication.

Les principaux faits survenus pendant cette période ont
été les suivants.

Nous avons vu tout d'abord, en 1833, le législateur se
substituer au Gouvernement pour la déclaration d'utilité
publique et la concession de toutes les lignes de quelque
importance, le Parlement mettre à la disposition du Ministre des travaux publics un crédit de 500 000 fr. pour des
études de chemins de fer, enfin les pouvoirs publics renoncer au système de concession perpétuelle pour y substituer les concessions temporaires.

Nous avons vu ensuite, en 1835, le Gouvernement présenter, mais sans en obtenir l'adoption, un projet de loi relatif
à un chemin de Paris à Rouen et au Havre, et impliquant
tout un système qui se résumait ainsi :

Exécution des lignes secondaires par l'industrie privée
sans subsides du Trésor ;

Exécution des lignes maîtresses par l'industrie privée
avec concours de l'État sous forme d'achat d'actions et, par

suite, intervention de l'administration dans les conseils des Compagnies.

L'année 1837 est marquée par l'allocation d'un subside sous forme de prêt du Trésor à la compagnie concessionnaire des chemins de fer d'Alais à Beaucaire et d'Alais à la Grand'Combe, et surtout par le débat solennel qu'a provoqué le dépôt de divers projets de loi tendant à la concession des lignes de Paris à la Belgique, de Paris à Tours, de Paris à Rouen et au Havre, et de Lyon à Marseille. L'effort de ce débat a porté principalement sur la question de savoir s'il y avait lieu de réserver à l'État la construction et l'exploitation des chemins de fer ou au contraire de les abandonner à l'industrie privée. Les partisans du premier système invoquaient à l'appui de leur thèse la nécessité pour l'État de conserver entre ses mains des voies de communication d'une telle importance au point de vue politique, gouvernemental et stratégique ; de ne pas aliéner ses droits sur les tarifs ; de ne pas constituer des féodalités, des monopoles, avec lesquels on ne tarderait pas à être obligé de compter : de ne pas provoquer l'agiotage et les crises financières auxquels pourrait donner lieu la constitution de sociétés nombreuses et puissantes. Les partisans du second système alléguaient, au contraire, que le devoir des pouvoirs publics était d'encourager l'esprit d'initiative et d'association ; que l'exécution par l'État entraînerait des charges écrasantes pour les finances publiques ; que l'administration serait plus lente dans les travaux et qu'elle était en outre incapable d'une exploitation commerciale ; que le Gouvernement et les Chambres seraient en butte à toutes les compétitions, à toutes les rivalités, à toutes les sollicitations des diverses régions de la France et se trouveraient bientôt débordés par les demandes et les réclamations.

Le débat a porté aussi, mais accessoirement, sur la convenance de faire des concessions directes ou de procéder par adjudication, sur l'opportunité de prêter le concours du Trésor aux concessionnaires et sur la forme de ce concours.

L'hésitation a été telle sur ces diverses questions que la Chambre s'est séparée sans les résoudre.

A la suite de cet échec, le Ministre des travaux publics a constitué, vers la fin de 1837, une Commission extraparlementaire composée de membres du Parlement, du Conseil d'État et de l'administration pour élaborer les graves problèmes dont il importait de poursuivre la solution et de saisir à nouveau les Chambres, en leur apportant les éléments d'appréciation qui pouvaient encore leur manquer.

Eclairé par les travaux consciencieux de cette Commission (dont nous avons eu soin de rendre compte), le Gouvernement est venu en 1838 présenter à la Chambre des députés un programme, un classement et une proposition d'exécution par l'État de quatre grandes lignes, savoir : celles de Paris en Belgique, Paris au Havre (1re partie), Paris à Bordeaux (1re partie) et Lyon à Marseille (1re partie).

La discussion qui s'était engagée en 1837 sur le choix à faire entre l'État et l'industrie privée s'est rouverte avec une vivacité plus grande encore et s'est terminée, comme la précédente, par un échec pour le Gouvernement et aussi par un ajournement des chemins de fer pour lesquels nos rivaux nous devançaient de plus en plus.

Le Gouvernement, faisant taire ses préférences, est alors revenu à l'industrie privée. Diverses concessions ont été ainsi accordées, mais elles n'ont pas tardé à péricliter sous le coup des spéculations insensées dont la Bourse était le théâtre, ainsi que des crises commerciale et politique. L'agiotage avait pris des proportions inouïes : les évaluations primitives avaient d'ailleurs été notablement dépassées et les actionnaires, pris d'une véritable panique, se refusaient à faire leurs versements.

Dès 1839, il a fallu venir en aide aux Compagnies en tempérant les clauses de leurs cahiers des charges et en leur donnant des facilités d'exécution.

En 1840 et 1841, les pouvoirs publics ont dû leur prêter un appui encore plus efficace en donnant à plusieurs d'entre elles des subsides pécuniaires. Une discussion fort intéressante a eu lieu, à cette occasion, sur le mode de concours le plus propre à encourager l'industrie sans compromettre les intérêts du Trésor. Quatre systèmes ont été examinés, à savoir : ceux de la subvention pure et simple, du prêt, de la garantie d'intérêt et de la participation à titre d'actionnaire. De ces quatre systèmes, le dernier vers lequel penchait le Gouvernement, dans la plupart des cas, a été écarté, à raison de l'ingestion qui devait en résulter pour l'État dans l'administration des Compagnies et de la responsabilité qu'il aurait ainsi assumée vis-à-vis des autres actionnaires. Le premier a également été repoussé, comme entraînant un sacrifice sans compensation. Les deux autres seuls sont restés debout ; la garantie d'intérêt, notamment, qui était très vivement appuyée par MM. Dufaure et Berryer et qui devait être si féconde en résultats, a été accordée à la compagnie de Paris à Orléans.

Enfin l'expérience, qui venait d'être faite, des difficultés avec lesquelles les Compagnies avaient alors à lutter a déterminé le Parlement à revenir pour certaines lignes à la construction par l'État.

Notons, pour ne rien omettre des faits saillants survenus pendant la période de 1833 à 1841, les travaux d'une deuxième Commission extraparlementaire, constituée à la fin de 1839, qui ont servi à préparer les décisions de 1840 et

1841 et surtout celles de 1842 auxquelles nous allons arriver.

Telle était la situation en 1841. Tout le monde reconnaissait la nécessité d'entrer plus avant dans la voie de la formation de notre réseau ; l'éducation du Parlement, du public, de l'administration s'était faite dans les longs débats que nous avons retracés ; l'expérience des premiers chemins était venue éclairer la question au point de vue technique, économique, politique et commercial ; les opinions les plus opposées tendaient à se rapprocher et à se mettre d'accord sur une solution mixte faisant une juste part à l'industrie et à l'État.

Les cahiers des charges avaient d'ailleurs revêtu une forme beaucoup plus complète et plus satisfaisante. Les tarifs s'étaient divisés et avaient pris leur assiette. Les statuts des Compagnies s'étaient perfectionnés ; des garanties plus sérieuses étaient prises pour assurer le recouvrement des souscriptions.

Bref, tout faisait présager que l'on allait enfin entrer dans une voie nouvelle d'activité et de résultats.

Le développement des chemins de fer concédés était alors de 806 kilomètres ; l'État en construisait en outre 79 ; 569 kilomètres étaient livrés à l'exploitation.

Les sommes engagées s'élevaient à 274 millions ; la part de l'État dans ce chiffre était de 25 millions, non compris ses prêts montant ensemble à 42 millions ; en outre, une garantie d'intérêt de 4 % avait été accordée à la compagnie d'Orléans sur un capital de 40 millions.

Les dépenses effectuées s'élevaient à 179 millions, dont 3 230 000 fr. par l'État et le surplus par les Compagnies.

La situation des chemins de fer à l'étranger était la suivante, vers la même époque.

Les États-Unis, peuple jeune, n'ayant sur un immense territoire, pour réunir des populations placées à de grandes distances, que des voies peu nombreuses, devaient, plus que tout autre pays, mettre à profit un mode de communication si utile pour la consolidation de l'utilité nationale. Aussi le développement des chemins de fer livrés à la circulation ou en cours d'exécution était-il de 15 000 kilomètres, dont 5 000 en exploitation.

L'Angleterre qui avait à peu près complété son système de routes et de canaux et qui, grâce à son commerce maritime, était parvenue à un haut degré de richesse et de prospérité, s'était également avancée d'un pas assuré et rapide dans la carrière. Elle avait arrêté les tracés de 3 800 kilomètres et entamé la construction de plus de 1 000 kilomètres.

Sur le continent, la Belgique était sur le point de terminer son premier réseau : la Hollande, la Prusse, la Russie, les plus petits États de l'Allemagne suivaient ou se préparaient à suivre cet exemple ; l'Autriche elle-même, si prudente, si réservée en matière d'innovations, venait de décréter sur son sol l'établissement d'une série de lignes importantes.

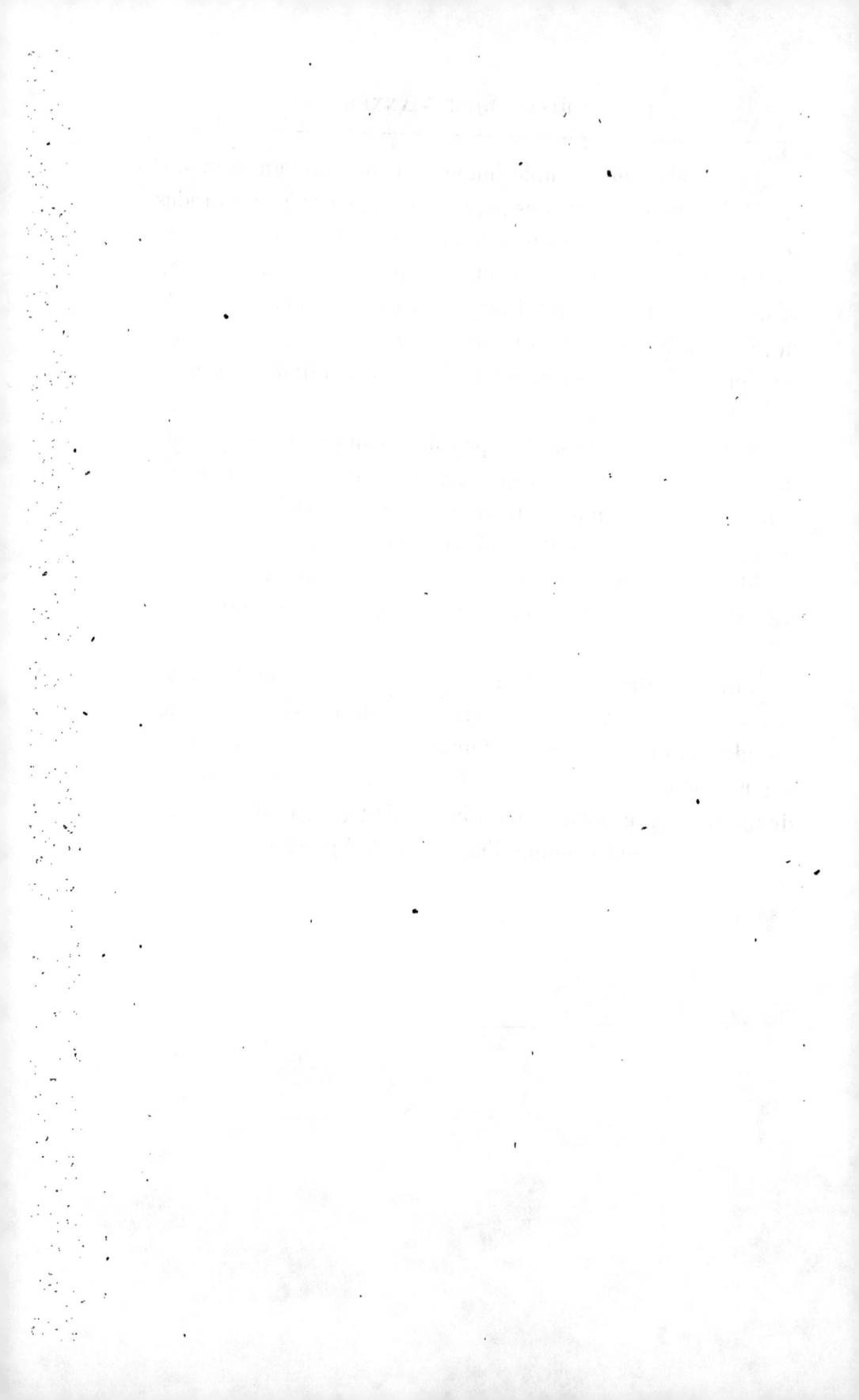

DEUXIÈME PARTIE

PÉRIODE

DU 1er JANVIER 1842 AU 24 FÉVRIER 1848

FIN DU GOUVERNEMENT DE JUILLET

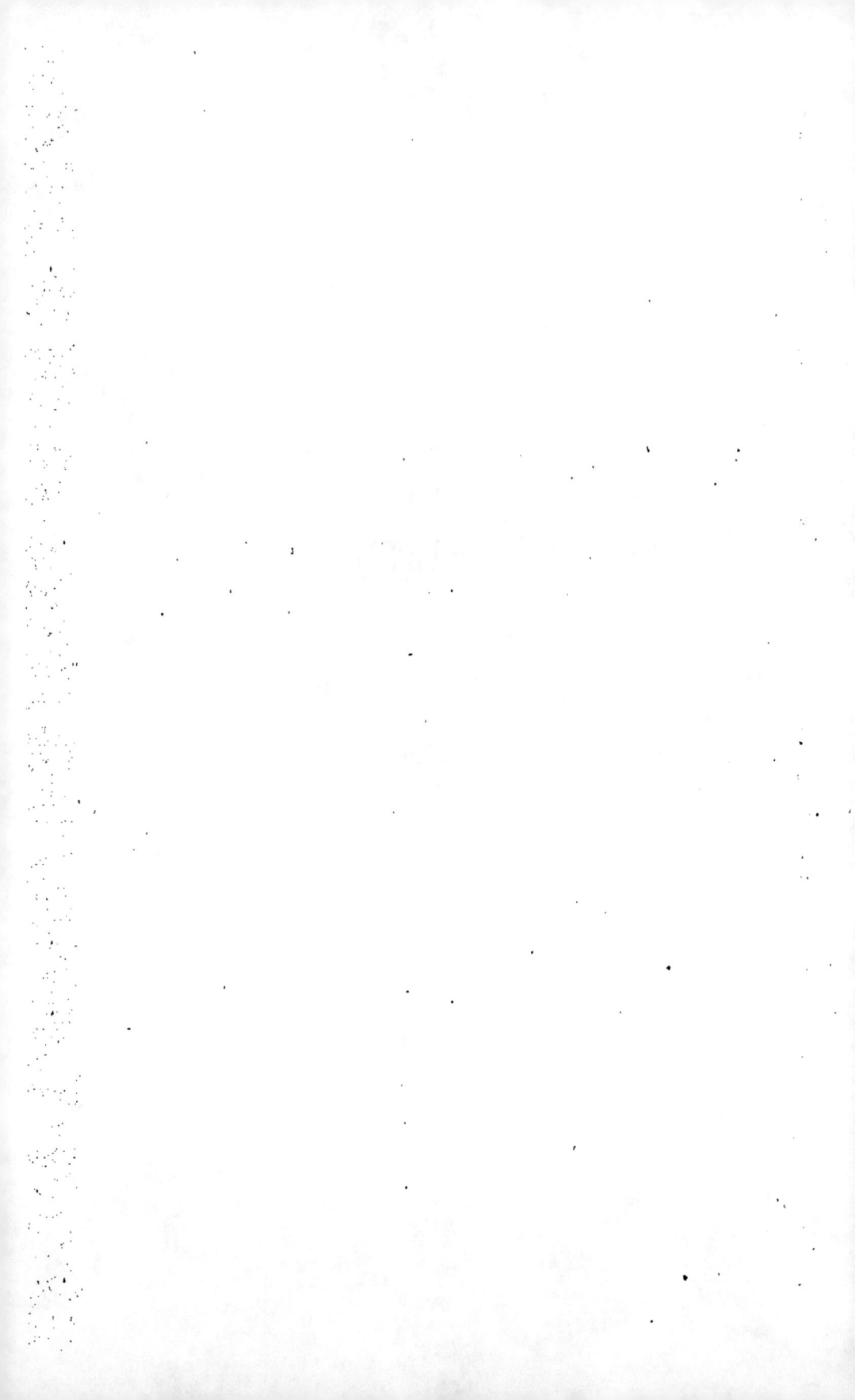

PÉRIODE du 1ᵉʳ JANVIER 1842 au 24 FÉVRIER 1848

FIN DU GOUVERNEMENT DE JUILLET

CHAPITRE Iᵉʳ. — ANNÉE 1842

18. — Loi du 11 juin 1842 concernant l'établissement de grandes lignes de chemins de fer. Dotation de ces lignes.

I. — PROJET DE LOI PRÉSENTÉ PAR LE GOUVERNEMENT. — Dans le chapitre précédent nous avons montré les pays étrangers, les grands comme les petits États, les nations riches comme celles dont les finances étaient peu prospères, entrant résolument dans la voie de la construction des chemins de fer.

La France que son génie avait presque toujours placée à l'avant-garde de la civilisation ne pouvait pas rester en dehors de ce mouvement général et se laisser devancer plus longtemps par les autres nations, sans compromettre ses plus grands, ses plus chers intérêts.

L'opinion publique manifestait hautement ses désirs à cet égard.

Le temps écoulé n'avait cependant pas été complètement

perdu ; il avait permis de recueillir les renseignements précieux de l'expérience et la France pouvait encore reprendre le rang qui lui appartenait pourvu qu'elle sût prendre une détermination virile, adopter un plan bien défini et poursuivre avec persévérance l'exécution de ce plan.

Le Gouvernement résolut donc de soumettre un programme complet au Parlement, dès le commencement de 1842.

Sur quelles directions les chemins de fer seraient-ils ouverts ? A quelles conditions serait soumis le réseau de ces voies de communication ? Par quel moyen arriverait-on à les exécuter et à mettre le pays en possession des avantages qu'elles devaient produire ? Telles étaient les questions principales à résoudre.

Pour en trouver la solution, l'administration s'était tout d'abord reportée à ce qui s'était fait pour les voies de terre.

Ces voies se divisaient alors en trois catégories, à savoir : les routes royales, les routes départementales et les chemins vicinaux. L'État s'était attribué le domaine et les dépenses des routes royales qui présentaient un intérêt général ; pour les routes départementales, dont l'intérêt était plus restreint le domaine appartenait encore à l'État, mais les dépenses incombaient aux départements ; quant aux chemins vicinaux, les communes en avaient la propriété et en supportaient les frais, sauf les secours que les départements consentaient à leur accorder.

Cette distinction, en concentrant les ressources du Trésor sur les communications de premier ordre et celles des localités sur les communications secondaires, avait puissamment contribué à l'immense développement des voies de terre.

Elle n'existait pas encore pour les voies navigables, mais elle entrait dans les vues de l'administration.

Le Gouvernement pensa que, pour donner une sage direction et une utile application à ses efforts et à ses ressources, il fallait, dès l'origine, adopter un classement analogue pour les chemins de fer et chercher à reconnaître ceux qui avaient véritablement le caractère de lignes d'État, les autres devant être exécutés par les localités intéressées ou par l'industrie privée avec le concours des départements, des communes et, le cas échéant, du Trésor.

Après un examen approfondi, le Ministre fut amené à considérer les chemins suivants comme intéressant tout le royaume ou comme constituant des instruments nécessaires de l'autorité centrale :

Paris à la frontière de Belgique ;

Paris au littoral de la Manche, vers l'Angleterre ;

Paris à Marseille et à Cette ;

Paris à Nantes ;

Paris à Bordeaux.

Il convient d'ajouter pour mémoire à cette nomenclature la ligne de Paris au Havre, qui était déjà concédée jusqu'à Rouen et dont le prolongement semblait devoir être construit par la même Compagnie.

Le réseau ainsi constitué devait, aux yeux des membres du Gouvernement, permettre à la France d'accomplir les destinées auxquelles elle était appelée par sa position géographique, lui assurer le transit du Levant et des Indes vers l'Angleterre et les pays du Nord, faire définitivement de Paris le rendez-vous de l'Europe entière.

Mais pour qu'il remplît complètement son rôle, les taxes devaient y être relativement modérées. Aussi était-il nécessaire que l'État se chargeât, sinon de la totalité, du moins de la plus forte partie des dépenses de construction.

Le système auquel s'arrêta en conséquence le Gouvernement comportait :

La réalisation par l'État des acquisitions de terrains,

1

mais avec prestation gratuite des deux tiers de ces terrains par les localités intéressées ;

L'exécution par l'État des terrassements et des ouvrages d'art ;

L'exécution de la superstructure, la fourniture du matériel roulant et l'exploitation par une Compagnie fermière, dont le bail devait être relativement court et permettre par suite à l'État d'introduire en temps utile dans les tarifs les modifications nécessitées par les progrès du temps et les besoins du commerce.

Ce système était considéré comme associant dans une juste mesure l'action gouvernementale et l'action industrielle ; il mettait à la charge de l'État la partie la plus considérable et la plus aléatoire des dépenses et ne laissait au compte des Compagnies que les frais susceptibles d'être évalués avec le plus de précision.

La contribution des localités pour les deux tiers des terrains se justifiait d'ailleurs par l'intérêt que devaient présenter pour elles les lignes appelées à les desservir ; cette contribution devait être établie par département ; le conseil général avait ensuite à la répartir entre les communes, en ayant égard aux circonstances, à la situation de ces communes, aux avantages dont elles jouiraient. L'administration espérait en outre amener ainsi les jurys d'expropriation à maintenir leurs allocations dans de justes limites.

Le sacrifice de l'État était chiffré à 150 000 fr. par kilomètre, soit à 400 millions au plus pour le développement de 2 500 kilomètres qui était alors envisagé comme un maximum ; il n'était pas au-dessus de la fortune de la France et n'avait rien d'exagéré relativement aux avantages matériels, moraux, commerciaux, industriels et stratégiques de la grande œuvre à laquelle les Chambres allaient être conviées. En assignant aux travaux une période de dix ans, il était facile d'y pourvoir au moyen de la dette flottante et de la réserve de l'amortissement.

Quant à la dépense à faire par l'industrie privée, elle était estimée à 125 000 fr. par kilomètre ; les Compagnies devaient en être remboursées à dire d'experts à l'expiration de leur bail.

C'est sur ces bases que le Ministre des travaux publics rédigea un projet de loi qui fut déposé le 7 février 1842 sur le bureau de la Chambre des députés et dont il nous paraît utile de reproduire *in extenso* les dispositions générales, eu égard à leur importance capitale [M. U., 8 février 1842].

ARTICLE PREMIER.

« Il sera établi un système de chemins de fer partant de
« Paris et se dirigeant :

« Sur la frontière de Belgique, par Lille et Valen-
« ciennes ;

« Sur l'Angleterre, par un point du littoral de la
« Manche qui sera ultérieurement déterminé ;

« Sur la Méditerranée, par Lyon, Marseille et Cette ;

« Sur l'Océan, par Bordeaux et Nantes.

ARTICLE 2.

« L'exécution des grandes lignes de chemins de fer défi-
« nies par l'article précédent aura lieu par le concours de
« l'État, des départements et des communes intéressés,
« de l'industrie privée, dans les proportions et suivant les
« formes ci-après déterminées.

ARTICLE 3.

« Indépendamment des subventions volontaires qui pour-
« raient être offertes par les localités et acceptées par le
« Gouvernement, le montant des indemnités de terrains

« et bâtiments dont l'occupation sera nécessaire à l'établis-
« sement des chemins de fer et de leurs dépendances, sera
« payé jusqu'à concurrence des deux tiers par les départe-
« ments et les communes intéressés. »

Article 4.

« Le tiers restant des indemnités de terrains et bâti-
« ments, les terrassements, les ouvrages d'art seront payés
« sur les fonds de l'État. »

Article 5.

« La voie de fer, y compris la fourniture du sable, le
« matériel et les frais d'exploitation, les frais d'entretien
« et de réparation du chemin, de ses dépendances et de
« son matériel, resteront à la charge des Compagnies aux-
« quelles l'exploitation du chemin sera donnée à bail.

« Ce bail sera passé sur un cahier des charges qui rè-
« glera la durée et les conditions de l'exploitation, ainsi
« que le tarif des droits à percevoir sur le parcours.

« Les cahiers des charges devront être approuvés par
« des ordonnances royales. »

Article 6.

« A l'expiration du bail, la valeur de la voie de fer et
« du matériel sera remboursée, à dire d'experts, à la Com-
« pagnie par celle qui lui succèdera. »

Article 7.

« Pour le règlement des indemnités de terrains et bâ-
« timents, l'administration sera dispensée de remplir les
« formalités prescrites par les articles 23, 24, 25, 26, 27
« et 28 de la loi du 3 mai 1841.

« L'appréciation des terrains et bâtiments compris dans

« le jugement d'expropriation sera immédiatement déférée
« au jury.

« Immédiatement après la décision du jury, l'adminis-
« tration entrera en possession des terrains et bâtiments, en
« consignant le tiers mis à la charge de l'État, du montant
« de l'indemnité.

ARTICLE 8.

« Des ordonnances royales régleront les mesures à
« prendre pour concilier l'exploitation des chemins de fer
« avec l'exécution des lois et règlements sur les douanes.

ARTICLE 9.

« Des règlements d'administration publique détermi-
« neront les mesures et les dispositions nécessaires pour
« assurer la police, la sûreté, l'usage et la conservation des
« chemins de fer et de leurs dépendances. »

L'exposé des motifs donnait des renseignements détaillés
sur les parties des diverses lignes comprises au classement
qu'il importait d'exécuter immédiatement.

Tout d'abord, en ce qui touchait la ligne de Paris à Lille
et à Valenciennes, dont la haute utilité avait été proclamée
à maintes reprises, l'administration avait étudié deux tracés
passant l'un par Amiens, l'autre par Saint-Quentin; après
un examen approfondi de la question, elle avait attribué la
préférence au premier qui offrait l'avantage de conduire par
une voie plus courte et plus facile à la frontière de Belgique;
de ne pas doubler une voie navigable, comme l'aurait fait le
tracé par Saint-Quentin; de relier Amiens, Arras et Douai,
c'est-à-dire les principales places fortes du Nord; de fournir
un tronc commun aux communications de Paris avec la

Belgique et avec l'Angleterre; de desservir des populations agglomérées plus nombreuses. Cette détermination était d'ailleurs conforme aux avis des chambres de commerce, des conseils municipaux de Lille et de Paris, des commissions d'enquête de la Seine et du Nord, du Conseil général des ponts et chaussées et de la Commission choisie en 1837 dans le sein de la Chambre des députés. La longueur totale du chemin était de 288 kilomètres ; la dépense correspondante à la charge de l'État était évaluée à 43 millions.

Le chemin de fer d'Orléans à Tours devait prolonger la ligne de Paris à Orléans jusqu'au cœur de la France et former un anneau de la grande chaîne destinée à relier Paris à Nantes et à Bordeaux. Sa longueur était de 114 kilomètres ; la dépense incombant à l'État était estimée à 17 millions. Il y avait lieu de l'entreprendre d'urgence, en raison du prochain achèvement de la section de Paris à Orléans.

La ligne de Paris à Lyon et à la Méditerranée présentait une importance exceptionnelle au point de vue international, gouvernemental et commercial. Lyon, la seconde ville du royaume par sa population, l'était aussi par l'importance de son industrie; les produits de ses fabriques s'exportaient dans toutes les parties du monde civilisé. D'autre part, grâce à son admirable position, le port de Marseille recevait la plus grande partie des marchandises du Levant à destination de l'Alsace, de la Suisse et de l'Allemagne septentrionale et devait à ce transit l'augmentation toujours croissante de sa prospérité; des nations étrangères, et notamment l'Autriche, cherchaient à l'en déposséder et il était du devoir des pouvoirs publics de parer à ce danger ; Marseille était d'ailleurs le nœud de nos communications avec l'Algérie. Toutefois le Gouvernement ne demandait l'exécution immédiate que de deux sections, à savoir :

1° Celle de Dijon à Chalon, qui formait un tronc commun aux divers tracés possibles entre Paris et Lyon ;

2° Celle d'Avignon et Beaucaire à Marseille, qui devait mettre cette dernière ville en communication avec le Rhône et avec le chemin de fer de Beaucaire vers Cette.

La première de ces deux sections avait une longueur de 73 kilomètres et était estimée à 11 millions. Pour la seconde, quatre tracés différents avaient été étudiés, le premier par M. Kermaingant, inspecteur général des ponts et chaussées, auteur du projet général du chemin de fer de Marseille à Lyon ; le second par M. Jules Séguin ; le troisième par MM. Talabot et Didion ; le quatrième par M. de Montricher. Le choix entre ces diverses solutions faisait l'objet d'une enquête dont les résultats n'étaient pas encore connus ; néanmoins l'exposé des motifs indiquait, à titre d'aperçu, une estimation de 30 millions.

En somme le Gouvernement demandait, d'ores et déjà, la construction de 587 kilomètres de chemins de fer ; il sollicitait en outre un crédit spécial de 1 500 000 fr. pour la continuation et l'achèvement des études des grandes lignes définies à l'article 1er du projet de loi.

II. — Rapport de la commission de la Chambre des députés [M. U., 17 et 19 avril 1842]. — La commission de la Chambre des députés à laquelle l'affaire fut renvoyée choisit pour rapporteur M. Dufaure.

Elle se livra à un travail considérable dont nous allons retracer les traits généraux et faire connaître les conclusions.

(A). *Classement.* — La Belgique était le seul pays qui, sans essais, sans tâtonnements, eût du premier coup arrêté

la structure du réseau de chemins de fer qui devait sillon-
ner son territoire. Dès 1834, elle avait décidé l'établissement de lignes divergeant de Malines vers la frontière de
Prusse, par Louvain, Liège, Vervins ; vers Anvers ; vers
Ostende, par Gand et Bruges ; et vers la frontière de France,
par Bruxelles. Un peu plus tard, elle avait ajouté à son
premier classement deux tronçons allant, l'un de Gand à la
frontière de France par Tournay, avec embranchement sur
Courtrai, et l'autre de Namur à la ligne de Bruxelles à Valenciennes. Ce plan avait été courageusement suivi, sans
que l'exécution en fût suspendue, ni par les complications
politiques, ni par la crise commerciale de 1838.

Au contraire en Allemagne, où tant d'États indépendants
concouraient à l'établissement des chemins de fer ; en Angleterre, où leur création était l'œuvre de l'industrie privée ;
en Amérique, où ces deux causes étaient réunies, les mailles
du réseau avaient été créées isolément, suivant les nécessités
locales qui venaient à se révéler, sans se rattacher à un
système général, conçu et arrêté à l'avance.

Il en avait été de même en France. Les premiers chemins n'avaient eu d'autre objet que de faciliter le transport
de la houille des centres de production vers les centres de
consommation ; plus tard les nouvelles voies de communication avaient été envisagées sous un jour différent, soit pour
les voyageurs, soit pour les marchandises ; enfin on avait
compris tous les inconvénients de ces entreprises multi-
pliées sans ordre, sans dessein général, et la nécessité de
les coordonner.

La Commission, pénétrée de cette nécessité, donna une
adhésion complète au principe du classement proposé par
le Gouvernement. C'était d'ailleurs reproduire pour les
chemins de fer ce que le décret du 16 décembre 1811 avait
fait pour les routes nationales : ce décret avait prononcé le

classement de plus de 6 000 lieues de routes; malgré les désastres des dernières années de l'Empire, malgré les sommes considérables que les puissances avaient arrachées à la Restauration, malgré le milliard des anciens émigrés, malgré les événements de la politique intérieure, la France était presque arrivée en 1840 au terme de cette œuvre immense.

Les règles qui guidèrent la Commission dans l'examen du classement étaient les suivantes :

1° Les grandes lignes devaient partir de Paris, centre de la vie intellectuelle, administrative, commerciale, industrielle, et se diriger vers les frontières, de manière à faciliter les concentrations de troupes et aussi à multiplier les échanges et les relations avec les pays voisins, au grand profit du maintien de la paix.

2° Elles devaient aboutir à de grandes villes, afin de faire bénéficier non-seulement ces villes, mais encore toute la région qui était en communauté d'intérêts avec elles, des avantages des chemins de fer.

3° Tout en suivant un tracé aussi direct que possible, elles ne devaient pas néanmoins laisser de côté les grands centres de population agglomérée situés à peu de distance de ce tracé; c'était en effet le seul moyen de leur assurer de bons produits, de faciliter la constitution de Compagnies exploitantes et de rendre possible, pour l'avenir, la réduction des tarifs.

En appliquant ces règles, la Commission modifia et compléta, d'accord avec le Ministre des travaux publics, le projet de classement qui devint dès lors le suivant :

1° Paris sur la frontière de Belgique, par Lille et Valenciennes ;

Paris sur l'Angleterre par un point du littoral de la Manche à déterminer ultérieurement ;

Paris sur la frontière d'Allemagne, par Nancy et Strasbourg ;

Paris sur la Méditerranée par Lyon, Marseille et Cette ;

Paris sur la frontière d'Espagne, par Tours, Poitiers,
Angoulême, Bordeaux et Bayonne ;

Paris sur l'Océan, par Tours et Nantes ;

Paris sur le centre de la France, par Bourges, Nevers
et Clermont ;

2° De la Méditerranée sur le Rhin, par Lyon, Dijon et
Mulhouse.

Le classement ainsi rectifié comportait un développement
de 788 lieues.

Comme on le voit, ce classement, de même que celui du
Ministre, laissait dans l'indétermination le point du littoral
de la Manche, auquel devait aboutir la ligne de Paris vers
l'Angleterre. C'est qu'en effet une instruction approfondie
se poursuivait alors conformément à l'avis du Conseil général des ponts et chaussées, sur le choix à faire entre les
deux ports de Boulogne et de Calais. Toutefois, pour bien
accuser la nécessité de ne pas relier Paris avec Lille et Valenciennes, avant d'avoir achevé le chemin de Paris au littoral de la Manche, et pour obliger le Gouvernement à
apporter à la Chambre, dès les premiers jours de la session
de 1843, la solution définitive de cette grave question, le
rapport concluait à n'allouer de fonds en 1842 que pour une
partie du chemin du Nord qui appartînt à la fois aux lignes
d'Angleterre et de Belgique.

La Commission insistait très vivement sur l'utilité du
chemin de Paris à Strasbourg, par Nancy, qui lui semblait
primordiale au point de vue de la sûreté du territoire, de
l'unité nationale, des communications extérieures.

Elle mettait en relief les services que rendrait la ligne de
Paris à la Méditerranée, par Lyon, Marseille et Cette.

Elle déterminait plus complètement que ne l'avait fait le Gouvernement le tracé de la ligne de Paris à Orléans, Tours et Bordeaux, en lui assignant comme points de passage Poitiers et Angoulême et le poussait jusqu'à la frontière d'Espagne par Bayonne.

Elle fixait également la direction de la ligne de Paris à Nantes, en spécifiant qu'elle se détacherait à Tours de la ligne précédente.

Elle ajoutait au classement un chemin de Paris sur le centre de la France, coupant le grand triangle compris entre les lignes de Bordeaux et de Marseille, se détachant de celle de Tours à Orléans, se dirigeant de là vers Vierzon, Bourges, Nevers et Clermont et desservant les riches usines du Nivernais, ainsi que les bassins houillers et les vallées fertiles de l'Auvergne.

Enfin elle classait une artère de Dijon à Mulhouse, mettant Marseille et Lyon en communication avec l'Alsace, la Suisse et l'Allemagne du Nord; reliant Paris avec les frontières du Haut-Rhin; unissant le port du Havre avec la Suisse.

(B). *Mode d'exécution.* — La Commission se rallia à l'association de l'État et de l'industrie privée, telle que l'avait proposée le Gouvernement. Son éminent rapporteur justifia cette détermination dans les termes suivants : « Le principe « ancien et invariable de notre administration française, « qui fait des routes une propriété publique, et qui charge « l'État de les construire et de les réparer, n'a pas été tou- « jours appliqué aux chemins de fer non plus qu'aux ca- « naux. Quelques-uns ont été concédés à des Compagnies « à titre de propriété perpétuelle ; les autres ne doivent « faire retour à l'État qu'après une longue possession ; les « uns et les autres ont été construits et sont entretenus par « les concessionnaires. Il en est ainsi, même lorsque l'État

« a prêté son concours financier aux Compagnies, soit par un
« prêt, soit par une garantie d'intérêt. L'État donne l'auto-
« risation d'entreprendre le chemin ; délègue au concession-
« naire le droit qui lui appartient d'exproprier, pour cause
« d'utilité publique, les terrains nécessaires à l'établissement
« de la voie ; fixe le maximum des tarifs à percevoir ; impose
« des règles de construction et d'exploitation qui sont des ga-
« ranties pour l'intérêt public ; veille à l'observation de ces
« règles ; mais il ne va pas plus loin ; il ne met pas la main
« à l'œuvre. Il n'y a eu d'exception, jusqu'à ce jour, que
« pour les deux fragments de ligne de Lille et de Valen-
« ciennes et pour le chemin de Nîmes à Montpellier, dont
« la construction a été entièrement confiée au Gouverne-
« ment. Un vaste plan de travaux fondé sur le même ordre
« d'idées avait été proposé en 1838, mais n'a pas été adopté
« par la Chambre.

« Persisterons-nous dans la même voie ? L'œuvre des
« chemins de fer court le risque de ne s'exécuter que très
« lentement parmi nous. Nos fortunes sont modérées ; notre
« commerce extérieur, restreint et languissant, né nous
« présente pas les admirables ressources que le commerce
« de la Grande-Bretagne a fournies à ses améliorations
« intérieures. Les capitaux épargnés recherchent avant
« tout les placements assurés, la propriété territoriale ou
« la dette publique. Le peu de succès des chemins de fer
« entrepris avec le plus d'éclat a effrayé les plus hardis.
« Quand on a vu les deux chemins de Versailles coûter
« trois ou quatre fois le montant de leur évaluation primi-
« tive ; les fortunes les plus considérables de l'époque entre-
« prendre le chemin de Rouen (rive droite de la Seine) et
« puis supplier les pouvoirs législatifs de résilier la conces-
« sion qu'ils avaient obtenue, il n'est pas surprenant que les
« capitaux aient abandonné ces entreprises. Peut-être y

« reviendront-ils, peut-être reprendront-ils confiance ;
« peut-être seront-ils un jour encouragés par les succès
« croissants du chemin de Saint-Germain, par la prompte
« et habile exécution du chemin d'Alais à Beaucaire, par
« l'exemple des deux Compagnies qui, avec l'appui du
« Gouvernement, vont en si peu de temps mettre Orléans
« et Rouen en communication avec Paris. Pour le moment
« ces capitaux ne paraissent pas, ne se réunissent pas.....

« D'autre part, les ressources financières de l'État ne
« sont pas sans limites. Nous serons bientôt obligés de vous
« le dire : ce que nous vous proposons d'entreprendre
« nous paraît très hardi ; aller plus loin nous semblerait
« une inexcusable témérité.

« Cependant, il faut aborder ce grand travail qui im-
« porte à la dignité et à la prospérité du pays. On est ainsi
« conduit à réunir et à combiner l'action de l'État et de
« l'industrie privée. »

Après avoir rappelé l'avis de la Commission extraparlementaire de 1839 sur la répartition des travaux entre l'État
et la Compagnie, avis qui tendait précisément au système
proposé par le Gouvernement, M. Dufaure ajoutait : « Votre
« Commission pense que ce système est, en ce moment, le
« plus raisonnable que l'on puisse adopter. La dépense
« qu'entraîne la création du chemin et de son matériel
« d'exploitation est partagée à peu près également entre
« l'État et l'industrie privée ; l'État demeure propriétaire
« du chemin, la Compagnie n'est qu'exploitante et en
« vertu d'un bail.... A la fin de ce bail, elle sera rembour-
« sée en partie des avances qu'elle aura faites en le prenant,
« elle sera indemnisée du surplus par les bénéfices de son
« exploitation. L'État est dédommagé par tous les avanta-
« ges que lui procure le chemin, par l'activité et l'aisance
« qu'il répand sur son passage, et peut-être enfin par les

« subventions que lui donneront un jour les Compagnies
« exploitantes, et qui lui permettront d'éteindre la dette
« qu'il va contracter. »

Lorsque la Commission se fut ainsi prononcée pour le
système du Gouvernement, elle dut se demander s'il convenait d'exclure tout autre mode d'exécution, de s'enfermer
d'ores et déjà dans un cadre inflexible dont l'expérience
n'avait pas encore permis d'apprécier la valeur, ou s'il ne
serait pas plus sage, au contraire, de commencer par appliquer ce système à deux lignes seulement, de concentrer
sur ces deux lignes toute l'activité nationale et d'éviter ainsi
de trop engager l'avenir tout en s'avançant résolument dans
la voie de la construction.

Elle jugea que la combinaison n'avait de grandeur qu'à
la condition d'être uniformément appliquée, d'avoir un caractère général et irrévocable. Exécution par l'État seul,
par les Compagnies appuyées du crédit de l'État, par les
Compagnies abandonnées à leur propre force, tout avait
été éprouvé; il fallait sortir définitivement de l'ère des
essais, des tâtonnements, des hésitations.

(c). *Concours des localités à l'acquisition des terrains.* — La
disposition aux termes de laquelle les localités devaient
pourvoir aux deux tiers des dépenses d'acquisition des terrains était nouvelle. On s'était habitué à voir tous les grands
travaux publics s'exécuter sans subvention de cette nature.
C'est ainsi que, malgré le décret de 1811 dont l'article 6
prévoyait une répartition des frais de construction et d'entretien des routes nationales de troisième classe entre l'État
et les départements, le Trésor supportait en fait la totalité
de ces frais; il en était de même des canaux et des trois
chemins de fer de Montpellier à Nîmes, de Lille et de Valenciennes à la Belgique.

Cependant le Gouvernement ne faisait que demander

l'application du principe écrit dans les articles 28 et 29 de
la loi du 16 septembre 1807 au sujet du concours des départements et des communes aux ouvrages susceptibles de
présenter pour eux une utilité locale.

En équité, d'ailleurs, la participation des localités se
justifiait amplement par l'accroissement inévitable de la
valeur des propriétés dans les régions voisines des chemins
de fer; par l'aisance qu'apportait à ces régions le paiement de sommes considérables pour acquisitions de terrains,
salaires d'ouvriers, prix de matériaux pendant la période
de construction; par les bénéfices considérables dont devait
les faire profiter l'exploitation des lignes nouvelles.

La Commission, frappée de ces considérations, adhéra
à la proposition du Gouvernement.

Elle amenda toutefois cette proposition sur divers points.

Tout d'abord elle stipula qu'il n'y aurait pas lieu à indemnité pour l'occupation des terrains et bâtiments appartenant à l'État. Il n'eut pas été juste, en effet, que l'État se
fît rembourser les deux tiers de la valeur des terrains qui
restaient sa propriété et dont l'affectation seule était modifiée. Au contraire, pour les bâtiments qui devaient être
démolis, il eût été naturel de maintenir le concours des
localités; mais, pour des motifs qu'elle ne fit pas connaître,
la Commission ne crut pas devoir le faire.

La Commission indiqua ensuite que la part incombant
aux départements serait payée au moyen de ressources extraordinaires.

Enfin elle jugea que la totalité des indemnités de terrains devait être payée ou consignée avant la prise de possession et que, dès lors, il y avait lieu d'obliger l'État à en
faire l'avance, sauf remboursement ultérieur par les départements et les communes.

Les frais d'acquisition des terrains nécessaires à l'assiette des chemins de fer pouvant être évalués à 20 000 fr. par kilomètre (à raison de 4 hectares), le sacrifice ainsi imposé aux localités était de 13 300 fr. environ.

(D). *Formalités d'expropriation.* — Nous avons vu que le Ministre avait introduit dans son projet de loi une clause ayant pour objet d'abréger la procédure d'expropriation. La Commission se refusa à admettre cette clause, qui lui parut de nature à porter atteinte aux garanties assurées par la loi de 1841 à la propriété privée et qui, du reste, avait la conséquence fâcheuse de supprimer les traités amiables et de faire de l'intervention du jury la règle invariable.

(E). *Nomenclature des travaux à exécuter par l'État.* — La Commission ajouta les bâtiments à cette nomenclature; il lui parut en effet que les travaux de cette catégorie étaient absolument assimilables aux ouvrages d'art.

(F). *Approbation des baux d'exploitation.* — Le Gouvernement avait proposé de réserver à des ordonnances royales l'approbation des baux d'exploitation. La Commission estima que les tarifs exerçaient une influence trop considérable sur toute l'économie sociale du pays pour ne pas mériter l'intervention d'une loi; elle pressa du reste le Ministre de soumettre le plus tôt possible aux Chambres des projets de contrats, afin de donner au législateur le temps de les examiner et de les discuter avec maturité.

(G). *Travaux à engager immédiatement.* — La Commission se divisa sur cette question. Selon la minorité, il n'était pas sage de commencer toutes les lignes à la fois; les ressources de l'État étaient limitées et précaires; il fallait prévoir l'éventualité d'une guerre, d'une crise industrielle et commerciale; dix années de la vie d'un peuple n'offraient que trop de place à de pareils accidents; en mettant la main à l'œuvre sur tous les points à la fois, on risquait de ne laisser que des tronçons informes, inutiles pour tout le monde, incommodes surtout pour les parties du territoire où ils auraient été construits. La majorité ne se rangea pas à cette opinion; il lui sembla impossible d'assigner un ordre de priorité et contraire aux principes d'une bonne justice distributive de concentrer sur une seule ligne tout le mouvement et la prospérité que produisaient les travaux publics, d'y appeler tous les capitaux et tous les ouvriers, de laisser au reste du territoire la crainte de n'avoir qu'un classement stérile, susceptible de modifications tant qu'il n'aurait pas été consacré par un commencement d'exécution.

La Commission admit donc que toute ligne classée devait recevoir une affectation de fonds, avec ce correctif toutefois que les crédits seraient exclusivement appliqués à des portions de lignes complètement étudiées.

Passant à l'examen des tracés et des sections à commencer immédiatement, la Commission exprima les avis suivants :

1° CHEMIN DE PARIS A LILLE ET VALENCIENNES. — Le tracé par Amiens qui avait les préférences du Gouvernement était, sans contredit, le meilleur ; il était complètement étudié ; les travaux pouvaient être entamés sans plus tarder.

2° CHEMIN DE PARIS A LA FRONTIÈRE D'ALLEMAGNE. — Depuis la présentation du projet de loi, les études avaient fait un grand pas. Trois projets avaient été dressés pour la traversée des Vosges, l'un par la vallée de la Brusche, un autre par celle de la Zorn, enfin un troisième par celle de la Moder. Le premier élevait la ligne à plus de 500 mètres au-dessus du niveau de la mer, comportait des plans inclinés avec machines fixes et exigeait des machines de renfort sur une longueur de plus de 17 kilomètres; il fut repoussé. Le troisième qui offrait les plus grandes facilités au point de vue technique fut rejeté par le génie militaire, parce

1

qu'il plaçait la traversée des Vosges trop près de la frontière.
Ce fut donc le deuxième qui prévalut.

La Commission inscrivit un crédit de 11 500 000 fr. pour
la section comprise entre Hommarting et Strasbourg.

3° CHEMIN DE FER DE PARIS A LA MÉDITERRANÉE ET DE LA MÉDITERRANÉE AU
RHIN. — Les études entre Paris et Dijon n'étaient pas
encore très avancées; d'autre part, entre Avignon et
Chalon, les communications qui existaient déjà par la
Saône et le Rhône, permettaient d'ajourner les travaux
du chemin de fer; mais le tronçon intermédiaire, de Dijon
à Chalon, appartenait inévitablement à tous les tracés, ainsi
que l'avait fait remarquer le Gouvernement; il faisait du reste
partie de la ligne de la Méditerranée au Rhin; la Commission souscrivit donc à son exécution immédiate.

Quant à la section d'Avignon à Marseille, la Commission
reconnut également qu'il y avait lieu de l'entreprendre et
elle adopta, comme le Gouvernement, le tracé par la vallée
du Rhône. Ce tracé présentait un excédent de longueur de
20 kilomètres sur celui de la Durance; mais il était d'une
construction plus facile et moins coûteuse; il comportait un
profil moins accidenté et, par conséquent, une exploitation
moins onéreuse et des tarifs moins élevés; il desservait
des populations agglomérées plus nombreuses, notamment
celles des villes d'Arles, de Beaucaire, de Tarascon; il
assurait plus convenablement la communication entre la
ligne de Beaucaire, Nîmes, Montpellier et Cette.

4° CHEMIN DE PARIS A LA FRONTIÈRE D'ESPAGNE ET DE PARIS A L'OCÉAN.
— La Commission se prononça, comme le Gouverne-
ment, pour l'exécution du tronçon d'Orléans à Tours
commun à ces deux chemins.

5° CHEMIN DE PARIS AU CENTRE DE LA FRANCE. — Pour cette ligne,
la Commission concluait à entreprendre la section d'Orléans
à Vierzon.

En résumé, d'après le rapport de M. Dufaure, il s'agissait de mettre immédiatement la main à l'œuvre sur les lignes ou sections suivantes :

Paris à Lille et Valenciennes ;

Hommarting à Strasbourg ;

Dijon à Chalon ;

Marseille à Avignon et Beaucaire (par Tarascon et Arles) ;

Orléans à Tours ;

Orléans à Vierzon,

et d'y affecter des crédits montant ensemble à 126 millions, dont 13 millions sur l'exercice 1842 et 29 500 000 fr. sur l'exercice 1843.

(B). *Voies et moyens.* — Le projet de loi soumis aux délibérations de la Chambre devait entraîner une dépense approximative de 475 millions ; cette dépense ajoutée à celle de 500 millions résultant de la loi du 25 juin 1841 formait un total de 975 millions.

La Commission montrait qu'il pourrait être pourvu à cette dépense extraordinaire :

1° Par les emprunts que la loi de finances de 1842 avait autorisé le Ministre à négocier jusqu'à concurrence de 450 millions ;

2° Par les disponibilités de la caisse de l'amortissement qui, eu égard au cours élevé de la rente, étaient évaluées à 550 millions environ pour les sept années à courir de 1843 à 1849 inclusivement.

Toutefois, M. Dufaure ajoutait :

Que, dans ce calcul, il n'avait pas été tenu compte du découvert de 300 millions des budgets antérieurs ;

Que de nouveaux besoins et de nouvelles dépenses surgiraient certainement avant 1847 ;

Que le concours de la caisse d'amortissement était

subordonné au maintien du cours de la rente au-dessus du pair ;

Et que, dès lors, les ressources visées par le projet de loi offraient, ainsi que les appréciations de la Commission, un certain aléa.

III. — DISCUSSION A LA CHAMBRE DES DÉPUTÉS [M. U., 27, 28, 29 et 30 avril, 3, 4, 5, 6, 7, 8, 10, 11, 12 et 13 mai 1842]. — C'est le 26 avril que s'ouvrit à la Chambre des députés cette discussion mémorable qui occupa quatorze séances.

(A). *Discussion générale.* — Elle débuta par un discours de M. Grandin, qui critiqua toute l'économie du projet de loi, mais qui attaqua surtout l'exécution par l'État pour réclamer l'exécution par les Compagnies.

M. Gaulthier de Rumilly lui succéda à la tribune et appuya au contraire les propositions du Gouvernement et de la Commission, en faisant le tableau du développement des chemins de fer à l'étranger et des atermoiements auxquels la France n'avait pas su se soustraire jusqu'alors.

Il se prononça catégoriquement pour la répartition des travaux entre l'État et l'industrie privée et motiva comme il suit son adhésion : « En 1837 et 1838, toutes les discussions entre « les partisans des Compagnies et les partisans de l'exécution « par le Gouvernement révélèrent qu'on ne pouvait s'en- « tendre sur la part d'action à accorder au Gouvernement « et aux Compagnies. Aujourd'hui, par le projet de loi, la « part est faite à chacun : à l'État l'exécution des travaux « sur le sol ; aux Compagnies l'exploitation et la pose des « rails. Là, il n'y a plus d'inconnu ou il en reste beaucoup « moins ; et, par cela même, moins de spéculation, moins « d'agiotage possible. Le principe posé est un élément de « force pour tous : au lieu d'épuiser tout d'abord l'indus-

« trie privée, c'est le moyen de lui laisser prendre de la
« force et de la développer. C'est là rentrer dans les con-
« séquences de nos mœurs, de nos habitudes, de nos insti-
« tutions : je veux parler des tarifs..... Des Compagnies
« concessionnaires de grandes lignes, si elles étaient exé-
« cutées en entier par elles, seraient obligées de percevoir
« des droits plus élevés que dans la situation où le projet
« actuel doit les placer. En effet, le tarif se compose de deux
« éléments : l'un qui représente l'intérêt et l'amortissement
« du capital employé, ainsi que l'entretien ; l'autre qui re-
« présente les frais de traction, de perception. Or l'État
« peut recouvrer par l'accroissement du mouvement com-
« mercial, par les impôts indirects, les intérêts des dé-
« penses d'exécution ; les Compagnies ne le peuvent pas.
« L'exécution par l'État amène donc un abaissement des
« tarifs. Elle a pour conséquence également l'égalité des
« tarifs, avantage immense pour les lignes internationales...»
    Plus loin, M. Gaulthier de Rumilly ajoutait :
    « Ce que je désire ardemment, c'est de voir cesser toute
« indécision pour l'établissement de nos grandes lignes de
« fer..... Il est temps de marcher à la vue des travaux
« exécutés de l'autre côté du Rhin. Avant cinq ans, les
« principales capitales de l'Allemagne vont être reliées par
« des chemins de fer. Hambourg, entrepôt de l'Angleterre
« sur la mer du Nord, Stettin sur la Baltique, Francfort
« seront bientôt reliés avec Trieste sur l'Adriatique. A cette
« triple voie de transit du Nord au Midi, l'Allemagne joindra
« deux voies de transit d'Occident en Orient. Avant cinq
« ans, la Belgique ne sera plus qu'à 24 heures de Berlin ;
« la lisière de ce vaste système atteindra, avec toutes ses
« conséquences politiques et commerciales, la Hollande, la
« Suisse et le Danemark. La Confédération aura établi au
« centre de l'Allemagne, dans une direction parallèle au

« Rhin, une vaste ligne de fer qui sera le front de bandière
« de toutes les forces fédérales. D'autres lignes perpendi-
« culaires viendront également aboutir au Rhin..... L'Au-
« triche, le Hanovre, la Bavière, le pays de Bade ont mis à
« la charge de l'État les lignes de fer dont ils ont résolu de
« doter le commerce, l'industrie et l'agriculture, et l'expé-
« rience prouve déjà, en Allemagne, que le mouvement des
« chemins de fer augmente la consommation et, par con-
« séquent, le revenu des impôts indirects. Les souverains se
« sont intéressés à tous ces grands travaux ; les ministres
« s'en occupent sans relâche ; toute la nation fait concourir
« à un même but une immense variété de ressources.....
« Les travaux étrangers doivent exciter en nous une noble
« et patriotique émulation. Décidons enfin que la France
« doit avoir ses lignes internationales, et que la France peut
« les faire avec ses ressources. Savez-vous quels ont été les
« sacrifices des petits États de l'Allemagne, de la Bavière et
« de la Saxe pour la ligne seule d'Augsbourg à Nuremberg
« et à Leipsick ? La Bavière, qui n'a qu'un budget de 77 mil-
« lions, y a consacré 64 millions ; la Saxe, qui n'a qu'un
« budget de 17 millions, y a consacré 21 millions.....
« Construisons donc des voies de communication rapides
« de l'Océan à la Méditerranée, aux frontières de Belgique,
« d'Espagne, de Suisse, d'Italie et d'Allemagne, et le monde
« entier nous aura bientôt, sous mille formes, rendu ce
« qu'elles auront coûté. »

M. Fould traita ensuite en détail la question des voies et
moyens ; il considérait comme impossible de faire face, avec
quelque certitude, à la part de dépenses incombant à
l'État, au moyen des ressources qui avaient été indiquées
par le Gouvernement et par la Commission ; le concours des
départements et des communes lui paraissait assis sur une
base irrationnelle, mal déterminée, et le recouvrement de

leurs subventions lui semblait problématique ; l'association
entre l'État et l'industrie privée était, suivant lui, irréalisable dans les conditions prévues par le projet de loi : il
y avait en effet opposition d'intérêts entre l'État qui, pour
réduire ses dépenses de construction, admettrait des tracés
sinueux et accidentés, et les Compagnies, qui, au contraire,
auraient besoin de tracés faciles pour ne pas être grevées
de frais d'exploitation exagérés. L'orateur concluait à l'exécution par les Compagnies, avec garantie d'intérêt.

M. Marschall critiqua l'éparpillement des forces et des
ressources sur l'ensemble des lignes que le projet de loi
proposait d'entreprendre simultanément ; il préférait à ce
système celui de l'exécution successive des diverses lignes
et demandait la priorité pour celle de Paris à Strasbourg,
en invoquant les considérations suivantes que nous ne pouvons nous empêcher de reproduire, tant elles étaient justes :
« Une nouvelle invasion aurait lieu très probablement par
« la même route et dans le même but que les précédentes.
« Elle serait tentée sans doute par cette vaste trouée, entre
« Metz et Strasbourg, jadis défendue par les places de Sar-
« relouis et de Landau, dont les traités de 1815 ont tourné
« les canons contre nous. C'est là que la Confédération
« germanique fait converger un réseau formidable de che-
« mins de fer qui aboutissent à Cologne, Mayence,
« Manheim..... 24 heures suffiront à nos voisins pour con-
« centrer sur le Rhin les forces de la Prusse, de l'Autriche
« et de la Confédération ; et le lendemain, une armée de
« 400 000 hommes pourra franchir notre enceinte par
« cette brèche de quarante lieues entre Thionville et Lau-
« terbourg, qui sont les avant-postes de Strasbourg et de
« Metz. Trois mois ensuite, le système de réserve organisé
« en Prusse et dans une partie des autres États de l'Alle-
« magne serait capable d'envoyer une seconde armée.

« d'égale force, à la suite de la première..... La qualité de
« lignes agressives donnée par nos voisins à leurs chemins
« de fer ne permet pas de se méprendre sur leurs inten-
« tions ; les études d'une expédition contre Paris, à travers
« la Lorraine et la Champagne, ne sont pas l'indice d'un
« sentiment de fraternité..... » En relisant ces lignes, on se
reporte involontairement vers la guerre néfaste de 1870
que les Allemands préparaient déjà avec tant de soin.

Après un discours de M. de Carné qui attaqua l'étendue
du programme et réclama sa limitation à la ligne du Havre
à Marseille avec embranchement sur la Belgique, M. Ma-
gnier de Maisonneuve donna au contraire une adhésion
complète au projet de loi qui, suivant lui, offrait une combinaison de nature à satisfaire pleinement aux intérêts généraux du pays ; à favoriser l'extension de son commerce
au dedans et de ses échanges au dehors ; à assurer l'exécution d'un réseau habilement approprié à la constitution
hydrographique et politique du territoire ; à faire avec
équité la part des intérêts de la défense nationale et du
commerce et de l'industrie ; à préparer pour le pays, pour
le travail agricole et manufacturier, des éléments de prospérité ; à fournir au Trésor des revenus indirects susceptibles de le rémunérer largement de ses sacrifices.

M. le général Paixhans, tout en admettant et même en
se montrant disposé à étendre la nomenclature du classement, insista sur les inconvénients que présenterait le système consistant à engager simultanément les travaux sur
un grand nombre de lignes et défendit le principe « de la
« totalité des lignes dans l'énumération, mais du nombre
« restreint des lignes dans l'exécution ».

M. Schauenberg plaida la clause contraire ; il considérait l'exécution simultanée comme le corollaire du mouvement général de l'Europe, qui portait en même temps vers

notre frontière un grand nombre de lignes ; il faisait d'ailleurs valoir que l'exécution progressive détruirait l'équilibre des relations commerciales en créant une situation
privilégiée au profit des régions qui seraient dotées les
premières.

M. de Peyramont reprocha au projet de loi d'être incom-
plet et injuste dans sa répartition entre les diverses parties
du territoire ; il accusa le Gouvernement de s'être borné à
réunir, à coudre en quelque sorte des lignes ou sections de
lignes étudiées antérieurement en prévision de concessions
à des Compagnies, c'est-à-dire, dans des vues absolument
différentes ; de s'être contenté d'enquêtes partielles et locales ; de ne pas s'être éclairé par une grande enquête d'in-
formation sur les véritables intérêts commerciaux, industriels, économiques du pays. Il insista longuement sur la
nécessité d'un chemin de Paris vers Toulouse.

M. Bineau prononça ensuite un discours intéressant,
dans lequel il rendit compte à la Chambre de ses recherches
sur le revenu probable des chemins de fer français, d'après
les résultats de l'exploitation des réseaux belge et anglais.
En Belgique, la longueur des lignes livrées à la circulation
était de 330 kilomètres : les recettes brutes s'élevaient à
5 335 000 fr., les dépenses à 2 997 000 fr. et, par suite,
les recettes nettes à 2 338 000 fr. ; les frais de construction
avaient été de 56 000 000 fr. ; les capitaux consacrés à ces
lignes rapportaient donc 4,2 % pour une circulation moyenne
de 7 à 800 voyageurs par jour et avec des tarifs très bas
(4, 6 et 8 centimes par kilomètre. En Angleterre, sur les
2 858 kilomètres déjà ouverts, 2 088 appartenaient à de
grandes lignes ; plus de la moitié de ces dernières avaient
leurs actions au-dessus du pair : quelques-unes donnaient
des bénéfices élevés représentant jusqu'à 15 % du capital de
premier établissement : le coût kilométrique de construction

avait été en moyenne de 400 000 fr. ; la circulation avait
varié de 400 à 800 voyageurs par jour ; les tarifs étaient très
élevés (12 centimes pour la deuxième classe, et 18 centimes
pour la première, en moyenne). M. Bineau tirait de ces
chiffres la conclusion que les grandes lignes françaises,
placées dans des conditions intermédiaires entre celles du
réseau belge et celles du réseau anglais, seraient productives et que, dès lors, on pouvait entrer résolument et à
pas assurés dans l'exécution des voies ferrées ; mais, d'autre
part, il demandait que l'État se réservât la faculté d'alléger
plus tard les charges du Trésor, en faisant des concessions
aux Compagnies sérieuses qui viendraient à se présenter.

M. Pétiniaud exprima l'avis que le Gouvernement et la
Commission avaient cédé à un engouement exagéré et qu'il
eût été plus sage de continuer sur une ligne les essais commencés, avant de jeter sur tout le territoire des tronçons de
faible longueur et, par conséquent, de peu d'utilité. Il
blâma le plan qui avait été adopté et qui lui paraissait sacrifier les véritables intérêts commerciaux aux intérêts
exclusifs de la capitale, d'où rayonnaient presque toutes les
nouvelles artères ; il se plaignit notamment de l'abandon
dans lequel étaient laissés les départements du centre et
réclama, comme M. de Peyramont, un chemin de Paris à
Toulouse et aux Pyrénées.

La discussion générale fut close par un très remarquable
discours de M. Berryer. L'illustre orateur traita successivement des facultés financières de l'État ; des considérations
générales qui devaient présider au classement, puis à
l'exécution immédiate de certaines lignes ; enfin, de l'association du crédit public et du crédit privé. Sur le premier
point, la situation, quoique grave, quoique susceptible d'être
compromise par de grandes perturbations, ne lui paraissait
cependant pas assez lourde pour empêcher de donner satis-

faction aux puissants intérêts en jeu dans la question ; elle ne pouvait que commander la prudence dans la détermination des allocations immédiates, dans le choix des lignes à entreprendre sans plus tarder. Sur le second point, insistant avec vigueur sur l'importance du transit, sur le mouvement d'affaires et sur le développement industriel et commercial que devait inévitablement provoquer le passage des produits étrangers au travers de notre territoire ; sur la nécessité de créer des débouchés à notre exportation, de faciliter l'arrivée des matières premières destinées à être livrées au travail de nos manufactures et de nos usines, d'assurer ensuite la sortie des matières ainsi transformées ; sur les efforts tentés de tous côtés à l'étranger pour nous dépouiller de notre prépondérance commerciale et pour nous isoler des grands courants de transport, il demandait instamment que l'on mît d'urgence la main à l'œuvre sur deux lignes du Nord au Midi et de l'Est à l'Ouest.

Sur le dernier point, il approuvait le concours de l'industrie privée et des forces de l'État et ne faisait au système du projet de loi que le reproche de n'avoir pas réservé une part assez large à l'esprit d'association. Il se déclarait hautement partisan des Compagnies ; si jusqu'alors les concessions n'avaient pas, dans la plupart des cas, donné des résultats satisfaisants, il fallait l'attribuer au vice du mode adopté pour l'intervention de l'État et, d'autre part, à la faiblesse avec laquelle on avait consenti à modifier après coup les contrats. Il reproduisait à cette occasion les arguments qu'il avait déjà développés antérieurement en faveur de la garantie d'intérêt et appuyait son opinion sur la rapidité merveilleuse avec laquelle la Compagnie d'Orléans, dotée de cette garantie, avait pu pousser ses travaux. Il concluait à laisser explicitement, dans la loi, la porte ouverte à des concessions avec garantie d'intérêt, s'il se présentait

des demandeurs offrant les capacités techniques et financières
voulues.

(B). *Discussion des articles.* — (a). CLASSEMENT. — Avant la
discussion de l'article 1er portant classement des chemins
de fer à exécuter, M. Cordier développa un amendement
excluant l'exécution par l'État et portant simplement autorisation pour le Gouvernement de préparer des concessions
jusqu'à concurrence d'un développement de 16 000 kilomètres. Il représenta la construction par l'administration, comme l'apanage des Gouvernements absolus, et le
système de concession, comme le propre des pays libres. Il
opposa la lenteur du service des ponts et chaussées avec la
rapidité et l'initiative des ingénieurs des Compagnies. Il fit
valoir qu'en renonçant à l'association on était sûr de ne faire
que des travaux utiles et productifs ; il invoqua l'exemple de
la Hollande et de l'Angleterre ; il excipa des avantages que
présentait l'exécution par les Compagnies en faisant peser les
charges sur tous ceux qui profitaient des travaux et en répartissant ces charges sur plusieurs générations. Après une
courte réplique de M. Dufaure qui démontra que cet amendement aurait pour conséquence un nouvel ajournement, la
Chambre se prononça contre son adoption et passa à la discussion du classement.

M. Rivet reprocha à la Commission d'avoir voulu trop
préciser les tracés, alors qu'elle n'avait pas entre les mains
des études suffisantes pour l'éclairer ; suivant l'orateur, ce
procédé avait le double inconvénient d'exposer les pouvoirs
publics à sacrifier des régions dans lesquelles des projets plus
complets auraient peut-être conduit à passer et de lier trop
étroitement les ingénieurs chargés des études définitives.

M. Teste, Ministre des travaux publics, donna à la suite
de ce discours des explications sur la situation des études,

sur l'emploi des fonds mis pour cet objet à la disposition de son département depuis 1833, sur les considérations d'ordre supérieur d'après lesquelles il avait été procédé au projet de classement du Gouvernement : il fit connaître notamment qu'il n'avait voulu admettre que des lignes internationales, importantes, susceptibles d'être facilement affermées. Partant de ce point de vue, il combattit l'addition de la ligne dite du Centre, qui avait son terminus en Auvergne et pour laquelle il serait difficile de provoquer un bail d'exploitation, et celle du prolongement de la ligne de Paris à Bordeaux jusqu'à Bayonne au travers d'un pays stérile, sans ressources ; il exprima, en outre, le regret que la Commission eût cru devoir fixer à Tours le point de départ de la ligne de Nantes, alors que des circonstances ultérieures pourraient rendre préférable un autre tracé.

M. Dufaure, rapporteur, répondit tout à la fois à M. Rivet et à M. Teste. Il justifia l'indication d'un certain nombre de points intermédiaires par la nécessité : 1° de ne pas laisser subsister inutilement des doutes et de vaines espérances, alors que les études étaient suffisamment avancées pour fixer définitivement le passage des tracés par diverses villes déterminées et conduire au contraire irrévocablement à l'abandon d'autres localités ; 2° de faire connaître par avance, dans la mesure du possible, aux départements et aux communes les travaux auxquels ils auraient à concourir et de les mettre ainsi en mesure de préparer et de ménager les ressources nécessaires. Il contredit à l'argumentation du Ministre pour les lignes du Centre et de Bordeaux à Bayonne. Il ajouta que le passage à Tours de la ligne de Nantes s'imposait inévitablement et que l'administration elle-même l'avait reconnu. Enfin, au nom de la Commission, il conclut à compléter le classement par une ligne de Bordeaux à Toulouse.

M. Talabot reprit la thèse de M. Rivet; puis il développa
les considérations qui, suivant lui, devaient servir de base au
classement. Il s'attacha à démontrer que l'importance du
transit était minime; qu'il ne comportait qu'un tonnage
de 36 000 tonnes parcourant une distance moyenne de
468 kilomètres; que le prix total du transport correspondant,
par voie de terre, ne dépassait pas 4 millions; que ce chiffre
serait ramené à 1 600 000 francs quand la circulation par
voie ferrée serait établie; qu'ainsi il s'agissait d'une somme
insignifiante; que, d'ailleurs, la réduction du coût du transit
aurait pour conséquence une diminution de la protection
accordée à notre industrie; qu'ainsi, en abandonnant les
débours de construction de l'infrastructure, l'État arrivait
en dernière analyse à favoriser le commerce étranger. Il
fallait donc, suivant l'orateur, laisser de côté le transit pour
ne s'attacher qu'au commerce extérieur, qui, d'après ses
calculs, bénéficierait de 70 millions, soit au profit des
consommateurs, soit au profit des fabricants français, et
surtout au commerce intérieur dont le rôle était encore
bien plus considérable. M. Talabot estimait donc que, dans
le classement, il convenait de prendre tout d'abord pour
guides le commerce extérieur et le commerce intérieur. Il
voulait, en outre, que l'on se rapprochât autant que possible
d'une égale répartition, afin de ne laisser de côté aucun
groupe important de départements. Enfin il faisait entrer
en ligne de compte les nécessités stratégiques. Partant de
ces principes, il adhérait au classement de la Commission,
abstraction faite des points intermédiaires., sauf pour la
ligne du centre qu'il désirait voir prolonger jusqu'aux
Pyrénées.

M. Benoist, après une digression sur l'accroissement
rapide des produits des chemins de fer anglais, cita des
chiffres tendant à établir que la loi d'égale répartition était

observée dans le projet de loi et que la population desservie serait de 26 millions d'habitants, après quoi la Chambre examina les divers paragraphes de l'article 1ᵉʳ.

A propos du § 1ᵉʳ, qui était ainsi conçu : « Il sera établi un système de chemins de fer..... », M. de Mornay présenta un amendement aux termes duquel la Chambre se fût bornée à décider l'établissement d'une seule ligne de Lille et Valenciennes à Paris et à la Méditerranée, par Marseille et Cette : c'eût été renoncer au classement, c'est-à-dire à la pierre angulaire du projet de loi. L'auteur de cette proposition la défendit en montrant que la ligne dont il demandait la construction était, en tout état de cause, l'artère maîtresse du réseau ; qu'au Nord elle offrait un débouché sur la Hollande, la Belgique et la Prusse ; au Centre, sur la Suisse et la Sardaigne ; au Sud, sur l'Italie, l'Afrique et l'Espagne. Il fit valoir qu'un classement constituerait un engagement et qu'il ne fallait pas prendre d'engagement sans être absolument certain de ne point y faillir, ce qui n'était pas le cas.

Cet amendement fut appuyé par divers députés et notamment par M. Fould, qui agita le spectre de la banqueroute de l'État et rappela le désastre financier produit dans l'Illinois par l'exécution trop précipitée des chemins de fer.

Mais il fut très vivement combattu par MM. Legrand, Berryer, Lacave-Laplagne, Ministre des finances, et Dufaure, et repoussé par la Chambre. Nous extrayons du remarquable discours de M. Legrand les observations suivantes qui justifiaient en excellents termes le principe du classement : « Le classement qui vous est proposé a pour but de mar- « quer, dans le présent et dans l'avenir, quelle sera la tâche, « quelle sera la direction des efforts du Gouvernement. Il « indique à l'industrie privée sur quelles lignes elle doit « porter ses capitaux, si elle veut offrir son concours à

« l'État pour l'exploitation des chemins de fer. Il permet
« aussi aux associations de se former dès ce moment et de
« réunir leurs ressources. Il indique également à l'industrie
« privée quelles sont les portions du territoire que le Gou-
« vernement lui abandonnera en quelque sorte pour y créer
« des chemins de fer dont il ne se réserve pas l'exécution,
« et trace ainsi une délimitation entre le domaine de l'État
« et le domaine de l'industrie particulière. Il permet jusqu'à
« un certain point aux localités d'apprécier les sacrifices
« qui leur seront demandés et de se préparer dès ce moment
« à réaliser les ressources qui leur sont nécessaires pour ac-
« quitter les obligations que le projet de loi leur impose. Sur
« tous ces points l'indécision serait chose fâcheuse ; le clas-
« sement la fait cesser... Subordonnez votre volonté de faire
« à un classement général, à un classement qui embrasse les
« grands intérêts, les intérêts généraux du pays, qui donne à
« chaque grande section du territoire la part équitable que
« permettent de lui assigner, et sa situation naturelle, et
« les besoins de son commerce et de son industrie ; que ce
« classement arrêté avec sagesse, avec impartialité, soit
« votre point de départ pour entrer dans l'immense carrière
« que vous avez à parcourir ; qu'il donne une direction et
« qu'il assigne un but à vos efforts, et soyez sûrs qu'avec le
« temps et malgré toutes les circonstances qui peuvent sur-
« venir, la puissance des intérêts nationaux vous conduira
« nécessairement au terme de la carrière. Mais si vous
« procédez isolément, si vous ne rattachez pas vos efforts et
« vos ressources à des vues générales, à un plan d'ensemble,
« vous marcherez à l'aventure, vous serez chaque année
« sous l'influence des passions dominantes, et d'une œuvre
« grande, complète, nationale, vous ne ferez plus qu'une
« œuvre mesquine, indigne d'un pays, indigne de la France,
« indigne du grand but que vous voulez atteindre. »

Passant à la nomenclature des lignes à classer, la
Chambre adopta sans discussion le chemin de Paris sur la
frontière de Belgique par Lille et Valenciennes.

En ce qui concernait la ligne de Paris sur l'Angleterre,
la Commission et le Ministre proposèrent d'un commun
accord une rédaction nouvelle qui était la suivante : « De
« Paris sur l'Angleterre, par un ou plusieurs points du lit-
« toral de la Manche qui seront ultérieurement fixés. »

M. Roger (du Nord) présenta et défendit avec une grande
vigueur un amendement ayant pour objet de stipuler que la
ligne passerait par Boulogne, Calais et Dunkerque; il croyait
en effet savoir que, d'ores et déjà, la Commission et le Gouvernement étaient acquis à un tracé aboutissant exclusivement à Calais; dès lors, les intérêts de Boulogne lui paraissaient complètement sacrifiés; d'autre part, Dunkerque, qui
avait déjà tant de peine à lutter contre Ostende et Anvers,
succomberait inévitablement et l'approvisionnement du nord
de la France serait livré à la Belgique. Malgré les efforts et
le talent de M. Berryer qui insista pour la désignation des
points d'aboutissement de la ligne et pour l'indication,
sinon des trois ports de Boulogne, Calais et Dunkerque, au
moins des deux premiers, la Chambre repoussa l'amendement à la suite des discours prononcés par MM. Teste et
Legrand; les études n'étaient en effet pas encore assez
avancées pour permettre de prendre une décision en toute
connaissance de cause et la solution pouvait sans inconvénient être ajournée, pour faire l'objet d'une décision ultérieure du Parlement.

En ce qui concernait le chemin de Paris à la frontière
d'Allemagne par Nancy et Strasbourg, M. Larabit, d'accord
avec M. Talabot, demanda qu'on ne précisât pas le passage
par Nancy, alors qu'il pourrait être reconnu ultérieurement préférable pour la défense de passer par Metz; il for-

1   18

mula à ce sujet tout un programme de questions relatives au rôle militaire des chemins de fer, dont il réclama l'étude préliminaire par l'administration de la guerre. Mais la Chambre crut devoir passer outre.

En ce qui concernait la ligne de Paris à la Méditerranée par Lyon, Marseille et Cette, un débat très vif et très prolongé s'engagea sur le tracé d'Avignon à Marseille. Devait-on passer par Arles et le dire dans la loi? Devait-on, au contraire, aller directement à Marseille en empruntant une partie de la vallée de la Durance? Devait-on enfin, en admettant cette dernière solution, établir un embranchement sur Arles? M. Berryer et M. de Lamartine prononcèrent à cet égard des discours d'un grand développement; mais finalement la Chambre adopta purement et simplement la rédaction du projet de loi; elle repoussa également un amendement de M. Boulay (du Var), portant classement d'une ligne de Marseille à Toulon et à la frontière d'Italie.

En ce qui concernait la ligne de Paris à la frontière d'Espagne par Tours, Poitiers, Angoulême, Bordeaux et Bayonne, un premier amendement tendant à abandonner Tours, Poitiers et Angoulême pour les plateaux du centre fut rejeté. Un second amendement de M. Talabot, ayant pour but de ne pas désigner les points intermédiaires entre Paris et Bordeaux, eut le même sort. Puis la Chambre admit, contrairement aux instances du Ministre, le prolongement jusqu'à Bayonne et à la frontière d'Espagne, que la Commission avait ajouté au programme du Gouvernement.

En ce qui concernait la ligne de Paris à Nantes, M. Chasles demanda qu'au lieu de faire passer le tracé par Orléans et Tours, on le dirigeât sur Chartres, Le Mans et Angers, afin de ne pas laisser toute la région de l'Ouest en dehors du réseau, de raccourcir le trajet entre Paris et Nantes, de ne pas se rendre tributaire de la compagnie d'Orléans et de pouvoir ainsi appliquer des tarifs plus bas. Mais cette proposition fut combattue par M. Bignon qui invoqua les avantages dont le tracé de la Commission ferait bénéficier Nantes au point de vue de ses communications avec le centre, le sud-ouest et l'est de la France ; elle fut repoussée par la Chambre ; puis la rédaction de la Commission fut adoptée malgré les efforts de M. Ledru-Rollin qui, pour des motifs semblables à ceux dont M. Chasles s'était fait l'interprète, demandait le maintien de la rédaction du projet de loi du Gouvernement, c'est-à-dire la désignation exclusive des deux points extrêmes.

A la ligne de Paris à Nantes se rattachait un amendement de M. Glais-Bizoin dont le but était de faire classer une ligne supplémentaire de Paris à Versailles, Rennes et Brest, justifiée par l'importance des départements qu'elle aurait desservis et par le rôle considérable du port de Brest au point de vue militaire : cet amendement, très ardemment défendu, tant par son auteur que par d'autres représentants de la région intéressée, fut combattu par le Ministre et par M. Dufaure qui invoquèrent les difficultés presque insurmontables du tracé et le chiffre élevé de la dépense ; il fut rejeté par la Chambre.

En ce qui concernait la ligne de Paris sur le centre de la France par Bourges, Nevers et Clermont, une discussion passionnée qui occupa près de trois séances s'engagea entre le Gouvernement, la Commission et un grand nombre de députés. La Commission tenait pour son tracé ; certains membres de la Chambre voulaient qu'au lieu d'aller sur Clermont, on se dirigeât sur Limoges et Toulouse : le Gouvernement demandait que l'on ne précisât la direction que jusqu'à Vierzon, eu égard à l'insuffisance notoire des études au delà de cette ville. La Chambre admit le principe de la ligne du Centre, mais en se bornant à stipuler qu'elle passerait par Bourges.

En ce qui concernait la ligne de Paris à Toulouse par Bordeaux, la Chambre rejeta un amendement ayant pour but le prolongement de la ligne jusqu'à la frontière espagnole dans la direction du centre de l'Espagne ; mais elle en adopta un autre, qui était combattu par la Commission et appuyé par le Gouvernement, et dont l'objet était de compléter la ligne en la poussant jusqu'à la Méditerranée ; elle refusa toutefois d'y greffer un embranchement sur Perpignan et les Pyrénées, comme le demandait un troisième amendement.

En ce qui concernait la ligne de la Méditerranée sur le Rhin par Lyon, Dijon et Mulhouse, la proposition de la Commission fut votée presque sans discussion.

Enfin la Chambre repoussa un dernier amendement tendant au classement d'une ligne de la Manche et de la mer du Nord à la frontière de Belgique, par Lille.

(*b*). MODE D'EXÉCUTION. — Sur le mode d'exécution, M. Grandin présenta un amendement excluant la construction par l'État et posant le principe de la concession de tous les chemins de fer classés. Ces concessions devaient avoir lieu avec concours de l'État, limité au maximum d'un cinquième de la dépense d'exécution, et sur la base du cahier des charges, des tarifs, des actes de société de la compagnie du chemin de fer de Rouen ; les départements et les communes eussent d'ailleurs été autorisés à remettre à titre de prêt ou à titre de don aux Compagnies la valeur des deux tiers des terrains ; enfin le Gouvernement eût garanti un intérêt de 4 % pendant la durée des travaux.

Les inconvénients de l'exécution par l'État pouvaient, aux yeux de M. Grandin, se résumer comme il suit :

1° Les travaux coûteraient infiniment plus cher ;

2° Au lieu de pouvoir utiliser pour la construction tout le matériel de rails et de locomotives destiné à l'exploitation, l'administration serait conduite à acheter un matériel spécial qu'il lui serait ensuite fort difficile de rétrocéder à la Compagnie exploitante ;

3° Il lui serait presque impossible d'assurer convenablement la mise en exploitation progressive des sections successivement terminées ;

4° L'État, propriétaire du fonds, serait conduit à pourvoir à son entretien et, par suite, à intervenir dans l'exploitation :

5° Le pays courrait à une véritable déception, attendu que les dépenses avaient été évaluées sans études, que toutes les ressources du pays étaient absorbées pour quatre années, qu'on avait dissimulé la véritable situation financière, qu'on rendrait presque impossible la conclusion de traités avec les Compagnies.

Le système que l'orateur proposait de substituer à celui du Gouvernement lui semblait au contraire fécond, sûr, dégagé de tous les défauts qu'il venait de signaler.

M. Dufaure n'eut pas de peine à démontrer combien peu fondées étaient les objections de M. Grandin ; combien, au contraire, sa combinaison était anormale et irrationnelle ; combien il était inadmissible de déléguer au Gouvernement le droit de faire des concessions sans l'intervention du législateur, de donner une garantie d'intérêt pendant la période des travaux et sur un capital indéterminé, de mouler toutes les concessions sur celle du chemin de Rouen. L'amendement fut rejeté.

M. Gustave de Beaumont prononça ensuite un véritable réquisitoire contre l'exécution par l'administration. Il affirma qu'elle aurait pour corollaire une lenteur excessive ; à l'appui de son opinion, il invoqua l'exemple du chemin de

Montpellier à Nîmes, décidé depuis deux ans et cependant
à peine entamé. Puisque le Gouvernement, d'après sa
propre déclaration, n'était pas résolu à exclure, le cas
échéant, le concours de l'industrie privée, il eût fallu, tout
au moins, le dire dans la loi, afin de provoquer les études
et les offres de sociétés particulières. D'ailleurs, c'était tout
à fait à tort que l'on s'était plu à exagérer l'impuissance de
l'association et des capitaux privés ; sans être très prospère,
l'industrie n'était cependant pas frappée de stérilité ; en
Angleterre, elle avait produit des merveilles ; en France
même, elle avait réussi pour les lignes de Paris à Saint-
Germain et d'Alais à Beaucaire ; elle aurait réussi également
pour celle de Versailles (rive droite), sans la malencontreuse
concurrence du chemin de la rive gauche. La Belgique, il
est vrai, n'y avait pas eu recours ; mais le réseau y était
mal conçu, mal exécuté. L'Autriche, la Russie, n'avaient
fait construire leurs chemins par l'administration que faute
de concessionnaires. La conclusion de l'orateur était que,
loin de repousser le concours de l'esprit d'association, il
fallait au contraire mettre en œuvre son activité, son ardeur, le stimulant de ses intérêts ; ne laisser à l'État que
ce qui ne pourrait être concédé ; et, par suite, confier aux
Compagnies les lignes principales et non les lignes secondaires.

Dans un discours remarquable, M. Gaulthier de Rumilly
soutint la thèse inverse. Les faits n'étaient malheureusement
pas de nature à faire croire à une vitalité, à une puissance
si grandes de l'industrie privée. Le projet de loi lui faisait
encore une très large part, en la chargeant de toute la superstructure, c'est-à-dire de travaux évalués à 600 ou 700 millions. On pouvait encore élargir son champ d'action, en lui
confiant l'exécution de l'infrastructure sous forme d'entreprises à forfait. L'Angleterre ne pouvait servir utilement de

terme de comparaison : elle était dans une situation trop différente de celle de la France, au point de vue de l'activité industrielle. L'exécution par l'État de la part la plus aléatoire des travaux aurait le grand avantage de permettre l'abaissement et l'uniformisation des tarifs, comme en Belgique, et de donner un vigoureux essor à notre commerce. L'expérience prouvait du reste surabondamment, d'après les documents de la statistique officielle, que les travaux publics amèneraient inévitablement un accroissement notable du produit des impôts et que, dès lors, le Trésor serait largement rémunéré de ses sacrifices. Le crédit public était tel que l'État n'avait aucun avantage réel à recourir à la concession avec garantie d'intérêt, que certains membres de la Chambre donnaient comme une panacée.

A M. Gaulthier de Rumilly succéda M. Duvergier de Hauranne qui préconisa une combinaison mixte. Il considérait comme indispensable de n'exclure aucun mode d'exécution, de faire appel à toutes les forces, de ne pas sacrifier la rapidité de la constitution de notre réseau au désir de faire une loi systématique. L'exécution, dans les conditions prévues par la loi, lui paraissait prêter aux critiques les plus graves : le concours des localités était, suivant lui, assis sur une base inique ; la répartition des subventions locales entre les départements et les communes présenterait les plus sérieuses difficultés et donnerait lieu aux conflits les plus regrettables ; le recouvrement de ces subventions serait le plus souvent impossible ; les Compagnies fermières devant nécessairement commander et approvisionner par avance le matériel de la superstructure, l'État serait obligé de se lier par des délais pour l'achèvement de l'infrastructure et de payer des dommages-intérêts en cas de retard ; il serait astreint à faire recevoir la plate-forme par les Compagnies et, par suite, à subir un contrôle de leur part, c'est-dire à accepter un rôle

inverse de son rôle habituel ; en cas de tassements, d'éboule-
ments ultérieurs, il aurait inévitablement des discussions et
probablement des procès à soutenir. Aussi l'orateur expri-
mait-il l'avis qu'il convenait de limiter, pour le moment,
l'application du système prévu par le projet de loi aux sections
dotées d'allocations immédiates ; on ferait ainsi un essai qui
permettrait d'apprécier la valeur de ce système et de juger
s'il ne valait pas mieux revenir franchement aux concessions
avec subvention et surtout avec garantie d'intérêt.

Ce fut le Ministre de l'intérieur qui répondit à M. Duvergier de Hauranne. Il fit valoir qu'aucun système n'était
inattaquable ; qu'en s'arrêtant aux objections provoquées
par l'une quelconque des combinaisons susceptibles d'être
adoptées, on continuerait à piétiner sur place sans avancer ;
que, si le Gouvernement avait renoncé au moins temporairement aux concessions, c'était à cause de l'impuissance
notoire de l'industrie privée ; que le projet de loi faisait une
part équitable à toutes les forces vives de la nation ; que les
reproches dirigés contre l'assiette du concours des localités porteraient également pour tous les impôts, pour toutes
les dépenses d'ordre public ; que ces reproches s'effaçaient
devant l'adhésion et les demandes de beaucoup de départements ; que le système proposé par le Gouvernement avait
l'avantage de faire rentrer à bref délai l'État en possession
des chemins de fer, en attribuant aux baux d'affermage une
durée relativement courte ; que l'amendement de M. Duvergier de Hauranne laissait absolument en suspens les conditions d'exécution des sections autres que celles qui seraient
entreprises immédiatement ; et que, par suite, cet amendement était incompatible avec le caractère même de la loi.
Enfin, il s'attacha à démontrer que la charge à imposer aux
finances publiques n'était pas hors de proportion avec ses
ressources.

M. Duvergier de Hauranne n'en persista pas moins à demander l'addition à l'article 2 d'un paragraphe ainsi conçu : « Néanmoins les lignes de chemins de fer pourront, « en totalité ou en partie, être concédées à l'industrie pri- « vée, en vertu de lois spéciales et aux conditions qui seront « alors déterminées. »

La Commission, par l'organe de M. Dufaure, déclara adhérer à cet amendement.

Il fut combattu par M. Tesnières, qui invoqua l'anomalie de la juxtaposition de deux clauses contradictoires dans un même article et l'inutilité de prévoir ce que pourrait tou- jours faire le législateur, le cas échéant ; il le fut également par M. de Lamartine. Mais, le Gouvernement ne s'y étant pas opposé, il fut adopté par la Chambre.

Ensuite vint en discussion un amendement de M. Dejean, appuyé par MM. Odilon Barrot, Vivien et de Mornay et ten- dant à exonérer de tout concours les départements et les communes. Les principaux arguments mis en avant pour justifier cette proposition étaient tirés du défaut de pro- portionnalité entre l'intérêt des départements à la construc- tion des chemins de fer et la longueur de ces voies de communication sur leur territoire, des difficultés de la ré- partition de la quote-part incombant aux communes, de l'impossibilité constitutionnelle d'imposer aux départe- ments et aux communes des contributions de cette nature. Mais M. Glais-Bizoin, le Ministre des travaux publics et le rapporteur répondirent que, si les sacrifices n'étaient pas rigoureusement proportionnés aux bénéfices, du moins la règle admise par le Gouvernement et la Commission était la seule qui ne prêtât pas à l'arbitraire ; que les pouvoirs des Chambres en pareille matière n'avaient jamais été mis en doute ; qu'il avait été fait maintes fois usage de ces pouvoirs, notamment en 1811 lors du classement des routes natiotionales, en 1831 et 1837 lors du vote des lois relatives aux travaux de Dunkerque et de Calais, en 1833 lors de l'établissement des routes stratégiques ; que le principe dont on proposait d'assurer l'application était posé dans la loi du 11 septembre 1807.

L'amendement fut rejeté.

La Chambre repoussa également un autre amendement de MM. Dejean et Vivien, soutenu par M. Odilon Barrot et ayant pour objet de faire contribuer, non pas les départements traversés, mais les départements intéressés. Cet amendement, qui offrait en apparence des avantages sérieux au point de vue d'une bonne justice distributive et qui était conforme à l'esprit de la loi de 1807, eût entraîné dans son application, des complications inextricables et des difficultés insurmontables.

L'article 2 de la loi fut ensuite adopté.

(c). CONCOURS DES LOCALITÉS A L'ACQUISITION DES TERRAINS. — La disposition du projet de la Commission, qui conférait aux conseils généraux le soin de répartir entre le budget départemental et les budgets municipaux la contribution afférente au département, avait quelque chose d'anormal ; elle faisait en effet les assemblées départementales juges dans leur propre cause ; elle leur attribuait en outre, au regard des communes, un pouvoir souverain peu en harmonie avec notre législation. En matière de travaux de grande vicinalité par exemple, la loi de 1836 ne chargeait le conseil général que de la désignation des communes appelées à contribuer ; c'était ensuite le préfet qui déterminait la quote-part afférente à chacune de ces communes. Pour les travaux municipaux intéressant plusieurs communes, le conseil général ne donnait également qu'un avis et il était statué par ordonnance royale. Pour les dépenses afférentes aux aliénés, aux enfants trouvés, qui incombaient partie aux départements, partie aux communes, c'était de même le pouvoir central qui décidait en dernier ressort.

M. Vivien mit habilement en lumière ce défaut du projet de loi et, sur la proposition concertée entre le Ministre et la Commission, il fut stipulé que les délibérations des conseils généraux seraient soumises à la ratification d'une ordonnance du Roi.

(d). FORMALITÉS D'EXPROPRIATION. — La proposition de la Commission fut admise.

(e). NOMENCLATURE DES TRAVAUX A EXÉCUTER PAR L'ÉTAT. — Sur cette nomenclature, M. Bineau fit ressortir les inconvénients qu'elle comportait :

1° Au point de vue des stations, dont on pouvait être conduit à augmenter le nombre après la mise en exploitation :

2° Au point de vue des frais d'entretien, pendant les premières années qui suivraient l'achèvement des travaux de premier établissement ;

3° Au point de vue des engagements à prendre vis-à-vis des Compagnies, relativement au délai d'exécution.

Sans insister sur ces trois inconvénients, il demanda que les baux d'exploitation fussent passés avant le commencement des travaux, afin de bien coordonner la construction de l'infrastructure et celle de la superstructure, de donner aux Compagnies le temps nécessaire pour se préparer, de pouvoir traiter avec elles au cas où l'on trouverait dans les fouilles les éléments du ballast, de ne pas entreprendre de lignes sans être assuré qu'elles pourraient être pratiquement exploitées.

Le Ministre des travaux publics se refusa à prendre un engagement formel à ce sujet, mais affirma néanmoins que son intention était bien conforme aux vues développées par M. Bineau. Il fut en conséquence passé outre aux observations de ce député.

(*f*). APPROBATION DES BAUX D'EXPLOITATION. — Aucune observation digne d'être reproduite ne fut présentée.

Avant de passer au titre II de la loi, c'est-à-dire aux mesures d'exécution, M. Dupin signala la nécessité d'une loi pénale sur la police des chemins de fer. Le Ministre fit connaître que cette loi était à l'étude.

Puis M. Alcock développa longuement une proposition, ayant pour but de compléter le titre Ier par un article aux termes duquel toutes les lignes classées pourraient être concédées avec une garantie d'intérêt, dans des conditions qu'il définissait. Cette proposition, basée sur des considérations déjà présentées à diverses reprises par les partisans des Compagnies, fut repoussée sans discussion.

(*g*). TRAVAUX A ENGAGER IMMÉDIATEMENT. VOIES ET MOYENS. — Le débat porta tout d'abord sur le choix à faire entre le système du Gouvernement qui tendait à entreprendre à la fois plusieurs lignes et le système qui consistait, au contraire, à ne les exécuter que successivement.

M. de Chasseloup-Laubat, après avoir établi que la situation financière du pays n'était pas absolument prospère, insista très vivement pour que l'on ne commençât pas tout simultanément; il y voyait les plus graves dangers, la source des plus grands mécomptes, au cas où surviendrait un événement imprévu qui nécessiterait la suspension des travaux; il montrait que l'application des dispositions proposées par le Gouvernement entraînerait l'exclusion des concessions, priverait ainsi l'État de l'appoint des ressources industrielles, conduirait inévitablement à un retard dans l'achèvement du réseau et compromettrait au plus haut point l'administration des ponts et chaussées qui, malgré son zèle et sa valeur, pourrait se trouver arrêtée par l'insuffisance des crédits et vouée, dès lors, à toutes les attaques, à toutes les critiques.

Le Ministre de l'intérieur, dans un long discours, s'attacha à rétorquer l'argumentation de M. de Chasseloup-Laubat. Suivant lui, les dépenses des chemins de fer seraient assez fécondes pour qu'il fût sage de les exécuter au moyen de ressources extraordinaires ; la situation financière de la France était assez bonne pour comporter un emprunt annuel de 50 millions ; quant aux événements imprévus qui pourraient surgir à un moment donné et détruire les prévisions primitives, il ne pouvait en être tenu compte, sous peine de ne rien faire ; il fallait, comme l'avait dit le rapport, avoir un peu de foi dans la fortune du pays. En voulant d'ailleurs concentrer toutes les allocations sur une même ligne, on n'arriverait pas à les dépenser avec l'ordre, la méthode, l'économie nécessaires ; on serait obligé de précipiter les études et les travaux, de faire un mauvais emploi des fonds. Le système du projet de loi, au contraire, permettait, tout en ouvrant les chantiers sur plusieurs lignes, d'affecter à chacune d'elles la somme susceptible d'y être utilement dépensée.

M. Thiers reprit la thèse de M. de Chasseloup-Laubat : avec son art et son talent merveilleux, il fit le tableau complet de l'état des finances publiques qu'il jugeait très puissantes, mais fortement engagées : il émit les doutes les plus sérieux sur le succès des emprunts auxquels on serait obligé de recourir ; chemin faisant, il démontra que la solution du problème n'était pas, à cet égard, dans le concours de l'industrie privée. « On croit, disait-il, que, quand on a rejeté « la charge des travaux sur les Compagnies, on a rendu un « grand service à l'État et au Trésor de l'État. C'est une « erreur ; l'État et les Compagnies puisent dans le même « réservoir, et quand les Compagnies y puisent de leur « côté, l'État éprouve une véritable contrainte à y puiser « du sien. Ce sont les mêmes maisons, les mêmes capita-

« listes, non seulement en France, mais dans toute l'Europe,
« qui fournissent à la fois et aux travaux publics et aux
« emprunts de l'État, et lorsque vous vous êtes adressés lar-
« gement à ce réservoir par une voie, vous le trouvez moins
« plein, lorsque vous y puisez par une autre, de tout ce
« qu'on y a déjà pris. » Il combattit le système de l'éparpillement par la comparaison imagée que voici : « Savez-
« vous, quand vous voulez éparpiller vos ressources pour
« lutter contre la concurrence étrangère, savez-vous à quoi
« vous ressemblez ? Vous ressemblez à ces habitants d'une
« ville, comme Paris par exemple, qui avaient plusieurs
« ponts à construire sur la Seine. Qu'auriez-vous dit si ces
« habitants de Paris, au lieu de faire d'abord un pont, puis
« un autre, et de s'assurer le moyen de passer la rivière
« une fois, avant de chercher à la passer sur plusieurs
« points, avaient commencé à faire une arche de tous les
« ponts de la Seine ? » Il demanda donc la concentration
de toutes les ressources sur la grande ligne magistrale du
Nord au Midi, qui s'imposait au point de vue moral et commercial, pour empêcher le transit correspondant de passer
entre les mains de l'Allemagne, et au point de vue militaire,
pour faciliter les concentrations vers la Belgique et vers
l'Algérie. Son discours contenait d'ailleurs des renseignements détaillés et pittoresques sur le développement des
chemins de fer à l'étranger.

L'argumentation de M. Thiers était incontestablement
très spécieuse. Mais elle n'en avait pas moins plusieurs côtés
vulnérables. En sortant des généralités pour prendre une à
une les sections auxquelles le projet de loi proposait de
mettre immédiatement la main, il était facile de reconnaître
que les prétendus tronçons étaient des lignes sérieuses, se
rattachant à d'autres lignes préexistantes, formant avec elles
un long développement, devant accroître considérablement

leur valeur et leur importance en reliant des populations
importantes et de grands intérêts. Le système du projet de
loi était donc, non pas un système de dispersion, mais un
système de répartition juste, raisonnable, des ressources nationales sur toute la surface du sol ; au point de vue politique,
il était seul susceptible de réunir les suffrages de la Chambre
et de satisfaire le pays ; il était conforme à la tradition de
tous les gouvernements ; on y avait eu recours toutes les fois
qu'il s'était agi d'exécuter de grands travaux publics (amélioration de ports, amélioration de rivières, construction de
canaux, etc...). En outre, la grande ligne de la frontière de
Belgique à Marseille, que défendait M. Thiers, était en réalité formée de deux lignes distinctes se reliant à Paris et
n'ayant entre elles, au point de vue commercial, politique,
stratégique, qu'une solidarité indirecte et peu accusée. Si on
avait dû concentrer les crédits sur une direction unique,
n'était-ce pas plutôt celle du Havre vers Strasbourg qu'il eût
fallu choisir, puisqu'elle était incontestablement appelée à
desservir d'une extrémité à l'autre un courant continu de
transit ?

M. Billault développa fort habilement ces objections ; il
montra qu'au point de vue financier, les deux systèmes
étaient équivalents, même en cas de guerre ; il se prononça
résolument en faveur des propositions du Gouvernement et
de la Commission.

Après un discours de M. d'Angeville, M. de Lamartine
reprit en termes chauds, colorés, brillants, la défense de ces
propositions et montra qu'elles étaient commandées par
l'éparpillement des chemins votés par la Chambre durant
les années précédentes. Il fallait mettre ces chemins en
valeur en les prolongeant, en les soudant les uns aux autres ;
il fallait répandre avec une certaine uniformité, avec une
certaine justice distributive, sur les diverses parties du ter-

ritoire, la civilisation, le progrès, que les chemins de fer apportaient avec eux.

M. le maréchal Soult, président du conseil, joignit aux efforts de ses collègues du Cabinet l'appoint de son autorité au point de vue militaire.

Le scrutin fut ensuite ouvert sur un amendement de MM. Carnot, d'Angeville et Chasseloup-Laubat, tendant à concentrer les allocations sur les chemins de Paris à la frontière de Belgique et de Paris à la Méditerranée : cet amendement fut rejeté par 222 voix contre 152.

Quelle que soit l'opinion que l'on puisse se former sur les deux systèmes en présence, il n'y a pas lieu de s'étonner de ce vote. Comment les partisans de la concentration des ressources sur une direction unique eussent-ils pu entraîner à leur suite les représentants des départements qui se seraient ainsi trouvés relégués au second plan, exposés à toutes les imprévisions, à toutes les éventualités ?

Après l'adoption du système du Gouvernement, il ne restait plus qu'à discuter les sections auxquelles seraient attribuées les premières allocations. Un certain nombre d'amendements furent présentés, mais sans succès ; comme ils ne soulevaient pas de questions de principe et qu'ils répondaient surtout à des intérêts purement locaux, il serait superflu de les analyser ici. Nous nous bornons donc à les mentionner.

Finalement la loi fut votée dans son ensemble par 255 voix contre 83, après une légère correction consistant à stipuler que le crédit de 1 500 000 fr. mis à la disposition de l'administration pour les études pourrait s'appliquer à toutes les grandes lignes, sans limitation à celles qui faisaient l'objet du classement de la loi.

IV.— RAPPORT DE LA COMMISSION DE LA CHAMBRE DES PAIRS

[M. U., 27 mai 1842]. — A la Chambre des pairs, le rapport fut rédigé par M. de Gasparin. Il fut absolument favorable au projet de loi tel qu'il était sorti des délibérations de la Chambre des députés.

v. — DISCUSSION A LA CHAMBRE DES PAIRS [M. U., 31 mai, 1, 2, 3 et 4 juin 1842]. — (A). *Discussion générale.* — Le débat à la Chambre des pairs commença par une charge à fond de M. le marquis de Barthélemy contre le projet de loi. L'honorable orateur fit appel au concours de ses collègues, placés dans une sphère indépendante, ne tenant pas leurs pouvoirs des électeurs, pour empêcher le pays de se jeter témérairement dans une entreprise trop vaste, trop étendue, écrasante pour les finances de l'État, et de céder à un engouement et à des entraînements irréfléchis. Il fit une longue nomenclature de toutes les dépenses extraordinaires qui s'imposeraient inévitablement dans un avenir peu éloigné : achèvement des routes royales ; amélioration des rivières, telles que la Marne, l'Yonne, la basse Seine ; établissement de nouveaux phares ; ouvrages de défense ; travaux publics et militaires aux colonies et particulièrement en Algérie. En ajoutant ces dépenses à celles dont le principe était posé par la nouvelle loi, il considérait nos finances comme irrémédiablement engagées jusqu'en 1859 au moins. Il s'éleva vivement contre le système de l'éparpillement ; les revenus des chemins de fer étaient, suivant lui, trop incertains pour que l'on ne se bornât pas tout d'abord aux lignes magistrales ; la grande direction de la Belgique vers Marseille lui paraissait offrir un élément suffisant à l'activité nationale.

M. le comte Murat lui répondit en faisant valoir que les dépenses seraient successives, progressives ; qu'on en resterait maître ; que, d'ailleurs, elles produiraient certainement un accroissement notable des revenus indirects du Trésor ;

qu'il était impossible de se soustraire à la puissance des faits, à la marche des temps, aux progrès de la civilisation, aux transformations profondes et générales des mœurs, des besoins et des tendances des sociétés.

M. le baron Charles Dupin, qui succéda à M. le comte Murat, invoquant l'exemple de l'Angleterre où le Parlement étudiait avec tant de soin, si minutieusement, toutes ses lignes de chemins de fer et où cependant le développement du réseau avait été si rapide, se plaignit amèrement de la précipitation avec laquelle on résolvait en France les grosses questions d'affaires. Revenant sur un avis déjà émis par une commission de la Chambre des pairs en 1840, il insista sur la convenance, sur les avantages qu'il y aurait eu à saisir cette Chambre du projet de loi, avant de le remettre entre les mains de la Chambre des députés, dont le mandat allait expirer. Aucune pensée locale, aucune pensée relative au renouvellement de la législature, ne serait venue vicier l'examen, la discussion, le vote de la loi. S'appuyant sur les résultats de l'exploitation des lignes de la Grande-Bretagne, il s'efforça de prouver que le trafic de la plupart des chemins de fer classés par le projet de loi était des plus problématiques. Il montra les Etats-Unis ruinés, en proie à la crise commerciale la plus violente, pour avoir voulu pousser trop rapidement l'extension de ses voies ferrées ; et pourtant, ils n'avaient pas les charges qui pesaient sur la France par suite de ses nécessités militaires. Il s'attacha à démontrer que la prétendue avance de l'Allemagne et de l'Italie n'existait pas en réalité ; que notre transit, loin de diminuer, ne cessait de s'accroître ; que les difficultés d'établissement de la ligne de Trieste à Vienne s'opposeraient encore, pendant de longues années, à l'ouverture de ce chemin dont on redoutait tant la concurrence. Il reproduisit contre l'exécution par l'État les arguments déjà si souvent mis en avant :

lenteur de conception et de réalisation, dépassements de dépenses, impossibilité de bien coordonner les travaux d'infrastructure et ceux de superstructure. Il fit l'éloge pompeux des Compagnies, de l'esprit d'association ; l'exécution par l'industrie privée, avec des cahiers des charges raisonnables et dépouillés de toute clause léonine, draconnienne, lui semblait seule compatible avec la dignité, avec la forme du Gouvernement. Sa conclusion était la suivante : « Je « repousse la loi, parce que, dans l'idée même d'un réseau « simultané, ce réseau n'est pas complet, surtout du côté de « l'Ouest. Je repousse la pensée qu'il ne faut pas comparer « pour chaque chemin les revenus présumables et la dépense « totale, parce que c'est ouvrir la porte aux entreprises les « plus ruineuses, sous le prétexte menteur des bénéfices « indirects qui viendront plus tard compenser les pertes « primitives et directes. A moins d'amendements graves, je « repousse la loi, et les motifs, et les apologies qui tendent « à faire croire au peuple qu'il va retirer des avantages dans « toutes les parties du territoire ; tandis que, sur une foule « de points, les avantages ou généraux ou particuliers « seront infiniment au-dessous des sacrifices consommés ; je « repousse la guerre indirecte, sourde et fatale, faite à l'es- « prit d'association ; je repousse une alliance impossible « entre une administration qui, sans vues commerciales, « sans besoins financiers, et sans nécessités de revenus, fera « les chaussées comme elle l'entendra, les dirigeant par les « lieux commerciaux ou non, mais qui lui plairont, et les « Compagnies amoindries, abaissées au rang de rouliers à « gages. Enfin, et pour dernier motif, je repousse une loi « qui précipite le Trésor dans un abîme de dépenses. »

M. le marquis de Louvois, au contraire, se prononça pour le projet de loi, en formulant le désir que la ligne de Lille vers Marseille fût largement dotée, que le Gouverne-

ment usât le plus possible du concours de l'industrie privée,
enfin qu'une administration spéciale fût constituée pour
l'entretien, la surveillance et la police des chemins de fer.

M. le général baron Delort, comme M. Dupin, exprima
le regret de voir le Gouvernement tendre à transformer la
Chambre des pairs en Chambre d'enregistrement, en ne la
saisissant que tardivement des projets de loi soumis à sa
sanction. Se basant sur les charges du Trésor, sur les mécomptes et les difficultés de l'exécution des chemins de fer,
sur l'incertitude des résultats de leur exploitation, il demanda
que la loi posât la règle de l'exécution successive des diverses
lignes et donnât le second rang, au point de vue de la priorité, à la ligne de Paris à Marseille par Lyon.

M. le général baron Pelet déclara, au contraire, donner
son adhésion au projet de loi qui lui paraissait présenter un
puissant intérêt pour la défense ; il fit du reste connaître que
les trois lignes les plus importantes à ses yeux, pour les
opérations de concentration des troupes, étaient : 1° celle de
Paris à Lyon par Orléans, Vierzon et Bourges, et par la rive
gauche de la Loire, prolongée plus tard jusqu'à la Méditerranée ; 2° celle de Paris vers Strasbourg, par Châlons, Vitry,
Toul, Nancy et Hommarting ; 3° celle de Paris à Bordeaux
et Nantes.

M. le comte de la Redorte traita particulièrement la
question financière ; suivant lui, les emprunts étaient devenus
difficiles, parce que les capitaux étrangers n'affluaient plus
sur le marché français ; la dépense à faire pour compléter
notre réseau de routes et de canaux était de 3 milliards environ, et c'était là le travail le plus pressant ; l'utilité des 700
lieues de chemins de fer classés par la Chambre était loin
de justifier les frais énormes que devait entraîner la construction de ce réseau ; dans cette situation on ne pouvait
adopter le projet de loi sans s'exposer aux conséquences les

plus funestes pour les finances de l'État. Nous croyons devoir extraire du discours de l'orateur quelques renseignements statistiques intéressants, à savoir :

Superficie : 57 812 milles carrés ou 7 609 lieues carrées de 25 au degré.

Angleterre.

Population.
- Totale : 14 millions d'habitants.
- Par lieue carrée : 1 840 habitants.

Production.
- Agricole : 3 milliards.
- Industrielle : 4 milliards.

Total : 7 milliards, soit : par habitant 500 f.; par lieue carrée 920 000 fr.

France.....

Population par lieue carrée : 1 256 habitants.

Production.
- Agricole : 6 milliards.
- Industrielle : 4 milliards.

Total : 10 milliards, soit : par habitant 300 f.; par lieue carrée 376 000 fr.

M. Lacave-Laplagne, Ministre des finances, répondit aux membres de la Chambre qui avaient dépeint l'état de nos finances sous des couleurs trop sombres ; il donna l'assurance que la France pourrait, sans difficultés, sans embarras, faire face à toutes les dépenses prévues ; il ajouta, pour lever tous les scrupules, que le projet de loi n'engageait pas plus du quart de ces dépenses.

A la suite d'une nouvelle attaque de M. le comte de Montalembert, M. Rossi prononça en faveur de la loi un discours remarquable par sa lucidité, l'élévation de ses idées, la sagesse de ses vues, et qui mérite une lecture attentive. Il invoqua l'augmentation rapide de la prospérité du pays; les plus-values incessantes des impôts, qui s'élevaient à 2 % par an, alors que la population n'augmentait pas de plus de 1/2 % ; le chiffre considérable de l'épargne ; les bénéfices énormes dont les chemins de fer feraient profiter indirectement les usagers par la réduction du prix et des délais de transport et par le développement des relations commerciales ; les avantages qui résulteraient de leur établissement pour la consolidation de l'unité nationale. Il réfuta les arguments tirés de la comparaison des chemins de fer anglais et belges, en faisant remarquer que l'on avait mis en parallèle des choses absolument incomparables, sans tenir un compte suffisant des différences de frais de construction, de trafic, de tarifs ; il repoussa également le reproche adressé aux chemins de fer, d'être impropres au transport des marchandises qui resteraient toujours dans le domaine de la navigation. Il démontra l'incompatibilité du système de la ligne unique avec les nécessités politiques et les convenances d'une bonne justice distributive ; tout en émettant l'avis que l'industrie privée n'avait peut-être pas été assez encouragée, assez soutenue dès l'origine, il établit que la combinaison proposée par le Gouvernement lui faisait encore une large part et tenait un juste compte de l'état de l'opinion publique sur les rôles respectifs de l'État et des Compagnies.

La discussion générale fut fermée après ce discours et la Chambre des pairs passa à la discussion des articles.

(B). *Discussion des articles.* — (a). CLASSEMENT. — M. le duc de Noailles présenta un premier amendement tendant, comme celui qu'avait formulé M. Chasles à la Chambre des des députés, à faire passer par Chartres, Le Mans et Angers, le chemin de Paris à Nantes. Mais cet amendement fut rejeté conformément aux conclusions de M. Teste, Ministre des travaux publics, qui, néanmoins, promit de consacrer à l'étude d'une ligne de Paris à Angers, par la Beauce, une partie du crédit de 1 500 000 fr. mis à sa disposition pour les études de cette nature.

M. le vicomte du Bouchage demanda l'assurance, qui lui

fut donnée par le Ministre, que la lacune entre Amiens et Lille ne serait pas comblée avant le rattachement de l'un des ports du littoral de la Manche.

M. le comte Chollet appela l'attention du Gouvernement sur l'utilité d'un chemin de ceinture à établir le long et à l'intérieur des fortifications pour réunir les lignes divergeant de Paris : note fut prise de sa recommandation.

Enfin, la Chambre repoussa un amendement de M. le marquis de Cambès, ayant pour objet de faire passer par la vallée de la Durance la ligne de Marseille et de ne desservir Arles que par un embranchement se détachant à Tarascon du chemin d'Avignon vers Tarascon, Beaucaire et Cette.

(*b*). AUTRES DISPOSITIONS GÉNÉRALES.— Puis, toutes les autres dispositions générales de la loi furent votées après l'échange de quelques observations d'importance secondaire.

(*c*). TRAVAUX A ENGAGER IMMÉDIATEMENT. VOIES ET MOYENS. — M. le marquis de Barthélemy reprit la thèse soutenue à la Chambre des députés par MM. de Chasseloup-Laubat et Thiers en faveur de la concentration des premières allocations sur la ligne de la Manche et de la frontière belge vers Paris et la Méditerranée, qu'il considérait comme prépondérante à tous égards. L'exécution successive lui paraissait seule conforme aux vrais principes de l'économie sociale; il invoquait un exemple du même ordre que celui dont s'était servi M. Thiers : « Si vous avez, disait-il, plusieurs maisons « à construire en dix ou vingt ans, et que vous ne puissiez « appliquer à leur construction qu'une certaine somme par « année, les construiriez-vous toutes ensemble, et ne pré- « féreriez-vous pas les élever successivement de manière à « tirer parti de chacune d'elles, après leur confection, plutôt « que de louer à bas prix les rez-de-chaussées de chacune « d'elles, pendant qu'on préparerait les appartements su- « périeurs ? »

M. le marquis d'Audiffret et M. le comte Pelet (de la Lozère) prononcèrent également de longs discours en faveur de l'amendement, en s'appuyant surtout sur notre situation financière.

Le Ministre des finances, le Ministre des travaux publics et le Ministre de l'intérieur répondirent à ces orateurs par une argumentation analogue à celle qui avait été déjà développée devant la Chambre des députés.

M. le baron Dupin livra un nouvel assaut au projet de loi, en critiquant la tendance de la Chambre des députés à toujours augmenter les dépenses au lieu de les restreindre et en s'appuyant sur l'opinion exprimée en ces termes par Napoléon Ier : « Je veux arriver vite et sûrement à doter la « France de canaux. Je veux les entreprendre successive- « ment. Quand j'aurai terminé le premier, j'en ferai la « concession à une Compagnie qui saura le rendre produc- « tif. Avec l'argent de la vente et mes ressources, je ferai « un second canal que je vendrai de même, etc... Par là j'at- « teindrai mon but, tandis que, depuis quarante ans, les « canaux commencés tous à la fois, aux frais de l'État, res- « tent inachevés. »

Néanmoins, l'amendement fut rejeté.

Un autre amendement de M. le marquis d'Audiffret, défendu par M. le vicomte Dubouchage et ayant pour but d'assurer les ressources nécessaires, au moyen d'émissions de rentes, au lieu de les prélever sur la réserve de l'amortissement et la dette flottante, fut également repoussé.

La loi fut ensuite votée dans son ensemble et rendue exécutoire le 11 juin 1842 [B. L., 1er sem. 1842, n° 914, p. 481].

Le texte définitif en était le suivant :

TITRE PREMIER.

Dispositions générales.

ARTICLE PREMIER.

« Il sera établi un système de chemins de fer se diri-
« geant :

« 1° De Paris :

« Sur la frontière de Belgique, par Lille et Valen-
« ciennes ; sur l'Angleterre, par un ou plusieurs points du
« littoral de la Manche, qui seront ultérieurement déter-
« minés ; sur la frontière d'Allemagne, par Nancy et Stras-
« bourg ; sur la Méditerranée, par Lyon, Marseille et Cette ;
« sur la frontière d'Espagne, par Tours, Poitiers, Angou-
« lême, Bordeaux et Bayonne ;

« Sur l'Océan, par Tours et Nantes ;

« Sur le centre de la France, par Bourges.

« 2° De la Méditerranée sur le Rhin, par Lyon, Dijon et
« Mulhouse ;

« De l'Océan sur la Méditerranée, par Bordeaux, Tou-
« louse et Marseille ;

ARTICLE 2.

« L'exécution des grandes lignes de chemins de fer
« définies par l'article précédent aura lieu par le concours

« De l'État,

« Des départements traversés et des communes intéres-
« sées,

« De l'industrie privée.

« Dans les proportions et suivant les formes établies par
« les articles ci-après.

« Néanmoins ces lignes pourront être concédées en
« totalité ou en partie à l'industrie privée, en vertu de lois
« spéciales et aux conditions qui seront alors déterminées.

ARTICLE 3.

« Les indemnités dues pour les terrains et bâtiments,
« dont l'occupation sera nécessaire à l'établissement des
« chemins de fer et de leurs dépendances, seront avancées
« par l'État et remboursées à l'État, jusqu'à concurrence
« des deux tiers, par les départements et les communes.

« Il n'y aura pas lieu à indemnité pour l'occupation des
« terrains ou bâtiments appartenant à l'État.

« Le Gouvernement pourra accepter les subventions
« qui lui seraient offertes par les localités ou les particu-
« liers, soit en terrains, soit en argent.

ARTICLE 4.

« Dans chaque département traversé, le conseil général
« délibérera :

« 1° Sur la part qui sera mise à la charge du départe-
« ment dans les deux tiers des indemnités et sur les res-
« sources extraordinaires au moyen desquelles elle sera rem-
« boursée, en cas d'insuffisance des centimes facultatifs,

« 2° Sur la désignation des communes intéressées et sur
« la part à supporter par chacune d'elles, en raison de son
« intérêt et de ses ressources financières.

« Cette délibération sera soumise à l'approbation du
« Roi.

ARTICLE 5.

« Le tiers restant des indemnités de terrains et bâti-
« ments,

« Les terrassements,

« Les ouvrages d'art et stations seront payés sur les
« fonds de l'État.

Article 6.

« La voie de fer, y compris la fourniture du sable,

« Le matériel et les frais d'exploitation,

« Les frais d'entretien et de réparation du chemin, de
« ses dépendances et de son matériel, resteront à la charge
« des Compagnies auxquelles l'exploitation du chemin sera
« donnée à bail.

« Ce bail réglera la durée et les conditions de l'exploi-
« tation ainsi que le tarif des droits à percevoir sur le par-
« cours ; il sera passé provisoirement par le Ministre des
« travaux publics, et définitivement approuvé par une loi.

Article 7.

« A l'expiration du bail, la valeur de la voie de fer et du
« matériel sera remboursée, à dire d'experts, à la Compa-
« gnie par celle qui lui succédera ou par l'État.

Article 8.

« Des ordonnances royales régleront les mesures à
« prendre pour concilier l'exploitation des chemins de fer
« avec les lois et règlements sur les douanes.

Article 9.

« Des règlements d'administration publique détermi-
« neront les mesures et les dispositions nécessaires pour
« garantir la police , la sûreté , l'usage et la conservation
« des chemins de fer et de leurs dépendances.

TITRE II.

Dispositions particulières.

ARTICLE 10.

« Une somme de quarante-trois millions (43 000 000 fr.) est
« affectée à l'établissement du chemin de fer de Paris à Lille
« et Valenciennes, par Amiens, Arras et Douai.

ARTICLE 11.

« Une somme de onze millions cinq cent mille francs
« (11 500 000 fr.) est affectée à la partie du chemin de fer de
« Paris à la frontière d'Allemagne, comprise entre Hom-
« marting et Strasbourg.

ARTICLE 12.

« Une somme de onze millions (11 000 000 fr.) est
« affectée à l'établissement de la partie commune aux
« chemins de fer de Paris à la Méditerranée et de la Mé-
« diterranée au Rhin, comprise entre Dijon et Châlons.

ARTICLE 13.

« Une somme de trente millions (30 000 000 fr.) est affectée
« à la partie du chemin de Paris à la Méditerranée, com-
« prise entre Avignon et Marseille, par Tarascon et Arles.

ARTICLE 14.

« Une somme de dix-sept millions (17 000 000 fr.) est
« affectée à l'établissement de la partie commune aux che-
« mins de fer de Paris à la frontière d'Espagne et de Paris à
« l'Océan, comprise entre Orléans et Tours.

ARTICLE 15.

« Une somme de douze millions (12 000 000 fr.) est af-
« fectée à l'établissement de la partie du chemin de fer de
« Paris au centre de la France, comprise entre Orléans et
« Vierzon.

ARTICLE 16.

« Une somme de un million cinq cent mille francs
« 1 500 000 fr.) est affectée à la continuation et à l'achève-
« ment des études des grandes lignes de chemins de fer.

ARTICLE 17.

« Sur les allocations mentionnées aux articles précédents
« et s'élevant ensemble à la somme de cent vingt-six millions
« de francs (126 000 000 fr.), il est ouvert au Ministre des
« travaux publics, sur l'exercice 1842, un crédit de,
« savoir :

« Pour le chemin de fer de Paris à la frontière de la Belgique, dans
« la partie comprise entre Paris et Amiens..........   4 000 000 fr.

« Pour la partie du chemin de fer de Paris à la
« frontière d'Allemagne, entre Strasbourg et Hom-
« marting......................................   1 500 000

« Pour la partie commune aux chemins de Paris à
« la Méditerranée et de la Méditerranée, au Rhin, entre
« Dijon et Châlons..............................   1 000 000

« Pour la partie du chemin de fer de Paris à la
« Méditerranée, comprise entre Avignon et Marseille...   2 000 000

« Pour la partie commune aux chemins de fer de
« Paris à la frontière d'Espagne et de Paris à l'Océan,
« entre Orléans et Tours........................   2 000 000

« Pour la partie du chemin de fer de Paris au
« centre de la France, comprise entre Orléans et
« Vierzon......................................   1 500 000

« Pour la continuation des études..............   1 000 000

« TOTAL.....   13 000 000

« Et sur l'exercice 1843, un crédit de, savoir :

« Pour le chemin de Paris à la frontière de Belgique..	8 000 000 fr.
« Pour la partie du chemin de fer de Paris à la frontière d'Allemagne, entre Strasbourg et Hommarting...	3 500 000
« Pour la partie commune aux chemins de Paris à la Méditerranée et de la Méditerranée au Rhin, entre Dijon et Châlons..................................	2 000 000
« Pour la partie du chemin de Paris à la Méditerranée, entre Avignon et Marseille................	6 000 000
« Pour la partie commune aux chemins de Paris à la frontière d'Espagne et de Paris à l'Océan entre Orléans et Tours..................................	6 000 000
« Pour la partie du chemin de Paris au centre de la France, entre Orléans et Vierzon.................	3 500 000
« Pour la continuation des études..............	500 000
« TOTAL.......	29 500 000

TITRE III.

Voies et moyens.

ARTICLE 18.

« Il sera pourvu provisoirement, au moyen des ressources de la dette flottante, à la portion des dépenses autorisées par la présente loi, qui doivent demeurer à la charge de l'État ; les avances du Trésor seront définitivement couvertes par la consolidation des fonds de réserve de l'amortissement qui deviendront libres après l'extinction des découverts des budgets des exercices 1840, 1841, 1842.

TITRE IV.

Disposition finale.

ARTICLE 19.

« Chaque année, il sera rendu aux Chambres, par le Mi-
« nistre des travaux publics, un compte spécial des travaux
« exécutés en vertu de la présente loi.

« La présente loi, discutée, délibérée, etc..., etc... »

Sans être parfaite et irréprochable, la loi de 1842 constituait un immense progrès ; les pouvoirs publics avaient
enfin arrêté leur ferme résolution d'exécuter rapidement
notre premier réseau de chemins de fer et déterminé un programme net et précis, aussi bien pour le classement que
pour la construction ; l'élaboration de la loi avait provoqué
une étude approfondie de la question et des discussions bril-
lantes ; le pays allait enfin entrer dans une ère nouvelle et
féconde.

**49.—Projet de loi non adopté pour l'allocation de prêts
aux compagnies de Strasbourg à Bâle et de Bordeaux à la
Teste, et pour la fusion des deux compagnies de Paris à
Versailles.**

I. — PROJET DE LOI. — Pendant que s'élaborait le grand
programme qui devait faire l'objet de la loi du 11 juin 1842,
les Compagnies auxquelles avaient été concédées antérieurement un certain nombre de lignes continuaient pour la
plupart à végéter.

M. Kœchlin, qui avait entrepris à forfait, pour le compte
de la Compagnie concessionnaire, la construction du chemin

de fer de Strasbourg à Bâle, moyennant une somme de 40 millions, ne pouvait réaliser ses actions malgré le prêt de 12 600 000 fr. consenti à cette Compagnie par la loi du 15 juillet 1840, et se trouvait aux prises avec les embarras financiers les plus graves. Il avait pourtant déployé une activité et une énergie incontestables. Dès le 15 août 1841, il avait livré à la circulation la section de Kœnigshoffen à Saint-Louis, de 134 kilomètres de longueur, et dépensé 35 millions. Mais il lui restait à poser la deuxième voie sur 2 à 3 kilomètres ; à exécuter les 3 kilomètres qui séparaient Kœnigshoffen de l'enceinte de Strasbourg, ainsi que l'entrée dans cette ville ; à prolonger la ligne de Saint-Louis à la frontière suisse et à Bâle. M. Kœchlin avait épuisé tous les gages que sa maison et ses propriétés personnelles pouvaient offrir ; d'autre part, les actions n'étaient pas à un cours supérieur à 240 fr. et auraient considérablement baissé, si cet industriel avait jeté sur la place tout ou partie des 34 000 titres dont il disposait. Il crut devoir alors se tourner vers le Gouvernement, pour demander à nouveau l'appui des pouvoirs publics, et sollicita un prêt de 6 millions sur dépôt d'actions et avec hypothèque générale sur tous ses biens. Le Gouvernement ne crut pas devoir lui prêter ainsi un concours qui aurait eu un caractère trop personnel. La Compagnie se mit en son lieu et place et proposa au Ministre diverses combinaisons, savoir :

1° Un prêt de 6 millions fait par l'État à la Société, aux mêmes conditions que le prêt antérieur de 12 600 000 fr., à charge par elle d'amortir entre les mains de M. Kœchlin 17 142 actions ;

2° La suspension, pendant un certain nombre d'années, de l'amortissement et de l'intérêt des 12 600 000 fr. prêtés par l'État, et en même temps l'autorisation d'emprunter 6 millions de francs qui seraient consacrés à éteindre les 17 142 actions précitées ;

3° L'autorisation, en vue de cet emprunt et de l'annulation du nombre correspondant d'actions, de porter à 5 1/2 % le prélèvement privilégié que la loi du 15 juillet 1840 accordait aux actionnaires, prélèvement qui primerait l'amortissement et l'intérêt du prêt de l'État.

C'est à la seconde combinaison que le Gouvernement crut devoir adhérer ; il présenta donc le 19 avril 1842 [M. U., 20 avril 1842] un projet de loi aux termes duquel la Compagnie était autorisée à prélever, sur le produit brut du chemin, l'intérêt et l'amortissement d'un emprunt de 6 millions de francs à contracter par elle à un taux agréé par le Gouvernement ; un nombre d'actions suffisant pour représenter, valeur au pair de 350 fr., le montant de l'emprunt, devait être annulé trois ans après l'époque fixée pour l'achèvement des travaux ; par dérogation à la loi du 15 juillet 1840, l'amortissement du prêt de 12 600 000 fr. ne devait être prélevé, comme l'intérêt lui-même, qu'autant qu'il aurait pu être attribué, sur le produit net, aux actions restantes un intérêt de 4 %.

L'adoption de cette combinaison n'apportait pas une modification sérieuse à la situation faite à l'État par la loi du 15 juillet 1840. D'après cette loi, l'État ne devait percevoir l'intérêt de son prêt de 12 600 000 fr. que lorsque les actionnaires avaient touché 4 % de leur mise de fonds ; l'amortissement devait commencer d'ailleurs trois ans après l'époque fixée pour l'achèvement du chemin de fer. Dans le nouvel état de choses, les seules aggravations qu'eût à subir l'État consistaient :

1° Dans la différence entre l'intérêt effectif du nouvel emprunt et le taux de 4 % affecté par la loi de 1840 à l'intérêt des actions ;

2° Dans le prélèvement privilégié sur le produit brut de l'amortissement de cet emprunt ;

1

20

3° Dans la suppression du privilège stipulé en 1840, au profit de l'amortissement du prêt de 12 600 000 fr. ;

4° Dans le délai accordé pour l'extinction des actions correspondant à l'emprunt de 6 millions.

Le chemin de fer de Bordeaux à la Teste avait été concédé pour trente-quatre ans huit mois, à la suite d'un concours ouvert en exécution de la loi du 17 juillet 1837 ; la durée de la concession avait été portée à soixante-dix ans par une loi postérieure du 13 juin 1841. Les travaux avaient été poussés rapidement et le chemin était livré à la circulation ; mais les dépenses primitivement évaluées à 3 900 000 fr. avaient dépassé 5 millions ; les actions étaient, du reste, encore presque toutes entre les mains d'un petit nombre de fondateurs ; de nouveaux travaux s'imposaient en outre à bref délai et devaient entraîner un supplément nouveau de dépenses de 650 000 fr. La Compagnie, alarmée de cette situation, écrasée par les charges qui pesaient sur elle, sollicita du Gouvernement un prêt de 3 millions sur dépôt d'actions, remboursable en vingt ans, et dont l'intérêt ne serait payé à l'État que lorsque les autres actionnaires auraient touché l'intérêt et l'amortissement de leur mise de fonds. Le Ministre crut opportun de donner une preuve de sympathie à une société qui avait doté son pays d'une voie destinée à porter la vie et la civilisation dans des lieux, que la nature semblait avoir voués à la stérilité. Il proposa donc un prêt de 2 millions ; le taux de l'intérêt était réglé à 3 °/₀ l'an ; le remboursement devait s'effectuer au moyen d'un amortissement annuel de 1 °/₀ et commencer au plus tard trois ans après la promulgation de la loi ; la Compagnie affectait, comme gage, le chemin de fer, ses dépendances, son matériel, ses produits ; l'amortissement était prélevé avant toute distribution de dividende aux actionnaires ;

quant à l'intérêt de 3 %, l'État ne devait le percevoir qu'après que les actionnaires auraient touché, sur le produit net, 4 % de leur mise de fonds.

Deux lignes de Paris à Versailles avaient été concédées par adjudication en conformité de la loi du 9 juillet 1836. Celle de la rive droite avait pu être livrée à l'exploitation dès 1839. Sur la rive gauche, au contraire, des difficultés avaient surgi et les travaux n'avaient pu être terminés que grâce à un prêt de 5 millions consenti par la loi du 1er août 1839. Les deux compagnies avaient dès lors engagé une lutte très vive; mais, comprenant qu'elles succomberaient en poursuivant cette lutte à outrance, elles s'étaient rapprochées et avaient préparé un traité de fusion en une société unique dont le capital eût été de 17 millions, et dans laquelle les 20 000 actions de la rive gauche n'eussent plus compté que pour 12 000. Toutefois ce traité ne devait devenir définif que si les pouvoirs publics dispensaient la Compagnie de la rive gauche, jusqu'au 1er janvier 1859, du paiement de l'intérêt et de l'amortissement stipulés par la loi du 1er août 1839. Le Ministre, considérant qu'il n'était pas possible d'user de rigueur, au risque de provoquer la ruine de la Compagnie de la rive gauche; que l'État avait commis une faute en créant ainsi deux lignes concurrentes; que la fusion assurerait le recouvrement ultérieur de la créance de l'État, moyennant le sacrifice de quelques années d'intérêt, proposa la ratification du traité.

II. — RAPPORT A LA CHAMBRE DES DÉPUTÉS. [M. U., 27 mai 1842]. — La commission de la Chambre des députés, chargée d'examiner le projet de loi, choisit comme rapporteur M. Allard, représentant des Deux-Sèvres.

En ce qui concernait le chemin de Strasbourg à Bâle, la

Commission rendit hommage aux efforts patriotiques et au désintéressement de M. Kœchlin ; elle constata que la Compagnie à laquelle on devait le premier chemin d'une grande étendue exécuté en France, avait des titres tout particuliers à la bienveillance des pouvoirs publics ; elle reconnut l'intérêt considérable que présentait la ligne au point de vue national et souscrivit à la proposition du Gouvernement. Elle fit d'ailleurs remarquer que, d'après les résultats de l'exploitation, pendant les derniers mois de l'année 1841, les recettes suffisaient déjà à faire face aux charges probables de l'emprunt de 6 millions et au service de l'intérêt de 4 °/₀ réservé aux actions, et que, dès lors, l'État arriverait très rapidement à toucher l'intérêt et l'amortissement de son prêt de 12 600 000 fr. ; elle ajouta que, si la ligne avait été construite dans le système de la loi de principe récemment votée par la Chambre des députés, l'État aurait eu à débourser 21 millions.

Pour le chemin de Bordeaux à la Teste, la Commission adopta également la proposition du Gouvernement, en raison de l'utilisation éventuelle de cette ligne pour l'établissement d'une communication entre Bordeaux et Bayonne, des services qu'elle rendait à la région, de la plus-value dont elle faisait bénéficier les fonds de l'État, du malaise et de la crise dont souffrait la place de Bordeaux.

Quant aux chemins de Versailles, la Commission considérant que l'État avait déjà commis une double faute en concédant deux lignes parallèles, puis en prêtant à la Compagnie de la rive gauche et en violant ainsi la neutralité qu'il aurait dû observer au regard des deux sociétés, ne crut par devoir jeter de nouveau ses ressources dans la balance. Le très grave accident survenu le 8 mai sur la ligne de la rive gauche, les dissidences entre les actionnaires de cette ligne au sujet de l'opportunité de la fusion, constituaient en outre à ses yeux de sérieux obstacles à l'intervention de l'État. Elle conclut donc au rejet de la proposition.

III. — Discussion a la chambre des députés [M. U., 1er juin 1842]. — (a). *Discussion générale.* — M. Boissy d'Anglas ouvrit la discussion générale. Il rappela qu'après avoir accepté avec empressement en 1838 toutes les clauses auxquelles on entendait subordonner leurs concessions, après avoir refusé une augmentation de leurs tarifs, les Compagnies, une fois nanties, n'avaient pas tardé à crier misère, à se prétendre ruinées par des contrats qu'elles avaient librement consentis et avidement recherchés, à attaquer l'administration dont elles avaient utilisé les études et à faire engager une campagne par une presse dévouée à leurs intérêts, dans le but de mettre en relief leurs services, de masquer leurs fautes, et d'apitoyer sur leur sort les membres du Parlement. Il insista pour que la Chambre ne cédât à aucun entraînement ; qu'elle n'oubliât pas le respect dû aux conventions, aux engagements antérieurs ; qu'elle ne prît pas de mesure propre à favoriser l'agiotage et les mauvaises passions. Examinant successivement la situation des diverses compagnies visées par le projet de loi, il s'attacha à montrer que M. Kœchlin avait commis une lourde faute, en se faisant tout à la fois l'entrepreneur et le plus fort actionnaire du chemin de Strasbourg à Bâle ; qu'il était impossible, pour attribuer un bénéfice à sa double spéculation, de détruire le gage du prêt de 12 600 000 fr. ; que le chemin de Bordeaux à La Teste avait été mal construit et n'avait pas rendu les grands services invoqués par la Compagnie concessionnaire ; que la subvention déguisée, proposée en faveur du chemin de Versailles (rive gauche), était inadmissible. Il fit d'ailleurs valoir que l'intérêt public n'était pas en jeu, attendu que, si les Compagnies actuelles périclitaient, elles céderaient la place à d'autres qui assureraient l'exécution des contrats primitifs avec l'État.

M. Lherbette joignit ses efforts à ceux de M. Boissy d'Anglas, en faisant une sortie virulente contre les relations d'intérêts établies entre les Compagnies et un certain nombre de députés.

L'argumentation de ces deux orateurs ne souleva de contradiction que de la part de M. de Lagrange. Cet honorable député allégua les conditions d'inexpérience dans lesquelles s'étaient faites les premières concessions, la nécessité de ne pas livrer à la banqueroute les sociétés qui avaient doté le pays des premiers chemins de fer, le coup funeste dont serait ainsi frappé l'esprit d'association au moment où on aurait à lui faire largement appel.

Après ce discours, la Chambre décida qu'elle passerait à la discussion des articles.

(B). *Discussion des articles.* — (*a*). CHEMIN DE STRASBOURG A BALE. — M. de Vatry développa sur cette partie de la loi un amendement tendant à donner à la Compagnie les moyens d'emprunter 2 700 000 fr., somme suffisante pour l'achèvement des travaux; mais cet amendement qui ne tenait pas compte de la dette de 3 à 4 millions contractée par l'entrepreneur général, fut repoussée.

Un second amendement de M. Piscatory ayant pour objet un prêt direct de 6 millions à M. Kœchlin, sur dépôt de 24 000 actions, fut également rejeté.

Il en fut de même d'un troisième amendement de M. Muret de Bort, semblable au précédent, mais avec réduction du prêt à 3 millions.

La proposition du Gouvernement et de la Commission échoua elle-même sous l'impression d'un discours dans lequel M. de Chasseloup-Loubat avait accusé M. Kœchlin de n'avoir pas fait de versement sur ses actions.

(*b*). CHEMINS DE BORDEAUX A LA TESTE ET DE PARIS A VERSAILLES (RIVE GAUCHE). — Le sort des autres stipulations du projet de loi était dès lors facile à prévoir : le rejet en fut prononcé à une très forte majorité.

50. — **Concession du prolongement du chemin de Paris à Rouen jusqu'au Havre. Prêt et subvention à la Compagnie.** — Nous avons vu antérieurement qu'une loi du 15 juillet 1840 avait concédé le chemin de fer de Paris à Rouen ; aux termes de cette loi, le chemin s'arrêtait à Saint-Sever ; mais il avait été convenu que la Compagnie serait tenue, le cas échéant, d'exécuter à frais communs, soit avec l'État, soit avec le concessionnaire de la section de Rouen au Havre, les travaux de la traversée de Rouen. Ces travaux, estimés à 10 millions, comprenaient notamment un premier souterrain à Sainte-Catherine, le passage de la vallée de Darnetal, un second souterrain sous le faubourg Saint-Hilaire, une gare principale pour les voyageurs près de la place Beauvoisine, un troisième souterrain sous les faubourgs Bouvreuil et Cauchoise ; un prêt supplémentaire de 4 millions était promis à la compagnie de Paris à Rouen, si cette traversée s'exécutait.

En 1842, M. Charles Laffitte et les principaux fondateurs de la Compagnie constituèrent une société nouvelle en vue de l'exécution du prolongement de la ligne jusqu'au Havre et sollicitèrent la concession de ce prolongement. La longueur du nouveau chemin était de 84 kilomètres ; son évaluation était, suivant les uns, de 35 millions, suivant les autres, de 40 millions. MM. Charles Laffitte et Cie demandèrent un prêt de 10 millions et une subvention d'égale somme. Le Gouvernement crut devoir accéder presque entièrement à cette demande et présenta un projet de loi portant concession de la ligne de Rouen au Havre au profit de MM. Ch. Laffitte et Cie [M. U., 30 avril 1842]. L'État devait prêter 10 millions à la Compagnie ; les versements commençaient après la justification du paiement d'au moins 4 millions de dépenses et se faisaient par dixième au fur et à mesure de l'exécution de nouveaux travaux et de nouvelles dépenses, pour des sommes au moins doubles de chaque versement ; l'intérêt du prêt était de 3 % et commençait à courir trois ans après l'achèvement du chemin de fer ; le remboursement devait commencer dix ans après l'époque fixée pour cet achèvement et s'effectuer en quarante annuités ; le chemin de fer et ses dépendances servaient de gage au capital et à ses intérêts. Indépendamment de ce prêt, la Compagnie recevait une subvention de 8 millions payable par quart et proportionnellement à l'avancement des travaux, le dernier quart ne devant être payé qu'après la réception du chemin de fer. Enfin, elle était autorisée à présenter le projet d'une entrée spéciale à Paris.

Le cahier des charges était calqué sur celui de la concession du chemin de Paris à Rouen.

Le rapport à la Chambre des députés fut rédigé par M. Vitet [M. U., 28 mai 1842]. La Commission commença par constater que, suivant toute probabilité, le revenu net du chemin ne dépasserait pas 1 200 000 fr.; que dès lors un subside de l'État était indispensable ; et que, d'ailleurs, l'importance des travaux, les grands avantages du chemin pour le pays, justifiaient une large intervention du Trésor. Après une longue discussion sur la combinaison financière, après des recherches consciencieuses sur les améliorations à apporter au tracé, elle donna son adhésion aux propositions du Gouvernement, sous réserve de quelques modifications portant soit sur la forme du projet de loi, soit sur le fond même du cahier des charges. Ces modifications avaient notamment pour objet :

1° *Quant à la loi*, d'ajourner le versement du premier acompte sur le prêt de 8 millions, jusqu'à la justification du paiement par la Compagnie d'une somme de 8 millions au moins, et de réserver l'intervention du législateur pour l'autorisation de la nouvelle entrée à Paris ;

2° *Quant au cahier des charges*, de faire passer le tracé près Bolbec ; de limiter à 8 millimètres le maximum des pentes ; de réduire de quatre-vingt-dix-neuf à quatre-vingt-dix-sept ans la durée de la concession, de manière à faire coïncider le terme de cette concession avec celui de la ligne de Paris à Rouen ; et d'interdire la traversée à niveau des routes nationales et départementales.

La Commission renouvelait du reste le regret, déjà tant de fois exprimé, que le Conseil d'État ne se fût pas prononcé au préalable sur les statuts de la Société.

Lors de la discussion publique à la Chambre des députés [M. U., 1er juin 1842], MM. Armez, de la Plesse et de Vatry formulèrent des objections au sujet de la détermination qu'avait prise le Gouvernement, de ne pas réclamer aux départements et aux communes le concours stipulé par la loi de principe récemment votée par la Chambre. M. de la Plesse présenta même à cet égard un amendement qui fut repoussé sur la demande du Ministre et de M. Legrand, par ce motif que le concours des localités aux chemins exécutés, en vertu de la loi de principe, ne trouvait sa justification que dans l'abaissement des tarifs et la courte durée des contrats et qu'il ne pouvait, par suite, être raisonnablement exigé dans l'espèce.

MM. Duprat, Vuitry et de la Plesse réclamèrent en

outre la réduction du concours de l'État, en faisant valoir
notamment qu'en 1837 on avait repoussé l'offre d'une Compagnie d'établir toute la ligne de Paris au Havre et à
Dieppe moyennant une subvention de 10 millions. Cet argument n'avait évidemment que peu de valeur, après les désastres survenus depuis 1837 : il ne fut pas pris en considération.

La loi fut votée, sauf suppression de l'interdiction de
faire franchir les routes à niveau.

A la Chambre des pairs, le rapport fut également favorable et la loi ne souleva aucune objection [M. U., 7 et 8
juin 1842].

Les statuts de la Société furent approuvés par ordonnance du 29 janvier 1843 [B. L., 1ᵉʳ sem. 1843, supp. n° 641,
p. 161]. Le fonds social était de 20 millions en 40 000 actions
restant nominatives jusqu'à parfait paiement ; les cédants
des actions non libérées étaient garants solidaires de leurs
cessionnaires jusqu'à concurrence des trois premiers dixièmes du prix des actions. Le montant des actions devait être
acquitté : un dixième immédiatement, le second dixième le
1ᵉʳ juin 1843, et les dixièmes suivants de quatre en quatre
mois ; à défaut de paiement dans les délais fixés, les actionnaires étaient passibles d'un intérêt de 5 %, sans préjudice
de la vente de leurs titres à leurs risques et périls. Pendant
la durée des travaux, les actions bénéficiaient d'un intérêt
de 4 % sur les sommes versées ; une fois le chemin achevé,
les bénéfices, après prélèvement des charges, des dépenses
et d'une réserve à déterminer par l'assemblée générale,
étaient employés à servir un intérêt de 5 %, à fournir 1 %
à l'amortissement, enfin à donner des dividendes, sauf
attribution d'un vingtième aux administrateurs et de deux
vingtièmes aux fondateurs.

Une autre ordonnance du 28 juillet 1844 [B. L., 2ᵉ sem.

1844 , n° 1130, p. 349] approuva la convention conclue entre le Ministre et la Compagnie, en exécution de la loi du 11 juin 1842, pour la réalisation du prêt de 10 millions.

La ligne fut livrée à la circulation en 1847.

51. — Projet de loi relatif au retrait des concessions et à l'abaissement des tarifs des voies de communication. — Le 1er février 1841 [M. U., 3 février 1841], le Ministre avait présenté un projet de loi autorisant en principe :

1° Le retrait des concessions de voies de communication, pour cause d'utilité publique et moyennant une juste et préalable indemnité ;

2° La modification et l'abaissement, dans les mêmes conditions, des tarifs des voies concédées.

Le projet de loi avait fait l'objet d'un consciencieux rapport de M. Galos [M. U., 27 avril 1841]. Mais la session s'était terminée, sans que l'affaire fût inscrite à l'ordre du jour de la Chambre des députés.

Le Gouvernement crut devoir retirer le 31 janvier son projet primitif et le remplacer le 15 février par un nouveau projet qui, dans sa pensée, devait s'appliquer non seulement aux canaux, ponts, etc, mais encore aux chemins de fer [M. U., 16 février 1842].

D'après la rédaction nouvelle, le retrait devait être prononcé par une loi ; il donnait lieu à une indemnité amiable qui se composait : 1° du produit net moyen des dix dernières années, déduction faite des deux plus mauvaises ; 2° d'une prime de 1/2 % à 1 % par an, s'ajoutant progressivement à la partie fixe de l'indemnité jusqu'à la centième année ; 3° d'une allocation de 4 % sur les travaux extraordinaires et récents d'amélioration, pour la partie qui n'aurait pas encore exercé, sur les produits de la voie concédée, l'augmentation qu'on était en droit d'en attendre.

La modification et l'abaissement des tarifs étaient également décidés par le législateur.

L'indemnité était réglée expérimentalement au moyen de la comparaison des produits bruts pendant les dix années précédentes, déduction faite des deux plus faibles et pendant les cinq années suivantes.

La liquidation des indemnités, dans l'un et l'autre cas, était déférée à une Commission de neuf membres, sauf appel à une commission de révision.

Il n'était d'ailleurs pas dérogé aux conditions spéciales de rachat stipulées dans les traités antérieurs.

Ce fut M. Dalloz qui eut à présenter à la Chambre des députés un rapport sur ce projet de loi [M. U., 2 juin 1842]. Au nom de la Commission, il déclara que la matière des chemins de fer était trop peu connue et trop peu expérimentée, pour faire d'ores et déjà l'objet de règles aussi précises que celles qui étaient stipulées pour les autres voies de communication. Il proposa donc de se borner à poser le principe du retrait des concessions par une loi et de la liquidation de l'indemnité par une Commission de neuf membres, sauf recours au Conseil d'État pour incompétence, excès de pouvoir ou violation de la loi.

Mais, la législature ayant pris fin avant la discussion de la question en séance publique, le projet de loi devint caduc.

52. — Ordonnances diverses intervenues en 1842. — Pour clore l'année 1842 , il nous reste à mentionner :

1° Deux ordonnances du 22 juin 1842, instituant auprès du Ministre des travaux publics deux Commissions appelées : (a) l'une, dite Commission administrative, à réviser et contrôler les documents statistiques relatifs aux grandes lignes classées par la loi du 11 juin 1842, et à donner son avis sur les questions concernant les acquisitions de terrains, le concours des localités, les cahiers des charges et baux d'exploitation, les projets de règlements touchant la police, l'usage et la conservation des chemins de fer ; (*b*) l'autre, dite Commission supérieure, à examiner, après le Conseil général des ponts et chaussées, le choix à faire entre les divers tracés des chemins classés. [B. L., 2ᵉ sem. 1842, n° 933, p. 98 et 99];

2° Une ordonnance du 12 septembre, autorisant les concessionnaires du chemin de fer du Creuzot au canal du Centre à établir sur ce chemin un transport public de voyageurs et fixant les taxes à 0 fr. 10 en voiture couverte et suspendue et à 0 fr. 08 en voiture non couverte. [B. L., 2° sem. 1842, n° 960, p. 689];

3° Une ordonnance du 15 septembre, autorisant l'exploitation provisoire au compte de l'État des chemins de fer de Lille et de Valenciennes à la frontière de Belgique, et fixant les tarifs de voyageurs à 0 fr. 07 en 1ʳᵉ classe, 0 fr. 05 en 2ᵉ classe, 0 fr. 035 en 3ᵉ classe, avec minima de 0 fr. 50, 0 fr. 40, 0 fr. 25, [B. L., 2ᵉ sem. 1842, n° 952, p. 566];

4° Une ordonnance du 22 octobre, autorisant la compagnie d'Orléans à contracter un emprunt de 10 millions, dans les conditions prévues par la loi du 15 juillet 1840, c'est-à-dire avec prélèvement de l'intérêt et de l'amortissement sur le produit brut [B. L., 2° sem. 1842, n° 953, p. 581];

5° Une ordonnance du 5 novembre 1842, relative au barême des prix de transport pour les voyageurs et les marchandises sur les lignes de Lille et de Valenciennes à la frontière de Belgique [B. L., 2ᵉ sem. 1842, n° 959, p. 681].

CHAPITRE II. — ANNÉE 1843

53. — **Projet de loi non adopté pour l'allocation d'un prêt à la compagnie de Bordeaux à La Teste.** — Nous avons vu qu'en 1842 la Chambre avait repoussé une proposition du Gouvernement, tendant à venir au secours de la compagnie du chemin de fer de Bordeaux à La Teste. Le Gouvernement crut devoir revenir à la charge et présenta, le 25 février 1843, un nouveau projet de loi qui reproduisait exactement les dispositions antérieurement repoussées par la Chambre et qui comportait ainsi un prêt de 2 millions à la Compagnie [M. U., 26 février 1843].

La ligne de Bordeaux à La Teste était, en effet, à peu près la seule qui n'eût pas obtenu le concours de l'État. Un relèvement de tarif avait été accordé aux chemins de Lyon à Saint-Étienne et de Versailles (rive droite) ; des prêts avaient été consentis au profit des compagnies d'Alais à Beaucaire, de Versailles (rive gauche), de Bâle à Strasbourg, d'Andrézieux à Roanne ; la société concessionnaire de la ligne de Paris au Havre avait pu se dissoudre sans perdre son cautionnement ; un avantage analogue avait été fait au concessionnaire du chemin de Lille à Dunkerque ; la compagnie de Paris à Orléans bénéficiait d'une garantie d'intérêt ; des subventions avaient été attribuées à diverses autres lignes.

La commission de la Chambre des députés, par l'organe de M. Monier de la Sizeranne, reconnut que la situation de la compagnie de Bordeaux à La Teste était particulièrement intéressante [M. U., 12 mars 1843]. Par suite de mé-

comptes successifs, les dépenses, primitivement évaluées à
3 900 000 fr., s'étaient élevées à 6 350 000 fr. et le produit
net de l'exploitation ne dépassait pas 55 000 fr. par an ;
c'était la ruine pour les maisons de commerce de Bordeaux
qui avaient fourni les fonds nécessaires à la construction.
L'État qui profitait d'un accroissement considérable dans le
rendement des impôts directs et indirects et dans la valeur
de ses plantations sur les dunes ne pouvait, aux yeux des
membres de la Commission, refuser son appui à la Compagnie. Le rapport concluait donc à adopter le projet de loi,
sous réserve d'une légère modification de rédaction.

Pendant le cours de la discussion générale à laquelle
l'affaire donna lieu devant la Chambre [M. U., 16 et 17 mars
1843], M. Roger (du Loiret) attaqua vivement le projet de
loi. Suivant l'orateur, il était impossible de continuer ainsi à
rompre les contrats antérieurs ; à faire de l'État le garant,
l'assureur des affaires même les plus mal conçues, les plus
mal conduites ; à encourager les spéculations les moins
honorables ; à porter atteinte au véritable esprit d'association. Déjà la Compagnie, coupable d'avoir consenti un
rabais exagéré sur la durée de la concession, afin d'évincer
ses concurrents, avait obtenu une prolongation considérable
de cette durée et un relèvement de ses tarifs ; il fallait se
garder d'aller plus loin dans cette voie et d'accorder un
prêt de 2 millions uniquement destiné à tomber dans les
caisses de quelques fondateurs qui, à l'origine, auraient pu
se débarrasser de leurs actions, si, comptant à tort sur une
plus-value considérable, ils n'avaient tenu à les conserver.

Le concours de l'État s'imposait d'ailleurs d'autant moins
que le chemin était livré à l'exploitation.

M. Houzeau-Muiron se joignit à M. Roger, en invoquant
surtout le respect dû aux résultats de l'adjudication à la suite
de laquelle la Compagnie était devenue concessionnaire de

la ligne. Il en fut de même de M. Lherbette qui, avec sa virulence habituelle, rappela les motifs pour lesquels la Chambre précédente avait rejeté le projet de loi du Gouvernement, fit allusion aux intérêts de certains députés dans la Compagnie, mit en relief la légèreté de la Société lors de l'adjudication, accusa le chemin d'être mal construit, contesta son utilité, et conclut à laisser l'affaire passer entre d'autres mains si le concessionnaire actuel ne pouvait faire honneur à ses engagements.

Ces discours provoquèrent des répliques de M. Bignon, de M. Teste, Ministre des travaux publics, et de M. Duchatel, Ministre de l'intérieur. Le Ministre des travaux publics fit valoir notamment l'honorabilité de la Compagnie à laquelle on ne pouvait imputer aucune manœuvre d'agiotage, l'inexpérience commune au Gouvernement et aux soumissionnaires lors de l'adjudication, l'intérêt du chemin pour la région de Bordeaux et pour l'État lui-même, la bienveillance dont les pouvoirs publics avaient déjà donné tant de preuves à l'égard d'autres sociétés, la solidarité entre l'existence de la ligne et celle de la Compagnie concessionnaire. Quant au Ministre de l'intérieur, il releva les allégations de M. Lherbette sur la pression à laquelle le Gouvernement aurait cédé dans un intérêt électoral et parlementaire.

Lors de la discussion de l'article 1er qui impliquait le prêt de 2 millions et qui, par suite, constituait la partie principale de la loi, le débat que nous venons de résumer rapidement se rouvrit avec la même vivacité.

M. Luneau rejeta sur la Compagnie la responsabilité entière des erreurs d'appréciation qui avaient pu être commises lors de la concession ; il insista sur ce fait qu'après s'être formée au capital social de 5 millions et avoir cherché à écouler ses titres avec une forte prime, elle n'avait finalement réalisé que 3 450 000 fr. en actions et que, pour le surplus, elle avait eu recours à un emprunt privilégié de 2 millions ; il combattit les arguments tirés, en faveur du projet de loi, des avantages indirects du chemin pour la région et pour l'État, en faisant remarquer que les mêmes motifs pouvaient être invoqués au profit d'autres lignes et même d'autres industries que celle des voies ferrées.

M. d'Angeville, ancien officier de marine, se prononça également contre la proposition, en s'attachant surtout à prouver que l'éventualité de la création d'un grand établissement maritime à la Teste, dans la baie d'Arcachon, dont la Commission avait dit quelques mots dans son rapport, était absolument irréalisable.

Néanmoins, à la suite de discours de MM. Lacave-Laplagne, Ministre des finances, Berryer et de Beaumont, l'article 1er fut voté.

Aussitôt, les adversaires du projet de loi présentèrent un amendement tendant à subordonner le prêt à la justification de l'emploi d'une somme égale, en travaux d'amélioration et d'achèvement dûment approuvés. Cet amendement, qui était l'abrogation implicite de l'article 1er, fut repoussé.

Les autres articles furent adoptés, sauf en ce qui concernait le privilège accordé aux actionnaires de percevoir 4 % de leur mise de fonds avant que l'État touchât l'intérêt à 3 % de son prêt ; il fut stipulé, au contraire, que le Trésor jouirait d'un privilège pour le recouvrement de cet intérêt.

Mais, quand on en vint au scrutin sur l'ensemble de la loi, elle fut rejetée à deux voix de majorité (166 voix contre 164).

54. — Concession du chemin d'Avignon à Marseille. Subvention à la Compagnie.

I. — PROJET DE LOI. — La loi de principe du 11 juin 1842

avait compris dans le classement des grandes lignes une section d'Avignon à Marseille, par Tarascon et Arles.

MM. Talabot frères et Cⁱᵒ ne tardèrent pas à solliciter la concession de cette section de 125 kilomètres de longueur. Elle comportait de très sérieuses difficultés d'exécution ; des terrassements considérables ; deux grands viaducs, dont l'un sur la Durance et l'autre sur le Rhône ; plusieurs souterrains, dont l'un de 4 kilomètres de développement. L'infrastructure était évaluée à 32 millions, non compris les indemnités de terrains.

Le Gouvernement crut devoir accueillir les propositions de la société Talabot et présenta, le 3 avril 1843 [M. U., 4 avril 1843], un projet de loi tendant à accorder à cette société la concession qu'elle avait demandée, à lui allouer une subvention égale au montant de l'estimation de l'infrastructure et à lui livrer, en outre, les terrains dont le prix devait être payé par l'État, les départements et les communes intéressés, dans la proportion déterminée par l'article 3 de la loi du 11 juin 1842.

Ce projet de loi contenait les clauses que nous avons déjà vues figurer dans les actes antérieurs de concession, relativement à l'interdiction de négocier des actions ou promesses d'actions avant la constitution d'une société anonyme dûment autorisée et de faire des traités particuliers avec des entreprises de transport de voyageurs, par terre ou par eau, sans une autorisation spéciale de l'administration supérieure.

Le cahier des charges était analogue à celui du chemin de fer de Paris à Orléans, il fixait la durée de la concession à trente-trois ans à partir de l'expiration du délai imparti pour l'achèvement des travaux ; les tarifs étaient ceux de la ligne d'Orléans, à savoir :

	1re classe. — Voitures couvertes et fermées à glace, suspendues sur ressorts.	0 fr. 10
Voyageurs. . .	2e classe. — Voitures couvertes, suspendues sur ressorts.	0 075
	3e classe. — Voitures couvertes, suspendues sur ressorts.	0 05

Houille. 0 10
Marchandises, suivant la classe : 0 fr. 16, 0 fr. 18, 0 fr. 20.

La Compagnie avait la faculté de proposer des modifications aux projet primitifs ; si ces modifications étaient autorisées et entraînaient une diminution des dépenses, une réduction proportionnelle était opérée sur le montant de la subvention. A toute époque après l'expiration des quinze premières années, à dater du terme du délai imparti pour l'exécution des travaux, le Gouvernement avait la faculté de racheter la concession moyennant allocation d'une annuité égale au produit net moyen des sept dernières années, déduction faite des deux plus faibles, avec majoration d'un tiers si le rachat était opéré dans la première période de dix années et d'un cinquième s'il avait lieu pendant les huit dernières années. A la fin de la concession, la Compagnie avait droit au remboursement, à dire d'experts, de la valeur de la voie de fer, du matériel d'exploitation et des approvisionnements.

II. — RAPPORT A LA CHAMBRE DES DÉPUTÉS. — Ce fut M. Vivien qui eut à rédiger le rapport à la Chambre des députés [M. U., 18 juin 1843].

La Commission, dont il était l'organe, se livra à une étude approfondie de l'affaire et y apporta un soin que justifiait cette première application de la loi de 1842.

Elle examina dans tous ses détails le tracé proposé par le Gouvernement et y donna son adhésion, notamment en ce qui concernait le passage au nord de l'étang de Berre ;

elle vérifia de même avec une attention scrupuleuse l'évaluation des dépenses et la jugea irréprochable. Elle adopta
le principe de l'exécution par l'industrie privée, qui offrait,
suivant elle, l'avantage de se prêter à plus d'économie et de
rapidité ; d'éviter les conflits à redouter du concours simultané de l'Etat et d'une Compagnie, tel que l'avait prévu la
loi de 1842 ; et de bien déterminer l'étendue des sacrifices
à imposer au Trésor. La Compagnie lui parut offrir toutes
les garanties voulues, d'une part, à raison de la facilité
avec laquelle elle avait placé les quarante mille actions qui
composaient son capital social de 20 millions et, d'autre
part, à cause de l'habilité et du talent de M. Talabot, ingénieur des ponts et chaussées, qui était investi des fonctions
de directeur. La subvention de 32 millions lui sembla d'ailleurs justifiée.

En ce qui concernait les stipulations relatives à l'exploitation, la Commission discuta longuement deux systèmes qui
consistaient : l'un, à traiter la ligne comme une propriété
affermée et à imposer une redevance au profit de l'État ;
et l'autre, au contraire, à ne chercher d'autre compensation de la subvention qu'une abréviation de la durée de la
concession et un abaissement des tarifs. Le choix à faire
entre ces deux systèmes n'avait pas été explicitement résolu
par la loi de 1842 ; toutefois, l'exposé des motifs et le rapport de la Commission avaient paru ne viser que le second ;
c'était d'ailleurs celui qui avait le caractère le plus libéral
pour le public et que le Gouvernement proposait d'adopter ;
ce fut aussi celui auquel s'arrêta la Commission. Elle pensa,
en effet, que l'entreprise était trop aléatoire pour comporter une redevance annuelle fixe et que la stipulation d'une
redevance proportionnée aux produits nets entraînerait pour
l'État une immixtion regrettable dans l'administration de la
Compagnie.

Le projet de loi étant ainsi admis dans ses traits essentiels, la Commission réclama et obtint des améliorations de détail qui peuvent se résumer ainsi qu'il suit :

1° *Construction*. — Augmentation de la section du souterrain de 4 kilomètres de la Nerthe, de manière à en mieux assurer la ventilation ;

Accroissement du poids des rails qui fut porté de 30 à 35 kilogrammes.

2° *Tarifs*. — Réduction d'un centime pour les voyageurs de 1re classe, d'un demi-centime pour ceux de 2e classe, de cinq centimes pour les bestiaux, de deux centimes pour chacune des classes de marchandises ;

Transport des poissons frais à la vitesse des voyageurs ;

Couverture des voitures de 3e classe, de manière à abriter les voyageurs contre les ardeurs du soleil, la pluie, les suintements du souterrain ;

Augmentation du poids des bagages en franchise (20 kilog. au lieu de 15) ;

Abaissement éventuel d'un cinquième du tarif des marchandises si, après dix ans de jouissance, la Compagnie réalisait pendant cinq ans un revenu supérieur à 10 % ;

Réduction du péage à la moitié du tarif.

3° *Remboursement à l'expiration du bail*. — Suppression du remboursement de la voie de fer dont la Compagnie devait être suffisamment indemnisée par trente-trois ans d'exploitation.

4° *Service des dépêches*. — Dispositions diverses propres à assurer ce service dans d'excellentes conditions de régularité et de rapidité.

La Commission apporta en outre au cahier des charges quelques modifications de rédaction et quelques additions sur lesquelles nous croyons inutile d'insister ; nous nous bornons à relever, parmi les additions, une clause peu rationnelle, qui prévoyait la possibilité d'appliquer des prix plus élevés, pour les voyageurs, les dimanches et jours fériés.

M. Vivien rendit compte, dans un rapport fort étendu et fort remarquable, des travaux de la Commission et des déterminations auxquelles elle s'était arrêtée. Puis il chiffra les dépenses auxquelles la Compagnie aurait à faire face, savoir :

(*a*). Voie de fer (à raison de 320 fr. la tonne de rails prise à l'usine)... 15 000 000 fr.

Soit 120 000 fr. par kilomètre, chiffre peu différent de la moyenne effective pour les lignes de Versailles (rive droite), d'Orléans, de Saint-Germain et de Rouen ;

(*b*). Matériel roulant......................... 5 000 000

Soit 40 000 fr. par kilomètre pour : 0,4 locomotive, 1,1 voiture à voyageurs et 8 wagons (ce chiffre, établi d'après les résultats de l'expérience en Angleterre, était de beaucoup au-dessous de la dépense des lignes de Versailles et de Saint-Germain) ;

(*c*). Outillage des gares et des ateliers........... 600 000

Soit 5 000 fr. par kilomètre, comme pour le chemin d'Orléans ;

(*d*). Frais généraux......................... 1 500 000

Soit 12 000 fr. par kilomètre.

(*e*). Intérêts pendant la construction............ 1 500 000

(*f*). Somme à valoir sur les dépenses d'infrastructure....................................... 1 400 000

TOTAL..... 25 000 000

Bien que ce total fût sensiblement inférieur à la part de l'État, qui s'élevait à près de 40 millions, y compris les terrains, M. Vivien exprimait l'avis qu'avec les tarifs réduits, inscrits au cahier des charges, et la durée relativement courte de la concession, il devait être considéré comme suffisant.

Le rapport se terminait :

Par l'expression du regret que le Gouvernement n'eût pas donné la préférence à une concession pure et simple, avec garantie d'intérêt ;

Par une réserve au sujet de la décision spéciale que les pouvoirs publics pourraient avoir à prendre ultérieurement au sujet d'une réclamation des maîtres de poste ;

Par une observation sur l'urgence de la présentation par le Gouvernement d'un projet de loi portant répression des crimes et délits commis sur les chemins de fer.

Au rapport de M. Vivien étaient annexés un certain nombre de tableaux statistiques fort intéressants, sur les dépenses de construction et les résultats de l'exploitation des chemins de fer français, belges et anglais.

Nous en extrayons les renseignements suivants :

Dépenses de construction et produits en 1842 de divers chemins français et belges.

DÉSIGNATION des CHEMINS.	Longueur exploitée.	DÉPENSE KILOMÉTRIQUE DE PREMIER ÉTABLISSEMENT				PRODUIT BRUT KILOMÉTRIQUE.			FRAIS D'EXPLOITATION.	PRODUIT NET.
		Travaux.	Frais généraux.	Indemnités.	TOTAL.	Voyageurs.	Marchandises.	TOTAL.		
	kil.	FR.	FR.	FR.	FR.	FR.	FR.	FR.	FR.	FR.
Saint-Germain.	19	616 000	35 000	106 000	757 000	60 000	13 930	78 930	32 400	41 530
Versailles. ⟨ rive droite..	23	734 000	31 000	93 000	868 000	53 780	3 010	56 790	33 840	22 950
/ rive gauche.	17	606 000	105 000	174 000	885 000	53 057	1 800	54 857	43 547	11 310
Orléans. . . .'.	30	290 000	13 000	53 000	356 000	» »	» »	» »	30 000	20 700	18 300
Rouen.	»	316 000	15 000	38 000	369 000	» »	» »	» »	» »	» »
Gard.	92	161 000	14 000	15 000	190 000	5 363	11 407	16 970	8 706	8 264
Montpellier à Cette. . . .	28	» »	» »	» »	» »	7 949	7 539	15 488	9 834	5 654
Bâle à Strasbourg. . . .	151	» »	» »	» »	317 000	11 528	1 817	13 345	9 833	3 512
Saint-Étienne à Lyon. . .	58	» »	» »	» »	331 000	13 840	56 740	70 580	49 600	20 980
Chemins belges.	345	» »	» »	» »	285 200	11 920	6 123	18 143	12 960	5 353

La moyenne des produits bruts kilométriques pour les chemins français était de. . . . .   30 943 fr.

Celle des frais d'exploitation correspondants, de. . . .   19 593

Et celle du produit net, de.   11 350

Dépenses de construction et produits, du 1er juillet 1841 au 1er juillet 1842, de divers chemins de fer anglais.

DÉSIGNATION des CHEMINS	LONGUEUR EXPLOITÉE	DÉPENSES KILOMÉTRIQUES DE PREMIER ÉTABLISSEMENT	PRODUITS BRUTS KILOMÉTRIQUES	FRAIS D'EXPLOITATION	PRODUITS NETS KILOMÉTRIQUES
	kil.	fr.	fr.	fr.	fr.
Birmingham et Derby....	77	371 000	17 890	12 620	5 270
Birmingham et Gloucester.	88	425 000	22 316	17 250	5 066
Chester et Birkenhead....	24	487 000	31 680	19 800	11 800
Durham et Sunderland...	26	224 000	28 780	23 650	5 130
Eastern-Counties.........	28	783 400	27 360	21 350	6 010
Glasgow et Ayr.........	65	335 400	17 900	12 140	5 760
Grand Junction.	180	357 700	60 500	29 300	31 200
Great North............	72	427 300	22 610	6 420	16 190
Great Western..........	190	872 500	81 360	35 420	45 940
Hull et Selby...........	50	333 400	22 250	13 880	8 370
Lancaster et Preston.....	33	»	22 610	6 420	16 190
Liverpool et Manchester..	50	742 500	111 400	65 960	45 440
London et Birmingham...	180	844 200	106 710	40 050	66 660
London et Brighton......	74	809 600	33 600	23 210	10 390
London et Croydon......	17	972 000	40 620	43 920	perte.
London et South-Western.	150	444 000	47 760	23 020	24 740
Manchester et Bury......	16	1 072 000	45 990	22 430	23 560
Manchester et Leads.....	82	913 900	76 300	26 510	49 400
Midland-Counties........	92	465 900	34 650	21 090	13 560
Newcastle et Carlisle.....	97	256 800	20 460	9 860	10 600
North-Midland..........	117	729 800	44 010	22 500	21 510
Northern et Eastern......	47	419 400	28 320	18 460	9 860
North et Union..........	36	373 000	43 570	19 210	24 360
Ulster.................	40	209 500	10 030	6 520	3 510
York et North Midland....	45	372 000	47 560	17 470	30 090

Il résulte d'ailleurs des données statistiques de M. Vivien que les tarifs étaient plus élevés en Angleterre et plus bas en Belgique qu'en France.

III. — DISCUSSION A LA CHAMBRE DES DÉPUTÉS [M U., 4, 5 et 6 juillet 1843]. — (A). *Discussion générale.* — La discussion générale débuta par une véritable philippique de M. Cordier contre les chemins de fer et en particulier contre celui d'Avignon à Marseille ; cet honorable député protesta contre la dépense de 40 millions dans laquelle on voulait s'engager pour réunir deux villes déjà desservies par le Rhône, la mer, le canal d'Arles à Bouc et une route royale, alors que la possibilité de faire un chemin de fer plus modeste, ne coûtant que 10 millions, aurait été reconnue ; il voyait dans la proposition du Gouvernement un acte de complaisance à l'égard de la Compagnie ; la concession directe était, à ses yeux, absolument contraire aux principes tutélaires qui devaient présider à l'exécution des travaux publics ; il insistait donc pour que le chemin d'Avignon à Marseille, s'il devait être concédé, le fût, par voie d'adjudication publique et à titre perpétuel, à la société qui demanderait au Trésor, à titre de subvention, l'intérêt à 5 °/₀ du plus faible capital fixé par le rabais.

Sans contester, comme M. Cordier, l'utilité du chemin de fer, M. Houzeau-Muiron, jugeant la subvention tout à fait excessive et regrettant en outre que l'administration, saisie d'une demande en concurrence formée par des capitalistes sérieux, eût cru devoir la repousser, pour ainsi dire sans discussion, demanda l'ajournement du vote de la loi. Cet ajournement ne devait pas entraîner de retard dans l'exécution des travaux, puisque la ligne était largement dotée sur le budget des exercices 1842 et 1843 et que, dès lors, les ingénieurs de l'État pouvaient se mettre immédiatement à l'œuvre. Pendant que l'administration ouvrirait ainsi les chantiers, elle pourrait rechercher une nouvelle combinaison pour la concession, en provoquant la concurrence des Compagnies et en s'arrêtant de préférence au système de la garantie d'intérêt, avec partage des bénéfices au delà d'un certain produit net. A l'appui de son appréciation sur le chiffre de la subvention, il faisait valoir l'importance du trafic probable de la ligne et les réductions considérables que les perfectionnements de l'industrie avaient permis d'apporter aux dépenses d'exploitation.

M. Bichard répondit à MM. Cordier et Houzeau-Muiron. Il rappela que l'utilité et l'urgence de la section d'Avignon à Marseille avaient été solennellement reconnues lors de la discussion de la loi du 11 juin 1842 ; la construction immédiate de ce tronçon s'imposait par suite du prochain achèvement de tout le réseau du Gard et de l'Hérault ; un ajournement serait fatal à la région du Midi et à la France entière ; la combinaison présentée par le Gouvernement était absolument conforme à la lettre de la loi du 11 juin 1842 et aux tendances qu'avait manifestées la Chambre en votant cette loi ; cette combinaison avait l'avantage d'éviter les lenteurs inséparables de l'exécution par l'État ; la Compagnie qui avait formulé des offres en concurrence avec celles de la société Talabot était déjà concessionnaire d'un service de navigation sur le Rhône ; elle avait donc des intérêts absolument opposés à ceux du chemin de fer et ne pouvait être agréée.

M. Lherbette prit la parole après M. Bichard ; il accusa le Gouvernement de n'avoir pas suffisamment défendu les intérêts de l'État, dans ses négociations avec la Compagnie, puisque la commission de la Chambre avait pu obtenir de cette société des sacrifices ne se chiffrant pas à moins de 20 millions ; il reprocha à M. Talabot, membre de la Chambre des députés et gendre du Ministre de l'agriculture et du commerce, d'avoir des intérêts dans l'affaire, et protesta de nouveau contre toute participation des membres du Gouvernement et du Parlement aux sociétés industrielles, sur le sort desquelles ils pouvaient avoir à émettre des votes ; il reprit les allégations de MM. Cordier et Houzeau-Muiron sur l'exagération de l'estimation et de la subvention, et sollicita le rejet du projet de loi.

Après une réplique de M. Talabot, sur le fait personnel qui lui avait été imputé, M. Teste, Ministre des travaux publics, se disculpa des accusations formulées contre son administration; si les travaux n'avaient pas été commencés par l'État, malgré l'ouverture des crédits nécessaires, c'était, tout d'abord parce qu'il avait fallu procéder aux études, ensuite parce que des négociations s'étaient ouvertes avec la société Talabot. Si la Compagnie avait consenti devant la commission de la Chambre à des sacrifices que le Ministre n'avait pu obtenir d'elle, c'était parce que, étant donnée la loi de 1842 qui subordonnait tous les baux d'exploitation à la ratification du Parlement, les demandeurs en concession devaient nécessairement se réserver la possibilité de céder sur quelques points, pendant l'examen et la discussion par les Chambres de leurs projets de traités; d'ailleurs ces sacrifices étaient de beaucoup au-dessous des évaluations de M. Lherbette. La Compagnie concurrente, dont on avait reproché au Gouvernement de ne pas avoir agréé les propositions, n'était pas encore sérieusement constituée; ses offres étaient identiques à celles de la société Talabot, sauf le partage des bénéfices, et avaient été remises à un moment où le Ministre était lié par sa signature; ses intérêts étaient en outre opposés à ceux du chemin de fer, comme l'avait fait remarquer M. Bichard. Accueillir des propositions si tardives, c'eût été décourager les auteurs des premières études, détourner les Compagnies sérieuses de s'engager dans les dépenses considérables que comportait la rédaction des projets, remettre tout en question, retarder inévitablement l'exécution de la ligne et stériliser la loi de 1842.

M. Garnier-Pagès signala les inconvénients qu'il y avait, suivant lui, à concéder les têtes de ligne, c'est-à-dire les

sections les plus avantageuses, en exposant l'État à conserver toutes les parties productives; il insista pour l'examen
des propositions des Compagnies de navigation qui, suivant
lui, pouvaient rechercher, sans arrière pensée, la concession
du tronçon d'Avignon à Marseille, comme formant le prolongement de la circulation sur le Rhône en amont d'Avignon.

Un incident nouveau fut alors jeté dans le débat. M. Baude
donna lecture d'une lettre par laquelle les fondateurs de la
société nouvelle proposaient de négocier sur la base d'une
réduction soit de la subvention, soit de la durée de la jouïs-
sance, soit des tarifs, ou même sur la base de la substitution
d'un simple traité d'exploitation à la concession.

M. Vivien joignit ses efforts à ceux du Ministre pour
faire repousser cette proposition, par ce motif que la société
n'était pas constituée et que l'on ne se trouvait pas en présence d'un être légal, défini, capable de contracter.

(B). *Discussion des articles*. — La Chambre passa à la discussion des articles et eut à se prononcer sur l'amendement
de M. Cordier qui était ainsi conçu : « Le Gouvernement est
« autorisé à donner la concession du chemin de fer d'Avi-
« gnon à Marseille, à perpétuité et en toute propriété in-
« commutable, par adjudication publique, avec concur-
« rence, à la Compagnie qui demandera le minimum d'une
« subvention annuelle pendant quarante ans. La Compagnie
« sera autorisée à recevoir les subventions des contrées
« traversées ou intéressées, dont le montant viendra en
« déduction des sacrifices à faire par l'État. » Cet amendement fut rejeté. Quelle faute plus grande eût-on pu faire,
en effet, que d'instituer ainsi un privilège perpétuel?

M. Bineau prononça ensuite un discours très clair, très
précis, nourri de chiffres et de faits, et tendant à l'adoption
d'un autre amendement dont nous allons faire connaître.

l'économie et la portée. Nous avons vu que la commission
de la Chambre n'avait stipulé aucune redevance au profit du
Trésor et s'était bornée à réserver la faculté d'imposer une
réduction de 20 °/₀ sur les tarifs de marchandises, si,
après dix années de jouissance, les produits nets de l'exploitation s'élevaient en moyenne, dans le cours de cinq années,
à une somme au moins égale à 10 °/₀ des capitaux employés
par la Compagnie. M. Bineau considéra comme indispensable de chercher dans une redevance la compensation au
moins partielle des sacrifices faits par l'État pour la construction de la ligne. Comme on manquait d'éléments pour
asseoir une redevance fixe, il pensa que la forme à adopter
était celle d'un partage au-dessus d'un certain revenu réservé et conclut, en conséquence, à substituer à la clause
introduite au cahier des charges, sur la demande de la
Commission, la disposition suivante : « Pendant les cinq
« premières années de l'exploitation, la Compagnie est dis-
« pensée de toute redevance envers l'État, pour location du
« sol du chemin de fer et des travaux exécutés avec les
« 32 millions fournis par le Trésor public ; mais, à l'expi-
« ration des cinq années, si le produit net de l'exploitation
« excède 10 °/₀ du capital dépensé par la Compagnie, en
« sus de ces 32 millions, la moitié du surplus sera attribuée
« à l'État à titre de prix de ferme. » Il s'attacha à démontrer que cette disposition ne resterait pas illusoire, attendu :
1° que son application n'exigerait pas un revenu de plus
de 3 1/2 °/₀ sur le chiffre total des dépenses de premier
établissement ; 2° que, déduction faite de l'amortissement
des sommes dépensées par la Compagnie, elle laisserait
encore un revenu réservé de 8 1/2 et que, par suite, elle
n'avait point un caractère onéreux pour le concessionnaire.
Prévoyant le cas où la société Talabot n'accepterait pas la
nouvelle stipulation, il proposa de compléter la loi, en y

ajoutant l'article suivant : « Dans le cas où la Compagnie
« n'accepterait pas les modifications apportées par la pré-
« sente loi à la convention provisoire du 29 mars 1843, le
« Ministre des travaux publics est autorisé à donner à tout
« autre concessionnaire l'exploitation du chemin d'Avignon
« à Marseille, aux conditions de la convention ainsi mo-
« difiée ». Chemin faisant, M. Bineau avait critiqué les
modifications techniques apportées par la Commission au
projet, tel qu'il était sorti des délibérations du Conseil général des ponts et chaussées, et l'exagération de l'évaluation
de la superstructure.

Un troisième amendement fut présenté par M. Sturm.
L'orateur évaluait : 1° d'une part, la recette brute kilométrique à 18 000 fr. pour les voyageurs (à raison de 900 000
voyageurs parcourant en moyenne le tiers de la longueur
totale et se répartissant entre les 1re, 2° et 3° classes dans la
la proportion de 10, 30 et 60 %), et à 11 150 fr. pour les
marchandises ; 2° d'autre part, la dépense kilométrique
d'exploitation à 21 650 fr. à raison de 0 fr. 04 par voyageur
et 0 fr. 10 par tonne de marchandises. Il en déduisait que la
Compagnie ne recevrait pas plus de 4 1/2 à 4 3/4 % de son capital, dont au moins 1 % à prélever pour l'amortissement, et
que, dès lors, il était indispensable de relever les tarifs. Il
proposait d'adopter les taxes de 0 fr. 12, 0 fr. 09 et 0 fr. 06
pour les trois classes de voyageurs ; il demandait, en même
temps, la réduction à trente et un ans de la durée du bail, de
manière à permettre à l'État de rentrer plus tôt en possession
du chemin et de modifier le cahier des charges d'après les
résultats de l'expérience.

La Chambre ne fut pas appelée à voter sur ce dernier
amendement ; mais elle discuta longuement le précédent,
c'est-à-dire celui de M. Bineau. M. Teste, Ministre des travaux publics, et M. Vivien, rapporteur, s'attachèrent à dé-

montrer que la loi du 11 juin 1842 n'avait nullement prévu
de redevance au profit du Trésor ; que les bénéfices de l'État
devaient résulter non pas d'une redevance de cette nature,
mais bien de l'accroissement de la richesse publique, des
transactions et des impôts ; que, d'ailleurs, la disposition
proposée serait illusoire comme le prouvaient surabondamment les renseignements donnés par M. Sturm. Ils
insistèrent sur ce que la Compagnie s'était refusée absolument à accepter cette disposition et sur ce que son refus s'expliquait par la crainte d'une immixtion exagérée de l'État
dans sa gestion. L'amendement remettait tout en question.

M. Dufaure, rapporteur d'un autre projet de loi concernant la ligne d'Orléans à Tours, dont nous parlerons
ultérieurement et dans lequel le Gouvernement avait lui-
même, de sa propre initiative, inscrit la clause de partage
des bénéfices, se vit obligé de monter à la tribune et de déclarer que, tout en se réservant d'examiner, les raisons
spéciales qui pourraient justifier dans l'espèce le rejet de
l'amendement, il contestait absolument les objections de
principe formulées par le Gouvernement et le rapporteur.
Contre l'argument tiré de l'immixtion de l'État dans l'administration de la Compagnie, il invoqua les termes de l'exposé
des motifs du projet de loi relatif au chemin d'Orléans à
Tours ; contre l'inutilité pratique reprochée à la clause, il
fit valoir l'augmentation rapide des produits de certains
chemins et le développement considérable que prendrait
inévitablement la circulation sur les voies ferrées, surtout
dans les régions commerçantes et industrielles.

Malgré une réplique du Ministre, l'amendement de
M. Bineau fut voté.

La Chambre rejeta ensuite :

Un quatrième amendement de M. de La Plesse, ayant
pour objet d'ajouter à la loi un paragraphe ainsi conçu :

« Néanmoins, si, dans les trois mois de la promulga-
« tion de la présente loi, une société, présentant les ga-
« ranties convenables, offre un rabais d'un dixième au
« moins sur le prix des tarifs ou de la subvention, le traité
« fait avec la compagnie Talabot sera réputé non avenu et
« M. le Ministre des travaux publics est autorisé à en pas-
« ser un nouveau dans les limites ci-après avec une société
« qui fera les offres les plus avantageuses » ;

Un cinquième amendement de M. Desjobert tendant à
autoriser la Compagnie à prendre des rails à l'étranger
moyennant un droit de douane réduit, mais en déduisant
750 000 fr. du chiffre de la subvention.

Puis elle adopta, sur la proposition de la Commission,
soutenue par le Ministre et M. Berryer, et à titre de conséquence du vote de l'amendement de M. Bineau, une disposition destinée à compléter la clause de partage des bénéfices et stipulant que ce partage ne s'exercerait qu'au moment où les bénéfices accumulés des années antérieures
auraient servi à couvrir la Compagnie de l'intérêt à 6 % et
de l'amortissement à 1 % de son capital ; mais elle repoussa une autre proposition de la Commission qui tendait
à s'en rapporter aux comptes rendus de la Compagnie à ses
actionnaires pour la répartition éventuelle des produits
nets et la remplaça, sur la demande du Ministre des travaux publics, par un paragraphe qui laissait au Gouvernement le soin de déterminer, par un règlement d'administration publique, les formes et le mode d'exercice du droit
de partage.

La Chambre se rangea aussi à deux autres propositions
de la Commission, qui avaient pour objet de ramener le
poids des rails et les tarifs aux chiffres du projet de loi du
Gouvernement, en compensation du sacrifice imposé à la
Compagnie par l'amendement Bineau.

Elle refusa d'admettre un amendement d'après lequel la Compagnie aurait été chargée d'acquérir les terrains moyennant une indemnité forfaitaire.

Enfin elle vota l'ensemble de la loi.

IV. — Rapport a la chambre des pairs. — Le rapport à la Chambre des pairs fut rédigé par M. le comte Daru [M. U., 19 juillet 1843].

L'auteur de ce rapport commençait par exprimer le vœu que le Gouvernement ne signât les contrats de concession que lorsque toutes les conditions en auraient été déterminées par les Chambres, de manière à dégager des débats les questions de personnes qui donnaient lieu à des discussions regrettables et irritantes. En appliquant à la lettre la loi du 11 juin 1842 et en livrant à la discussion non seulement les clauses des conventions, mais encore la personnalité des demandeurs en concession, on obligeait ces derniers à ne jamais confesser leur dernier mot dans leurs pourparlers avec l'administration et à se réserver la possibilité de donner quelque satisfaction aux exigences du Parlement. Il y avait d'ailleurs là une véritable confusion de pouvoirs, un affaiblissement de l'autorité morale du Gouvernement. La Chambre des députés avait paru le comprendre, puisqu'elle avait ajouté au projet de loi un article déléguant au Ministre des travaux publics l'autorisation de traiter aux conditions prescrites par la loi avec les Compagnies qui solliciteraient la concession, au cas où la société Talabot n'accepterait pas ces conditions.

Passant à l'examen des dispositions de la loi, le rapporteur approuvait la forme d'exécution à laquelle le Gouvernement s'était arrêté et qui, en plaçant dans les mêmes mains l'exécution de l'infrastructure et celle de la superstructure, assurait l'unité d'action et de direction et évitait

1

tout conflit. Il proclamait sans réserve l'utilité du chemin, au point de vue des relations locales et internationales. Il donnait également son adhésion au tracé, tout en recommandant, en termes généraux, de ne pas se laisser entraîner à des travaux fastueux et de ne pas poursuivre la perfection au prix de dépenses exagérées. Il émettait l'avis que la subvention de 32 millions n'avait rien d'excessif et devait représenter assez exactement le coût des travaux d'infrastructure confiés à la Compagnie. Eu égard aux difficultés de l'entreprise, il estimait qu'il y avait tout intérêt à en décharger l'État et à confier la totalité des travaux à l'industrie privée. Il évaluait la circulation préexistante, qui emprunterait le chemin de fer dès l'origine, à 164 000 voyageurs et 209 000 tonnes par an pour la distance entière. En ce qui concernait les taxes, tout en applaudissant à la détermination qu'avait prise la Chambre des députés de faire couvrir les voitures de 3ᵉ classe, il pensait que cette mesure aurait pour effet de supprimer, de fait, l'usage de la 2ᵉ classe et que, dès lors, au moins dans les cahiers des charges ultérieurs, il conviendrait de réduire le nombre des classes à deux, le prix de la seconde classe étant fixé à un taux intermédiaire entre les prix actuels des deux dernières classes. À cette occasion, il combattit la tendance à l'abaissement excessif des taxes qui, en tarissant la source des produits du chemin de fer, obligeait l'État à concourir largement aux dépenses de construction et, par suite, à faire, au moyen des fonds de la communauté, des sacrifices ne profitant qu'à certaines localités privilégiées. M. le comte Daru donnait, au nom de la Commission, pleine adhésion à la clause qui attribuait à l'État une part des bénéfices au delà de 10 °/₀; cette clause lui paraissait absolument légitime à raison de la participation de l'État aux dépenses. Tout en reconnaissant l'avantage de la disposition aux termes de laquelle la superstructure faisait retour, à titre gratuit, à l'État, lors de l'expiration de la concession, il formulait des doutes sur la possibilité de l'insérer dans tous les traités, eu égard à la perte notable qui en résulterait pour la Compagnie.

Le cahier des charges prévoyait, au profit de la Compagnie, la ·faculté d'abaisser ses taxes sur une partie du parcours. Les sociétés de navigation du Rhône, redoutant un usage abusif de cette faculté, s'étaient adressées à la Chambre des pairs pour en demander la suppression. La Commission pensa que les craintes de ces sociétés n'étaient pas fondées. En effet, d'une part, les taxes autres que celles du tarif légal n'étaient applicables qu'avec l'homologation du préfet, qui pouvait s'éclairer au préalable par des enquêtes et même en référer à l'administration supérieure ; d'autre part, il était constaté que les transports sur le Rhône entre Avignon et Arles, c'est-à-dire dans la partie où le chemin de fer devait être accolé au fleuve, s'effectuaient à vil prix. Elle jugea qu'au contraire les abaissements de taxes pouvaient présenter les plus sérieux avantages, notamment aux abords des grandes villes, en facilitant les excursions hygiéniques et surtout la diffusion de la population ouvrière dans la banlieue. En outre, les compagnies de navigation jouissaient elles-mêmes d'une liberté absolue dans le jeu de leurs tarifs et se trouvaient à cet égard dans une situation plus favorable que la compagnie concessionnaire du chemin de fer, dont la liberté était mitigée par le droit d'homologation de l'administration.

Les sociétés de navigation avaient également manifesté la crainte que la Compagnie du chemin de fer n'organisât sur le fleuve des services de bateaux à vapeur privilégiés : mais l'article du cahier des charges qui interdisait les traités particuliers avec les entreprises de transport sans l'autorisation de l'administration rendait cette crainte chimérique.

Enfin, traitant du mode de concession, le rapport repoussait une fois de plus l'adjudication, comme ne faisant pas la part nécessaire aux capacités professionnelles et financières et comme susceptible de provoquer des collusions nuisibles à l'intérêt public ; il formulait toutefois le vœu que les concessions ne se fissent pas sans une large publicité.

En résumé, la Commission concluait à l'adoption du projet de loi.

V. — DISCUSSION A LA CHAMBRE DES PAIRS [M. U., 24 juillet 1843]. — Le débat à la Chambre des pairs s'ouvrit par un discours de M. le comte Murat qui, sans s'opposer au vote de la loi, exprima le regret qu'elle stipulât : 1° la participation de l'État aux bénéfices et, comme corollaire, un contrôle pénible et gênant ; 2° des tarifs trop bas et, par suite, des sacrifices exagérés pour le Trésor ; 3° l'aggravation des charges de construction primitivement admises par le Ministre pour le grand souterrain de la Nerthe ; 4° le retour gratuit à l'État du matériel de la voie, en fin de concession. Il craignait de voir l'industrie se décourager devant les exigences des pouvoirs publics.

Le général Delort, appuyé par M. le marquis de Boissy, demanda l'ajournement à la session suivante, en invoquant, d'une part, l'intérêt de la dignité de la Chambre saisie tardivement de la loi et, d'autre part, l'imperfection des dispositions soumises à la sanction du Parlement. Il signala notamment l'anomalie d'une concession faite sur les plans et devis d'un ingénieur qui était devenu, depuis, l'âme de la Compagnie ; le chiffre excessif assigné aux dépenses d'infrastructure ; les bénéfices démesurés qui paraissaient assurés à la Compagnie.

M. le comte Daru, rapporteur, n'eut pas de peine à démontrer qu'un ajournement de la discussion aurait pour conséquence fatale de retarder, au grand détriment du pays, l'exécution d'un chemin d'une utilité incontestable, déjà proposé trois fois, en 1837, 1840 et 1841. Quant aux objections de fond, il y répondit en faisant valoir : la vérification minutieuse des devis par le Conseil général des ponts et chaussées ; les reproches adressés au tarif par les hommes les plus compétents qui, loin de le regarder comme trop élevé, le considéraient, au contraire, comme trop bas ; enfin, l'aléa indéniable de l'entreprise.

M. Teste, Ministre des travaux publics, joignit ses efforts à ceux de M. le comte Daru pour combattre l'ajournement ; il fit observer que toutes les questions de principe soulevées par le projet de loi avaient été déjà vidées en 1842 et qu'il y avait une urgence extrême à entrer dans la voie de l'exécution.

La Chambre des pairs passa, en conséquence, à la discussion des articles. Cette discussion roula presque tout entière sur la clause du cahier des charges qui autorisait la Compagnie concessionnaire à abaisser ses tarifs, soit pour une portion du parcours, soit pour une catégorie de transports.

M. le vicomte Dubouchage, redoutant l'usage abusif de cette faculté, grâce à laquelle la Compagnie pouvait régler à son gré les cours sur le marché de certaines marchandises, présenta un amendement ainsi libellé : « 1° La Compagnie « concessionnaire ne pourra pas abaisser son tarif sur une « partie quelconque de la ligne sans l'abaisser en même « temps sur la ligne entière ; elle ne pourra ni faire cette « baisse totale, ni déclasser les marchandises dénommées « à son tarif, sans l'approbation préalable du Ministre du « commerce, et à la suite d'une enquête sur toute la ligne « du Rhône ; 2° elle ne pourra relever son tarif, soit sur

« son parcours entier, soit sur les marchandises déclassées,
« qu'un an au moins après l'abaissement et jamais sans
« l'autorisation préalable du Ministre du commerce. »

M. le comte Daru, rapporteur, combattit vigoureusement
cet amendement, en reproduisant les arguments qu'il
avait déjà développés dans son rapport. Il rappela que
l'usage des tarifs spéciaux était dans la nature même d'une
entreprise ayant un caractère essentiellement commercial ;
qu'à la variété infinie des besoins il fallait pouvoir répondre par une variété suffisante de taxes ; que l'on ne pouvait raisonnablement mettre les Compagnies de chemins de
fer hors du droit commun ; que les abus redoutés seraient
empêchés par le droit de contrôle et d'homologation de
l'administration, par l'égalité de traitement assurée à tous
les voyageurs et à tous les expéditeurs pour un même trajet
ou un même parcours de marchandises de même espèce,
par l'interdiction des traités particuliers.

Sans s'associer à l'amendement de M. Dubouchage, M. le
baron Dupin insista sur le soin avec lequel devraient être
examinées les propositions de tarifs spéciaux présentées par
la Compagnie qui, si on n'y veillait pas avec le plus grand
soin, pourrait arriver à tuer l'industrie intéressante de la
navigation du Rhône et altérer profondément les conditions
de la concurrence entre les houilles du bassin d'Alais et
celles de Saint-Étienne.

Le Ministre des travaux publics donna à M. Dupin les
assurances les plus formelles sur la sollicitude avec laquelle
l'administration veillait à faire respecter tous les intérêts. Puis
M. Legrand prononça un discours dans lequel il fit connaître
son opinion sur les tarifs spéciaux que l'on appelait alors tarifs
différentiels (1). Voici les principaux passages ayant trait à

(1) On désigne aujourd'hui, plus particulièrement, sous le nom de tarifs différentiels, les tarifs à base variable suivant la distance.

cette question qui se soulevait pour la première fois et qui,
depuis, a été si souvent et si vivement controversée :

« Les tarifs différentiels sont commandés tout à la fois
« par l'intérêt de l'entrepreneur et par l'intérêt public.

« D'abord, l'intérêt public est évidemment engagé dans
« la question, puisque le jeu des tarifs différentiels consiste
« à diminuer les taxes sur certains points, en les laissant,
« sur d'autres, au taux du maximum autorisé. Les tarifs
« différentiels n'ont donc pour résultat que de procurer des
« allègements au commerce.

« L'intérêt de l'entrepreneur de transports est également
« satisfait puisque, au moyen des tarifs différentiels, il
« s'approprie des marchandises et des voyageurs qui, sans
« doute, lui échapperaient si les taxes n'étaient pas modé-
« rées.

« Qu'est-ce qu'une taxe, d'ailleurs, en matière de con-
« cession ? C'est le loyer d'un service rendu. Si le service
« varie d'importance, pourquoi la taxe resterait-elle in-
« variable ?....

« Une taxe, c'est la rémunération d'une dépense. Si la
« dépense varie, pourquoi la taxe ne varierait-elle pas ?....

« Les industries de transport par terre, par eau ou par
« chemin de fer, ne vivent et ne prospèrent que par les
« tarifs différentiels; c'est en différenciant sagement leurs
« tarifs qu'elles savent sé prêter et satisfaire aux besoins du
« public, qu'elles attirent, sur la voie qu'elles exploitent, des
« marchandises et des voyageurs pour lesquels cette voie
« deviendrait inutile sans cette flexibilité des tarifs.

« Le roulage par terre différencie ses tarifs à chaque
« instant. Ses prix ne sont pas exactement proportionnels
« aux distances. Il demande pour de faibles distances des
« prix relativement plus forts que pour les grandes distances
« et cela se conçoit : sur les courts trajets, les frais de

« chargement et de déchargement et les frais généraux de
« l'entreprise exercent une notable influence sur les prix de
« revient. Mais ces mêmes frais s'atténuent et peuvent même
« s'effacer lorsqu'il s'agit de parcourir un long trajet.

« Sur les points où le roulage est sûr de trouver des
« marchandises de retour, il accorde pour l'aller un prix
« plus doux. Si, au contraire, il doit revenir à vide, force
« lui est de demander un prix plus élevé, lors même que la
« distance serait exactement la même. Otez-lui le droit de
« différencier ses prix, vous l'empêcherez évidemment
« d'exercer utilement son industrie.

« Les mêmes considérations s'appliquent exactement
« aux transports par eau...

« Pourquoi donc priveriez-vous de la même faculté les
« concessionnaires de chemins de fer? Le public ne peut
« qu'y gagner, et l'intervention nécessaire de l'autorité
« pour homologuer les modifications, l'obligation imposée
« de n'opérer ces modifications qu'à de longs intervalles et
« de les faire connaître à l'avance au public, offrent assu-
« rément toutes les garanties désirables.

« Les tarifs différentiels sont la base de toutes les opé-
« rations de l'industrie des transports. Interdire ces tarifs,
« c'est paralyser l'industrie et, je le déclare, sans tarifs dif-
« férentiels, vous ne trouverez pas de Compagnie qui se
« charge d'exploiter vos chemins de fer. »

M. le marquis de Boissy ayant, après ces explications du
commissaire du Roi, exprimé la crainte que l'administration ne fût pas suffisamment armée pour empêcher les
Compagnies de relever leurs taxes après une période d'abaissement, destinée exclusivement à tuer les entreprises rivales
de transport, le Ministre des travaux publics expliqua que
le droit d'homologation prévu au cahier des charges s'appliquait indistinctement aux relèvements et aux abaissements.

Finalement l'amendement de M. le vicomte Dubouchage fut rejeté.

L'ensemble de la loi fut adopté. Elle fut rendue exécutoire le 24 juillet [B. L., 2ᵉ sem. 1843, n° 1081, p. 185].

Les statuts de la Société furent approuvés le 29 août [B. L., 2ᵉ sem. 1843, supp., n° 679, p. 169]. Elle était constituée au capital de 20 millions en 40 000 actions ; jusqu'à la libération définitive, il n'était délivré que des promesses d'actions ; ces titres étaient nominatifs à l'origine, mais pouvaient être transformés en titres au porteur, après le versement des trois premiers dixièmes. Sur les bénéfices nets, il était prélevé 1 1/4 % du capital social pour l'amortissement des actions ; 1/10 du surplus était mis à la réserve ; un intérêt de 5 % était assuré aux actions non amorties et au fonds d'amortissement pour les autres ; enfin l'excédent était distribué entre toutes les actions amorties et non amorties.

55. — Projet de loi, non voté, concernant le chemin de Paris à la frontière belge et au littoral de la Manche.

I. — Projet de loi. — En même temps que le projet de loi relatif à la ligne d'Avignon à Marseille, le Ministre des travaux publics en présentait un autre, le 3 avril 1843, concernant le chemin de fer de Paris à la frontière belge et au littoral de la Manche [M. U., 4 avril 1843].

La combinaison était différente de celle que nous venons d'indiquer pour le chemin de Marseille, et se rapprochait beaucoup plus du type prévu par la loi du 11 juin 1842, en ce sens que l'État exécutait lui-même l'infrastructure et la remettait ensuite à la Compagnie chargée de l'établissement de la superstructure et de l'exploitation.

L'administration, qui n'avait pas encore eu de bail de

cette nature à rédiger, apporta un soin extrême à sa préparation et s'éclaira de l'avis d'une commission spéciale qui consacra à l'étude de l'affaire de nombreuses séances.

Le bail était divisé en trois parties qui traitaient : la 1re, des obligations de l'État pour l'exécution et la livraison des travaux à sa charge ; la 2e, des obligations de la Compagnie pour l'achat et la pose de la voie de fer, et pour la fourniture du matériel d'exploitation ; et la 3e, des obligations imposées et des avantages consentis à la Compagnie pendant toute la durée du bail. Voici quelle en était l'économie.

L'État devait évidemment garder son libre arbitre pour la direction des travaux dont il payait les frais ; mais, de son côté, la Compagnie avait besoin de savoir à quelle époque elle pourrait compter sur la remise de ses travaux afin de pourvoir, en toute connaissance de cause, à la réalisation de son fonds social et à la conclusion de ses marchés. Des délais furent, en conséquence, stipulés pour la livraison, à charge par l'État de payer, en cas de retard, une indemnité réglée à 4 % d'un capital de 125 000 fr. par kilomètre non livré ; la Compagnie était d'ailleurs tenue de prendre possession de la ligne par sections successives.

La Compagnie devait reprendre les rails et coussinets dont l'État se serait servi pour l'exécution des terrassements ; la valeur de ces objets était réglée, au moment de la reprise, soit de gré à gré, soit à dire d'experts. La Compagnie avait, en outre, à mettre à la disposition de l'État, dans un délai très court, une certaine quantité de rails et de coussinets dont la valeur entrait en ligne de compte dans le cautionnement et portait ainsi intérêt à 4 %.

Il était convenu que, du consentement mutuel de l'État et de la Compagnie, l'administration se chargerait de fournir et de poser le ballast, l'excédent de dépenses incombant à la Compagnie.

Le délai de garantie des travaux exécutés par l'administration était fixé à un an pour les terrassements, à deux ans pour les ouvrages d'art et à cinq ans pour les bâtiments des stations. Si, avant l'expiration du délai d'un an, des tassements se produisaient dans les remblais sur lesquels était déjà posée la voie, le rechargement aurait lieu au moyen de ballast; mais l'État n'aurait à payer que le prix d'un terrassement ordinaire.

Le bail obligeait la Compagnie à poser la voie de fer et à installer sur cette voie le matériel d'exploitation dans le le délai d'un an, à dater des livraisons partielles faites par l'État ; puis à augmenter ultérieurement le matériel roulant, en proportion des accroissements de la circulation. Les objets fournis par elle devaient offrir toutes les conditions propres à un bon service.

Les clauses relatives à l'entretien, à l'exploitation, à l'établissement et à la perception des taxes étaient, sauf quelques modifications, conformes à celles des cahiers des charges antérieurs. Nous allons donner des renseignements sommaires sur ces modifications.

Indépendamment du transport gratuit des dépêches de l'administration des postes par tous les convois de voyageurs, cette administration pouvait requérir, à toute heure de jour et de nuit, un convoi spécial, moyennant paiement d'une indemnité réglée de gré à gré ou à dire d'experts.

Les voitures cellulaires employées au transport des condamnés n'étaient frappées que de la moitié de la taxe ordinaire.

A l'expiration du bail, la Compagnie devait remettre le chemin en bon état et recevoir, en échange, la valeur de la voie de fer, du matériel d'exploitation et des approvisionnements ; l'administration se réservait le droit de faire d'office, lors de cette remise, les réparations nécessaires, en imputant la dépense correspondante sur la somme à rembourser.

La durée du bail, que la Compagnie avait demandé tout d'abord de fixer à cinquante ans, avait été ramenée à quarante ; le Gouvernement justifiait ce chiffre, encore très élevé, par l'importance de la dépense à laquelle la Compagnie avait à faire face et qui ne s'élevait pas à moins de 60 millions.

Le tarif était celui du chemin de fer de Rouen, sauf réduction à deux du nombre des classes de voyageurs : la première classe étant taxée à 0 fr. 09 et la seconde à 0 fr. 06, avec augmentation de 0 fr. 01 pour les parcours de moins de 30 kilomètres.

Le Gouvernement se réservait le droit d'imposer à la Compagnie le rachat, dans des conditions à déterminer par une loi, des lignes de Lille et de Valenciennes à la frontière belge après l'achèvement des sections de Lille et de Valenciennes à Arras.

A l'époque où fut discutée la loi de principe du 11 juin 1842, des compétitions très ardentes s'étaient élevées entre les ports de Calais, Boulogne et Dunkerque. Deux tracés principaux avaient été mis en avant : l'un se dirigeant sur Boulogne, Calais, Gravelines et Dunkerque ; l'autre se dirigeant, à partir d'Arras, de Lille ou d'un point intermédiaire, par trois rameaux principaux, vers Boulogne, Calais et Dunkerque. Le législateur n'avait pas voulu choisir immédiatement entre ces tracés, parce que l'instruction administrative engagée à ce sujet n'était pas terminée. Depuis, cette instruction avait été poursuivie. Au point de vue des relations entre l'Angleterre et la France, elle avait montré qu'il était permis d'hésiter entre Boulogne et Calais, dont les ports avaient l'un et l'autre des qualités nautiques et des avantages spéciaux. Au point de vue des relations entre l'Angleterre et la Belgique, les ports de Calais et de Dunkerque paraissaient s'imposer. La Compagnie s'était prononcée formellement pour la ligne de Calais avec embranchement sur Dunkerque ; c'était, par suite, à cette ligne que le Gouvernement s'était rallié, en ajournant provisoirement l'embranchement à établir ultérieurement d'Amiens vers Boulogne.

Le projet de loi soumis à la Chambre par le Ministre tendait donc à traiter, sur les bases qui viennent d'être relatées, avec une Compagnie dans le sein de laquelle on comptait MM. de Rothschild, Mallet et d'Eichtal.

II. — Rapport a la chambre des députés. — La commission de la Chambre des députés, à laquelle l'affaire fut renvoyée, en fit un examen attentif et consciencieux [M. U., 25 juin 1843]. Elle étudia tout d'abord, avec un soin scrupuleux, la question du tracé. Frappée du raccourci de 80 kilomètres qu'offrait le tracé de Paris à Boulogne, par Amiens et Abbeville, sur le tracé de Paris à Arras, Douai, Carvin et Calais, proposé par la Compagnie ; de la rapidité plus grande qu'offrirait le premier de ces deux tracés pour les communications entre Paris et Londres ; de l'accroissement incessant du nombre des voyageurs passant par Boulogne et du décroissement de celui des voyageurs passant par Calais, elle discuta longuement le parti auquel s'était arrêtée l'administration ; mais elle dut reconnaître que la section d'Amiens à Boulogne n'avait, sur une grande partie de son parcours, qu'un trafic très restreint ; qu'au contraire la ligne d'Amiens à Arras, Douai et Calais, traverserait un pays riche, industriel, et aurait des recettes très élevées ; et que, dès lors, il fallait se résoudre à accepter cette dernière direction et à ajourner la section d'Amiens à Boulogne. Après avoir porté également ses investigations sur diverses autres objections, auxquelles avait donné lieu le tracé présenté par le Gouvernement, elle crut devoir, à la majorité, y donner son adhésion pure et simple. La nouvelle ligne devait ainsi comprendre un tronc principal de Paris à Douai et, à partir de cette dernière ville, une première branche de Douai à Valenciennes et une seconde branche de Douai à Lille, de laquelle se détachait à Carvin une troisième branche se dirigeant vers Calais, par Béthune, Aire et Saint-Omer, avec bifurcation à Watten sur Dunkerque.

En ce qui concernait le mode d'exécution, la Commission exprima le regret que le Ministre n'eût pas pu admettre la combinaison présentée par lui pour la ligne d'Avignon à Marseille et consistant à confier à forfait à la Compagnie les travaux d'infrastructure incombant à l'État ; toutefois, elle n'insista pas pour la modification du projet de loi sur ce point. Elle chercha ensuite à se rendre compte des charges et des produits probables de l'entreprise. L'évaluation de 75 millions, qui faisait ressortir à 175 000 fr. le prix kilométrique de la superstructure, lui parut suffisante. Quant aux recettes, à défaut d'éléments d'appréciation fournis par l'administration, elle dut se référer à un mémoire de MM. Stephenson et Power, en le vérifiant autant qu'il lui était possible de le faire ; elle conclut de ce travail que la recette brute serait au minimum, dès le début, de 13 000 000 fr. ; qu'à raison de 0 fr. 02 par voyageur et de 0 fr. 04 par tonne de marchandise, la dépense kilométrique d'exploitation ne dépasserait pas 6 000 fr. ; que, par suite, le produit net atteindrait 6 millions pour la ligne entière ; que la mise de fonds de la Compagnie serait ainsi largement rémunérée ; et qu'il était possible d'exiger la remise à titre gratuit de la voie de fer, en fin de bail.

La proposition du Gouvernement étant admise dans

ses parties essentielles, la Commission conclut à remanier et à corriger certains articles du projet de bail ; nous passerons sous silence les changements secondaires pour ne nous arrêter qu'aux modifications de quelque importance.

La rédaction de l'administration attribuait au Ministre le droit de fixer, après enquête, le nombre et l'emplacement des stations ; la Commission pensa qu'il était prudent de subordonner la décision à un accord avec la Compagnie.

La Commission, ne voulant pas que l'État eût à rembourser à la Compagnie, en fin de bail, la valeur de la voie, crut devoir fixer le poids des rails à 35 kilogrammes, pour éviter que la Compagnie ne cherchât à réduire outre mesure ce poids.

Elle rétablit les trois classes de voyageurs (dont la dernière en wagon découvert) avec des prix de 0 fr. 10, 0 fr. 07 et 0 fr. 05 ; supprima la surtaxe afférente aux petits parcours ; admit pour le péage la moitié des prix du tarif ; inscrivit l'obligation, pour la Compagnie, de placer dans tous les trains des voitures des trois classes, sauf autorisation contraire de l'administration ; et, se prononçant catégoriquement en faveur des tarifs spéciaux, stipula que la Compagnie pourrait en créer sans être obligée, comme l'avait prévu le Gouvernement, de les appliquer à toutes les marchandises d'une même classe.

Elle donna à la Compagnie le pouvoir de régler elle-même, provisoirement, l'assimilation des marchandises non désignées au tarif, sauf à demander, dans le délai d'un mois, à l'administration la ratification de cette assimilation.

Elle fut d'avis de conférer au Gouvernement le droit de réduire de 20 % les taxes de marchandises, si, après dix années de jouissance, cinq années consécutives donnaient un produit moyen de 10 % ; elle assigna à la distance d'application des taxes pour les transports entre Lille et Dunkerque une réduction conventionnelle destinée à tenir compte de ce que, contrairement aux vœux de ces deux villes, il n'était pas possible de faire passer le tracé par Hazebrouck ; pour favoriser la lutte du port de Dunkerque contre les ports d'Anvers et d'Ostende, elle attribua au Gouvernement la faculté de réduire les taxes de 20 %, en ce qui concernait tout ou partie des marchandises de transit.

Elle stipula, d'après l'exemple de l'Angleterre, l'obligation pour la Compagnie de faire partir tous les jours, dans chaque direction, pour le transport des dépêches, un convoi spécial dont l'administration des postes règlerait la marche sur les convenances de son service ; la Compagnie recevrait une indemnité de 1 fr. par kilomètre pour ce train et pourrait en user pour le transport des voyageurs à grande distance. Les autres clauses relatives au service postal étaient d'ailleurs maintenues.

La Commission crut opportun de déterminer, d'ores et déjà, les bases du remboursement à effectuer par la Compagnie, en échange de la remise par l'État des lignes de Lille et de Valenciennes à la frontière belge, et de disposer que ce remboursement porterait sur la voie de fer, le matériel d'exploitation, le mobilier des stations, l'outillage et les approvisionnements.

Elle compléta le projet de loi par un article autorisant le Gouvernement à traiter avec d'autres demandeurs en concession, si la Compagnie n'acceptait pas les changements indiqués au rapport.

Enfin, elle exprima le regret que le Gouvernement n'eût pas apporté à la Chambre, à l'appui du projet de loi, les résultats d'une instruction complète et n'eût pas cru devoir admettre une concession avec garantie d'intérêt et partage des bénéfices.

Le rapport fut rédigé sur ces bases par M. Baude, mais l'affaire ne fut pas inscrite à l'ordre du jour.

56. — Projet de loi non voté concernant le chemin d'Orléans à Tours.

I. — PROJET DE LOI. — Le 26 avril 1843 [M. U., 27 avril 1843], le Ministre des travaux publics déposa un autre projet de loi, portant approbation d'un traité passé avec les sieurs Bellot, Drouillard, Martin et Cⁱᵉ pour le chemin d'Orléans à Tours, dont l'infrastructure était en pleine exécution.

Ce traité était analogue à celui que nous venons d'analyser pour la ligne de Paris à la Manche et à la Belgique. Toutefois, comme le capital à employer par la Compagnie ne devait pas dépasser 20 millions pour une longueur de 114 kilomètres, comme le chemin était appelé à desservir une circulation très importante, la durée du bail était restreinte à trente-cinq ans. Le tarif était celui de la ligne de Paris à Orléans et comportait les taxes, relativement basses, de 0 fr. 10, 0 fr. 075 et 0 fr. 05 pour les voyageurs; 0 fr. 125 pour la houille; 0 fr. 20, 0 fr. 18 et 0 fr. 16 pour les autres marchandises. Enfin, à l'expiration des cinq premières années d'exploitation, l'État avait droit à la moitié de l'excédent des produits au delà de 10 % du capital dépensé par la Compagnie; il était formellement entendu que cette participation n'entraînerait pas l'immixtion de l'État dans les opérations de la Compagnie.

II. — RAPPORT A LA CHAMBRE DES DÉPUTÉS. — M. Dufaure fut appelé à présenter le rapport à la Chambre des députés, sur ce projet de loi. [M. U., 20 juin 1843].

Après avoir montré les excellents résultats que parais-

1

sait devoir produire la loi du 11 juin 1842, l'essor qu'elle semblait déjà imprimer à l'esprit d'association, il donna son adhésion aux dispositions de la convention, sous les réserves suivantes.

Il y aurait lieu de faire disparaître des statuts de la Société la clause qui attribuait aux fondateurs le dixième des bénéfices au delà de 6 %, du capital social et qui transformait ainsi en valeur vénale la loi soumise au Parlement.

A l'expiration du bail, la Compagnie serait tenue de remettre gratuitement à l'État la voie de fer construite par elle : c'était un sacrifice de 7 500 000 fr. environ à demander à la Compagnie, en admettant une moins-value de moitié sur la valeur primitive de 15 000 000 fr. de cette voie. Ce sacrifice devait permettre à l'État de trouver plus facilement une nouvelle société d'exploitation, en fin de bail; il ne paraissait d'ailleurs nullement excessif pour la Compagnie : en effet la recette brute probable était estimée à 4 400 000 fr. et la dépense d'exploitation l'était à 60 %, de la recette brute, soit à 2 640 000 fr., ce qui donnerait à titre de produit net 1 760 000 fr., chiffre suffisant pour assurer un intérêt de 4 %, sur le fonds social de 20 millions, une rémunération supplémentaire de 3 %, et l'amortissement en trente-cinq ans de la voie et de la moitié du matériel d'exploitation.

L'article relatif aux immunités du service postal serait complété, comme pour le chemin de Paris à la Manche et à la frontière belge, par la stipulation du droit de l'administration de requérir, dans chaque sens, un convoi quotidien spécial, moyennant une indemnité de 1 fr. par kilomètre parcouru.

On inscrirait au contrat la faculté, pour chacune des deux Compagnies de Paris à Orléans et d'Orléans à Tours, de faire circuler ses voitures, wagons et machines sur la ligne de l'autre Compagnie, avec réduction de 15 %, sur les prix ordinaires de péage, de manière à faciliter les transports directs de Paris à Tours. On réserverait au législateur le droit d'assujettir ultérieurement la Compagnie, soit à laisser aux concessionnaires des chemins de prolongement ou d'embranchement la liberté d'exploiter, en concurrence avec elle et sous réserve de réciprocité, la ligne d'Orléans à Tours, moyennant le péage ordinaire, soit à leur accorder sur ce péage une réduction de 10, 15, 20 ou 25 %, suivant que la longueur du prolongement serait inférieure à 100 kilomètres, comprise entre 100 et 200 kilomètres, entre 200 et 300 kilomètres, ou supérieure à 300 kilomètres.

La participation de l'État aux bénéfices ne s'exercerait qu'au moment où les produits cumulés des années antérieures auraient suffi pour couvrir la Compagnie de l'intérêt à 6 % du capital employé par elle et pour faire face à son amortissement calculé à raison de 1 % (clause déjà admise pour la ligne d'Avignon à Marseille).

Les frais de chargement et de déchargement seraient compris dans les taxes fixées par le tarif.

La loi serait complétée par une clause autorisant le Ministre à traiter avec une autre Compagnie, si la société avec laquelle avait été conclue la convention provisoire n'acceptait pas les modifications proposées par la Commission.

III. — DISCUSSION A LA CHAMBRE DES DÉPUTÉS. — Devant la Chambre il n'y eut pas de discussion générale [M. U., 6 et 7 juillet 1843]; l'affaire venait, en effet, à l'ordre du jour, après le projet de loi concernant la ligne d'Avignon à Marseille, qui avait donné lieu à un débat approfondi. Toutefois un certain nombre d'amendements furent développés à la tribune. Nous allons les passer sommairement en revue.

1° Amendement de M. Dugabé, tendant à porter la durée

du bail à quarante ans, en compensation de la suppression du remboursement de la voie de fer.

Cet amendement fut rejeté.

2° Amendement de M. Vivien, ayant pour objet de stipuler que tout convoi régulier de voyageurs comprendrait des voitures destinées aux personnes qui se présenteraient dans les bureaux de la Compagnie.

Cet amendement, motivé par un abus de la Compagnie de Paris à Orléans, qui avait attribué à des entreprises de messageries la distribution exclusive des billets pour certains trains, fut appuyé par le Ministre et adopté, malgré l'opposition de M. Dufaure, qui jugeait l'administration suffisamment armée par les termes du projet de loi.

3° Amendement de MM. Monier de la Sizeranne et Crémieux, stipulant que les voitures de 3° classe seraient couvertes.

Cet amendement, commandé par un intérêt d'humanité et conforme, du reste, à ce qui avait été déjà admis pour la ligne d'Avignon à Marseille, fut adopté malgré la très vive opposition de M. Benoist.

4° Amendement de M. Crémieux, visant un abaissement de la taxe applicable à la viande de boucherie, rejeté presque sans discussion.

5° Amendement de M. Vivien, tendant à rétablir, au profit de la Compagnie, le paiement des frais de chargement et de déchargement d'après un tarif à fixer par le Ministre.

Cet amendement, appuyé par MM. Legrand et Talabot et combattu par MM. Victor Grandin et Dufaure, fut repoussé.

6° Proposition de M. de Preigne, tendant à refuser à la Compagnie de Paris à Orléans le droit que la Commission avait conclu à lui accorder, par réciprocité, de faire circuler ses voitures, wagons et machines sur la section d'Orléans à Tours avec réduction de 15 °/₀ sur le péage.

Cette proposition fut accueillie ; en effet, en inscrivant dans le bail le droit précité pour la Compagnie d'Orléans à Tours, au regard de la Compagnie de Paris à Orléans, la Commission n'avait fait que reproduire une stipulation de l'acte de concession du 15 juillet 1840 ; il n'existait donc pas de motif plausible d'accorder à la Compagnie de Paris à Orléans un avantage qui ne lui avait pas été réservé.

7° Amendement de M. Manuel, tendant à stipuler que, en cas de retard dans la livraison de l'infrastructure de certaines sections, l'État serait tenu de servir à la Compagnie l'intérêt à 4 °/₀, non pas de la totalité de la dépense correspondante de superstructure, mais des dépenses effectivement engagées par la Compagnie.

Cet amendement, d'abord combattu par le Ministre, qui invoquait, d'une part, l'état d'avancement des travaux à exécuter par l'État et, d'autre part, la nécessité de donner des garanties sérieuses à la Compagnie, fut ensuite admis par lui, par la Commission et par la Chambre.

L'ensemble de la loi ainsi corrigée fut ensuite voté.

IV. — RAPPORT A LA CHAMBRE DES PAIRS. — A la Chambre des pairs, la Commission, tout en regrettant la rigueur d'un certain nombre de clauses du contrat, conclut, par l'organe de M. Rossi, à l'adoption du projet de loi [M. U., 21 juillet 1843].

Mais l'affaire ne fut pas appelée à l'ordre du jour et ne reçut ainsi aucune autre suite.

57. — Ordonnances diverses intervenues en 1843. — Pour clore l'année 1843, il ne nous reste à signaler que quelques ordonnances :

1° Ordonnance du 13 janvier 1843, approuvant la convention conclue entre le Ministre des travaux publics et la Compagnie de Paris à Rouen, pour le prêt fait à cette Compagnie en exécution de la loi du 15 juillet 1840 [B. L., 1er sem. 1843, n° 975, p. 114].

2° Ordonnance du 2 avril, concédant à la Compagnie des mines du Mont-Rambert et du quartier Gaillard, pour quatre-vingt-dix-neuf ans, un chemin de fer entre lesdites mines et le chemin de Saint-Étienne à la Loire, avec taxe de 0 fr. 20 pour la houille et 0 fr. 24 pour les autres marchandises; interdiction de transporter des voyageurs, à raison des plans inclinés que comportait la ligne; et révision des tarifs tous les vingt ans [B. L., 2e sem. 1843, n° 1022, p. 41].

3° Ordonnance du 22 mai sur les machines à vapeur [B. L., 2e sem. 1843, n° 1032, p. 369].

4° Ordonnance du 25 juin fixant des maxima de 0 fr. 60, 0 fr. 45 et 0 fr. 25 pour les taxes des trois classes de voyageurs entre Lille et la frontière [B. L., 2e sem. 1843, n° 1023, p. 73].

5° Ordonnance du 20 octobre 1843 déterminant les formes suivant lesquelles les Compagnies des chemins de fer de Strasbourg à Bâle et de Paris à Orléans auraient à justifier, vis-à-vis de l'État, de leurs frais annuels d'entretien et de leurs recettes [B. L., 2e sem. 1843, n° 1057, p. 747 et 754].

Ces ordonnances instituaient, près de chaque Compagnie, un Commissaire qui était chargé de surveiller, dans l'intérêt de l'État, tous les actes de la gestion financière de la Société et qui avait le droit de se faire représenter toutes les écritures de la Compagnie, de visiter les ateliers et magasins, de vérifier la caisse, de requérir la réunion immédiate du conseil d'administration pour délibérer sur ses observations, d'assister aux séances de l'assemblée générale, de faire consigner ses observations au procès-verbal de ces séances.

La gestion financière et la comptabilité de la Compagnie étaient soumises à la vérification des inspecteurs généraux des finances.

Une Commission de sept membres était, en outre, créée pour la vérification des comptes annuels des recettes et des dépenses.

6° Ordonnance du 9 décembre, révisant le tarif des voyageurs, sur les lignes de Lille et de Valenciennes à la frontière, belge, et le fixant à 0 fr. 08, 0 fr. 06, 0 fr. 04 par kilomètre, avec minima de 0 fr. 75, 0 fr. 50 et 0 fr. 25, pour les trois classes [B. L., 2ᵉ sem. 1843, n° 1066, p. 878].

CHAPITRE III. — ANNÉE 1844

58. — Affermage des chemins de Montpellier à Nimes. Concession du chemin d'Amiens à Boulogne. Exécution par l'État des travaux du chemin de Paris à la frontière belge.

I. — PROJET DE LOI. — Nous avons vu la session de 1843 se terminer sans que le projet de loi relatif au chemin de fer de Paris à la frontière de Belgique, avec embranchement sur le littoral de la Manche, fût inscrit à l'ordre du jour de la Chambre des députés. Le 29 février 1844, le Ministre des travaux publics déposa sur le bureau de la Chambre un nouveau projet de loi portant tout à la fois sur ce chemin et sur celui d'Orléans à Vierzon, ainsi qu'un autre projet de loi, justifié dans le même exposé des motifs et concernant le chemin de Montpellier à Nîmes [M. U., 3 mars et 8 avril].

Depuis le moment où le Gouvernement avait élaboré ses premières propositions pour l'application de la loi de 1842, des faits nouveaux s'étaient produits, qui avaient modifié dans une certaine mesure son appréciation sur les clauses à insérer dans les baux d'exploitation. Les lignes d'Orléans et de Rouen, livrées à la circulation, avaient produit des résultats inattendus, accru dans une proportion considérable la circulation des voyageurs, conquis des transports de marchandises qui paraissaient ne jamais devoir leur appartenir ; leur entretien avait été plus facile et moins coûteux qu'on ne le supposait d'abord ; les frais d'exploitation semblaient eux-mêmes devoir rester au-dessous des prévisions. La constatation de ces faits permettait au Gouvernement de stipuler, dans ses projets de convention, des dispositions plus avantageuses pour l'État.

D'autre part, l'administration avait pensé que, au lieu de continuer à apporter et à soumettre aux Chambres des traités acceptés et signés par les Compagnies, il était préférable de demander tout d'abord au Parlement d'arrêter les clauses des contrats, abstraction faite des sociétés avec lesquelles on aurait à négocier, et de laisser au Gouvernement le soin de traiter ensuite aux meilleures conditions possibles dans les limites fixées au préalable par le législateur. Le Ministre considérait que ce mode de procéder laisserait aux Chambres une liberté plus grande dans la discussion des projets de loi et sauvegarderait mieux la dignité et l'autorité du Gouvernement, auquel les Compagnies pourraient dire leur dernier mot, sans avoir à se ménager, comme auparavant, la possibilité de faire des concessions nouvelles pendant la discussion de leurs offres par le Parlement. La Chambre des députés avait, du reste, manifesté ses tendances en faveur de la procédure que nous venons d'indiquer, en complétant pendant la session précédente plusieurs projets de loi par l'addition d'une clause portant que : « si les Compagnies signataires des contrats « n'acceptaient pas les cahiers des charges modifiés, le « Gouvernement était autorisé à traiter avec d'autres Com- « pagnies sous les mêmes clauses et conditions ».

Les projets de baux d'exploitation que le Ministre soumettait à la sanction des Chambres, pour les trois lignes ci-dessus énumérées, étaient préparés dans l'ordre d'idées que nous venons d'indiquer.

(A). *Chemin de Paris à la frontière de Belgique, avec embran-*

chement sur le littoral de la Manche. — La commission de la
Chambre, qui avait eu à examiner le projet de loi de 1843,
s'était plaint de ce que le Gouvernement n'eût pas consulté,
sur le choix des tracés, le Conseil général des ponts et
chaussées et la commission supérieure des chemins de fer,
le Ministre avait, dans l'intervalle des deux sessions, provoqué l'avis de ces deux conseils.

Le Conseil général des ponts et chaussées avait conclu
à la nécessité de desservir les trois ports de Boulogne,
Calais et Dunkerque, et émis l'opinion, d'une part, que la
ligne de Boulogne devait suivre la vallée de la Somme et
passer par Abbeville et Étaples et, d'autre part, que la ligne
de Calais devait se détacher, près d'Arras, de la ligne principale de Paris à la frontière de Belgique et se porter sur
Béthune, Aire, Saint-Omer et Watten, d'où elle se bifur-
querait pour aboutir sur Calais et sur Dunkerque.

La Commission supérieure (1) avait, de son côté, formulé
l'avis qu'il ne fallait pas songer à entreprendre à la fois deux
chemins directs sur l'Angleterre ; que, si le Gouvernement
voulait relier par deux embranchements le littoral de la
Manche au chemin principal de Paris en Belgique, l'un de
ces embranchements devait, d'Amiens, se diriger sur Abbeville, Étaples et Boulogne, et l'autre, de Lille, vers Calais et
Dunkerque, par Hazebrouck ; qu'enfin, si l'état de nos finances ne permettait qu'un embranchement unique, il fallait
le détacher à Arras, pour le diriger, par Béthune, sur Hazebrouck, et d'Hazebrouck sur Calais et sur Dunkerque.

Le Gouvernement jugeant, comme le Conseil général des
ponts et chaussées, indispensable de desservir les trois

---

(1) Les membres de cette Commission qui prirent part aux délibérations sur
l'affaire furent, indépendamment du Ministre et du sous-secrétaire d'État,
MM. le baron Thénard, Cordier, le comte Daru, Rouif, Dufaure, Boulay (de la
Meurthe), Gréterin, Boursy, Prévost de Vernois, Daulli, Fèvre, Kermaingant.

ports, mais considérant, d'autre part, avec la Commission supérieure, qu'il était impossible d'établir deux chemins directs, s'arrêta à une solution intermédiaire, consistant à décider deux embranchements allant l'un, d'Amiens à Boulogne, par Abbeville et Étaples, et l'autre, d'Ostricourt (entre Douai et Lille) sur Hazebrouck et de là sur Calais et sur Dunkerque.

Le cahier des charges reproduisait celui de 1843, sauf les modifications suivantes:

1° La durée de jouissance était ramenée de quarante ans à vingt-huit ans;

2° Les bénéfices devaient être partagés entre l'État et la Compagnie, dès qu'ils dépasseraient 8 °/₀, dont 2 °/₀ destinés à l'amortissement du capital dépensé par la Compagnie;

3° Les taxes de marchandises étaient diminuées de 0 fr. 02 pour chaque classe ;

4° Au lieu de ne comporter que deux classes de voyageurs, le tarif en comprenait trois, taxées à 0 fr. 10, 0 fr. 075 et 0 fr. 055 ; les voitures de la dernière classe devaient être couvertes et fermées, au moins avec des rideaux ;

5° L'État se réservait de résilier le bail à toute époque après une première période de douze ans d'exploitation, moyennant allocation d'une annuité égale au produit moyen des sept dernières années, sauf déduction des deux plus mauvaises, et avec addition d'une prime d'un sixième, un huitième ou un dixième, suivant que la résiliation avait lieu pendant les six premières années, les six années suivantes, ou les quatre dernières années.

La voie de fer devenait, en fin de bail, la propriété de l'État, sans indemnité pour la Compagnie.

Prévoyant le cas où l'industrie privée refuserait son concours dans les conditions susindiquées, le Gouvernement demandait subsidiairement, pour ce cas, l'autorisation de faire lui-même la superstructure et d'en livrer purement et simplement à bail l'exploitation. Il joignait, à cet effet, au projet de loi un second cahier des charges, différent du premier en ce que la jouissance était limitée à douze ans au plus et en ce que la Compagnie aurait à payer un prix de ferme montant à 5 %, au moins, de la dépense de la voie de fer. La faculté de résiliation, devenue dès lors inutile, était supprimée. Le Ministre pensait que cette combinaison, n'exigeant de la part de l'exploitant qu'une mise de fonds très faible, provoquerait un concours considérable d'offres sérieuses et pourrait se prêter à une adjudication.

(B). *Chemin d'Orléans à Vierzon.* — Les propositions du Gouvernement pour le chemin d'Orléans à Vierzon étaient calquées sur celles que nous venons de relater pour le chemin de la Belgique. Toutefois, comme le trafic devait être moindre, le délai de jouissance prévu dans le premier cahier des charges était porté de vingt-huit à trente-cinq ans; la participation éventuelle de l'État aux bénéfices ne devait commencer qu'après cinq années d'exploitation; il était stipulé que la seconde voie pourrait être ajournée jusqu'au jour où le Gouvernement en aurait reconnu la nécessité. Le fermier était tenu de se charger, aux mêmes conditions, du prolongement de Vierzon à Bourges, si ce prolongement venait à être exécuté.

(c). *Chemin de Montpellier à Nîmes.* — Les travaux, non seulement d'infrastructure, mais encore de superstructure, étant exécutés par l'État, le Gouvernement proposait d'affermer la ligne, suivant le cahier des charges subsidiairement annexé au projet de loi concernant les chemins de Belgique et d'Orléans à Vierzon, sauf réduction à dix ans de la durée du bail, attendu que le trafic devait, dès l'origine, être très considérable.

II. — RAPPORT A LA CHAMBRE DES DÉPUTÉS. — (A). *Chemin de Montpellier à Nîmes.* — Le vote de la loi relative au chemin de Montpellier à Nîmes présentait un caractère d'urgence exceptionnelle, en raison de l'avancement des travaux. Ce fut donc par ce chemin que commencèrent les travaux de la Chambre pendant la session de 1844.

La Commission examina, tout d'abord, s'il ne convenait pas de confier l'exploitation du chemin à l'administration, qui avait non seulement engagé la construction de la superstructure, mais même commandé une partie du matériel roulant. Mais elle se prononça pour la négative. Il peut être intéressant de reproduire les raisons données par la Commission à l'appui de sa détermination : « L'exploitation d'un « chemin de fer, disait M. Laborde dans son rapport, est « une entreprise industrielle qui entraîne à sa suite une « responsabilité civile et commerciale, à laquelle, selon « nous, le Gouvernement ne doit pas s'exposer. La plus « légère infraction aux conditions du transport, les erreurs « de direction dans l'expédition des marchandises, les « moindres retards dans leur arrivée, enfin le plus petit « accident, donneraient lieu à des demandes en dommages- « intérêts et en réparations civiles, qui seraient d'autant plus « facilement accueillies que les parties demanderesses au- « raient l'État pour débiteur. Il faudrait créer une admi- « nistration spéciale, cumulant des attributions qui dépen- « dent aujourd'hui des ministères de l'intérieur, des travaux « publics et des finances; une légion d'employés capables « et d'agents spéciaux, au choix desquels l'intérêt direct, « l'indépendance absolue et l'activité persévérante de l'in- « dustrie privée ne suffisent pas toujours. Il faudrait aussi

« organiser et entretenir, à grands frais, des ateliers de
« construction, de réparation, et une comptabilité en ma-
« tière qui présente tant de difficultés pour nos administra-
« tions publiques. »

Après s'être ainsi ralliée au système de l'affermage de
l'exploitation à l'industrie privée, la Commission discuta,
dans tous ses détails, le projet de bail, et proposa d'y apporter quelques modifications, dont voici les plus essentielles. :

L'État avait déjà acheté un matériel d'exploitation va-
lant 900 000 fr. et devait remettre ce matériel à la Compagnie ; le Gouvernement avait admis que cette remise aurait
lieu à titre gratuit ; il parut nécessaire à la Commission
d'ajouter au prix de ferme, sur lequel porterait l'adjudication, l'intérêt à 3 % de ladite somme de 900 000 fr., soit
27 000 fr.

La Commission crut devoir également stipuler l'interdiction de transformer les actions nominatives en actions au
porteur avant leur libération complète.

En compensation de la charge imposée à la Compagnie
pour la reprise du matériel roulant appartenant à l'État,
elle éleva de dix à douze ans la durée de la jouissance.

Elle demanda qu'au lieu de compter les fractions de
poids des marchandises par cinquième de tonne, on les
comptât par dixième.

Elle porta de trois à six mois le délai avant lequel les
taxes de marchandises, une fois réduites, ne pourraient
être relevées.

Elle ajouta aux clauses, concernant le service postal,
l'obligation, pour la Compagnie, de déférer immédiatement
aux réquisitions concernant la mise en marche des trains
spéciaux, sauf allocation d'une indemnité à régler de gré
à gré.

Elle stipula que si, en fin de bail, la valeur des objets à racheter par l'État était inférieure à 900 000 fr., la différence serait versée par la Compagnie au Trésor.

Le poids des rails de la ligne de Montpellier à Cette n'était que de 20 kilog. ; elle inscrivit l'interdiction pour la compagnie de Montpellier à Nîmes d'y faire circuler des locomotives d'un poids supérieur à celui des machines en service sur cette ligne.

Le rapport fut déposé par M. Lebobe le 21 avril.

(B). *Chemin de Paris à la frontière de Belgique avec embranchement sur le littoral de la Manche* [M. U., 15 juin 1844]. — La Commission, dont M. Lanyer fut rapporteur, se livra à une discussion longue et approfondie du tracé à adopter pour le chemin. Elle considéra, tout d'abord, comme indispensable, de doter immédiatement la ligne d'un embranchement d'Amiens à Boulogne. Puis, entre les trois directions de l'embranchement appelé à desservir Calais et Dunkerque, elle plaça en première ligne, comme le Gouvernement, celui qui se détachait de la ligne principale à Ostricourt ; en seconde ligne, celui qui s'en détachait à Fampoux, près d'Arras ; et, en troisième ligne, celui qui s'en détachait à Lille et qui donnait un grand allongement pour les relations entre les ports de Calais et de Dunkerque, d'une part, et Paris, d'autre part.

Elle chercha ensuite à se rendre compte du trafic probable du chemin de fer, tant d'après le mémoire de M. Stephenson et le rapport de M. Baude, déjà cité dans le compte rendu de la session précédente, que d'après les travaux statistiques faits récemment par les ingénieurs des ponts et chaussées. Ces divers documents présentant des éléments et des bases différentes, il lui fut impossible d'arriver à une appréciation comportant quelque précision ; toutefois, elle pensa que l'on pouvait sans témérité admettre pour le produit net kilométrique, au moins sur le tronçon de Paris à Amiens, un chiffre de 30 000 fr. par kilomètre.

En ce qui concernait le contrat proprement dit, un long débat s'éleva, au sein de la Commission, sur l'opportunité d'admettre, comme le Gouvernement, l'application pure et simple de la loi du 11 juin 1842, c'est-à-dire la construction de l'infrastructure par l'État et l'établissement de la superstructure, ainsi que l'exploitation, par l'industrie privée, ou, au contraire, la construction totale du chemin par l'État et l'exploitation seulement par l'industrie privée. Ces deux systèmes avaient, l'un et l'autre, des partisans convaincus. En faveur du premier, on faisait valoir qu'il ne fallait pas exagérer les dépenses à la charge du Trésor ; que la faculté d'emprunter avait des limites ; que l'État ne pouvait pas négliger les travaux publics, autres que les chemins de fer, et était tenu de leur réserver une partie de ses ressources ; que certains capitaux préféraient les caisses des Compagnies à celles de l'État ; que le concours du Gouvernement et de l'industrie privée assurerait une plus prompte exécution du réseau. En faveur du second système, on alléguait que la durée de l'aliénation des chemins de fer devait être très courte ; qu'il importait de recouvrer le plus tôt possible la libre disposition des tarifs ; que, dans ce but, il fallait réduire la mise de fonds de la Compagnie ; que la pose des rails par l'État pouvait seule assurer l'unité dans l'exécution des travaux ; qu'en se réservant la possibilité de remanier fréquemment les tarifs, on pourrait relever, le cas échéant, des industries en péril et les armer contre la concurrence étrangère ; que des Compagnies contractant à long terme, et nécessairement plus puissantes, apporteraient moins de soins aux détails de l'exploitation ; qu'on obtiendrait plus facilement un concours entre les Compagnies fermières, si on

exigeait d'elles moins de capitaux ; qu'il était peu conforme
aux intérêts et à la dignité de l'État de faire un emprunt déguisé, par l'intermédiaire des Compagnies, et de jeter sur le
marché de nouvelles valeurs faisant concurrence à la rente ;
qu'il importait de ne pas provoquer l'agiotage, en exagérant
les émissions des sociétés ; qu'on ne devait pas oublier
l'exemple des canaux concédés, dont on était obligé d'effectuer le rachat pour pouvoir abaisser leurs tarifs. Finalement ce fut le second système qui triompha. La Commission conclut à affermer la ligne de Paris à la frontière
de Belgique et de Paris vers l'Angleterre par Calais et Dunkerque pour un délai de douze ans, en laissant à l'État le soin
de l'exécution totale des travaux. L'affermage devait faire
l'objet d'une adjudication portant sur un partage des
produits nets, avec attribution de 45 %, au minimum au
Trésor après prélèvement : 1° au profit de l'État, de 3 %, de
la totalité des frais de premier établissement ; 2° au profit de
la Compagnie, de 8 °/₀ pour l'intérêt de ses avances et la dé-
térioration de son matériel.

La Commission apporta du reste au cahier des charges
diverses modifications votées par la Chambre, lors de la discussion du projet de loi relatif au chemin de Montpellier
à Nîmes.

Suivant en outre l'exemple du Gouvernement, elle arrêta
ses propositions non seulement sur le cahier des charges
d'un affermage à court terme, avec exécution de la superstructure par l'État, mais encore sur le cahier des charges
d'un affermage de vingt-huit ans, avec exécution de la superstructure par la Compagnie, pour le cas où cette dernière combinaison prévaudrait.

(c). *Chemin d'Orléans à Vierzon.* — Cette ligne fut réunie
à un groupe important d'autres chemins, pour faire l'objet

1   24

d'un rapport d'ensemble dont nous parlerons ultérieurement

III. — DISCUSSION A LA CHAMBRE DES DÉPUTÉS. — (A). *Chemin de Montpellier à Nîmes* [M. U., 11, 12, 13, 14, 16 et 17 juin 1844]. — La discussion du projet de loi relatif à cette ligne occupa plusieurs séances.

Elle débuta par un discours de M. de Boissy d'Anglas en faveur de l'exploitation par l'État, pour éviter de livrer la ligne à la Compagnie, beaucoup trop puissante, d'Alais à Beaucaire. Cette Compagnie, déjà concessionnaire à perpétuité de la ligne d'Alais à Beaucaire et, pour quatre-vingt-dix-neuf ans, de celle d'Avignon à Marseille, paraissait à l'orateur devoir nécessairement triompher à l'adjudication et, par suite, accroître encore son monopole dont le public n'avait pas eu à se louer. Il considérait d'ailleurs comme nécessaire de tenter l'expérience d'une exploitation directe et, en même temps, de créer, entre les mains de l'État, une concurrence au canal de Beaucaire à Montpellier, dont les principaux actionnaires appartenaient à la Compagnie d'Alais à Beaucaire.

M. Cordier, après des critiques violentes contre l'administration, déclara, au contraire, se prononcer absolument contre l'exploitation des chemins de fer par l'État, qui n'avait aucune capacité industrielle, qui serait conduit inévitablement à se laisser guider par des considérations politiques dans le choix de ses agents, qui serait obligé d'abaisser les tarifs et de ruiner ainsi le commerce sur toutes les voies parallèles. Il repoussa également les fermages à court terme, dont le seul but était de retarder un peu l'exploitation par l'État et de déguiser les tendances de l'administration, et qui ne pouvaient, d'ailleurs, profiter qu'à des spéculateurs. Invoquant les précédents et l'exemple

de l'Angleterre et des États-Unis, il préconisa le système
de concession à perpétuité, en toute propriété incommutable, et avec tarif élevé : suivant l'orateur, la perpétuité
déterminait les associations locales à se former, à étendre
et à perfectionner leurs entreprises ; les tarifs élevés pouvaient seuls donner une rémunération convenable des capitaux engagés et empêcher une perturbation excessive dans
les conditions antérieures des transports ; le Gouvernement,
pouvant se borner à des prêts, n'était plus entraîné à faire
payer indirectement, par certaines régions, les travaux
exécutés dans d'autres régions plus favorisées et, par une
partie de la population, des dépenses qui ne lui profiteraient pas.

M. de la Grange, après avoir combattu, par des faits
tirés de l'expérience des canaux, le système des concessions
à perpétuité vanté par M. Cordier et même celui des baux
à long terme, appuya la proposition de M. de Boissy d'Anglas, en faveur de l'exploitation par l'État ; il invoqua, notamment, la nécessité de pourvoir sans délai à la livraison du
chemin que l'on était prêt à ouvrir à la circulation et de ne
pas morceler entre un trop grand nombre de Compagnies
la ligne de Marseille à Toulouse et à Bordeaux.

Le rapporteur, appelé à s'expliquer sur le mode d'exploitation par l'État, le repoussa, en s'abritant derrière les sentiments déjà manifestés à plusieurs reprises par la Chambre
et par le Gouvernement, et en reproduisant l'argumentation
de son rapport, notamment au sujet du nombreux personnel
qui viendrait s'ajouter à celui de l'administration et des
procès auxquels l'État serait exposé.

M. Dumon, Ministre des travaux publics, combattit
également l'exploitation par l'État, pour les motifs qu'avait
développés M. Lebobe ; il insista surtout sur les inconvénients qu'il y avait, suivant lui, à rendre l'État maître des

tarifs. Voici ce qu'il disait à cet égard : « Je crois qu'il n'est
« pas bon que l'État se charge de l'exploitation industrielle ;
« jusqu'ici c'était une opinion sans contradiction et c'était
« à peine si on consentait à voir l'État chargé d'une exploi-
« tation industrielle, quand elle était la condition nécessaire
« du recouvrement d'un impôt. Nous savons tous quelles
« difficultés a éprouvées l'exploitation du monopole du tabac
« et du transport des dépêches par l'État. Ce n'est qu'après
« de très longues discussions, et en vue de la conservation
« de l'impôt, que cette exploitation a été définitivement
« concédée au Gouvernement. Ici, cette raison n'existe pas ;
« il ne s'agit pas de percevoir un impôt ; c'est uniquement
« le prix d'un service rendu qu'il s'agit de demander au
« public, et c'est toujours la distinction qui a été faite, quand
« il a été question d'une exploitation par l'État dans une
« industrie quelconque ; on a toujours dit qu'il ne s'agissait
« pas d'un service rendu : car, s'il s'agissait d'un service
« rendu, l'industrie privée y suffirait..... L'État n'est pas
« assez fort sur le terrain de l'exploitation industrielle ;
« l'industrie exige une liberté de mouvement, une indépen-
« dance d'action, une pleine autorité dans tous ses actes,
« une absence de tout contrôle et de toute surveillance, qui
« sont incompatibles avec la forme du Gouvernement, avec
« les devoirs des Chambres et avec les droits du Gouverne-
« ment..... Il y a deux inconvénients dans la fixation des
« tarifs : l'un serait leur immobilité perpétuelle ou pour un
« temps très prolongé ; l'autre serait leur constante mobilité.
« Leur immobilité ou leur durée séculaire aurait l'inconvé-
« nient de ne pas permettre à l'industrie de profiter des
« transports et d'en voir abaisser le prix..... La perpétuelle
« mobilité des tarifs, c'est la tendance continuelle à la baisse,
« non pas proportionnellement aux progrès qu'a faits l'in-
« dustrie, mais proportionnellement aux besoins de l'indus-

« trie privée. L'industrie privée résiste aux instances du
« public parce qu'elle se défend elle-même ; parce qu'elle
« combat *pro aris et focis*. Il n'en est pas de même de l'État ;
« il n'a pas cette énergie de résistance que donne la néces-
« sité de l'intérêt privé, et, quand il l'aurait, il a à côté de
« lui, en face de lui, des exigences encore plus fortes que
« sa résistance ne pourrait être énergique.....

   « ..... Il faut que les tarifs soient rémunérateurs. Je ne
« crois pas que personne puisse dire qu'il soit du devoir de
« l'État de créer des chemins de fer où la locomotion soit
« gratuite, ou bien où les tarifs ne représentent que nominale-
« ment une partie du capital employé aux constructions.
« Les voies de fer sont des voies privilégiées ; il ne peut y
« en avoir partout ; c'est un sacrifice que le royaume tout
« entier fait au profit des villes les plus importantes. Il y
« aurait une grande injustice à ce que cette œuvre de sa-
« crifice commun fût abandonnée à quelques-uns, à des
« prix démesurément réduits ; il y aurait une grande injus-
« tice, quand on prive une grande partie du royaume de la
« jouissance des voies perfectionnées, de ne pas mettre la
« jouissance de ces voies à un prix qui dédommage l'État
« tout entier des sacrifices qu'il a fallu faire pour les cons-
« truire. Personne ne contestera que, si les chemins de fer
« étaient entre les mains de l'État, s'il les exploitait, s'il
« pouvait fixer les tarifs chaque année, nécessairement le
« taux de ces tarifs ne descendît immédiatement au-dessous
« de ce qu'il est nécessaire d'attendre de la perfection des
« communications nouvelles. Personne ne doute que nous
« n'entrerions à l'instant dans la voie d'un abaissement
« presque indéfini..... »

   A la suite du discours du Ministre, M. Berryer, tout en
reconnaissant les dangers que présenterait la généralisation
de l'exploitation par l'État, insista longuement sur les avan-

tages d'une expérience, en un point où elle se justifiait et s'imposait presque d'elle-même. Il s'éleva d'ailleurs contre l'insuffisance du prix de ferme stipulé au projet de contrat.

M. Houzeau-Muiron répondit à M. Berryer, en faisant valoir le manque d'initiative des agents de l'État et leur incapacité d'exploiter aussi économiquement que l'industrie privée ; il fit en outre remarquer que le prix de fermage, sur lequel porterait l'adjudication, constituait seulement un minimum susceptible d'être considérablement relevé par les enchères.

M. Bethmont appuya les observations de M. de Boissy d'Anglas et de M. Berryer.

Mais la Chambre rejeta l'amendement qu'avait déposé ce député et qui tendait à confier à l'État l'exploitation de la ligne pour un délai de cinq ans ; elle passa, en conséquence, à la discussion des articles.

Elle repoussa une demande de M. de Beaumont, tendant à placer les grains dans la même série que la houille, c'est-à-dire à ne les taxer qu'à 0 fr. 10 ; elle refusa également, eu égard à leur valeur, de les faire passer dans la 2° classe, comme le proposait M. Grandin.

D'accord avec la Commission, elle admit le fractionnement par 10 kilogrammes pour l'application des taxes aux marchandises et rejeta un amendement de M. Toussin, qui avait pour objet de faire payer au poids réel et que le Gouvernement combattait comme devant entraîner une complication excessive dans les calculs.

Elle rejeta un autre amendement relatif au déclassement des vins, vinaigres et spiritueux.

Elle décida, comme le proposait M. Ducos, que, pour les expéditions de marchandises à grande vitesse, une lettre de voiture serait délivrée à l'expéditeur sur sa demande.

La Commission avait conclu à fixer à trois mois, pour les

voyageurs, et à six mois, pour les marchandises, le délai pendant lequel les tarifs, une fois abaissés, ne pourraient être relevés. M. Muret de Bort présenta un amendement ayant pour but de porter à un an ce délai en ce qui concernait les marchandises, afin d'éviter, dans la mesure du possible, les manœuvres déloyales des Compagnies de chemins de fer contre les entreprises concurrentes de transport et d'assurer aux tarifs la stabilité nécessaire aux transactions commerciales. Cet amendement fut combattu par le Ministre des travaux publics, qui craignait de voir les Compagnies reculer devant les expériences d'abaissement des taxes et qui envisageait la proposition comme un obstacle absolu aux tarifs de saison; il reçut néanmoins la sanction de la Chambre.

La Chambre se rangea également à un amendement de M. Luneau, élevant de 20 à 30 kilogrammes le poids des bagages ne donnant pas lieu à perception.

Revenant sur la détermination qu'elle avait prise l'année précédente pour le chemin d'Avignon à Marseille, elle repoussa une proposition de M. Garnier-Pagès tendant à laisser à la charge de la Compagnie les frais de chargement et de déchargement.

Bien que le Ministre des finances et le Ministre des travaux publics le jugeassent inutile, elle stipula le transport gratuit, non seulement d'un seul agent, mais encore du nombre d'agents nécessaire au service postal, dans tous les convois ordinaires. Elle fixa, d'ailleurs, à 0 fr. 75 pour une voiture et à 0 fr. 25 par voiture supplémentaire l'indemnité kilométrique à servir à la Compagnie, pour les convois spéciaux mis à la disposition de l'administration des postes.

Elle stipula que l'État ne serait tenu de reprendre, en fin de bail, que les approvisionnements nécessaires pour un service de six mois au plus.

Elle rejeta un amendement de M. Deslongrais, ayant pour objet de mettre à la charge de la Compagnie le traitement des commissaires et agents spéciaux préposés à la surveillance du chemin de fer; mais, en revanche, elle en repoussa un autre de M. Luneau, ayant pour but de mettre au compte de l'État les émoluments du commissaire royal, afin de bien soustraire ce fonctionnaire à l'action de la Compagnie.

Sur la base de l'adjudication, plusieurs amendements furent développés, à savoir :

1° Amendement de M. Muret de Bort, qui voulait fixer, d'une manière ferme, à 150 000 fr., pendant les six premières années, et à 250 000 fr., pendant les six dernières, le prix annuel du fermage, et faire porter l'adjudication sur la quotité de la participation de l'État dans les bénéfices au delà de 8 %, avec minimum d'un dixième.

Cet amendement fut modifié, d'accord avec son auteur, par M. Berryer, qui proposa de fixer à la moitié la part de l'État dans les bénéfices au delà de 8 % et de faire porter l'adjudication sur le prix du fermage. Mais il ne fut pas pris en considération.

2° Amendement de M. Gouin, dont le but était de faire porter l'adjudication sur le prix de ferme, sans que ce prix pût être inférieur à 25 % des produits bruts de l'exploitation pendant la durée du bail.

M. Gouin défendit sa proposition en s'efforçant de démontrer qu'elle pouvait seule, par la proportionnalité qu'elle établissait entre le prix du fermage et les recettes brutes, sauvegarder les intérêts du Trésor, tout en permettant aux Compagnies sérieuses de se présenter à l'adjudication.

M. Muret de Bort la combattit, en faisant remarquer que le produit net offrait une base bien plus rationnelle pour l'assiette du prix de fermage; qu'en effet, il n'existait pas de

lien absolu entre les recettes brutes et les recettes nettes ;
que souvent même les Compagnies pouvaient arriver à augmenter leur produit net, en réduisant dans une certaine
mesure leur produit brut, par exemple par une diminution
du nombre des trains ; qu'il ne fallait pas développer encore
leur tendance à entrer dans cette voie fâcheuse pour le
public, en ajoutant aux frais d'exploitation une part susceptible de s'accroître avec eux.

M. Sévin-Mareau repoussa également la proposition, en
montrant quelles en seraient les conséquences, au cas où la
recette nette serait nulle.

Malgré l'appui de M. Luneau, l'amendement ne fut pas
accueilli.

3° Amendement de M. Bineau, tendant à relever le minimum du prix de fermage, qui avait été fixé à 5 °/₀ de la
dépense de la voie de fer, soit 2 °/₀ seulement de la dépense
totale de construction du chemin (13 000 000 fr.) et à le
porter à 400 000 fr.

Cet amendement, que M. Bineau défendit, en invoquant
l'insuffisance du revenu de 2 °/₀ garanti au profit de l'État
sur le montant de ses avances, fut repoussé par ce double
motif que l'adjudication aurait, sans doute, pour effet
d'augmenter la redevance et que, d'ailleurs, il ne fallait pas
éloigner les concurrents par une stipulation trop onéreuse.

4° Amendement de M. de La Grange, ayant pour objet de
régler explicitement la redevance sur la dépense totale, au
lieu de la régler sur la dépense de la voie de fer, et, tout en
conservant la même somme, de la fixer au chiffre minimum
de 2 °/₀ de la dépense de 13 millions.

La Chambre repoussa également cette proposition.

Puis elle adopta, d'accord avec le Gouvernement et la
Commission, une rédaction de M. Berryer, stipulant que
l'adjudication porterait sur un prix minimum de ferme qui

né pourrait être inférieur à une moyenne annuelle de 200 000 fr. pendant la durée du bail, non compris l'intérêt à 3 % de la somme de 900 000 fr., valeur du matériel d'exploitation acquis par l'État.

Enfin, elle vota l'ensemble de la loi, sauf addition d'une disposition autorisant le Ministre des travaux publics, pour le cas où l'adjudication serait infructueuse, à exploiter provisoirement le chemin sur la base du tarif légal, de manière à ne pas attendre, pour ouvrir la ligne à la circulation, qu'une nouvelle loi pût intervenir.

(B). *Chemin de Paris à la Belgique et vers l'Angleterre* [M. U., 26, 27, 28 et 29 juin 1844]. — Un seul discours fut prononcé pendant la discussion générale par M. de Keroin, en faveur du tracé qui avait rallié les suffrages du Conseil général des ponts et chaussées. Il ne fut pas répondu à ce discours et la Chambre passa immédiatement à la discussion des articles.

A propos de l'article 1ᵉʳ, qui déterminait la direction générale des diverses parties de la ligne, M. Lestiboudois développa un amendement portant qu'au lieu de se détacher à Douai, l'embranchement vers Calais et Dunkerque se détacherait à Fampoux, près Arras, afin de réduire la distance de ces deux ports à Paris, et impliquant l'établissement d'une autre ligne d'Hazebrouck vers Lille, pour le transit entre l'Angleterre, d'une part, la Belgique et l'Allemagne, d'autre part. Cet amendement, combattu par M. Baude, qui considérait la branche de Boulogne comme devant absorber presque tout le trafic de Londres sur Paris, fut vivement appuyé par M. Roger (du Nord) : suivant l'orateur, le tracé de transaction, admis par le Gouvernement, ne satisfaisait aucun intérêt et compromettait notre port de Dunkerque dans sa lutte avec celui d'Anvers. M. Legrand défendit la proposition du Gouvernement, comme seule compatible avec les nécessités budgétaires ; il s'attacha à démontrer que les intérêts de Dunkerque n'étaient pas vers Paris, dont le port naturel serait toujours le Havre, et que le tracé par Ostricourt laissait encore un écart considérable au profit de Dunkerque, relativement à Ostende et Anvers, pour les relations avec le marché de Lille.

M. Berryer vint, à son tour, prêter à l'amendement l'appui de son éloquence et de sa dialectique, en invoquant l'intérêt général de la France, dans la concurrence entre nos ports du Nord et ceux de la Belgique. Le Ministre des travaux publics répliqua à M. Berryer que la supériorité d'Anvers sur Dunkerque tenait à ce que la première de ces deux places constituait un grand entrepôt commercial, notamment pour les peaux et les laines, et que quelques kilomètres de chemins de fer de plus ou de moins ne pouvaient modifier cette situation ; que, d'ailleurs, les partisans de l'amendement ne proposaient pas de faire exécuter par l'État la ligne d'Hazebrouck à Lille ; qu'aucune offre sérieuse n'avait encore été formulée pour cette ligne ; qu'elle exigerait moins de développement et moins de dépenses, si elle se greffait sur une ligne d'Hazebrouck à Douai, au lieu de se détacher d'une ligne d'Hazebrouck à Arras ; que le trafic de Dunkerque vers Paris et même sur Arras était insignifiant ; que la circulation dans la direction adoptée par le Gouvernement serait plus considérable ; que, de même, Calais ne pourrait jamais lutter avec Boulogne pour le transport vers Paris et qu'il valait mieux, dès lors, rapprocher du Nord-Est le tronçon qui relierait cette ville à la grande artère de Paris à la Belgique.

M. Dufaure reprit la thèse de M. Berryer, qu'il avait d'ailleurs défendue devant la commission supérieure des chemins de fer. Il invoqua le faible surcroît de dépenses

logne, qui se trouverait dépouillé d'une partie de son trafic ; mais M. Dufaure rétorqua ses arguments, en rappelant que les auteurs de l'amendement demandaient simultanément l'établissement de la branche de Boulogne.

M. Vivien prit à son tour la parole pour prouver que la ligne d'Arras, dépossédée du trafic vers Paris par l'embranchement de Boulogne et du trafic vers Lille par l'embranchement d'Hazebrouck ou d'Estaires vers cette ville, n'aurait qu'une circulation réduite, et qu'ainsi le supplément de dépense résultant de la substitution d'Arras à Ostricourt serait absolument stérile.

Après ce débat âpre et passionné, l'amendement fut repoussé.

Mais la Chambre adopta ensuite à la presque unanimité un amendement de M. Mortimer-Ternaux, portant que l'embranchement de Calais et Dunkerque aurait son origine à Lille ; elle repoussa, par la question préalable, un autre amendement stipulant l'établissement d'un embranchement d'Ostricourt à Estaires.

Ce vote devait entraîner inévitablement la dotation immédiate ou la concession de la ligne d'Amiens à Boulogne ; la question fut donc soulevée par M. Berryer, et, après une discussion un peu confuse, la Chambre décida, sur l'avis de la Commission, que, jusqu'à la session suivante, le Gouvernement serait autorisé à concéder cette ligne, pour un délai maximum de quatre-vingt-dix-neuf ans et sans subvention, sur un cahier des charges semblable à celui de la ligne de Paris à Bordeaux.

Quant à la ligne principale, la Chambre qui, peu de temps auparavant, avait ajourné sa décision sur l'affermage du chemin de Paris à Lyon, prit, d'accord avec la Commission et le Gouvernement, une détermination analogue, qu'elle motiva par la solidarité des deux lignes, et donna au

Gouvernement l'autorisation de poser les rails et même d'exploiter les parties terminées, jusqu'à ce qu'une loi à intervenir pendant la session suivante eût fixé les conditions d'achèvement et le régime à adopter définitivement.

IV. — RAPPORT A LA CHAMBRE DES PAIRS. — (A). *Chemin de Montpellier à Nîmes* [M. U., 4 juillet 1844]. — M. Cordier, chargé de présenter le rapport à la Chambre des pairs, ne formula pas d'objection ; il se prononça d'ailleurs, au nom de la Commission, contre l'exploitation définitive par l'État :
« A parler en général, disait-il, l'exploitation d'un chemin
« de fer, quelle que soit son étendue, constitue, à beaucoup
« d'égards, une véritable opération industrielle et commer-
« ciale, qui offre bien plus de complication qu'on ne peut
« le croire au premier aperçu. Elle exige, dans une foule
« de ses détails, une célérité dans les décisions, une liberté
« d'action, qui sont peu compatibles avec les formes de
« l'administration publique et qu'on ne peut guère obtenir
« que dans les entreprises d'intérêt privé. Comme, en défi-
« nitive, ce genre d'affaires n'a pour but que des services
« rendus et rémunérés, l'État, en s'en chargeant, se com-
« met réellement et journellement avec le public. Il s'expose
« à des réclamations, à des contestations nombreuses et
« continuelles , dans lesquelles il a plus de chances de
« succomber qu'un simple entrepreneur. Le choix des
« agents et employés de toute espèce et le maintien d'une
« discipline sévère offrent aussi pour lui bien des écueils. »

(B). *Chemin de fer de Paris à la Belgique et à la Manche* [M. U., 19 juillet 1844]. — Ce fut M. le comte Daru qui eut à rédiger le rapport. Il commença par rappeler quelles avaient été les fluctuations successives, les atermoiements incessants au sujet du choix du meilleur système d'exécu-

tion et d'exploitation des chemins de fer. Il exprima le regret
de voir le pays marcher à grands pas vers l'exploitation par
l'État, qu'il considérait comme inséparable de la construction complète.

Suivant lui, en effet, les baux à court terme étaient
incompatibles avec une bonne exploitation et ne pouvaient
avoir qu'une vie éphémère ; les avantages que ces baux assuraient à la Compagnie étaient, d'ailleurs, d'après ses calculs, bien plus considérables, eu égard au chiffre minime du
capital engagé, que ceux d'une concession à longue durée ;
le partage des bénéfices, auquel on avait cru devoir s'arrêter
pour atténuer ces avantages, était absolument illusoire ; car les
Compagnies ne manqueraient pas d'user de leur excédant de
produit net pour accroître le matériel à racheter par l'État
à l'expiration du contrat. Le motif tiré du développement
considérable que prendrait le trafic, pour justifier la nécessité de remettre, à brève échéance, les lignes entre les mains
de l'État et permettre ainsi la révision des tarifs, était plus
spécieux que plausible ; les concurrences qui ne tarderaient pas à surgir, l'augmentation des frais d'entretien
détruiraient certainement les illusions que l'on se faisait à
cet égard. Les erreurs commises dans l'évaluation des recettes réagiraient bien davantage sur la situation financière
des Compagnies n'ayant qu'une mise de fonds restreinte. Les
sociétés à existence limitée négligeraient les améliorations
indispensables dans l'industrie des chemins de fer, plus peut-
être que dans toute autre ; le personnel, n'ayant pas un avenir assuré, s'acquitterait avec moins de soin de ses fonctions.
L'État, voyant aggraver sa charge pour le premier établissement, serait amené à retarder l'exécution de l'ensemble
du réseau. Le rapport se prononçait donc absolument contre
les baux à faible durée et indiquait que l'on ne devait choisir
qu'entre deux systèmes : celui qui consistait à ouvrir à l'indus-

trie privée un champ assez vaste pour y déployer ses forces et à lui donner une tâche qu'elle eût intérêt à bien remplir, et celui qui consistait, au contraire, à renoncer à son concours.

Était-il naturel, conforme aux règles d'une bonne justice distributive, de dépenser les ressources de l'État dans les contrées assez riches pour se suffire à elles-mêmes ? Ne valait-il pas mieux les reporter plutôt sur les régions pauvres ?

Les idées les plus fausses avaient pris cours au sujet du produit probable des chemins de fer. Ce produit n'était en moyenne, pour 1843, que de 2,65 °/₀ en Belgique ; de 4,02 en Angleterre ; de 3,70 en Allemagne ; et de 3,44 en France. On se trompait donc en cherchant à retenir les chemins de fer dans les mains de l'État, en prévision de bénéfices tout à fait problématiques.

Les concessions, avec réduction au minimum des charges de l'État, étaient de tous points préférables.

Quelqu'arrêtée que fût l'opinion de la Commission sur cette question de principe, elle ne crut pas pouvoir prendre la responsabilité d'un retard dans l'ouverture à l'exploitation en rejetant le projet de loi.

Elle adhéra pleinement au tracé adopté par la Chambre des députés, ainsi qu'aux dispositions votées par cette Chambre, tout en exprimant l'avis qu'en réservant à l'industrie privée l'embranchement de Boulogne et à l'État la ligne principale avec ses embranchements de Calais et de Dunkerque, on avait fait l'inverse de ce que commandait un examen raisonné de la situation.

v. — DISCUSSION A LA CHAMBRE DES PAIRS. — (A). *Chemin de Montpellier à Nîmes* [M. U., 6 juillet 1844]. — Le projet de loi fut adopté pour ainsi dire sans discussion et la loi rendue exécutoire le 7 juillet 1844 [B. L., 2ᵉ sem. 1844, nº 1111, p. 53].

(B). *Chemin du Nord* [M. U., 21 juillet 1844]. — M. le comte Beugnot développa un amendement, aux termes duquel l'État n'aurait été autorisé à exécuter que la branche de Lille à Hazebrouck, Calais et Dunkerque. Il motiva sa proposition par la certitude de la constitution d'une Compagnie dans un pays si riche, pour un chemin si droductif, au milieu de populations si entreprenantes, et par la nécessité de ne pas peser d'un poids trop lourd dans la lutte du chemin de fer contre les canaux.

Le Ministre des travaux publics lui répondit; il justifia l'intervention de l'État par l'intérêt national de la ligne, par l'utilité pour le pays de réduire autant que possible la durée de l'affermage; il chercha à prouver, par des chiffres, que le trafic n'aurait pas l'importance prévue par le précédent orateur; il rétorqua l'argument relatif à la concurrence avec la navigation, en affirmant que, malgré tout, les canaux conserveraient toujours le transport « des matières « encombrantes, pour lesquelles la rapidité n'était pas « grand'chose, mais le bon marché chose essentielle ». Une soumission avait été, à la vérité, présentée en 1837, pour la ligne de Lille à Dunkerque, mais pour être presque aussitôt retirée; depuis, aucune offre sérieuse n'avait surgi. Le précédent d'une demande en concession pour la ligne d'Amiens à Boulogne ne pouvait être invoqué : car cette dernière ligne avait sur celle de Lille à Calais et Dunkerque l'immense avantage de s'imposer pour les communications entre la France et l'Angleterre. Le Ministre invoqua d'ailleurs l'urgence des travaux.

Le Ministre de l'intérieur insista, de son côté, sur l'opportunité de terminer la branche de Calais et Dunkerque en

1   25

même temps que la ligne principale, afin de ne pas livrer le marché du Nord aux ports d'Ostende et d'Anvers.

L'amendement fut rejeté.

La loi, votée ensuite dans son ensemble, fut rendue exécutoire le 26 juillet 1844 [B. L., 2ᵉ sem. 1844, n° 1120, p. 171].

VI. — ADJUDICATION DU CHEMIN DE MONTPELLIER A NÎMES ET APPROBATION DES STATUTS DE LA COMPAGNIE. — L'adjudication du chemin de Montpellier à Nîmes eut lieu le 18 septembre 1844, au profit de MM. de La Corbière, de Surville et Molines qui s'engagèrent à payer annuellement une somme de 131 000 fr. en sus du minimum fixé par l'affiche, lequel était de 150 000 fr. pour chacune des quatre premières années du bail, de 250 000 fr. pour chacune des quatre années suivantes et de 350,000 fr. pour chacune des quatre dernières années. Cette adjudication fut approuvée par ordonnance du 1ᵉʳ novembre 1844 [B. L., 1ᵉʳ sem. 1844, n° 1163, p. 1191].

Une autre ordonnance, du 22 avril 1845, [B. L., 2ᵉ sem. 1845, supp. n° 777, p. 609], approuva les statuts de la Compagnie. Le capital social était de 2 millions, en 4 000 actions qui restaient nominatives jusqu'à leur libération. Les bénéfices étaient répartis également entre les actionnaires, sous déduction d'un dixième pour constituer un fonds de réserve, jusqu'à concurrence de 200 000 fr.

Le chemin fut livré à la circulation en 1845.

VII. — ADJUDICATION DU CHEMIN D'AMIENS A BOULOGNE ET APPROBATION DES STATUTS DE LA COMPAGNIE. — Le chemin d'Amiens à Boulogne fut adjugé le 18 octobre 1844 à MM. Laffitte, Blount et Cⁱᵉ, pour quatre-vingt-dix-huit ans et onze mois ; cette adjudication fut approuvée par ordonnance du 24 octobre 1844 [B. L., 2ᵉ sem. 1844, n° 1147, p. 693].

Quant à la Société, elle fut autorisée par ordonnance du 29 mai 1845 [B. L., 1ᵉʳ sem. 1845, supp., n° 784, p. 769]. Le capital social était de 37 500 000 fr., en 70 000 actions restant nominatives jusqu'à complète libération. Sur les bénéfices, il était prélevé 1/4 % par an pour l'amortissement ; 5 % au moins des produits nets, pour constituer une réserve jusqu'à concurrence de 500 000 fr. ; enfin , une somme à fixer par l'assemblée des actionnaires, pour rémunérer les membres du conseil d'administration de leurs travaux.

Le chemin fut livré à la circulation, dans toute son étendue, en 1848.

59. — Concession du chemin d'Orléans à Bordeaux.

I. — Projet de loi. — Le classement de la loi du 11 juin 1842 comprenait une ligne de Paris à la frontière d'Espagne et déterminait, pour la section d'Orléans à Bordeaux, les points de passage de Tours, Poitiers et Angoulême ; cette loi avait d'ailleurs affecté une somme de 17 millions à l'exécution du tronçon d'Orléans à Tours. Les travaux de ce dernier tronçon étaient très avancés et devaient être à peu près terminés en 1845 ; il y avait donc urgence à s'occuper d'en affermer l'exploitation. Déjà, en 1843, le Gouvernement avait présenté un projet de loi ; mais ses propositions n'avaient pas reçu de suite : cet échec n'était d'ailleurs pas à regretter, attendu d'une part que, depuis, il s'était révélé des faits nouveaux susceptibles de fournir une assiette plus certaine au contrat d'affermage, et, d'autre part, qu'en réunissant à la partie de la ligne comprise entre Orléans et Tours la partie beaucoup moins productive de Tours à Bordeaux, l'État devait pouvoir trouver plus facilement pour cette dernière une Compagnie acceptant les sacrifices prévus par la loi de 1842.

Le Ministre des travaux publics déposa en conséquence, le 30 mars 1844, sur le bureau de la Chambre des députés, un projet de loi portant autorisation de donner à bail le chemin d'Orléans à Tours et Bordeaux [M. U., 4 avril 1844].

La durée du bail, qui avait été fixée à vingt-huit ans, pour la ligne de Paris à la Belgique, était, eu égard à l'infériorité commerciale de la ligne d'Orléans à Bordeaux, portée à quarante-sept ans.

Pour le même motif, et en considération du capital considérable à réaliser et à employer par la Compagnie, la participation de l'État aux bénéfices ne commençait que cinq ans après la mise en exploitation de la ligne entière et ne portait que sur la part de produit net excédant 10 %; il était, en outre, stipulé qu'elle ne s'exercerait qu'au moment où les produits cumulés des années antérieures suffiraient pour couvrir la Compagnie de l'intérêt à 6 % et de l'amortissement à 1 % de son capital.

Le droit de rachat ne s'ouvrait qu'après les quinze premières années du bail; l'annuité à servir, dans le cas où il serait fait usage de ce droit, ne pouvait être inférieure ni au produit net de la dernière année de jouissance, ni à 10 % du capital dépensé par la Compagnie; sous cette réserve, elle était fixée, suivant l'usage, d'après la moyenne des sept dernières années, sauf déduction des deux plus mauvaises et avec addition d'un sixième si la résiliation avait lieu pendant les dix premières années, d'un huitième pour la période suivante de dix années, et, enfin, d'un dixième pour le surplus.

A l'expiration du bail, la voie de fer faisait retour gratuit à l'État.

Le rabais devait porter sur la durée de l'affermage.

Subsidiairement, pour le cas où le Gouvernement ne pourrait traiter aux conditions prévues pour la ligne entière, il sollicitait l'autorisation de restreindre le contrat au tronçon d'Orléans à Tours, en réduisant à trente ans la durée maximum du bail et à 8 % le bénéfice au delà duquel l'État entrerait en participation.

Enfin, prévoyant l'éventualité où les négociations n'aboutiraient pas sur cette dernière base, il demandait la faculté de poser la voie de fer et d'adjuger l'exploitation seule pour douze ans au plus, sans redevance au profit du Trésor.

II. — RAPPORT A LA CHAMBRE DES DÉPUTÉS [M. U., 3 juin 1844].—M. Dufaure, rapporteur, après avoir exposé les traits principaux du tracé, évalua à 150 000 fr. par kilomètre les dépenses de l'infrastructure entre Tours et Bordeaux ; il fit connaître quelle était la situation budgétaire du pays et montra qu'elle était assez satisfaisante pour permettre de continuer l'exécution de la loi de 1842, dans les conditions prévues lors de la discussion de cette loi.

Il donna, au nom de la Commission, sa pleine adhésion à la procédure nouvelle, qui consistait à déléguer au Ministre le pouvoir de traiter, après coup, sur un projet de bail arrêté par les Chambres ; pour justifier cette adhésion, il rappela que, jusqu'alors, l'administration avait borné son rôle à des ébauches de traités et que les véritables conventions avaient été faites devant le Parlement, ce qui était absolument contraire à la saine division des pouvoirs. Une fois de plus, il se prononça contre l'adjudication pour les entreprises importantes, tout en recommandant au Ministre d'entourer son choix de formes et de précautions, qui, sans gêner sa liberté d'action, dégageassent en partie sa responsabilité.

Le projet de bail étant analogue à celui qui avait été

admis par la Chambre, pour la ligne de Montpellier à Nîmes, M. Dufaure ne proposa d'y apporter que quelques modifications. Il conclut notamment à l'abaissement des taxes afférentes aux bestiaux, comme pour cette dernière ligne, et au rélèvement à 25 kilogrammes du poids des bagages transportés en franchise avec les voyageurs; il supprima la limite inférieure de 10 % du capital dépensé par la Compagnie pour l'annuité de rachat, en faisant valoir que le Gouvernement pourrait être conduit à résilier le bail, par suite d'une gestion défectueuse du fermier, et que, dans cette éventualité, la garantie d'un minimum de revenu de $10°/_0$ ne saurait se justifier. Il inséra une clause importante, aux termes de laquelle l'État pouvait à toute époque, après l'expiration des dix premières années, réduire le maximum du tarif sur une ou plusieurs des marchandises, à charge de garantir à la Compagnie, pour le surplus de la durée du bail et en ce qui concernait ces marchandises, un revenu brut annuel égal à celui de la moyenne des sept dernières années, déduction faite des deux plus mauvaises et avec addition d'une prime d'un sixième, un huitième, un dixième, suivant que la réduction aurait lieu dans les quinze années qui suivraient l'ouverture du droit accordé au Gouvernement, dans les dix années suivantes, o . durant la dernière période. Cette réduction ne devait d'ailleurs être ordonnée qu'avec le concours du législateur.

La Commission repoussa une demande des principaux commissionnaires de France, tendant à prévoir un tarif plus faible pour la location à l'année des wagons, avec limitation de leur chargement; elle craignit, en effet, que cette mesure ne désintéressât les Compagnies des tentatives d'abaissement des taxes au profit du public.

Passant à l'examen de la durée à assigner au bail, le rapporteur fit le tableau des transformations successives de

l'opinion à cet égard, après avoir rappelé que les premières
concessions avaient été concédées à perpétuité ; qu'ensuite
elles avaient pris un caractère emphythéotique ; puis, que
la loi de 1842, en mettant une large part des dépenses
à la charge de l'État, avait conduit à réduire considérablement la durée de la jouissance. Il s'éleva contre une diminution exagérée de cette durée, afin de ne pas compromettre l'exploitation et de ne pas accroître les sacrifices du
Trésor au delà de la mesure compatible avec l'état de nos
finances. D'après les données statistiques sur la circulation
des routes et en admettant des majorations analogues à
celles que le rapport à la Chambre des pairs avait cru pouvoir adopter pour la ligne d'Avignon à Marseille, il évalua,
au minimum, le produit brut kilométrique à 18 000 fr. ; il
estima, d'autre part, la dépense correspondante à 9 900 fr.
(55 %) et, par suite, le produit net à 8 100 fr., ce qui
représentait 5 1/2 % du capital de 147 500 fr. à dépenser par la Compagnie ; escomptant l'augmentation inévitable de ce chiffre, il en conclut que la Compagnie pourrait prélever 1 % pour l'amortissement de sa mise de fonds,
tout en conservant une rémunération légitime de son industrie et que, dès lors, la durée indiquée par l'administration
était parfaitement rationnelle.

Quant aux propositions subsidiaires du Gouvernement,
la Commission ne voulut pas s'y rallier, afin de ne pas
scinder la ligne d'Orléans à Bordeaux ; toutefois, eu égard à
l'état d'avancement du tronçon d'Orléans à Tours, elle émit
l'avis qu'il y avait lieu d'autoriser le Gouvernement à en assurer, le cas échéant, l'exploitation, mais à titre tout à
fait temporaire et transitoire, jusqu'à ce qu'une Compagnie
fût agréée pour l'ensemble de la ligne. Elle stipula, d'ailleurs, que la vente des rails et du matériel acquis par l'État
devait constituer, dans ce cas, l'une des conditions du bail.

III. — DISCUSSION A LA CHAMBRE DES DÉPUTÉS. [M. U., 12, 13, 14, 15, 16, 18 et 19 juin 1844]. — La discussion générale s'ouvrit par un discours de M. Houzeau-Muiron, en faveur du système des Compagnies fermières avec bail court et, par suite, exécution de la superstructure par l'État; la supériorité du crédit public sur celui des Compagnies, le concours plus grand qui s'établirait entre les sociétés à capital restreint, les améliorations et les perfectionnements qui s'introduiraient dans l'exploitation des chemins de fer et qui en réduiraient les dépenses dans une proportion difficile à apprécier, le revenu plus considérable qui serait assuré tout à la fois à l'État et aux Compagnies, grâce au peu d'importance du capital social, toutes ces raisons militaient, aux yeux de l'orateur, contre la proposition du Gouvernement.

M. Rivet défendit la thèse opposée; il fit valoir l'augmentation que provoquerait l'adoption du système de M. Houzeau-Muiron dans le montant des charges de l'État; le principe en vertu duquel l'État n'avait pas le droit de spéculer avec l'argent des contribuables; l'erreur commise par ceux qui jugeaient nécessaire de rentrer rapidement en possession des chemins de fer pour pouvoir abaisser les tarifs, alors que cet abaissement se produisait de lui-même et par la force des choses; la capacité de l'industrie privée pour mettre en œuvre toutes les découvertes de la science.

M. Muret de Bort prononça ensuite un long et très remarquable discours contre le système des Compagnies concessionnaires ou *financières* et en faveur du système des fermages à court terme. Il montra l'Angleterre obligée de reconnaître les abus des Compagnies auxquelles elle avait concédé ses chemins de fer et de chercher à restreindre ces abus; la Prusse, contrainte de prendre des mesures officielles pour mettre le public en garde contre les spéculations éhontées d'un certain nombre de capitalistes et même d'édicter des peines spéciales pour réprimer les excès de ces spéculations ; la France elle-même, conduite par la force des choses à augmenter de plus en plus l'intervention de l'État dans la construction des lignes, pour se réserver des droits plus considérables. Les voies ferrées constituaient une puissance énorme ; elles donnaient lieu à un développement inattendu du trafic ; contrairement aux prévisions primitives, elles transportaient les marchandises tout aussi bien que les voyageurs ; leurs tarifs exerçaient une influence des plus grandes sur la situation de notre commerce intérieur et extérieur. Il fallait se garder d'aliéner, pour un temps trop long, la libre disposition des taxes ; il importait, au contraire, de pouvoir les faire varier et les approprier aux nécessités et aux circonstances ; et, surtout, la prudence, la sagesse commandaient de ne pas constituer des sociétés financières trop puissantes sur lesquelles le Gouvernement ne pourrait plus avoir l'autorité et l'action nécessaires. D'ailleurs, pourquoi contracter des baux à long terme, uniquement dans le but de reporter sur les Compagnies les charges de la dépense afférente à la voie ?

L'État n'avait-il pas un crédit mieux établi ? Les circonstances ne lui étaient-elles pas favorables pour emprunter ? N'avait-il pas des revenus assurés pour acquitter les intérêts ? Ne pouvait-il pas donner des facilités et des délais aux prêteurs, en échelonnant les paiements, comme les sociétés financières, sur la période d'exécution des travaux ? Ne pouvait-il même pas créer un titre à revenu mi-partie fixe et mi-partie variable avec le rendement des chemins de fer ? Les pouvoirs publics manquant de toute base certaine pour l'appréciation du produit des voies ferrées, c'était un motif de plus de ne se lier que pour un délai court, pendant lequel on recueillerait les faits d'expérience nécessaires à l'assiette d'un régime définitif.

M. Lacave-Laplagne, Ministre des finances, appelé à la tribune par le discours de M. Muret de Bort, fit un exposé de notre situation financière ; puis, rappelant sommairement tous les avantages des chemins de fer au point de vue de la richesse et de la force du pays, il se déclara partisan à priori du système qui permettrait d'arriver le plus promptement possible à l'achèvement de ces nouvelles voies de communication. C'était précisément pour arriver à ce but qu'il était indispensable de demander un concours assez large à l'industrie privée ; car, parmi les capitaux français et étrangers, il en était qui jamais ne viendraient aux emprunts publics et qui se tiendraient toujours, au contraire, à la disposition des Compagnies.

M. Gouin vint, à son tour, défendre le système des Compagnies fermières préconisé par MM. Houzeau-Muiron et Muret de Bort. Il chercha à établir, par des chiffres, qu'avec ce système l'État arriverait à être, non seulement mis en possession des rails, mais remboursé de la totalité des dépenses dans un délai beaucoup plus court, et que, dès la fin des baux, le Trésor verrait augmenter ses ressources d'un appoint considérable fourni par le produit des chemins revenus entre ses mains. Il contesta l'argumentation du Ministre des finances, au sujet de la division des capitaux au point de vue des emprunts. Il insista donc pour que les rails fussent posés par l'État et, subsidiairement, si la Chambre ne voulait pas prendre immédiatement une détermination dans ce sens, pour qu'elle réservât la solution et se bornât à assurer la continuation et l'achèvement partiel des travaux jusqu'à l'année suivante.

M. Duchatel, Ministre de l'intérieur, répliqua à M. Gouin. Il s'opposa, au nom du Gouvernement, à l'ajournement qu'il considérait comme devant inévitablement réagir sur l'époque d'achèvement des travaux. Il exprima l'avis que l'on com-

mettrait une très grande faute en renonçant à l'application
de la loi de 1842, qui avait posé le principe de l'union des
forces de l'État et de l'industrie privée pour l'accomplissement de la grande œuvre des chemins de fer. Autant le
système de l'exécution complète et de l'exploitation par
l'État aurait pu se justifier par des raisons d'économie sociale
et d'intérêt public, autant le système de la Compagnie fermière se comprenait peu ; les fermages dessaisissaient l'État
comme les concessions, quoique pour un délai moins long,
en laissant à sa charge tous les travaux et en augmentant
ainsi dans une large proportion le montant de ses sacrifices ;
ils enlevaient à l'administration les garanties de durée et de
stabilité qui, seules, assuraient les améliorations, les perfectionnements, le recrutement convenable du personnel ; ils
avaient le grave défaut d'obliger l'État à se faire spéculateur.
L'association de l'État et des Compagnies, dans les conditions prévues par la loi de 1842, pour la construction des
chemins de fer, présentait d'ailleurs l'avantage d'empêcher
l'exécution des lignes trop peu productives pour trouver des
concessionnaires. L'orateur insista, en outre, sur les considérations déjà développées par le Ministre des finances, au
sujet du danger qu'il y aurait pour l'État à tenter des emprunts trop considérables et de l'insuccès auquel on s'exposerait.

La discussion générale fut close et la Chambre passa à
la discussion des articles.

Un premier amendement fut présenté par M. Cordier. Il
stipulait « que le crédit de 54 millions prévu pour la ligne
« serait réparti entre les trois sections de Tours à Châ-
« tellerault, de Châtellerault à Angoulême, d'Angoulême
« à Bordeaux ; que cette somme serait avancée, à titre
« de prêt, aux associations adjudicataires avec publicité
« et concurrence et concessionnaires à perpétuité et en

« toute propriété incommutable ; que ces associations en
« paieraient à l'État l'intérêt à 4 °/₀, à dater de l'adjudica-
« tion; qu'elles ne pourraient émettre d'actions au porteur
« et qu'elles seraient tenues de justifier préalablement et
« nominativement de la totalité des souscriptions et de se
« conformer au cahier des charges approuvé par le Mi-
« nistre des travaux publics ». C'était, comme on le voit,
tout un système qui laissait la loi du 11 juin 1842 à l'état
de lettre morte. Pour le motiver, M. Cordier reprit la thèse,
déjà si souvent soutenue, de l'injustice qu'il y avait à faire
payer les frais d'établissement des chemins de fer par les
habitants des campagnes qui n'en profitaient pas ; à imposer
aux communes rurales des charges tout à fait excessives, au
profit des villes ; à favoriser les départements riches au
détriment des départements pauvres; à reconstituer ainsi
une véritable féodalité ; à sacrifier les intérêts agricoles aux
intérêts industriels. Il critiqua l'abaissement démesuré des
tarifs, le prix de revient excessif des travaux exécutés par
l'État, l'immobilité où l'intervention de l'État placerait
l'industrie des chemins de fer, l'action excessive dont disposerait le Gouvernement, les bouleversements de fortune
que provoquerait l'application de la loi de 1842, la faute
qu'avait commise l'administration en livrant des plans et
nivellements à des ingénieurs étrangers, en violation de la
charte. Il alla jusqu'à attaquer les emprunts comme contraires à la Constitution ; il présenta sa proposition comme
seule compatible avec le régime d'un pays libre ; il allégua
que cette proposition éloignerait les spéculateurs et éviterait l'agiotage.

L'amendement fut repoussé sans discussion.

Un second amendement fut développé par M. Crémieux,
dans le but de confier à l'État la pose de la voie et l'exploitation. L'honorable député ne comprenait pas comment le

Gouvernement pouvait se dessaisir d'un instrument si puis-sant au point de vue de la civilisation, de la politique, de la défense du pays, alors surtout que les administrations de chemins de fer risquaient d'être formées d'éléments étran-gers ; l'exemple tiré de l'Angleterre, c'est-à-dire d'une nation aristocratique, de la patrie du monopole, était évidemment sans portée ; du reste, la Grande-Bretagne, elle-même, commençait à être fatiguée du joug des Compagnies. L'ex-ploitation par l'État trouvait une justification éclatante en Belgique, où elle répandait de toutes parts la vie et l'activité industrielle. L'État administrerait les lignes au mieux de l'intérêt public, en combinant les tarifs de manière à en retirer seulement la rémunération de ses capitaux ; il pour-rait ainsi abaisser les taxes et faciliter les déplacements d'ou-vriers. Au pis-aller, une fois les chemins achevés et pourvus de leur matériel, l'administration négocierait, s'il y avait lieu, avec des Compagnies ; mais elle le ferait avec plus d'autorité. Le crédit de l'État était, quoique l'on en eût dit, supérieur à celui des Compagnies et suffisant pour faire face à tous les besoins.

Cette proposition fut repoussée comme la précédente.

Un amendement de MM. Pouillet, Gouin, de Chasseloup-Laubat et Muret de Bort, tendant à faire poser la voie par l'État et à affermer l'exploitation pour douze ans, avec par-ticipation du Trésor dans les bénéfices pour les quatre cin-quièmes au moins de l'excédent sur le chiffre de 8 %, fut développé par M. de Chasseloup-Laubat. L'orateur montra que cette combinaison n'était pas contraire à la loi de 1842, qui avait prévu des dérogations au principe posé par elle, pour la répartition des travaux, et qui s'était bornée à arrêter d'une manière ferme le classement des lignes prin-cipales ; des modifications importantes avaient été déjà apportées au mode d'exécution stipulé par cette loi. L'orateur considérait comme illogique de ne pas faire poser les rails par l'État, qui était conduit à en acquérir des quantités considérables pour la confection de la plate-forme, et de subir les pertes de temps qu'engendrerait nécessairement la répartition des travaux entre des mains différentes. Il chiffra les produits que rapporterait à l'État le chemin, dans les divers systèmes, et s'attacha à prouver que la combinaison à laquelle il donnait la préférence serait la plus fructueuse. Il s'éleva contre l'aliénation, pour un délai trop long, des transports entre les mains des Compagnies; contre l'interposition d'une puissance nouvelle entre le citoyen et l'État. Le rachat ne constituait pas une mesure de précaution suffisante, parce qu'il était trop onéreux; quant à l'abaissement prévu éventuellement pour les tarifs, il soulèverait en pratique les plus graves difficultés. L'amendement ne faisait qu'appliquer au chemin d'Orléans à Bordeaux un principe admis par le Gouvernement lui-même pour les chemins de Montpellier à Nîmes et de Paris à la frontière du Nord, ainsi que pour la section d'Orléans à Tours; on ne pouvait sérieusement prétendre qu'il ne se présenterait pas de Compagnies acceptant un rôle si restreint. Le système soumis à la Chambre avait le triple inconvénient de confier à deux entrepreneurs ce qui devait être remis à un seul, de ne pas procurer à l'État une rémunération légitime de ses capitaux, et d'enchaîner pour l'avenir la liberté d'action du Gouvernement.

M. Dumon, Ministre des travaux publics, répondit en opposant aux chiffres invoqués par ses adversaires d'autres chiffres, desquels il résultait que, pour un chemin productif, la situation de l'État était à peu près la même dans les deux systèmes des Compagnies concessionnaires et des Compagnies fermières et que, pour les chemins médiocres, elle était plus favorable dans le premier système. Le prétendu

concours que l'on comptait provoquer pour les affermages
à court terme était une pure illusion ; l'expérience était là
pour en faire foi. Les actions des Compagnies fermières
prêteraient beaucoup plus à l'agiotage, par suite de leur
petit nombre qui permettrait à une maison puissante de s'en
rendre maîtresse et d'en disposer à son gré, et aussi par
suite des variations plus grandes de leur cours. La hausse
reprochée aux actions des Compagnies concessionnaires
n'avait rien eu que de très légitime et avait été le fruit de
l'accroissement des recettes. L'aliénation des tarifs n'avait
pas les graves inconvénients qui lui étaient reprochés ; tout
d'abord, en effet, les manœuvres illégales tomberaient sous
le coup de la loi sur la police des chemins de fer, actuellement en préparation ; ensuite, l'intérêt bien entendu des
Compagnies serait le meilleur stimulant pour les déterminer
à provoquer une augmentation du trafic par une réduction
des taxes, et elles agiraient bien plus librement à cet égard
si elles avaient devant elles une carrière assez longue ; le
droit de rachat donnait, du reste, toutes les garanties voulues, sans entraîner les lourds sacrifices dont on avait parlé.
Avec des baux à court terme, les travaux de la Compagnie
seraient mal faits. Le partage de l'exécution entre l'État et
l'industrie privée, tel que l'avait arrêté la loi de 1842, était
une œuvre intelligente qu'il fallait respecter, à moins de
raisons péremptoires. L'immensité des dépenses qu'exigeaient encore toutes les autres voies de communication
devait déterminer les pouvoirs publics à ne pas concentrer
toutes les ressources sur les chemins de fer ; il fallait se
garder de demander au **pays** plus qu'il ne pouvait donner à
l'emprunt.

Après un échange d'observations entre MM. Gouin, Bureaux
de Pusy et Muret de Bort, M. Dufaure, rapporteur, refit
l'historique des grandes discussions auxquelles la question

des chemins de fer avait donné naissance devant la Chambre, et en conclut que là proposition du Gouvernement était conforme aux traditions, aux précédents, aux règles posées par le Parlement lui-même ; quels étaient les faits de nature à motiver un retour sur les dispositions de la loi de 1842 ? Toutes les modifications dont l'utilité avait été constatée en Angleterre n'avaient-elles pas été introduites, par avance, dans nos cahiers des charges ? N'avait-on pas suffisamment tenu compte des réductions à opérer sur les frais d'exploitation, en supprimant la clause de remboursement des rails en fin de bail ? N'était-il pas étrange de voir préconiser en 1844 les bienfaits de l'intervention de l'État, alors qu'au contraire on l'avait critiquée en 1842 ? Avec nos fortunes médiocres, la réunion des capitaux était seule capable de mener à bien une œuvre aussi colossale que celle des chemins de fer. C'était ainsi qu'un grand nombre de ponts avaient pu être exécutés. Il n'y avait à choisir qu'entre le système des concessions, tel qu'il était présenté, et celui de l'exploitation par l'État.

La Chambre prononça la clôture de la discussion, mais M. Bineau y rentra par un artifice parlementaire consistant en un sous-amendement, aux termes duquel la ligne d'Orléans à Bordeaux aurait été divisée, au point de vue de l'exploitation, en deux entreprises distinctes ayant leur limite commune à Tours, de manière à isoler le tronçon d'Orléans à Tours, qui devait servir en même temps à la ligne de Paris à Nantes. Il protesta contre l'inviolabilité dont M. Dufaure avait voulu envelopper la loi de 1842 ; il indiqua les faits nouveaux qui, suivant lui, avaient, depuis le vote de cette loi, mis en relief l'avenir des chemins de fer, et qui, par conséquent, devaient justifier des modifications au système primitif. Contre les fermages à long terme, avec exécution de la superstructure par les Compagnies, il invoqua l'inconvénient, déjà si souvent signalé, de la division des travaux, la nécessité où l'État était placé de traiter longtemps à l'avance avec les concessionnaires et de livrer par suite leurs titres à l'agiotage, le taux élevé de la rémunération que les Compagnies devaient tirer du capital employé par elles à la voie de fer; pour les fermages à court terme, il fit valoir la possibilité d'y employer les entreprises préexistantes de transport et, partant, d'éviter des déplacements trop considérables d'intérêts.

A la suite de ce discours, la Chambre rejeta l'amendement.

Un quatrième amendement de MM. Luneau, Houzeau-Muiron et de Bussières, analogue à celui de MM. Muret de Bort et autres, mais restreint toutefois à la section d'Orléans à Tours, de manière à réserver la question pour l'autre section et à ne pas comprendre dans un bail unique deux tronçons appelés à être mis en exploitation à des époques très différentes, eut le même sort que le précédent.

Un cinquième amendement, tendant à répartir par moitiés, entre le péage et le transport proprement dit, le montant des taxes, au lieu de fixer les valeurs respectives de ces deux éléments à deux tiers et un tiers, fut présenté par M. Luneau et vivement appuyé. On faisait valoir que la Compagnie, ne supportant qu'une partie des dépenses, ne devait pas prétendre à une rémunération aussi élevée qu'une Compagnie supportant tous les frais de premier établissement et que, d'ailleurs, il importait de favoriser, autant que possible, la circulation, sur la ligne principale, du matériel des embranchements. Mais les auteurs de la proposition perdaient de vue que, si la mise de fonds était moindre, en revanche la période d'amortissement était plus courte. L'amendement fut rejeté après une discussion laborieuse.

M. Lanjuinais, craignant que la compagnie d'Orléans à

1

Bordeaux ne rançonnât la ligne de Tours à Nantes par le jeu des tarifs différentiels, sur le tronc d'Orléans à Tours, pour les transports entre Nantes et Paris, et ne sacrifiât ainsi les intérêts du port de Nantes à ceux du port de Bordeaux, demanda l'uniformité des taxes sur toute la longueur de la ligne, c'est-à-dire la suppression des tarifs différentiels.

M. Legrand et M. Dufaure combattirent l'amendement, au point de vue du principe et au point de vue de l'espèce. Voici notamment ce que disait M. Legrand au point de vue du principe : « Lorsque vous avez beaucoup de marchan-
« dises qui vont dans un sens, et beaucoup moins de mar-
« chandises allant dans le sens contraire, évidemment vous
« pouvez demander un prix plus faible dans le premier sens
« et un prix plus fort dans l'autre sens, pourvu toutefois que
« le prix le plus fort reste dans les limites du tarif con-
« cédé..... Quand on dirige des transports sur une ville qui
« donne des retours, le prix peut encore être moins élevé ;
« il sera nécessairement plus considérable, si les voitures
« doivent revenir à vide. Toutes ces combinaisons, quand
« elles s'opèrent dans les limites du tarif, sous l'autorité et
« la surveillance de l'administration, sont très licites ; elles
« profitent également au public et à la Compagnie. Empê-
« cher l'usage des prix différentiels, c'est gêner, c'est entra-
« ver inutilement l'industrie de la Compagnie concession-
« naire ; c'est, en même temps, priver la société de toutes
« les modérations de tarif que la Compagnie pourrait
« accorder. » De son côté, M. Dufaure s'exprimait ainsi :
« L'obligation que l'on veut imposer à la Compagnie est de
« ne pouvoir faire aucune modification à son tarif, suivant
« les différentes situations de cette ligne. Or, cette ligne
« traverse des pays assez opulents, d'autres d'une aisance
« médiocre, d'autres qui sont pauvres. S'il y a une chose
« naturelle, non pas dans le seul intérêt des Compagnies,

« mais dans celui du public, c'est que le tarif soit propor-
« tionné à la richesse du pays qu'une ligne traverse, c'est
« que, dans un département où la population n'est pas
« riche, on donne un tarif plus bas que dans un départe-
« ment où la population peut, sans effort, payer un tarif
« élevé..... »

La Chambre se rangea à l'opinion de MM. Legrand et
Dufaure, malgré l'insistance de divers députés et notamment de M. Billault. Toutefois, elle adopta, sur la proposition de la Commission, une disposition additionnelle,
d'après laquelle les marchandises expédiées d'un point situé
entre Tours et Nantes seraient taxées, sur la ligne de Tours
à Orléans, au prix moyen des marchandises de même nature expédiées, pour la même destination, d'un point de la
ligne de Tours à Bordeaux situé à égale distance de ladite
destination, et inversement. Cette disposition n'était du
reste applicable que si le tarif du chemin de Tours à Nantes
n'était pas inférieur au tarif moyen correspondant de Tours
à Orléans.

L'Assemblée rejeta ensuite une proposition de M. Grandin,
ayant pour objet de stipuler qu'obligatoirement l'État devrait déclarer applicables à tous les expéditeurs les réductions de tarifs consenties au profit de certains d'entre eux,
et que ces réductions profiteraient à l'une et l'autre direction. Elle considéra en effet, d'une part, qu'il suffisait de
permettre à l'administration d'intervenir en cas de violation
du principe du traitement uniforme pour toutes les expéditions et, d'autre part, qu'il était impossible de faire abstraction des concurrences et notamment de celle de la navigation, qui pouvaient déterminer des taxes plus faibles dans
une direction donnée, à l'exclusion de l'autre direction.

Un amendement de M. Luneau, portant à 30 kilogrammes
le poids des bagages en franchise, fut adopté, malgré l'op-

position du Ministre, qui considérait le chiffre de 25 kilogrammes comme très largement suffisant et malgré des observations, dans le même sens, de M. Dufaure.

La Chambre donna également gain de cause à M. le général Oudinot, en décidant que les soldats voyageant en corps bénéficieraient d'une réduction au quart du tarif ordinaire, au lieu de ne jouir, comme les soldats voyageant isolément, que d'une réduction de moitié. Elle fit toutefois une exception à cette règle, pour le cas de réquisition du matériel en cas de guerre, et maintint pour cette éventualité la diminution de moitié.

Elle adopta un autre amendement de M. Monier de la Sizeranne, fixant à 0 fr. 75 au maximum la redevance à payer à la Compagnie pour chaque kilomètre parcouru par un convoi spécial mis à la disposition de l'administration des postes, dans le cas où ce convoi ne contiendrait qu'une voiture affectée au service postal ; ajoutant à cette somme 0 fr. 25 par voiture supplémentaire ; et stipulant une révision quinquennale de ces chiffres, soit de gré à gré entre l'État et la Compagnie, soit à dire d'experts.

A propos de l'article relatif au rachat, M. Bethmont signala le double emploi du remboursement du matériel roulant et du paiement d'une annuité représentant la rémunération d'un capital, dans lequel était comprise la valeur de ce matériel. Il proposa que l'annuité fût diminuée dans le rapport du capital remboursé au capital entier employé par la Compagnie. De son côté, M. Bineau considérant que l'observation était juste, mais qu'en tout état de cause l'État aurait eu le matériel à payer en fin de bail, conclut à maintenir la clause de remboursement en ramenant l'indemnité à la valeur, au jour du rachat, de la somme qui aurait été versée à l'expiration de la concession. La Commission et le Ministre demandèrent alors qu'on se bornât à supprimer la prime prévue, comme devant être ajoutée à l'annuité réglée d'après le produit des sept dernières années. Ce fut cette dernière solution qui prévalut.

La disposition que la Commission avait introduite dans le cahier des charges, pour conférer au Gouvernement le droit d'abaisser les tarifs en garantissant un produit minimum à la Compagnie, donna lieu à une vive discussion. Elle fut défendue par M. Dufaure, notamment au point de vue des nécessités politiques et économiques d'ordre supérieur et dans le but de ménager les moyens de vaincre les résistances de la Compagnie sans recourir à l'arme du rachat. D'autre part elle fut combattue par M. Muret de Bort, par le Ministre des travaux publics et par le Ministre des finances, qui invoquèrent les difficultés du calcul du produit correspondant aux taxes abaissées, le danger auquel serait exposé l'État de voir s'élever partout des demandes de diminution de tarifs aux frais du Trésor, la situation fâcheuse qui serait faite à l'État appelé à couvrir les déficits sans profiter des excédents. Malgré tous les efforts du rapporteur, la clause fut retranchée par la Chambre.

La limite de revenu avant partage fut abaissée de 10 % à 8 % sur la demande de M. Gouin : il était en effet irrationnel d'accorder davantage à la compagnie d'Orléans à Bordeaux qu'à celle du Nord, par exemple, puisque son infériorité de produit, pendant les premières années surtout, était compensée par une prolongation de la concession.

Dans son rapport, la Commission avait conclu à ramener de quarante-six à quarante et un ans la durée de la concession. M. de Preigne demanda que cette durée fût réduite à trente-cinq ans, chiffre encore largement suffisant, suivant lui, pour assurer des bénéfices considérables à la Compagnie ; mais la Chambre adopta le terme indiqué par la Commission.

M. de Preigne présenta ensuite un autre amendement, tendant à substituer l'adjudication à la concession
directe, afin de soustraire le Ministre aux influences qui
pourraient s'exercer sur son choix. Cet amendement provoqua un débat très orageux, au sujet de la participation
des membres de la Chambre aux affaires de chemins de fer.
A la suite de ce débat, la Chambre admit, conformément
à l'avis de la Commission et du Gouvernement, qu'il serait
procédé à une adjudication entre concurrents agréés par le
Ministre.

Une proposition de M. Deslongrais, ayant pour objet de
ne pas autoriser le Gouvernement à assurer, même à titre
provisoire, l'exploitation de la section d'Orléans à Tours, en
cas d'insuccès de l'adjudication, fut rejetée sur les instances
de M. Dufaure. Il fut d'ailleurs entendu que, pendant le
cours de cette exploitation provisoire, l'administration serait
assujettie au tarif maximum du cahier des charges, mais
avec faculté de se mouvoir au-dessous de ce maximum.

La Chambre adopta un article additionnel proposé par
M. Crémieux et stipulant « qu'aucun membre du Parle-
« ment ne pourrait être adjudicataire, ni administrateur,
« dans les Compagnies de chemins de fer auxquelles des
« concessions seraient accordées ».

Puis l'ensemble de la loi fut voté.

IV. — RAPPORT A LA CHAMBRE DES PAIRS. [M. U., 3 juillet
1844]. — Le rapport de M. Rossi fut entièrement favorable
au projet adopté par la Chambre des députés, sauf en ce qui
touchait l'article introduit dans la loi, sur la proposition de
M. Crémieux, pour interdire aux membres du Parlement
de prendre intérêt dans les Compagnies de chemins de fer.
Au nom de la Commission, M. Rossi réclama la suppression de cette disposition, qui dépassait le but et ne tendait à

rien moins qu'à faire de tout intérèt particulier une cause d'incapacité politique.

v. — Discussion a la chambre des pairs [M. U., 4, 5, et 6 juillet 1844]..— M. le comte Daru, considérant que les évaluations optimistes du rapporteur à la Chambre des députés n'avaient pas fait ressortir la possibilité d'un revenu de plus de 4 1/2 %, amortissement déduit, pour la Compagnie à laquelle serait adjugé le chemin, et que, dès lors, il importait de ne pas réduire ce revenu par l'insertion de clauses léonines dans le cahier des charges, demanda que l'indemnité prévue pour les convois supplémentaires, mis à la disposition de l'administration des postes, fût augmentée et portée à 1 fr. 30 par kilomètre, de manière à couvrir au moins les dépenses de traction. Le Ministre des finances et le Ministre des travaux publics combattirent cet amendement, en faisant valoir que la charge imposée au Trésor, pour ces convois supplémentaires, serait très lourde ; que, par suite, le Gouvernement n'abuserait certainement pas de la clause ; et que, d'ailleurs, les trains postaux, grâce à leur régularité, à leur rapidité, à leurs horaires, attireraient certainement les voyageurs et donneraient ainsi des produits à la Compagnie indépendamment de l'indemnité payée par l'administration. La proposition de M. le comte Daru ne fut pas prise en considération.

Sur une observation du même orateur, qui voulait le maintien des tarifs de saison et qui craignait de voir la clause de réduction proportionnelle du péage et du prix de transport, en cas d'abaissement des taxes, tourner par trop au profit des Compagnies d'embranchement par suite de la diminution du péage stipulée en leur faveur, le Ministre des travaux publics et le Ministre des finances déclarèrent, d'une part, que, tout abaissement devant durer un an, les

tarifs de saison pour les marchandises seraient inévitablement proscrits, mais que cet inconvénient s'effaçait devant
l'avantage de la suppression des manœuvres déloyales de
concurrence, et, d'autre part, que le principe de la réduction proportionnelle était indispensable pour sauvegarder
les intérêts du Trésor, au point de vue de la perception de
l'impôt sur le prix de transport.

Un amendement, présenté également par M. le comte
Daru, dans le but de substituer la concession directe à l'adjudication, fut rejeté.

Enfin, la loi fut adoptée, avec suppression de l'incompatibilité entre le mandat de pair ou de député et les
fonctions d'administrateur d'une Compagnie.

VI. — VOTE DÉFINITIF PAR LA CHAMBRE DES DÉPUTÉS. —
Cette suppression força à retourner devant la Chambre des
députés.

M. Dufaure, rapporteur, conclut à adhérer à la modification votée par la Chambre des pairs [M. U., 10 juillet 1844].

La discussion générale se rouvrit à l'occasion du renvoi
[M. U., 14 et 16 juillet]. M. Cordier reproduisit, avec de
longs développements, ses attaques antérieures contre le
système de la loi de 1842 et formula un amendement qui
tendait à faire de la ligne une concession de quatre-vingt-
dix-neuf ans, avec remboursement, par la Compagnie, de
la somme de 17 millions dépensée par l'État. Cette proposition fut repoussée sans débat.

M. Luneau développa ensuite un autre amendement,
tendant à ajourner toute décision définitive sur le choix à
faire entre les divers systèmes d'exploitation, de manière à
profiter encore des résultats de l'expérience d'une année au
moins, à se donner le temps de mieux étudier les projets de
la section de Tours à Bordeaux, à ne pas placer d'ores et

déjà la ligne de Bordeaux dans des conditions plus défavorables que les lignes de Lyon, de Strasbourg et du Nord. Le
Ministre eût été autorisé à pourvoir provisoirement à l'exploitation du chemin d'Orléans à Tours. Cet amendement fut
appuyé par M. Mauguin, mais combattu par M. Dumon,
Ministre des travaux publics, qui se référa aux observations
déjà échangées à la Chambre sur cette question et qui
invoqua la nécessité de ne pas traiter la ligne de Bordeaux
comme les lignes beaucoup plus importantes du Nord et de
Lyon, et de ne pas repousser des offres très avantageuses au
Trésor. Il fut rejeté.

Puis, l'article relatif à l'incompatibilité entre le mandat
de membre du Parlement et celui d'administrateur d'une
Compagnie fut définitivement rayé de la loi, après une discussion ardente et passionnée.

La loi ainsi votée fut rendue exécutoire le 26 juillet 1844
[B. L., 2ᵉ sem. 1844, n° 1118, p. 125].

VII. — Adjudication et approbation des statuts de la
compagnie. — L'adjudication prescrite par la loi eut lieu le
9 octobre 1844, au profit de MM. Laurent, Luzarche, Mackensie et Cⁱᵉ, pour une durée d'un peu moins de vingt-huit ans.
Cette adjudication fut approuvée par ordonnance du 24 octobre [B. L., 2ᵉ sem. 1844, n° 1147, p. 690].

Une autre ordonnance du 16 mai 1845 approuva les statuts de la Société [B. L., 1ᵉʳ sem. 1845, supp., n° 790,
p. 993]. Le fonds social était de 65 millions, en 130 000 actions
qui restaient nominatives jusqu'à leur libération. Les premiers souscripteurs demeuraient, en cas de cession des titres,
garants jusqu'à concurrence des cinq dixièmes du montant de
leur souscription.

Le chemin fut livré à la circulation en 1846, d'Orléans à
Tours ; le surplus fut ouvert, par sections, de 1851 à 1853.

60. — Allocation pour l'exécution par l'État de l'infrastructure du chemin de Paris-Lyon (sections de Paris-Dijon et de Chalon-Lyon). Concession du chemin de Montereau à Troyes.

I. — PROJET DE LOI. — Le 30 mars 1844, en même temps que le projet de loi concernant le chemin de fer d'Orléans à Bordeaux, le Ministre des travaux publics en déposait un autre relatif à la ligne de Paris à Lyon, dont l'exécution était entreprise entre Dijon et Chalon [M. U., 4 avril 1844].

De nombreuses études avaient été faites pour le tracé de cette ligne.

Trois directions principales avaient, notamment, fait l'objet d'un examen approfondi.

L'une, dite *de la Seine*, empruntait le chemin de Paris à Corbeil sur tout son parcours, remontait la vallée de la Seine en passant par Melun, Montereau, Nogent, Troyes, Châtillon-sur-Seine, puis débouchait dans la vallée de l'Ignon d'où elle arrivait à Dijon. Une variante de cette direction faisait passer la ligne à son origine par le plateau de la Brie.

La seconde direction, dite *de l'Aube*, se confondait avec la première, soit jusqu'à Nogent-sur-Seine, soit jusqu'à Marcilly ; remontait l'Aube, en touchant à Bar ; puis, pénétrait dans la vallée de la Tille qui la menait à Dijon.

Enfin la troisième direction, dite *de l'Yonne*, se détachait de celle de la Seine à Montereau ; remontait l'Yonne jusqu'à La Roche, en touchant Sens et Joigny ; puis courait vers Saint-Florentin, Tonnerre, Semur, Pouilly et Pont-d'Ouche, et suivait la vallée de l'Ouche jusqu'à Dijon.

Ces divers tracés avaient été soumis aux enquêtes d'utilité publique ; les chambres de commerce de Marseille, d'Avignon, de Rouen, du Havre, de Strasbourg et de Mulhouse, la commission supérieure des chemins de fer, le Conseil

général des ponts et chaussées, avaient en outre été con-
sultés.

Pendant le cours des enquêtes, les avis les plus divergents
s'étaient manifestés ; toutefois, le tracé de l'*Aube* n'avait réuni
qu'un petit nombre de suffrages.

Le Conseil général des ponts et chaussées avait écarté ce
dernier tracé ; il avait également repoussé la variante du
tracé de la Seine par les plateaux de la Brie, comme peu
satisfaisante au point de vue technique et au point de vue économique. Il s'était, en outre, prononcé contre l'idée de faire
un tronc commun à la ligne de Lyon et à la ligne de Strasbourg, qui aurait allongé cette dernière et laissé de côté
des centres importants qu'elle était appelée à desservir.
Enfin, tout en reconnaissant que le tracé de la Seine et celui
de l'Yonne étaient, à très peu près, équivalents, il avait attribué la préférence au second, qui épousait le courant de
circulation préexistant et qui pouvait facilement recueillir
les courants secondaires de la route de Troyes et de celle du
Bourbonnais. Ultérieurement, il avait conclu à abandonner
la vallée de l'Ouche, vers Dijon, pour celles de la Brenne et
de l'Oze.

Quant à la commission supérieure des chemins de fer,
après un travail très consciencieux, elle avait émis un avis
conforme à celui du Conseil général des ponts et chaussées.

Le Gouvernement lui-même s'était rallié à cet avis, en
fixant le point de départ de la ligne sur la rive droite de la
Seine, près de Bercy, où aboutissaient les relations commerciales entre Paris, la Bourgogne et Lyon.

C'était donc le tracé de l'Yonne que le Ministre soumettait à la sanction des Chambres. Au projet de loi était joint
un cahier des charges pour l'exécution de la voie de fer
et l'exploitation ; ce cahier des charges était semblable à
celui du chemin du Nord. La durée de jouissance était

fixée à trente ans, au lieu de vingt-huit, pour tenir compte de la différence de circulation. Au lieu de s'ouvrir dès l'origine de l'exploitation, le droit au partage des bénéfices ne s'ouvrait pour l'État que cinq ans après, attendu que la section de Paris à Dijon n'était pas commencée, que la Compagnie n'entrerait que successivement en possession des divers tronçons, et que les revenus seraient probablement faibles durant les premières années. En cas de rachat, l'annuité ne pouvait être inférieure ni au revenu net de la dernière année, ni à 10 % du capital dépensé par la Compagnie, de manière à rassurer le concessionnaire contre toute crainte d'expropriation à vil prix ; la stipulation de la prime d'un sixième, d'un huitième ou d'un dixième, suivant que le rachat était opéré dans la première, dans la seconde ou dans la troisième période de six années, que nous avons déjà vue figurer dans d'autres cahiers des charges, était du reste reste maintenue.

Le projet de loi comportait l'ajournement provisoire de la section de Chalon à Lyon.

II. — RAPPORT A LA CHAMBRE DES DÉPUTÉS. — Ce rapport fut présenté par M. de la Tournelle, député de l'Ain [M. U., 6 juin 1844].

Il commençait par proclamer l'utilité de la ligne. Il insistait, en outre, sur la nécessité de ne pas ajourner, comme l'avait proposé le Gouvernement, la section de Chalon à Lyon. Cet ajournement, motivé, aux yeux de l'administration, par l'existence d'une navigation perfectionnée sur la Saône entre ces deux points, ne pouvait être admis. Les interruptions de la circulation sur la rivière par suite de la sécheresse de l'été, des inondations du printemps et de l'automne, des glaces de l'hiver ; les embarras qu'elle éprouvait, soit pendant la nuit, soit même durant le jour par suite des brouillards; les inconvénients de toute sorte que comportaient les transbordements; les dépenses considérables des installations provisoires qu'il faudrait aménager à Chalon pour pourvoir à ces transbordements, tout commandait d'assurer immédiatement la continuité de la voie ferrée entre Paris et Lyon.

Comme le Gouvernement, la Commission donnait la préférence au tracé de l'Yonne, en repoussant l'idée du tronc commun aux lignes de Lyon et de Strasbourg, qui aurait vicié et faussé par une économie mesquine et mal entendue ces deux lignes si importantes; concentré les transports précisément aux abords de Paris, où ils avaient la plus grande intensité; entraîné, pour la ligne de Strasbourg, la substitution d'un parcours par les plaines arides de la Champagne crayeuse au parcours par la riche vallée de la Marne; placé l'une des Compagnies sous la dépendance de l'autre. Elle justifiait son choix en faveur de l'Yonne par les courants de circulation préexistants et par l'avis très catégorique du Ministre de la guerre. Elle adhérait également au tracé par la vallée de la Brenne et de l'Oze, aux abords de Dijon. Elle ajoutait, d'ailleurs, à la ligne principale un embranchement de Montereau à Troyes, évalué à 15 millions.

En ce qui concernait l'exécution, elle se prononçait, comme l'administration, pour l'application pure et simple de la loi de 1842; elle jugeait sage de ne pas concentrer toutes les ressources de l'État sur un petit nombre de lignes, en mettant à son compte non seulement l'infrastructure, mais encore la superstructure, et d'user, au contraire, du concours de l'industrie privée, qui disposait de ressources inaccessibles au crédit de l'État. Le seul avantage sérieux des baux à court terme, celui de mieux réserver la disponibilité des chemins de fer au profit de la puissance publique, ne pouvait prévaloir sur l'impérieuse nécessité d'un vaste développement du réseau, ni sur le devoir de prudence de l'État de ne pas épuiser ses ressources.

La Commission appuyait aussi le nouveau mode de procéder, qui consistait à déléguer au Gouvernement le pouvoir de traiter sur des bases arrêtées par le Parlement ; l'influence et la dignité de l'administration, de même que le caractère du pouvoir législatif, étaient ainsi mieux respectés.

Le rapport évaluait les recettes brutes à 17 000 000 fr., les recettes nettes à la moitié de ce chiffre, soit à 8 500 000 fr., et la dépense en capital à la charge de la Compagnie à 78 millions. Le revenu était donc, suivant la Commission, de 11 °/₀, dont 1 1/2 appartenait à l'État, grâce au partage des bénéfices, et 9 1/2 à la Compagnie. Dans ces conditions, la durée maximum de trente ans, assignée au contrat, se justifiait parfaitement.

Toutefois, la Commission abaissait de 10 à 8 °/₀ la limite du revenu net avant partage et stipulait que le droit à prélèvement, au profit de l'État, s'ouvrirait dès la mise en exploitation complète de la ligne.

Les bases du règlement de l'annuité de rachat étaient un peu modifiées. Cette annuité était fixée d'après les cinq dernières années ; la prime était, soit d'un tiers, un quart et un cinquième, soit d'un sixième, un huitième, un dixième, pour les trois périodes sexennales visées par le projet du Gouvernement, suivant que l'annuité augmentée de cette prime ne dépassait pas 8 °/₀ du capital ou était supérieure à cette limite.

Sous ces diverses réserves, la Commission concluait à l'adoption du projet de loi.

III. — DISCUSSION DEVANT LA CHAMBRE DES DÉPUTÉS [M. U., 20, 21, 22, 23, 25 et 26 juin 1844]. — 1. *Discussion générale*. — M. Stourm ouvrit cette discussion en attaquant le tracé de l'Yonne qui faisait, suivant lui, double emploi avec des voies navigables établies à grands frais par l'État et qui devait inévitablement stériliser ces voies de communication ; il préconisa le tracé de la Seine, qui devait se prêter à l'établissement d'un tronc commun aux lignes de Paris à Lyon et de Paris à Strasbourg, éviter ainsi une dépense considérable, faciliter les relations du Nord-Est et de l'Est avec le Sud-Est de la France, et permettre l'abaissement des taxes, en concentrant la circulation vers Lyon et vers Strasbourg sur une partie notable du parcours, et qui, d'un autre côté, lui paraissait plus conforme à une bonne justice distributive.

Le projet du Gouvernement trouva, au contraire, un champion en M. Larabit : ce député fit valoir que le tracé choisi par l'administration était celui qui avait été, de tout temps, suivi par le courant commercial ; qu'il sauvegardait mieux les intérêts de la défense ; que la contiguïté des chemins de fer et des canaux, loin d'être une cause de ruine pour ces derniers, assurait au contraire leur prospérité ; que l'adoption d'un tronc commun aux lignes de Lyon et de Strasbourg allongerait inutilement les parcours vers ces deux villes, sans réaliser une économie notable sur les frais de premier établissement.

M. Nisard reprit la thèse de M. Stourm, en ajoutant à ses arguments diverses considérations tirées de ce que la vallée de la Haute-Seine était industrielle, possédait des établissements métallurgiques et comportait, par suite, un développement de production et de trafic auquel ne se prêtait pas la vallée agricole de l'Yonne.

M. Martin (du Rhône), invoquant le rôle prépondérant de la ligne de Paris à Lyon et Marseille dans la situation commerciale de la France, déclara donner son adhésion au tracé par la vallée de l'Yonne, mais à la condition qu'au lieu de s'assujettir au coude prononcé qu'exigeait le passage par Dijon, on laisserait cette ville de côté, pour adopter le tracé de Semur, Pouilly, Pont-d'Ouche, et Beaune, et réaliser ainsi une abréviation de parcours de 53 kilomètres. Il demanda que le délai d'exécution fût diminué ; que la durée du bail, fixée par la Commission à trente ans, fût ramenée à vingt-huit ; et même que l'on admît l'exécution complète des travaux par l'État, de manière à ne plus contracter que pour un temps très limité et à se ménager la possibilité de rentrer le plus tôt possible en possession du chemin.

La Chambre passa ensuite à la discussion des articles.

2. *Discussion des articles.* — M. le général Thiard, appuyé par MM. de Varennes et de la Plesse, exprima la crainte que les intérêts de la navigation de la Saône fussent compromis ; il contesta, avec de longs développements, tous les reproches adressés à cette navigation et réclama l'ajournement de la ligne en aval de Chalon.

M. Fulchiron n'eut pas de peine à démontrer que, si cette motion pouvait servir l'intérêt local de la ville de Chalon, en la transformant en un point obligé de transbordement, elle était absolument contraire à l'intérêt général.

M. de Lamartine, quoique originaire de la vallée de la Saône, vint ajouter aux observations de M. Fulchiron le concours de son éloquence imagée et pittoresque, et montra qu'une communication mixte par voie de fer et par voie d'eau entre Paris et Lyon, vouée à tous les obstacles provenant des transbordements et des circonstances climatériques plus ou moins défavorables, serait inévitablement condamnée et abandonnée par l'industrie et le commerce. L'amendement de M. le général Thiard fut rejeté.

Un second amendement, émanant de M. Stourm et tendant à modifier le tracé pour le faire passer par Troyes, Châtillon, Dijon et la vallée de la Saône, fut mis ensuite en discussion. Il fut défendu par M. Armand, de l'Aube, qui argumenta sur les difficultés d'exécution entre Montbard et Dijon et sur les avantages d'un tronc commun aux lignes de Lyon et de Strasbourg; il le fut également par M. Bureaux de Pusy, qui mit en avant l'économie à réaliser par la suppression de l'embranchement de Troyes et la possibilité d'affecter cette économie au chemin de Dijon à Mulhouse, et qui reproduisit, en outre, avec force chiffres à l'appui, les motifs antérieurement développés par M. Stourm pendant le cours de la discussion générale. MM. Vuitry et Dupin attaquèrent, au contraire, la proposition, en s'attachant à prouver que le système du tronc commun ferait de la ligne de Strasbourg et de celle de Lyon deux mauvaises lignes; qu'il dépouillerait, d'un côté la vallée de la Marne, de l'autre côté celle de l'Yonne, du trafic en possession duquel elles se trouvaient; qu'il compromettrait à la fois des intérêts stratégiques et des intérêts commerciaux de la plus haute importance. L'amendement fut également combattu par M. Dumon, Ministre des travaux publics, dans un discours très habile, très clair, nourri de faits et de chiffres, ainsi que par M. Mauguin et par M. de la Tournelle, rapporteur, et ne reçut pas l'adhésion de la Chambre.

Un troisième amendement de M. Berryer, ayant pour objet implicite de laisser la ville de Dijon de côté et de revenir ainsi sur une disposition du classement de 1842, fut ensuite repoussé.

La Chambre admit, au contraire, un amendement du même orateur et de MM. Schneider, Vatout et de Lamartine, tendant à ne pas indiquer dans la loi que la ligne, pour passer de la vallée de l'Armançon dans la vallée de la Saône, emprunterait celles de la Brenne et de l'Oze.

1   27

M. Richond des Brus présenta une autre proposition, portant suppression de l'embranchement de Troyes, dont la dépense lui paraissait hors de proportion avec son utilité, et, subsidiairement, reportant de Montereau à Saint-Florentin le point d'attache de cet embranchement.

Combattue par M. Stourm et par le Ministre des travaux publics, cette proposition fut rejetée par la Chambre, qui considéra la dépense et le tracé comme largement justifiés par l'importance de la ville de Troyes et par la direction des courants de transport entre cette ville et Paris.

M. Gaulthier de Rumilly formula ensuite un amendement, aux termes duquel l'État devait poser la voie et affermer le chemin par voie d'adjudication pour une durée maximum de douze ans, sur un prix minimum de fermage ne pouvant être inférieur à 5 °/₀ de la dépense de la voie ; le fermier devait d'ailleurs abandonner au Trésor la moitié de ses bénéfices au-dessus de 8 °/₀. Ce système s'imposait, aux yeux de l'auteur de l'amendement, par les faits d'expérience survenus depuis 1842 et par la nécessité d'employer la voie à l'exécution des terrassements; d'assurer l'unité d'exécution; de ne pas servir un gros intérêt à la Compagnie sur une opération de construction, qui ne présentait ni aléa, ni caractère industriel ; d'exiger de la société fermière un capital moindre ; de la constituer moins longtemps à l'avance; et, par suite, de moins ouvrir la porte à l'agiotage. M. Gaulthier de Rumilly chiffrait à 1 240 000 fr. le bénéfice dont la substitution d'un contrat à court terme à un contrat à long terme ferait profiter annuellement l'État. La situation financière ne s'opposait nullement à la combinaison ; il valait beaucoup mieux que l'argent nécessaire aux travaux arrivât directement au Trésor, sans passer par la bourse des intermédiaires. L'aliénation d'un monopole aussi puissant que celui des chemins de fer pouvait être fatale à notre commerce, si elle n'était tempérée par l'abréviation de sa durée.

M. de Lamartine s'efforça de faire repousser l'amendement, en se basant principalement sur l'impossibilité d'obtenir les améliorations nécessaires de Compagnies n'ayant pas devant elles une longue carrière à parcourir, ainsi que sur la convenance de ne pas monopoliser entre les mains de l'État le capital entier du pays et de laisser une part d'activité aux capitaux libres; il soutint que les contrats à courte échéance prêteraient, tout comme l s autres, à la spéculation; il fit valoir que la France avait déjà donné l'exemple d'une versatilité exagérée dans ses opinions sur les questions de chemins de fer et qu'il fallait en finir avec les temporisatons et ne pas renoncer à la loi si féconde de 1842.

Mais la proposition de M. Gaulthier de Rumilly fut reprise et défendue avec talent par M. Garnier-Pagès. Ce orateur mit en relief le taux usuraire, que l'on permettait à la Compagnie de prélever sur la dépense de la voie, et l'intérêt de ne pas créer à l'État trop de concurrence dans ses émissions, de ne pas aliéner la ligne la plus importante du réseau, de se ménager la faculté de faire varier les tarifs selon les besoins du commerce et de l'industrie, de faciliter ainsi la lutte contre la concurrence étrangère et de rendre le rachat moins onéreux, au cas où il serait nécessaire d'y recourir.

Le principe de l'amendement fut adopté, après le discours de M. Garnier-Pagès, par une voix de majorité (138 voix contre 137).

A la séance suivante, le Cabinet, d'accord avec la Commission, vint proposer d'ajourner tout à la fois la discussion des clauses relatives à l'exploitation et l'allocation des crédits pour la pose de la voie de fer, de manière à examiner à loisir les conséquences du vote de l'amendement de M. de

Rumilly au point de vue de la situation financière de la France. Cette proposition provoqua une très vive opposition. M. Bineau déclara adhérer à la remise de toute décision au sujet de l'exploitation, mais s'opposa à l'ajournement pour l'allocation nécessaire à la pose de la voie. M. Dumon, Ministre des travaux publics, et M. Duchatel, Ministre de l'intérieur, répliquèrent à M. Bineau en signalant tout ce qu'il y avait d'anormal à traiter ainsi sur un pied d'inégalité les diverses contrées de la France, tout ce qu'il y avait d'imprudent à engager si profondément les finances publiques et à poursuivre constamment la destruction de l'œuvre si péniblement élevée en 1842. M. Darblay appuya les observations de M. Bineau, en invoquant l'état d'avancement de certaines sections de la ligne. M. Berryer et plusieurs de ses collègues présentèrent la demande du Gouvernement comme attentatoire à la dignité parlementaire ; néanmoins la Chambre donna gain de cause au Cabinet par 182 voix contre 154.

M. Luneau insista ensuite pour que la loi stipulât expressément : 1° la séparation de la gare du chemin de fer de Lyon et de celle du chemin de Corbeil, à Paris ; 2° l'établissement de voies distinctes pour la nouvelle ligne entre Paris et Corbeil, de manière à ne pas placer une artère aussi importante sous la dépendance de la Compagnie d'Orléans.

M. Fould combattit cet amendement ; il lui paraissait inutile de faire une dépense de 6 millions pour doubler une section susceptible de faire face à tous les besoins, et d'autre part il lui semblait impossible de commander un tronc commun par deux gares, sans compromettre la sécurité de la circulation.

De son côté, le Ministre fit remarquer qu'il était bien préférable de ne pas le lier à cet égard et de lui laisser le soin de négocier avec la compagnie d'Orléans une convention avantageuse à l'État, pour la communauté de la section de

Paris à Corbeil, sauf à venir l'année suivante proposer telles mesures que de droit à la Chambre, si cette négociation n'aboutissait pas.

L'amendement fut repoussé.

Puis la Chambre vota l'ensemble du projet de loi réduit, par suite de l'amendement Gaulthier de Rumilly, aux dispositions concernant la construction, et ne portant d'ailleurs d'ouverture de crédit que pour l'infrastructure.

IV. — RAPPORT A LA CHAMBRE DES PAIRS. — M. le président Teste, rapporteur à la Chambre des pairs [M. U., 10 juillet 1844], conclut à l'adoption du projet de loi, sous deux réserves, à savoir :

1° Suppression des crédits affectés à l'embranchement de Montereau à Troyes, qui n'avait pas été compris dans le classement de 1842 et qui ne pouvait avoir le caractère d'une ligne principale à exécuter, en tout ou en partie, aux frais de l'État.

Toutefois, la Commission ajoutait au dispositif de la loi un article autorisant le Ministre à concéder, jusqu'à l'ouverture de la session suivante, ledit embranchement pour une durée maximum de quatre-vingt-dix-neuf ans, par voie d'adjudication publique portant sur cette durée ;

2° Suppression de la disposition admise par la Chambre des députés, sur la proposition de M. Gaulthier de Rumilly, et consacrant le principe de la pose de la voie par l'État. La Commission jugeait que les pouvoirs publics avaient tout à gagner à ne pas inscrire immédiatement cette disposition et à ajourner la décision à 1845.

V. — DISCUSSION A LA CHAMBRE DES PAIRS [M. U., 12, 13 et 14 juillet 1844]. — M. Edmond de Bussières ouvrit le débat en adjurant la Chambre de ne pas sortir du classement de 1842, tant que les travaux qui y étaient prévus ne seraient pas en pleine voie d'exécution ; de ne pas éparpiller les ressources et l'activité du pays sur des lignes secondaires ; de ne pas céder aux compétitions de l'esprit de localité, de s'en tenir aux chemins présentant un caractère véritable d'intérêt général et, par suite, de repousser, comme le proposait la Commission, l'exécution par l'État de l'embranchement de Troyes.

Le Ministre des finances lui répondit en demandant que la Chambre ne s'appliquât pas à une interprétation trop judaïque de la loi ; qu'elle ne se refusât pas à ajouter telle ou telle ligne au classement de 1842, si des études nouvelles ou des faits nouveaux en démontraient l'utilité ; qu'elle tînt compte de l'action, aujourd'hui incontestée, des chemins de fer sur le développement de la richesse publique. Il s'attacha à prouver que les prévisions primitives au sujet des dépenses à la charge du Trésor et des délais d'exécution n'étaient pas dépassées.

Le rapporteur répliqua en faisant ressortir que les propositions dont le Parlement était ou allait être saisi, en dehors du classement, portaient sur 1 000 kilomètres, devant entraîner pour l'État une dépense de 150 millions ; que, supposées même très larges, les évaluations de 1842 n'offraient certainement pas assez d'élasticité pour faire face à un tel excédent ; et qu'en conséquence, si l'on voulait ne pas retarder l'achèvement du réseau principal, il était de toute nécessité d'écarter les embranchements.

M. Dumon, Ministre des travaux publics, prononça alors un grand discours dans lequel, prenant la question d'ensemble, il justifia les quelques additions faites au classement de 1842. Il rappela qu'au moment où ce classement avait été opéré, l'insuffisance des études avait obligé les pouvoirs publics à ne pas y comprendre certaines lignes ; qu'un crédit de 1 500 000 fr. avait été mis immédiatement à la disposition du Gouvernement pour compléter ces études; que l'on avait explicitement réservé, dans la discussion, les compléments susceptibles d'être ajoutés au programme pendant les sessions suivantes; que, par exemple, tout en ne classant pas immédiatement le chemin de Bretagne, les Chambres avaient, d'accord avec le Gouvernement, pris l'engagement moral de ne pas déshériter indéfiniment une région si étendue et si intéressante; qu'en fait, les embranchements véritablement nouveaux proposés par le Gouvernement n'avaient pas plus de 200 kilomètres; que tout le réseau actuellement prévu n'aurait pas un développement supérieur à 4 400 kilomètres, chiffre correspondant à une dépense pour l'État de 660 millions, soit 66 millions par an; que cette dépense n'avait rien d'exagéré eu égard à la situation financière du pays. En ce qui touchait particulièrement l'embranchement de Troyes, il s'imposait par l'importance de cette ville, véritable boulevard industriel de Paris, et l'on ne pouvait du reste songer à le faire passer ailleurs que par la vallée de la Seine, pour le rattacher à la capitale.

L'interprétation donnée par M. Dumon à la loi de 1842 était évidemment trop large; elle ouvrait toute grande la porte du classement aux additions, aux compléments enfantés par l'esprit de localité.

M. le comte Pelet de la Lozère et M. le président Boullet ne manquèrent pas de saisir ce point faible de l'argumentation du Ministre et de faire ressortir qu'en entrant dans cette voie l'on ne tarderait pas à être débordé. Ils ajoutèrent que la Commission concluait, non pas à l'ajournement, mais à la concession de l'embranchement de Troyes.

L'attaque la plus redoutable vint de M. le comte Daru, qui avait une compétence incontestable et une légitime

influence en matière de chemins de fer; il montra combien
il était difficile de concilier la proposition actuelle avec celle
qui avait été admise pour la ligne beaucoup plus importante
d'Amiens à Boulogne, à laquelle on avait refusé toute dotation sur les fonds du Trésor. Suivant l'orateur, il ne pouvait
subsister aucun doute sur l'idée maîtresse qui avait présidé
à la loi de 1842 et qui consistait à abandonner à l'industrie
privée l'exécution de tous les embranchements. Le réseau
primitivement classé était de 3 559 kilomètres. Le Gouvernement demandait de l'accroître de 967 kilomètres, en y ajoutant les lignes de Rennes, de Limoges, de Nevers, de Troyes,
de Metz et de Reims, et de le porter ainsi à 4 426 kilomètres,
qui, à raison de 300 000 fr., donnaient une dépense de
1 335 000 000 fr. Sans doute, une fraction de cette dépense devait incomber aux Compagnies; mais, en somme,
l'argent devait toujours être puisé à la même source;
d'ailleurs, la tendance générale des esprits était d'augmenter
sans cesse la part de l'État. C'était 130 millions à trouver,
chaque année, pendant dix ans; n'était-il pas imprudent
d'engager ainsi les finances du pays? Le principe au nom
duquel on réclamait l'extension du réseau, celui de la justice
distributive, était souverainement dangereux, si on ne savait
pas l'interpréter sainement; ce qu'exigeait véritablement ce
principe, c'était l'exécution de travaux appropriés aux besoins de chaque localité, l'adoption d'instruments de transport proportionnés à ces besoins. La dispersion des travaux
était également une faute grave; on l'avait déjà commise
pour les canaux en 1822, pour les chemins vicinaux en 1836;
il fallait se garder de la reproduire, de tout entreprendre
pour ne rien achever en temps utile, de s'ôter les moyens
d'utiliser les leçons de l'expérience; il fallait éviter de provoquer un renchérissement inévitable des matériaux et de
la main-d'œuvre, de recruter un personnel trop nombreux

qui deviendrait inutile, précisément à l'heure où il serait capable et expérimenté.

Le Gouvernement ne pouvait rester sous le coup de ce discours; l'un des membres les plus habiles du Cabinet, M. le comte Duchatel, Ministre de l'intérieur, se chargea d'y répondre. Il s'efforça de démontrer que le principe de jjustice distributive, comme le concevait et l'énonçait M. le comte Daru, n'avait jamais été mis en pratique dans aucun pays; qu'il était impossible de priver ainsi des bienfaits des nouvelles voies de communication des régions entières, appelées à concourir de leurs deniers à l'exécution des chemins de fer. Suivant lui, le système préconisé par son adversaire aboutissait presque fatalement à la ligne unique, c'est-à-dire à une solution discutée avec maturité et repoussée définitivement en 1842. Il ne pouvait d'ailleurs conduire à un achèvement plus prompt par la concentration excessive des ressources en personnel et en argent : car il y avait des délais d'étude, de rédaction de projets, de réalisation, au-dessous desquels il était impossible de descendre. Il existait des compléments indispensables à ajouter à la loi de 1842, des intérêts légitimes à satisfaire, des instruments de vie et de travail à fournir aux départements mal dotés par la nature; avec une augmentation de 400 kilomètres, on y parviendrait, mais on ne pourrait faire mieux sans provoquer un mécontentement et des réclamations basées sur les raisons les plus sérieuses. Au point de vue politique, la Chambre des pairs ne ferait pas acte de sagesse en refusant de s'associer aux propositions du Gouvernement et de la Chambre des députés.

M. le baron Charles Dupin, membre de la Commission, prit à son tour la parole pour faire remarquer que la Commission ne s'était pas montrée hostile à l'embranchement de Troyes, mais seulement à son exécution par l'État. Re-

prenant la question sur le terrain de généralité où l'avait
placée le précédent orateur, il combattit la doctrine du Ministre de l'intérieur, qui tendait à attribuer des droits égaux
à toutes les parties du territoire et à appliquer « la théorie
« de l'aumône à la dissémination des chemins par charité ».
Le système de l'exécution simultanée n'avait point été, quoi
qu'on en eût dit, celui de l'Angleterre : l'industrie privée
avait d'abord jeté son dévolu sur les grandes artères productives; puis peu à peu de nouvelles lignes, devenues
utiles grâce aux précédentes, étaient venues se greffer sur
les premières. Il était du reste irrationnel de vouloir traiter
de même, au point de vue technique, les lignes principales
et les lignes secondaires; celles-ci comportaient plus d'économie et moins de luxe. La charge annuelle, représentée
par le Cabinet comme n'ayant rien d'excessif, même avec
une assez large extension de la loi de 1842, devenait bien
lourde si on tenait compte de toutes les autres dépenses de
travaux publics. Sans en venir au système trop absolu de
la ligne unique et sans se refuser à entreprendre simultanément plusieurs lignes principales, il importait de ne pas
disséminer ses ressources sur des lignes peu productives.
La Chambre des pairs rendrait un réel service au Gouver-
vement, en le fortifiant contre la pression des départements
et des arrondissements.

M. le président Teste, rapporteur, appelé à s'expliquer
à son tour, refit l'historique de la loi du 11 juin 1842 pour
en rétablir l'interprétation. D'après l'exposé des motifs, les
discussions, le texte même de la loi, il était incontestable
que jamais on n'avait entendu faire concourir l'État à la
construction des embranchements, et, si des réserves avaient
été faites au sujet de quelques additions à apporter ultérieurement au classement, c'était exclusivement pour des lignes
ayant le même caractère que celles qui avaient été com-

prises dans ce classement, pour les lignes de l'Ouest et du Centre dont les études n'étaient pas achevées. Le Gouvernement semblait aujourd'hui méconnaître complètement la portée de la loi, non seulement en adjoignant aux lignes maîtresses des embranchements proprement dits, mais même en présentant de simples tronçons des chemins de l'Ouest et du Centre. L'adoption de sa proposition serait inexplicable, après la détermination prise au regard de Boulogne, et ouvrirait une porte qu'il serait impossible de refermer.

La discussion générale fut close. Mais, à propos de la discussion des articles, le débat sur l'embranchement de Troyes se renouvela.

M. Rossi, restreignant la question à cet embranchement, sans examiner d'ensemble les conditions dans lesquelles devait être appliquée la loi du 11 juin 1842, fit valoir qu'il y avait lieu de distinguer entre les embranchements appelés à enrichir une région et les embranchements destinés à empêcher seulement la décadence d'un pays industriel et commerçant, par le fait de la modification des courants de circulation. L'exécution immédiate de ces derniers ne pouvait faire de doute ; or, l'embranchement de Troyes était du nombre, et la préférence attribuée à la vallée de l'Yonne ne se justifiait qu'avec cet embranchement. M. Rossi demandait donc que si, avant la fin de 1845, il n'avait pas fait l'objet d'une concession, il fût établi conformément à la loi de 1842.

M. le comte Pelet (de la Lozère) appuya au contraire purement et simplement la rédaction de la Commission, en montrant que l'argumentation de M. Rossi s'appliquerait inévitablement et avec autant de force à d'autres embranchements.

M. Dumon, Ministre des travaux publics, déclara adhérer à l'amendement de M. Rossi. Le Parlement n'avait-il pas décidé déjà l'exécution, dans le système de la loi de 1842, de véritables embranchements, tels que ceux de Valenciennes, de Calais, de Dunkerque? Si le Gouvernement avait admis, d'accord avec les Chambres, la concession de la ligne d'Amiens à Boulogne, c'est qu'il avait la presque certitude de trouver une Compagnie avec laquelle il pût traiter.

La situation était tout autre pour la ligne de Montereau à Troyes. La rédaction de la Commission avait le grave inconvénient de ne pas trancher une question qu'il importait de résoudre.

M. le président Teste revint sur ses arguments antérieurs et s'attacha surtout à prouver que la ligne de Montereau à Troyes valait celle d'Amiens à Boulogne, au point de vue de la circulation, et que même elle avait sur celle-ci l'avantage d'être soustraite aux crises internationales.

En fin de compte, l'amendement de M. Rossi fut adopté.

La Chambre des pairs repoussa, suivant l'avis de la Commission, auquel le Gouvernement ne s'opposa d'ailleurs pas, la disposition qui portait dotation de la voie de fer.

VI.—VOTE DÉFINITIF PAR LA CHAMBRE DES DÉPUTÉS.—La loi ainsi modifiée dut retourner devant la Chambre des députés.

La Commission [M. U., 17 juillet 1844] conclut à l'adoption des changements votés par les pairs, attendu, d'une part, que l'existence de l'embranchement de Troyes restait suffisamment assurée et, d'autre part, qu'il n'y avait pas nécessité de trancher immédiatement la question du régime du chemin de Paris à Lyon.

La Chambre [M. U., 18 juillet 1844] se rangea à cet avis, après avoir entendu les observations de M. Gaulthier de Rumilly et de M. Garnier-Pagès qui faisaient toutes leurs réserves pour l'avenir, à l'occasion de la suppression de la dotation afférente à l'établissement de la voie de fer.

La loi fut rendue exécutoire le 26 juillet 1844 [B. L., 2ᵉ sem. 1844, n° 1119, p. 145].

Le cahier des charges destiné à servir de base à l'adjudication de la concession de l'embranchement de Troyes fut approuvé par ordonnance du 14 décembre 1844 [B. L., 2ᵉ sem. 1844, n° 1160, p. 1053].

Cette adjudication fut passée le 25 janvier 1845 au profit de MM. Vauthier, Gallice-Dalbaune et Séguin (Paul), moyennant la réduction à soixante-quinze ans de la durée de la jouissance, et approuvée par ordonnance du 25 janvier 1845 [B. L., 1ᵉʳ sem. 1845, n° 1175, p. 129].

Enfin, une troisième ordonnance, du 29 mai 1845 [1ᵉʳ sem. 1845, supp., n° 783, p. 705], approuva les statuts de la Compagnie, qui se constitua au capital de 20 millions, en 40 000 actions nominatives susceptibles d'être transformées en actions au porteur après leur libération intégrale.

L'embranchement de Troyes fut ouvert en 1848.

61. — Allocation pour l'exécution par l'État de l'infrastructure du chemin de Tours à Nantes. — La ligne de Paris à Nantes avait été comprise dans le classement, mais aucun crédit n'avait été encore attribué à l'exécution de la section de Tours à Nantes. Le 15 mai 1844, le Ministre des travaux publics présenta un projet de loi portant affectation d'une somme de 28 millions à ladite section, toutes réserves étant faites au sujet du régime définitif de cette ligne et des mesures à prendre pour en assurer l'exploitation [M. U., 24 mai 1844]. Le tracé ne laissait d'incertitude qu'au sujet de la ville d'Angers qui pouvait, soit être touchée par le chemin de fer, soit en être séparée par quelques kilomètres, suivant les résultats des études définitives et des négociations à engager avec cette ville.

M. Bineau, député de Maine-et-Loire, présenta le rapport à la Chambre des députés [M. U., 12 juin 1844]. Après avoir constaté la nécessité d'exécuter immédiatement la ligne, eu égard à la précarité et aux difficultés de la navigation sur la Loire, il se prononça pour le tracé du Gouvernement, mais en stipulant expressément la condition de passage par Angers, point trop important pour ne pas être desservi directement. Il combattit d'ailleurs une idée qui avait trouvé des adeptes et qui consistait à détacher la ligne de Bordeaux de celle de Nantes, non point à Tours, mais à l'embouchure de la Vienne. Il conclut à l'approbation des propositions du Gouvernement, tout en exprimant le regret que le Ministre eût fait à la ligne de Nantes une situation en quelque sorte inférieure à celle des autres chemins, en ne se préoccupant pas immédiatement de la pose de la voie et de l'exploitation.

La Chambre des députés se rangea sans discussion à l'avis de la Commission, après avoir entendu un discours de M. Jollan qui renouvelait la critique relative au défaut de propositions du Gouvernement pour l'exploitation [M. U., 26 juin 1844].

A la Chambre des pairs, il n'y eut pas non plus de débat [M. U., 17 et 20 juillet 1844], et la loi fut rendue exécutoire le 26 juillet 1844 [B. L., 2ᵉ sem. 1844, n° 1120, p. 179].

62. — Allocation pour l'exécution par l'État de l'infrastructure du chemin de Paris à Rennes. — Lors de la discussion du classement de 1842, les représentants de la vaste région comprise entre le chemin de Paris à Boulogne et celui de Paris à Tours et à Nantes avaient fait entendre les plaintes les plus vives, au sujet de l'abandon dont était frappée cette région, et les pouvoirs publics avaient contracté l'engagement moral de leur donner satisfaction.

En conséquence, le 15 mai 1844 [M. U., 24 mai 1844],

le Ministre des travaux publics déposa, sur le bureau de la
Chambre des députés, un projet de loi portant classement
d'un chemin de Paris à Rennes, par Chartres et Laval, et
dotation de cette ligne ; le Gouvernement avait pris le parti
de s'arrêter à Rennes, parcequ'au delà les difficultés prenaient un caractère exceptionnel, de nature à justifier un
ajournement, et que d'ailleurs on y rencontrait un réseau de
voies navigables. Entre Chartres et Laval, le tracé était indéterminé ; des études définitives devaient seules permettre de
décider s'il y avait lieu de passer par le Mans ou par Alençon. Pas plus que pour la ligne de Nantes, le Ministre ne
présentait de propositions relatives à l'exploitation ; mais il
justifiait cette abstention par l'opportunité de chercher à fusionner les deux Compagnies de Paris à Versailles, rive droite
et rive gauche, et à concéder à la nouvelle société la ligne
de Rennes.

La Commission, par l'organe de M. de Salvandy, émit
un avis favorable, en spécifiant que, d'ores et déjà, il fallait
considérer comme acquise la nécessité du prolongement
ultérieur sur Brest [M. U., 11 juin 1844]. Toutefois elle inscrivit dans le projet de loi un article, disposant qu'il serait
statué, au sujet de la question relative au mode et aux conditions de l'embranchement sur le chemin de fer de Paris à
Versailles, par la loi de concession du chemin de Paris à
Chartres, de manière à laisser au Ministre toute sa liberté
d'action dans ses pourparlers avec les deux Compagnies de
Paris à Versailles et à ne pas préjuger la détermination à
prendre au sujet de l'emplacement très controversé de la
gare terminus à Paris.

La Chambre des députés adopta l'avis de sa Commission,
après une discussion assez longue sur le sens à attribuer à
la réserve relative au raccordement de la ligne avec les
chemins de Versailles [M. U., 26 juin 1844].

A la Chambre des pairs, le rapport [M. U., 20 juillet 1844] fut présenté par M. le marquis d'Audiffret, qui, tout en adhérant au classement, considéra la situation financière de la France comme trop engagée pour permettre l'affectation de fonds à l'exécution de la ligne ; il conclut à réserver, pour la session suivante, la décision à intervenir sur la construction et l'exploitation, ainsi que sur le mode et les conditions du raccordement avec le chemin de Paris à Versailles, en stipulant même que cette décision porterait exclusivement sur la section de Versailles à Chartres.

En séance publique [M. U., 21 juillet 1844], le duc de Noailles, le Ministre des travaux publics, le Ministre de l'intérieur et le marquis de Boissy combattirent l'ajournement proposé par la Commission pour la dotation de la ligne. Ils firent valoir que le chemin de Versailles à Rennes et Brest remplissait toutes les conditions des lignes principales ; qu'il partait en effet de Paris pour aboutir à la mer, après avoir traversé des régions productives ; qu'il était appelé à desservir l'un de nos grands ports militaires ; que les études en étaient assez avancées sur une partie du tracé pour comporter un commencement d'exécution ; qu'il devait ramener la paix entre les deux Compagnies de Paris à Versailles et les sauver de la ruine en provoquant leur fusion ; mais que, pour déterminer cette fusion, le Gouvernement avait des négociations laborieuses à poursuivre et qu'il ne pouvait les mener à bien, s'il n'avait pas mis la main à l'œuvre et s'il se trouvait en présence d'un simple classement sans aucune sanction. Le rapporteur et M. le comte Pelet de la Lozère défendirent, au contraire, les conclusions de la Commission, en faisant leurs efforts pour prouver que l'action du Gouvernement sur les deux Compagnies de Versailles serait plus efficace, s'il n'était rien préjugé au sujet des mesures d'exécution. La Chambre des pairs donna, à une assez forte majorité, raison au Gouvernement, et la loi ainsi définitivement votée fut rendue exécutoire le 26 juillet 1844 [B. L., 2ᵉ sem. 1844, n° 1120, p. 180].

63. — Classement du prolongement du chemin du Centre sur Limoges et sur Clermont. Concession de ce chemin d'Orléans à Châteauroux et au Bec-d'Allier.

I. — PROJET DE LOI. — En 1842, le Parlement avait inscrit au classement une ligne dite du Centre, mais en laissant dans l'indétermination le prolongement à partir de Vierzon.

Le 15 mai 1844 [M. U., 24 mai 1844], le Ministre des travaux publics vint proposer de diriger cette ligne au delà de Vierzon, d'une part sur Bourges et Clermont par le Guétin, près Nevers, et d'autre part sur Châteauroux et Limoges. Le Gouvernement considérait le classement simultané de ces deux sections comme indispensable pour donner une légitime satisfaction aux intérêts de la vaste région comprise entre le chemin de Paris à Bordeaux et celui de Paris à Lyon ; il avait examiné s'il ne serait pas possible de se borner à une ligne de Vierzon à Bourges et Montluçon ; mais il avait reconnu que cette transaction ne satisferait personne, que d'ailleurs la ligne de Montluçon serait très difficile à prolonger, enfin qu'elle ferait double emploi avec une voie de navigation intérieure.

Le projet de loi portait dotation immédiate des tronçons de Vierzon à Châteauroux et au Guétin et autorisation pour le Ministre de comprendre les deux lignes de Vierzon à Limoges et à Clermont dans un seul et même bail avec le chemin d'Orléans à Vierzon ; la durée maximum de ce bail était fixée à quarante ans ; toutes les autres clauses du con-

I

trat étaient semblables à celles que nous avons déjà indiquées pour le chemin de Paris à Lyon.

II. — RAPPORT A LA CHAMBRE DES DÉPUTÉS. — Le rapport à la Chambre des députés fut présenté par M. Lanyer, qui eut d'ailleurs, comme nous l'avons dit antérieurement, à s'occuper non seulement des chemins de Vierzon à Limoges et Clermont, mais encore de la ligne d'Orléans à Vierzon [M. U., 22 juin 1844]. Il constata l'impossibilité de donner la préférence exclusive à l'une des deux directions et la nécessité de répondre aux besoins de l'une et de l'autre par le classement simultané que proposait le Gouvernement; examen fait des documents statistiques mis par le Ministre à la disposition de la Commission, il conclut à l'adoption du délai de quarante ans assigné au bail. Toutes les autres clauses du projet de loi et du cahier des charges reçurent également l'assentiment de la Commission; cependant, prévoyant le cas où le Ministre des travaux publics ne pourrait, à bref délai, traiter avec une Compagnie, il proposa d'autoriser le Gouvernement à poser la voie de fer sur le tronc commun d'Orléans à Vierzon, si cette éventualité se réalisait.

III. — DISCUSSION A LA CHAMBRE DES DÉPUTÉS. — En séance publique [M. U., 30 juin 1844], il n'y eut, pour ainsi dire, pas de discussion générale. M. Boudousquié et M. de Larcy présentèrent seulement quelques observations, l'un pour affirmer l'utilité du prolongement ultérieur de la ligne de Limoges jusqu'à Toulouse, au point de vue des intérêts commerciaux et militaires, et l'autre pour réclamer l'exécution du chemin de Bordeaux à Toulouse et Marseille, compris au classement de 1842.

A propos de la discussion des articles, M. de Beaumont formula un amendement dans le but d'obtenir la réduction de 0 fr. 10 à 0 fr. 08 de la taxe afférente aux bestiaux ; cet amendement fut rejeté.

M. Grandin, préoccupé des nombreuses manutentions auxquelles donnerait lieu le transport par chemin de fer, soit au départ, soit à l'arrivée, soit au changement de direction, et voulant, par suite, favoriser autant que possible le transport par voitures prenant les marchandises chez l'expéditeur et les remettant chez le destinataire, demanda l'insertion au tarif d'un prix faible pour la location des plates-formes destinées au transport de ces voitures. Cette proposition fut combattue par M. Muret de Bort, pour divers motifs dont le principal était que la clause n'existait pas dans le cahier des charges de la ligne de Paris à Orléans, dont les nouvelles lignes devaient être tributaires. Malgré l'appui de M. Glais-Bizoin et de M. de Beaumont, l'amendement fut repoussé.

Puis l'ensemble de la loi fut voté.

IV. — RAPPORT A LA CHAMBRE DES PAIRS. — A la Chambre des pairs, la Commission, par l'organe de M. Persil [M. U., 20 juillet 1844], refusa à la ligne de Vierzon à Châteauroux et Limoges le caractère de ligne principale, comportant l'affectation au moins immédiate des deniers de l'État. A l'appui de son appréciation, elle rappela longuement la discussion à laquelle le chemin du Centre avait donné lieu à la Chambre; elle déduisit de cette discussion que le Parlement avait expressément entendu n'accorder le bénéfice du classement qu'à une ligne unique; elle invoqua, en outre, le texte même de la loi qui visait explicitement « un chemin sur le centre de la France, par Bourges » ; elle proposa donc de se borner à autoriser le Ministre à concéder sans subvention, pour quatre-vingt-dix-neuf ans au plus, la branche de Châteauroux à Limoges; cette concession devait être faite par voie d'adjudication publique entre concurrents agréés par le Ministre. Toutefois, si l'embranchement ne pouvait être concédé dans le cours de l'année 1845, il serait établi aux frais de l'État, dans le système de la loi de 1842. Pour le surplus, la Commission admit les dispositions du projet de loi.

v. — Discussion a la chambre des pairs. — Lorsque l'affaire vint à l'ordre du jour, M. Legrand ouvrit la discussion générale [M. U., 23 juillet 1844], en contestant le sens attribué à la loi de 1842 par la Commission, et en s'appuyant, à cet effet, sur les déclarations qui avaient été faites par le Gouvernement dans le sein des deux Chambres, et qui réservaient complétement l'éventualité de l'établissement de deux lignes centrales. Pour justifier ces deux lignes, il fit valoir l'immense étendue de la région comprise entre les deux chemins de Paris à Bordeaux et de Paris à Lyon, l'impossibilité de couper cette région par un chemin unique présentant des conditions satisfaisantes de tracé et de trafic. Les règles de l'art, de la justice distributive, de l'économie politique commandaient impérieusement la solution à laquelle s'était arrêté le Gouvernement. L'expédient de la Commission pour décharger l'État des dépenses d'exécution de la branche de Limoges, sans condamner cette ligne, ne pouvait aboutir qu'à un insuccès; on se trouvait en présence d'une section dont les éléments de richesse étaient trop incertains pour qu'une concession pût être tentée avec quelque chance favorable.

Le rapporteur répliqua à M. Legrand, en reprochant au Gouvernement de céder aux sollicitations intéressées de l'esprit de localité; en l'accusant d'appliquer à des chemins non compris au programme de 1842 les ressources réservées à la réalisation de ce programme; en affirmant de nouveau que la loi de 1842 avait prévu une ligne unique sur le Centre;

en faisant valoir que l'argument de justice distributive mis
en avant par M. Legrand conduirait à doter tous les arrondissements. La ligne de Châteauroux à Limoges n'avait
d'ailleurs nullement le caractère d'une ligne centrale ; elle
était beaucoup trop rapprochée de celle de Paris à Bordeaux ; la situation de Limoges n'était pas plus intéressante,
au point de vue de l'utilité générale, que celle de bien d'autres
villes. Une réserve prudente s'imposait d'autant plus que la
question de l'exécution complète par l'État et, par suite, de
l'augmentation considérable des charges du Trésor avait été
mise à l'ordre du jour.

M. Dumon, Ministre des travaux publics, prit à son tour
la parole. Il s'attacha à démontrer que la loi de 1842 n'interdisait pas l'établissement des deux branches ; que la plupart des lignes classées comportaient plusieurs rameaux ;
qu'il y avait une véritable contradiction à abandonner à l'industrie privée la branche la moins productive, contrairement
à la théorie développée avec succès par M. le comte Daru
dans une autre circonstance ; que la ligne de Limoges avait
incontestablement une utilité générale, sinon par l'importance du point auquel elle aboutissait, du moins par l'étendue de la région qu'elle était appelée à desservir ; que le
Gouvernement saurait résister aux demandes relatives aux
autres embranchements, qui ne présenteraient pas au même
degré un intérêt national ; qu'en complétant ou plutôt en
interprétant ainsi le programme de 1842, on ne dépassait
pas la capacité financière du pays.

Après un discours de M. le baron Thénard, qui appuya
les conclusions de la Commission, M. Duchatel, Ministre de
l'intérieur, vint, au contraire, les combattre avec beaucoup
de vigueur. Suivant lui, il était patent que le revenu de la
ligne de Vierzon à Limoges ne serait jamais suffisant pour
asseoir une concession, et que le seul moyen d'en assurer

l'exécution était de mettre à la charge de l'État une partie des dépenses de construction et d'appliquer, comme le proposait le Gouvernement, le système de la loi de 1842. Il fallait écarter le fantôme des demandes multiples d'embranchements qui allaient, disait-on, assaillir les pouvoirs publics : l'expérience était là pour prouver que les craintes exprimées à cet égard par la Commission étaient absolument chimériques. Du reste, la Commission n'engageait-elle pas les finances de l'État tout autant et même davantage que ne l'avait fait l'État ? Ne contractait-elle pas l'obligation morale de doter sur toute sa longueur la ligne de Limoges, s'il était impossible de la concéder, alors que le Gouvernement ne sollicitait de dotation que pour le tronçon de Vierzon à Châteauroux ?

Le rapporteur répliqua que, suivant toute probabilité, la Compagnie d'Orléans solliciterait la concession et, en outre, que jamais la Commission n'avait entendu prendre l'engagement d'une dotation pour toute la ligne à la fin de 1845.

M. le comte Murat attaqua à son tour les conclusions de la Commission en se référant aux discussions de 1842 ; il ne voulait pas s'arrêter à une interprétation véritablement judaïque du classement ; suivant lui, la construction de la ligne de Limoges était un acte de justice, auquel les pouvoirs publics ne pouvaient se soustraire.

Après quelques observations de M. Boudan sur l'importance du commerce de Châteauroux et de Limoges, la loi fut votée à une forte majorité, telle qu'elle était sortie des délibérations de la Chambre des députés. Elle fut rendue exécutoire le 26 juillet 1844 [B. L., 2ᵉ sem. 1844, nᵒ 1119, p. 145].

L'adjudication fut passée au profit de MM. Bartholony et consorts, moyennant rabais d'un mois sur la durée du

bail, qui fut ainsi ramenée à trente-neuf ans et onze mois.
Cette adjudication fut approuvée par ordonnance du 24 octobre 1844 [B. L., 2ᵉ sem. 1844, nº 1147, p. 690].

La Compagnie, constituée au capital de 33 millions, en
66 000 actions, fut autorisée par ordonnance du 13 avril
1845 [B. L., 1ᵉʳ sem. 1845, supp., nº 764, p. 449].

La ligne fut livrée à l'exploitation en 1847 jusqu'à
Bourges, d'une part, et Châteauroux, de l'autre.

64. — Allocation pour l'exécution par l'État de l'infra-structure du chemin de Paris à Strasbourg et des embranchements de Reims et de Metz.

I. — PROJET DE LOI. — Le chemin de fer de Paris à
Strasbourg se composait de deux grandes sections, l'une
comprise entre Paris et Nancy, et l'autre, entre Nancy et
Strasbourg.

Pour la section de Paris à Nancy, trois tracés principaux
avaient été étudiés : le premier, par Vitry-le-François, en suivant, soit la vallée de la Marne, soit le plateau de la Brie ; le
second, par Compiègne, Soissons, Reims, Sainte-Menehould
et Arnaville, près Metz, en empruntant jusqu'à Creil le chemin
de Paris en Belgique et en suivant les vallées de l'Oise, de
l'Aisne, de la Vesle et de la Moselle ; enfin le troisième, par
Troyes et Pargny-sur-Saulx, en empruntant la ligne de
Paris à Lyon jusqu'à Troyes, si cette ligne suivait la vallée
de la Marne. L'une des variantes du premier tracé, celle de
la Marne, desservait la Ferté-sous-Jouarre, Château-Thierry,
Épernay et Châlons ; l'autre, celle de la Brie, desservait Cou-
lommiers, Sézanne et Fère-Champenoise. L'enquête ouverte
sur ces divers tracés provoqua naturellement des avis divergents. Le Conseil général des ponts et chaussées se prononça, à l'unanimité, pour le tracé de la Marne, mais en y

adjoignant des embranchements sur Reims et Metz. Le Gouvernement partagea cet avis : en effet le tracé de la Marne était tout désigné par les relations préexistantes entre Paris et Strasbourg ; il maintenait, par suite, des droits acquis ; il était de beaucoup le plus court ; son profil était le plus satisfaisant ; les pentes qu'il comportait étaient peu accusées ; il desservait des populations plus nombreuses ; il avait son origine à Paris et était appelé à jouir de tous les avantages qu'assurait aux voies ferrées le voisinage de la capitale ; il avait déjà fait l'objet d'offres d'une Compagnie honorable et sérieuse.

Pour la section de Nancy à Strasbourg, la loi de 1842 avait déjà déterminé la direction à adopter au delà des Vosges ; il restait à prendre un parti en ce qui concernait le tronçon de Nancy à Hommarting. Trois tracés étaient en présence : le premier par Varangéville, Réchicourt, Gondrexange et Sarrebourg, en suivant les vallées de la Meurthe et du Sanon ; le deuxième par Vic, Marsal, Dieuze et Sarraltroff, en suivant la vallée de la Seille ; le troisième, par Varangéville et Lunéville, en suivant les vallées de la Meurthe et de la Vezouse. Le résultat des enquêtes fut favorable au tracé par Lunéville ; ce fut celui qui réunit les suffrages du Conseil général des ponts et chaussées, en raison de l'importance des populations qu'il desservait, de son excellent profil et des facilités de son exécution. Le Gouvernement se rangea à cet avis, non seulement au point de vue civil, mais encore au point de vue militaire, eu égard à l'avantage qu'il y avait à toucher la place de Lunéville et aussi à abriter le chemin derrière le canal de la Marne au Rhin.

Le Ministre des travaux publics présenta donc, le 15 mai 1844, un projet de loi [M. U., 24 mai 1844] dotant l'infrastructure de la ligne entre Paris et Hommarting et

accompagné d'un projet de bail semblable à celui de la ligne
d'Orléans à Bordeaux, sauf réduction à quarante-cinq ans
de la durée de ce bail.

II. — RAPPORT A LA CHAMBRE DES DÉPUTÉS [M. U., 28 juin
1844]. — M. Philippe Dupin, rapporteur, insista, avant
tout, sur l'urgence de l'établissement de la ligne de Paris
à Strasbourg dans l'intérêt de la défense nationale. Il déclara, au nom de la Commission dont il était l'interprète,
appuyer vivement la proposition du Gouvernement d'appliquer purement et simplement le mode d'exécution prévu
par la loi de 1842 : c'était faire une juste part à l'État et à
l'industrie privée, et aussi donner un gage de plus de fixité
et d'esprit de suite dans les déterminations des pouvoirs
publics.

Des offres avaient été faites postérieurement au dépôt du
projet de loi, dans le but d'expérimenter sur la nouvelle ligne
le système atmosphérique ; la Commission, ne considérant
pas l'affaire comme suffisamment étudiée, conclut à ne pas
tenter l'expérience sur un chemin aussi important que celui
de Strasbourg.

La Commission adopta sans hésitation le tracé par la
Vezouse, pour la section de Nancy à Hommarting.

Pour l'autre section, elle repoussa le tracé par Troyes
qui comportait un allongement de parcours considérable et
la communauté, sur une grande longueur, avec la ligne de
Lyon. Elle émit ensuite un avis défavorable au tracé par
l'Oise et l'Aisne qui imposait au chemin de fer des inflexions
fâcheuses. Elle appuya, au contraire, comme le Gouvernement, le tracé par la Marne, qui était notablement plus
court, qui desservait les populations les plus nombreuses,
qui respectait les habitudes séculaires de la circulation, qui
coupait mieux le territoire, qui était conforme aux proposi-

tions des demandeurs en concession et qui devait donner des recettes plus élevées. Les intérêts de la ville de Metz seraient sauvegardés par l'embranchement, qui assurerait à cette ville, pour ses relations avec Paris, le bénéfice d'une distance aussi courte que pouvait le faire le tracé de l'Oise et de l'Aisne. Il en serait de même de Reims, dont les rapports avec la région du Nord étaient d'ailleurs largement desservis par de nombreuses voies fluviales. Le tracé de la Marne était, il est vrai, moins satisfaisant que celui de l'Oise et de l'Aisne pour le transit entre le Havre et l'Allemagne centrale ; mais la Commission jugeait impossible de déposséder les ports d'Anvers, Hambourg et Rotterdam du transit vers cette partie des États germaniques. La direction de la Marne avait été également attaquée au point de vue de son parallélisme, de sa contiguïté avec le canal de la Marne au Rhin ; la Commission, sans s'arrêter à cet argument auquel elle n'attribuait qu'une valeur secondaire, appelait l'attention de l'administration et des pouvoirs publics sur l'utilité qu'il pourrait y avoir à ne pas achever les travaux de la voie navigable, au moins sur une partie de son parcours ; elle méconnaissait ainsi que le voisinage d'une voie de fer et d'une voie fluviale n'avait rien d'inconciliable avec la prospérité de chacune de ces voies de communication et qu'au contraire elles se complétaient l'une l'autre ; il est certain que, sans l'existence simultanée du canal de la Marne au Rhin et du chemin de fer de Paris à Strasbourg dans la région de Nancy, par exemple, jamais l'industrie métallurgique n'y aurait pris l'admirable développement qui fait aujourd'hui la principale richesse du département de Meurthe-et-Moselle.

En ce qui concernait les embranchements, la Commission les considérait comme des compléments indispensables de la ligne principale ; elle se prononçait en faveur du tracé par la Moselle, pour l'embranchement de Metz, et elle demandait, pour l'embranchement de Reims, une étude tendant à le faire aboutir à Épernay ou Dormans, et non à Cherville.

Le rapport concluait, d'ailleurs, en faveur du projet de bail, sauf réduction de la durée maximum à quarante et un ans, chiffre suffisant, suivant la Commission, pour donner à la Compagnie une rémunération convenable de ses capitaux.

III. — Discussion a la chambre des députés [M. U., 30 juin, 2, 3 et 4 juillet 1844]. — Dès l'origine du débat, la retraite des membres les plus importants du conseil d'administration de la Compagnie, qui avait sollicité l'affermage de la ligne, détermina le Gouvernement et la Commission à supprimer du projet de loi tout ce qui avait trait à cet affermage. C'est dans ces conditions que s'ouvrit la discussion générale à la Chambre des députés.

Cette discussion s'engagea par un long plaidoyer de M. Houzeau-Muiron en faveur du tracé de l'Oise et de l'Aisne. Cet honorable député invoqua, tout d'abord, l'intérêt de la défense du pays qui, suivant lui, ne devait se trouver convenablement satisfait que si le chemin se dirigeait vers Luxembourg, forteresse avancée de l'Allemagne ; s'il touchait Soissons, Reims, Verdun et Metz ; s'il ne se tenait pas trop loin de Sedan et Mézières. Il appuya du reste son opinion sur un avis antérieur du Ministre de la guerre. Au point de vue commercial, il cita des chiffres desquels il déduisait que le tracé de l'Oise et de l'Aisne rencontrait plus de populations et surtout des villes plus peuplées, et que, dès lors, il comportait plus d'éléments de trafic. Il soutint que, malgré la situation d'infériorité du port du Havre pour l'approvisionnement de l'Allemagne centrale et de Manheim, il ne fallait pas renoncer à ramener le transit sur nos rails et qu'il était possible d'y arriver par le jeu des tarifs et par des mesures de protection au profit de notre marine. Il fit valoir les sacrifices considérables déjà consentis au profit de la vallée de la Marne, les grands intérêts de la ville ‑de Reims, la dépense plus élevée du tracé de la Marne, le nombre des chambres de commerce qui avaient formulé des avis favorables au tracé d'Oise et Aisne, la juxtaposition du tracé de la Marne et du canal de la Marne au Rhin qui ne pouvait, même pour les marchandises encombrantes, supporter la concurrence de la voie ferrée, par suite de la différence de vitesse et même du prix de revient des transports.

Dans un discours très applaudi, M. le général Paixhans mit en relief l'importance de Manheim, foyer de relations vers la Hollande, la Belgique et la Prusse ; la nécessité de se relier à la ligne que l'Allemagne allait établir entre cette ville et Sarrebrück ; l'utilité de faciliter les relations avec le riche bassin houiller de la Sarre, que la France avait commis la faute déplorable de laisser, presque sans discussion, par le traité de 1815 à la Prusse, plus habile et plus prévoyante que nous.

M. de Bussières rappela que le motif déterminant du choix du tracé de la Marne par le Gouvernement avait été la préférence attribuée par la Compagnie à ce tracé. Cette préférence s'expliquait de la part de la Compagnie par son désir d'avoir sa tête de ligne à Paris et par sa solidarité d'intérêts avec la Compagnie de Paris à Rouen, qui craignait de voir établir entre Rouen et le tracé de l'Oise un raccordement lui enlevant le transit entre le Havre et l'Alsace. Mais les pouvoirs publics ne pouvaient se laisser guider par des mobiles de cette nature. L'importance du commerce de Reims nécessitait la mise en communication directe de cette ville avec le Havre et l'Allemagne centrale d'où elle tirait

ses laines, avec Metz et Sarrebrück où elle s'approvisionnerait
de combustible. L'orateur insista sur l'insuffisance des
études; sur le rôle considérable de la ville de Compiègne
dans la défense du pays, eu égard à sa situation de nœud
d'un grand réseau de voies navigables; sur l'utilité de diminuer la distance du chemin de fer à notre frontière du Nord-
Est, afin de faciliter les concentrations de troupes vers cette
frontière. Il demanda donc l'examen de l'affaire par la
commission supérieure des chemins de fer, que l'administration n'avait pas eu le temps de consulter, et le renvoi du
projet de loi à la session suivante.

M. le baron Pérignon parla longuement dans le même
sens; il critiqua surtout la précipitation apportée par le
Gouvernement à la présentation du projet de loi et la désinvolture avec laquelle la Commission avait indiqué l'abandon
du canal de la Marne au Rhin comme une mesure susceptible d'être admise; il exprima du reste l'avis que la ligne
de l'Est devait rester entre les mains de l'État ou, tout au
moins, n'être affermée que pour un temps très court.

M. Philippe Dupin, rapporteur, répondit aux adversaires
du projet de loi que l'ajournement serait funeste au pays et
ne se justifierait pas; que la question avait été mûrement
étudiée; que, si la commission supérieure n'avait pas été
consultée, le président de cette commission, M. le comte
Daru, avait nettement formulé son avis en faveur du tracé
de la Marne; que ce tracé, abstraction faite des villes de
Reims et de Metz, aussi bien desservies par des embranchements que par le tracé d'Oise et Aisne, traversait le pays
où les éléments de prospérité étaient les plus nombreux,
les besoins de circulation les plus étendus; que l'un et
l'autre des deux tracés exerceraient la même influence sur
le canal de la Marne au Rhin; qu'au point de vue stratégique, le comité des fortifications s'était prononcé pour la

vallée de la Marne; que la ville de Reims, elle-même, avait formellement exprimé ses préférences dans le même sens, en 1841; que les intérêts du transit entre le Havre et Manheim étaient loin d'avoir une importance suffisante, pour peser d'un grand poids sur les décisions de la Chambre.

La discussion générale une fois close, la Chambre passa à la discussion d'un amendement de M. Ternaux tendant à ajourner à la session suivante la détermination du tracé entre Paris et Nancy, pour les motifs qu'avaient déjà développés MM. de Bussières et Pérignon. M. Dumon, Ministre des travaux publics, combattit habilement cette proposition, qui fut très ardemment défendue par MM. Houzeau-Muiron, Odilon Barrot et Gaulthier de Rumilly, mais à laquelle la Chambre ne voulut pas souscrire.

M. Berryer développa ensuite un autre amendement ayant pour objet de ne pas indiquer dans la loi les points de passage de Bar-le-Duc et Toul, afin de permettre une modification de tracé consistant à aller de Châlons vers Arnaville, près Metz, et de là à Nancy; cette modification, sans allonger sensiblement le trajet vers Strasbourg, devait raccourcir notablement la distance pour les relations avec Manheim. M. Gillon et le rapporteur obtinrent le rejet de cet amendement en faisant valoir que la partie des travaux, dont l'exécution exigeait le plus de temps, était précisément située à Loxéville, entre Châlons et Nancy; que, dès lors, il était indispensable de prendre un parti immédiat; que le tracé direct s'imposait, au point de vue de l'importance des populations à desservir et de l'industrie des départements de la Meuse et de la Haute-Marne.

Puis la Chambre repoussa deux autres amendements, dont l'un émanait du général Paixhans et tendait à autoriser le Ministre à concéder, pour quatre-vingt-dix-neuf ans, la ligne de Metz à Forbach, et dont l'autre était formulé

par M. Crémieux et appuyé par M. Berryer et tendait à relier
Metz au tronc principal, non point à Frouard, mais près
de Commercy, de manière à réduire la distance de cette
ville à Paris, sauf à sacrifier ses relations avec Nancy et
Strasbourg.

À la suite de ce rejet, M. Arago prononça un grand
discours scientifique, dans lequel il retraça l'historique
des perfectionnements successifs apportés à la locomotive,
des modifications survenues dans le tracé des chemins de
fer, des tentatives nouvelles faites pour permettre la réduction notable du rayon des courbes et l'augmentation de
l'inclinaison des rampes ; il demanda l'essai du système
atmosphérique. Le Ministre prit l'engagement de présenter
un projet de loi spécial à cet effet.

M. Arago formula également une proposition tendant à
interdire aux Compagnies de prendre plus d'un dixième de
leurs locomotives à l'étranger. Cette disposition, qui devait
plutôt trouver sa place dans les lois de douanes et dont le
Gouvernement s'était d'ailleurs préoccupé, fut repoussée.

Enfin, la Chambre vota l'ensemble de la loi, après avoir
opposé la question préalable à un amendement de M. Cordier, tendant à la concession de la ligne, avec abandon
des terrains achetés et des travaux exécutés pour l'ouverture des canaux de la Marne au Rhin et de Châlons à
Reims.

IV. — RAPPORT A LA CHAMBRE DES PAIRS [M. U., 23 juillet 1844].— Les compétitions qui s'étaient manifestées devant
la Chambre des députés, entre le tracé de l'Oise et celui de
la Marne, se reproduisirent devant la Commission qui
adhéra cependant, à la majorité d'une voix, à ce dernier
tracé, en basant surtout son avis sur la nécessité de relier le
plus directement possible Paris à Strasbourg, dans l'intérêt

de la défense, et de mettre la ligne à l'abri des entreprises de l'ennemi, qui, certainement, dirigerait ses premières incursions vers Metz.

La Commission se prononça également, par l'organe de M. le marquis de Gabriac, pour l'exécution de l'embranchement de Metz, eu égard au rôle stratégique de cette place forte ; mais, pour l'embranchement de Reims, elle conclut à en autoriser simplement la concession.

VI. — DISCUSSION A LA CHAMBRE DES PAIRS [M. U., 28 juillet 1844]. — La discussion à la Chambre des pairs s'ouvrit par un discours de M. le président Teste. Le Gouvernement avait, suivant lui, commis, à tous égards, une faute grave en ne provoquant l'avis, ni de la commission de statistique, ni de la commission supérieure des chemins de fer, instituées par ordonnances royales, et cela dans la crainte de voir la Compagnie qui sollicitait l'affermage de la ligne porter ses capitaux ailleurs. Dans cette situation, l'ajournement s'imposait de lui-même ; il y avait d'autant moins d'inconvénient à y souscrire, que l'on n'était pas encore fixé sur le concours à demander à l'industrie privée. M. Teste justifia d'ailleurs sa proposition, en s'efforçant de prouver que presque tous les arguments invoqués en faveur du tracé de la Marne pouvaient être victorieusement réfutés par d'autres arguments au profit du tracé de l'Oise.

Le Ministre des travaux publics fit valoir que l'avis des commissions dont avait parlé M. Teste n'était pas obligatoire, et que, d'ailleurs, la commission supérieure avait déjà manifesté ses préférences pour le tracé de la Marne, à l'occasion de l'examen du tracé à adopter pour le chemin de fer de Lyon. Il reproduisit la plupart des raisons déjà invoquées à l'appui du tracé de la Marne.

M. le général baron Pelet défendit également ce dernier

tracé, au point de vue militaire, en rappelant les souvenirs de la campagne de 1814.

M. le comte Roy plaida de même la cause du tracé de la Marne, mais en insistant pour le rejet de l'amendement de la Commission, touchant l'embranchement de Reims.

La Chambre des pairs repoussa ensuite deux amendements, l'un de M. Pelet (de la Lozère) tendant à ajourner la décision à intervenir sur la partie du tracé comprise entre Paris et Nancy ; l'autre de M. le marquis de Pange ayant pour objet un ajournement analogue, mais restreint à la section de Châlons à Frouard.

Enfin, malgré les efforts réunis de M. de Gabriac, de M. le président Teste, de M. le comte Daru et de M. Pelet (de la Lozère), qui invoquaient le précédent de l'embranchement de Troyes, elle considéra que l'importance militaire et commerciale de la ville de Reims faisait de l'embranchement dirigé sur cette ville une annexe nécessaire de la ligne principale, et se rallia, par suite, contre la Commission, au projet de loi du Gouvernement.

La loi fut rendue exécutoire le 2 août 1844 [B. L., 2ᵉ sem. 1844, nᵒ 1122, p. 189].

65. — **Concession du chemin de Paris à Sceaux.** — Le parallélisme que les constructeurs avaient cru devoir établir entre les essieux d'avant et d'arrière des véhicules avait conduit à proscrire les courbes à faible rayon dans le tracé des chemins de fer et, par suite, à augmenter notablement les dépenses d'établissement de ces voies de communication.

Un ingénieur habile, M. Arnoux, imagina de transformer les conditions de construction du matériel roulant, de rendre les essieux mobiles autour de chevilles ouvrières et les roues folles sur ces essieux, de relier l'essieu d'arrière de chaque wagon à l'essieu d'avant du wagon suivant par un

1

limon rigide et d'armer la locomotive de galets latéraux roulant contre la face intérieure des rails, pour empêcher les roues de la machine de sortir de la voie. On pouvait ainsi réduire sensiblement le rayon des courbes, accroître l'écartement des essieux et diminuer le poids mort. M. Arnoux sollicita la concession du chemin de Paris à Sceaux pour y appliquer son système.

Le Gouvernement, se basant sur les résultats d'une expérience faite à Saint-Mandé, sur l'avis favorable de l'Académie des sciences et sur les conclusions conformes du conseil général des ponts et chaussées, présenta le 2 juillet 1844 [M. U., 3 juillet 1844] un projet de loi tendant à accorder à M. Arnoux la concession qu'il demandait ; le cahier des charges était analogue à celui des autres chemins de fer d'intérêt général ; la durée de la concession était fixée à cinquante ans, à partir de la date de la loi à intervenir.

M. Arago, rapporteur à la Chambre des députés [M. U., 17 juillet 1844], conclut à l'adoption du projet de loi, en attribuant à l'administration le droit absolu de fixer, sur la proposition du concessionnaire, le tracé de la ligne de manière à rendre l'expérience bien décisive.

La loi fut votée sans discussion à la Chambre des députés [M. U., 19 juillet 1844]; elle le fut de même à la Chambre des pairs [M. U., 31 juillet et 4 août 1844] et fut rendue exécutoire le 5 août 1844 [B. L., 2ᵉ sem. 1844, nᵒ 1124, p. 255].

Une ordonnance, du 6 septembre 1844 [B. L., 2ᵒ sem. 1844, nᵒ 1141, p. 569], approuva la convention passée en exécution de cette loi.

Quant aux statuts de la Compagnie, ils furent approuvés par ordonnance du 23 février 1845 [B. L., 1ᵉʳ sem. 1845, supp., nᵒ 764, p. 177]. Le fonds social était de 3 millions, en 6 000 actions nominatives ou au porteur, délivrées à la suite du versement du second cinquième du capital.

Le chemin fut livré à la circulation en 1846.

66. — Essai d'un système de chemin de fer atmosphérique. — Des expériences fort intéressantes avaient été faites par des ingénieurs anglais et américains, M. Vallance, M. Pinkus, MM. Clegg et Samuda, sur un système nouveau de propulsion dit atmosphérique.

Ce système consistait essentiellement en un piston qui se mouvait dans un tube et en avant duquel on faisait le vide ; le piston était lié au premier wagon du train par une tige rigide qui communiquait son mouvement de translation au wagon et, par suite, au train entier. Le tube était fendu longitudinalement pour laisser passer la tige de connexion ; cette fente était fermée par une soupape en cuir avec armature en fer, qui se soulevait sur une faible longueur, à l'approche de la tige, pour se refermer aussitôt après.

M. Hallette, constructeur à Arras, avait imaginé de substituer à la soupape deux lèvres en cuir appliquées l'une contre l'autre par de l'air comprimé ; ces lèvres se séparaient sous l'action de la tige motrice et se remettaient ensuite en contact sous l'action de galets fixés à l'arrière du wagon de tête.

On espérait que le système de propulsion atmosphérique, qui était en usage sur 2 kilomètres 275 entre Kingstown et Dalken, permettrait de franchir des pentes accusées, et qu'en évitant l'emploi des locomotives il réduirait considérablement le poids mort des trains et se prêterait à une diminution des dépenses de la voie.

Le Gouvernement, séduit par cette perspective, déposa le 8 juillet 1844 [M. U., 10 juillet 1844] un projet de loi tendant à autoriser un essai complet du système et à y consacrer une somme de 1 800 000 fr.

M. Arago, rapporteur à la Chambre des députés [M. U., 18 juillet 1844], présenta un exposé scientifique de la question ; décrivit avec soin et avec talent les divers appareils que comportaient soit le système original, soit ses dérivés ; et conclut à l'adoption des propositions du Gouvernement, en signalant l'opportunité d'étudier simultanément un modèle de locomotive à air comprimé s'alimentant en cours de route, inventé par M. Pecqueur.

La loi fut votée presque sans discussion à la Chambre des députés [M. U., 19 juillet 1844] et à la Chambre des pairs [M. U., 31 juillet et 4 août 1844], et rendue exécutoire le 5 août 1844 [B. L., 2ᵉ sem. 1844, nᵒ 1124, p. 253].

Une ordonnance du 2 novembre 1844 [B. L., 2ᵉ sem. 1844, nᵒ 1149, p. 714] approuva une convention intervenue entre le Ministre des travaux publics et la Compagnie du chemin de fer de Paris à Saint-Germain, pour l'essai du système, entre Nanterre et le plateau de Saint-Germain, moyennant une subvention égale à la moitié de la dépense jusqu'à concurrence d'un maximum de 1 790 000 fr.

67. — Ordonnances diverses intervenues en 1844. — Il nous reste à mentionner quelques ordonnances intervenues en 1844, savoir :

1º Ordonnance du 16 février 1844 [B. L., 1ᵉʳ sem. 1844, nᵒ 1085, p. 265], concédant pour quatre-vingt-dix-neuf ans à MM. Rambourg frères un chemin de fer à marchandises, des mines de houille de Commentry au canal du Berry (ce chemin fut ouvert en 1846) ;

2º Une ordonnance du 22 mai 1844 [B. L., 1ᵉʳ sem. 1844, nᵒ 1098, p. 473], portant modification des tarifs de la ligne de Lille et de Valenciennes à la frontière ;

3° Une ordonnance du 4 juillet 1844 [B. L., 2° sem. 1844, n° 1115, p. 94], autorisant la Compagnie des mines de Mont-Rambert et du quartier Gaillard à mettre en communication avec le chemin de fer de Saint-Étienne à Lyon le chemin précédemment autorisé entre lesdites mines et le chemin de Saint-Étienne à la Loire.

CHAPITRE IV. — ANNÉE 1845

68. — Loi du 15 juillet 1845 sur la police des chemins de fer.

I. — PRÉCÉDENTS. — C'est dans la discussion de la loi du 7 juillet 1838 portant concession du chemin de fer de Paris à Orléans qu'il fut pour la première fois question d'une loi relative à la police des chemins de fer.

Un article du projet de loi portait que des règlements d'administration publique détermineraient les mesures nécessaires pour assurer la police de la voie ferrée; la Commission y avait en outre inséré des clauses pénales, pour le cas où la Compagnie violerait les dispositions de son cahier des charges, qui lui interdisaient la perception de taxes non autorisées et qui fixaient la vitesse des trains de voyageurs. Pendant le cours des débats, M. Teste fit observer que la seule sanction, dont des règlements administratifs fussent susceptibles, serait l'amende de simple police. Le Ministre des travaux publics reconnut le bien fondé de cette observation; il annonça d'ailleurs que son administration réunissait les documents nécessaires à l'élaboration d'une loi générale de police; il demanda en conséquence la suppression des clauses introduites par la Commission dans le contrat de concession, en signalant ce qu'aurait d'anormal l'existence de pénalités spéciales à un seul chemin.

M. Vivien, rapporteur, n'en maintint pas moins sa proposition; il soutint que, si les pouvoirs publics avaient incontestablement, à toute époque, le droit d'édicter des peines contre les auteurs de fautes de nature à compromettre l'ordre ou la sécurité, on pouvait leur dénier la faculté de prendre *a posteriori* des mesures analogues vis-à-vis de Compagnies préexistantes, pour assurer l'exécution des stipulations administratives des contrats, et qu'il convenait dès lors d'inscrire dans l'acte de concession de la ligne de Paris à Orléans les dispositions étudiées par la Commission, afin de ne pas être accusé plus tard de faire une loi rétroactive. Mais, sur l'insistance du Ministre, les conclusions de M. Vivien furent repoussées.

En 1842, lors de la discussion de la loi du 11 juin, M. Dupin rappela la nécessité d'une loi de police ; le Ministre répondit que cette loi était en voie de préparation.

II. — Projet de loi présenté a la chambre des pairs [M. U., 2 février 1844]. — A la suite d'études laborieuses, le Gouvernement présenta le 29 juin 1844 à la Chambre des pairs un projet de loi qui avait été longuement discuté au sein du Conseil d'État et dont le texte était le suivant :

TITRE Ier.

MESURES RELATIVES A LA CONSERVATION DES CHEMINS DE FER.

« Article 1er. — Les lois et règlements sur la grande « voirie des routes de terre sont déclarés applicables aux « chemins de fer sauf les modifications et additions sui- « vantes.

« Art. 2. — Dans les localités où le chemin de fer se « trouve en remblai de plus de 3 mètres au-dessus du « terrain naturel, il est interdit aux riverains de pratiquer,

« sans autorisation préalable, des excavations dans une
« zone de largeur égale à la hauteur verticale du remblai,
« mesurée à partir du pied du remblai, sans préjudice
« d'ailleurs de l'application des lois et règlements sur les
« mines, minières et carrières.

« Art. 3. — Il est défendu d'établir sur une distance de
« 20 mètres de l'arête extérieure des chemins de fer des
« couvertures en chaume ou autres matières combustibles.

« Une autorisation préalable de l'administration pu-
« blique sera nécessaire pour qu'on puisse établir des meules
« de grains ou tout autre dépôt de matières combustibles,
« ou former des amas ou dépôts de pierres dans la distance
« de 10 mètres.

« Art. 4. — Les contraventions définies par le présent
« titre seront constatées, poursuivies et réprimées comme
« en matière de grande voirie.

« Elles seront punies d'une amende de 16 à 300 fr.

« Les contrevenants seront en outre condamnés à sup-
« primer, dans le délai déterminé par l'arrêté du conseil
« de préfecture, les excavations, couvertures ou dépôts faits
« contrairement aux dispositions précédentes.

« A défaut par eux de satisfaire à cette condamnation
« dans le délai fixé, la suppression aura lieu d'office, et le
« montant de la dépense sera recouvré contre eux sur un
« rôle rendu exécutoire par le préfet.

TITRE II.

MESURES RELATIVES A L'EXÉCUTION DES CONTRATS PASSÉS ENTRE L'ÉTAT ET LES COMPAGNIES.

« Art. 5. — Lorsqu'une Compagnie concessionnaire ou
« fermière de l'exploitation d'un chemin de fer contrevien-
« dra, soit dans les travaux d'exécution ou d'entretien du

« chemin, soit dans son exploitation, aux clauses du cahier
« des charges de l'entreprise ou aux décisions prises par
« l'administration en exécution de ces clauses, procès-verbal
« sera dressé de la contravention, soit par les ingénieurs
« des ponts et chaussées ou des mines, soit par les conduc-
« teurs, gardes-mines et piqueurs.

« Art. 6. — Les procès-verbaux, dans les quinze jours
« de leur date, seront notifiés administrativement au domi-
« cile élu par la Compagnie, à la diligence du préfet, et
« transmis dans le même délai au conseil de préfecture dé-
« signé par le cahier des charges ou par le bail.

« Art. 7. — Les contraventions prévues par l'article 5
« seront punies d'une amende de 300 à 5 000 fr.

« Art. 8. — Indépendamment des condamnations qui
« pourraient être prononcées pour contravention, l'adminis-
« tration aura le droit, en cas d'urgence, de faire exécuter
« d'office et aux frais de la Compagnie, les travaux qu'elle
« n'aurait pas faits, bien que constituée en demeure, ou qui
« auraient été mal confectionnés.

« Le recouvrement desdits frais s'opérera contre la
« Compagnie par voie de contrainte, comme en matière de
« contributions publiques.

« Art. 9. — Tous les frais d'une nature quelconque, qui
« sont imposés aux Compagnies par les cahiers des charges
« des concessions ou des baux d'exploitation ou par des
« décisions ministérielles rendues en vertu de ces cahiers
« des charges, et que les Compagnies refuseraient d'ac-
« quitter, seront avancés par l'administration, et recouvrés
« par lesdites Compagnies par voie de contrainte adminis-
« trative, ainsi qu'il est dit à l'article précédent.

« Art. 10.—Il n'est point dérogé par les dispositions qui
« précèdent aux clauses de déchéance insérées dans les
« cahiers des charges, ou dans les baux.

TITRE III.

MESURES RELATIVES A LA SURETÉ DE LA CIRCULATION SUR LES CHEMINS DE FER.

« Art. 11. — Quiconque aura volontairement détruit ou
« dérangé les rails ou les supports, enlevé les coins, che-
« villes ou clavettes d'un chemin de fer, placé sur la voie
« un objet faisant obstacle à la circulation, ou employé tout
« autre moyen propre à entraver la marche des convois, ou
« à les faire sortir des rails, sera puni de la réclusion.

« S'il y a eu homicide ou blessures, le coupable sera,
« dans le premier cas, puni de mort, et dans le second, de
« la peine des travaux forcés à temps.

« Art. 12. — Si le crime prévu par l'article 11 a été
« commis en réunion séditieuse, avec rébellion ou pillage,
« il sera imputable aux chefs, auteurs, instigateurs et pro-
« vocateurs de ces réunions, qui seront punis comme cou-
« pables du crime, et condamnés aux mêmes peines que
« ceux qui l'auront personnellement commis, lors même que
« la réunion séditieuse n'aurait pas eu pour but direct et
« principal la destruction de la voie de fer.

« Art. 13. — Quiconque aura menacé, par écrit anonyme
« ou signé, de détruire ou renverser, par quelque moyen
« que ce soit, la voie de fer, les ouvrages d'art, les ma-
« chines, voitures et wagons, les bâtiments des gares ou
« stations, sera puni d'un emprisonnement de trois à cinq
« ans, dans le cas où la menace aurait été faite avec ordre
« de déposer une somme d'argent en un lieu indiqué, ou de
« remplir toute autre condition.

« Si la menace n'a été accompagnée d'aucun ordre ou

« condition, la peine sera d'un emprisonnement de trois
« mois à deux ans et d'une amende de 100 à 500 fr.

« Si la menace avec ordre ou condition a été verbale, le
« coupable sera puni d'un emprisonnement de quinze
« jours à six mois, et d'une amende de 25 à 300 fr.

« Art. 14. — Quiconque, par maladresse, imprudence,
« inattention, négligence ou inobservation des lois, des rè-
« glements, prescriptions ou défenses émanés de l'autorité
« publique, aura involontairement causé un accident sur le
« chemin de fer, ou dans les gares ou stations, sera, si l'ac-
« cident n'a pas été dommageable aux personnes, puni d'une
« amende de 25 à 300 fr.

« Si l'accident a occasionné des blessures, la peine sera
« de quinze jours à six mois d'emprisonnement et d'une
« amende de 50 à 500 fr.

« S'il a occasionné la mort d'une ou plusieurs personnes,
« l'emprisonnement sera de six mois à cinq ans, et l'amende
« de 300 à 2 000 fr.

« Art. 15. — Lorsque le délit prévu par l'article précé-
« dent aura été commis par les administrateurs, directeurs,
« agents ou employés de la Compagnie chargée de l'ex-
« ploitation du chemin de fer, le maximum de l'amende
« pourra être porté au double.

« Art. 16. — Toute contravention aux ordonnances
« royales portant règlement d'administration publique sur
« la police, la sûreté ou l'usage des chemins de fer, et aux
« arrêtés pris par les préfets pour l'exécution desdites or-
« donnances, sera punie d'une amende de 16 à 300 fr.

« En cas de récidive dans l'année, l'amende sera portée
« au double, et le tribunal pourra, selon les circonstances,
« prononcer en outre un emprisonnement de trois jours à
« un mois.

« Si la contravention a été commise par les adminis-

« trateurs, directeurs, agents ou préposés de la Com-
« pagnie, ou par toute autre personne employée au service
« de l'exploitation, la peine sera d'une amende de 50 à
« 500 fr. Le tribunal pourra, en outre, appliquer un em-
« prisonnement de six jours à trois mois.

« Art. 17. — Les Compagnies chargées de l'exploita-
« tion seront responsables, soit envers l'État, soit envers
« les particuliers, du dommage causé par les administra-
« teurs, directeurs, agents, préposés ou employés, à un
« titre quelconque, au service du chemin de fer.

« Art. 18. — Les crimes, délits ou contraventions pré-
« vus au présent titre, seront constatés par des procès-
« verbaux dressés concurremment par les officiers de po-
« lice judiciaire, les ingénieurs des ponts et chaussées e des
« mines, les conducteurs et gardes-mines, et les agents de
« surveillance institués par le Ministre des travaux publics
« et dûment assermentés. Ces procès-verbaux feront foi
« jusqu'à preuve contraire.

« Art. 19. — Les procès-verbaux dressés en vertu de
« l'article précédent seront visés pour timbre et enre-
« gistré en débet.

« Ceux qui auront été dressés par les agents de surveil-
« lance devront être affirmés dans les trois jours, à peine de
« nullité, devant le juge de paix ou le maire, soit du lieu
« du délit ou de la contravention, soit de la résidence de
« l'agent.

« Art. 20. — L'article 463 du Code pénal est applicable
« aux condamnations qui seront prononcées en exécution de
« la présente loi. »

L'exposé des motifs indiquait les principes qui avaient
présidé à la rédaction du projet de loi et dicté sa division en
trois titres.

Tout d'abord, les chemins de fer étant des voies publiques,

leur conservation devait être assurée par les dispositions protectrices de toutes les voies de cette nature, complétées en ayant égard au caractère spécial des voies ferrées, notamment au point de vue des risques d'incendie.

En second lieu, les chemins de fer étant fréquemment concédés, il importait de prendre les garanties nécessaires pour l'exécution des contrats de concession et de donner à l'administration les moyens de pourvoir d'office, le cas échéant, à l'achèvement des travaux laissés en souffrance par les Compagnies. L'auteur de l'exposé des motifs faisait remarquer qu'en cas de poursuite, les concessionnaires seraient mis à même de se défendre devant la juridiction appelée à connaître de l'interprétation de leurs cahiers des charges.

Enfin la circulation sur les chemins de fer étant sujette à des accidents particulièrement graves, il était indispensable de réprimer les actes de malveillance ou de négligence, les infractions aux règlements faits par l'autorité compétente et même les simples menaces susceptibles de porter atteinte à la sécurité. Les pénalités devaient être particulièrement graves contre les administrateurs ou employés des Compagnies, mieux à même que tous autres de connaître les prescriptions de la loi et d'apprécier la gravité des conséquences de leurs actes. Il convenait d'ailleurs d'assurer avec soin la constatation des délits.

III.— RAPPORT A LA CHAMBRE DES PAIRS [M. U., 23 mars 1844]. — La Commission à laquelle fut renvoyée l'affaire se composait de MM. Siméon, d'Argout, Feutrier, Boullet, Franck-Carré, Daru et Persil, rapporteur.

En ce qui concernait le titre Ier, elle considéra comme impossible de déclarer *in globo* applicables aux chemins de fer, ainsi que le proposait le Gouvernement, les règlements relatifs à la grande voirie : quelques-uns de ces règlements pouvaient en effet ne pas s'adapter aux voies ferrées. Prenant acte de ce que le Ministre avait reconnu suffisant d'étendre aux chemins de fer les règles concernant un certain nombre d'objets limitativement énumérés (alignements, plantations, conservation des talus, levées et ouvrages d'art, exploitation des mines, minières et sablières, pacage des bestiaux), elle proposa une série de dispositions reproduisant, sauf les modifications convenables, celles qui étaient en vigueur pour les routes.

Son contre-projet dispensait les riverains de la formalité de l'alignement, qu'il lui paraissait inutile de maintenir le long des voies obligatoirement pourvues de clôtures; il les laissait sous le régime du Code civil pour les servitudes de construction telles que les jours, mais en conférant toutefois au Gouvernement le pouvoir d'augmenter les distances par ordonnance royale, si l'expérience en révélait la nécessité ; il acceptait, sous la même réserve, les chiffres indiqués par le projet de loi pour la distance à ménager entre le chemin de fer et les meules, toits en chaume, excavations, etc. Il stipulait que les constructions, toitures en chaume, etc., préexistant dans la zone de prohibition, ne pourraient être supprimées que par expropriation.

Dans l'article relatif à la protection des talus et de la voie, on remarque l'interdiction de faire paître ou de *laisser vaguer* les animaux dans les fossés ou dans l'enceinte du chemin.

La sanction pénale des prescriptions du titre Ier était une amende de 16 à 300 fr. Malgré les objections formulées dans son sein contre la juridiction administrative pour la répression des contraventions, la Commission maintenait cette juridiction, dans un intérêt d'harmonie et d'unité, les procès-verbaux lui paraissant devoir être nécessairement déférés au même tribunal, qu'ils eussent trait à des infractions commises soit sur des routes de terre, soit sur des voies ferrées.

En ce qui concernait le titre II, la Commission conclut à sa suppression complète. D'une part, en effet, il lui semblait impossible d'édicter au regard des Compagnies préexistantes des pénalités que n'avaient point prévues les actes de concession et, au surplus, l'administration était, suivant elle, dotée de pouvoirs assez étendus par les clauses des cahiers des charges concernant l'approbation des projets; le contrôle et la surveillance des travaux; la réception des ouvrages; l'exécution d'office de l'entretien aux frais des Compagnies, en cas de négligence de leur part; la déchéance, en cas d'inaccomplissement de leurs obligations. D'autre part, pour les concessions à instituer ultérieurement, elle jugeait irrationnel de stipuler des peines spéciales, comme le proposait le Gouvernement; de méconnaître les règles du droit, d'après lesquelles l'inexécution d'une convention n'obligeait qu'à des réparations civiles; de porter atteinte au principe posé par les articles 1142 et 1229 du Code civil, aux termes desquels toute obligation de faire se résolvait en dommages-intérêts au profit du créancier lésé par l'inexécution de cette obligation; de transformer en action publique l'action privée naissant du contrat; d'élever les conventions à la hauteur d'une loi; de confondre des dispositions d'ordre purement civil avec des dispositions de police.

En ce qui concernait le titre III, la Commission ne modifia pas notablement le projet de loi, dont elle constata la conformité avec les règles générales du Code pénal. Elle supprima toutefois les pénalités spéciales prévues pour le cas de faute grave de la part des administrateurs et directeurs et pour le cas de récidive; mais en revanche elle éleva le maximum des peines, en laissant au juge le soin d'apprécier

les circonstances qui pourraient justifier l'application de ce
maximum. Elle supprima de même les pénalités pour infraction aux arrêtés préfectoraux rendus en exécution des ordonnances sur la police des chemins de fer : les actes de cette
nature ne pouvaient avoir en effet, suivant elle, que le caractère de prescriptions de l'autorité sanctionnées par des peines
de simple police, quand le juge en reconnaissait la légalité ;
les peines d'un degré supérieur devaient, aussi bien en vertu
des principes qu'en vertu de l'article 9 de la loi du 11 juin 1842
et de l'article 33 du cahier des charges, être réservées aux
règlements édictés par le Gouvernement, après avis du
Conseil d'État.

Elle ajouta un article exonérant de toute peine, en cas
de simple contravention, l'agent qui n'avait fait qu'obéir à
ses chefs, mais frappant alors ces derniers d'une peine
double : cette disposition lui semblait indispensable au
maintien de la discipline ; car il importait que jamais les
employés, dans la crainte d'une contravention, n'hésitassent
à suivre les ordres de leurs supérieurs et ne s'exposassent
ainsi à compromettre la régularité du service et la sécurité.
L'immunité disparaissait naturellement, si la gravité du
fait ou ses conséquences transformaient la contravention en
délit ou en crime.

La Commission crut également devoir soumettre l'État
aux mêmes responsabilités civiles que les Compagnies, pour
les fautes de ses agents, en cas d'exploitation directe de
chemins non concédés. Les fonctionnaires et employés devaient, dans ce cas, pouvoir être poursuivis sans autorisation du Conseil d'État, par dérogation à l'article 75 de la
Constitution de l'an VIII ; la nécessité d'une autorisation était
cependant maintenue au bénéfice des administrateurs et
directeurs qui, sans cela, eussent été exposés à de véritables persécutions.

Les résolutions de la Commission firent l'objet d'un rapport de M. Persil, déposé le 20 mars sur le bureau de la Chambre des pairs. Cet honorable rapporteur terminait son travail en indiquant la nécessité de laisser au pouvoir exécutif la faculté de compléter la loi sur les points de détail par des règlements d'administration publique, plus faciles à modifier suivant les résultats de l'expérience. Rappelant que deux ordonnances de 1842 avaient créé des commissions consultatives au ministère des travaux publics pour l'étude des questions de chemins de fer, il engageait le Gouvernement à s'éclairer de même, dans l'exercice de ses pouvoirs de police, des avis d'un conseil analogue à ceux des ponts et chaussées et des mines, dans lequel siégeraient les hommes les plus expérimentés au point de vue technique, juridique, économique et commercial.

IV. — DISCUSSION A LA CHAMBRE DES PAIRS [M. U., 31 mars, 2, 3, 4, 9, 10, 11 et 12 avril 1844]. — Les débats s'ouvrirent le 30 mars : ils occupèrent neuf séances et portèrent immédiatement sur les articles, sans qu'il y eût de discussion générale.

M. de Barthélemy présenta tout d'abord un amendement qui tendait à classer explicitement les chemins de fer dans la grande voirie et à leur déclarer applicables les lois et règlements concernant l'alignement; les plantations; la conservation des fossés, talus et ouvrages d'art ; les dépôts de terre, fumiers et autres objets quelconques; l'exploitation des mines, minières, carrières et sablières ; le pacage des bestiaux.

MM. d'Argout, Daru et Persil combattirent cet amendement au nom de la Commission. Suivant eux, le classement des chemins de fer dans la grande voirie était une nécessité si naturelle et si évidente qu'il n'y avait point lieu de l'ins-

crire dans la loi : c'était un fait dont la constatation trouverait sa place dans un ouvrage didactique, mais non dans un
texte législatif. Ils persistaient à repousser l'extension en
bloc aux chemins de fer de la législation de la grande voirie,
à cause de la multiplicité et de la confusion des actes souvent
anciens, qui constituaient cette législation et qui étaient intervenus en vue de voies de communication d'une nature
absolument différente. Toutefois ils consentaient, pour éviter
toute apparence d'assimilation à une propriété privée, à reproduire les dispositions relatives à la distance des constructions, plantations, etc., au lieu de se référer au Code
civil, et à régler ainsi quelques points nettement énumérés
sur lesquels le législateur aurait porté son attention.

Au contraire, M. de Barthélemy, M. Teste, M. Dumon,
Ministre des travaux publics, et M. Legrand, sous-secrétaire
d'État, firent valoir qu'il était indispensable de classer explicitement les chemins de fer dans la grande voirie, pour
éviter toute ambiguïté sur leur caractère, en raison surtout
de la situation spéciale de ces voies, livrées le plus fréquemment pour de longues années à des sociétés particulières, et
pour proclamer ainsi hautement un principe d'où découle-
raient l'imprescriptibilité des voies ferrées, l'extension des
pouvoirs généraux de l'administration en matière de grande
voirie et, par exemple, le droit de faire usage de la servitude
d'extraction de matériaux ou d'ordonner la destruction des
édifices riverains menaçant ruine. La législation, éclairée
par la jurisprudence, était d'ailleurs, suivant eux, loin de
présenter la confusion qu'on lui avait attribuée, et il y avait
tout avantage à la prendre dans son ensemble, pour éviter les
difficultés auxquelles donneraient inévitablement lieu les
omissions inhérentes au système de la Commission. Ils admettaient cependant que, pour ne pas grever les propriétés
riveraines de certaines charges inutiles, comme celle de

l'essartement, on énumérât les points sur lesquels les règlements seraient applicables. A la suite des discours prononcés par ces orateurs, la Chambre adopta la première partie de l'amendement, qui était ainsi conçue : « Les chemins de fer construits ou concédés par l'État font partie de la grande voirie. »

Sur la seconde partie de l'amendement, M. de Champlouis formula un sous-amendement ayant pour but de faire déterminer les règles relatives aux constructions et plantations riveraines par un règlement d'administration publique, susceptible de mieux adapter les prescriptions aux besoins révélés par l'expérience, suivant le climat, la situation du chemin en déblai ou en remblai ; mais sa proposition fut écartée sur l'observation de MM. Barthélemy et Teste, qu'il fallait donner à des règles si importantes la fixité des actes législatifs et que d'ailleurs une loi était nécessaire pour instituer des servitudes.

MM. Dubouchage et Persil relevèrent, de leur côté, la contradiction existant suivant eux entre l'interdiction de bâtir à moins de 2 mètres et l'obligation de demander l'alignement, qui supposait l'intention de bâtir sur la limite même du domaine public. MM. Girod (de l'Ain) et Pelet (de la Lozère) défendirent au contraire cette obligation, dans l'intérêt même des propriétaires qui seraient exposés à se tromper et à recevoir ensuite un ordre de démolition.

Puis la Chambre adopta la deuxième partie de l'amendement de M. de Barthélemy, sans se prononcer sur une proposition subsidiaire à laquelle le Ministre ne s'était pourtant pas opposé et qui tendait à mentionner, pour chaque matière, les règlements rendus applicables (arrêt du 27 février 1865 sur l'alignement ; loi du 9 ventôse an XIII, décret du 16 décembre 1811 sur les plantations ; ordonnance du 4 août 1731, arrêt du 16 décembre 1759 et loi du

29 floréal an X sur la conservation des fossés, talus, etc, les dépôts, etc.,; arrêts des 14 mars 1741 et 5 avril 1772, loi du 21 avril 1810 et règlements spéciaux sur les carrières, mines, sablières, etc.).

A propos de l'article suivant qui prescrivait l'établissement de clôtures le long des chemins de fer, MM. de Fontaine et de Boissy firent observer qu'en imposant sans indemnité une obligation imprévue aux Compagnies existantes, dont le cahier des charges ne contenait pas de stipulations à cet égard, on violait le contrat et le principe de non rétroactivité des lois. Mais le Ministre, le rapporteur et M. Teste soutinrent avec succès qu'une loi pouvait imposer sans indemnité aux Compagnies, de même qu'à tout citoyen, une obligation nouvelle; ils admirent toutefois, comme un tempérament équitable, un paragraphe additionnel aux termes duquel un règlement d'administration publique devait déterminer l'époque et la nature de la clôture pour les chemins antérieurement concédés et non astreints jusqu'alors à se clore.

Le même article stipulait que les passages à niveau seraient munis de barrières établies et tenues fermées conformément aux règlements des Compagnies, approuvés par le préfet du département. Les mots « des Compagnies » furent supprimés, sur l'observation du Ministre qu'on ne pouvait subordonner une mesure de sûreté générale à la volonté des concessionnaires; les mots « approuvés par le préfet du département » le furent également sur la proposition de M. de Boissy, à raison de la variété de réglementation qui pourrait résulter de l'intervention de plusieurs préfets pour une même ligne.

La Chambre eut ensuite à statuer sur un amendement de M. de Barthélemy ainsi libellé : « Aucune construction « autre qu'un mur de clôture ne pourra à l'avenir être

« établie dans une distance de 2 mètres du franc-bord d'un
« chemin de fer, sans une autorisation préalable de l'ad-
« ministration. » M. Cholet demanda la suppression de
l'exception relative aux murs de clôture, en signalant les
dangers d'éboulement d'un mur mal construit à la crête
d'une tranchée ; M. de Barthélemy lui répondit qu'en délivrant
l'alignement, l'administration pourrait, dans le cas très exceptionnel de danger, prescrire un reculement moyennant
indemnité. MM. d'Argout, au nom de la Commission, et
MM. Pelet (de la Lozère) et de Boissy réclamèrent une interdiction ferme, sans exceptions, afin d'éviter de donner
trop de latitude au Gouvernement et d'incertitude au régime
de la propriété ; ils obtinrent gain de cause malgré les observations de MM. Dumon, Legrand et de Barthélemy sur
l'inutilité d'une prohibition absolue, quand les circonstances
se prêteraient à un adoucissement de la servitude. Sous cette
réserve, l'amendement fut sanctionné.

La rédaction de l'article 4 de la Commission, interdisant
les meules, toits de chaume, etc., dans une distance de
20 mètres du bord extérieur de la clôture, fut adoptée après
un court débat soulevé par M. Legrand qui aurait préféré
compter les 20 mètres à partir de l'arête du chemin, la
clôture pouvant enceindre des excédents de terrain, des
ateliers, dont le voisinage n'offrirait aucun danger spécial
d'incendie. M. Legrand reconnut d'ailleurs, à la demande de
M. de Boissy, que, si la clôture était déplacée par suite de
l'aliénation d'excédents, la zone d'interdiction se déplace-
rait en même temps, sans qu'il subsistât aucune servitude
au profit des parcelles ainsi sorties de l'enceinte du chemin
de fer.

Sur l'article 5, autorisant l'administration à modifier
les distances d'interdiction, après enquête, les parties intéressées entendues, M. Legrand constata que ces derniers

mots visaient les concessionnaires ou fermiers et non les propriétaires riverains.

L'article 6 ajouté par la Commission et accepté par le Gouvernement donnait à l'administration le droit de faire supprimer, moyennant indemmnité préalable, les constructions, excavations, couvertures en chaume existant dans la zone prohibée. Il fut renvoyé à la Commission et subit plusieurs remaniements.

Conformément à une observation du Ministre, la Chambre y introduisit une réserve spécifiant qu'il n'était pas dérogé, dans les cas d'urgence et de péril imminent, aux principes sur les pouvoirs généraux de police de l'administration et qu'elle conservait notamment le droit d'ordonner sans indemnité la démolition des édifices menaçant ruine et longeant la voie publique.

M. Pelet (de la Lozère) obtint de son côté l'indication explicite que la loi visait les constructions existant dans la zone de prohibition « lors de la promulgation de la loi et, « pour l'avenir, lors de l'établissement des chemins de « fer ».

Le Ministre et le sous-secrétaire d'État déclarèrent n'admettre l'indemnité préalable, c'est-à-dire l'expropriation, que pour les constructions, la suppression des couvertures en chaume, des excavations, des dépôts, etc., ne devant être envisagée que comme constitutive d'un dommage. M. Feutrier exprima l'avis qu'il convenait de laisser à la jurisprudence le soin de faire dans chaque espèce la distinction. MM. Laplagne-Bains et Persil insistèrent au contraire pour que l'on prévînt les difficultés, en appliquant dans tous les cas la loi de 1841 ; ils craignaient que l'on arrivât à ne pas considérer la suppression des constructions comme équivalente à une expropriation et comme entraînant le paiement d'une indemnité préalable, pour ce motif que le propriétaire ne serait pas dépossédé de son fonds. Finalement la Commission proposa d'appliquer l'expropriation en cas de suppression de constructions, de carrières et de couvertures en chaume. Mais, à la demande de M. Legrand, le cas des constructions fut seul admis comme dépassant la limite des simples dommages. M. Girod (de l'Ain) et le sous-secrétaire d'État reconnurent d'ailleurs que la suppression d'une couverture en chaume équivaudrait à celle de la construction, quand cette dernière serait trop légère pour supporter une autre couverture.

M. de Boissy ayant posé la question de savoir qui, de l'État ou de la Compagnie, supporterait l'indemnité, la Commission rédigea un paragraphe qui tendait à statuer différemment à cet égard, suivant les conditions et la durée de la concession. Mais M. Legrand fit remarquer que, pour les concessions antérieures, il s'agissait de l'interprétation des conventions; que cette interprétation échappait à la compétence du législateur; et que, pour les concessions ultérieures, il y serait pourvu par le cahier des charges. M. Teste objecta en outre que la distinction proposée par la Commission serait une source de difficultés et, de plus, ne mettrait pas toujours l'indemnité à la charge de celui qui aurait intérêt à provoquer la mesure pour diminuer les risques d'accidents. L'addition fut repoussée.

Dans le dernier article du titre Ier, la Commission avait stipulé que les contraventions aux prescriptions de ce titre seraient poursuivies et jugées comme en matière de grande voirie. Pour la constatation de ces contraventions, elle renvoyait purement et simplement au titre III, qui énumérait les agents chargés de constater les crimes et délits contre la sécurité de la circulation et comprenait dans cette nomenclature, conformément à l'article 50 du cahier des charges, les agents assermentés des Compagnies. Le Ministre et M. de

Barthélemy firent ressortir les inconvénients qu'il y aurait à ne pas donner le droit de constatation des contraventions à tous les agents de l'État qui en étaient investis en matière ordinaire de grande voirie et à étendre les pouvoirs des agents des Compagnies en dehors des prévisions des cahiers des charges. La Chambre arrêta en conséquence que « les « contraventions seraient constatées, poursuivies et répri- « mées, comme en matière de grande voirie ».

Le titre II du projet du Gouvernement, dont la Commission avait, nous l'avons vu, réclamé la suppression, fut repris à titre d'amendement par M. Dupont-Delporte, sous la rubrique : « Des contraventions de voirie commises par les « Compagnies de chemins de fer. » La rédaction de cet honorable pair, acceptée par le Gouvernement, réprimait les entraves à la navigation, à l'écoulement des eaux, à la viabilité des routes et chemins, par suite de l'exécution de travaux non autorisés, ou de l'inexécution de travaux prescrits. D'autre part, M. Beugnot reprit la rédaction primitive en faisant remarquer que, lorsque l'État traitait avec des particuliers pour une entreprise d'intérêt général, le contrat renfermait, non seulement des stipulations pécuniaires, mais encore des stipulations d'ordre public dont le législateur pouvait toujours assurer l'observation par des pénalités, même postérieures au marché; aucune clause, fût-elle expresse, des actes de concession ne pouvait restreindre les droits inaliénables de l'État, gardien de l'intérêt public. Sans discuter cette dernière partie de la thèse de M. Beugnot, M. Dupont-Delporte et le Ministre des travaux publics défendirent vigoureusement l'amendement. Ils soutinrent qu'il était impossible de dénier au pouvoir législatif la faculté d'édicter à toute époque des pénalités, en rapport avec l'importance des infractions aux règles de droit commun qui interdisaient de porter obstacle à la circulation sur les chemins ou à l'écoulement des eaux. Or les peines de grande voirie étaient illusoires à côté des économies qu'une construction défectueuse était susceptible de procurer aux Compagnies; les peines de petite voirie, c'est-à-dire de simple police, l'étaient encore davantage, surtout si on avait égard aux difficultés de la lutte d'un maire de village contre une société puissante. Quant aux armes données à l'administration par le cahier des charges, elles étaient également insuffisantes : la déchéance était en pratique chose trop grave pour être prononcée contre une Compagnie qui, dans l'ensemble, satisferait à ses obligations; le refus de réception provisoire était plus préjudiciable au public qu'à la Compagnie, à raison du retard qu'il apportait à l'ouverture du chemin; le refus de réception définitive n'entraînait aucun inconvénient pour le concessionnaire et était dès lors inefficace; l'exécution d'office n'était pas prévue pour les travaux de premier établissement et les Compagnies seraient d'autant plus fondées à s'y opposer *a contrario* qu'elle avait été expressément inscrite pour les travaux d'entretien. La nécessité de déférer au conseil de préfecture toutes les contraventions aux prescriptions concernant le rétablissement des voies de communication et l'écoulement des eaux était d'ailleurs évidente, si l'on ne voulait pas conférer au juge de simple police, en matière de petite voirie, le devoir d'interpréter le cahier des charges, ni le pouvoir exorbitant d'ordonner la démolition des ouvrages indûment exécutés.

MM. Daru, Boullet et Persil développèrent une doctrine contraire. Sans opposer à l'amendement la même objection de principe qu'à la première rédaction du Gouvernement, ils exprimèrent la crainte que l'on éloignât les demandeurs en concession, en admettant que des lois spéciales, postérieures à la concession, pussent créer des pénalités particulièrement sévères pour les contraventions commises par les Compa-

gnies ; ils firent valoir ce qu'il y avait d'anormal et de contraire à l'égalité, à traiter un concessionnaire de chemin de
fer plus rigoureusement qu'un concessionnaire de canal ou
de pont à péage et même qu'un simple particulier pour des
fautes similaires. Ils émirent l'avis que des dispositions
ayant pour objet de protéger les voies publiques contre les
empiètements des concessionnaires de travaux publics ne
seraient point à leur place dans une loi spéciale aux chemins
de fer et que d'ailleurs l'adoption récente de la loi du 11 juin
1842, mettant en principe l'exécution de l'infrastructure à la
charge de l'État, enlevait tout intérêt à cette partie du projet
de loi. Ils firent ressortir l'étendue des droits de l'administration appelée à approuver les projets et à contrôler les
travaux, et mise par suite à même d'assurer aux ouvrages
d'art un débouché suffisant. A leurs yeux, il était inutile
d'accroître des amendes toujours insignifiantes, si on les
comparait à la démolition dispendieuse et onéreuse que le
juge avait le pouvoir d'ordonner pour les ouvrages intercep-
tant indûment un chemin ou une rivière. Ils voyaient une
sorte de rétroactivité dans ce fait, qu'avec la loi nouvelle la
violation par une Compagnie existante d'une décision ministérielle, prise en conformité du cahier des charges, constituerait désormais une contravention ; ils contestaient enfin
que l'expérience eût démontré l'opportunité des mesures
proposées par le Gouvernement.

Le Ministre et M. Legrand revinrent à la charge. Ils
citèrent dans le Code forestier, dans les lois sur la chasse,
de nombreux exemples de pénalités contre les fermiers de
l'État en cas de violation de leur contrat. Ils soutinrent
qu'aucun principe de droit ne mettait obstacle à ce mode de
répression, les pouvoirs de l'État restant toujours entiers
pour le maintien de l'ordre public. D'après les orateurs du
Gouvernement, on ne pouvait regarder comme rétroactive

une loi visant exclusivement des actes postérieurs à sa promulgation.

Le contrôle de l'administration n'équivalait pas à la
direction des travaux et n'empêchait pas les Compagnies de
ne tenir aucun compte des réserves faites lors de la réception
provisoire, ni de laisser sans réponse les injonctions administratives : le fait s'était déjà produit ; des ouvrages nuisibles
à l'écoulement des eaux avaient été entrepris avant l'approbation des projets ; des chemins avaient été coupés par des
déblais et non rétablis. La démolition était une mesure dont
il était souvent difficile d'user. Quant à l'objection tirée de
la loi du 11 juin 1842, elle était plus spécieuse que solide :
car les concessionnaires conserveraient la charge de l'infrastructure des embranchements et, parfois, des lignes
principales. MM. Dumon et Legrand jugeaient rationnel de
statuer, dans une loi concernant les chemins de fer, sur
des contraventions qui étaient surtout à craindre de la part
des Compagnies de chemins de fer, sauf à étendre plus tard
les dispositions du titre II aux concessionnaires de ponts ou
de canaux par une loi nouvelle, si on le croyait utile.

Le premier article du titre II (art. 7) fut voté après une
modification, qui était réclamée par le Ministre et qui étendait la répression à l'inobservation des décisions ministérielles rendues en exécution du cahier des charges et ayant
le plus souvent pour but de régler les conditions de rétablissement des voies interceptées.

L'article 8, donnant compétence au conseil de préfecture du lieu où serait commise la contravention, fut adopté
malgré les observations de MM. Daru et Feutrier, qui
auraient préféré attribuer cette compétence au conseil
désigné par le cahier des charges.

L'article 9 fixant la pénalité (300 fr. à 3 000 fr. d'a-
mende) et l'article 10 autorisant l'administration à prendre

des mesures provisoires pour faire cesser le dommage furent votés sans débat.

La discussion sur le titre III, traitant « des mesures « relatives à la sûreté de la circulation », s'ouvrit par un discours de M. Daru. Cet orateur fit remarquer que la loi ne pouvait être qu'une loi pénale déléguant au Gouvernement le soin de déterminer les prescriptions de police à observer sur les chemins de fer et de les édicter par la voie d'un règlement d'administration publique, plus facilement révisable en cas de besoin. Mais il insista pour que, conformément au cahier des charges et à la loi de 1842, il fût toujours statué par ordonnance délibérée en Conseil d'État, à l'exclusion des préfets qui, insuffisamment éclairés par l'expérience acquise dans un seul département, prendraient des mesures mal·étudiées, se contrediraient en ce qui concernait les lignes traversant plusieurs départements, ou chercheraient à éviter cette contradiction en s'entendant pour faire préparer leurs arrêtés par les Compagnies, ainsi appelées à rédiger elles-mêmes des règles dont quelques-unes devaient être prises contre elles. M. Daru montra ensuite la nécessité de concentrer le contrôle dans un seul ministère, celui des travaux publics, pour lui donner le nerf indispensable, et de ne point le répartir entre ce ministère et celui de l'intérieur. Toutefois il demanda en même temps au Ministre d'instituer un comité consultatif, composé d'hommes spéciaux, pour l'éclairer dans la matière si nouvelle des chemins de fer. Ce comité serait plus compétent que les ingénieurs et les bureaux, lorsqu'il s'agirait d'examiner les questions au point de vue·industriel et commercial, et non au point de vue purement technique ou administratif. Il atténuerait les conflits entre les Compagnies trop préoccupées de leurs intérêts et les bureaux trop disposés à méconnaître ces intérêts. Il pourrait au besoin, comme en Angleterre, fournir des avis utiles aux tribunaux qui renverraient à son examen préalable les difficultés relatives, par exemple, à la responsabilité en cas d'accident.

M. Dumon répondit que, depuis le vote de la loi de 1842, l'administration avait entrepris l'élaboration du règlement prévu par cette loi, mais qu'elle n'avait pas cru devoir l'édicter, à défaut de sanction pénale. En attendant, des décisions préparées au ministère et prises sous forme d'arrêtés préfectoraux pourvoyaient provisoirement aux nécessités de la police. Le Ministre s'éclairait déjà des délibérations de nombreux conseils : il en créerait au besoin de nouveaux et prendrait tous les avis nécessaires pour sauvegarder les intérêts privés. Mais il devait garder intacts ses pouvoirs supérieurs de police dans l'intérêt général ; il lui était impossible d'admettre qu'on représentât son administration comme l'antagoniste des Compagnies, ses auxiliaires naturels, et qu'un conseil supérieur fût chargé de prononcer entre elles.

Les articles 11, 12, 13 et 14 furent ensuite adoptés sans soulever aucun débat intéressant.

En élevant au double le maximum des amendes fixées à l'article 14, la Commission avait, avec l'assentiment du Gouvernement, retranché l'article 15, aux termes duquel la pénalité pouvait être doublée, au cas où le coupable serait administrateur, directeur, agent ou employé de la Compagnie. MM. Teste et Pelet (de la Lozère) s'efforcèrent en vain d'obtenir le rétablissement de cette disposition, destinée à proportionner la peine à la responsabilité morale de l'agent. Ils échouèrent contre MM. Persil, de Boissy, Feutrier et Odier, qui voyaient dans la clause en discussion une suspicion outrageante, de nature à détourner de l'industrie des chemins de fer les hommes honorables, et qui la trouvaient inutile, eu égard à la latitude laissée au juge par l'article 14, pour tenir compte de toutes les circonstances du fait.

A propos de l'article 16, le Ministre demanda le rétablissement de l'assimilation entre les infractions aux ordonnances royales et les infractions aux arrêtés pris par les préfets pour l'exécution de ces ordonnances. MM. Daru et Boullet combattirent cette demande, en faisant remarquer que la disposition était inutile pour les arrêtés n'ajoutant rien aux prescriptions des ordonnances et qu'il convenait de ne pas donner aux autres arrêtés une sanction supérieure aux peines de simple police, afin d'éviter que le Gouvernement s'en remît aux préfets du soin de statuer sur des matières importantes. M. Feutrier leur répondit qu'il appartiendrait au tribunal d'apprécier, dans chaque espèce, si l'arrêté était bien pris en conformité de l'ordonnance ou s'il y ajoutait des prescriptions nouvelles. M. Laplagne-Bains émit au contraire l'avis que l'autorité administrative pouvait seule être compétente, pour apprécier si le préfet avait outrepassé ses droits, et que la rédaction du Gouvernement obligerait l'autorité judiciaire à condamner, en cas d'infraction à un arrêté préfectoral sur la police des chemins de fer ; il considérait comme sage et conforme aux principes de réprimer moins sévèrement la violation des prescriptions préfectorales que celle des prescriptions émanant du Gouvernement. Enfin M. Teste fit observer que les arrêtés préfectoraux visés par le projet de loi étaient ceux qui répondraient à des nécessités locales ou à des faits locaux impossibles à régler dans une ordonnance délibérée en Conseil d'État. Il ajouta que ces actes seraient, à proprement parler, des mesures d'exécution, des compléments des ordonnances ; que leur violation pourrait entraîner de graves catastrophes ; et qu'il était dès lors indispensable de leur attribuer la même portée, au point de vue des pénalités.

A la suite du discours de M. Teste, la Chambre donna gain de cause au Ministre, sans s'arrêter à une proposition subsidaire de M. de Boissy qui tendait à substituer aux pouvoirs des préfets ceux de l'administration supérieure.

M. Descloizeaux, commissaire du Gouvernement, obtint également le rétablissement d'une stipulation qui portait aggravation de la peine, en cas de récidive, et que la Commission avait supprimée, en se référant aux règles du droit commun. Le fait de récidive n'entraînait en effet l'augmentation légale de la pénalité que pour les crimes et délits ; il fallait une disposition spéciale, pour qu'il en fût de même en cas de contravention.

Le commissaire du Gouvernement attaqua aussi la proposition de la Commission tendant à frapper exclusivement les chefs, au cas de contraventions commises par des agents subalternes en exécution de leurs ordres. Il y voyait une dérogation au droit commun, tout à la fois inefficace, attendu que l'agent conservant la responsabilité de ses actes, si l'infraction se transformait en délit, ne trouverait point une garantie absolue dans les ordres de ses supérieurs, et inutile, attendu que les Compagnies puiseraient dans leur droit de révocation le moyen de se débarrasser des agents timorés qui entraveraient le service. M. Daru, répondant à M. Descloizeaux, fit valoir qu'une dérogation au droit commun était justifiée par le caractère tout spécial de l'exploitation des chemins de fer ; qu'on ne pouvait obliger un agent subalterne à connaître les nombreuses dispositions des règlements d'administration publique et des arrêtés préfectoraux ; que, d'après la jurisprudence même, le vrai coupable était l'auteur des ordres illégaux ; et qu'il était impossible d'admettre la discussion de ces ordres par les employés chargés de les exécuter. Mais M. Teste fit rejeter l'amendement de la Commission en montrant que, d'après le droit commun, le supérieur pourrait être frappé avec ses subordonnés et qu'en rendant ces derniers indemnes, c'est-à-dire en les admettant à se couvrir de l'ordre reçu, on ouvrirait sur l'existence et l'origine de cet ordre des débats préjudiciables à la discipline.

L'article 17 ajouté par la Commission admettait, en cas d'exploitation par l'État, les poursuites sans autorisation préalable contre les agents autres que les administrateurs et directeurs. M. Descloizeaux et le Ministre attaquèrent cette atteinte portée au principe de l'article 75 de la Constitution de l'an VIII dans un intérêt des plus minimes, puisque l'exploitation directe, écartée par le Parlement, n'existait que sur deux tronçons très courts et à titre essentiellement provisoire. Ils ne voulaient pas laisser un personnel de l'État exposé à des vexations de la part du public : la faculté d'arrestation sans autorisation, en cas de flagrant délit, leur paraissait suffisante. Le Ministre faisait d'ailleurs ressortir ce qu'il y avait de contradictoire dans les propositions de la Commission tendant, d'une part, à admettre les ordres du directeur comme couvrant les agents, quand il s'agissait d'une Compagnie privée dont les chefs pouvaient être poussés par l'intérêt pécuniaire de leurs actionnaires à prescrire la violation des règlements et, d'autre part, à refuser une protection de droit commun aux agents d'une exploitation d'État, où aucun intérêt autre que celui du respect des lois et règlements ne pouvait prévaloir. Il insistait sur le caractère scandaleux que prendrait une poursuite exercée sans autorisation contre un subalterne, pour un fait ordonné par un directeur que couvrirait l'article 75. MM. Daru et Pelet (de la Lozère) répondirent qu'en étendant abusivement la disposition tutélaire de l'article 75, les pouvoirs publics s'exposeraient à la rendre odieuse ; que cette disposition, destinée à protéger les fonctionnaires contre les ressentiments poliliques, ne devait pas s'appliquer au cas où l'État faisait œuvre d'industriel; que les agents de l'exploitation n'étaient pas, à proprement dire, des fonctionnaires; que le flagrant délit serait extrêmement rare en une matière où les responsabilités étaient si difficiles à définir; qu'en outre, si l'exploitation par l'État était alors exceptionnelle, elle était susceptible de se généraliser plus tard. Malgré ces arguments, la Chambre donna raison au Gouvernement.

A propos de l'article 18, la Commission et le Ministre se mirent d'accord pour donner aux agents assermentés des Compagnies, agréés par l'administration, le droit de constater les crimes, délits et contraventions, et pour décider qu'en matière de délits et de contraventions les procès-verbaux feraient foi jusqu'à preuve contraire, les procès-verbaux constatant des crimes ne pouvant jamais servir qu'à commencer l'instruction.

Après quelques explications de M. Daru, le Gouvernement retira les objections qu'il avait d'abord élevées contre un article additionnel de la Commission conférant aux agents assermentés des Compagnies le pouvoir de verbaliser sur toute l'étendue de la ligne à laquelle ils étaient attachés.

Enfin un article, punissant des peines portées au Code pénal contre la rébellion la résistance avec violence aux agents des Compagnies dans l'exercice de leurs fonctions, fut adopté, bien que le commissaire du Roi le considérât comme inutile et n'ajoutant rien au droit commun. D'après les indications de M. Daru, cet article ne s'appliquait, dans la pensée de la Commission, qu'aux agents agréés par l'administration et assermentés.

L'ensemble de la loi fut ensuite voté par 92 voix contre 20.

VI. — RAPPORT A LA CHAMBRE DES DÉPUTÉS [M. U.,

1   31

25 juin 1844]. — Le projet de loi ayant été déposé le 27 avril sur le bureau de la Chambre des députés, avec un exposé sommaire à l'appui [M. U., 3 mai 1844 et 10 janvier 1845], fut renvoyé à une commission composée de MM. Chasles, de Saint-Priest, vicomte de Chasseloup-Laubat, Baude, Réal, marquis de Chasseloup-Laubat, Vivien, Dalloz et Pascalis. M. le vicomte de Chasseloup-Laubat fut chargé de la rédaction du rapport et le présenta le 12 juin. Les modifications proposées par la Commission étaient les suivantes.

Le premier article était subdivisé en trois articles distincts, à savoir : l'un classant les chemins de fer dans la grande voirie, le second leur étendant les dispositions protectrices du domaine public et le troisième leur appliquant les servitudes instituées au profit de la grande voirie. La rédaction conservait l'énumération limitative des matières pour lesquelles les règlements étaient rendus applicables, mais en y ajoutant l'occupation temporaire et l'extraction des matériaux, et en déchargeant les riverains de l'obligation de planter les talus.

La détermination du mode de clôture et de l'époque de leur exécution sur les chemins antérieurement concédés était renvoyée à un règlement d'administration publique, au lieu de l'être à un acte de l'administration supérieure, comme l'avait prévu la Chambre des pairs.

Les propriétaires des constructions situées dans la zone d'interdiction et préexistantes étaient autorisés à entretenir ces immeubles, sauf à l'administration à en faire l'acquisition par voie d'expropriation, si la suppression en était reconnue nécessaire. La Commission avait en effet jugé que l'interdiction d'entretien des immeubles sujets à retranchement, justifiée pour une route sur laquelle le riverain avait accès et en vue de l'élargissement de cette route, constituait une servitude trop lourde pour la protection d'une voie

ferrée inaccessible au riverain. Elle avait en conséquence
considéré comme équitable de stipuler une exception analogue à celle qu'avaient édictée diverses lois, portant extension des zones de servitudes militaires.

La clôture pouvant être placée à une distance très variable de la voie de fer, la zone de 2 mètres était comptée,
non point à partir de cette clôture, mais à partir de l'arête
extérieure du talus ou du fossé, ou, à défaut de talus et
de fossé, à partir d'une ligne située à 1 m. 50 du rail. La
Commission exprimait le vœu que cette limite légale fût
repérée sur le terrain par des poteaux, quand la chose
pourrait se faire sans trop de frais.

La zone d'interdiction pour les dépôts de matières non
inflammables était ramenée à 5 mètres; les dépôts de récoltes en temps de moisson et les autres dépôts ne dépassant
pas la hauteur du remblai étaient exemptés de la prohibition.
La forme solennelle d'un règlement d'administration publique était exigée pour l'élargissement éventuel des zones
de servitude.

Le titre II était maintenu pour les motifs péremptoires
opposés devant la Chambre des pairs aux partisans de sa
suppression.

A propos du titre III, l'attention de la Commission avait
été appelée sur la convenance de rendre applicables aux
chemins de fer les dispositions de la loi de vendémiaire
an IV sur la responsabilité des communes, en cas de délits
commis à force ouverte par des attroupements; mais elle
avait cru inutile de stipuler cette extension qui découlait
naturellement du texte de la loi.

Les accidents causés par maladresse, négligence ou
inobservation des règlements, ne devaient donner lieu à répression pénale que s'ils amenaient des blessures ou des
morts.

Enfin, pour calmer les inquiétudes manifestées au sujet de la diversité des arrêtés qui pourraient être pris par les préfets en exécution des règlements d'administration publique sur la police des chemins de fer, la Commission exigeait que ces arrêtés fussent revêtus de l'approbation ministérielle.

VI. — DISCUSSION A LA CHAMBRE DES DÉPUTÉS [M. U., 1ᵉʳ, 2 et 4 février 1845]. — La discussion devant la Chambre des députés occupa deux séances. Dès le début, le Ministre des travaux publics déclara adhérer à tous les amendements de la Commission.

Au sujet de l'application des règlements de grande voirie aux chemins de fer, M. de la Plesse demanda que la juridiction des conseils de préfecture, dont les attributions s'étendaient chaque jour, fût entourée par une loi organique des garanties nécessaires, telles que droit de défense et publicité des débats. La même observation fut reproduite un peu plus tard par M. Taillandier.

Sur l'article 4, M. de Beaumont reprit la rédaction primitive du Gouvernement qui spécifiait les divers modes de clôture considérés comme satisfaisant au vœu de la loi ; suivant lui, il y avait un véritable danger pour les Compagnies à laisser au Gouvernement le pouvoir arbitraire de leur imposer, à son gré, l'un ou l'autre des divers types inégalement dispendieux. Le rapporteur, M. Benoist, et M. Luneau répondirent que le mode de clôture devait nécessairement varier avec le caractère des contrées traversées ; qu'un fossé, par exemple, bien suffisant en plein champ, serait absolument insuffisant dans une ville ; que l'administration seule était capable d'apprécier ce que comportait la situation des lieux ; et que d'ailleurs elle était déjà investie par la plupart des cahiers des charges des droits nécessaires à cet effet. Le

projet de la Commission fut voté, avec une modification réclamée par M. Luneau et ayant pour objet de supprimer
l'obligation d'un règlement d'administration publique, pour
la fixation du type de clôture, attendu que le Conseil d'État,
s'il était consulté en pareille matière, se bornerait inévitablement à ratifier l'avis du Conseil général des ponts et
chaussées.

M. Pascalis demanda inutilement que l'interdiction de
bâtir dans une zone de 2 mètres ne s'appliquât pas à la traversée des villes et villages, en raison de la valeur des
terrains à bâtir. Le rapporteur fit écarter cette proposition
en insistant sur l'utilité de la servitude, sur les principes de
droit administratif en vertu desquels la propriété privée
devait supporter sans indemnité les servitudes d'utilité publique, sur les nombreux précédents d'application de ces
principes, en fait de servitudes militaires, d'alignement, etc.

M. Bethmont et M. Cheragay proposèrent d'édicter une
immunité en faveur des riverains des chemins déjà exis-
tants; à l'appui de cette proposition, ils firent valoir qu'à
l'avenir le jury pourrait, en fixant les indemnités d'expropriation, tenir compte de la servitude imposée à la propriété
en dehors de l'assiette du chemin de fer, mais qu'il n'en
était pas de même pour les terrains antérieurement acquis
et qu'il y aurait dès lors une véritable iniquité à maintenir, à
l'égard des propriétaires ainsi privés de tout dédommagement, une lourde charge sans compensation. Le Ministre et
le rapporteur opposèrent à cette argumentation les motifs
précédemment invoqués contre l'amendement de M. Pascalis; le Ministre cita notamment l'exemple de la servitude
de non-exploitation dans une certaine zone, subie sans indemnité par les concessionnaires de mines en cas d'ouverture d'une route nouvelle au travers de leur exploitation.
De son côté, M. Vivien fit observer que l'institution d'une

servitude d'intérêt public n'était pas susceptible d'ouvrir un droit à indemnité, et qu'en aucun cas, pas plus dans l'avenir que dans le passé, le jury ne pourrait tenir compte des prétentions des riverains en raison de la dépréciation de terrains non frappés d'expropriation; car beaucoup d'entre eux seraient soumis à la servitude, sans être atteints par les acquisitions nécessaires à l'établissement du chemin. Malgré les protestations de MM. Bethmont et Cheragay qui considéraient la servitude comme devant, d'après les principes constitutionnels, donner lieu à une juste et préalable indemnité, la Chambre se rallia à la thèse de l'administration et de la Commission, après un débat incident sur l'interprétation de la loi relative aux fortifications de Paris.

A l'occasion du paragraphe suivant du même article, le rapporteur répondant à une question de M. de la Plesse fit connaître que, dans la pensée de la Commission, l'autorisation d'entretenir les édifices préexistants dans la zone d'interdiction ne s'appliquait pas aux couvertures en chaume, qui pouvaient toujours être proscrites par une mesure de police générale ou municipale.

Sur la demande de M. Taillandier et malgré les objections de M. Luneau, tirées de l'intérêt supérieur de la sécurité publique ainsi que de la législation de l'alignement, le rapporteur et le Gouvernement, d'accord avec M. Vivien, acceptèrent l'addition, à l'autorisation d'entretenir les édifices préexistants, de celle de les réparer et reconstruire.

Un amendement de M. Grandin, tendant à assimiler aux murs de clôture les constructions sans ouvertures, ni jours, fut rejeté sur une simple observation de M. Legrand, signalant les inconvénients que présenterait par exemple l'entretien d'une cheminée d'usine sur le bord du chemin de fer.

La Commission avait proposé de soustraire les dépôts de récolte pendant la moisson à l'interdiction des dépôts de matières inflammables dans une zone de 20 mètres. M. Talabot, craignant que les agriculteurs, certains d'être indemnisés par les Compagnies, exposassent sans nécessité leurs récoltes à des risques d'incendie, combattit, mais inutilement, cette proposition. MM. Lanyer et Aylies, sans se ranger à l'opinion de M. Talabot qui leur paraissait inacceptable pour des champs ayant souvent moins de 20 mètres de largeur, formulèrent deux amendements ayant pour objet, le premier de subordonner la dérogation à une autorisation spéciale du Gouvernement délivrée en cas de nécessité, et le second de la limiter au délai nécessaire à la moisson. Le rapporteur ayant expliqué que la disposition en discussion avait exclusivement pour but de prévenir un déplacement onéreux ou même impossible des récoltes, pendant le temps strictement indispensable au séchage et à l'enlèvement, ils renoncèrent à leurs motions.

La Commission avait déjà stipulé, en faveur des dépôts ne dépassant pas la hauteur du remblai, une exception à l'interdiction de faire, sans autorisation du préfet, des dépôts de matières non inflammables dans une zone de 5 mètres ; elle en proposa une seconde qui fut adoptée en faveur des engrais. M. Vivien fit d'ailleurs connaître que si, dans les autres cas, on exigeait une autorisation préfectorale et non une permission du sous-préfet, c'était parce qu'il paraissait y avoir des inconvénients à conférer des pouvoirs propres à ce fonctionnaire et que rien n'empêcherait en pratique le préfet de lui donner délégation.

L'article 9 attribuait au Gouvernement la faculté d'étendre ou de restreindre les zones de servitude par un règlement d'administration publique rendu après enquête, les parties intéressées entendues. Le rapporteur demanda, au nom de la Commission, et obtint que cette faculté fût réduite à la diminution de l'étendue des zones et exercée dans la forme d'ordonnances rendues sans avis du Conseil d'État et sans convocation spéciale des intéressés à l'enquête.

A propos de l'article 10, autorisant l'expropriation des constructions préexistantes dans les zones de prohibition, M. Durand (de Romorantin) ayant fait remarquer qu'il était contraire aux principes d'exproprier sans enquête préalable, le rapporteur répondit que l'utilité publique de la suppression résulterait suffisamment de l'existence même des constructions en deçà de la distance légale et que par suite il n'était pas utile d'accomplir des formalités préalables à la fixation de l'indemnité.

Sur le titre II, M. Gustave de Beaumont exprima certains scrupules au sujet des dispositions qui édictaient une pénalité, non seulement pour la violation des clauses du cahier des charges, mais encore pour les infractions aux décisions prises par l'administration pour l'exécution de ces clauses ; quelques paroles du Ministre à la Chambre des pairs lui faisaient craindre que les décisions à intervenir pussent avoir pour effet d'aggraver les obligations du concessionnaire.

M. Dumon répondit que le cahier des charges devait, par sa nature, être restreint à des règles générales et appelait nécessairement, comme complément, des décisions de l'administration déterminant dans chaque cas particulier les dispositions spéciales des ouvrages ; il ajouta que les dérogations apportées par ces décisions aux stipulations du cahier des charges seraient inévitablement des tempéraments avantageux au concessionnaire.

L'article 16 (art. 1er du titre III), qui punissait comme crime toute tentative de déraillement ou d'entrave à la marche des convois, énumérait les moyens le plus fréquemment employés pour commettre ce crime: Après un échange d'observations entre MM. Bethmont, Vivien, Benoist, le Ministre et Descloizeaux, commissaire du Gouvernement, l'énumération fut réduite à deux faits : dérangement de la voie, obstacles placés sur cette voie. Il fut d'ailleurs entendu que ces deux actes n'étaient cités qu'à titre d'exemple et que l'on y assimilerait tous ceux qui seraient commis dans l'intention d'arrêter ou de faire dérailler le train. Il fut au contraire reconnu qu'un fait entravant simplement la marche des trains, comme un coup porté par le chauffeur au mécanicien et mettant cet agent hors d'état de diriger la machine, ne constituerait un crime que s'il y avait eu l'intention de provoquer un accident.

Sur les articles 17 et 18, le sous-secrétaire d'État de l'intérieur ayant demandé si la destruction d'un appareil télégraphique, le long du chemin de fer, serait punie au même titre que celle du chemin de fer, le rapporteur répondit que le télégraphe électrique serait protégé par la législation qui lui était spéciale.

A propos de l'article 19, MM. Taillandier et Durand (de Romorantin) présentèrent des amendements tendant à aggraver la peine en cas d'accident causé par l'imprudence d'un employé de chemin de fer : mais leur proposition fut rejetée en raison de la latitude laissée au juge par l'écart entre le maximum et le minimum de la peine.

Un article additionnel fut ensuite présenté par la Commission et adopté par la Chambre, en vue de punir le mécanicien ou garde-frein qui abandonnerait son poste pendant la marche : le rapporteur expliqua du reste que, si l'abandon avait pour cause non pas la crainte ou la négligence, mais l'intention d'amener un accident, la faute tomberait sous le coup des peines prévues à l'article 16.

M. Muret de Bort, discutant l'article 20 qui réprimait la violation des règlements d'administration publique sur la police des chemins de fer, exprima le vœu, d'une part que ces règlements reproduisissent les stipulations du cahier des charges en faveur du public, afin de mieux en assurer l'exécution, et d'autre part qu'il n'imposassent pas aux Compagnies des obligations nouvelles et onéreuses, comme celle de subir les décisions du Ministre pour le nombre et l'horaire des trains ou celle de poser des contre-rails sur les remblais. Le Ministre revendiqua une indépendance complète dans les matières où le Parlement déléguerait au Gouvernement le soin de statuer et refusa en conséquence de répondre.

M. Muret de Bort demanda en outre que les commissaires spéciaux, délégués par le Roi auprès des Compagnies conformément aux cahiers des charges, eussent qualité pour verbaliser, au moins sur les faits relatifs à l'application des tarifs ; mais, malgré son insistance, il échoua devant les objections tirées par le Ministre du rôle purement économique des commissaires royaux.

La rédaction de l'article relatif à la rébellion fut modifiée, pour bien indiquer qu'on se bornait à l'application des dispositions du Code pénal.

M. Gustave de Beaumont ayant soulevé la question de savoir si les agents des chemins exploités par l'État seraient considérés comme des fonctionnaires au point de vue de l'article 75 de la Constitution de l'an VIII, M. Vivien répondit qu'il lui semblait naturel de laisser au Conseil d'État le soin de discuter cette question pour chaque catégorie d'agents, dans les espèces qui se présenteraient. Sur l'avis de M. Taillandier, le débat fut réservé pour l'époque où le Gouvernement viendrait à déposer un projet de loi portant organisation d'une exploitation directe de quelque importance.

Puis M. Isambert fit accepter, d'accord avec la Commission, une clause aux termes de laquelle, en cas de conviction de plusieurs crimes ou délits, la peine la plus forte devait seule être prononcée ; il fut d'ailleurs convenu que cet article ne s'appliquerait pas aux contraventions.

L'ensemble de la loi fut ensuite voté par 190 voix contre 56.

VII. — RETOUR A LA CHAMBRE DES PAIRS [M. U., 15 février 1845] ET SECOND RAPPORT A CETTE CHAMBRE [M. U., 18 mars 1845]. — Renvoyé le 13 février à la Chambre des pairs avec un exposé des motifs expliquant les modifications apportées au texte primitivement voté par cette Chambre, le projet de loi donna lieu à un nouveau rapport de M. Persil, lu dans la séance du 13 mars.

Le rapporteur affirmait de nouveau le caractère restrictif de l'énumération limitative des parties de la législation concernant la grande voirie, rendues applicables aux chemins de fer.

Pour éviter toute interprétation abusive, il supprimait la dénomination de limite légale, attribuée à la limite à partir de laquelle serait comptée la largeur de la zone de prohibition des constructions. Il se ralliait aux déterminations de la Chambre des députés pour cette limite, sauf en ce qui concernait les sections au niveau du terrain naturel ; pour ces sections, il substituait à l'arète supérieure du fossé, dont la situation était arbitraire, une ligne située à 1 m. 50 du rail.

Il combattait vivement l'autorisation introduite par la Chambre des députés, d'entretenir, de réparer et de reconstruire les édifices préexistants dans la zone d'interdiction ; il y voyait un danger réel pour la sécurité publique et une dérogation à la règle de l'égalité devant la loi, aussi bien qu'aux principes généraux de la législation en vertu desquels la servitude de ne pas bâtir avait toujours pour corollaire l'interdiction de ne pas réparer, ni reconstruire les bâtiments préexistants. Il contestait le précédent invoqué par le Ministre en matière de servitudes militaires et montrait que la loi du 17 juillet 1819 et l'ordonnance du 1er août 1821 interdisaient tous travaux confortatifs aux édifices antérieurement établis.

Il repoussait les immunités prévues en faveur des dépôts d'engrais et d'autres objets nécessaires à la culture, qui étaient, à ses yeux, aussi dangereux que les autres dépôts pour la sécurité publique.

Il rétablissait le pouvoir pour le Gouvernement d'augmenter par décret rendu en Conseil d'État la largeur des zones de servitude et de pourvoir ainsi, à titre essentiellement exceptionnel, à certaines nécessités locales présentant parfois un véritable caractère d'urgence.

Il ajoutait une clause interdisant l'assermentation des employés de nationalité étrangère pour la constatation des contraventions.

Après avoir adhéré aux modifications apportées par la Chambre des députés aux premiers articles du titre III, il rétablissait les dispositions punissant, comme contraventions, les actes de maladresse ou d'imprudence qui auraient amené des accidents, afin de tenir constamment en éveil la vigilance dont les défaillances pouvaient avoir de si terribles conséquences. Il terminait en reproduisant le vœu tendant à l'institution d'un comité supérieur des chemins de fer, appelé à centraliser les renseignements, à acquérir une expérience indispensable dans une matière si nouvelle et à créer une jurisprudence administrative.

VIII. — Deuxième discussion a la chambre des pairs [M. U., 17 et 18 avril 1845]. — Ce fut sur le desideratum ainsi exprimé au nom de la Commission que roula le commencement du débat. Dans un long discours, M. Daru fit ressortir

que la loi en discussion consistait surtout en une délégation
donnée au Gouvernement, pour la confection de règlements
sur la police des chemins de fer, et qu'il importait pour l'administration d'être éclairée par les avis de personnes compé-
tentes, dans l'exercice de cette délégation. Suivant l'orateur,
les comités nouveaux créés au ministère des travaux publics
pour l'étude et l'examen des questions de chemins de fer
n'avaient pu durer, faute d'attributions suffisamment définies, et pourtant, à côté des anciens comités et conseils
dont la compétence était spécialisée, il y avait place pour
une commission formée d'hommes experts en matière de
chemins de fer et chargés de centraliser et de concentrer le
contrôle et la surveillance, au point de vue à la fois technique,
industriel et commercial; d'examiner les inventions très
nombreuses soumises au Ministre; d'écarter les propositions
sans valeur ; de faire passer les autres par le crible de l'expérience; et d'assurer les progrès légitimement attendus
dans une industrie encore en enfance.

Dans sa réponse, le Ministre exposa sommairement l'organisation du contrôle et de la surveillance des chemins de
fer, confiés : 1° aux ingénieurs et au Conseil général des
ponts et chaussées, très compétents en fait de construction:
2° aux commissaires de police, exerçant des fonctions ren-
trant dans le cadre habituel de leur action: 3° aux commissaires du Roi, dont les attributions, d'abord purement
financières, avaient été étendues aux questions commerciales et dont l'intervention serait bien plus efficace, quand
le règlement d'administration publique à édicter l'aurait
définie et protégée par une sanction ; 4° à un commissaire
central, institué pour réunir les renseignements relatifs à
chaque Compagnie. Quant au comité supérieur spécial
demandé par la commission de la Chambre des pairs, il
existait en germe dans la commission dite *des accidents* créée

à la suite de la catastrophe du 8 mai 1842, dont le rôle s'étendait sans cesse et qui avait été déjà chargée de la préparation du règlement d'administration publique prévu par la loi en discussion.

L'assemblée passa ensuite à l'examen des articles.

M. de Bussières demanda s'il ne conviendrait pas de dispenser de l'obligation de clôture les voies à traction de chevaux ; M. d'Argout répliqua que le droit donné à l'administration de régler le mode de clôture lui permettrait de se contenter, en ce cas, d'un type très simple et peu coûteux.

A propos de l'interdiction de bâtir dans une certaine zone, le Ministre défendit la rédaction de la Chambre des députés. Suivant lui les mots de « limite du chemin de fer » pouvaient être conservés sans inconvénient pour désigner la ligne à partir de laquelle seraient comptés les 2 mètres ; car le texte disait assez clairement qu'il s'agissait d'une limite de servitude et il ne pouvait naître à cet égard aucune confusion. Il insistait surtout pour que les constructions préexistantes pussent être réparées et reconstruites, au lieu d'être assujetties, comme le voulait la Commission, à toute la rigueur de la législation sur l'alignement. Car, si la charge très lourde de la prohibition de tout travail confortatif et par suite l'obligation de démolir qui en résultait au bout d'un certain temps était compensé, pour les riverains des routes, par les avantages de l'élargissement de la voie sur laquelle ils avaient accès, aucune compensation de ce genre n'existait pour les chemins de fer. Le principe défendu par le Ministre était d'ailleurs celui qui avait prévalu dans la loi sur les servitudes militaires : cette loi autorisait en effet l'entretien des édifices préexistants et l'ordonnance de 1821 avait précisé cette immunité, en stipulant que les bâtiments pourraient être entretenus dans leur état par des réparations et des reconstructions partielles, à charge par le propriétaire d'établir leur antériorité à l'institution de la servitude. Mais MM. Persil et d'Argout firent triompher les propositions de la Commission, en insistant sur la nécessité de faire disparaître des constructions dangereuses et sur l'injustice qu'il y aurait à adopter un texte, tendant à exonérer en fait les terrains bâtis d'une servitude pesant lourdement sur les terrains non bâtis. La rédaction annexée au rapport fut votée avec une addition aux termes de laquelle, en cas d'existence d'un fossé, la zone de 2 mètres était comptée du bord extérieur du fossé.

Le dernier point débattu fut celui de la peine portée contre les auteurs d'actes de maladresse causant des accidents non dommageables aux personnes. Bien que le rapporteur insistât sur la nécessité de stimuler la vigilance de tous par une disposition pénale, M. Descloizeaux, commissaire du Roi, et le Ministre obtinrent le rejet de cette disposition, en montrant ce qu'aurait de vague et d'excessif une clause appliquant en tous cas une peine, même pour des accidents sans importance; ils ajoutèrent qu'un règlement bien fait permettrait de faire tomber sous le coup de la loi les actes de négligence, quelles qu'en fussent les conséquences.

La loi fut votée dans son ensemble par 87 voix contre 8.

IX. — RETOUR A LA CHAMBRE DES DÉPUTÉS [M. U., 4 mai 1845], SECOND RAPPORT [M. U., 27 mai 1845] ET DEUXIÈME DISCUSSION [M. U., 28 et 29 mai 1845]. — En portant de nouveau le projet de loi devant la Chambre des députés, le Gouvernement lui demanda d'accepter les changements peu nombreux décidés par la Chambre haute.

Sur le seul point où subsistât un désaccord sérieux, la Commission maintint sa proposition d'autoriser l'entretien des édifices préexistants dans la zone de 2 mètres. Mais, reconnaissant les difficultés et les contestations qui pour-

raient surgir au sujet de l'état des constructions lors de
l'institution de la servitude, elle ajouta une disposition ren-
voyant à un règlement d'administration publique, pour la
fixation des formalités à remplir par les propriétaires en
vue de faire constater cet état et du délai dans lequel il y
serait procédé. La Chambre ratifia cette addition.

Il fut d'ailleurs reconnu, après un court débat entre
M. Taillandier et le rapporteur, que l'autorisation d'entretenir ne comportait pas celle de reconstruire entièrement,
qui aurait eu pour effet de permettre de remplacer un édifice délabré par un édifice neuf, et que seraient seuls licites
les travaux confortatifs et les travaux de reconstruction
partielle n'augmentant pas l'importance des bâtiments.

X. — Second retour a la chambre des pairs [M. U.,
31 mai 1845], troisième rapport [M. U., 24 juin 1845] et
troisième discussion [M. U., 26 juin, 3 et 5 juillet 1845].—
Renvoyé à la Chambre des pairs, le projet de loi fit l'objet
d'un nouveau rapport de M. Persil. Ce rapport, favorable
au texte nouveau, contestait cependant l'interprétation qui
lui avait été donnée à la Chambre des députés, et affirmait
que le droit d'entretenir ne comportait ni les travaux confortatifs, ni les reconstructions partielles ; il émettait des
doutes sur la possibilité de constater la situation de tous les
édifices préexistants dans la zone d'interdiction.

Lors de la discussion, le Ministre et le sous-secrétaire
d'État maintinrent contre M. Persil la doctrine de la
Chambre des députés et l'article fut renvoyé à la Commission.

Le 2 juillet, le rapporteur et le Ministre vinrent déclarer que l'accord était établi pour interpréter l'article en
ce sens que toute réparation d'entretien serait autorisée, et
que toute réparation confortative ou toute augmentation

d'importance de l'édifice, même par des travaux intérieurs, serait prohibée.

En présence de cet accord, la loi fut votée sans nouveaux débats.

Elle fut rendue exécutoire le 15 juillet 1845 [B. L., 2ᵉ sem. 1845, n° 1221, p. 109).

69. — **Concession du chemin de Paris à la frontière de Belgique avec embranchements sur Calais et sur Dunkerque, du chemin de Creil à Saint-Quentin et du chemin de Fampoux à Hazebrouck. Dispositions générales sur les adjudications et la formation des Compagnies.**

I. — PROJET DE LOI. — En 1844, nous l'avons vu, la Chambre des députés n'avait pas voulu prendre un parti définitif au sujet du régime des chemins de fer et, pour la plupart des lignes principales, elle s'était bornée aux mesures nécessaires pour assurer la continuation des travaux par l'État.

Mais, dans l'intervalle des sessions de 1844 et de 1845, l'industrie privée, encouragée par les résultats de l'exploitation des lignes de Paris à Orléans et de Paris à Rouen, avait fait des ouvertures à l'administration pour obtenir la concession d'un certain nombre des nouveaux chemins classés en 1842, en offrant de prendre à leur charge toutes les dépenses de premier établissement.

Le Gouvernement pensa qu'il n'y avait pas lieu de repousser ces avances et qu'ainsi soulagé d'une partie des charges de construction du réseau, il pourrait porter ailleurs ses ressources, les consacrer utilement à d'autres parties du service public et accélérer ainsi l'exécution du programme de 1842. Sans doute, il en résulterait une augmentation dans la durée des concessions : mais l'État, armé du droit de rachat, pourrait toujours, si la nécessité s'en révélait, rentrer en possession des voies ferrées.

Le Ministre des travaux publics déposa en conséquence, le 18 février 1845 [M. U., 22 février 1845], un projet de loi portant autorisation de procéder, par la voie de la publicité et de la concurrence, à la concession du chemin de fer de Paris à la frontière de Belgique et des embranchements dirigés de Lille sur Calais et sur Dunkerque. L'État devait achever les travaux de la ligne principale, sauf remboursement de ses dépenses par la Compagnie avec les intérêts à 3 %, à partir du jour de l'homologation de la concession; au contraire, les travaux des embranchements qui n'étaient pas commencés devaient être exécutés par les soins de la Compagnie. Le fonds social nécessaire à la Compagnie était évalué à 150 millions; le revenu brut kilométrique de la ligne principale était estimé à 50 000 fr., et celui des embranchements à 15 000 fr., ce qui, avec un coefficient d'exploitation de 0,45, donnait un revenu net de 10 425 000 fr., soit 7 % du capital. En affectant 6 % à l'intérêt industriel de l'opération, il restait 1 % pour l'amortissement, dont la durée pouvait ainsi être fixée, à raison d'un intérêt de 4 %, à quarante-deux années environ. Néanmoins, comme les calculs sur lesquels reposait cette appréciation comportaient un certain aléa, le Ministre crut devoir assigner à la concession une durée de quarante-cinq ans; ce chiffre constituait un maximum sur lequel devait porter le concours; il pouvait même être réduit par le Ministre, avant l'adjudication, et remplacé par un autre chiffre plus bas, déterminé dans un billet cacheté, afin de pourvoir au cas où les Compagnies concurrentes viendraient à s'entendre entre elles, comme au cas où il ne se présenterait qu'une seule Compagnie; le cahier des charges qui accompagnait le projet de loi était conforme à ceux qui avaient été adoptés en 1844.

Le projet de loi portait également autorisation au Ministre de concéder, pour soixante-quinze ans, une ligne de Creil à Saint-Quentin, qui avait fait l'objet d'offres de la part de plusieurs Compagnies.

Il contenait en outre certaines dispositions destinées à empêcher les excès de la spéculation qui, par suite d'un revirement profond dans l'opinion publique, avait pris un développement tout à fait exagéré. Le Gouvernement avait tout d'abord pensé à interdire toute réunion de capitaux pour un chemin de fer, avant la promulgation dés lois autorisant l'exécution de cette voie ferrée ; mais une disposition de cette nature aurait eu pour effet : 1° d'une part, de porter obstacle à l'association des petits capitaux, eu égard au faible délai séparant la promulgation de la loi de l'ouverture du concours, et ainsi de faire des entreprises de chemin de fer le monopole forcé d'un petit nombre de capitalistes puissants ; 2° d'autre part, d'exposer le Ministre à proposer aux Chambres la concession de chemins qui ne pourraient ensuite trouver de preneurs. Il parut préférable et suffisant d'empêcher toute négociation d'actions, de promesses d'actions ou de récépissés de souscription avant la constitution définitive de la Compagnie adjudicataire ; le projet de loi prévoyait, pour la répression des infractions à cette règle, une amende égale au triple de la valeur des actions négociées et, au cas où la négociation serait faite avant l'adjudication, un emprisonnement d'un mois à un an.

De plus, les acomptes payés par les souscripteurs, en vue des adjudications, devaient être versés à la caisse des dépôts et consignations ; la responsabilité des premiers souscripteurs était fixée aux cinq dixièmes du montant des actions ; il était stipulé que les fondateurs n'auraient droit qu'au remboursement de leurs avances et que l'indemnité à leur attribuer, à raison de leurs fonctions, serait fixée par l'assemblée générale des actionnaires ; afin d'assurer aux conseils d'administration la garantie d'une composition plus permanente, le vote par procuration dans le sein de ces conseils était interdit ; enfin, toute publication du cours des actions, avant la constitution de la société anonyme, était frappée d'une amende de 500 à 3 000 fr. Le Gouvernement considérait ces diverses mesures comme propres à mettre un frein salutaire aux excès de la spéculation, sans nuire à l'esprit d'association.

II. — RAPPORT A LA CHAMBRE DES DÉPUTÉS [M. U., 11 mai 1845]. — La Commission appelée à examiner le projet de loi comprenait notamment M. Berryer, M. Garnier-Pagès, M. Luneau et M. Muret de Bort qui fut désigné comme rapporteur.

Prenant en considération les raisons développés par le Gouvernement pour décharger l'État d'une partie des dépenses de construction du réseau et reporter sur d'autres points les ressources ainsi rendues disponibles ; la nécessité de ne pas trop engager la situation financière de la France ; les concessions assez nombreuses déjà consenties, notamment pour les lignes de Bordeaux, du Centre, d'Avignon, de Troyes, de Boulogne-sur-Mer, d'Orléans, de Rouen, du Havre ; l'opportunité de ne pas stériliser l'esprit d'association, la Commission adopta le principe du projet de loi, après avoir repoussé presque unanimement, tout d'abord, le système de l'exécution et de l'exploitation réunies entre les mains de l'État, et ensuite, celui de l'exécution par l'État combiné avec l'exploitation par des Compagnies fermières.

Elle justifia d'ailleurs son avis à cet égard par diverses considérations qu'il ne sera pas inutile de résumer brièvement. Elle examina si, en remettant les tarifs aux mains de l'État, en l'autorisant à ne demander à la marchandise transportée que le simple déboursé de ses frais de traction, on ne pouvait pas arriver à compenser les avantages de la production étrangère et, particulièrement, de la production anglaise ; cet examen lui inspira la conviction qu'il fallait autre chose que des tarifs réduits pour contrebalancer les causes nombreuses de la supériorité industrielle de l'Angleterre et que, d'ailleurs, la suppression du péage sur les chemins de fer aurait pour effet de faire injustement peser sur l'ensemble des contribuables des dépenses profitant à peu près exclusivement à une catégorie restreinte de citoyens ; l'État avait, suivant elle, d'autres soins, d'autres préoccupations plus relevées, et ne devait point « descendre au rang de teneur de comptoir, de messagiste, « d'entrepreneur de roulage, ni se mêler à des affaires « commerciales, à l'élasticité desquelles ses habitudes formalistes et bureaucratiques le rendraient toujours souve- « rainement impropre ».

Envisageant ensuite si les chemins de fer ne seraient pas entre les mains des Compagnies un moyen d'influence politique à redouter, elle jugea que les frottements incessants entre le public et les administrations, auxquelles serait confiée l'exploitation de nos voies ferrées, constitueraient toujours un obstacle invincible au développement exagéré de la popularité et de l'action de ces administrations sur le corps électoral.

Puis, interrogeant l'état des capitaux, elle exprima l'opinion que l'effort à leur demander pour des opérations, ayant incontestablement une base solide et une valeur réelle, n'avait rien d'exagéré. Le pays ne devait pas craindre de confier ses épargnes aux chemins de fer qui les lui rendraient à bref délai, en augmentant le mouvement des affaires, en réduisant le fonds d'approvisionnement des industriels et des commerçants, en diminuant le coût de la production.

Passant à l'examen des détails du projet de loi, la Commission donna son adhésion complète à la disposition qui mettait à la charge de la Compagnie le prix total des acquisitions de terrains et qui rapportait ainsi implicitement la clause de la loi du 11 juin 1842 aux termes de laquelle une partie de cette dépense incombait aux localités. Elle formula l'avis qu'il convenait de généraliser la mesure et d'exonérer définitivement les départements et les communes, déjà courbés sous le fardeau de leurs centimes additionnels, de toute participation à la construction et à l'entretien de leurs voies de communication.

Traitant des réclamations présentées par les villes de Lille et de Douai, qui demandaient à être déchargées du paiement des subventions promises par elles pour leurs gares, elle s'exprimait dans les termes suivants : « Quand « le chemin touche les villes en passant, quand il débouche « au pied de leur enceinte, l'État ne leur doit pas autre « chose et les intérêts généraux ont satisfaction. Les chemins « de fer sont une œuvre trop coûteuse pour l'orner de ces « accessoires qui ne tiennent pas au fond même de leur « utilité. Le premier besoin, c'est d'en développer la lon- « gueur, c'est de donner satisfaction au plus grand nombre « de localités, sauf à celles assez riches pour payer une « appropriation plus convenable à leur commodité munici- « pale, à s'entendre avec l'État et avec les Compagnies, et « à faire, pour cela, de leurs deniers, les sacrifices néces- « saires. »

En ce qui concernait la durée de la concession, la Commission fit remarquer l'opposition d'intérêts qui existait nécessairement entre la Compagnie et l'État. D'un côté, la Compagnie devait chercher à augmenter autant que possible cette durée, pour réduire la part de ses revenus affectée à l'amortissement et pour être toujours assurée de pouvoir largement compenser, par un nombre suffisant de bonnes années, les pertes que pourraient lui infliger des circonstances exceptionnelles telles qu'une guerre, des troubles intérieurs, une crise commerciale. D'un autre côté, l'État devait poursuivre un but inverse, afin de rentrer à brève échéance en possession des tarifs et des revenus du chemin de fer. Dans l'espèce, la Commission estima que le terme de trente-trois ans était suffisant pour la ligne principale ; elle maintint le terme de soixante-quinze ans pour la branche de Saint-Quentin. Chemin faisant, elle fit remarquer que l'État était suffisamment armé, contre les abus que pourrait commettre la Compagnie, par le droit de rachat et par la faculté d'établir des lignes rivales. Toutefois, sur ce dernier point, elle présenta les observations suivantes : « Il faut entrevoir d'avance « que toute ligne très prospère, ayant doublé ou triplé la « valeur créée de ses actions, éveillera des rivalités, tentera « des concurrents qui voudront partager, sur une ligne paral- « lèle, la richesse de sa circulation. C'est une circonstance « dont l'État doit habilement profiter, non pas pour auto- « riser la construction d'une ligne rivale, là serait la faute, « mais pour réclamer à la ligne menacée une réduction des « tarifs, un partage de ses bénéfices avec le public. Cette « circonstance, qui se présentera avec le temps, pour plus « d'un chemin de fer, doit nous rassurer contre la longueur « de quelques concessions déjà accordées ; avec le temps, « l'article 52 du cahier des charges sera contre ces conces- « sions une arme plus puissante et moins coûteuse encore « que le rachat, à condition de la garder à l'état de menace, « sans consentir les lignes concurrentes là où les besoins « publics ne les réclament pas. En effet, deux lignes dont « le parallélisme ne serait pas assez écarté pour trouver

« dans leur sphère d'action un aliment à elles propre, à elles
« spécial, qui seraient obligées de vivre toutes deux sur le
« même fonds de voyageurs et de marchandises, constitue-.
« raient, au point de vue économique, une désastreuse
« opération, une opération qu'il faut se garder d'encou-
« rager. Vivant de la même vie, puisant aux mêmes sources,
« ne rendant, chacune d'elles, que les services que l'autre
« pourrait rendre, ce sont deux dépenses pour partager un
« seul et même revenu. Applaudissons à la concurrence
« toutes les fois qu'elle améliore les produits, qu'elle écono-
« mise les frais, qu'elle développe les affaires ; déplorons-
« la quand elle ne s'exerce que sur la même masse de tran-
« sactions et en occupant infructueusement deux capitaux,
« deux travailleurs, là où un seul aurait suffi à la tâche. Qui
« a profité de la double ligne de Versailles ? Est-ce le public,
« est-ce le Trésor, créancier impayé, sont-ce les action-
« naires ?..... En Angleterre, nombre de chemins rivaux se
« sont montrés plus avisés ; on attendait leur agonie ; ils
« ont voulu vivre, ils se sont concertés et au lieu d'abais-
« ser leurs tarifs les ont au contraire élevés. »

A propos du cahier des charges, la Commission recomman-
da à l'administration de ne pas être trop exigeante et
de compter avec la valeur du temps dans son action de
contrôle sur les Compagnies ; de ne pas surcharger ses règlements de police de clauses constituant une véritable
aggravation des charges des concessionnaires, de pousser
jusqu'au scrupule le respect de ses engagements envers les
Compagnies. Revenant, à cette occasion, sur la question des
lignes concurrentes, elle ajoutait : «... que, sans nécessité
« constatée, quand on ne peut encore rien préjuger sur la
« suffisance ou l'insuffisance des services à rendre par une
« entreprise, sans tenir compte des chances qu'elle affronte,
« des espérances légitimes qu'elle a pu concevoir, l'État,

« au lendemain du contrat, aille concéder une ligne rivale
« ou creuser, des deniers des contribuables, côte à côte,
« un canal sans tarif, indépendamment du déplorable em-
« ploi de la fortune publique qu'il fait en cette circonstance,
« c'est là l'abus et non plus l'usage de l'article 52. Cet
« article, votre Commission le tient pour prévoyant, pour
« judicieux ; mais elle n'a pas cru toutefois devoir le laisser
« passer sans ces réflexions qui peuvent prévenir ses dan-
« gers, sans rien affaiblir de son autorité ».

Le rapport signalait ensuite la convenance de ne pas
abuser des immunités prévues au profit de certains services publics, ainsi que la nouveauté de la clause introduite au cahier des charges, pour donner à l'État la faculté d'établir une ligne télégraphique le long de la voie
ferrée.

Il insistait sur l'utilité de bien recruter le personnel des
commissaires royaux parmi des hommes que leurs études ou
leurs travaux antérieurs auraient suffisamment préparés à
une mission si importante ; d'en faire des agents actifs, sur-
veillant tous les faits d'exploitation, formulant leur avis sur
les propositions des Compagnies.

La Commission manifestait en outre le désir que l'administration ne paralysât pas les mouvements des concessionnaires, leurs essais de tarifications nouvelles ; qu'elle ne
s'immisçât pas outre mesure dans leurs traités ; qu'elle ne
cherchât pas à se constituer meilleur appréciateur des intérêts du public que ce public lui-même : « Si l'administra-
« tion vit de règles, disait le rapport, le commerce vit de
« liberté. »

Appréciant les tarifs, la Commission jugeait que les taxes
de voyageurs pourraient être appliquées sans réduction, eu
égard aux avantages de célérité, d'économie et de commodité qu'offrait le nouveau mode de transport : à cette oc-

casion, elle donnait le tableau comparatif suivant des taxes perçues dans les divers pays :

	1re CLASSE	2e CLASSE	3e CLASSE
Angleterre..............................	19c	12c	7c 1/2
France.................................	10c 1/2	7c 1/2	5c 7/10
Allemagne..............................	9c	6c 1/2	4c
Belgique...............................	7c 1/2	5c 4/5	3c 7/10

Elle pensait que, par suite de la concurrence redoutable du roulage, surtout pour les petites distances, la Compagnie serait conduite à abaisser sensiblement les taxes des classes inférieures de marchandises. Elle proposait, d'ailleurs, d'obliger les Compagnies à apporter une grande promptitude aux expéditions et à les faire dans le délai de vingt-quatre heures, lorsque la taxe appliquée serait celle du tarif légal, c'est-à-dire celle du tarif maximum ; mais de laisser au contraire aux concessionnaires la faculté de subordonner à des délais plus longs ses tarifs abaissés. On aurait ainsi deux catégories de marchandises correspondant à celles du roulage, les marchandises en accéléré et les marchandises en ordinaire ; ces dernières formeraient le régulateur du chargement des trains.

Au sujet des garanties proposées par le Ministre contre la fièvre des spéculations, la Commission jugea qu'elles n'étaient pas, dans leur ensemble, en parfaite harmonie avec la liberté indispensable aux opérations industrielles ; qu'elles porteraient atteinte à la disponibilité, à la mobilisation des capitaux, à la facilité de circulation des titres ; qu'elles éloigneraient les ressources financières du pays, en voulant les enchaîner. D'après elle, le système général à adopter était le suivant. Avant d'ouvrir des souscrip-

tions, les fondateurs ou promoteurs auraient été tenus de
déposer au Ministère des travaux publics, préalablement à
toute annonce dans les journaux, une déclaration énonçant
l'objet de la souscription, le capital nécessaire, le nombre
d'actions à faire souscrire, et de joindre à cette déclaration des études statistiques sur la circulation de la
ligne qu'ils voudraient entreprendre. Après avoir fait examiner la valeur morale et intellectuelle des déclarants et
leur capacité financière, le Ministre aurait donné acte de la
déclaration et un premier cautionnement de 1 °/₀ du capital aurait été versé par les promoteurs sur leurs propres
ressources, à titre de justification de ce que leur entreprise
avait de sérieux. Après l'accomplissement de ces formalités,
les fondateurs auraient provoqué les souscriptions, mais
sans appeler de fonds avant la présentation aux Chambres
du projet de concession. Une fois le projet de loi déposé,
ils auraient été définitivement engagés à l'égard des souscripteurs pour le nombre total des actions promises et ceux-
ci, à leur tour, auraient été garants des trois premiers
dixièmes, en quelques mains que le titre dût passer après
être sorti des leurs. Les fonds versés auraient été convertis
en bons du Trésor et déposés, sous cette forme, à la Banque
de France. Avant d'annoncer, par la voie des journaux, la
clôture de la liste, la Compagnie aurait dû en justifier auprès
du Ministre des travaux publics et publier la reconnaissance
de cette justification. N'auraient pu concourir aux adjudications que les Compagnies qui se seraient strictement con-
formées à ces prescriptions, qui auraient été agréées par le
Ministre, qui auraient déposé au ministère du commerce
leurs projets de statuts et à la caisse des dépôts et consignations le cautionnement indiqué par le cahier des charges.
A la suite de l'approbation de l'adjudication, un second
dixième aurait été appelé dans la quinzaine, sur le montant

des souscriptions, et les souscripteurs auraient reçu en le versant un titre nominatif, mais négociable.

Toutefois, comme il importait de ne pas retarder le vote de la concession du chemin de fer du Nord, la Commission transigea avec le Ministre et se borna à modifier les dispositions du projet de loi, de manière à tenir compte, dans une certaine mesure, des desiderata qui servaient de base au système ci-dessus indiqué : elle atténua la responsabilité des souscripteurs, la ramena aux quatre dixièmes du montant de leurs souscriptions et supprima les pénalités afférentes aux négociations antérieures à l'adjudication.

III. — DISCUSSION A LA CHAMBRE DES DÉPUTÉS [M. U., 14, 15, 16, 17, 20, 21, 22 et 23 mai 1845].— (A). *Discussion générale.* — La discussion générale débuta par un long discours de M. Gaulthier de Rumilly qui reprit la thèse déjà soutenue par lui à diverses reprises en faveur des baux à ferme à court terme. Il fit valoir que l'opération consistant dans l'aliénation, moyennant 150 millions, d'un domaine devant rapporter au minimum 12 millions par an, était par elle-même peu conforme aux intérêts du Trésor ; que l'État devrait chercher le moyen d'exécuter les mauvaises lignes, non point dans le produit de cessions si onéreuses, mais bien dans l'excédent des recettes des bonnes lignes ; que les demandes en concession dont était saisi le Gouvernement constituaient surtout des moyens de battre monnaie à la Bourse ; qu'il était imprudent pour l'État d'enchaîner sa puissance aux exigences des grandes Compagnies ; que ni le rachat (à cause des sacrifices qu'il entraînerait), ni la création de lignes nouvelles, ne constitueraient pour lui des moyens suffisants de coërcition sur ces Compagnies ; que les organes du commerce s'étaient catégoriquement prononcées contre l'aliénation des chemins de fer pour un demi-siècle ; que cette

aliénation pouvait être désastreuse pour l'industrie et le
commerce, et que, d'ailleurs, la Chambre avait manifesté
clairement sa prédilection pour les fermages à courte
échéance, dans la session de 1844.

M. Garnier-Pagès appuya l'argumentation de M. Gaulthier de Rumilly, en ajoutant que l'État pourrait, en restant
maître des chemins de fer, réduire aux simples frais de
traction les tarifs des houilles et, par suite, donner à notre
production un essor susceptible de compenser son infériorité sur la production anglaise ; et qu'il commettrait une
grande faute en livrant, sans garantie, au caprice de quelques individualités la fortune commerciale des diverses parties de notre territoire.

(B). *Discussion des articles.* — La clôture de la discussion générale fut prononcée, sans qu'il eût été répondu à
MM. Gaulthier de Rumilly et Garnier-Pagès, et la Chambre
passa à la discussion des articles ; elle y consacra plusieurs
séances ; nous indiquerons très sommairement les résultats
de ses délibérations.

SUBVENTIONS DES VILLES DE LILLE ET DE DOUAI. — Un amendement
de M. Mortimer-Ternaux, tendant à exonérer ces villes
des subventions en argent qu'elles avaient votées pour obtenir des stations intérieures, fut repoussé.

TAXES RELATIVES AUX AMENDEMENTS AGRICOLES. — La Chambre,
voulant favoriser l'agriculture comme elle favorisait l'industrie par l'application d'une taxe réduite à la houille,
assimila à cette marchandise les marnes, fumiers, engrais
et cendres.

LETTRE DE VOITURE. — Le Gouvernement avait proposé de
rendre facultative, au gré de l'expéditeur, la constatation
par une lettre de voiture de tout envoi de marchandises de
plus de 20 kilogrammes, sous un même emballage. La Com-

mission, au contraire, avait conclu à rendre la lettre de voiture obligatoire. MM. Dufaure, Vivien et Dumon, Ministre des travaux publics, firent observer que la propositition de la Commission aurait pour effet d'imposer au commerce des entraves, de la gêne, une augmentation de formalités, des charges fiscales dont il pourrait désirer se dégager, sauf à s'en rapporter aux écritures intérieures de la Compagnie; la Chambre reconnut le bien fondé de ces observations. Elle étendit d'ailleurs la faculté de réclamer une lettre de voiture à toutes les expéditions, quel que fût leur poids.

RÉDUCTION DU PÉAGE AU PROFIT DES EMBRANCHEMENTS. — Le projet de loi stipulait une réduction de 10 % pour les embranchements d'une longueur inférieure à 100 kilomètres ; M. Monier de la Sizeranne présenta un amendement tendant à porter cette réduction à 15 %, à partir de 50 kilomètres; mais cet amendement fut rejeté.

TRACÉ DE LA LIGNE DE LILLE A HAZEBROUCK. — Le Gouvernement, ne se jugeant pas encore suffisamment éclairé sur la meilleure direction à adopter pour cette section, avait, à dessein, évité toute indication de tracé ; la Commission, au contraire, avait conclu à stipuler le passage par Armentières.

M. Corne combattit vivement cette addition, afin de réserver entièrement le passage par Estaires d'où se serait détaché plus tard un embranchement reliant Dunkerque à Ostricourt près de Douai et diminuant notablement la distance de ce point à Cambrai, Saint-Quentin et Paris. Le Ministre de la guerre l'attaqua également au point de vue des intérêts de la défense. Mais M. Berryer soutint que le Parlement s'était déjà implicitement prononcé dans le sens des conclusions de la Commission et que les objections du service militaire seraient les mêmes pour tous les tracés; malgré les efforts du Ministre des travaux publics, l'amendement de la Commission fut adopté.

TRACÉ DE L'EMBRANCHEMENT DE CREIL A SAINT-QUENTIN. — La Commission avait stipulé que le tracé devrait se rapprocher autant que possible de la ville de Ham. Le Ministre de la guerre manifesta ses préférences pour le tracé par La Fère. M. Odilon Barrot, M. Dufaure et le Ministre des travaux publics demandèrent également et obtinrent le rejet de la proposition de la Commission. Toutefois, la Chambre décida que le tracé devrait être arrêté avant l'adjudication.

DÉLAIS D'EXPÉDITION DES MARCHANDISES. — La Commission demandait que le cahier des charges imposât à la Compagnie l'obligation de faire les expéditions dans le jour de la remise des colis, toutes les fois que le tarif général serait appliqué ; une lutte très vive s'engagea sur cette disposition qui fut finalement repoussée par la Chambre, comme susceptible de créer des difficultés insurmontables dans certains cas d'encombrement et comme inutile d'ailleurs en présence des droits dont était armé le Gouvernement.

AMENDEMENT TENDANT A LA CONCESSION D'UNE LIGNE DE FAMPOUX, PRÈS ARRAS, A HAZEBROUCK, *présenté par MM. Delebecque, le comte Roger (du Nord) et autres, dans le but de rapprocher Calais et Dunkerque de Paris.* — Quoique combattu par le Gouvernement, cet amendement fut adopté à une forte majorité.

Mais la Chambre, redoutant qu'à l'aide de cette ligne la Compagnie du Nord fît une concurrence ruineuse à la Compagnie, d'Amiens à Boulogne stipula « que toute réduction « de tarifs consentie sur une des sections de la ligne du Nord, « en faveur des voyageurs ou des marchandises allant de « Calais à Paris, et réciproquement, devrait être consentie « jusqu'à concurrence de la même somme sur la ligne d'A-« miens à Paris, en faveur des voyageurs et des marchan-« dises allant de Boulogne à Paris et réciproquement ; que « la même règle s'appliquerait sur l'embranchement « d'Hazebrouck à Fampoux, si la Compagnie des chemins

« de fer du Nord en devenait adjudicataire ; que toutefois,
« dans le cas où la compagnie du chemin de Boulogne
« abaisserait ses tarifs pour les voyageurs ou les marchan-
« dises allant de Boulogne à Paris et réciproquement, la
« Compagnie du chemin de fer du Nord pourrait consentir
« une réduction de la même somme sur les voyageurs et les
« marchandises, sans être soumise à la règle ci-dessus ».

DURÉE DE LA CONCESSION DU CHEMIN DE FER DU NORD. — Une bataille très vive se livra sur la durée à assigner à la concession. MM. Luneau et Garnier-Pagès, partisans convaincus
de l'exécution complète par l'État et, par suite, de la réduction de durée des concessions, proposèrent le chiffre de
vingt-cinq ans ; MM. Grandin, trente-trois ans ; M. Muret de
Bort, Duprat et Ardant, trente-huit ans ; MM. Galos, Lanyer
et Berryer, d'accord avec le Gouvernement, quarante et un
ans. Ce fut ce dernier chiffre qui fut adopté.

DURÉE DES CONCESSIONS DES CHEMINS DE CREIL A SAINT-QUENTIN
ET DE FAMPOUX A HAZEBROUCK. — Cette durée fut fixée à
soixante-quinze ans, comme le proposait le Ministre.

DISPOSITIONS GÉNÉRALES. — Au moment où la Chambre
allait délibérer sur les clauses relatives à la constitution et
au fonctionnement des Compagnies, le Ministre demanda et
obtint que ces clauses prissent un caractère général et s'ap-
pliquassent par suite à toutes les concessions ; à la suite
d'une discussion approfondie, à laquelle prirent part notamment MM. Dufaure, Berryer, Luneau, Lanyer, Muret de
Bort et Legrand, ainsi que le Ministre des travaux publics,
ces dispositions furent libellées comme il suit :

« Art. 7.—Nul ne sera admis à concourir à l'adjudica-
« tion d'un chemin de fer si, préalablement, il n'a été agréé
« par le Ministre des travaux publics et s'il n'a déposé :

« A la caisse des dépôts et consignations, la somme indi-
« quée au cahier des charges ;

« Au secrétariat général du ministère du commerce,
« en double exemplaire, le projet des statuts de la Com-
« pagnie :

« Au secrétariat général du ministère des travaux pu-
« blics, le registre à souche d'où auront été détachés les
« titres délivrés aux souscripteurs, ou, pour les Compagnies
« dont les souscriptions auraient été ouvertes antérieure-
« ment à la présente loi, l'état appuyé des pièces justifica-
« tives constatant les engagements réciproques des fonda-
« teurs et des souscripteurs, les versements reçus et la
« répartition définitive du montant du capital social.

« A dater de la remise des registres ou états ci-dessus
« entre les mains du Ministre des travaux publics, toute
« stipulation par laquelle les fondateurs se seraient réservé
« la faculté de réduire le nombre des actions souscrites,
« sera nulle et sans effet.

« Art. 8. — Les récépissés de souscription ne sont point
« négociables.

« Les souscripteurs seront responsables, jusqu'à concur-
« rence des cinq dixièmes, du versement du montant des
« actions qu'ils auront souscrites.

« Chaque souscripteur aura le droit d'exiger de la Com-
« pagnie adjudicataire la remise de toutes les actions pour
« lesquelles il aura été porté sur l'état définitif de répar-
« tition déposé au secrétariat général du ministère des
« travaux publics.

« Ces conditions seront mentionnées sur les registres
« ouverts et sur les récépissés remis postérieurement à la
« promulgation de la présente loi.

« Art. 9. — Les adjudications ne seront valables et défi-
« nitives qu'après avoir été homologuées par une ordon-
« nance royale.

« Art. 10. — La Compagnie adjudicataire ne pourra

1   33

« émettre d'actions ou promesses d'actions négociables
« avant de s'être constituée en société anonyme dûment
« autorisée, conformément à l'article 37 du Code de com-
« merce.

« Art. 11. — Les fondateurs de la Compagnie n'auront
« droit qu'au remboursement de leurs avances, dont le
« compte appuyé des pièces justificatives aura été accepté
« par l'assemblée générale des actionnaires.

« L'indemnité qui pourra être attribuée aux administra-
« teurs, à raison de leurs fonctions, sera réglée par l'assem-
« blée générale des actionnaires.

« Art. 12. — Nul ne pourra voter par procuration dans
« le conseil d'administration de la Compagnie.

« Dans le cas où deux membres dissidents sur une ques-
« tion demanderaient qu'elle fût ajournée jusqu'à ce que
« l'opinion d'un ou plusieurs administrateurs fût connue, il
« pourra être envoyé à tous les absents une copie ou extrait
« du procès-verbal avec invitation de venir voter dans une
« prochaine réunion à jour fixe, ou d'adresser par écrit
« leur opinion au président. Celui-ci en donnera lecture au
« conseil, après quoi la décision sera prise à la majorité
« des membres présents.

« Art. 13. — Toute publication quelconque de la valeur
« des actions, avant l'homologation de l'adjudication, sera
« punie d'une amende de 500 fr. à 3 000 fr.

« Sera puni de la même peine tout agent de change qui,
« avant la constitution de la Société anonyme, se serait
« prêté à la négociation de récépissés ou promesses d'ac-
« tions.

« Art. 14. — A moins d'une autorisation spéciale de
« l'administration supérieure, il est interdit à la Compagnie,
« sous les peines portées à l'article 419 du Code pénal, de
« faire directement ou indirectement, avec des entreprises

« de transport de voyageurs ou de marchandises par terre
« ou par eau, sous quelque dénomination que ce puisse être,
« des arrangements qui ne seraient pas également consentis
« en faveur de toutes les autres entreprises desservant les
« mêmes routes.

« Des ordonnances royales portant règlement d'admi-
« nistration publique prescriront toutes les mesures néces-
« saires pour assurer la plus complète égalité entre les
« diverses entreprises de transport, dans leurs rapports avec
« le service des chemins de fer et de leurs embranche-
« ments. »

AMENDEMENT DE M. VATRY TENDANT A CONFÉRER AU MINISTRE
LA FACULTÉ DE PROCÉDER A UNE ADJUDICATION SUR LA BASE D'UNE RÉGIE
INTÉRESSÉE. — La Compagnie aurait remboursé les dépenses déjà faites par l'État et fait face aux dépenses restant à engager ; elle aurait reçu en échange un titre de rente
3 1/2 %, à 100 fr. ; elle aurait pourvu à l'exploitation pendant
vingt-cinq ans, comme régisseur intéressé, moyennant remise du quart des produits nets ; l'État aurait conservé le
droit de modifier les tarifs tous les cinq ans par de nouvelles
lois.

Cet amendement fut rejeté pour ainsi dire sans débat ;
puis l'ensemble de la loi fut voté.

IV. — RAPPORT A LA CHAMBRE DES PAIRS [M. U., 20 juin
1845]. — La commission de la Chambre des pairs conclut,
par l'organe de M. Rouillé de Fontaine, à l'adoption du
projet de loi tel qu'il était sorti des délibérations de la
Chambre des députés. Toutefois, elle crut devoir exprimer
le regret que l'adjudication eût été préférée à la concession
directe, qui prévalait dans presque tous les pays étrangers
et qui permettait de confier l'entreprise non au plus témé-
raire, mais au plus digne des concurrents.

v. — Discussion a la chambre des pairs [M. U., 25 juin 1845]. — Lors de la discussion devant la Chambre des pairs, M. le général Cubière, appuyé par M. le marquis de Boissy, demanda le renvoi à la Commission de l'étude relative à un système de régie intéressée, semblable à celui que M. de Vatry avait déjà défendu à la Chambre des députés. Mais sa proposition fut repoussée.

La loi fut ensuite votée, après l'échange de quelques explications entre le Ministre et divers membres de la Chambre.

Elle fut rendue exécutoire le 15 juillet 1845 [B. L., 2e sem. 1845, n° 1221, p. 116].

L'adjudication du chemin de fer du Nord fut passée le 9 septembre 1845 au profit de MM. de Rothschild, Hottinguer et Cie, Charles Laffitte, Blount et Cie, moyennant réduction à trente-huit ans de la durée de la concession, et approuvée par ordonnance du 10 septembre 1845 [B. L., 2e sem. 1845, n° 1238, p. 572].

Les statuts de la Compagnie furent approuvés par une seconde ordonnance du 20 septembre 1845 [B. L., 2e sem. 1845, supp., n° 802, p. 28]; le fonds social était fixé à 200 millions, en 400 000 actions de 500 francs chacune; les actions définitives étaient au porteur.

La ligne principale fut ouverte en 1846; l'embranchement de Calais, en 1848-1849; et l'embranchement de Dunkerque, en 1848.

L'adjudication du chemin de Fampoux à Hazebrouck fut passée le 9 septembre 1845 au profit de MM. O'Neill et consorts, moyennant réduction à trente-sept ans trois cent seize jours de la durée de la concession, et approuvée par ordonnance du 10 septembre [B. L., 2e sem. 1845, n° 1238, p. 574].

Une autre ordonnance, du 22 septembre 1845 [B. L.,

2ᵉ sem. 1845, supp., nº 802, p. 302], autorisa la Société anonyme constituée au capital de 16 millions, en 32 000 actions
nominatives ou au porteur.

Quant à l'adjudication du chemin de Creil à Saint-
Quentin, elle fut passée le 20 décembre 1845 au profit des
concessionnaires de la ligne principale, moyennant réduction
de la durée de la concession à trente-quatre ans trois cent
trente-cinq jours, et approuvée par ordonnance du 29 décembre [B. L., 2ᵉ sem. 1845, nº 1266, p. 1264].

Les statuts de la Société furent approuvés par ordonnance du 24 avril 1846 [B. L., 1ᵉʳ sem. 1846, supp., nº 838,
p. 812]. Le fonds social était de 30 000 000 fr. en 60 000
actions.

La ligne fut complètement livrée à la circulation en 1850.

70. — Concession du chemin de Paris à Lyon et du chemin de Lyon à Avignon avec embranchement sur Grenoble.

I. — PROJET DE LOI. — Après le vote de la loi du 26 juillet
1844, sur le chemin de fer de Paris à Lyon, le Gouvernement
avait poussé rapidement les travaux de la section de Dijon à
Chalon et complété les études sur les parties du tracé qui
n'avaient pas encore été l'objet d'une décision définitive ; il s'é-
tait notamment arrêté à un tracé distinct avec gare spéciale
près de la Bastille pour l'origine de la ligne, de manière à
rendre la Compagnie concessionnaire indépendante de celle
d'Orléans et à réaliser, au moyen du passage à Melun, un
raccourci de 10 kilomètres.

Le 17 mars 1845 [M. U., 18 mars 1845], s'inspirant des
principes qui avaient déjà présidé à la rédaction du projet
de loi concernant le chemin du Nord, il présenta à la
Chambre des députés une proposition tendant à l'adjudi-

cation de la ligne pour une durée n'excédant pas quarante-cinq ans et moyennant remboursement par la Compagnie des dépenses déjà effectuées par l'État. Le capital social était évalué à 200 millions pour 515 kilomètres ; le revenu brut kilométrique, à 50 000 fr. ; et le coefficient d'exploitation, à 45 %.

Le projet de loi prévoyait également la concession du chemin de Lyon à Avignon, par la rive gauche du Rhône, pour une durée maximum de cinquante ans. Le capital social était évalué à 88 millions pour 230 kilomètres ; le revenu brut kilométrique, à 42 000 fr. ; et le coefficient d'exploitation, comme ci-dessus, à 45 %.

II. — RAPPORT A LA CHAMBRE DES DÉPUTÉS [M. U., 1ᵉʳ juin 1845]. — Le rapport à la Chambre des députés fut présenté par M. Dufaure.

Après un examen approfondi de la combinaison consistant à solidariser les chemins d'Orléans et de Lyon jusqu'à Corbeil, la Commission conclut à l'unanimité à l'adoption du tracé proposé par le Gouvernement pour la tête de la seconde de ces deux lignes ; mais, à cette occasion, elle signala à nouveau la nécessité de hâter l'établissement d'un chemin de ceinture reliant les diverses voies ferrées aboutissant à Paris, afin d'éviter un transbordement et un camionnage des marchandises à la traversée de la capitale.

Prenant en considération les demandes de la ville de Corbeil et des populations industrieuses de la vallée de l'Essonne tendant à être reliées au chemin de Lyon, elle ajouta au projet de loi un article autorisant le Ministre à concéder directement une ligne « partant de Corbeil et s'em-
« branchant sur celle de Paris à Lyon, en un point qui ne
« pourrait être plus éloigné que la station de Melun ».

En ce qui concernait la section de Joigny à Dijon, elle

stipula au cahier des charges « qu'après Aisy le chemin
« devrait pénétrer dans la vallée de la Brenne, puis dans
« la vallée de l'Oze, traverser à Blaisy-Bas le faîte d'entre
« Seine et Saône et arriver à Dijon au point qui serait dé-
« terminé par l'administration ».

Pour la traversée de Lyon, malgré les instances du conseil
municipal, qui insistait pour la détermination immédiate du
tracé par la Chambre, elle ne se crut pas en mesure de
présenter une proposition ferme et conclut à laisser le choix
au Gouvernement, mais sous la réserve que ce choix serait
fait avant la concession des deux lignes de Paris à Lyon et
de Lyon à Avignon.

Elle compléta le chemin de Lyon à Avignon par un embranchement sur Grenoble.

Passant à la durée des concessions, elle évalua :

1° Pour la ligne de Paris à Lyon, la dépense kilométrique de premier établissement à 350 000 fr., la recette
brute à 50 500 fr., le coefficient d'exploitation à 45 °/₀, et la
durée nécessaire à l'amortissement à quarante-cinq ans,
terme proposé par le Gouvernement ;

2° Pour la ligne de Lyon à Avignon, la dépense kilométrique de premier établissement à 330 000 fr., la recette
brute à 46 800 fr., le coefficient d'exploitation à 45 °/₀; pour
l'ensemble de cette ligne et de l'embranchement de Grenoble, la dépense de premier établissement à 312 300 fr.,
la recette brute à 37 100 fr., et la durée nécessaire à l'amortissement à cinquante ans, chiffre indiqué par le Gouvernement.

Elle adopta, d'ailleurs, pour ainsi dire sans modification, le cahier des charges annexé au projet de loi.

III. — DISCUSSION A LA CHAMBRE DES DÉPUTÉS [M. U.,
6, 7 et 8 juin 1845]. — La discussion générale ne provoqua

qu'un long discours de M. Cordier en faveur du système des concessions à perpétuité.

M. Muret de Bort et M. Berryer développèrent et défendirent un amendement conférant au Ministre la faculté de ne pas exécuter de chemin spécial entre Paris et Corbeil, s'il pouvait traiter avec la Compagnie d'Orléans pour l'usage commun de cette section, dans certaines conditions dont les principales étaient la révision du cahier des charges de ladite Compagnie et l'engagement de n'appliquer aux transports de la ligne de Lyon qu'une distance conventionnelle inférieure de 10 kilomètres à la distance réelle, de manière à ne pas les taxer à un taux supérieur à celui qui serait résulté de l'exécution d'une ligne distincte.

Mais le Ministre et M. Dufaure combattirent cet amendement et en obtinrent le rejet, en faisant valoir particulièrement la nécessité de donner au chemin de Lyon une indépendance complète, de ne pas compromettre la sécurité de la circulation en concentrant sur un même tronçon une fréquentation trop considérable, d'amener les wagons et les marchandises à la Bastille de préférence au boulevard de l'Hôpital, d'éviter la perte de temps correspondant à un allongement de 10 kilomètres dans le parcours.

La Chambre repoussa ensuite un autre amendement de M. Cordier ayant pour objet l'adjudication de la concession d'un chemin de Chalon à Lons-le-Saulnier, par Louhans.

A la suite d'un amendement de M. Bineau, elle adopta, d'accord avec la Commission et le Ministre, une clause aux termes de laquelle « la faculté de libre parcours ne pourrait être exercée par la Compagnie concessionnaire du « chemin de Lyon sur l'embranchement de Melun à Corbeil, ni par la Compagnie concessionnaire de l'embranchement sur la ligne principale, que du consentement des

« deux Compagnies et avec l'autorisation de l'administra-
« tion supérieure ».

Deux propositions de M. Luneau et de M. Guyot-Des-
fontaines, ayant respectivement pour objet de ramener la
durée de la concession de la ligne de Paris à Lyon à trente-
trois ans et à quarante et un ans, furent successivement re-
jetées, malgré les efforts de M. Garnier-Pagès, et le chiffre
de quarante-cinq ans, indiqué par le Gouvernement et la
Commission, fut adopté.

Un amendement de M. Boissy d'Anglas tendant à faire
reporter le chemin de Lyon à Avignon sur la rive droite
du Rhône jusqu'à Valence, fut également repoussé.

Il en fut de même d'un amendement de M. Marion portant suppression de toute indication sur le point d'origine
de l'embranchement de Grenoble, de manière à se réserver
la possibilité de le faire aboutir à Lyon.

Un amendement dont le but était de doubler les délais
pendant lesquels la Compagnie de Lyon à Avignon serait
tenue de maintenir ses taxes abaissées, fut présenté par
M. de Labaume, afin de prémunir les entreprises de navigation du Rhône contre toute concurrence déloyale; mais
la Chambre ne crut pas devoir s'y associer.

Le surplus de la loi fut voté sans difficulté.

IV. — RAPPORT A LA CHAMBRE DES PAIRS [M. U.. 9 juillet
1845]. — M. Bérenger (de la Drôme) présenta, à la Chambre
des pairs, un rapport développé, dans lequel il justifia les
diverses dispositions du projet de loi voté par la Chambre
des députés, et en proposa l'adoption pure et simple.

V. — DISCUSSION A LA CHAMBRE DES PAIRS [M. U., 12 et
13 juillet 1845]. — La discussion générale s'engagea par
un discours de M. le comte Daru. Cet honorable pair

critiqua vivement l'extension excessive du réseau classé en 1842 et la dissémination des travaux. Sans doute les finances publiques avaient été dégagées par l'augmentation de la part faite à l'industrie privée; mais le danger n'avait été que déplacé et il s'était même accru dans une certaine mesure par le fait de l'infériorité du crédit des sociétés sur celui de l'État, de la nécessité où les Compagnies se trouvaient de pousser rapidement l'exécution afin de ne pas grever leurs entreprises d'intérêts considérables, de la rapidité avec laquelle elles seraient conduites à faire leurs premiers appels de fonds pour pouvoir transformer leurs actions nominatives en actions au porteur. La situation était d'autant plus périlleuse que, en escomptant outre mesure les bénéfices des concessionnaires, les pouvoirs publics leur avaient imposé des contrats véritablement trop rigoureux, sans avoir égard aux lignes nouvelles qui viendraient ultérieurement distraire une partie du trafic des lignes antérieurs, aux mécomptes sur les prévisions concernant les dépenses d'établissement, à l'augmentation des frais d'entretien après quelques années d'exploitation, aux transformations que les Compagnies seraient inévitablement amenées à apporter à leur réseau pour se tenir au niveau des progrès de l'industrie. On avait eu le plus grand tort de ne pas assurer des garanties convenables aux affaires dans lesquelles on voulait appeler tant de capitaux, de s'en rapporter au hasard pour le choix des hommes et des Compagnies, de trop embrasser à la fois au lieu d'échelonner l'institution des concessions. Si, plus tard, il survenait des désastres, même partiels et restreints, l'État, qui déterminait les tracés, estimait les dépenses, évaluait le trafic, en supporterait pour une large part la responsabilité morale. Il fallait donc limiter, sans hésitation, le développement du réseau et en retrancher toutes les branches parasites, telles que celle de Grenoble.

M. le comte d'Argout combattit cette argumentation. Il mit son adversaire en contradiction avec lui-même, en rappelant le véritable plaidoyer que M. le comte Daru avait fait en faveur de la prompte exécution des chemins de fer dans un livre intitulé « *Des chemins de fer et de l'application de la loi du 11 juin 1842* »; en extrayant de cet ouvrage les renseignements statistiques les plus probants et les appréciations les plus optimistes sur le mouvement de voyageurs provoqué par l'établissement des voies ferrées; en citant divers passages d'un rapport présenté en 1844, par M. Daru, sur la ligne d'Avignon à Marseille. Rien ne justifiait l'évolution qu'attestait le rapprochement entre le langage tenu en 1845 par cet honorable pair et ses écrits antérieurs. En Angleterre notamment, c'est-à-dire dans le pays où les chemins de fer étaient le plus multipliés, cette multiplicité n'avait causé aucune perturbation, aucune crise ; la confiance y était même telle que, durant la dernière session, le Parlement avait été saisi de demandes de concessions représentant une dépense de plus de 2 300 000 000 fr. Les théories exposées par M. le comte Daru ne tendaient à rien moins qu'à ajourner la continuation du réseau, à provoquer par suite la dissolution des sociétés constituées en vue des nouvelles lignes et à porter un coup fatal au pays.

M. le baron Dupin insista, de son côté, sur le rôle considérable, sur l'utilité, sur l'urgence de la grande ligne de Paris à Lyon et Marseille qui, avec celle du Nord, devait permettre de lutter contre la ligne rivale de Gênes, vers la Baltique et l'Océan. Il exprima, toutefois, le regret que l'embranchement de Grenoble eût été adjoint à l'artère maîtresse et il demanda, en outre, que la concession ne fût pas retardée par les études restant à faire pour la traversée de Lyon.

M. Dumon, Ministre des travaux publics, répondit à

M. le comte Daru, en faisant ressortir la contradiction existant entre les craintes qu'il avait émises sur l'aléa des entreprises des chemins de fer et les préférences qu'il avait toujours hautement exprimées en faveur de l'exécution des
voies ferrées par l'industrie privée. Il justifia, par des
chiffres empruntés aux résultats de l'exploitation de la
ligne d'Orléans, ses prévisions de trafic et de recette pour
la ligne de Lyon; il montra, par l'exemple du réseau belge,
que le coefficient d'exploitation tendait plutôt à se réduire
qu'à s'accroître; il fit remarquer que, d'ailleurs, le Gouvernement s'était réservé une marge suffisante pour parer aux
erreurs d'évaluation, en se basant sur un revenu de 6 %,
alors que les actions des lignes d'Orléans et de Rouen se
plaçaient à moins de 4 %. Il donna, en outre, l'assurance que
les conditions de la traversée de Lyon seraient arrêtées à
très bref délai.

Après un nouvel échange d'observations entre M. le
comte Daru et le Ministre des travaux publics, la discussion
générale fut close.

A propos de la discussion des articles, le Ministre des travaux publics prit, en réponse à une question de M. le comte
Chollet, l'engagement de hâter l'instruction relative au chemin de ceinture de Paris.

M. le comte Daru se prononça contre le tracé adopté
par le Gouvernement et par la Chambre des députés, pour
la section d'Aizy à Chalon, et demanda qu'au lieu de passer
par Dijon ce tracé franchît directement le mont Affrique,
de manière à réaliser une économie de parcours de 22 kilomètres sur les communications entre Paris et Lyon, et de
30 kilomètres sur les relations entre la Méditerranée et le
Rhin, en plaçant le point de bifurcation à Beaune au lieu de
Dijon; il chiffrait l'économie annuelle à réaliser de ce chef
à 700 000 fr. Il critiqua surtout la partialité avec laquelle

l'administration avait, suivant lui, procédé aux études comparatives des deux tracés.

Le Ministre des travaux publics répliqua en invoquant les votes déjà intervenus dans les deux Chambres, en 1842 et 1844, en faveur du passage par Dijon. M. Legrand, sous-secrétaire d'État, rectifia, de son côté, les allégations de M. le comte Daru; il invoqua l'importance de la ville de Dijon, l'impossibilité de ne pas la desservir au passage, l'allongement que le passage par le mont Affrique imposerait aux transports entre Paris et Mulhouse. La Chambre des pairs adopta la direction déjà sanctionnée par la Chambre des députés.

Le débat porta ensuite sur l'embranchement de Grenoble, que M. le baron de Bussières voulait faire distraire de la section de Lyon à Avignon, eu égard à la situation peu avancée des études, aux retards que l'adjudication de cet embranchement pourrait apporter à la concession de la ligne principale, aux difficultés qu'elle provoquerait pour trouver un concessionnaire. Mais l'amendement, vivement combattu par le rapporteur, fut écarté et l'ensemble de la loi fut voté.

Cette loi fut rendue exécutoire le 16 juillet 1845 [B. L., 2ᵉ sem. 1845, nº 1223, p. 204].

Une ordonnance du 21 décembre 1845 [B. L., 2ᵉ sem. 1845, nº 1265, p. 1251] agréa l'offre des sieurs comte Bénévent, Charles Laffitte, Hippolyte Ganneron, Guillaume Barillon de se rendre concessionnaires de la ligne de Paris à Lyon, moyennant réduction de la durée du bail à quarante-un ans, quatre-vingt-dix jours.

La Compagnie, constituée au capital de 200 000 000 fr., en 400 000 actions, fut autorisée par une autre ordonnance du 1ᵉʳ mars 1846 [B. L., 1ᵉʳ sem. 1846, supp., nº 831, p. 349]; les souscripteurs originaires étaient garants de leurs cessionnaires, jusqu'à concurrence du versement des cinq premiers dixièmes du montant de chaque action; les titres définitifs délivrés après le versement étaient au porteur.

La ligne fut ouverte, par sections, de 1849 à 1854.

Quant à la ligne de Lyon à Avignon avec embranchement sur Grenoble, elle fut adjugée, le 10 juin 1846, à M. Paulin Talabot, moyennant réduction de la durée du bail à quarante-quatre ans, deux cent quatre-vingt-dix jours. Cette adjudication fut approuvée par une ordonnance du 11 juin 1846 [B. L., 1er sem. 1846, n° 1301, p. 428].

Une deuxième ordonnance du 2 janvier 1847 [B. L., 1er sem. 1847, supp., n° 887, p. 161] approuva les statuts de la Compagnie constituée au capital de 150 000 000 fr., en 300 000 actions, dans des conditions analogues à celles de la Compagnie de Paris à Lyon.

La ligne principale fut ouverte en 1854 et 1855, et l'embranchement, de 1856 à 1858.

71. — **Concession du chemin de Tours à Nantes et du chemin de Paris à Strasbourg, avec embranchements d'Épernay à Reims et de Frouard à Metz et Saarbrück.**

ı. — Projet de loi. — Les deux lois dont nous venons de rendre compte assuraient l'exécution et l'exploitation de la grande ligne internationale de la Manche et de la mer du Nord sur la Méditerranée. Le Gouvernement pensa qu'il importait de prendre des mesures analogues pour la ligne de l'Est à l'Ouest, ou de Strasbourg à Nantes, par Paris, sur laquelle les travaux étaient ou achevés ou dotés de crédits législatifs, pour la part des travaux à la charge de l'État.

Le Ministre des travaux publics présenta donc, le 18 avril 1845 [M. U., 19 avril 1845], un projet de loi aux termes duquel il était autorisé à procéder à l'adjudication :

1° du chemin de fer de Tours à Nantes ; 2° du chemin de fer de Paris à Strasbourg, avec embranchements sur Reims d'une part, et sur Metz et la frontière de Prusse, vers Saarbrück, d'autre part.

La ligne de Tours à Nantes avait 192 kilomètres de longueur ; l'infrastructure était évaluée à 160 000 fr. par kilomètre, soit 30 millions, et la superstructure à 140 000 fr. par kilomètre, soit 27 millions. En imposant à la Compagnie toute la charge des travaux, on l'aurait obligée à se constituer au capital social de 32 millions, soit de 320 000 fr. par kilomètre, ainsi qu'il est facile de s'en rendre compte en ajoutant, aux chiffres ci-dessus, l'intérêt à 4 %, pendant la période de quatre ans assignée à la construction. Le produit net n'étant estimé qu'à 12 900 fr., la rémunération de ce capital eût été insuffisante. Le Gouvernement proposa donc de faire supporter par l'État les travaux d'infrastructure proprement dits, abstraction faite des acquisitions de terrains, et de ne laisser au compte de la Compagnie qu'une dépense de 178 000 fr. par kilomètre ; l'intérêt attribué à l'entreprise étant fixé à 6 % l'an, il restait un reliquat de revenu suffisant pour l'amortir en trente-quatre ou trente-cinq ans. Le projet de loi indiquait donc ce dernier chiffre comme maximum de la durée de la concession, qui se trouvait ainsi placée dans des conditions tout à fait comparables à celles de la ligne de Bordeaux.

Quant à la ligne de Paris à Strasbourg, y compris ses embranchements, elle avait un développement de 586 kilomètres ; les dépenses devaient s'élever, pour l'infrastructure, à 100 200 000 fr. et, pour la superstructure, à 82 000 000 fr. D'autre part, le revenu net kilométrique ne devait pas dépasser 13 750 fr. Il était dès lors impossible d'imposer toute la charge des travaux à la Compagnie ; le Gouvernement proposa de laisser au compte des concessionnaires la pose de la voie et le matériel de l'exploitation de la ligne principale et de l'embranchement de Reims, ainsi que la totalité des travaux de l'embranchement de Frouard à Metz et de son prolongement jusqu'à la frontière vers Saarbrück et de fixer, dès lors, à quarante-cinq ans le maximum de la durée du bail.

Les dispositions des deux cahiers des charges étaient conformes à celles des actes analogues antérieurement adoptés par le Parlement.

II. — RAPPORT A LA CHAMBRE DES DÉPUTÉS. — Le rapport à la Chambre des députés, sur ce projet de loi, fut rédigé par M. Gillon, député de la Meuse [M. U., 17 juin 1845].

M. Gillon, tout en critiquant le mode d'évaluation des recettes de la ligne de Tours à Nantes, émit l'avis que, dans leur ensemble, les résultats de cette évaluation devaient peu s'écarter de la réalité et conclut à l'adoption du projet de loi, en ce qui concernait cette ligne. Il proposa toutefois d'apporter au cahier des charges une modification, ayant pour objet de stipuler que le chemin serait considéré comme un tronçon de celui d'Orléans à Nantes et qu'il jouirait, dès lors, au même titre que celui d'Orléans à Tours, des réductions de péage prévues par l'article 47 du cahier des charges annexé à la loi de concession de la section de Paris à Orléans, pour la circulation de ses voitures, wagons et machines sur cette section.

Relativement au chemin de Paris à Strasbourg et à ses embranchements, la Commission examina, avant tout, le parti à prendre pour l'emplacement de la gare de Paris, pour le point de bifurcation de l'embranchement de Reims, et enfin pour le prolongement jusqu'à Saarbrück de l'embranchement de Frouard à Metz. Sur la première question, elle se prononça sans hésitation, comme le Gouvernement,

en faveur de la partie supérieure des faubourgs Saint-Denis
et Saint-Martin, près de la Villette ; sur la seconde, elle
considéra Épernay comme donnant la satisfaction la plus
complète aux divers intérêts en jeu et comme conciliant dans
la plus juste mesure les nécessités des relations entre Paris
et Reims et celles de Reims avec l'est de la France ; sur la
troisième question, elle fut divisée. La minorité, composée
de quatre membres, contesta l'importance des relations internationales que la section de Metz à Saarbrück était destinée à assurer ; elle considéra l'importation des houilles de
Saarbrück vers la Haute-Marne, la Meuse, le Haut-Rhin et
le Bas-Rhin comme devant se faire de préférence par les
canaux des houillères et de la Marne au Rhin ; elle jugea
impossible de consacrer 26 millions à l'exécution d'un chemin que la Chambre s'était refusée, en 1844, à concéder sans
subvention à une Compagnie, et d'exonérer le département
de la Moselle du concours de 4 millions qu'il avait offert
récemment. Il lui paraissait préférable de ne pas surcharger
la concession de la ligne de Paris à Strasbourg d'une section si peu productive, d'imposer plutôt à la Compagnie le
remboursement à l'État des dépenses d'acquisition des terrains, et de réduire la durée de la concession à trente-cinq
ans. La majorité pensa au contraire que la ligne de Saarbrück rendrait les plus grands services pour l'approvisionnement en combustible de nos établissements métallurgiques, notamment dans les départements de la Meurthe et
de la Moselle ; qu'elle desservirait un transit d'une certaine
importance entre Paris et Manheim ; qu'elle pourrait le
cas échéant jouer, au point de vue militaire, un rôle prépondérant ; que la Chambre ne se déjugerait nullement, en
concédant pour une durée limitée ce chemin qu'elle n'avait
pas voulu aliéner en 1844 pour quatre-vingt-dix-neuf ans ;
qu'il n'y avait pas de raison plausible d'accepter du dépar-

lement de la Moselle un concours qui n'avait pas été exigé des autres départements.

La Commission admit, d'ailleurs, après des calculs assez laborieux sur les probabilités de trafic, les propositions du Gouvernement sur la durée de la concession et la répartition des dépenses entre l'État et la Compagnie : nous nous bornons à relever ce fait intéressant qu'en Belgique et en Angleterre la recette afférente aux marchandises ne dépassait pas alors le tiers de la recette totale et qu'en France elle atteignait à peine la proportion du quart (1).

Le rapport se terminait par un vœu tendant à l'abrogation de la partie de la loi du 11 juin 1842, qui imposait aux départements et aux communes le paiement des deux tiers du prix des terrains.

Il insistait, en outre, sur l'urgence de l'établissement du chemin de ceinture à Paris.

III. — DISCUSSION A LA CHAMBRE DES DÉPUTÉS [M. U., 1ᵉʳ et 2 juillet 1845]. — Il n'y eut point de discussion générale et la Chambre passa immédiatement à la discussion des articles.

1° *Chemin de Tours à Nantes.* — Un débat assez vif s'éleva sur l'addition, faite par la Commission au cahier des charges, d'un article accordant à la Compagnie concessionnaire, pour les parcours sur la ligne de Paris à Orléans, les réductions de péage prévues au contrat de concession de cette dernière ligne en faveur des chemins d'embranchement et de prolongement. Le Ministre des travaux publics et M. Legrand, sous-secrétaire d'État, soutinrent avec beaucoup de raison que le caractère de chemin de prolongement pouvait être contesté à la ligne de Tours à Nantes,

(1) Aujourd'hui, cette proportion est de 3/5 environ.

puisqu'il n'y avait pas contiguïté immédiate entre les deux
sections. et que, dès lors. il y avait là une question litigieuse
dont il n'appartenait pas à la Chambre de connaître.
MM. Lanjuinais et Dufier défendirent au contraire l'amendement. qui ne fut pas adopté par la Chambre.

2° *Chemin de Paris à Strasbourg.* — La Chambre fut tout
d'abord appelée à se prononcer sur l'amendement de la
minorité de la Commission. tendant à ne pas prolonger sur
Saarbrück l'embranchement de Frouard à Metz. M. Ri
chond des Brus défendit vigoureusement cet amendement
Il fit valoir que le transit entre le Havre d'une part, et
Manheim ou Mayence d'autre part, serait toujours insignifiant relativement à celui d'Anvers ou de Rotterdam vers
les mêmes villes ; que la section de Metz à Saarbrück ne
pouvait présenter d'intérêt réel pour la défense du pays, eu
égard à sa situation près de la frontière ; qu'elle était même
susceptible de tomber immédiatement entre les mains de
l'ennemi et, par suite, de servir à l'invasion de notre territoire ; que les houilles prussiennes prendraient la voie d'eau.
sauf pour une partie du département de la Moselle ; que,
d'ailleurs, elles auraient à subir la concurrence des houilles
de Belgique et de Saint-Étienne ; qu'ainsi le tronçon de Metz
à Saarbrück présenterait une utilité exclusivement locale et
que, en conséquence, il fallait y renoncer, pour réduire la
part de l'État dans les dépenses de la ligne principale et la
durée de la concession. M. de Combarel de Leyval joignit
ses efforts à ceux de M. Richond des Brus. Mais, après une
courte réplique du Ministre, l'amendement fut rejeté.

Un second amendement. ayant pour but de prolonger
l'embranchement de Reims jusqu'à la frontière de Belgique
par Réthel, Mézières et Sedan. fut présenté par MM. Chaix
d'Est-Ange. de Bussières, Oger, Lavocat et Mortimer-
Ternaux. M. Chaix d'Est-Ange invoqua à l'appui de cette

proposition l'utilité de se rapprocher de la Belgique; de relier au bassin houiller de Charleroi les villes industrielles de Reims, de Sedan, de Réthel et de Mézières; de rattacher les places fortes de Sedan, de Rocroi, de Givet avec l'est de la France et Strasbourg; de mettre l'embranchement entre les mains de la Compagnie principale qui. devait en recevoir le trafic et qui, par suite, pouvait en accepter la concession à des conditions plus conformes à l'intérêt général. Mais, sur l'observation du Ministre des travaux publics que l'instruction n'était pas complète et qu'il importait, en outre, de ne pas exagérer l'étendue de la concession faite à la Compagnie de Paris à Strasbourg. l'amendement fut rejeté.

La Chambre refusa également de prendre en considération un autre amendement de M. Cerfbeer, proposant un embranchement sur Lauterbourg et la frontière bavaroise.

M. Larabit demanda que l'emplacement de la gare de Paris fût réservé pour faire l'objet de nouvelles études; il signala les avantages du boulevard Beaumarchais, au point de vue du prix des terrains, de la longueur de la ligne, de la répartition des diverses gares de Paris. Ses observations qui, du reste, ne devaient pas avoir de sanction, puisqu'il n'y avait pas d'amendement soumis aux délibérations de la Chambre, furent réfutés par le rapporteur et par M. Legrand.

M. de La Rochejacquelein, d'accord avec MM. Peltreau-Villeneuve et Larabit, demanda que l'on cherchât à faire passer la ligne de Paris à Strasbourg par Saint-Dizier, et formula même un amendement ayant pour objet d'ajourner, jusqu'à un vote à intervenir en 1846, le tracé entre Vitry et Bar. La Chambre rejeta cette proposition.

M. Muret de Bort présenta ensuite un amendement aux termes duquel le Ministre des travaux publics pouvait réduire d'office les tarifs jusqu'à concurrence de 30 %, pour les matières premières en transit ; cet amendement, appuyé par le Ministre, provoqua de nombreuses oppositions et fut, en conséquence, retiré par son auteur.

Enfin, l'ensemble de la loi fut voté, après le rejet d'une proposition de M. de La Rochejacquelein portant autorisation au Ministre de concéder les chemins de Tours à Nantes et de Paris à Strasbourg à des Compagnies qui rembourseraient à l'État les dépenses faites par lui, sauf à porter le maximum de la durée de la concession à quarante-cinq ans, pour le premier chemin, et à soixante ans, pour le second.

IV. — RAPPORT A LA CHAMBRE DES PAIRS [M. U., 15 juillet 1845]. — M. le duc de Fézensac, rapporteur à la Chambre des pairs, formula des conclusions favorables au projet de loi.

V. — VOTE A LA CHAMBRE DES PAIRS [M. U., 19 juillet 1845]. — La loi fut votée sans discussion à la Chambre des pairs et rendue exécutoire le 19 juillet 1845.

L'adjudication du chemin de Tours à Nantes fut passée le 25 novembre 1845 au profit de MM. Mackensie et consorts, moyennant réduction de la durée du bail à trente-quatre ans quinze jours, et approuvée par ordonnance du 27 novembre 1845 [B. L., 2ᵉ sem. 1845, nº 1259, p. 1094].

Le Compagnie, constituée au capital de 40 millions en 80 000 actions, fut autorisée par ordonnance du 17 décembre 1845 [B. L., 2ᵉ sem. 1845, supp., nº 818, p. 776].

La ligne fut ouverte, par sections, de 1848 à 1851.

Quant à l'adjudication de la ligne de Paris à Strasbourg et de ses embranchements, elle fut passée le 25 novembre 1845 au profit de MM. Despans de Cubières et consorts, moyennant réduction de la durée du bail à quarante-trois

ans deux cent quatre-vingt-six jours, et approuvée par ordonnance du 27 novembre 1845 [B. L., 2ᵉ sem. 1845,
nᵒ 1259, p. 1092].

La Compagnie, constituée au capital de 125 millions, en
250 000 actions, fut autorisée par ordonnance du 17 décembre 1845 [B. L., 2ᵉ sem. 1845, supp., nᵒ 818, p. 761].

La ligne principale fut ouverte, par sections, de 1849 à
1852 ; l'embranchement de Reims le fut en 1854 ; l'embranchement de Metz, en 1850, et le prolongement de Metz à
Saarbrück, en 1851-1852.

**72. — Concession des embranchements de Dieppe et
de Fécamp sur le chemin de Rouen au Havre, et d'Aix sur
le chemin de Marseille à Avignon.** — Le 2 juin 1845
[M. U., 12 juin 1845], le Gouvernement présenta à la
Chambre des députés un autre projet de loi pour la concession, sans subvention : 1ᵒ de deux embranchements reliant
les ports de Dieppe et de Fécamp à la ligne de Rouen au
Havre ; 2ᵒ d'un embranchement rattachant Aix à Rognac,
sur la ligne d'Avignon à Marseille.

L'embranchement de Dieppe avait donné lieu à des
études nombreuses de la part des ingénieurs de l'État et
de la part de personnes étrangères à l'administration. Le
tracé que proposa le Ministre fut celui des ingénieurs ; il avait
son point d'attache à Malaunay ; sa longueur était de 50 kilomètres en nombre rond. Quant à l'embranchement de
Fécamp, son développement total était de 21 kilomètres ;
il comportait une branche sur Bolbec. Le Gouvernement
estima que ces deux embranchements devaient faire l'objet
d'une concession unique ; il avait d'ailleurs reçu, à cet
effet, des offres d'une Compagnie qui s'était entendue avec
celle du chemin de Rouen au Havre pour la fourniture du
matériel roulant et la traction des trains ; il sollicita donc

l'autorisation de déroger, dans l'espèce, à la règle de l'adjudication publique et de procéder à une concession directe,
en assignant au bail le terme fixé par la loi du 11 juin 1842,
pour la concession de la ligne principale.

Quant à l'embranchement d'Aix, son établissement avait
été provoqué par cette ville qui avait offert une subvention
d'un million, soit de la moitié de la dépense, et qui, moyennant cette subvention, avait obtenu l'engagement de la Compagnie d'Avignon à Marseille de s'en rendre concessionnaire pour une durée de quarante-cinq ans. La longueur de
ce chemin était de 24 kilomètres. Le Ministre demandait,
comme pour les deux autres embranchements, l'autorisation de faire une concession directe.

M. Pascalis, rapporteur à la Chambre des députés
[M. U., 25 juin 1845], se prononça, au nom de la Commission dont il était l'organe, pour l'adoption du projet de loi.
Il constata que, si le principe de l'adjudication publique
devait demeurer la règle générale, il pouvait y avoir un
réel intérêt à concéder directement les embranchements,
pour les placer dans les mains qui dirigeaient la ligne principale. Il exprima le vœu que l'institution des commissaires
royaux fût désormais justifiée par le choix des titulaires
et par leurs services, et que ces fonctionnaires arrivassent à
« surveiller sans inquiéter, à avertir sans embarrasser, à
« prévenir les négligences et les malheurs sans gêner la
« juste part d'indépendance à assurer aux Compagnies con-
« cessionnaires ».

Il n'y eut pour ainsi dire pas de discussion devant la
Chambre [M. U., 2 juillet 1845]. Seul M. Marquis, appuyé
par M. de Beaumont, sollicita, mais en vain, l'ajournement
de l'embranchement du port de Dieppe, dont l'intérêt lui
semblait être de se relier directement à Paris, par Gournay
et Gisors.

Le rapport de M. le marquis de Raigecourt à la Chambre des pairs [M. U., 12 juillet] fut également de [tous points favorable à la loi, qui fut votée sans débat par cette Chambre [M. U., 15 juillet 1845] et rendue exécutoire le 19 juillet 1845.

Une ordonnance du 18 septembre 1845 [B. L., 2° sem. 1845, n° 1242, p. 602], concéda à MM. d'Althon-Sée, Blount et consorts les chemins de Dieppe et de Fécamp. La Société, constituée au capital de 18 millions en 36 000 actions, fut autorisée par une deuxième ordonnance du 14 octobre 1845 [B. L., 2° sem., 1845, supp., n° 806, p. 457]. La mise en exploitation de l'embranchement de Dieppe eut lieu en 1848; l'embranchement de Fécamp ne fut ouvert qu'en 1856.

Quant à l'embranchement d'Aix il fut ajourné.

73. — Abrogation des dispositions de la loi du 11 juin 1842 relatives aux dépenses d'acquisition des terrains et bâtiments pour l'établissement des chemins de fer construits par l'État. — Nous avons vu à diverses reprises la Chambre des députés témoigner son désir de voir abroger la disposition de la loi du 11 juin 1842, qui mettait à la charge des départements et des communes les dépenses d'acquisition des terrains et bâtiments nécessaires à l'établissement des chemins de fer construits par l'État.

Cette disposition avait, en effet, soulevé dans son exécution les plus sérieuses difficultés; elle devenait d'ailleurs inapplicable par le fait de la concession, sans subvention, d'un grand nombre de lignes, appelées à desservir précisément les contrées les plus riches et les plus aptes à fournir une contribution.

Aussi, le Ministre des finances déposa-t-il, le 10 juin [M. U., 26 juin 1845], sur le bureau de la Chambre des députés un projet de loi donnant satisfaction au vœu de la Chambre.

Sur le rapport favorable de M. Vuitry [M. U., 26 juin 1845], la Chambre des députés adopta sans discussion ce projet de loi qui reçut également la sanction de la Chambre des pairs, conformément aux conclusions de M. Cordier [M. U., 15 et 18 juillet 1845].

La loi fut rendue exécutoire le 19 juillet 1845 [B. L., 2ᵉ sem. 1845, n° 1224, p. 299].

74. — **Modification des statuts de la Compagnie d'Orléans.** — Il ne nous reste à mentionner, pour clore l'année 1845, qu'une ordonnance du 18 novembre 1845 [B. L., 2ᵉ sem. 1845, supp., n° 814, p. 697], portant modification des statuts de la Compagnie de Paris à Orléans et stipulant qu'après avoir attribué une somme de 20 fr. à chaque action, avant l'amortissement du capital social, et une somme de 40 fr., après cet amortissement, il serait, sur le surplus des produits, prélevé 15 % à répartir, par le conseil d'administration, entre les employés de la Compagnie en proportion du traitement et en raison des services, d'après les bases arrêtées par l'assemblée générale.

CHAPITRE V. — ANNÉE 1846

75.— Concession du chemin d'Asnières à Argenteuil.—
Le 10 janvier 1846, le sieur Andraud obtint, par ordonnance [B. L., 1ᵉʳ sem. 1846, nº 1271, p. 48], la concession du chemin de fer d'Asnières à Argenteuil, qu'il devait exploiter par locomotives à air comprimé; la durée de cette concession était de cinquante années; les tarifs étaient ceux des cahiers des charges récemment adoptés par les Chambres; mais l'affaire n'eut pas de suite.

76. — Concession du chemin de Bordeaux à Cette et de l'embranchement de Castres. Subvention à la Compagnie.

I. — PROJET DE LOI. — Le législateur avait compris au tableau de classement de 1842 un chemin de fer de l'Océan sur la Méditerranée, par Bordeaux, Toulouse et Marseille. L'un des éléments de ce chemin était la ligne de Bordeaux à Cette.

A la suite d'études approfondies, le Ministre des travaux publics déposa le 14 juin 1845 [M. U., 24 juin 1845] un projet de loi l'autorisant à procéder par la voie de la publicité et de la concurrence à la concession de cette ligne. Le tracé suivait les vallées de la Garonne et de l'Aude, et passait par La Réole, Marmande, Tonneins, Agen, Moissac, Castel-Sarrazin, Montauban, Toulouse, Castelnaudary, Carcassonne et Béziers; il laissait de côté la ville de Castres. Le projet de loi prévoyait l'établissement et la concession d'un embranchement desservant cette ville.

La dépense de construction de la ligne principale était évaluée à 320 000 fr. par kilomètre et le produit brut, à 18 ou 20 000 fr. Le Gouvernement proposait, eu égard à ces deux chiffres, de fixer le maximum de la durée de la concession à soixante-quinze ans et d'allouer à la Compagnie une subvention de 15 millions correspondant aux indemnités de terrains.

Quant à l'embranchement de Castres, la durée du bail ne devait pas excéder quatre-vingt-dix-neuf ans.

L'exposé des motifs contenait d'ailleurs l'engagement d'étudier un raccordement entre les lignes de Paris et de Cette à la traversée de Bordeaux, soit par un pont spécial sur la Garonne, soit par une voie placée sur le pont-route déjà établi par-dessus cette rivière.

II. — RAPPORT A LA CHAMBRE DES DÉPUTÉS. — M. Duprat fut désigné comme rapporteur à la Chambre des députés.

Ainsi que le constatait son rapport, la Commission porta d'abord ses investigations sur le tracé de la ligne de Bordeaux à Cette. Elle estima que le raccordement entre les chemins de Paris à Bordeaux et de Bordeaux à Cette était indispensable; mais que, contrairement aux prévisions du cahier des charges, aux termes duquel la Compagnie concessionnaire de la ligne de Cette devait, éventuellement, supporter la moitié de la dépense de ce raccordement, il y avait lieu de rendre cette Compagnie absolument indemne, et d'imposer à la Compagnie d'Orléans à Bordeaux l'installation de sa gare au quartier de Paludate, c'est-à-dire au point d'origine du chemin de Bordeaux à Cette. Elle adhéra, d'ailleurs, à la direction indiquée par le Gouvernement.

mais en déterminant plus explicitement certains points de passage.

En ce qui concernait l'embranchement de Castres, elle pensa qu'il était préférable de le rendre solidaire de la ligne principale, sauf à augmenter et à porter à 18 millions la subvention à allouer au concessionnaire ; elle signala, sans en faire l'objet d'une stipulation explicite, l'opportunité de choisir Castelnaudary comme point de bifurcation.

Ce rapport, déposé dans la séance du 4 juillet 1845, ne put être discuté pendant la session de 1845 (1).

Au commencement de la session suivante [M. U., 13 janvier 1846], le Ministre des travaux publics vint demander à la Commission de substituer la concession directe à l'adjudication, en faisant valoir que la formation d'un grand nombre de Compagnies pour une même opération immobilisait, au grand détriment du commerce et de l'industrie, une masse considérable de capitaux ; qu'il avait cherché, pour éviter cet inconvénient, à réunir les diverses Compagnies qui sollicitaient la concession de la ligne de Bordeaux à Cette ; qu'il avait réussi à faire aboutir ces négociations ; et que la société unique ainsi constituée avait consenti à réduire à soixante ans la durée du contrat. Tout en persistant à penser que, dans certains cas, la concurrence devait produire les plus heureux effets, la Commission crut devoir, dans l'espèce, adhérer à la proposition du Ministre en raison de l'importance de l'œuvre [M. U., 13 et 14 avril 1846].

La Commission porta également son attention sur les conditions dans lesquelles s'effectueraient les relations entre Bordeaux et Marseille, par la ligne de Montpellier à Cette. Cette ligne ne se trouvait pas dans la situation voulue pour

_____

(1) Le premier rapport de M. Duprat n'a pas été publié au *Moniteur*.

desservir convenablement un transit important : l'acte de
concession semblait bien attribuer à l'administration les
droits nécessaires pour exiger des améliorations ; toutefois
des résistances étaient à craindre. La Commission jugea
utile d'armer le Ministre, pour vaincre ces résistances ; elle
introduisit donc au projet de loi une disposition d'après
laquelle le Gouvernement pouvait, le cas échéant, concéder
à la Compagnie concessionnaire du chemin de fer de Bordeaux à Cette, sans subvention, un embranchement de Mèze
à Montpellier.

III. — Discussion a la chambre des députés [M. U., 24.
25, 28 et 29 avril 1846]. — M. Gaulthier de Rumilly engagea la discussion par un discours dans lequel il condamna
le système de la concession directe, qui lui paraissait de nature à aggraver encore le monopole des chemins de fer et à
engager outre mesure la responsabilité du Gouvernement ;
il exprima au contraire ses préférences pour le système de
l'adjudication qui avait prévalu depuis 1843 et qui avait
donné des résultats si profitables au pays.

M. Cordier exposa une fois de plus les raisons qui, suivant lui, militaient en faveur des concessions perpétuelles ;
subsidiairement il se prononça, comme M. Gaulthier de
Rumilly, pour l'adjudication publique.

M. Lherbette soutint également avec virulence le principe de l'adjudication, au moins dans l'espèce ; il critiqua
très vivement la conduite du Ministre qui avait provoqué la
fusion des quatre Compagnies en instance pour obtenir la
concession et amené ainsi une véritable coalition de ces
sociétés ; il énuméra les dangers et les abus auxquels pouvait et devait donner lieu la concession directe.

Le rapporteur, M. Duprat, défendit l'avis de la Commission, en faisant valoir, comme il l'avait déjà fait dans

son rapport, que pour des entreprises d'une telle importance, accessibles seulement à de puissantes sociétés financières, la concurrence de l'adjudication était illusoire et que, en outre, cette forme de concession avait le très grave inconvénient d'immobiliser pendant de longs mois des capitaux considérables.

La discussion générale fut fermée ; mais le débat se rouvrit sur la question, à propos de la discussion des articles. M. Luneau, se faisant, comme MM. Gaulthier de Rumilly et Lherbette, le champion de l'adjudication, accusa le Gouvernement de motiver sa prédilection actuelle pour les concessions directes par des abus qu'il aurait pu prévoir, s'il avait présenté en temps utile au Parlement les dispositions législatives nécessaires, ou même s'il avait voulu se servir de la législation en vigueur. Le Ministre n'avait-il pas combattu les clauses que la commission du chemin de fer du Nord avait en vue pour réprimer l'agiotage ? Avait-il même exigé, avant l'adjudication de ce chemin, la réalisation des conditions édictées par la loi ? N'avait-il pas admis des soumissions de sociétés qui avaient exagéré le nombre de leurs titres et trompé ainsi le public sur la valeur de ces titres ? M. Luneau termina en rappelant qu'il s'était toujours montré partisan du maintien des chemins de fer entre les mains de l'État et que, plus tard, on regretterait certainement de ne pas avoir écouté sa voix et d'avoir constitué des monopoles aussi écrasants que ceux des Compagnies.

M. Dumon, Ministre des travaux publics, défendit sa proposition, en expliquant qu'il s'était trouvé en présence d'un grand nombre de Compagnies dont aucune n'aurait pu remplir les conditions fixées pour prendre part à l'adjudication ; que ces Compagnies se seraient nécessairement coalisées ; que, dès lors, leurs prétentions auraient été exclusivement limitées par le *maximum de durée du bail* à déterminer avant l'adjudication, c'est-à-dire par un chiffre peu différent de celui de la loi ; qu'il avait certainement fait œuvre utile en prenant lui-même l'initiative de la fusion, en la dirigeant et en obtenant une réduction de quinze années dans la durée de la concession ; que, d'ailleurs, il avait exigé de la Compagnie unique, formée à sa demande, les garanties voulues et qu'il avait eu soin de s'éclairer à cet égard de l'avis d'une Commission comprenant dans son sein des membres éminents du Gouvernement, de la banque, du commerce et de l'administration.

M. Crémieux reprit la thèse de l'adjudication, en montrant, d'une part, les avantages qu'elle avait produits, la réduction considérable qu'elle avait amenée dans la durée de la concession du chemin de fer du Nord, et, d'autre part, les conséquences désastreuses que le système de la concession directe avait eues pour le pays, au point de vue de la durée des contrats et des charges imposées au Trésor. Il s'attacha, en outre, à démontrer que l'adjudication prêtait moins à l'agiotage que la concession directe. Après une réplique du Ministre, l'amendement proposé par M. Crémieux fut rejeté par 128 voix contre 111.

Ainsi battu sur le système de concession, M. Gaulthier de Rumilly montra que la Chambre se déjugerait en statuant non seulement sur les conditions du contrat, mais encore sur le nom des concessionnaires, alors qu'en 1844, à la suite d'un débat approfondi, elle avait reconnu tous les inconvénients de ce mode de procéder et y avait renoncé sur la demande même du Ministre. Il proposa donc, d'accord avec M. Grandin, de se borner à donner au Ministre des travaux publics l'autorisation de traiter aux conditions déterminées par la loi. Cette proposition fut repoussée.

La branche de Castres eut à subir un assaut vigoureux de MM. Mortimer-Ternaux, Vivien et Lanyer : c'était, en effet, la première fois qu'une subvention de plusieurs millions était attribuée à un embranchement ; c'était la première fois qu'on voulait s'écarter si ouvertement de l'esprit de la loi de 1842, en faisant concourir le Trésor, non seulement aux lignes principales, mais encore aux lignes secondaires. Le trafic du chemin de Castres devait, d'ailleurs, être de peu d'importance. M. Berryer, M. Martin (de la Haute-Garonne) et le Ministre des travaux publics insistèrent en vain sur la puissance industrielle et manufacturière de Castres, sur l'accroissement de recette que l'embranchement assurerait à la ligne principale, sur l'économie que sa construction ferait réaliser par l'État en évitant des travaux considérables de canalisation depuis longtemps réclamés par la région ; malgré leurs efforts, l'adjonction de la ligne de Castres à celle de Bordeaux à Cette, avec subvention de 3 millions, fut repoussée.

Toutefois, la Commission, d'accord avec le Gouvernement, reprit la question en demandant l'inscription dans la loi d'un article qui autoriserait le Gouvernement, d'une part, à concéder isolément l'embranchement, sans subvention, pour une durée maximum de quatre-vingt-dix-neuf ans et, d'autre part, à le remettre au concessionnaire de la ligne principale, si celui-ci y consentait, moyennant une augmentation de six ans et demi dans la durée de son contrat. MM. Lanyer et Luneau réclamèrent la suppression de cette dernière partie de l'article qui tendait à l'allocation déguisée d'une subvention ; mais ils avaient contre eux plusieurs précédents et succombèrent.

MM. Garcias, Paris et de Castellane présentèrent un amendement tendant à la concession, pour quatre-vingt-dix-neuf ans au plus, d'un chemin de Narbonne à Perpignan, Port-Vendres et la frontière d'Espagne, en le motivant par l'importance du port de la Nouvelle ; par l'utilité de des-

servir Port-Vendres, le point de notre littoral le plus
rapproché d'Oran : par la convenance de nous mettre en
relation avec la riche province de la Catalogne. Mais ils
retirèrent cet amendement, sur la promesse du Ministre
de soumettre ultérieurement des propositions au Parlement.

La Chambre rejeta ensuite une proposition de M. Grandin ayant pour objet de stipuler explicitement, dans le
cahier des charges, que le droit d'homologation du Ministre
était un droit effectif et que le Ministre avait toujours le
pouvoir de refuser sa sanction à un tarif, même inférieur à
celui du tarif maximum ; l'administration fit connaître,
à cette occasion, que son autorité en matière d'homologation était incontestable, mais qu'elle entendait apporter la plus grande réserve à l'exercice de son droit de
veto.

Le chiffre de 15 millions, fixé pour la subvention à allouer au concessionnaire, fut adopté contrairement à un
amendement de MM. Mortimer-Ternaux et Luneau qui voulaient le réduire à 12 millions.

MM. Granier et de Larcy, appuyés par M. Berryer,
sollicitèrent de la Chambre une modification à la clause qui
conférait au Gouvernement la faculté de concéder à la Compagnie de Bordeaux à Cette une ligne de Mèze à Montpellier, au cas où la Compagnie de Cette à Montpellier ne
réaliserait pas les améliorations voulues pour assurer le
transit de Bordeaux à Marseille ; ils demandèrent que la
Compagnie de Bordeaux à Cette fût liée par un engagement précis de construire la ligne de Mèze à Montpellier,
si cette ligne lui était imposée. Malgré sa sagesse, cette demande fut repoussée, puis l'ensemble de la loi fut voté.

IV. — RAPPORT A LA CHAMBRE DES PAIRS [M. U., 1er et

2 juin 1846]. — Le rapport à la Chambre des pairs fut présenté par M. Girard. Nous y relevons les faits suivants. Au 1ᵉʳ janvier 1847, la somme nécessaire pour acquitter tous les travaux décidés ou entrepris en chemins de fer, routes, ports maritimes, rivières et canaux, constructions et approvisionnements de la marine, fortifications et travaux divers, était de 964 millions, à dépenser en dix ans. D'un autre côté, les dépenses de chemins de fer, tant à la charge des Compagnies qu'à la charge de l'État, se chiffraient comme l'indique le tableau ci-dessous.

	LONGUEUR	DÉPENSES.	CONTINGENT	
			Des Compagnies.	De l'État.
	Km.	Fr.	Fr.	Fr.
1. — Chemins exécutés ou en cours de construction.				
Chemins de Paris à la Belgique, — à Strasbourg, — à Lyon, — à Orléans, — à Saint-Germain, — à Versailles, — à Rouen, — de Creil à Saint-Quentin, — de Fampoux à Hazebrouck, — de Metz à Saarbrück, — d'Avignon à Marseille, — d'Orléans à Bordeaux, — d'Orléans à Châteauroux, — de Versailles à Chartres, — de Rouen au Havre, — de Strasbourg à Bâle, — de Montpellier à Nîmes, — d'Amiens à Boulogne, — de Montereau à Troyes, — de Montpellier à Cette.	3 889	1 279 000 000	979 000 000	300 000 000
2. — Chemins autorisés, mais non encore exécutés.				
De Lyon à Avignon, — d'Aix à Marseille, — de Corbeil à Melun.	368	126 000 000	126 000 000	»
3. — Chemins proposés dans la session de 1846.				
De Bordeaux à Cette, — à Bayonne ; — de Dijon à Mulhouse, — de Dôle à Salins, — de Saint-Dizier à Gray, — de Chartres à Rennes, — de Caen à Paris, — de Châteauroux à Limoges, — du Bec-d'Allier à Clermont.	2 216	705 000 000	555 000 000	150 000 000
Totaux	6 473	2 110 000 000	1 660 000 000	450 000 000
Il avait été déjà versé sur ces sommes.			438 000 000	182 000 000
Différence			1 222 000 000	268 000 000

Les actions émises ou à émettre par les Compagnies
étaient au nombre de 3 100 000, savoir :

Actions émises et entièrement libérées...............	390 000
Actions émises et libérées pour près d'un tiers.......	1 510 000
Actions à émettre........................	1 200 000
Total pareil.........	3 100 000

Les dépenses restant à faire, tant par les Compagnies que
par l'État, s'élevaient à 1 500 000 000 fr.; l'appel annuel à
faire au crédit était de 300 millions.

La Commission dut se demander si la capacité financière
du pays ne serait pas mise en défaut, s'il ne se produirait
pas un renchérissement considérable dans le prix des matières premières et de la main d'œuvre, s'il ne surgirait pas
une crise à la Bourse, si l'agriculture et les industries autres
que celle des chemins de fer ne souffriraient pas du développement excessif des chantiers, si elles ne manqueraient
pas de bras et de capitaux. Elle ne pensa pas que l'effort fût
hors de proportion avec les ressources du pays, attendu
que la somme à dépenser n'atteignait pas la valeur d'une
année du revenu public et produirait immédiatement une
augmentation des contributions ainsi qu'une réduction considérable des frais et des délais de transport. Elle conclut
donc à l'adoption du projet de loi, mais en exprimant le
regret que certains détails du tracé n'eussent pas été mieux
déterminés et en signalant à l'attention du Ministre l'utilité
d'obliger les fondateurs de la Compagnie à posséder un
nombre suffisant d'actions immobilisées jusqu'à la fin des
travaux.

v. — DISCUSSION A LA CHAMBRE DES PAIRS [M. U., 3 et
4 juin 1846]. — La discussion générale à la Chambre des
pairs fut assez longue; elle porta exclusivement sur la situation financière de la France. MM. le marquis d'Audiffret,

le comte Beugnot et le marquis de Barthélemy insistèrent sur la rapidité excessive imprimée, suivant eux, à l'œuvre des chemins de fer ; MM. Lacave-Laplagne, Ministre des finances, et Dumon, Ministre des travaux publics, s'efforcèrent au contraire de démontrer que. cette œuvre se poursuivait avec prudence et dans les limites des forces vives du pays, de manière à éviter toute crise, toute perturbation économique. A la suite des déclarations du Cabinet, la loi fut votée sans débat sur aucun point important. Elle fut rendue exécutoire le 21 juin 1846 [B. L., 2ᵉ sem. 1846, nᵒ 1307, p. 5].

L'embranchement de Castres fut concédé par ordonnance du 1ᵉʳ juillet 1846 [B. L., 1ᵉʳ sem. 1846, nᵒ 1037, p. 23], à la Compagnie de Bordeaux à Cette, moyennant une augmentation de six ans six mois, dans la durée de la concession qui fut ainsi portée à soixante-six ans six mois.

Une deuxième ordonnance, du 24 septembre 1846 [B. L., 2ᵉ sem. 1846, nᵒ 862, p. 233], approuva les statuts de la Société, constituée au capital de 140 millions, en 280 000 actions.

77. — Classement de la ligne de Paris à Caen et à Cherbourg, avec embranchement sur Rouen. Autorisation de concéder le chemin de Paris à Caen, l'embranchement de Caen à Rouen, le chemin de Versailles à Rennes et les embranchements du Mans sur Caen et de Chartres sur Alençon.

I. — PROJET DE LOI. — Les travaux de la section de Versailles à Chartres étaient en pleine activité. Le Gouvernement dut se préoccuper du prolongement sur Rennes ; il présenta, le 5 juin 1845, à la Chambre des députés [M. U., 15 juin 1845], un projet de loi portant concession de la ligne de Versailles à Rennes à une société formée par la fusion des deux Compagnies de Versailles, et mettant ainsi fin à une rivalité qui était une cause continuelle de pertes et de sacrifices pour ces deux Compagnies, ainsi que de dangers pour le public.

La ligne devait être faite dans le système de la loi du 11 juin 1842 : la dépense kilométrique à la charge des concessionnaires était évaluée à 140 000 fr., ce qui correspondait à une dépense totale de 50 millions, y compris les travaux d'agrandissement des gares de Paris et de Versailles, et les travaux complémentaires à exécuter sur le chemin de Versailles, rive gauche. D'autre part, le revenu brut pouvait être estimé à 18 000 fr. par kilomètre et le revenu net à 9 000 fr.; en attribuant aux actionnaires un intérêt de 5 1/2 %, on était, par suite, conduit à fixer à cinquante-cinq ans la durée de la concession.

Les cahiers des charges des chemins de Versailles étaient remaniés. Le terme de leur concession était rapproché, de manière à coïncider avec celui du contrat relatif à la ligne de Versailles à Rennes. Ils rentraient sous l'empire du droit commun pour le transport des marchandises, bestiaux et objets divers, des militaires, des voitures cellulaires, des dépêches de l'administration des postes; pour l'établissement des télégraphes électriques; pour la faculté de rachat. Toutefois, il était fait remise de 2 800 000 fr. sur les 5 millions prêtés à la Compagnie de la rive gauche, et le remboursement de cette somme, y compris les intérêts à 3 %, était échelonné sur les cinquante-cinq années de la concession.

Le projet de loi laissait encore indéterminé le passage de la ligne de Versailles à Rennes par Alençon ou par le Mans.

II. — Rapport a la chambre des députés. — La Commission, dont M. Lacrosse fut le rapporteur, crut devoir
élargir beaucoup le cadre du projet de loi du Gouvernement et y inscrire le classement d'un chemin de Paris à
Cherbourg par Bernay et Caen, avec embranchement sur
Rouen, et d'un chemin transversal de Caen à la Loire, par
Alençon et le Mans. Ce classement lui paraissait justifié par
les intérêts de la région de l'Ouest.

En ce qui touchait la ligne de Versailles à Rennes, la
Commission, partageant les appréciations du Ministre sur
l'utilité de la fusion des deux Compagnies de Versailles,
souscrivit à la concesssion directe ; mais elle repoussa la
remise partielle de la dette de la Compagnie de la rive
gauche, et se borna à acquiescer à la réduction de 4 à 3 %
du taux de l'intérêt et à l'échelonnement du remboursement sur toute la période de la concession. Considérant que
la ligne transversale classée par elle viendrait verser son
trafic sur celle de Versailles à Rennes, elle réduisit à
cinquante ans la durée du contrat. Elle stipula que la concession de ce chemin ne pourrait devenir définitive qu'après
dissolution et liquidation des deux Compagnies de Versailles
et après homologation, par ordonnance, des statuts de la
Compagnie formée par leur réunion. Elle inséra d'ailleurs
dans la loi l'obligation pour la Compagnie de faire entièrement à ses frais celle des deux variantes d'Alençon ou
du Mans qui ne serait pas empruntée par la ligne principale,
moyennant une concession de soixante-quinze ans.

La discussion du projet de loi ne put avoir lieu pendant
la session de 1845.

Au commencement de la session suivante, M. Lacrosse
rédigea un rapport supplémentaire [M. U., 21 janvier 1846].
Après avoir fait connaître que « la Commission s'était con-
« firmée dans son opinion sur la convenance de ne pas pro-

« céder, en matière de chemins de fer, autrement que par
« groupe de circulation », il justifia la disposition d'un nouveau texte de projet de loi, qu'après entente avec le Ministre
des travaux publics, cette Commission soumettait à la sanction de la Chambre. Comme le précédent, ce projet de loi
classait une ligne de Paris à Cherbourg, par Évreux et Caen,
avec embranchement sur Rouen; mais il portait, en outre,
concession directe de ce chemin et de son embranchement
à MM. le comte de Breteuil, le duc de Plaisance, Édouard
Blount et Michelet. La ligne principale s'embranchait sur
celle de Paris à Rouen, en amont de Rolleboise, et passait
par Conches, Serquigny, Bernay, Lisieux et Mézidon; la
branche de Rouen se détachait à Serquigny et passait par
Brionne et Glos-sur-Rille. Conformément aux résultats d'un
accord intervenu entre les nouveaux concessionnaires, la
Compagnie de Rouen et le Ministre des travaux publics, le
tronc commun aux chemins de Paris à Rouen et de Paris à
Caen était soumis aux tarifs et clauses des cahiers des charges
les plus récents; la Compagnie de Rouen, prenant en considération le trafic que lui apporterait la ligne de Caen, consentait à accepter les conditions des cahiers des charges du
Nord, de Lyon et de l'Ouest, pour les services publics et particulièrement pour le service postal; elle s'engageait, en
outre, à couvrir les voitures de 3e classe, sans en augmenter
la taxe. La durée de la concession était fixée à soixante-douze
ans. Le rapport renfermait d'ailleurs des indications qui
témoignaient d'un revirement d'opinion en faveur des concessions directes et contre les adjudications.

Le projet de loi élaboré par la Commission concédait à
MM. Émile Péreire, Thurneyssen et Tarbé des Sablons,
ainsi que l'avait proposé le Gouvernement, le chemin de fer
de Versailles à Rennes par Chartres, le Mans et Laval, mais
en y adjoignant deux embranchements du Mans sur Caen et

de Chartres sur Alençon. L'État prenait à sa charge l'infrastructure de la ligne principale ; la Compagnie avait à pourvoir au surplus des travaux ; elle s'engageait, en outre, à faire à Paris, sur la rive gauche, une grande gare évaluée à huit ou dix millions. Eu égard à ce sacrifice complémentaire, la durée de la concession de la ligne de Versailles à Rennes était portée à soixante ans; celle des embranchements restait fixée à soixante-quinze ans. Le chemin du Mans sur Caen passait par ou près Alençon, Séez, Argentan, Saint-Pierre-sur-Dives, et aboutissait à Mézidon, sur le chemin de Paris à Caen. La branche de Chartres sur Alençon se détachait de la ligne de Versailles à Rennes, près de la Loupe. De même qu'à la fin de la session de 1845, la Commission subordonnait la concession à la dissolution et à la liquidation des deux Compagnies de Paris à Versailles, rive droite et rive gauche, ainsi qu'à la détermination de la valeur relative de l'actif et du passif de chacune des deux Compagnies et du prix pour lequel leurs actions seraient comptées dans la formation du fonds social de la Compagnie de l'Ouest, d'après les règles établies par deux traités intervenus entre lesdites Compagnies les 4 février 1845 et 15 avril 1846. La nouvelle Compagnie devait, avant la signature de la convention, rapporter le consentement de la Compagnie de Paris à Saint-Germain: 1° à effectuer dans la gare de Saint-Lazare, pour le tronc commun d'Asnières à Paris, tous les agrandissements et améliorations jugés nécessaires par l'administration supérieure ; 2° à accepter, pour le passage sur ce tronc commun des voyageurs et marchandises en provenance ou à destination d'un point quelconque de la ligne de Versailles à Rennes et de ses embranchements, le péage réduit stipulé pour cette dernière ligne ; 3° à ne réclamer que 0 fr. 15 pour le droit de gare des voyageurs arrivant à Saint-Lazare. Les tarifs du cahier des charges du chemin de Rennes étaient rendus applicables aux deux chemins de Versailles dont la concession était ramenée au terme assigné à celle des premiers chemins. Les dispositions concernant le droit de rachat, les commissaires royaux, les traités de correspondance, les immunités des transports militaires et autres transports publics, étaient également étendues aux lignes de Paris à Versailles.

III. — DISCUSSION A LA CHAMBRE DES DÉPUTÉS [M. U., 29 et 30 avril, 1er, 3, 5 et 6 mai 1846]. — MM. Desmousseaux, de Givré, Luneau, Gaulthier de Rumilly et Vavin s'élevèrent très vivement contre la concession directe, contre l'influence prépondérante que prenaient les Compagnies et principalement la maison Laffite; M. Vavin se plaignit, notamment, de ce que les conditions faites à la société à laquelle on proposait de concéder le chemin de Versailles à Rouen fussent désavantageuses pour l'État et par trop favorables à la Compagnie de Saint-Germain, et de ce que la rive gauche de Paris fût absolument deshéritée au profit de la rive droite.

M. de la Plesse leur répondit en faisant remarquer qu'une seule Compagnie s'était présentée pour solliciter la concession de la ligne de Versailles à Rouen ; que, dès lors, la concession directe se justifiait d'elle-même ; que le double débarcadère prévu à Paris s'imposait par la force des choses; que l'intérêt des habitants d'une fraction de la capitale ne pouvait être mis en balance avec celui des populations beaucoup plus nombreuses de la région de l'Ouest.

M. Lestiboudois prononça un discours dans lequel il signala la nécessité de compléter le réseau de l'Ouest, de manière à mettre en communication Paris avec Brest et avec

Cherbourg, les ports de l'Océan entre eux et avec ceux de la Méditerranée, et à permettre ainsi la concentration rapide de nos marins sur les points du littoral où leur présence serait utile à la défense du pays.

A la suite d'explications générales données par le rapporteur, la Chambre passa à la discussion des articles.

Le classement du chemin de fer de Paris à Cherbourg par Evreux et Caen, avec embranchement sur Rouen, fut adopté.

Un amendement de MM. Dutertre, Desmousseaux de Givré et de Saint-Aulaire, ayant pour objet d'effacer de la loi le nom de la société concessionnaire et de donner simplement au Ministre l'autorisation de concéder les lignes, puis de les mettre en adjudication si la concession directe n'était pas réalisée dans un délai de six mois, fut repoussé par la Chambre, malgré l'appui de MM. Berryer et Grandin.

La Chambre, passant à l'examen du cahier des charges, adopta un amendement de M. de Fontette tendant à dénommer à la 1ʳᵉ classe des marchandises les huîtres et poissons frais.

M. Grandin contesta que les engagements pris par la Compagnie de Rouen procurassent des avantages sérieux au public et compensassent, d'une part, l'augmentation de recette assurée à cette Compagnie par la circulation des voyageurs et des marchandises sur le tronc commun entre Rolleboise et Paris et, d'autre part, la garantie qui lui était donnée implicitement de ne pas établir de chemins concurrents ; il demanda donc : 1° qu'elle acceptât pour l'avenir les tarifs des nouveaux cahiers des charges, inférieurs à ceux de son contrat ; 2° qu'elle transportât gratuitement, jusqu'à concurrence de 30 kilogrammes au lieu de 15 kilogrammes, les bagages des voyageurs ; 3° qu'elle fût soumise à la clause de la lettre de voiture. Mais le Ministre des travaux publics combattit l'argumentation de M. Grandin et obtint que la Chambre admit seulement la troisième partie de son amendement.

La Chambre adopta, d'accord avec la Commission et le Gouvernement et sur l'initiative de M. Garnier-Pagès, une disposition d'après laquelle « toute réduction de tarifs con-
« sentie sur la totalité ou sur l'une des sections de la ligne
« de Rouen, en faveur des voyageurs, bestiaux, marchan-
« dises et autres objets transportés de Rouen à Paris et ré-
« ciproquement, pourrait être déclarée, par l'administra-
« tion supérieure, applicable sur les sections du chemin de
« Rouen à Paris parcourues par les voyageurs, bestiaux,
« marchandises ou autres objets transportés d'une station
« du chemin de Caen à une station du chemin de Rouen et
« réciproquement ».

M. Hernoux et dix autres députés présentèrent ensuite une proposition ayant pour but de stipuler que la section de Caen à Cherbourg serait exécutée dans le système de la loi de 1842 et recevrait immédiatement une dotation : cette proposition, défendue dans l'intérêt du port militaire de Cherbourg par l'amiral de Hell, M. de Beaumont, M. Guizot, et acceptée par le Gouvernement, fut combattue par MM. Billault, Lanyer et Darblay, eu égard à l'insuffisance des études ; elle échoua par 119 voix contre 117.

En ce qui concernait le chemin de Versailles à Rennes, la Commission avait proposé après coup, d'accord avec le Gouvernement, de donner au Ministre la faculté de procéder à une adjudication, dans le cas où les formalités auxquelles était subordonnée la concession directe ne seraient pas accomplies dans un délai de six mois. Elle n'avait prévu pour ce cas qu'un raccordement avec la ligne de Versailles, rive gauche.

M. Luneau formula un amendement qui entraînait l'adjudication immédiate ; il attaqua très vivement à cette occasion la dépendance dans laquelle on se plaçait vis-à-vis de la Compagnie de Saint-Germain, pour la partie du trafic qui devait arriver à la gare Saint-Lazare ou en partir ; il exprima ses préférences pour la combinaison qui consistait à faire aboutir exclusivement sur la rive gauche la ligne de Bretagne. M. Vavin appuya la thèse de M. Luneau qui, sur la demande du Ministre des travaux publics, fut repoussée par la Chambre.

M. Jollivet développa ensuite un amendement aux termes duquel la ligne, au lieu de passer par le Mans, devait passer par Alençon, de manière à suivre l'itinéraire le plus direct, celui qu'empruntait antérieurement le courant des affaires. Mais il n'obtint pas un vote favorable.

M. Boudet, appuyé par M. Collignon, fut plus heureux dans la discussion d'un amendement ayant pour but de déterminer Sillé-le-Guillaume comme point de passage du tracé.

Un autre amendement de M. de Tracy, appuyé par M. Grandin et tendant à détacher l'embranchement d'Alençon non point à la Loupe, mais près de Versailles, et à lui faire desservir Dreux, Verneuil et Laigle, fut combattu par le rapporteur et rejeté à raison de l'augmentation qu'il entraînait dans le développement et la dépense des lignes à construire et du refus de la Compagnie d'y souscrire.

Il en fut de même : 1° de deux propositions, l'une de M. Vavin ayant pour objet d'interdire la mise en service du raccordement avec le chemin de Versailles, rive droite, avant celle du raccordement de rive gauche, et l'autre de M. de Jouvencel prescrivant la simultanéité d'ouverture à l'exploitation ; 2° d'un amendement de M. l'amiral Le Ray, appuyé par M. Monier de la Sizeranne et ayant pour but de faire fixer, d'ores et déjà, à Conlie le point de bifurcation de la ligne du Mans à Caen.

Sur la demande de M. de la Plesse, la chaux destinée à l'amendement des terres fut assimilée à la houille dans le tarif du cahier des charges.

Un délai de cinq ans fut fixé pour l'exécution des travaux d'agrandissement des gares des Batignolles et de celle de Vaugirard, et pour la création de la gare de Montparnasse.

Puis la Chambre repoussa un amendement de M. Vavin stipulant que le nombre des départs et des arrivées serait aussi grand par la rive gauche que par la rive droite et même que, si l'expérience démontrait le danger de recevoir par la rive droite la partie du trafic dont elle devait ainsi bénéficier, l'excédant serait reporté sur la rive gauche.

Elle refusa de même de sanctionner un amendement de MM. Chasles et Boudet portant que, au cas où il serait procédé à une adjudication, le concessionnaire serait libre de choisir entre l'une ou l'autre des lignes de Versailles, pour son raccordement vers Paris.

IV. — RAPPORT A LA CHAMBRE DES PAIRS. — La commission de la Chambre des pairs, dont M. le marquis de Raigecourt fut l'interprète, conclut à l'adoption du projet de loi, tout en recommandant, pour l'avenir, au Cabinet d'être sobre dans le développement du réseau [M. U., 30 mai 1846].

V. — VOTE A LA CHAMBRE DES PAIRS [M. U., 9 juin 1846]. — La loi fut votée à la Chambre des pairs après une manifestation infructueuse en faveur du tracé par Alençon pour la ligne de Versailles à Rennes.

Elle fut rendue exécutoire le 21 juin 1846 [B. L., 1er sem. 1846, n° 1308, p. 29].

78. — Allocation pour l'exécution par l'État du chemin du Centre, entre Châteauroux et Limoges, et entre le Bec-d'Allier et Clermont.

I. — PROJET DE LOI. — Une loi du 26 juillet 1844 avait classé, parmi les grandes lignes de chemins de fer, le prolongement de la ligne du Centre, d'une part sur Vierzon et Limoges, d'autre part de Bourges sur Clermont ; ouvert des crédits pour la construction des sections de Vierzon à Châteauroux et de Vierzon au Bec-d'Allier ; et autorisé l'adjudication, en un seul lot, de l'exploitation du chemin d'Orléans à Vierzon et des deux sections précitées. Le 17 avril 1846 [M. U., 19 avril 1846], le Gouvernement présenta un projet de loi portant allocation de crédits pour la construction des tronçons de Châteauroux à Limoges et du Bec-d'Allier à Clermont, avec embranchement sur Nevers.

La ligne de Châteauroux à Limoges devait passer par Argentan et La Souterraine, de manière à suivre la route de Paris à Toulouse, sur laquelle le mouvement du roulage était très actif ; sa longueur était de 142 kilomètres ; la dépense d'infrastructure était évaluée à 300 000 fr. par kilomètres ; le revenu brut n'était pas estimé à plus de 10 000 fr.; cependant le Gouvernement considérait l'établissement du chemin comme une œuvre de justice vis-à-vis de populations pauvres, déshéritées et appelées néanmoins à contribuer à la constitution de notre réseau national.

Quant à la ligne du Bec-d'Allier à Clermont, deux tracés avaient été étudiés concurremment : l'un passait par Nevers, l'autre plus direct suivait la vallée de l'Allier et ne desservait cette ville que par un embranchement ; ce fut cette dernière direction qui prévalut dans les conseils du Gouvernement, comme plus économique, plus courte pour les transports du Centre vers Paris ou réciproquement, et plus

favorable, au point de vue technique. La longueur de la
ligne principale était de 152 kilomètres ; celle de l'embranchement de Nevers, de 10 kilomètres. La dépense de l'infrastructure était estimée à 150 000 fr. par kilomètre.

II. — RAPPORT A LA CHAMBRE DES DÉPUTÉS [M. U., 6 mai
1846]. — Dans son rapport à la Chambre des députés,
M. Dessauret conclut à adopter les propositions du Gouvernement ; il insista tout particulièrement sur l'opportunité
de ne pas dévier la ligne du Bec-d'Allier à Clermont de sa
direction naturelle par la vallée de l'Allier, pour la faire
passer par Nevers : il émit en outre le vœu que la ligne de
Châteauroux à Limoges fût ultérieurement prolongée jusqu'à sa jonction avec le chemin de Bordeaux à Cette.

III. — DISCUSSION A LA CHAMBRE DES DÉPUTÉS [M. U.,
8, 9 et 10 mai 1846]. — 1° *Chemin de Châteauroux à Limoges.*
— Un premier amendement de M. Delavau ayant pour but
de faire passer la ligne par Bénévent, de manière à la rapprocher de la Creuse et à raccourcir la distance à parcourir
par le trafic de transit, fut combattu par M. Talabot et par
le Ministre, comme sacrifiant les courants préexistants de
circulation, et rejeté par la Chambre des députés.

Un second amendement de M. Boudousquié ayant pour
but d'obtenir le classement immédiat du prolongement sur
Toulouse, fut retiré sur la promesse du Ministre de ne pas
perdre de vue l'étude de la question.

2° *Chemin du Bec-d'Allier à Clermont.* — Un amendement
de MM. Dupin, Manuel et Benoist, tendant à l'adoption du
tracé par Nevers, fut très chaudement défendu par ses
auteurs, mais retiré en présence de l'accueil peu sympa-
thique qui lui était fait.

Puis l'ensemble de la loi fut voté.

IV. — RAPPORT A LA CHAMBRE DES PAIRS [M. U., 30 mai 1846]. — La commission de la Chambre des pairs, par l'organe de M. le baron de Barante, émit un avis favorable, tout en conseillant au Gouvernement de concéder ultérieurement les deux lignes à l'industrie privée et d'y adjoindre au besoin un embranchement sur Lyon, afin de ne pas surcharger outre mesure les finances publiques.

V. — VOTE A LA CHAMBRE DES PAIRS. — La loi fut votée sans discussion par la Chambre des pairs [M. U., 9 juin 1846] et rendue exécutoire le 21 juin 1846 [B. L., 2ᵉ sem. 1846, n° 1312, p. 281].

79. — Autorisation de concéder le chemin de Saint-Dizier à Gray et allocation pour l'exécution des travaux par l'État, en cas d'insuccès de l'adjudication.

I. — PROJET DE LOI [M. U., 24 mai 1846]. — En 1845, le Ministre, justement préoccupé des intérêts du groupe métallurgique de Saint-Dizier et de la nécessité de faciliter l'accès des houilles à ce groupe, avait présenté un projet de loi relatif à l'établissement d'un canal de jonction de la Marne à la Saône. Mais, sur les instances du conseil général de la Haute-Marne et des populations, il crut devoir substituer au projet du canal celui d'un chemin de fer de Saint-Dizier à Gray, se rattachant, à Saint-Dizier, au chemin de Paris à Strasbourg qui était alors considéré comme devant desservir cette localité. Le tracé passait par Joinville, Chaumont et Langres. Son développement était de 54 kilomètres. La dépense d'infrastructure était évaluée à 200 000 fr. par kilomètre et celle de superstructure, à 150 000 fr. Les produits de la ligne n'avaient pu être exactement appréciés, mais il était avéré que ces produits ne seraient pas suffisants pour rémunérer la totalité de la dépense de premier établissement. Aussi le Gouvernement proposait-il l'application de la loi de 1842 et, par suite, l'allocation de crédits pour l'exécution par l'État de l'infrastructure.

II. — RAPPORT A LA CHAMBRE DES DÉPUTÉS [M. U., 23 avril 1846]. — Dans son rapport à la Chambre des députés, M. de Bussières constata que la Haute-Marne produisait à elle seule le neuvième des fontes et le douzième des fers de la fabrication générale du pays ; qu'elle possédait les plus riches gisements de minerais de la France ; que, seule de toutes les régions métallurgiques, elle n'était pas dotée de voies économiques de transport pour l'importation des houilles et l'exportation des produits de sa fabrication. Il donna son adhésion à la substitution d'un chemin de fer au canal, en raison : 1° des vœux exprimés dans ce but par le conseil général de la Haute-Marne et les maîtres de forges de ce département ; 2° de l'économie de construction qui en résulterait pour l'État ; 3° de la concession récente de certaines lignes exécutées dans le système de la loi de 1842, concession qui rendait disponible des ressources importantes ; 4° de la formation de Compagnies prêtes à soumissionner le nouveau chemin et même certains embranchements venant s'y greffer. Il adhéra également au tracé. Il fit en outre connaître que, d'après des travaux statistiques récents, le produit brut kilométrique serait au moins de 23 000 fr. et le produit net, de 11 500 fr. ; il conclut à l'adoption du projet de loi.

III. — DISCUSSION A LA CHAMBRE DES DÉPUTÉS [M. U., 7, 8, 9 et 10 mai 1846]. — Au début de la discussion générale, M. Collignon demanda l'ajournement du chemin de fer pour un délai de deux ou trois années, en invoquant le renché-

1   36

rissement excessif de la main-d'œuvre. La hausse des salaires devait atteindre, suivant lui, 40 à 50 °/₀ sur l'ensemble du territoire, et 60 °/₀ dans l'Est; des travaux montant à 545 millions étaient engagés, tant par l'État que par les Compagnies, dans cette dernière région; on ne pouvait d'ailleurs plus compter sur les ouvriers étrangers qui étaient retenus chez eux par des travaux analogues. Le crédit public, celui des Compagnies et les intérêts de l'agriculture et de l'industrie seraient mis en péril, si on se laissait aller à trop de précipitation. Le chemin de Saint-Dizier à Gray ne présentait d'ailleurs aucun caractère d'urgence, puisque son établissement n'exigeait pas plus de trois ans et que, d'autre part, son utilisation était subordonnée à l'achèvement d'autres lignes auxquelles il fallait encore consacrer cinq ou six années.

Le Ministre des travaux publics répliqua à M. Collignon, en faisant observer que l'œuvre générale des chemins de fer était intéressée à l'abaissement du prix des rails et par suite au développement de l'industrie métallurgique; que cette seule considération suffisait à justifier la proposition du Gouvernement; que d'ailleurs la ligne, même isolée, aurait une utilité incontestable, en raison de sa jonction avec le canal de la Marne au Rhin et avec la Saône; enfin que, toute proportion gardée, nous donnions moins de développement que la Belgique aux chantiers de travaux publics.

M. Gustave de Beaumont appuya, à son tour, la demande de l'ajournement, en insistant surtout sur ce fait que la ligne de Saint-Dizier à Gray était une ligne secondaire et devait dès lors être réservée à l'industrie privée.

Mais M. Berryer mit en relief l'intérêt général que présentait le chemin pour le pays et la Chambre passa à la discussion des articles.

M. Deslongrais développa un amendement qui, tout en

classant le chemin, réservait à l'année suivante la décision
à intervenir sur la forme, la nature, la durée et les conditions de la concession ou de l'adjudication. Il fit valoir, à
l'appui de cet amendement, que certainement l'État recevrait des demandes en concession et que, dès lors, il était
inutile et dangereux d'engager d'ores et déjà des dépenses
sur les fonds du Trésor.

M. Peltreau-Villeneuve combattit cet amendement dont
la conséquence était un ajournement fâcheux d'une ligne
éminemment utile, destinée à permettre un abaissement de
58 fr. à 60 fr. dans le prix de la tonne de fer. Rien n'empêcherait ultérieurement d'obtenir des concessionnaires le
remboursement des avances de l'État, si le chemin avait
assez de vitalité pour ne pas comporter de subvention.

M. Lanyer plaida de son côté la cause d'une exécution
immédiate, mais proposa de prescrire l'adjudication de la
concession pour un délai maximum de quatre-vingt-dix-neuf
ans, comme on l'avait fait pour la ligne de Dijon à Mulhouse,
certainement moins fructueuse. M. Deslongrais s'étant rallié
à cette proposition, M. Dumon, Ministre des travaux publics,
prit la parole. Avec son habileté ordinaire, il soutint que,
d'après ses pourparlers avec diverses Compagnies, une adjudication immédiate resterait certainement sans résultats ;
que, d'ailleurs, l'industrie privée était actuellement surchargée et qu'il ne fallait pas demander davantage à son crédit ;
qu'en outre, le trafic probable de la ligne étant impossible à
évaluer avec précision, la concession s'en ferait dans les
plus mauvaises conditions ; qu'il serait, de plus, imprudent
de concéder isolément un chemin qui, suivant toute apparence, serait ultérieurement incorporé à une ligne beaucoup
plus importante ; enfin, que le crédit sollicité du Parlement était, non pas un crédit de subvention, mais un crédit
d'avance susceptible d'être recouvré plus tard en totalité ou

en partie, comme pour les chemins du Nord, de Lyon et de Nantes. Mais, malgré son argumentation appuyée par le rapporteur, l'amendement de M. Lanyer fut adopté et la Commission dut, en conséquence, rédiger un cahier des charges et l'ajouter au projet de loi.

A l'occasion de la discussion de ce cahier des charges, M. Muteau présenta, d'accord avec M. Glais-Bizoin, un amendement qui tendait à diriger le chemin de Saint-Dizier sur Dijon et non sur Gray, de manière à mettre Saint-Dizier le plus directement possible en relation avec la grande artère de Paris à Marseille; cet amendement fut repoussé.

Il en fut de même d'un amendement longuement développé par M. Gillon et ayant pour objet de faire décider implicitement que la ligne de Paris à Strasbourg passerait non point par Saint-Dizier, mais par la vallée de la Saulx et Sermaize : cette proposition devait, aux yeux de son auteur, être avantageuse tout à la fois au chemin de Strasbourg, dont la longueur serait ainsi réduite de 8 kilomètres, et au chemin de Saint-Dizier à Gray qui aurait son terminus au canal de la Marne au Rhin; elle fut combattue par M. Legrand qui invoqua surtout l'utilité de mettre le marché important de Saint-Dizier sur la ligne principale.

Puis la Chambre adopta, malgré les efforts de MM. de Beaumont et Lanyer, une proposition de la Commission amendée par M. Deslongrais et portant que, si, dans un délai de six mois, l'adjudication restait sans résultat, l'État pourrait commencer les travaux.

Le surplus de la loi fut voté sans difficulté.

IV. — RAPPORT A LA CHAMBRE DES PAIRS [M. U., 7 juin 1846]. — La commission de la Chambre des pairs, par l'organe de M. le duc de Fézensac, émit un avis favorable au projet de loi, tout en recommandant au Gouvernement

de ne plus proposer qu'avec une grande prudence la construction de lignes nouvelles.

v. — Vote par la Chambre des pairs [M. U., 9 juin
1846]. — La loi fut votée par la Chambre des pairs, même
avec la disposition prévoyant l'exécution par l'État, au cas
où le chemin ne pourrait pas être adjugé dans un délai de
six mois, bien que cette disposition fût combattue par M. le
marquis de Beudant.

Elle fut rendue exécutoire le 21 juin 1846 [B. L., 2ᵉ sem.
1846, n° 1312, p. 283].

80. — Autorisation de concéder le chemin de Dijon à Mulhouse avec embranchement d'Auxonne à Gray et le chemin de Dôle à Salins.

i. — Projet de loi. — Le 2 juin 1845, le Ministre avait
déposé un projet de loi relatif à la concession du chemin de
fer de Dijon à Mulhouse, avec embranchement de Gray sur
Besançon [M. U., 14 juin 1845].

Trois tracés principaux avaient été étudiés pour la ligne
de Dijon à Mulhouse, le premier par la vallée de la Haute-
Saône et Vesoul, le second par Besançon et la vallée du
Doubs, et le troisième par Besançon et la vallée de l'Oignon.
Le conseil général des ponts et chaussées consulté, à la suite
des enquêtes, avait donné la préférence au deuxième de ces
tracés en indiquant comme point de passage Auxonne,
Dôle, Montbéliard et Valdieu, et en proposant un embranchement sur Belfort. La commission supérieure des tracés
de chemins de fer s'était également prononcée pour le passage par Auxonne, Dôle et Besançon et la vallée du Doubs,
mais en demandant que Belfort fût directement desservi à
raison de son importance militaire et commerciale ; à cet

effet, la ligne devait partir de Montbéliard et emprunter la vallée de la Savoureuse. Le Gouvernement s'était rangé à l'opinion de la commission supérieure, d'ailleurs peu différente de celle du conseil général des ponts et chaussées. La dépense kilométrique de construction avait été évaluée à 316 000 fr. ; le revenu brut kilométrique avait été estimé à 28 000 fr. et le revenu net, à 15 800 fr., c'est-à-dire à 5 °/₀ seulement du capital de premier établissement. Toutefois, comme plusieurs Compagnies, comptant sans doute sur l'avenir du chemin, s'étaient constituées pour en solliciter la concession, le Gouvernement avait cru devoir proposer cette concession par adjudication, sans subvention et pour un délai maximum de quatre-vingt-dix-neuf ans. Il avait en outre prévu, dans son projet de loi, la concession, dans les mêmes formes et aux mêmes conditions, d'un embranchement de Gray à Besançon destiné à donner une satisfaction partielle au département de la Haute-Saône dépossédé de la ligne principale.

II. — Rapport a la chambre des députés. — Un premier rapport avait été rédigé en 1845 par M. le général de Bellonnet [M. U., 24 août 1845]. Cet honorable député avait, au nom de la Commission, émis un avis favorable au tracé par Besançon, mais en suivant la vallée de l'Oignon, au lieu de la vallée du Doubs, entre Besançon et Belfort ; il avait fait valoir, à l'appui de cette variante, qu'elle procurait une diminution de longueur de 4 kilomètres et une économie de 6 millions ; qu'elle était plus satisfaisante, au point de vue technique ; qu'elle desservait plus de population ; qu'elle traversait une vallée plus riche en produits agricoles et minéralogiques ; qu'elle était appelée à avoir une circulation plus considérable ; qu'elle maintenait mieux la balance entre les vallées de la Drôme et celle du Doubs ; qu'elle était plus conforme aux intérêts militaires; qu'elle se prêtait mieux à recevoir des embranchements; qu'elle évitait l'accumulation, dans une vallée étroite et sinueuse, du fleuve, du canal, de la route et du chemin de fer.

En ce qui concernait l'embranchement, la Commission avait pensé qu'il devait avoir son point d'attache, non point à Besançon, mais à Auxonne, de manière à comporter moins de longueur et à former un tronçon d'une ligne du Nord au Sud; elle avait, en outre, jugé opportun de le prolonger jusqu'à Langres et de relier Montbéliard à Héricourt par un autre embranchement.

Elle avait, en conséquence, substitué au dispositif du projet de loi du Gouvernement un autre dispositif prévoyant l'adjudication d'une concession, qui comprenait à la fois le chemin de Dijon à Mulhouse et deux embranchements, d'Auxonne sur Gray et d'Héricourt sur Montbéliard, et stipulant en outre que, si, avant l'adjudication, une Compagnie se présentait pour soumissionner la ligne de Langres à Auxonne, par Gray, le Ministre des travaux publics pourrait distraire cette ligne de l'adjudication et la concéder directement.

Les conclusions de la Commission n'avaient pu être discutées pendant la session de 1845.

Le général de Bellonnet présenta, le 13 avril 1846, un rapport complémentaire [M. U., 23 avril 1846]. Malgré le résultat des nouvelles études qui semblaient devoir faire préférer la vallée du Doubs à la vallée de l'Oignon, il maintint sa première appréciation en faveur de cette dernière vallée, en indiquant toutefois Bevern comme point de passage et comme point d'attache de l'embranchement d'Héricourt et Montbéliard.

Il maintint la solidarité des embranchements de Gray à Auxonne et de Chêne-Bier sur Héricourt et Montbéliard

avec la ligne principale ; il supprima la section de Gray à
Langres ; en revanche il prévit la concession directe ou par
voie d'adjudication d'une autre branche de Dôle à Salins,
réclamée par le département du Jura.

III. — DISCUSSION A LA CHAMBRE DES DÉPUTÉS [M. U.,
6 et 7 mai 1846]. — Les conclusions du rapport tendant à
faire passer le chemin de fer par la vallée de l'Oignon au
lieu de la vallée du Doubs furent très vivement attaquées
par M. Clément ; suivant l'orateur, le second de ces deux
tracés, qui avait déjà réuni les suffrages du conseil général
des ponts et chaussées, de la commission supérieure des
chemins de fer et du Gouvernement, devait incontestablement prévaloir, surtout après les études complémentaires
faites entre les deux sessions ; il suivait en effet le cours
naturel et séculaire de la circulation de la Méditerranée au
Rhin ; il desservait des populations plus nombreuses, des
industries plus importantes et plus variées ; il empruntait une
vallée où il restait des forces hydrauliques disponibles très
considérables ; il réalisait une économie de 6 à 10 millions.

M. Didelot, au contraire, défendit le tracé de l'Oignon
qui mettait la ligne à l'abri d'un coup de main de l'ennemi
et devait, par suite, être préféré dans l'intérêt de la défense, et repoussa le tracé du Doubs qui compromettait la
sécurité du pays par les nombreux ponts dont il comportait
l'établissement sur la rivière ; tel avait été, du reste, l'avis
du comité des fortifications et du Ministre de la guerre. Il
contesta la supériorité de la dépense par la direction de
l'Oignon sur la dépense par la direction du Doubs ; il soutint que la première de ces directions était la meilleure au
point de vue technique, qu'elle avait l'avantage de respecter
la navigation du Doubs, qu'elle était susceptible d'un trafic
plus élevé.

Ce duel entre les deux tracés fut soutenu avec ardeur par MM. Pouillet, Larabit, Parandier et le Ministre des travaux publics, champions de la vallée du Doubs, et par MM. Berryer, Dufaure et le général de Bellonnet, champions de la vallée de l'Oignon. L'avantage resta au parti de la vallée de l'Oignon.

Les embranchements d'Auxonne sur Gray et de Dôle sur Salins furent ensuite adoptés; l'embranchement d'Héricourt et Montbéliard fut au contraire repoussé, conformément à la demande de MM. Berryer et Baude et malgré l'argumentation de M. Parandier, comme ne présentant pas un intérêt général suffisamment marqué.

Passant à l'examen du cahier des charges, la Commission adopta un amendement qui assimilait à la houille, au point de vue de l'application des tarifs, les amendements et engrais de toute espèce.

Puis l'ensemble de la loi fut voté.

IV. — RAPPORT A LA CHAMBRE DES PAIRS [M. U., 11 juin 1846]. — Le rapport de M. le président Legagneur à la Chambre des pairs fut favorable à la loi.

V. — DISCUSSION A LA CHAMBRE DES PAIRS [M. U., 12 juin 1846]. — Lors de la discussion publique, la lutte entre les tracés de l'Oignon et du Doubs fut reprise. M. le général Baudrand et M. le général baron Gourgaud défendirent, au point de vue stratégique, la direction du Doubs; mais ils furent battus par M. le général baron Rohault de Fleury et par M. le vicomte Dode, et la loi sortit ainsi de la Chambre des pairs telle qu'elle avait été adoptée par la Chambre des députés.

Elle fut rendue exécutoire le 21 juin 1846 [B. L., 2e sem. 1846, n° 1313, p. 305].

81. — Crédits supplémentaires pour les chemins d'Orléans à Vierzon et de Nîmes à Montpellier. — Le 23 mars 1846, le Ministre des travaux publics sollicita des Chambres des crédits supplémentaires, pour achever les travaux du chemin de fer d'Orléans à Vierzon et de Nîmes à Montpellier.

Ces crédits furent accordés avec une légère réduction [loi du 3 juillet 1846, B. L., 2ᵉ sem. 1846, n° 1313, p. 342].

82. — Projet de loi non voté concernant le chemin de Bordeaux à Bayonne. — Enfin, le 24 avril 1846 [M. U., 29 avril 1846], le Gouvernement déposa sur le bureau de la Chambre des députés un projet de loi ayant pour objet l'exécution, dans les conditions de la loi du 11 juin 1842, d'une ligne de Bordeaux à Bayonne par Sabres, avec embranchement sur Mont-de-Marsan et Dax.

M. Rességuier présenta à la Chambre des députés un rapport favorable [M. U., 26 mai 1846]; mais l'affaire ne fut pas inscrite à l'ordre du jour.

83. — Concession du chemin de Denain à Anzin. — Nous avons à signaler aussi, en 1846, une ordonnance du 8 octobre [B. L., 2ᵉ sem. 1846, n° 1348, p. 1021] autorisant la Compagnie des mines d'Anzin à prolonger jusqu'à Somain le chemin d'Abscon à Denain concédé par ordonnance du 24 octobre 1835; mais en stipulant que, si plus tard l'établissement d'un chemin entre Cambrai et Somain était décidé, le Gouvernement pourrait exiger de la Compagnie la cession, soit à l'État, soit au concessionnaire, de la section d'Abscon à Somain, moyennant le remboursement des dépenses de premier établissement. L'ouverture à la circulation eut lieu en 1848.

84. — Ordonnance du 15 novembre 1846 sur la police, la sûreté et l'exploitation des chemins de fer. — Ainsi que nous l'avons vu, dans le cours de la discussion de la loi sur la police des chemins de fer, le Ministre des travaux publics avait annoncé que l'administration s'occupait activement de la préparation du règlement prévu par cette loi. Une commission dite *des accidents* avait été en effet créée à la suite de la catastrophe du 8 mai 1842, pour rechercher les causes de cet événement et les moyens de prévenir le retour de semblables malheurs : elle comprenait dans son sein des ingénieurs et des administrateurs choisis parmi ceux qui, soit au service des Compagnies, soit au service de l'État, avaient eu à faire une étude approfondie de la matière des chemins de fer. De ses délibérations et de celles du conseil général des ponts et chaussées sortit le projet d'ordonnance sur la police, la sûreté et l'exploitation des chemins de fer, qui fut soumis au Conseil d'État. Les Compagnies furent appelées à présenter leurs observations sur ce projet d'ordonnance, conformément au cahier des charges. La plupart des documents préparatoires ont péri, notamment dans l'incendie du Conseil d'État ; on trouve cependant la justification et le commentaire des clauses importantes du texte définitif dans le rapport présenté au Roi par M. Dumon, alors ministre des travaux publics ; nous reproduisons *in extenso* ce rapport dans le tome IV, en raison de son importance.

A la suite de la promulgation de l'ordonnance du 15 novembre 1846, le Ministre reçut une protestation en date du 1er février 1847, signée des représentants de vingt Compagnies et appuyée d'une consultation délibérée par Mes Duvergier, Baroche, Paillet, Marie, Chaix d'Est-Ange, Berryer, Odilon Barrot, Billault et Fabre. Cette protestation portait d'une manière générale sur le caractère d'un grand nombre de dispositions, que les Compagnies considéraient comme sortant du domaine des mesures de police, pour constituer une ingérence de l'administration dans le domaine de l'exploitation, et plus particulièrement sur les points suivants :

A. — Droit attribué aux préfets de réglementer l'entrée et le stationnement des voitures dans les cours des stations, et obligation imposée aux crieurs, vendeurs et distributeurs d'objets quelconques, de se pourvoir d'une autorisation pour exercer leur profession dans les cours et salles d'attente. — Les Compagnies attaquaient ces stipulations comme contraires à leur droit de diriger et d'organiser l'exploitation.

B. — Pouvoir conféré à l'administration d'arrêter le nombre, l'horaire et la composition des trains, non seulement dans un but de sécurité, mais encore pour que satisfaction fût donnée aux besoins du public. — C'était un des points qui soulevait les réclamations les plus vives des Compagnies : elles y voyaient une intervention administrative, contraire au cahier des charges, dans l'une des matières de pure exploitation dont dépendait le plus directement le succès financier de leur entreprise ; elles redoutaient les exigences gouvernementales, sous la pression des influences politiques ou locales.

C. — Homologation des taxes. — Les Compagnies soutenaient que l'homologation devait avoir pour objet exclusif de constater la conformité des taxes avec le cahier des charges et ne pouvait être refusée quand cette condition était remplie. (Le rapport de M. Dumon ne s'explique pas sur cette prétention).

D. — Prescriptions relatives à l'égalité de traitement des expéditeurs. — Les Compagnies s'élevaient contre l'insertion, dans un règlement de police, de clauses concernant le service commercial, insertion qui avait pour conséquence de faire tomber sous le coup de pénalités sévères les infractions à des obligations purement civiles ou commerciales.

E. — Rôle des commissaires du Roi. — Les Compagnies contestaient qu'un règlement de police pût donner les mêmes droits sur toutes les Compagnies à des agents de surveillance institués en exécution de cahiers des charges essentiellement différents. Elles paraissaient admettre un contrôle étroit de l'État sur la gestion des concessionnaires subventionnés, mais le repoussaient pour les concessions sans lien financier avec le Trésor. Elles voyaient, dans le droit de vérification de leurs livres et écritures, une ingérence outrageante dans leurs affaires privées.

Notons, en passant, que la première rédaction de l'ordonnance donnait aux commissaires du Roi, près des Compagnies dotées du concours financier de l'État, des pouvoirs très étendus, analogues à ceux qui ont été attribués plus tard par les règlements de 1863 aux inspecteurs généraux des chemins de fer, et notamment celui de prendre connaissance des registres de délibérations et de provoquer, en cas de décision du conseil d'administration paraissant contraire aux intérêts de l'État, une nouvelle réunion de ce conseil et d'assister à cette réunion. La rédaction définitive (art. 53) a réservé à des règlements spéciaux la détermination des attributions des commissaires royaux au regard des Compagnies qui auraient obtenu de l'État, soit un prêt avec intérêt privilégié, soit la garantie d'un minimum d'intérêt, ou pour lesquels l'État devrait entrer en partage des bénéfices.

Les Compagnies avaient aussi vainement demandé un article additionnel d'après lequel « l'ordonnance de 1846 et « les arrêtés pris par les préfets, sur l'approbation du Mi- « nistre des travaux publics, pour l'exécution des disposi- « tions de cette ordonnance, ne pourraient en rien préju- « dicier aux droits résultant pour chaque Compagnie des

« lois, cahiers des charges et ordonnances réglementaires
« la concernant ».

Ces protestations qui ne faisaient d'ailleurs que reproduire des observations déjà examinées par l'administration
et le Conseil d'État, lors de la préparation de l'ordonnance
de 1846, ne reçurent pas de suite et les Compagnies dénniè-
rent inutilement à diverses reprises devant les tribunaux, à
l'occasion de poursuites dont elles étaient l'objet, la légalité
des clauses qu'elles avaient violées.

On ne peut qu'admirer la sagesse et la science dont la
loi de 1845 et l'ordonnance de 1846 portent l'empreinte.
Bien que préparés à une époque où les chemins de fer
étaient encore peu connus, ces monuments de la législation
et de la réglementation ont pu subsister jusqu'à nos jours,
sans que l'expérience ait révélé la nécessité de les remanier ; ils forment encore aujourd'hui un code excellent de
la police des voies ferrées.

85.— Loi relative aux cautionnements des Compagnies de chemins de fer. — Les Compagnies concessionnaires de chemins de fer étaient assujetties à verser un cautionnement, d'une part pour justifier de leur capacité financière et d'autre part pour garantir l'exécution de leurs engagements. Mais les stipulations concernant la restitution de ces cautionnements étaient variables : tantôt le remboursement était effectué par cinquième ou par dixième, au fur et à mesure que les Compagnies justifiaient d'une dépense double en travaux ou en acquisitions de terrains, sauf pour la dernière fraction qui n'était remise qu'après achèvement et réception de la ligne; tantôt, au contraire, ce remboursement n'avait lieu qu'à mesure de l'avancement proportionnel des travaux.

Le Gouvernement pensa qu'il y avait intérêt à déterminer un mode unique de procéder et à adopter la première des deux dispositions ci-dessus indiquées, afin de ne pas immobiliser inutilement les capitaux de la Compagnie. Il présenta, dans ce but, le 23 février 1847 [M. U., 24 février 1847], un projet de loi à la Chambre des députés; ce projet de loi fixait au dixième le montant des remboursements successifs.

Là commission de la Chambre considéra que cette mesure ne pouvait compromettre l'intérêt public et que, d'ailleurs, elle n'entraînerait pas pour le Trésor des remboursements immédiats trop considérables; elle conclut, par l'organe de M. Lenoble [M. U., 24 mai 1847], dans un sens favorable au projet du Gouvernement; en stipulant toutefois que, dans les cas de déchéance prévus par les cahiers des charges, les terrains dont la valeur aurait été comptée dans le calcul de la restitution du cautionnement resteraient dévolus à l'État, lors même que les travaux n'auraient pas été commencés.

Lors de la discussion publique [M. U., 13 avril 1847], M. Larabit contesta l'utilité du projet de loi pour les Compagnies et le représenta comme funeste pour l'intérêt général, en ce sens qu'il diminuait le gage de l'État, qu'il portait atteinte à des conventions librement consenties, et qu'il devait, soit enlever au Trésor du numéraire et des ressources sur lesquelles il avait compté, soit jeter sur la place des titres de rente publique et déprécier le cours de ces titres. Sans se montrer aussi hostile à la proposition, M. Lherbette exprima la crainte qu'elle ne fût le prélude d'autres modifications aux contrats des Compagnies, dont les prétentions et l'influence devenaient véritablement intolérables. M. Grandin s'éleva également contre l'omnipotence et les abus des Compagnies. Le Ministre des travaux publics répondit à ces divers orateurs, en invoquant l'opportunité de faciliter l'exécution et l'achèvement des chemins de fer; la loi fut votée, avec un amendement qui transformait en une simple faculté pour le Gouvernement ce dont la rédaction primitive semblait faire un droit pour les Compagnies.

Dans son rapport à la Chambre des pairs [M. U., 2 juin 1847], M. le comte Daru constata l'état de crise momentanée qu'avait provoqué la mauvaise récolte de 1846 dans tout le nord de l'Europe et les embarras qui en résultaient pour le crédit des sociétés privées; il appuya donc le projet de loi.

La Chambre des pairs se rangea, sans discussion, à cet avis [M. U., 4 juin 1847], et la loi fut rendue exécutoire le 6 juin 1847 [B. L., 1ᵉʳ sem. 1847, n° 1389, p. 538].

86. — Allocation pour les chemins de Paris à Lille, d'Avignon à Marseille et d'Orléans à Vierzon. — Le 18 mai 1847, le Gouvernement dut demander de nouveaux crédits : 1° pour faire face aux dépenses du chemin de Paris à Lille, qui, d'ailleurs, devaient être remboursées à l'État par la Compagnie concessionnaire ; 2° pour pourvoir aux indemnités de terrains de la ligne d'Avignon à Marseille qui étaient à la charge de l'État ; 3° pour réparer les dégradations considérables causées au chemin d'Orléans à Vierzon par une crue de la Loire [M. U., 21 mai 1847].

M. Pascalis, rapporteur à la Chambre des députés, conclut à l'allocation de ces crédits [M. U., 22 juin 1847]. Le vote par cette Chambre eut lieu sans débat [M. U., 16 et 17 juillet 1847].

A la Chambre des pairs, M. le comte Daru, rapporteur [M. U., 29 juillet 1847], crut devoir témoigner une certaine inquiétude au sujet du dépassement des prévisions primitives de dépenses. Les chemins d'Avignon à Marseille, d'Orléans à Vierzon, du Nord, de Rouen au Havre, de Paris à Rouen, de Paris à Orléans, coûtaient 500 000 fr. par kilomètre, alors que l'évaluation du prix kilométrique moyen des chemins de fer français, lors du vote de la loi du 11 juin 1842, ne dépassait pas 300 000 fr. Fallait-il chercher à réduire les dépenses, en sacrifiant les qualités techniques des lignes, comme on l'avait fait en Allemagne, où une statistique portant sur neuf chemins ne faisait pas ressortir un prix de revient de plus de 200 000 fr. ? Fallait-il, au contraire, continuer à se rapprocher du système anglais, où on cherchait des tracés et des conditions de construction aussi perfec-

1   37

tionnés que possible, de manière à augmenter la vitesse des trains et à réduire les frais d'exploitation? Suivant M. le comte Daru, ce dernier système devait continuer à prévaloir; mais, en revanche, on devait se garder de prodiguer, d'une main complaisante, ces coûteux instruments de circulation. L'administration devait n'entreprendre que ce qu'elle pouvait faire, et faire bien ce qu'elle entreprenait. Le rapport signalait, en outre, à propos du chemin d'Avignon à Marseille, les inconséquences et les allocations excessives de certains jurys d'expropriation. Sous réserve de ces observations, il se prononçait pour l'adoption du projet de loi. Ces conclusions furent sanctionnées par la Chambre [M. U., 30 et 31 juillet], et la loi fut rendue exécutoire le 9 août [B. L., 2ᵉ sem. 1847, n° 1412, p. 529].

87. — Modification du cahier des charges de la concession du chemin de Paris à Lyon.

ɪ. — PROJET DE LOI. — Aux termes de la loi du 16 juillet 1845, qui avait autorisé le Gouvernement à concéder l'exploitation du chemin de fer de Paris à Lyon, et du cahier des charges annexé à cette loi, le concessionnaire était tenu d'exécuter la ligne à ses frais, risques et périls; de la rendre praticable sur toute l'étendue de son parcours, dans un délai de cinq ans; et de justifier, au bout de trois ans, de l'achèvement de la moitié des travaux.

Ces stipulations étaient garanties par les pénalités suivantes :

1° Déchéance, confiscation du cautionnement et retenue, jusqu'à concurrence du dixième, des sommes versées au Trésor à titre de remboursement des travaux faits antérieurement par l'État, dans le cas où, un an après l'homologation de l'adjudication, la construction ne serait pas entreprise;

2° Réadjudication, aux risques et périls de la Compagnie, et, après deux tentatives infructueuses d'adjudication, déchéance définitive et attribution, en toute propriété, à l'État des sections déjà exécutées ; de plus, confiscation de la partie non encore restituée du cautionnement et retenue des sommes versées au Trésor à titre de remboursement des travaux faits antérieurement par l'État, dans le cas où la Compagnie n'achèverait pas la ligne dans le délai de cinq ans, n'en exécuterait pas la moitié au moins dans le délai de trois ans, ou manquerait aux autres engagements par elle contractés.

La Compagnie concessionnaire s'était mise à l'œuvre avec empressement. Mais bientôt étaient survenues une crise agricole et, par contre-coup, une crise financière qui avait porté obstacle au recouvrement des souscriptions ; d'autre part, la Compagnie avait constaté que, par suite d'erreurs dans le devis d'avant-projet et d'améliorations utiles à apporter aux conditions d'établissement de la voie et du matériel roulant, l'estimation de 200 millions serait portée à 300 millions : elle s'adressa donc au Ministre, pour obtenir la révision de son contrat.

Le Gouvernement pensa que, si le maintien de l'inviolabilité des conventions s'imposait, en général, comme une règle absolue, cependant, dans certaines circonstances exceptionnelles, les principes devaient fléchir. D'un autre côté, la Compagnie ayant commencé ses travaux, ne pouvait plus encourir la déchéance qu'à l'expiration de la troisième année, c'est-à-dire au 20 décembre 1848, pour ne pas avoir achevé la moitié des travaux ; il lui était donc loisible de suspendre la construction, à un moment où tous les efforts des pouvoirs publics devaient tendre à alimenter et à développer les ateliers. Dans cette situation critique, la révision du contrat était conforme à l'intérêt bien entendu des deux parties.

Le Ministre jugea, en conséquence, opportun de souscrire à cette révision, en se bornant toutefois à des arrangements provisoires, de manière à ajourner les solutions définitives à une époque où l'on pouvait espérer, sous l'influence d'un changement dans l'état de la circulation et du crédit, moins de découragement et moins d'exigences de la part de la Compagnie. Il présenta, le 26 mai 1847, à la Chambre des députés [M. U., 29 mai 1847] un projet de loi portant les dispositions suivantes :

1° Dans le cas où la Compagnie aurait renoncé à sa concession avant le 1er mai 1848 et où, depuis la promulgation de la loi à intervenir jusqu'à ladite date, elle aurait employé en travaux une somme de 10 millions au moins, le Gouvernement était autorisé à n'exercer les droits qui lui étaient conférés par le cahier des charges, que jusqu'à concurrence de la retenue au profit du Trésor d'une somme de 24 millions. Le surplus des dépenses faites par la Compagnie devait lui être remboursé dans des conditions à déterminer par une loi spéciale.

2° En cas de retard ou d'abandon des travaux après le 1er mai 1848, les dispositions du cahier des charges reprenaient leur pleine et entière exécution.

II. — RAPPORT A LA CHAMBRE DES DÉPUTÉS [M. U., 8 juillet 1847]. — La combinaison, dont nous venons de relater l'économie générale, souleva des objections unanimes de la part des membres de la Commission chargée de l'examen du projet de loi à la Chambre des députés.

Le chiffre de 10 millions, à dépenser jusqu'au 1er mai 1848, ne parut pas suffisant pour assurer l'ouverture de la ligne dans les délais réglementaires et pour donner l'activité voulue aux ateliers. En outre, il résultait des explications échangées entre la Commission et le Gouvernement que ce dernier avait entendu, en cas de renonciation de la Compagnie avant le 1er mai 1848, non seulement lui rembourser une partie de ses dépenses, mais encore prendre la suite de ses marchés dont quelques-uns semblaient fort onéreux.

La Commission crut donc devoir rechercher une autre solution, et elle la trouva dans une prolongation de jouissance.

Conformément à ses indications, le Ministre conclut avec la Compagnie une convention dont les stipulations étaient les suivantes :

Un an après le complet achèvement des travaux, on devait constater le montant effectif des dépenses; s'il ne dépassait pas le chiffre de 216 millions, égal à l'estimation primitive majorée d'un appoint de 16 millions, pour lequel la Compagnie ne demandait aucune compensation, la durée de la concession restait fixée à quarante et un ans quatre-vingt-dix jours; si, au contraire, ce chiffre était dépassé, la Compagnie avait droit à une année de supplément pour chaque million de francs dépensé au delà de 216 millions, sans que la durée de la concession pût excéder quatre-vingt-dix-neuf ans.

Il est facile de constater par un calcul d'annuité que, dans le cas d'une prolongation de concession de vingt-cinq à trente ans, la valeur des recettes supplémentaires ainsi attribuées à la Compagnie, ramenée à l'origine de l'exploitation, correspondait à très peu près au surcroît de dépenses de premier établissement.

La convention réglait, en outre, un point important. Le cahier des charges avait laissé à l'administration le soin de déterminer le tracé à suivre à la traversée de Lyon, l'emplacement des gares à y établir, et le point de raccordement de la ligne avec celle de Lyon à Avignon. Après une longue instruction, le Ministre avait décidé que le chemin de Paris à Lyon arriverait à Vaise où serait installée une première gare, traverserait ensuite la Saône, puis aboutirait sur le cours Napoléon où serait créée une seconde gare ;

Que le chemin de Lyon à Avignon aurait à son origine deux branches se détachant, l'une de la gare du cours Napoléon, l'autre de la rive gauche du Rhône, près du pont de la Guillotière ;

Que les deux Compagnies auraient l'usage commun des gares du cours Napoléon et de la Guillotière.

La Compagnie avait très vivement protesté contre cette décision qui lui imposait deux gares et des dépenses élevées. Il était impossible de la rapporter : car elle était de beaucoup plus satisfaisante, au point de vue de l'intérêt local et de l'intérêt général. Elle fut donc maintenue, mais la convention stipula que l'État exécuterait l'infrastructure de la traversée de Lyon, moyennant le versement d'une somme de 24 millions dans les caisses du Trésor.

Il fut en outre convenu que, si l'État usait de la clause de rachat, l'annuité allouée à la Compagnie ne pourrait, ni être inférieure à 5 1/2 % du capital, au cas où le rachat s'effectuerait pendant les cinquante premières années, ni supérieure à la même limite, au cas où il s'effectuerait au delà de cette période.

Enfin, il fut stipulé que la section de Paris à Tonnerre serait ouverte le 1ᵉʳ mai 1849 au plus tard.

Dans un lumineux rapport, M. Béhic justifia les diverses dispositions de cette convention et en proposa l'approbation.

III. — DISCUSSION A LA CHAMBRE DES DÉPUTÉS [M. U., 18, 19, 20, 21 et 22 juillet 1847]. — M. Nicolas ouvrit la discussion générale à la Chambre des députés, en combattant les conclusions de la Commission. Suivant lui, la proportion entre la prolongation de la concession et le supplément éventuel des dépenses était tout à fait excessive ; il était incompréhensible qu'une ligne de pareille importance fût exposée à être aliénée pour quatre-vingt-dix-neuf ans ; le minimum de 5 1/2 °/₀ du capital de premier établissement, garanti à la Compagnie à titre d'annuité de rachat, était absolument exagéré ; rien ne prouvait que réellement le travail dût manquer aux ouvriers, dans le cas d'une interruption de la construction du chemin de Paris à Lyon ; enfin la Chambre ne pouvait accéder à la clause qui faisait assumer par l'État l'aléa de la traversée de Lyon.

M. Gustave de Beaumont se prononça, au contraire, pour l'approbation de la convention, en rappelant qu'il avait toujours considéré la longue durée des concessions comme une condition *sine qua non* de leur vitalité.

M. d'Angeville appuya la thèse de M. Nicolas au nom du principe de l'inviolabilité des contrats, qui avait été proclamé en maintes circonstances par la Chambre et auquel on ne pouvait porter atteinte sans provoquer un véritable scandale, une calamité publique, et sans s'exposer à un déluge de revendications : il rappela à cet égard l'opinion catégoriquement exprimée en 1842 par M. Berryer.

M. Victor Grandin contesta la validité de la convention que M. Gouin avait, suivant lui, signée sans délégation régulière de l'assemblée générale des actionnaires et qui, par suite, pouvait ne pas être sanctionnée par ces derniers, alors même que la Chambre la ratifierait. Puis il attaqua au fond cette convention qu'il considérait comme inconciliable avec les intérêts et la dignité de l'État.

M. Jayr, Ministre des travaux publics, soutint tout d'abord que la modification des contrats était l'exception ; que l'administration s'était toujours attachée à les faire respecter ; mais que cependant, dans certains cas tout à fait spéciaux, l'État pouvait être intéressé, au même titre que les Compagnies, à admettre le remaniement des conventions; qu'il ne devait pas être plus rigoureux qu'un particulier vis-à-vis d'un débiteur embarrassé et de bonne foi. Il cita des faits analogues en Angleterre et en Autriche. La Compagnie de Paris-Lyon pouvait suspendre ses travaux pendant vingt mois; à l'expiration de ce délai, la révision du cahier des charges se serait imposée, soit vis-à-vis de l'ancienne Compagnie, soit vis-à-vis d'une Compagnie nouvelle. Ne valait-il pas mieux traiter immédiatement? Les propositions de la Commission, auxquelles le Gouvernement s'était rallié, ne méritaient pas les critiques qui leur avaient été adressées. La prolongation de la concession se justifiait par les améliorations apportées aux conditions d'établissement du chemin de fer; elle ne présentait par de grands inconvénients, attendu que beaucoup d'autres lignes étaient concédées pour quatre-vingt-dix-neuf ans et qu'on serait obligé d'attendre leur retour à l'État, pour procéder à des abaissements généraux de tarifs. Les autres clauses examinées successivement n'étaient pas non plus de nature à éveiller les craintes et les susceptibilités de la Chambre.

M. Creton répondit au Ministre, en opposant le projet de loi primitif et les termes de l'exposé des motifs à l'appui, à la nouvelle proposition concertée entre le Gouvernement et la Commission, et reproduisit d'ailleurs une partie des arguments déjà invoqués par l'opposition.

M. Lanyer se plaignit vivement de ce que le conseil général des ponts et chaussées n'eût pas été consulté sur les excédents de dépenses accusés par la Compagnie. M. Vatry s'associa à M. Lanyer et rappela que, dans une circonstance analogue, la Compagnie de Rouen, après avoir protesté contre l'insuffisance des évaluations primitives, avait pu néanmoins achever ses travaux sans atteindre le

montant de ces évaluations ; il indiqua une solution consistant à autoriser le Gouvernement à racheter toutes les actions qui resteraient sur la place, après le versement des
cinq premiers dixièmes imposé aux actionnaires par les
statuts de la Société.

M. Lherbette se livra également à une charge à fond
contre le projet de loi. Selon lui, la Compagnie était trop
engagée pour que sa menace d'encourir et de supporter la
déchéance pût être prise au sérieux ; les termes comminatoires de cette menace la rendaient du reste fort peu intéressante. Il signala l'agiotage auquel avaient donné lieu les
actions, et l'immixtion excessive des membres du Parlement
dans les affaires de chemins de fer. Il montra le danger
qu'il y avait à céder aux prétentions des entrepreneurs, et à
s'exposer ainsi à décourager l'industrie honnête au profit
des agioteurs qui n'hésiteraient plus à souscrire aux conditions les plus onéreuses, sauf à réclamer ensuite des dé-
dommagements.

M. Gouin, député et président du conseil d'administration
de la Compagnie, spécialement visé par M. Lherbette, vint
justifier la convention par les considérations qu'avaient développées le Ministre et le rapporteur.

La discussion générale fut close par un grand discours
de M. Luneau. Cet honorable député contesta l'augmentation de 100 millions indiquée par les nouvelles évaluations
de la Compagnie ; il fit observer que, s'il y avait un excédent,
la Société pourrait y pourvoir par un emprunt, dont la rémunération se ferait à un taux d'intérêt relativement faible,
et que, dès lors, on avait eu tort de compter sur le même
pied la totalité des charges du capital ; il ajouta que la prolongation des concessions, très fâcheuse pour l'État, n'était
pas de nature à relever sensiblement la situation des Compagnies, dont les actionnaires se désintéressaient naturelle-

ment des avantages à longue échéance ; il protesta contre
l'argument du Ministre, concernant la nécessité d'attendre
l'expiration des concessions de quatre-vingt-dix-neuf ans
pour abaisser les tarifs, et montra qu'au contraire il faudrait s'empresser d'opérer des réductions sur les premières
lignes revenues à l'État, afin d'obliger ainsi les concessionnaires des autres lignes à consentir, de leur côté, à des
diminutions. Il termina en établissant que la plupart des
actions étaient réparties entre un très petit nombre de
personnalités financières très puissantes et que, à ce point
de vue, il y avait moins à s'inquiéter des conséquences du
rejet de la loi.

Malgré les efforts de l'opposition, 19 voix seulement se
prononcèrent contre le passage à la discussion des articles.

M. d'Angeville développa un amendement qui consistait
dans le projet primitif du Gouvernement, mais en portant à
16 millions le montant maximum des dépenses à effectuer
avant le 1ᵉʳ mai 1848 et en réduisant, en revanche, à 16 millions, c'est-à-dire au chiffre du cautionnement, la retenue
à exercer par le Gouvernement, au profit du Trésor, en cas
de non-exécution de cette dépense.

Le rapporteur combattit cette proposition, en faisant
valoir qu'elle avait l'inconvénient de donner à la Compagnie
le moyen de réduire considérablement sa pénalité, en cas
de renonciation à la concession, par un faible appoint de
travaux ; qu'elle mettait à la charge de l'État la responsabilité éventuelle [de la suite des marchés passés par la Compagnie jusqu'au 1ᵉʳ mai 1848, dans le cas où la Société
abandonnerait à cette époque sa concession ; qu'en diminuant le montant des retenues à opérer, le cas échéant, contre
la Compagnie, elle portait atteinte à l'action de l'État ;
enfin qu'elle avait le grave inconvénient de reculer une
solution qui, tôt ou tard, s'imposerait inévitablement.

M. Dumon, antérieurement Ministre des travaux publics et alors Ministre des finances, se joignit au rapporteur ; il défendit d'ailleurs la prolongation de jouissance, comme le corollaire nécessaire de l'amélioration des conditions d'établissement de la ligne.

M. Benoît Fould répliqua à M. Dumon ; il s'efforça de démontrer que l'augmentation de durée de la concession ne faciliterait pas l'emprunt à faire par la Compagnie ; et qu'ainsi elle aurait, sans utilité, la conséquence déplorable d'aliéner les tarifs pendant un délai séculaire.

L'amendement fut rejeté.

Il en fut de même d'un sous-amendement de M. Crémieux ne modifiant le projet primitif du Gouvernement que par l'élévation à 25 millions du montant des travaux à exécuter par la Compagnie avant le 1er mai 1848.

Un autre amendement fut présenté par MM. A. Fould, Vavin et de Morny. Il stipulait que, deux ans après l'achèvement et la mise en exploitation du chemin de fer, la Compagnie aurait la faculté de déclarer si elle entendait conserver la concession ou si elle préférait y renoncer, et que, au cas où elle opterait pour l'abandon, l'État lui rembourserait le montant intégral de ses dépenses utiles, en rente 4 %, au pair.

M. A. Fould défendit cet amendement auquel il attribuait le mérite de donner à la Compagnie le crédit nécessaire pour réaliser son emprunt, sans compromettre l'intérêt public par une prolongation désastreuse de la concession et par des stipulations basées sur un revenu net évidemment inférieur à la réalité.

M. Béhic lui reprocha, au contraire, de faire peser sur l'État les chances défavorables de l'entreprise, d'exposer la dette publique à une augmentation considérable sans compensation suffisante dans les recettes, et d'assigner au délai d'option de la Compagnie un terme trop rapproché pour qu'elle pût se prononcer en connaissance de cause.

MM. Deslongrais, de Morny, Garnier-Pagès et de Chasseloup-Laubat soutinrent la thèse de M. Fould.

M. Duchatel, Ministre de l'intérieur, appuya de son autorité et de son talent l'opinion de la Commission, en faisant ressortir que l'amendement avait tous les inconvénients de l'exécution par l'État, sans en avoir les avantages, attendu qu'il ne limitait pas le montant des dépenses, qu'il n'attribuait à l'administration le droit de régler ni la marche, ni les conditions d'exécution des travaux, qu'il laissait à la Compagnie toutes les chances favorables, enfin qu'il engageait imprudemment le mode de remboursement.

L'amendement ne fut pas adopté.

Puis la Chambre vota le principe de la disposition proposée par la Commission pour la prolongation de la concession, mais en y ajoutant, sur l'initiative de M. Lanyer, qu'un règlement d'administration publique déterminerait le mode de justification des dépenses faites par la Compagnie et que les dépenses utiles de premier établissement seraient seules comptées.

Elle rejeta un amendement de M. Mortimer-Ternaux, appuyé par M. Luneau et ayant pour objet de limiter à soixante-six ans, au lieu de quatre-vingt-dix-neuf, la durée de la concession.

Elle prit la même résolution pour un amendement de M. Luneau, tendant à supprimer la limite de 24 millions assignée à la dépense dont la Compagnie aurait à rembourser l'État, en ce qui concernait les travaux de la traversée de Lyon.

Sur la clause de rachat, M. Garnier-Pagès demanda la réduction à 4 1/2 du taux régulateur de 5 1/2 prévu par le projet de loi. M. Dufaure insista pour le maintien pur et simple de la disposition du cahier des charges primitif dont la modification ne lui paraissait pas justifiée. Le rapporteur répondit que la garantie d'un minimum de 5 1/2 pendant les cinquante premières années s'expliquait par l'augmentation des dépenses de premier établissement et qu'elle trouvait sa compensation dans la limitation au même taux, pour le surplus de la durée de la concession. Cette réponse n'était pas satisfaisante : car, d'une part, la Compagnie recevait déjà une prolongation de jouissance en échange de ses dépenses supplémentaires et, d'autre part, la limitation de l'annuité de rachat pendant la deuxième période de la concession, c'est-à-dire à une époque éloignée, n'avait que peu de valeur pour l'État. Aussi la clause fut-elle rejetée, d'accord avec le Gouvernement.

La loi fut ensuite votée à une forte majorité.

IV. — RAPPORT ET VOTE A LA CHAMBRE DES PAIRS. — Sur le rapport favorable de M. Cordier [M. U., 3 août 1847], la loi fut votée par la Chambre des pairs [M. U., 7 août 1847], après une vive attaque de M. d'Althon-Sée contre M. Dumon, Ministre des finances et antérieurement Ministre des travaux publics, à qui il reprochait de n'avoir pas pris en temps utile les mesures nécessaires pour améliorer la situation de l'industrie des chemins de fer, et une réponse éloquente de M. Dumon.

Elle fut rendue exécutoire le 9 août [B. L., 2ᵉ sem. 1847, nᵒ 1413, p. 539].

Une ordonnance du 11 septembre 1847 [B. L., 2ᵉ sem. 1847, nᵒ 1419, p. 677] approuva définitivement la convention ratifiée, en principe, par la loi du 9 août.

88. — **Projet de loi non voté, concernant le chemin de Lyon à Avignon.**

ɪ. — Projet de loi [M. U., 29 mai 1847]. — En même temps que le projet de loi relatif au chemin de fer de Paris à Lyon, le Gouvernement en déposait un autre concernant le chemin de Lyon à Avignon et motivé par la même cause. Les études de cette dernière ligne étaient très avancées ; toutefois, la Compagnie n'avait pas encore organisé ses ateliers ; elle pouvait donc ne point entreprendre les travaux, sans s'exposer à une pénalité autre que la confiscation de cautionnement dont le montant était de 10 millions. Le plus sérieux obstacle à l'exécution du chemin était l'obligation imposée au concessionnaire de construire l'embranchement de Grenoble, fort coûteux et peu productif. Le Gouvernement pensa donc qu'il y avait lieu de consentir à ne rendre cet embranchement obligatoire que si, dans les cinq premières années d'exploitation de la ligne principale, les produits nets distribués aux actionnaires à titre de dividende excédaient 7 °/₀ du capital engagé dans l'opération ; il stipula, toutefois, que, à toute époque avant l'expiration de ce délai, il pourrait reprendre la faculté de faire exécuter ledit embranchement, d'après le mode qui serait déterminé par une loi spéciale. Telles furent les dispositions essentielles qu'il soumit à la sanction du Parlement. Le projet de loi stipulait, en outre : 1° que, si la Compagnie, après avoir dépensé 10 millions au moins, renonçait avant le 1ᵉʳ juin 1848 à sa concession, elle ne subirait d'autre pénalité que la perte de son cautionnement ; 2° que le délai d'exécution de la ligne de Lyon à Avignon serait prorogé d'une année.

ɪɪ. — Rapport a la chambre des députés [M. U., 7 juillet 1847]. — M. de Lafarelle, député du Gard, présenta à la Chambre des députés un rapport fort développé. Recherchant tout d'abord les causes de la crise des chemins de

fer, il l'attribua non seulement à l'insuffisance de la récolte
de 1846, mais encore et surtout au développement excessif
des lignes auxquelles on avait voulu mettre simultanément
la main, aux mécomptes éprouvés sur les prévisions de
dépenses, enfin à l'agiotage. Il indiqua ensuite quelles
étaient les appréciations actuelles de la Compagnie au sujet
des dépenses de construction et du produit net, rapprochées
de celles de l'exposé des motifs de la loi de concession et
du rapport de la Commission de 1845.

		EXPOSÉ des MOTIFS	RAPPORT de la COMMISSION	ESTIMATION de la COMPAGNIE
		Fr.	Fr.	Fr.
Dépenses de construction	Ligne principale..........	80 000 000	76 890 000	119 000 000
	Embranchement de Grenoble	»	26 000 000	46 000 000
	TOTAL.......		102 890 000	165 000 000
Produit net	Ligne principale..........	5 510 000	6 000 000	6 000 000
	Embranchement..........	»	640 000	»
	TOTAL.....		6 640 000	6 000 000

Puis il fit connaître les diverses combinaisons étudiées
par la Commission.

La première consistait à prononcer purement et simplement la déchéance de la Compagnie et à confisquer le cautionnement. La Commission ne crut pas devoir s'y arrêter,
attendu qu'elle aurait ensuite obligé l'État à traiter avec une
Compagnie nouvelle à des conditions nécessairement désavantageuses.

La seconde solution était celle que proposait le Gouvernement ; elle avait un caractère essentiellement provisoire
et réservait les mesures définitives, pour le jour où la crise
financière serait calmée et où l'on pourrait se rendre un

compte exact de la véracité des allégations du concessionnaire, relativement à l'insuffisance des évaluations primitives.
Elle ne prévalut pas non plus devant la Commission, qui
jugea préférable d'arriver immédiatement à une transaction
définitive, en faisant le départ entre les causes permanentes
et les causes purement accidentelles de la situation, et qui
y vit le seul moyen d'asseoir le crédit de la Compagnie et
de lui donner la stabilité et la vitalité nécessaires.

Enfin la troisième combinaison, qui réunit les suffrages
de la majorité, avait, à l'inverse de la précédente, un caractère définitif. Elle comportait des modifications au contrat
primitif relativement : 1° à l'embranchement de Grenoble ;
2° à la durée de jouissance ; 3° aux nouvelles garanties
exigées de la Compagnie en vue d'une loyale et rapide exécution.

1° *Embranchement de Grenoble*. — Après avoir constaté
que l'évaluation première du prix de revient de cette ligne
serait inévitablement dépassée, et, d'un autre côté, que le
coefficient d'exploitation de 55 %, qui avait servi de base à
l'estimation du produit net, était beaucoup trop faible, la
Commission crut devoir adhérer à la proposition du Gouvernement, mais en précisant que l'exécution de l'embranchement serait obligatoire pour la Compagnie, si, pendant
l'une quelconque des cinq premières années d'exploitation de
la ligne principale, le dividende des actionnaires excédait
7 %, et en ajoutant d'ailleurs que le délai de construction
de cet embranchement serait de cinq années et que la durée
de la concession courrait seulement à partir de l'expiration
de la cinquième année.

2° *Prolongation de la durée de jouissance*. — Les devis de
l'administration pour la ligne principale, lors de la concession, s'élevaient à 80 millions ; la Compagnie avait dû compter
sur un certain aléa à cet égard. La Commission admit qu'il

était équitable de laisser à sa charge, sans rémunération nouvelle, une dépense de 90 millions et d'ajouter ensuite une année de jouissance pour chaque somme supplémentaire de 1 500 000 fr., sans que la durée de la concession pût excéder soixante ans.

Toutefois, si la Compagnie n'avait pas exécuté l'embranchement et si, d'autre part, les produits nets distribués aux actionnaires pendant la durée primitive de jouissance s'étaient élevés en moyenne à 7 %, amortissement déduit, les revenus du chemin durant les années de concession supplémentaire devaient être partagés par moitié entre l'État et la Compagnie, sans que la part de la Compagnie pût être inférieure à 4 %, plus l'amortissement.

3° *Garantie d'une prompte exécution.*— La Compagnie était tenue de justifier, dans un délai de deux mois, d'une commande de rails de 37 kilog. 1/2 pour une valeur de 6 millions; de dépenser, avant le 1er juin 1848, en travaux, acquisitions de terrains ou approvisionnements à pied d'œuvre, une somme de 16 millions dont 4 millions au plus en indemnités de terrains; de mettre au plus tard en exploitation la section d'Avignon à Orange le 31 décembre 1848, celle d'Orange à Montélimart le 1er juillet 1849, celle de Montélimart à Valence le 31 décembre 1849, et le surplus un an après le terme assigné à l'exécution par l'acte primitif de concession.

La Compagnie pouvait réclamer l'usage commun de la gare de Perrache, mais n'était tenue d'exploiter que la gare de la Guillotière.

Une convention fut conclue sur ces bases entre le Ministre et la Compagnie et annexée au rapport de la Commission.

III. — Discussion a la chambre des députés [M. U.,

1   38

22 et 23 juillet 1847]. — Après un effort infructueux de MM. Darblay et Lherbette pour faire ajourner le projet de loi à la session suivante, la discussion générale s'ouvrit par un discours de M. Félix Réal. Cet honorable député critiqua l'insuffisance du contrôle exercé par la Commission sur les évaluations de la Compagnie, concernant les dépenses de premier établissement; il contesta, avec force détails, ces évaluations. Si des améliorations étaient apportées à la voie, au matériel, elles se traduiraient par une augmentation de revenu. La concurrence de la navigation du Rhône, dont la direction de la Compagnie paraissait s'effrayer aujourd'hui, était absolument illusoire et disparaîtrait par la force des choses. L'atermoiement consenti pour l'embranchement de Grenoble, dont le sort allait être tenu en suspens pendant dix années et dont la construction exigerait ensuite cinq années, était inadmissible. Comment, d'ailleurs, empêcherait-on la Compagnie de tenir sa comptabilité, de manière à ne pas faire ressortir un produit net de 7 °/₀ pendant les cinq premières années d'exploitation de la ligne principale? L'exonération éventuelle, prévue au profit de la Compagnie, était indubitablement pour elle une exonération définitive; elle la déchargeait d'une dépense élevée, tout en lui conservant le supplément de durée de jouissance, que l'adjonction de l'embranchement à la ligne de Lyon à Avignon avait seule motivé, et le bénéfice du trafic que cet embranchement établi par l'État ou par un autre concessionnaire viendrait lui apporter. Il était impossible de sacrifier ainsi les intérêts de l'État et particulièrement ceux de la défense, qui exigeaient la prompte construction de la branche de Grenoble.

M. Muret de Bort soutint, au contraire, le projet de loi; suivant lui, on avait abordé trop tôt, en France, l'établissement des embranchements; on avait eu le tort de vouloir suivre aveuglément l'exemple de l'Angleterre où les concessions étaient plus longues, les tarifs plus élevés et les recettes plus considérables. La section de Grenoble serait incontestablement onéreuse et ne méritait pas l'intérêt excessif qu'on lui portait. La prolongation de la concession ne présentait pas les graves inconvénients qu'on lui attribuait : car les tarifs s'abaisseraient inévitablement, surtout sur une ligne parallèle à la grande voie fluviale du Rhône. Quant à l'insuffisance des devis primitifs, elle se justifiait amplement, sans qu'il fallût recourir à des calculs de détail, par l'exemple d'un grand nombre d'autres chemins de fer. Enfin l'urgence de l'ouverture de la ligne du Nord à Marseille imposait une solution immédiate et interdisait tout ajournement.

M. d'Angeville, après avoir démontré que la Chambre n'était nullement liée par sa décision récente sur le chemin de Paris à Lyon, puisque les travaux n'étaient pas commencés entre Lyon et Avignon et que la déchéance pouvait être prononcée immédiatement, demanda le renvoi à la Commission, pour la mettre à même de s'assurer si les engagements souscrits, sans pouvoirs réguliers, par M. Talabot, directeur de la Compagnie, avaient chance d'être ratifiés par l'assemblée générale des actionnaires. Puis, après une réplique du rapporteur, il formula un amendement qui tendait à ouvrir au Ministre des travaux publics un crédit de 10 millions, pour faire engager les travaux par l'État. Cet amendement donna lieu à une discussion confuse et fut finalement renvoyé à la Commission.

À la séance suivante, le rapporteur vint combattre l'amendement de M. d'Angeville, comme préjugeant la déchéance qui n'était pas encore prononcée et sur laquelle la Chambre n'avait pas compétence pour statuer. Il insista pour l'adoption des propositions de la Commission ; mais,

subsidiairement, il se rallia à un amendement nouveau de
M. d'Angeville, appuyé par M. Collignon, qui subordonnait
expressément l'allocation du crédit de 10 millions à la déchéance de la Compagnie et qui, d'autre part, assurait à
cette société le remboursement de ses dépenses utiles pour
le cas où, ayant commencé les travaux avant d'être déchue
et y ayant consacré 10 millions au moins au 1er mai 1848,
elle renoncerait à sa concession à cette époque. Dans cette
dernière éventualité, d'ailleurs, le cautionnement de 10 millions restait acquis à l'État.

M. Duchatel, Ministre de l'intérieur, déclara, au nom du
Gouvernement, adhérer à cet amendement, plutôt que de
voir rejeter complètement le projet de loi et ajourner ainsi
une œuvre éminemment utile au pays. M. Dumon, Ministre
des finances, confirma cette déclaration.

Puis, la Chambre passa à la discussion des articles, sur
l'amendement de MM. d'Angeville et Collignon.

Après un débat coupé, haché, comme le comportait nécessairement la rédaction improvisée de l'amendement, la
proposition de MM. d'Angeville et Collignon fut adoptée par
la Chambre, sauf substitution de la date du 1er avril 1848 à
celle du 1er mai et addition d'une clause portant que, sur la
dépense utile de 10 millions à réaliser avant cette date,
moitié au moins devrait avoir été employée en travaux d'art
et de terrassements.

IV. — RAPPORT A LA CHAMBRE DES PAIRS [M. U., 5 août
1847]. — Ce fut M. Girard qui eut à présenter le rapport à
la Chambre des pairs. Sans considérer la loi votée par la
Chambre des députés comme donnant une solution très satisfaisante, il conclut néanmoins à l'adopter, afin de ne pas
ajourner la construction d'une section importante de la
grande ligne de Paris-Marseille.

V. — DISCUSSION A LA CHAMBRE DES PAIRS [M. U., 7 août
1847]. — Lors de la discussion publique devant la Chambre
des pairs, M. le comte Daru fit ressortir que la loi ne produirait aucun effet. La Compagnie, exposée à subir la confiscation de son cautionnement, aussi bien au 1er avril 1848
qu'immédiatement, à voir le montant de ses dépenses contesté,
et à perdre l'intérêt de ses avances, si elle consentait à exécuter des travaux jusqu'à concurrence de 10 millions, préfé-
rerait certainement se liquider ; d'autre part, le délai nécessaire à la régularisation de la déchéance et aux formalités
préalables à l'expropriation empêcheraient indubitablement
l'État de dépenser, avant la session de 1848, tout ou partie
de la somme mise éventuellement à sa disposition. La
Compagnie était, du reste, en proie à des dissensions intes-
tines ; mieux valait la régénérer, la reconstituer et s'appuyer
sur une concession nouvelle, pour marcher avec persévérance vers une exécution sérieuse et assurée.

Malgré une réponse de M. Jayr, ministre des travaux
publics, malgré l'assurance qu'il donna de pouvoir entreprendre immédiatement les travaux sur certains points, au
cas où la Compagnie se laisserait frapper de déchéance, la
loi fut repoussée par 67 voix contre 62.

Ce rejet entraîna la déchéance de la Compagnie (arrêté
ministériel du 28 décembre 1847).

89. — Prêt de l'État à la Compagnie du chemin de Montereau à Troyes.

I. — PROJET DE LOI [M. U., 11 juin 1847]. — Le chemin
de Montereau à Troyes avait été concédé, par voie d'adjudication publique, en vertu de la loi du 26 juillet 1844, à
une société qui s'était constituée au capital social de 20 millions ; cette Compagnie avait engagé activement ses travaux ;

mais, frappée par la crise, elle n'avait pu assurer en temps
utile le versement intégral des souscriptions et avait dû se
résoudre à recourir à un emprunt de 4 300 000 fr. Elle
demanda au Gouvernement de consentir à substituer ses
prêteurs aux droits qui résultaient, pour l'État, de la clause
du cahier des charges relative à la déchéance, c'est-à-dire,
d'admettre qu'à défaut par elle de payer l'intérêt et l'amortissement de l'emprunt aux époques fixées, les prêteurs
pourraient requérir la mise en adjudication de la concession du chemin de fer et prélever, par privilège, sur le
produit de la vente, jusqu'à concurrence de la somme prêtée
en capital et intérêts. Le Ministre des travaux publics considéra cette demande comme susceptible d'être accueillie
et présenta dans ce sens un projet de loi à la Chambre des
députés.

II. — RAPPORT A LA CHAMBRE DES DÉPUTÉS. [M. U.,
8 juillet 1847.] — La commission de la Chambre, par l'organe de M. Calmon, constata que la Compagnie avait sérieusement rempli ses obligations et s'était mise en mesure
d'ouvrir la ligne un an avant le terme fixé par le cahier des
charges.

Examinant ensuite une opération qu'avait faite le conseil
d'administration et qui avait consisté à racheter au-dessous
du pair un grand nombre d'actions jetées sur la place par
leurs propriétaires, il jugea cette opération justifiée, dans
l'espèce, par la nécessité de ne pas laisser avilir les titres.

Elle reconnut donc la nécessité de venir en aide à la
Compagnie. Toutefois, pendant qu'elle procédait à l'étude
de l'affaire, le conseil d'administration avait constaté que les
dispositions du projet de loi n'étaient pas de nature à assurer le succès de son emprunt et avait transformé sa demande
en sollicitant, soit un prêt de 5 millions, soit une garantie

d'intérêt de 3 %, plus 1 % d'amortissement. Bien que le Gouvernement insistât sur sa proposition, la Commission crut devoir soumettre à la Chambre une combinaison mixte qui était la suivante :

Un prêt de 3 millions était consenti par l'État pour l'exécution [des travaux et l'acquisition du matériel d'exploitation ; cette somme portait intérêt à 5 % et devait être remboursée par sixième, de six en six mois, le premier terme échéant au 30 juin 1852 ; la Compagnie affectait, comme gage de sa dette, 8 966 actions rachetées par le conseil d'administration et, de plus, le chemin de fer, toutes ses dépendances et ses revenus.

En outre, la Compagnie était autorisée à affecter en premier ordre aux autres emprunts qu'elle pourrait avoir à contracter, jusqu'à concurrence de 2 millions, tous les droits utiles qui dérivaient pour elle de sa concession. A défaut de remboursement du capital et de paiement des intérêts, les prêteurs avaient le droit de requérir l'application de l'article 31 du cahier des charges et de prélever, le cas échant, sur le prix à provenir de l'adjudication, le montant de leur créance en principal et intérêts.

III. — DISCUSSION A LA CHAMBRE DES DÉPUTÉS. — M. Dumon, Ministre des finances, exprima les scrupules que lui inspirait la réouverture de l'ère des prêts. Néanmoins, après un discours de M. Vuitry en faveur du projet de loi élaboré par la Commission, ce projet fut adopté à la presque unanimité [M. U., 23 et 24 juillet 1847].

IV. — RAPPORT ET VOTE A LA CHAMBRE DES PAIRS. — Sur le rapport conforme de M. le duc de Fézensac [M. U., 5 août 1847], la Chambre des pairs vota également la loi sans discussion [M. U., 7 août 1847].

Cette loi fut rendue exécutoire le 9 août [B. L., 2° sem. 1847, n° 1413, p. 541].

La convention passée entre le Ministre des travaux publics et la Compagnie, pour la réalisation du prêt, fut homologuée par ordonnance du 11 septembre [B. L., 2e sem. 1847, n. 1419, p. 679].

90. — Prorogation du délai d'exécution des embranchements de Dieppe et de Fécamp.

I. — PROJET DE LOI [M. U., 11 juin 1847]. — Les deux embranchements, destinés à rattacher Dieppe et Fécamp à la ligne de Rouen au Havre, avaient été concédés en exécution de la loi du 19 juillet 1845, par une convention du 13 septembre 1845, qu'avait sanctionnée une ordonnance du 18 du même mois.

La Compagnie ayant subi le contre-coup de la crise de 1847, le Ministre des travaux publics présenta, le 8 juin 1847, un projet de loi prorogeant d'un an le délai d'exécution, autorisant le concessionnaire à n'acheter les terrains et à ne construire les terrassements et les ouvrages d'art de l'embranchement de Fécamp que pour une voie, et ajournant enfin la branche de Merville à Bolbec, dont le maintien ou la suppression devait être définitivement décidé par ordonnance après enquête.

II. — RAPPORT A LA CHAMBRE DES DÉPUTÉS [M. U., 12 juillet 1847]. — M. Le Masson, chargé de présenter le rapport à la Chambre des députés, fit connaître que la Compagnie avait insisté pour obtenir l'exonération pure et simple de l'embranchement de Fécamp; mais que cette demande avait provoqué les protestations les plus vives de la part de la ville de Fécamp, dont le commerce aurait été compromis au plus haut point ; et que la Commission avait cru devoir repousser à l'unanimité la prétention de la Compagnie, comme portant une atteinte trop profonde aux intérêts de Fécamp et à l'économie de la loi du 19 juillet 1845. Il adhéra à la proposition du Gouvernement, en portant à dix-huit mois la prorogation du délai d'exécution et en retranchant définitivement de la concession la branche de Bolbec, qui devait déjà être relié à la ligne de Rouen au Havre par un embranchement aboutissant à Nointot, mais ne comportant, à la vérité, que des trains de faible vitesse.

III. — DISCUSSION A LA CHAMBRE DES DÉPUTÉS [M. U., 24 juillet 1847]. — Les conclusions de la Commission furent votées par la Chambre, après le rejet d'un amendement de M. Benoist qu'appuya M. Rouland et dont le but était de porter à trois ans la prorogation du délai d'exécution.

IV. — RAPPORT ET VOTE A LA CHAMBRE DES PAIRS [M. U., 5, 7 et 8 août 1847]. — M. le président Rousselin, rapporteur à la Chambre des pairs, formula un avis favorable à la loi, qui fut votée sans débat et rendue exécutoire le 9 août [B. L., 2° sem. 1847, n° 1413, p. 544].

91. — Allocation pour l'exécution par l'État de la superstructure du chemin de Versailles à Chartres.

I. — PROJET DE LOI [M. U., 11 juin 1847]. — Les embarras financiers avaient empêché la réalisation de la concession des chemins de fer de l'Ouest, décidée par la loi du 21 juin 1846, et entraîné l'ajournement de l'adjudication prévue subsidiairement par cette loi.

Cependant la plate-forme de la section de Versailles à Chartres, entreprise en vertu d'une loi antérieure du

26 juillet 1844, était à peu près terminée, sur la plus grande partie de sa longueur ; on ne pouvait, sous peine de laisser improductifs les capitaux qui y avaient été engagés, retarder la pose de la voie de fer et l'acquisition du matériel roulant. Les deux Compagnies de Versailles, rive droite et rive gauche, offrirent de faire l'avance nécessaire, sauf remboursement avec intérêt à 5 %, si, dans le cours de la session de 1848, il n'était pas statué par une loi nouvelle sur le sort des lignes comprises dans la loi du 21 juin 1846. Les travaux devaient être exécutés et les marchés conclus sous la surveillance de l'administration. En même temps les deux Compagnies devenaient solidairement responsables, vis-à-vis de l'État, du prêt de 5 millions consenti en 1839 à la Compagnie de rive gauche ; les conditions du remboursement de ce prêt étaient celles qu'avait déterminées l'article 91 du cahier des charges annexé à la loi du 21 juin 1846, savoir : 1° addition aux 5 millions, des intérêts à 4 % depuis le jour où ils avaient commencé à courir jusqu'au jour de l'approbation de la convention à intervenir ; 2° paiement des intérêts à 3 % du nouveau capital ainsi constitué, jusqu'au parfait remboursement du principal ; 3° échelonnement de ce remboursement sur soixante années, à partir de l'ouverture du chemin de Rennes.

Le Gouvernement souscrivit à ces conditions qui assuraient la prompte exécution du chemin de Versailles à Chartres et le paiement de son avance à la Compagnie de Versailles, rive gauche, tout en lui laissant son entière liberté d'action pour la concession de la ligne de Rennes. Il stipula toutefois qu'avant tout, les deux Compagnies auraient à justifier de leur fusion.

II. — Rapport a la chambre des députés [M. U., 5 juillet 1847]. — M. Collignon, rapporteur à la Chambre des députés, rappela les précédents de l'affaire ; il insista, à cette

occasion, sur la nécessité de relier la ligne de Versailles à
Chartres avec les deux chemins de Versailles et de lui donner
ainsi deux têtes de ligne à Paris, tout en assurant le raccordement direct des lignes de Bretagne avec celles de
Rouen et du Nord; il proclama, une fois de plus, la nécessité de placer les deux lignes de Versailles entre les
mêmes mains, ne fût-ce qu'en raison de leur solidarité par
le fait du double raccordement dont nous venons de parler;
il constata l'opportunité de la concession du chemin de
Rennes à la Compagnie formée à la suite de cette fusion et
adhéra, en conséquence, au principe du projet de loi du
Gouvernement, qui était de nature à faciliter et à préparer
cette concession; il en adopta même les termes avec de légères modifications. Mais, au nom de la Commission, il
conclut à aller plus avant dans la voie où s'était engagé le
Ministre: 1° en faisant revivre jusqu'au 1er février 1848 l'autorisation conférée au Gouvernement, par la loi du 21 juin
1846, de concéder directement à la Compagnie des deux
chemins de Versailles réunis le chemin de Versailles à
Rennes, avec embranchement du Mans sur Caen et de
Chartres sur Alençon ; 2° en stipulant, pour la Compagnie,
la faculté d'exécuter le tronc commun de Caen à Mézidon
et d'en percevoir le produit jusqu'au remboursement des
dépenses de premier établissement, au cas où le chemin de
Caen sur Paris n'aurait pas été exécuté dans l'étendue de
ce tronc commun, lors de l'achèvement de la section du
Mans à Mézidon ; 3° en prévoyant que le délai de concession
pourrait être porté à soixante-quinze ans, pour la ligne principale comme pour les embranchements ; 4° en inscrivant
au projet de loi une clause qui permettait de ne pas prolonger le chemin de Versailles, rive gauche, dans Paris, au
delà de l'alignement sud du boulevard extérieur. En échange
de ces dispositions, la Compagnie des chemins de fer de

Versailles réunis était tenue d'accepter les tarifs et les immunités des services publics, tels qu'ils étaient, prévus au cahier des charges annexé à la loi du 21 juin 1846, et de consentir à la réduction de la concession de ces deux chemins au terme à fixer par le bail de la ligne de Rennes, sans que la durée ainsi restreinte pût être inférieure à soixante-quinze ans à partir de la mise en exploitation du chemin de Versailles à Chartres.

III. — DISCUSSION A LA CHAMBRE DES DÉPUTÉS [M. U., 23 juillet 1847]. — La Chambre des députés était sur le point de clore sa session ; elle ne pouvait examiner utilement une œuvre aussi importante que celle de la Commission, aussi accepta-t-elle, d'accord avec le rapporteur et le Gouvernement, un amendement de MM. Vavin et Deslongrais, mettant purement et simplement un crédit de 10 millions à la disposition du Gouvernement pour acheter et poser la voie de fer entre Versailles et Chartres.

IV. — RAPPORT A LA CHAMBRE DES PAIRS [M. U., 5 août 1847]. — M. le baron de Bussières, rapporteur à la Chambre des pairs, demanda la modification de la loi par l'addition d'une clause autorisant également le Ministre à acquérir le matériel d'exploitation, afin de ne pas le mettre à la discrétion des deux Compagnies de Versailles, quand la pose de la voie de fer serait achevée.

V. — DISCUSSION A LA CHAMBRE DES PAIRS [M. U., 7 et 8 août 1847]. — M. Aubenton combattit l'amendement de la Commission ; il s'efforça de démontrer qu'avant tout il ne fallait pas compromettre la pose de la voie, en prélevant, sur le crédit qui y avait été affecté par la Chambre des députés, une part destinée au matériel roulant, et que, d'ailleurs, on pouvait, sans danger, ajourner de quelques mois l'achat de ce matériel.

Le rapporteur défendit ses conclusions, en faisant valoir que, si le Gouvernement ne se pourvoyait pas du matériel roulant, il n'aurait pas l'autorité voulue dans ses négociations avec les Compagnies de Versailles.

Le Ministre des travaux publics attaqua à son tour l'amendement ; il fit observer que, si ses pourparlers avec les Compagnies de Versailles n'aboutissaient pas à bref délai, il aurait la ressource, soit de solliciter du Parlement un nouveau crédit pour le matériel roulant, au commencement de 1848, soit de saisir le chemin de rive gauche, soit enfin de tenter l'adjudication de la ligne de l'Ouest avec libre circulation sur ce chemin. En aucun cas, le Gouvernement ne se trouverait dans l'embarras.

Le Ministre des finances, de son côté, répondant à une objection qui lui avait été faite au point de vue de la charge dont le Trésor allait être grevé, allégua que cette charge était essentiellement provisoire et que l'une des conditions essentielles de la concession serait le remboursement à l'État de ses avances ; il ajouta qu'il y aurait imprudence à acquérir un matériel roulant qui constituerait, à proprement parler, l'outil d'exploitation et qui pourrait ne pas convenir à la Compagnie concessionnaire.

Après quelques observations complémentaires de divers membres de la Chambre, le projet du Gouvernement fut voté et la loi fut rendue exécutoire le 9 août (B. L., 2e sem. 1847, n° 1413, p. 543).

92. — Ordonnances et arrêtés divers intervenus en 1847. — Nous n'avons plus à mentionner, pour l'année 1847, que les ordonnances et arrêtés suivants :

1° Ordonnance du 19 mars 1847, prorogeant jusqu'au

31 juillet 1847 le délai fixé par l'article 44, § 2, de l'ordonnance du 15 novembre 1846 pour la régularisation des
taxes perçues sur les chemins concédés avant 1835 [B. L.,
1er sem. 1847, n° 1369, p. 278] ;

2° Ordonnance du 1er avril 1847, autorisant la fusion de
la Compagnie de Creil à Saint-Quentin avec celle du Nord
[B. L., 1er sem. 1847, supp. n° 899, p. 742] ;

3° Ordonnance du 6 avril 1847 instituant auprès du
Ministre des travaux publics une commission générale des
chemins de fer, divisée en quatre sections (section des tracés,
section de l'exploitation technique, section de l'exploitation
commerciale, section des règlements) et nommant les membres de cette Commission, qui étaient choisis notamment
parmi les membres du Parlement, du Conseil d'État, du comité des fortifications, des corps des ponts et chaussées et
des mines et de l'académie des sciences [M. U., 16 avril
1847] ;

4° Ordonnance du 26 juillet 1847, prorogeant au 31 décembre 1847 le délai de régularisation des tarifs perçus
sur les chemins concédés avant 1835 [B. L., 2e sem. 1847,
n° 1408, p. 446] ;

5° Ordonnance du 13 novembre 1847, autorisant la Compagnie de Marseille à Avignon à contracter un emprunt
[B. L., 2e sem. 1847, supp., n° 927, p. 485] ;

6° Arrêtés ministériels du 28 décembre, prononçant la
déchéance des concessionnaires des lignes de Fampoux à
Hazebrouck, de Lyon à Avignon et de Bordeaux à Cette,
lesdits arrêtés complétés par des décisions du 21 janvier
1848 du Ministre des finances, portant confiscation des cautionnements fournis par ces concessionnaires.

93. — **Projet de loi non voté concernant le chemin de
Versailles à Chartres.** — Le seul projet de loi présenté par

le Gouvernement de Louis-Philipppe, en 1848, avant la pro-
clamation de la République, fut encore relatif au chemin de
fer de Versailles à Chartres [M. U., 30 janvier 1848]. L'administration s'était empressée d'user des crédits mis à sa
disposition en 1847, pour la superstructure, et tout faisait
prévoir que, dans les derniers mois de l'année ou, au plus
tard, dans les premiers jours de 1849, la ligne pourrait être
livrée à l'exploitation. Il fallait aviser définitivement aux
mesures à prendre pour ne pas retarder l'ouverture à la
circulation. La concession du chemin de Versailles à Rennes,
sur toute sa longueur, eût été évidemment impossible dans
l'état où se trouvait le crédit industriel ; d'autre part, on
ne pouvait concéder isolément la section de Versailles à
Chartres qui formait la tête du chemin de l'Ouest. Fidèle à
la pensée qui, jusqu'alors, avait toujours dominé dans les
projets du Gouvernement, dans les rapports des Commissions, dans les résolutions des Chambres, le Ministre chercha
à conclure avec les deux Compagnies de Versailles un traité
consacrant les principales dispositions qui avaient été proposées, en 1847, par la commission de la Chambre des
députés. Mais il échoua devant la résistance de la Compagnie de la rive gauche, qui réclamait pour elle seule la
concession du chemin de l'Ouest, à l'exclusion de la Compagnie de la rive droite. Ne voulant point céder à ces exigences,
qui étaient contraires tout à la fois à l'intérêt bien entendu
de la Compagnie de la rive gauche, ainsi qu'à celui de la
région de l'Ouest et de la ville de Paris, le Ministre dut se
borner à négocier avec la Compagnie de la rive droite ; il
signa avec elle une convention provisoire prévoyant trois cas.

1er Cas. — *Exploitation par la Compagnie du chemin de
rive droite, en ne faisant usage que de ce chemin.*— Cette Compagnie s'engageait à fournir, dans un délai de neuf mois, le
matériel roulant nécessaire et à établir la circulation, dès

que l'achèvement des travaux le permettrait. Elle continuerait
l'exploitation jusqu'au moment où il pourrait être statué par
une loi sur la concession définitive du chemin de l'Ouest et,
dans tous les cas, pendant 3 années au moins ; elle tiendrait
compte à l'État de l'intérêt à 5 °/₀ de la valeur de la voie de
fer ; si elle n'était pas ultérieurement déclarée concessionnaire de tout ou partie de la ligne, elle serait remboursée, à
dire d'experts, de la valeur du matériel roulant affecté par elle
à la section de Versailles à Chartres. En tout état de cause,
elle demeurait définitivement soumise, pour les marchandises et pour les voyageurs en provenance ou à destination
d'un point quelconque au-delà de Chartres, au tarif du
cahier des charges annexé à la loi du 21 juin 1846 ; elle se
soumettait également, pour le chemin de Paris à Versailles,
à toutes les conditions de droit commun insérées dans les
nouveaux cahiers des charges ; elle opérerait, dans la gare
de Saint-Lazare, les appropriations et agrandissements jugés
nécessaires par l'administration ; elle établirait une nouvelle
gare des marchandises ; elle mettrait ses ateliers de réparations et ses magasins en rapport avec l'importance du
matériel destiné à la nouvelle exploitation qu'elle prenait
pour son compte. Enfin la Compagnie future de tout ou
partie du chemin de l'Ouest aurait droit à l'usage commun
des gares du chemin de fer de Versailles (rive droite), sauf
remboursement proportionnel des dépenses ou paiement
d'une redevance annuelle, et jouirait de toutes les modérations de tarifs consenties par la Compagnie de Saint-Germain.

2ᵉ CAS. — *Exploitation par la Compagnie de rive droite,
mais en faisant usage des deux chemins.* — La Compagnie de
rive droite exploiterait, en faisant usage des deux chemins
dans des conditions de parfaite égalité ; elle construirait, à
ses frais, dans les terrains dépendant de la gare de la bar-

rière du Maine, sans qu'il pût en résulter pour elle aucune perception de droits de gare, les voies, quais, hangars et aménagements nécessaires. Mais la Compagnie de rive gauche serait tenue : 1° d'accepter, à titre de droits de gare pour les voyageurs, le tarif stipulé au traité conclu entre la Compagnie de la rive droite et celle de Saint-Germain : 2° de n'exiger aucun loyer pour la gare des marchandises de la barrière du Maine et de s'engager à rembourser, à l'expiration de l'exploitation provisoire du chemin de Chartres, la valeur des constructions établies dans ladite gare par la Compagnie de rive droite ; 3° de consentir à l'application des tarifs du cahier des charges annexé à la loi du 21 juin 1846 et aux conditions de droit commun déjà acceptées par cette dernière Compagnie.

3ᵉ Cas. — *Exploitation par les deux Compagnies réunies.* — Si la Compagnie de rive gauche, renonçant à ses exigences, consentait à fusionner avec celle de rive droite, la nouvelle Compagnie ainsi formée se chargerait de l'exploitation aux conditions prévues dans la première hypothèse, mais rendues communes aux deux chemins. Le remboursement du prêt fait par l'État à la Compagnie de rive gauche serait effectué et la durée de la concession des deux chemins, réduite, comme l'avait indiqué la commission de la Chambre des députés en 1847.

Les événements empêchèrent ce projet de loi de recevoir la suite qu'il comportait.

1

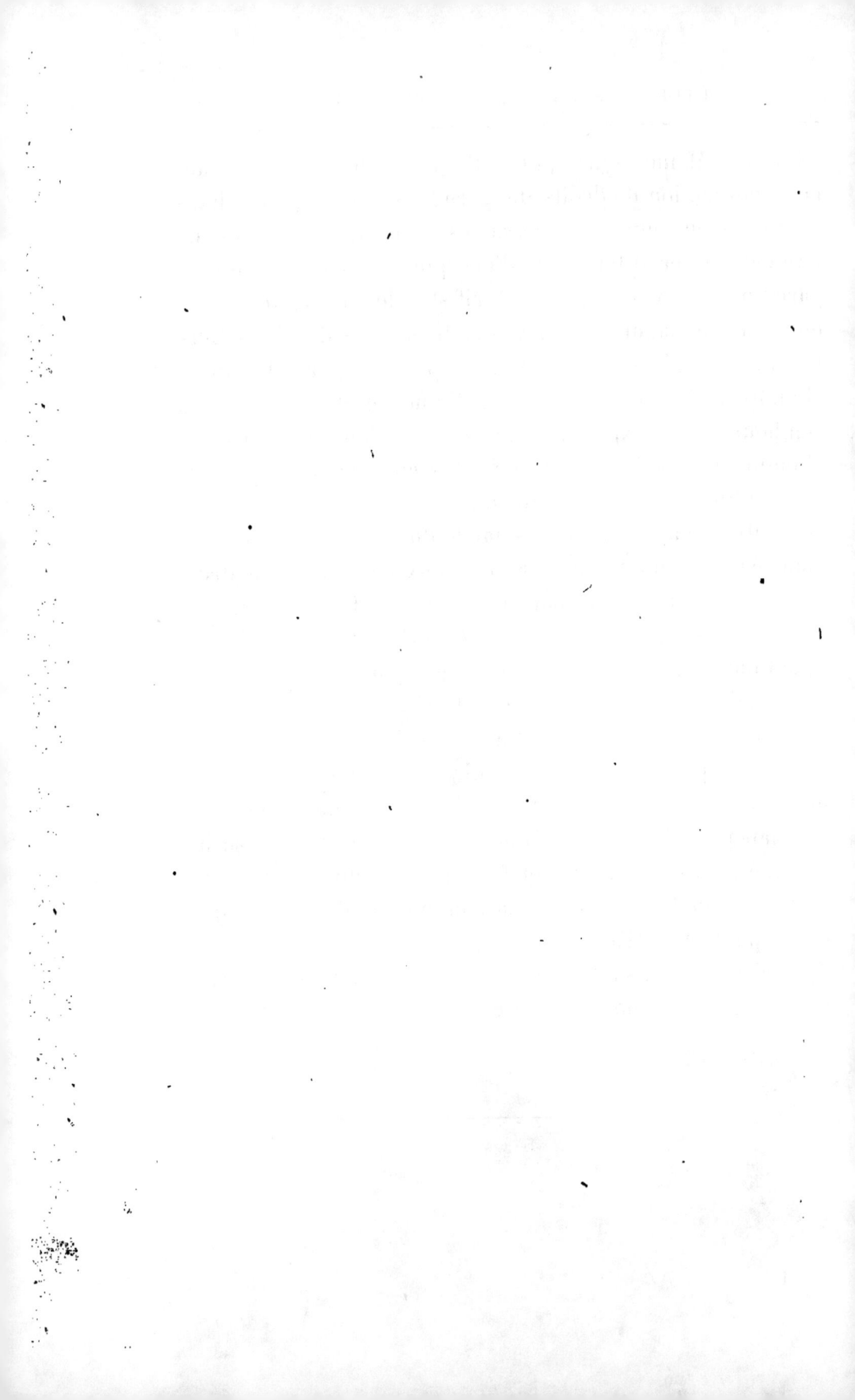

TROISIÈME PARTIE

PÉRIODE

DU 24 FÉVRIER 1848 AU 2 DÉCEMBRE 1851

GOUVERNEMENT DE LA RÉPUBLIQUE

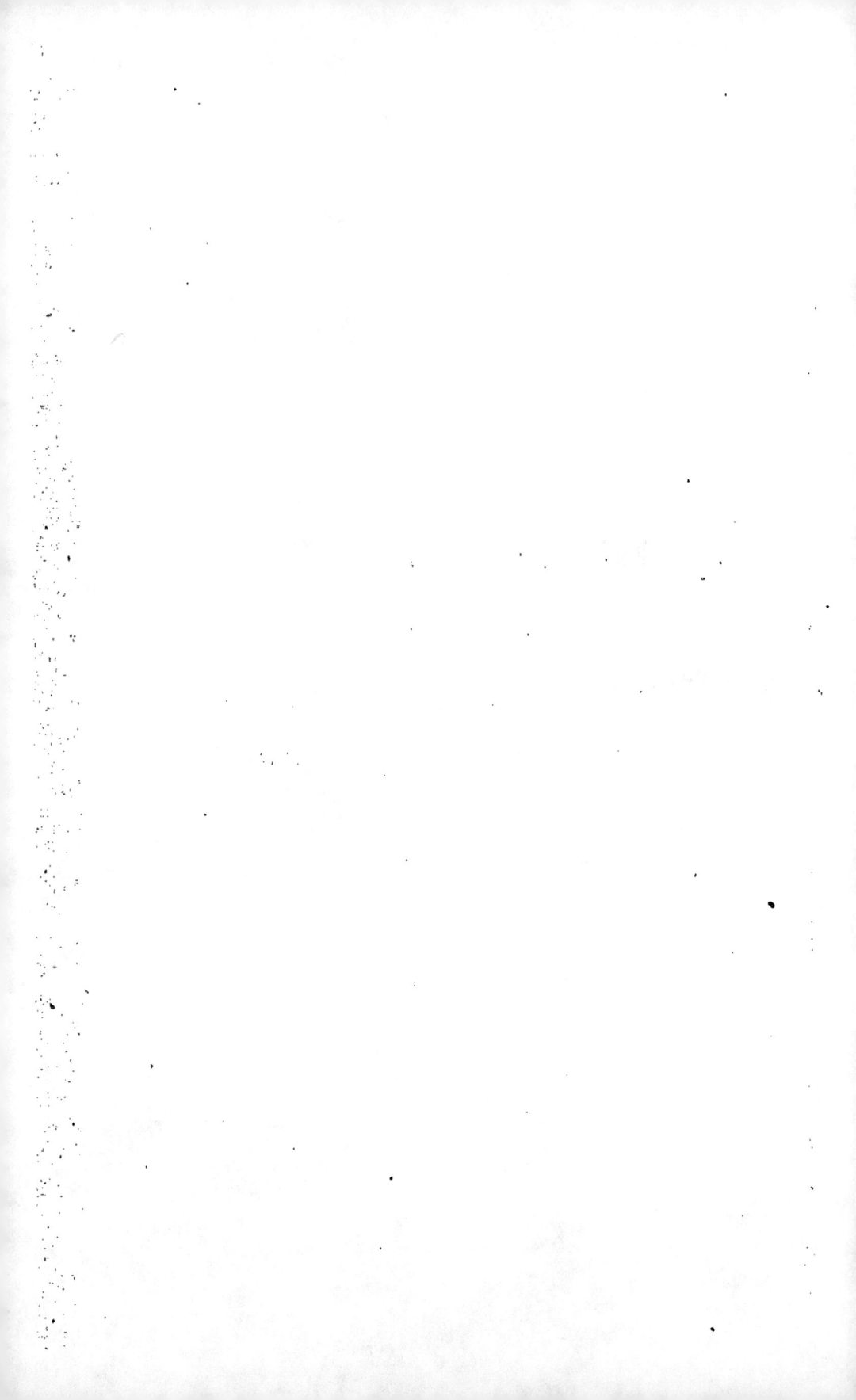

PÉRIODE du 24 FÉVRIER 1848 au 2 DÉCEMBRE 1851

GOUVERNEMENT DE LA RÉPUBLIQUE

CHAPITRE Ier.—DU 24 FÉVRIER au 31 DÉCEMBRE 1848

94. — Projet de loi présenté à l'Assemblée nationale par la Commission du pouvoir exécutif, pour la reprise de possession des chemins de fer par l'État.

I. — Projet de loi [M. U., 19 mai 1848]. — La modification dans la forme du Gouvernement avait eu pour corollaire une transformation dans ses idées économiques. Le 17 mai 1848, M. Duclerc, Ministre des finances, présenta à l'Assemblée nationale, au nom de la Commission exécutive (MM. Arago, Garnier-Pagès, Marie, Lamartine et Ledru-Rollin), un projet de loi tendant au rachat, moyennant une juste indemnité, de toutes les actions de chemins de fer.

Suivant l'exposé des motifs, l'institution des Compagnies financières, profondément imprégnées de l'esprit aristocratique et si difficilement implantées en France, ne pouvait survivre à la monarchie. Il suffisait de jeter les yeux sur la composition de ces Compagnies, pour constater qu'en les formant le Gouvernement de Louis-Philippe avait fait œuvre politique, avait voulu concentrer entre les mains de quelques hommes dévoués la direction de toutes les richesses mobiles disponibles dans le pays. Il était du devoir du nouveau régime de reprendre et de garder le dépôt de la puissance publique ainsi aliéné, de ne pas laisser soustraire à son action l'armée d'employés et de travailleurs que comportaient les chemins de fer, de ne pas s'exposer à voir administrer nos voies ferrées par des capitalistes étrangers, de ne pas maintenir la situation difficile faite aux pouvoirs publics par la puissance qui s'était dressée devant eux.

Les tarifs de chemins de fer affectaient d'ailleurs au plus haut point le commerce et l'industrie ; il importait que le droit de les régler appartînt à une autorité supérieure, nécessairement impartiale par position et par devoir ; on ne pouvait tolérer que la production et la consommation restassent subordonnées au caprice ou à l'intérêt de sociétés investies d'un monopole écrasant. Les Compagnies, déjà si fortes, ne manqueraient pas de conquérir une domination inexpugnable et une existence illimitée, malgré le caractère temporaire de leurs concessions.

Ces raisons de principe suffisaient, aux yeux de la Commission exécutive, pour justifier le rachat. La mesure s'imposait du reste par la situation critique de la plupart des Compagnies. Elle permettrait en outre à l'Etat d'assurer la vitalité de la République, en mettant en évidence la supériorité de son crédit sur celui de l'industrie privée ; de ranimer le travail sur un grand nombre de points du territoire ; d'abaisser les taxes et, le cas échéant, de donner toutes les facilités voulues pour le transport des denrées alimentaires ; enfin de réprimer les excès de la spéculation et de faire refluer les capitaux du jeu vers l'agriculture, l'industrie et le commerce.

Certains esprits avaient vu, dans le rachat anticipé, une spoliation et une grave atteinte au crédit. Ni l'une, ni l'autre de ces objections ne résistaient à l'examen. L'État avait toujours le droit d'expropriation, et en payant à leur valeur les propriétés dont il prenait possession, il ne pouvait être taxé d'injustice. D'autre part, le crédit public ne pourrait en être affecté, puisque l'opération aurait uniquement pour effet de remplacer des actions démonétisées par des titres de rente, de mettre fin à la lutte entre les capitaux de placement et les capitaux de spéculation.

Les chemins auxquels devait s'appliquer le rachat étaient ceux de Paris à Saint-Germain, Paris à Versailles (rive droite et rive gauche), Strasbourg à Bâle, Paris à Orléans et Corbeil, Paris à Rouen, Rouen au Havre, Montereau à Troyes, Paris à la frontière de Belgique avec embranchements de Creil à Saint-Quentin et d'Hazebrouck à Calais et Dunkerque, Orléans à Bordeaux[1], Orléans sur le Centre, Avignon à Marseille, Amiens à Boulogne, Paris à Lyon, Paris à Strasbourg, Tours à Nantes, Dieppe à Rouen, et, éventuellement, quelques autres lignes secondaires.

En ce qui concernait la liquidation de l'indemnité, la Commission exécutive pensa qu'il n'y avait pas lieu de la baser sur le revenu qui était nul pour certains chemins en exploitation, qui n'existait pas encore pour les lignes non livrées à la circulation, qu'il était d'ailleurs fort difficile d'établir à sa juste valeur et qui, en outre, pour certaines Compagnies, comprenait une part afférente à des subventions de l'État ou des localités ; le capital social n'offrait pas une base plus convenable ; la Commission s'arrêta à un système qui consistait à établir le prix des chemins d'après le cours moyen des actions à la Bourse de Paris, pendant les six mois qui avaient précédé la révolution du 24 février ; en échange de leurs titres, les actionnaires devaient recevoir des coupons de rente 5 °/₀, cours pour cours, d'après la cote moyenne de la Bourse pendant la période sus-indiquée.

Il résultait des renseignements fournis par l'exposé des motifs que, calculés d'après ces principes, la valeur totale des actions de chemins de fer et le montant de la rente à servir en échange étaient respectivement de 518 millions et de 22 300 000 fr.

Les dispositions précédentes ne devaient pas s'étendre aux quelques chemins secondaires dont les actions n'étaient pas cotées régulièrement à la Bourse de Paris ; le règlement de l'indemnité afférente à ces lignes était réservé, pour faire l'objet de négociations entre le Ministre des finances et les concessionnaires, puis d'un vote de l'Assemblée nationale.

Le matériel roulant était considéré comme compris dans le prix de rachat. Mais il n'en était pas de même des emprunts dont le service devait être assuré par l'État et qui s'élevaient ensemble à 90 millions en nombre rond.

La charge supplémentaire que le rachat allait faire peser sur l'État était évaluée, en capital, à 624 millions.

II. — RAPPORT A L'ASSEMBLÉE NATIONALE [M. U., 9 juin 1848]. — Le rapport à l'Assemblée fut présenté par M. Bineau au nom du Comité de finances. Il traitait successivement de la légalité du rachat, de son utilité, du mode de liquidation de l'indemnité, enfin de la possibilité de réaliser l'opération dans l'état où se trouvaient les finances publiques.

1° *Légalité du rachat.* — Les chemins concédés antérieurement à 1836 n'avaient fait l'objet d'aucune stipulation concernant le rachat et se trouvaient, par suite, sous le régime du droit commun, c'est-à-dire que l'État pouvait, en cas d'utilité publique, les exproprier moyennant une juste et préalable indemnité. Ils étaient du reste tous d'ordre secondaire.

À partir de 1837, au contraire, on avait eu soin d'inscrire dans les contrats une stipulation prévoyant l'époque d'ouverture du droit du rachat et les conditions du règlement de l'indemnité. L'État pouvait-il rentrer en possession des chemins de fer soumis à cette stipulation, avant l'expiration du terme assigné à l'ouverture de la faculté de rachat ? Cette question divisa la Commission.

La minorité pensa que les pouvoirs publics avaient aliéné le droit d'expropriation, durant un certain délai, et garanti aux Compagnies une jouissance absolument assurée pendant ce délai; qu'ils l'avaient fait pour provoquer la réunion et la mise en œuvre des capitaux nécessaires à l'exécution de notre réseau; et que, dès lors, la mesure proposée par le Ministre des finances constituerait une violation de la foi des traités.

Suivant la majorité, au contraire, le droit d'expropriation pour cause d'utilité publique était inaliénable; l'État en était et devait en être constamment armé; il ne pouvait ni s'en dessaisir, ni en suspendre l'exercice; toute stipulation, par laquelle il y aurait temporairement renoncé, était d'elle-même nulle et non avenue. La minorité avait confondu le droit d'expropriation et le droit de rachat. L'expropriation pouvait toujours être poursuivie; mais elle était subordonnée à une déclaration d'utilité publique, après enquête, et au paiement préalable d'une indemnité arbitrée par un jury. Quant au rachat, dès que la faculté en était ouverte, il pouvait s'opérer sans enquête préalable, sans utilité publique, lorsqu'il y avait seulement pour le Trésor un avantage, un intérêt, une convenance quelconques.

2° *Utilité du rachat.* — La Commission rechercha avec soin quelle était la situation financière des Compagnies; les résultats de ses investigations furent les suivants.

Les Compagnies d'Orléans à Bordeaux, du Centre, de

Tours à Nantes, de Paris à Strasbourg (lignes en construction, et de Strasbourg à Bâle, d'Amiens à Boulogne, de
Montereau à Troyes, de Paris à Saint-Germain, de Paris à
Versailles (rive droite) (lignes en exploitation), n'éprouvaient
pas d'embarras sérieux.

Les Compagnies du Nord, de Paris à Rouen, de Rouen
au Havre, de Paris à Orléans, d'Avignon à Marseille étaient
aux prises avec des difficultés réelles, mais paraissaient
devoir en triompher, dès que leur crédit se serait relevé
par l'amélioration générale du marché et par le rejet du
projet de loi de rachat.

Enfin la Compagnie de Paris à Lyon et celle de Versailles
(rive gauche) ne semblaient pas pouvoir mener à bien leurs
entreprises, si elles en étaient réduites à leurs propres forces.
Le Gouvernement aurait inévitablement à aviser pour ces
deux Compagnies.

Ainsi, au point de vue de la situation financière des
Compagnies, leur expropriation ne s'imposait pas.

Au point de vue politique, la commission de l'Assemblée considérait également les craintes de la Commission
exécutive comme excessives.

Sans doute les Compagnies avaient commis des abus et
cherché l'assistance d'hommes politiques qui ne pouvaient
leur apporter qu'une influence illégitime, au lieu de lumières
et d'expérience pratiques et spéciales. Mais le Gouvernement républicain était assez fort pour prévenir et, le cas
échéant, pour réprimer ces abus.

Des associations réunissant les plus petits capitaux, pour
les consacrer à une œuvre commune, ne constituaient pas des
institutions aristocratiques, mais bien des œuvres démocra-
tiques.

Les tarifs auraient pour modérateur la concurrence;
l'État pourrait en obtenir l'abaissement par la menace du

rachat et par des concessions nouvelles. Ce ne serait pas sans danger qu'on les mettrait à l'entière discrétion de l'État qui, à un certain moment, pourrait les avilir, porter ainsi atteinte aux intérêts du Trésor, et, en même temps, jeter le trouble dans les relations commerciales des diverses parties du territoire.

Enfin le Gouvernement n'avait pas besoin de rentrer en possession du réseau pour imprimer de l'activité aux chantiers, puisqu'il exécutait, dans le système de la loi de 1842, l'infrastructure de la plupart des chemins alors en construction.

Pour ces divers motifs, la Commission estimait que la nécessité du rachat n'existait pas.

3° *Bases de liquidation de l'indemnité*. — Les Compagnies avaient protesté unanimement contre le règlement indiqué par le projet de loi. Sans discuter la question, puisqu'elle concluait au rejet de la proposition, la Commission crut néanmoins devoir donner, à titre de renseignements, quelques chiffres qui expliquaient la résistance des Compagnies.

En 1847, le produit net du chemin de Paris à Orléans avait été de 69 fr. par action; le projet de loi aurait conduit à ne donner que 50 fr. de rente aux détenteurs des titres. Les chiffres correspondants pour la ligne de Paris à Rouen étaient de 59 fr. et 39 fr.

Les Compagnies concessionnaires des chemins de fer de Tours à Nantes et de Paris à Strasbourg, alors en construction, accusaient respectivement une perte de 11 200 000 fr., sur moins de 14 millions, et de 33 millions sur 48.

4° *État du Trésor*. — Le Trésor devait, aux caisses d'épargne et aux porteurs de bons, environ 600 millions; une partie de cette dette devait être consolidée. Il faudrait y ajouter le déficit considérable de 1848. Une situation si mauvaise ne permettait pas d'engager les finances publiques dans une dépense de 620 millions.

Le Comité des finances concluait en définitive au rejet du projet de loi.

III. — DISCUSSION A L'ASSEMBLÉE NATIONALE [M. U., 23 juin 1848]. — La discussion devant l'Assemblée s'ouvrit par un long discours de M. Morin. L'orateur commença par contester le caractère monarchique que l'exposé des motifs avait prêté aux Compagnies ; il rappela que le Gouvernement déchu avait toujours cherché à retenir entre ses mains la construction des chemins de fer, qu'il avait échoué devant les Chambres et que, seul, cet échec avait fait naître les Compagnies, créées ainsi malgré le Gouvernement et contre son gré. L'assimilation entre nos Compagnies de chemins de fer, régies par le droit commun, et les corporations privilégiées de l'Angleterre était dénuée de tout fondement. Les droits conférés aux Compagnies par les actes de concession constituaient une propriété essentiellement démocratique par sa divisibilité, sa mobilité et sa nature. Exproprier les Compagnies à titre d'institutions aristocratiques, en opposition avec les conditions de l'ordre social établi par la révolution de février, c'était commettre une réelle injustice. D'un autre côté, en admettant même le principe un peu subtil de la distinction faite par la majorité du Comité des finances entre l'expropriation et le rachat, n'était-il pas évident que, lors de la rédaction des conventions, l'intention commune des deux parties contractantes avait été de faire abstraction de cette distinction, de garantir aux Compagnies une vie de quinze ans, pour leur permettre de se former et de réunir leurs capitaux ? En tout état de cause, si on persistait à poursuivre l'expropriation, il fallait observer les règles ordinaires de fixation de l'indemnité, c'est-à-dire déférer le

règlement à un jury, ce qui équivalait à une véritable impossibilité. Ainsi, à tous égards, le projet de rachat était inique.
Il en était de même des bases de la liquidation de l'indemnité. La mesure devait-elle, du moins, s'excuser par
une meilleure utilisation, par une productivité plus grande
du capital des chemins de fer, entre les mains de l'État
qu'entre les mains des Compagnies. Il était permis d'en
douter, car l'État administrerait plus chèrement et serait,
d'autre part, contraint d'abaisser les tarifs et, par suite, les
recettes. M. Morin reproduisit ensuite les arguments du
rapport, concernant les motifs que l'auteur du projet de loi
avait tirés de la stagnation des travaux et de la situation des
Compagnies. Il mit en relief les inconvénients d'une augmentation considérable de la dette publique, le coup fatal qui
frapperait l'esprit d'association, la tendance qu'accusait le
projet de loi et qui était de faire de l'État le chef et le régulateur de la production.

M. Galy-Calazat soutint la thèse inverse. Selon cet orateur, il était indispensable de dépouiller les Compagnies d'un
monopole qui, par le jeu des abaissements et des relèvements
successifs des tarifs, mettait à leur discrétion les grands établissements industriels, l'alimentation publique, les transports
militaires, l'approvisionnement en combustible. Les Compagnies étaient, du reste, incapables de continuer leur exploitation et surtout d'achever les lignes commencées. L'exploitation par l'État ne présenterait pas les inconvénients qu'on
lui avait attribués; rien n'empêcherait de l'assurer au moyen
de traités de traction; avec des services de nuit, elle permettrait de transporter presque gratuitement les engrais
pour l'agriculture, les substances alimentaires pour les
ouvriers, les matières premières pour les principales fa-
brications; elle faciliterait la concurrence de l'industrie
française contre l'industrie étrangère, ferait renaître le

travail, provoquerait l'accroissement des salaires et donnerait la solution du problème de l'organisation du travail.
M. Galy-Calazal proposa un mode de règlement qui différait
de celui du Gouvernement et qui consistait à offrir aux Compagnies les quatre cinquièmes de leurs dépenses utiles, pour
les chemins encore en construction; vingt fois l'intérêt et
l'amortissement qu'aurait donnés le produit net en 1847,
pour les chemins de fer en exploitation ayant rapporté au
moins 5 % l'an; et les trois cinquièmes des dépenses utiles
de premier établissement, pour les lignes en exploitation
ayant rapporté au plus 3 % en 1847. Faute par les Compagnies d'accepter ces bases, elles auraient été renvoyées devant un tribunal arbitral. Le paiement se serait fait en bons
de chemins de fer ayant cours forcé.

M. Cordier attaqua le projet de loi comme illégal, impré-
voyant, ruineux pour le Trésor, funeste à l'esprit d'association; il développa de nouveau ses théories en faveur des
concessions perpétuelles et exprima l'avis que, pour faire
renaître l'activité sur les chantiers, il suffirait d'accorder
un prêt aux Compagnies et de les délivrer des menaces qui
pesaient sur elles.

M. Mathieu (de la Drôme), qui lui succéda à la tribune,
commença par juger très sévèrement les complaisances du
Gouvernement déchu et des Chambres pour les Compagnies.
Puis, reprenant les diverses questions qui avaient été traitées
dans le rapport du Comité des finances, il soutint que le
droit d'expropriation était, de sa nature, inaliénable et que
les pouvoirs publics n'avaient pu s'en dessaisir; que les
adversaires du projet de loi agitaient à tort, pour impres-
sionner l'Assemblée, le fantôme du communisme; qu'en
effet les Gouvernements précédents avaient entre les mains
les routes nationales, les routes départementales, les chemins vicinaux, la poste, etc..., et que, cependant, on n'avait

jamais songé à les taxer de communistes. Suivant lui, le
véritable esprit d'association à encourager n'était pas celui
des capitaux, mais bien celui du capital et du travail. Les
nécessités des approvisionnements en cas de disette, de la
défense en cas de guerre, lui paraissaient exiger impérieusement la reprise de possession des voies ferrées par l'État.
Il considérait le mode de liquidation de l'indemnité, tel
qu'il était proposé, comme tout à fait légitime pour les
chemins de fer en exploitation ; en ce qui concernait les
chemins de fer en construction, il ne l'admettait qu'à titre
provisoire et sous réserve d'un règlement définitif, après
leur achèvement, d'après les résultats de leur exploitation.
Les charges auxquelles le Trésor aurait à faire face n'avaient
rien d'inquiétant : car le crédit de l'État était supérieur à
celui des Compagnies et, en fin de compte, c'était toujours
dans la même bourse qu'il fallait puiser pour assurer l'achèvement des travaux.

Après M. Mathieu, M. de Montalembert prononça un
discours long, éloquent, coloré, contre le projet de loi, en
s'attachant plus particulièrement au côté politique et social
de la question. La proposition du Gouvernement portait une
atteinte profonde à l'esprit d'association qui était le propre
de la démocratie et qui, devant la précédente Chambre, avait
été ardemment défendu en 1838 par les orateurs démocrates
les plus éminents, par Arago, par Garnier-Pagès (frère du
membre du Gouvernement). Ce qui était vrai en 1838 n'avait
pas cessé de l'être. Dans la République si belle et si floris-
sante des États-Unis, tout était livré à l'association et c'était
là l'une des causes de sa puissance incomparable. L'État ne
devait intervenir que là où les particuliers ne pouvaient agir
mieux que lui, aussi bien que lui ou sans lui : or l'expérience
avait péremptoirement démontré que les particuliers associés
pouvaient propager la grande invention des chemins de fer

et en tirer parti avec autant, si ce n'est avec plus de succès que l'État lui-même. L'État ne devait être ni producteur, ni fabricant, ni exploitant, ni industriel, sous peine de faire concurrence aux citoyens et de les écraser par la supériorité de ses ressources ; il ne devait pas étendre les monopoles déjà excessifs dont il était investi, surtout par une confiscation illégale ; il ne devait pas substituer la coûteuse intervention de ses agents à la libre activité des particuliers. En lui confiant l'industrie des chemins de fer, l'Assemblée se laisserait engager dans un engrenage auquel elle ne pourrait plus échapper ; bientôt il faudrait mettre également la main sur les mines, les salines, les banques, les grands établissements industriels. Ce serait rétrograder au temps où le travail était jugé de droit régalien, courir au despotisme, au lieu de marcher à l'émancipation, à la liberté, à la dignité des citoyens et à la réduction du fonctionnarisme. On avait exprimé des craintes au sujet de l'influence que les Compagnies auraient sur leurs armées d'agents ; mais si ces agents relevaient de l'État, ne pourraient-ils pas compromettre l'indépendance électorale, aussi sacrée dans une démocratie que dans une monarchie ? La démocratie devait être l'affranchissement de l'individu et non le despotisme exercé au nom des masses. Refuser à l'homme le bénéfice de l'association, c'était aller à l'encontre de la nature humaine, c'était condamner la société à la torpeur, étouffer le génie du suffrage universel, préparer le retour de la monarchie absolue. Au point de vue de la légalité, les pouvoirs publics ne pouvaient recourir au rachat puisqu'ils s'en étaient dépouillés, pour un délai déterminé, et que, pour déchirer un contrat, il fallait le consentement des deux parties. Ils ne pouvaient davantage user du droit d'expropriation : il s'agissait, en effet, non pas de saisir telle ou telle partie d'un domaine privé, pour créer des travaux d'utilité générale,

mais uniquement de mettre l'État à même de spéculer,
puisqu'on se trouvait en présence de valeurs, non seulement
immobilières, mais encore mobilières. D'ailleurs, pour exproprier, il fallait une nécessité publique, une indemnité
suffisante, un tribunal impartial auquel fût déféré le règlement de cette indemnité. La nécessité publique était au
moins contestable ; l'indemnité proposée par le Gouvernement était dérisoire pour certaines Compagnies ; quant au
tribunal, il était impossible de faire l'Assemblée tout à la fois
juge et partie. Suivre la Commission exécutive dans sa proportion, c'était violer le droit, inspirer la terreur à la propriété, faire courir les plus grands dangers à la République,
faillir aux saines traditions de la révolution de 1789.

Ce discours valut à son auteur de nombreuses félicita-
tions et produisit une impression profonde.

M. Guérin s'efforça d'en détruire l'effet ; il justifia l'utilité du rachat par cette considération que les Compagnies
avaient inévitablement pour but exclusif de grossir leurs
bénéfices, tandis que l'État chercherait uniquement à faire
tourner les avantages des nouvelles voies de communication
au profit du développement de la richesse nationale ; il
déclara admettre le mode de règlement de l'indemnité tel
que le prévoyait le projet de loi, pour les chemins en exploitation ; en ce qui concernait les lignes en construction, il
soumit à l'appréciation de la Chambre une autre combinaison consistant à servir aux actionnaires un intérêt de 4 %
pendant la période de construction et, s'ils achevaient leurs
versements, un intérêt de 6 % après la mise en circulation.

Puis M. Jobez demanda qu'on proclamât hautement le
principe du respect des engagements envers les Compagnies
capables de remplir les termes de leurs contrats et que,
pour les autres, on prît des arrangements sauvegardant tout
à la fois les intérêts du Trésor et ceux des Compagnies.

1

M. Laurent reproduisit les arguments déjà développés par plusieurs autres orateurs, pour établir la légalité de l'expropriation.

A ce moment, la discussion fut interrompue par les événements dont les rues de Paris étaient le théâtre. Elle ne fut pas reprise et, sur une interpellation de M. Duclerc, à la date du 3 juillet, le général Cavaignac, président du Comité, répondit que le Cabinet s'était décidé à retirer la proposition.

95.— Crédit supplémentaire pour le chemin de Tours à Nantes.—Le 10 juin, l'Assemblée adopta, pour ainsi dire sans discussion, un projet de décret portant allocation d'un nouveau crédit supplémentaire de 2 millions pour le chemin de Tours à Nantes [M. U., 10 juin 1848.—B. L., 1er sem. 1848, 2e partie, n° 44, p. 535].

96. — Acquisition d'un matériel roulant pour le chemin de Versailles à Chartres. — Vers la même époque, le Comité des travaux publics fut saisi d'un projet de décret tendant à appliquer à l'acquisition de locomotives, de voitures et d'un outillage de réparations, une partie de l'économie réalisée sur les travaux de construction du chemin de fer de Versailles à Chartres.

M. Bourdon présenta un rapport favorable à cette proposition qui fut adoptée le 16 juin [M. U., 17 juin 1848.—B. L., 1er sem. 1848, 2e partie, n° 45, p. 844].

97. — Reprise de possession par l'État du chemin de fer de Paris à Lyon.

I. — PROJET DE DÉCRET-LOI. — Le 22 juin, M. Trélat, Ministre des travaux publics, présenta un projet de décret

portant allocation d'un crédit de six millions pour l'exécution du chemin de fer de Paris à Lyon, entre Chalon-sur-Saône et Collonges [M. U., 23 et 24 juin 1848].

La discussion en ayant été ajournée. M. Recurt, qui avait succédé à M. Trélat, vint demander l'urgence dans la séance du 30 juin. Bien que sa demande eut été accueillie, le débat ne s'ouvrit pas et l'affaire resta sans suite.

Cependant les embarras de la Compagnie de Paris-Lyon n'avaient fait que s'accroître ; elle était à bout de ressources, ne pouvait plus compter sur la rentrée des sommes dues par les actionnaires, et se voyait forcée de liquider son entreprise et de licencier ses nombreux ateliers. Il importait de pourvoir à cette situation. La déchéance ne pouvait être prononcée ; le Gouvernement n'avait le choix qu'entre deux moyens : ou venir en aide à la Compagnie, soit par un prêt, soit par une subvention, ou reprendre le chemin moyennant une juste indemnité. La première combinaison avait l'inconvénient de constituer un précédent fâcheux et d'engager l'État dans une voie dont il ne pouvait pas fixer le terme ; ce fut donc à la seconde que s'arrêta le Gouvernement. Il soumit, le 5 août, à l'Assemblée nationale, un projet de décret [M. U., 6 août 1848], stipulant que l'État rentrerait en possession du chemin de fer, pour en continuer les travaux, et consacrant d'ailleurs un mode de liquidation de l'indemnité, qui avait été accepté par la Compagnie et qui consistait à assurer 7 fr. 60 de rente 5 % à tout porteur d'une action libérée à 250 fr.

II. — RAPPORT A L'ASSEMBLÉE NATIONALE. — Ce projet de décret fut renvoyé à une Commission dont M. Victor Lefranc fut le rapporteur. La Commission reconnut à l'unanimité que, dans l'état de détresse où se trouvait la Compagnie, le rachat constituait le seul remède possible à la

situation désespérée de l'entreprise ; tout en constatant que
le traité amiable passé entre le Ministre et le conseil d'administration était subordonné à l'assentiment des actionnaires et qu'il pouvait donner lieu à de sérieuses difficultés,
elle exprima l'avis que les circonstances étaient trop
pressantes pour permettre d'atermoyer et elle conclut à
l'adoption de la proposition du Gouvernement, sous réserve
de l'adoption d'un amendement de M. Guérin, aux termes
duquel les porteurs d'actions qui consentiraient à compléter
leurs versements par cinquième de six en six mois, à partir
du 22 septembre 1848, devaient toucher 4 °/₀ d'intérêt
jusqu'à leur entière libération, puis recevoir en échange de
leur action un coupon de 25 fr. de rente 5 °/₀. Cet amendement lui parut, en effet, de nature à rallier au projet de loi
les actionnaires sérieux et à leur assurer un traitement conforme à la justice et à l'équité.

III. — Discussion. — Lors de la discussion [M. U.,
16, 17 et 18 août 1848], M. Fourneyron formula ses scrupules, au sujet de la légalité du projet de loi, pour ce motif
que le conseil d'administration avait traité sans pouvoir
régulier. Tout en ne s'opposant pas, au fond, à la mesure,
il proposa d'autoriser purement et simplement le Ministre
des finances : 1° à passer la convention telle qu'elle était
prévue; 2° en attendant qu'elle pût être conclue, à reprendre
les travaux aux lieu et place du concessionnaire, par application de l'article 1144 du Code civil, aux termes duquel le
créancier peut obtenir de faire exécuter lui-même l'obligation aux frais et dépens du débiteur.

La deuxième partie de la proposition de M. Fourneyron
était difficilement admissible : car, à proprement parler, la
Compagnie n'était pas débitrice au regard de l'État. M. Brunet n'eut pas de peine à le démontrer. Il blâma le nouveau

ministère d'avoir renoncé au projet de rachat général des chemins de fer élaboré par le Cabinet précédent ; puis il appuya le principe de la proposition spéciale concernant la ligne de Paris à Lyon, en faisant remarquer que l'on se trouvait en présence d'un cas spécial dont la procédure n'avait pas été prévue et que le mieux était de s'en remettre à la haute équité et au pouvoir souverain de l'Assemblée, pour la fixation des bases du règlement de l'indemnité.

M. Combarel de Leyval nia la compétence de l'Assemblée, pour trancher la question en vertu de son pouvoir souverain, et se plaignit de ce que le Ministre n'eût pas, avant tout, fait accepter la convention par les actionnaires, pour la soumettre ensuite à la ratification de la Chambre.

M. Wolowski appuya le projet de rachat de la ligne de Lyon, comme devant fournir l'occasion d'expérimenter l'exploitation par l'État : ce rachat se justifiait d'ailleurs par l'importance politique du chemin, par les ressources qu'il offrirait pour l'organisation de grands chantiers de travaux publics. La base de liquidation de l'indemnité lui paraissait faire une juste part, d'un côté, à l'intérêt des actionnaires et, d'un autre côté, à la situation dans laquelle la Compagnie s'était placée en n'exécutant pas ses engagements. Il considérait également que la procédure, quelle qu'elle fût, prêterait toujours à la critique et que, faute de pouvoir dénouer convenablement le nœud gordien, il valait mieux le couper immédiatement.

M. Deslongrais, comme M. Fourneyron, contesta la légalité de la mesure. Il montra que, si l'indemnité était liquidée comme le prévoyait le projet de loi, elle attribuerait une majoration de 25 °/₀ aux actions d'après les cours de la Bourse. Cette majoration ne serait-elle pas de nature à tenter les autres Compagnies et à provoquer de leur part des demandes de rachat qu'il serait difficile de repousser ?

N'y avait-il pas lieu de reculer devant le chiffre considérable des dépenses qui allaient incomber à l'État ? N'était-il pas plus simple de laisser la Compagnie faire un nouvel appel de fonds sur le montant des souscriptions ?

Après quelques paroles de M. Larabit en faveur du projet, M. Goudchaux, Ministre des finances, monta à la tribune et s'attacha à prouver qu'on se trouvait en présence d'un véritable contrat, dans la préparation duquel le Gouvernement avait agi avec la bonne foi la plus scrupuleuse. Il fit, à cet effet, l'historique de la négociation ; il montra qu'équitablement aucun actionnaire ne pouvait se plaindre de la solution soumise à la sanction de l'Assemblée. Sans doute, en s'en tenant à la lettre des actes de concession, on pouvait éprouver des doutes sur la légalité du projet de décret et même arriver à le repousser ; mais ce rejet entraînerait la déchéance de la Compagnie, porterait un coup fatal au crédit privé et, tout en permettant à l'État de prendre le chemin, sans bourse délier, lui causerait, par le fait du licenciement d'ateliers n'occupant pas moins de 40 000 ouvriers, un préjudice supérieur au montant de l'indemnité prévue dans le contrat.

M. Besnard revint à la charge, au sujet de l'illégalité du décret, et demanda qu'au moins l'on appliquât la loi sur l'expropriation pour cause d'utilité publique.

Après une réplique du Ministre des finances et quelques mots de M. Flocon, dans l'intérêt du sort des travailleurs, qui lui semblait lié au projet de décret, M. Victor Lefranc, rapporteur, vint défendre l'œuvre de la Commission. L'impuissance de la Compagnie d'achever le chemin de fer, constatée dès avant la révolution de février, n'avait fait que devenir plus manifeste depuis cet événement. Pouvait-on laisser tomber l'entreprise, ne fût-ce que pour quelques mois? Pouvait-on compromettre l'existence de 60 000 ouvriers qui travaillaient, soit sur les chantiers de la ligne, soit dans les usines appelées à lui fournir son matériel? Pouvait-on vouer à la misère les familles de ces ouvriers? L'État n'avait-il pas le droit strict, étroit, de suppléer à l'impuissance de la Compagnie? A vrai dire, il n'y avait pas eu de traité conclu; mais il ne pouvait pas y en avoir, car la réunion d'une assemblée générale des actionnaires aurait entraîné des délais inadmissibles et, d'ailleurs, on pouvait même contester à cette assemblée, d'après les termes des statuts, le pouvoir de ratifier l'arrangement intervenu avec le conseil d'administration. D'autre part, il était impossible de prononcer d'ores et déjà la déchéance, sans attendre l'expiration du délai imparti à la Compagnie pour terminer la moitié de ses travaux; de résilier l'entreprise pour inexécution du contrat, sans obtenir une décision judiciaire qui était tout à fait problématique; de recourir au séquestre pour un chemin non encore livré à l'exploitation. L'expropriation, pour cause d'utilité publique, prêtait elle-même à des objections sérieuses. Les circonstances étaient telles qu'il ne fallait pas voir un obstacle dans de simples formalités de procédure, qu'on devait se résoudre à couvrir par le droit et l'équité un vice qui était exclusivement le fait du temps et de l'urgence.

A la suite de ce discours, la discussion générale fut close et on passa à la discussion des articles.

M. Mathieu (de la Drôme) développa un amendement qui, suivant lui, devait lever toutes les difficultés et qui consistait, tout en remettant le chemin de fer à l'État, à réserver à la Compagnie, jusqu'au 1ᵉʳ mai 1849, la faculté de le reprendre en remboursant au Trésor, avec les intérêts à 5 %, les avances pour la continuation des travaux. Mais cet amendement fut rejeté.

L'Assemblée adopta ensuite, sur la demande du Gouvernement, une disposition qui consistait à stipuler que les entrepreneurs et fournisseurs de la Compagnie, dont les marchés seraient repris par l'État, seraient soumis aux règles régissant les entreprises de travaux publics. MM. Fourneyron, Charamaule et M. Mortimer-Ternaux, au nom de la Commission, s'étaient opposés à cette clause qui entraînait une modification de juridiction, en cas de différend, et une altération évidente des marchés.

Un autre amendement de M. Fourneyron, ayant pour objet de ramener à 6 fr. 96 la rente à servir aux actionnaires, et motivé par un mode de calcul défectueux, auquel on aurait eu recours, pour le calcul du cours moyen des actions à la Bourse pendant les douze mois, du 24 février 1847 au 24 février 1848, fut rejeté, à la suite des observations du Ministre des finances et de M. Dufaure. Il y avait eu en effet un véritable arrangement avec le conseil d'administration et il importait de le respecter. D'autre part, les actions étaient réparties entre un assez grand nombre de porteurs dont il ne fallait pas sacrifier outre mesure les intérêts.

En ce qui concernait la faculté laissée par la Commission aux actionnaires de se libérer complètement et de recevoir en échange, après cette libération, un titre de rente de 25 fr. 5 %, l'Assemblée adopta, sur la proposition du Ministre des finances et d'accord avec la Commission, une rédaction un peu différente de celle de la Commission et plus libérale pour les porteurs de titres. D'après cette rédaction, les actionnaires, qui déclareraient avant le 1er septembre 1848 leur intention de verser les 250 fr. formant le complément de leurs engagements envers la Compagnie, devaient recevoir en échange de leur titre un certificat donnant droit à 25 fr. de rente 5 %, jouisssance du 22 mars 1848. Les 250 fr. déjà payés formaient un dépôt de garantie qui devait décroître au fur et à mesure des nouveaux versements. Ces versements étaient échelonnées de trois en trois mois, par fraction de 50 fr., à partir du 5 octobre 1848. A l'acquittement de chacun de ces termes, il était délivré un coupon de rente de 5 fr.

Puis l'ensemble du décret fut adopté et prit ainsi la date du 17 août [B. L., 2ᵉ sem. 1848, n° 62, p. 219].

Un décret ultérieur, du 4 septembre [B. L., 2ᵉ sem. 1848, n° 68, p. 273], prorogea jusqu'au 15 septembre le délai d'option accordé aux actionnaires.

98. — Crédit supplémentaire pour le chemin de Vierzon au Bec-d'Allier. — Des excédents notables de dépenses s'étaient révélés dans la construction du chemin de fer de Vierzon au Bec-d'Allier. Le 3 novembre 1848, le Ministre des travaux publics sollicita de l'Assemblée nationale un premier crédit supplémentaire de 800 000 fr., qui lui fut ouvert par un vote du 17 novembre [M. U., 7, 14 et 18 novembre 1848. — B. L., 2ᵉ sem. 1848, n° 92, p. 651].

99. — Crédit pour faire face aux charges du séquestre du chemin de Bordeaux à la Teste. — Malgré ses efforts, malgré l'appui que lui avait fourni l'État, la Compagnie concessionnaire du chemin de fer de Bordeaux à la Teste avait vu peu à peu sa situation s'aggraver et la mise sous séquestre de ce chemin avait dû être prononcée par un arrêté du chef du pouvoir exécutif, en date du 30 octobre [B. L., 2ᵉ sem. 1848, n° 92, p. 657]. Cette mesure suspendait l'action de la Compagnie pour la lui rendre, quand le rétablissement des affaires aurait amené le produit de la ligne à son niveau normal. M. Vivien, Ministre des travaux publics, présenta un projet de loi [M. U., 7 novembre 1848], aux termes duquel il était autorisé à prélever sur le crédit mis à sa disposition, pour les travaux de chemins de fer, les sommes nécessaires pour assurer le service de l'exploitation, ces sommes devant être remboursées à l'État par privilège sur les revenus ultérieurs de l'entreprise.

M. Guérin, rapporteur [M. U., 15 novembre 1848], conclut à l'adoption de ce projet de loi, mais sous la réserve que la mesure aurait un caractère exclusivement temporaire et prendrait fin au plus tard au 1er juin 1849, pour faire place à une solution définitive.

L'Assemblée nationale émit un vote favorable le 17 novembre [M. U., 18 novembre 1848. — B. L., 2e sem. 1848, n° 92, p. 651].

100. — **Exploitation provisoire de la section de Montereau à Melun.** — La section de Montereau à Melun, du chemin de fer de Paris à Lyon, était sur le point d'être terminée ; il importait, tant au public qu'à la Compagnie concessionnaire de l'embranchement de Montereau à Troyes, d'y voir établir aussitôt que possible la circulation publique. Le 3 novembre, M. Vivien, Ministre des travaux publics, présenta un projet de loi [M. U., 7 novembre 1848] qui l'autorisait à faire exploiter provisoirement ladite section par la Compagnie de Montereau à Troyes, aux conditions suivantes.

Les tarifs à percevoir par cette Compagnie ne pouvaient excéder ceux de sa concession ; elle prenait à sa charge toutes les dépenses d'exploitation, à l'exception de l'entretien ; elle devait, en outre, supporter, le cas échéant, les pertes de l'opération et, en cas de bénéfice, verser à l'État les deux tiers du produit net. A l'expiration de l'exploitation provisoire, le mobilier des stations, acquis avec l'autorisation de l'administration supérieure, devait être repris par l'État, à dire d'experts.

Le comité des travaux publics de l'Assemblée émit, par

l'organe de M. Lefranc [M. U., 15 novembre 1848], un avis
favorable, en stipulant toutefois qu'en fin d'exploitation,
l'État aurait la faculté de n'acquérir que la partie du mobilier dont il jugerait convenable de prendre possession.

Le décret fut voté le 17 novembre [M. U., 18 novembre
1848. — B. L., 2ᵉ sem., 1848, n° 92, p. 652].

101. — Concession de l'embranchement de Nevers. —

L'embranchement de 10 kilomètres destiné à desservir la
ville de Nevers, conformément à la loi du 21 juin 1846,
avait été adjugé, en 1847, et était en pleine exécution. La
Compagnie du Centre, fermière de l'exploitation jusqu'au
Bec-d'Allier, offrit de l'exploiter aux conditions de son bail.
Cette offre parut au Gouvernement devoir être accueillie,
afin de donner un terminus utile au chemin de Vierzon au
Bec-d'Allier qui, autrement, se fût arrêté en rase campagne, et de supprimer la station principale qui, d'après le
bail relatif à la ligne du Centre, devait être établie sur la
rive doite de l'Allier et qui ne présentait pas d'utilité réelle.
M. Vivien, Ministre des travaux publics, présenta donc, le
3 novembre [M. U., 5 novembre 1848], un projet de loi
qui l'autorisait à souscrire au bail sollicité par la Compagnie, aux conditions du cahier des charges annexé à la loi
du 26 juillet 1844. La durée de ce bail devait être la même
pour l'embranchement que pour la ligne principale ; la gare
qui, d'après le cahier des charges, devait être établie sur la
rive droite de l'Allier, était transférée à Nevers, sur la rive
droite de la Loire ; l'État prenait l'engagement de livrer à la
Compagnie l'infrastructure de l'embranchement, dans le
même délai que celle de la ligne principale ; de son côté,
la Compagnie consentait à réduire d'un an à six mois le délai de pose de la voie de fer et de mise en exploitation.

Le comité des travaux publics de l'Assemblée nationale,

auquel ce projet de loi fut renvoyé, discuta à fond la question de translation de la gare terminus de l'embranchement de la rive gauche de la Loire, où elle était d'abord prévue, à la rive droite du fleuve. Malgré l'excédent de dépenses qui devait en résulter, il crut devoir adhérer à cette translation qui lui paraissait nécessaire pour donner une juste satisfaction aux grands intérêts de la ville de Nevers et pour faciliter la jonction de l'embranchement avec les autres voies ferrées à construire ultérieurement dans la région située à droite de la Loire. Il signala la nécessité de maintenir au Bec-d'Allier les installations indispensables pour permettre plus tard le service direct entre Vierzon et Bourges. Tout en persistant dans son opinion favorable au rachat des chemins de fer, il estima que l'embranchement devait suivre le sort de la ligne à laquelle il se rattachait, et, réservant complètement le principe de la reprise de possession des voies ferrées par l'État, il donna, dans l'espèce, un avis conforme à la proposition du Gouvernement [M. U., 23 novembre 1848].

La loi fut votée le 4 décembre, après un échange d'explications qu'il est inutile de reproduire [M. U., 5 décembre 1848. — B. L., 2ᵉ sem. 1848, n° 99, p. 707].

Une convention fut, d'ailleurs, passée le 9 décembre, entre le Ministre et la Compagnie, pour assurer l'exécution de cette loi.

L'ouverture à l'exploitation eut lieu en 1850.

102. — Projet de loi non voté concernant les chemins de Paris à Lyon, de Lyon à Avignon et d'Avignon à Marseille. — Le 29 novembre, M. Vivien, ministre des travaux publics, présenta un projet de loi concernant la grande ligne de Paris à Marseille ; ce projet de loi fut retiré ultérieurement; néanmoins, il ne sera pas sans intérêt d'en dire quelques mots.

Après avoir fait connaître la situation des principaux chemins de fer, au point de vue de l'état d'avancement des travaux, l'exposé des motifs proclamait le respect de l'Assemblée nationale et du Gouvernement pour tous les contrats, et, en particulier, pour ceux qui avaient été passés avec les Compagnies ; ces contrats avaient réglé l'époque, le prix, la forme de l'expropriation ; y déroger, c'eût été violer un engagement sacré, porter atteinte à la morale et, du même coup, détruire le crédit de l'État. Cette déclaration faite, le Ministre exposait la nécessité de prendre d'urgence des mesures, pour assurer le plus tôt possible l'ouverture de la ligne de Paris à Marseille.

La section de Paris à Lyon était rentrée dans les mains de l'État. Devait-il exploiter cette section ou, au contraire, confier l'exploitation à l'industrie privée? Au point de vue des principes, cette question avait divisé les meilleurs esprits et reçu dans les divers pays les solutions les plus différentes. L'exploitation par les Compagnies se recommandait par une activité plus grande, par une aptitude commerciale plus développée ; mais les voies ferrées constituaient, avant tout, des instruments de service public et, à cet égard, il pouvait être opportun de les laisser dans les attributions directes de l'État. Cette dernière considération s'appliquait surtout à l'artère magistrale de Paris à Marseille. D'ailleurs il ne fallait pas laisser échapper l'occasion de confier au Gouvernement l'exploitation d'une ligne principale, de donner à ses agents l'expérience nécessaire pour un contrôle efficace des Compagnies, de réaliser des essais dont les risques pouvaient faire reculer l'industrie privée. Le Ministre proposait donc, conformément à l'avis de la commission centrale des chemins de fer, l'exploitation par l'État de la section de Paris à Lyon. Ce principe admis, devait-on assurer le service par voie de régie pure et simple, ou, au contraire, devait-on y pourvoir partiellement par des entreprises? Le Ministre distinguait, à ce point de vue, d'une part, les tarifs, le nombre, la composition, la vitesse des convois, qui touchaient directement à l'intérêt public et sur lesquels l'État devait conserver une action directe et complète, et d'autre part, les opérations matérielles qui pouvaient, sans inconvénient et même avec avantage, faire l'objet de marchés. Le projet de loi stipulait, en conséquence, que l'administration pourrait traiter avec des entrepreneurs : 1° de l'entretien de la police de la voie; 2° de la traction, c'est-à-dire de l'entretien et de la conduite des machines et des voitures et wagons. Le droit de fixer les tarifs était provisoirement délégué au Ministre, à charge par lui de ne pas excéder les maxima fixés par la loi du 16 juillet 1845. La connaissance des différends entre l'administration et les usagers du chemin de fer était dévolue aux tribunaux ordinaires.

Un arrêté du 28 décembre 1847 avait prononcé la déchéance de la Compagnie concessionnaire de la section de Lyon à Avignon, avant que les travaux fussent même entrepris; il importait d'ouvrir au plus tôt des ateliers entre Lyon et Valence, dans la région où la navigation du Rhône offrait plus spécialement des difficultés et d'achever les études entre Valence et Avignon. Le Ministre demandait les crédits nécessaires à cet effet.

La Compagnie concessionnaire de la section de Marseille à Avignon avait fait preuve de bon vouloir et d'activité; elle avait livré à la circulation une partie de la ligne; mais, après la crise de 1847-1848, elle s'était trouvée dans l'impossibilité de poursuivre les travaux et, en particulier, d'achever le grand viaduc sur le Rhône, destiné à relier le chemin à ceux du Gard. La mise sous séquestre avait dû être prononcée par un arrêté du chef du pouvoir exécutif, en

date du 21 novembre [B. L., 2ᵉ sem. 1848, n° 96, p. 693].
Le Ministre demandait les crédits indispensables pour continuer la construction et pourvoir à l'exploitation de la partie
déjà terminée de la ligne, en stipulant que les avances de
l'État lui seraient remboursées sur les premiers excédents
de recette, après l'achèvement du chemin.

Le 27 décembre, le nouveau Ministre des travaux publics,
M. Léon Faucher crut devoir retirer la proposition dont
nous venons de rendre compte et la remplacer par un nouveau projet de loi conçu dans le même sens, mais limité à la
section de Marseille à Avignon, réservant pour un examen
plus approfondi les questions soulevées relativement aux
sections de Paris à Lyon et de Lyon à Avignon. Nous ferons
connaître la suite donnée à ce projet restreint, lorsque nous
serons arrivés à l'année 1849.

103. — Séquestre du chemin de Paris à Sceaux. — Le
chemin de fer de Paris à Sceaux, concédé à M. Arnoux par
la loi du 5 août 1844, avait donné des résultats satisfaisants,
au point de vue scientifique et technique ; mais il n'en avait
pas été de même au point de vue commercial et la Compagnie avait dû notifier à l'administration l'impossibilité où
elle se trouvait de continuer l'exploitation. M. Vivien,
Ministre des travaux publics, crut devoir soumettre à l'Assemblée, le 15 décembre [M. U., 17 décembre 1848], un
projet de loi qui l'autorisait à pourvoir, jusqu'au 1ᵉʳ avril 1849,
à cette exploitation, les avances de l'État devant lui être
remboursées par privilège sur les produits nets ultérieurs
de l'entreprise.

M. Emmery, rapporteur [M. U., 28 décembre 1848], prit
acte de ce fait et de ceux qui s'étaient produits pour certaines
lignes plus importantes et en tira cette conclusion que les
événements donnaient raison aux partisans de l'exécution et

de la possession des chemins de fer par l'État. Néanmoins, comme l'intérêt des localités desservies par le chemin s'opposait à une suspension, même provisoire, du service ; comme, d'ailleurs, l'invention de M. Arnoux méritait des encouragements, il se prononça, dans l'espèce, en faveur du projet de loi, qui fut adopté sans discussion le 28 décembre [M. U., 29 décembre 1848. — B. L., 2e sem. 1848, no 109, p. 934].

La mise sous séquestre fut ordonnée dès le lendemain par un arrêté du chef du pouvoir exécutif [B. L., 1er sem. 1849, no 129, p. 163].

104. — Projet de loi relatif à l'embranchement de Saint-Dizier, sur le chemin de Paris à Strasbourg. — Nous avons vu, à diverses reprises, la lutte s'engager entre les deux directions qui pouvaient être assignées au chemin de fer de Paris à Strasbourg, aux abords de Saint-Dizier, et dont l'une empruntait les vallées de la Saulx et de l'Ornain, tandis que l'autre passait à ou près de la ville de Saint-Dizier, centre d'approvisionnement pour les charbons et les bois employés par les forges de la Haute-Marne. La première assurait une économie de 8 millions et une réduction de parcours de 6 kilomètres ; néanmoins, sur les instances du groupe métallurgiste de Saint-Dizier, et à la suite du vote de la loi autorisant l'adjudication du chemin de fer de Saint-Dizier à Gray, on avait cru devoir adopter le second tracé. Mais cette adjudication ayant échoué, l'administration en revint au tracé direct. Aussitôt, des plaintes très vives s'élevèrent et furent portées devant l'Assemblée par voie de pétition. Pour donner satisfaction aux réclamations légitimes des maîtres de forges, le Ministre des travaux publics présenta, le 11 décembre [M. U., 14 décembre 1848], un projet de loi, aux termes duquel il était autorisé : 1° à prélever, sur les crédits mis à sa disposition pour le chemin de fer de Paris à Strasbourg, les sommes nécessaires à l'exécution d'un embranchement de Blesme à Saint-Dizier et Joinville ; 2° à en affermer l'exploitation à la Compagnie de Paris à Strasbourg, aux conditions du cahier des charges relatif à cette dernière ligne (moins la fourniture et la pose de la voie de fer et de ses dépendances, qui restait au compte de l'État) et moyennant paiement à l'État, par cette Compagnie, de l'intérêt à 3 °/₀ des dépenses afférentes à la superstructure. Le bail pouvait être résilié à toute époque, à la volonté de l'État, sous la condition de prévenir la Compagnie six mois d'avance.

M. Brunel, rapporteur, émit le 19 décembre, au nom du Comité des travaux publics [M. U., 27 décembre 1848], un avis favorable à la construction de l'embranchement par l'État, mais en le limitant à Saint-Dizier ; en excluant par suite le tronçon de Saint-Dizier à Joinville, qui constituait l'amorce de la ligne de Saint-Dizier à Gray ; et, enfin, en repoussant le projet de bail avec la Compagnie de Paris à Strasbourg, qui lui paraissait beaucoup trop onéreux pour l'État.

L'affaire ne reçut pas d'autre suite.

105. — Proposition de M. Cordier relative à la législation des travaux publics. — M. Cordier, que nous avons déjà vu, en différentes occasions, défendre, avec une conviction profonde, le système de l'exécution des travaux publics par l'industrie privée et des concessions perpétuelles, crut devoir soumettre à l'Assemblée nationale une proposition à ce sujet.

Les principaux éléments de cette proposition étaient les suivants :

1° Substitution des concessions à perpétuité aux concessions temporaires ;

2° Affranchissement de tout impôt sur les actions et les biens des Compagnies ;

1   41

3° Subvention d'un quart du capital, assurée à toutes les entreprises faites par l'association des capitaux privés;

4° Droit de propriété garanti aux auteurs des projets soumis au Gouvernement.

Le Comité du travail, par l'organe de M. Parieu, son rapporteur, exprima l'avis que l'impuissance, dont diverses Compagnies avaient fait preuve, enlevait à la proposition tout caractère d'opportunité et que, d'ailleurs, les stipulations relatives à la durée des concessions, à la quotité des subventions, à la dispense d'impôt, étaient trop absolues et trop générales pour être admises; enfin que les exemples tirés de l'Angleterre et des États-Unis, c'est-à-dire d'États absolument différents de la France, n'étaient nullement probants. Il conclut au rejet.

De son côté, le Comité des travaux publics, dont M. Victor Lefranc fut le rapporteur, pensa que M. Cordier s'était fait illusion sur l'abondance des capitaux; qu'en appelant tous les efforts de l'industrie privée sur les travaux publics, on s'exposerait à compromettre les autres branches de l'activité nationale; que la perpétuité des concessions donnerait aux associations une puissance tout à fait exagérée; qu'il était impossible de dessaisir absolument l'État de l'exécution des travaux; que le Gouvernement n'était pas entaché de l'inaptitude qui lui était reprochée par M. Cordier; qu'il fallait ménager le retour périodique à l'État des parties du domaine public, qui lui avaient été enlevées temporairement. Le rapport de M. Lefranc conclut donc, comme celui de M. Parieu, au rejet de la proposition qui ne fut pas discutée en séance publique.

106. — Décrets divers intervenus en 1848. — Nous mentionnerons, pour terminer l'année 1848 :

1° Un décret du Gouvernement provisoire, en date du

20 mars 1848, prescrivant, conformément à la proposition
de la Compagnie du chemin de fer de Paris à Orléans, le
remplacement des voitures de 3° classe découvertes par des
voitures couvertes et fermées avec rideaux, sauf relèvement
de la taxe de 0 fr. 05 à 0 fr. 055 [B. L., 1er sem. 1848,
2e partie, n° 15, p. 137];

2° Deux autres décrets du Gouvernement provisoire,
l'un du 30 mars 1848 [B. L., 1er sem. 1848, 2e partie, n° 22,
p. 211], instituant des commissaires extraordinaires du
Gouvernement près les chemins de fer d'Orléans et du
Centre, avec mission de prendre toutes les mesures nécessaires pour assurer la libre circulation et avec autorité sur
le personnel des Compagnies, et l'autre, du 4 avril [B. L.,
1er sem. 1848, 2e partie, n° 24, p. 224], prononçant la mise
sous séquestre de ces deux chemins.

CHAPITRE II. — ANNÉE 1849

107. — Crédit pour faire face aux charges du séquestre du chemin d'Avignon à Marseille.

I. — PROJET DE DÉCRET-LOI. — Nous avons vu le Gouvernement solliciter, à la fin de 1848 [M. U., 30 décembre 1848], l'autorisation de pourvoir provisoirement à l'achèvement et à l'exploitation du chemin d'Avignon à Marseille, mis sous séquestre par arrêté du chef du pouvoir exécutif en date du 21 novembre.

II. — RAPPORT A L'ASSEMBLÉE. — La Commission chargée d'examiner cette proposition désigna M. Victor Lefranc comme rapporteur. Elle constata [M. U., 26 janvier 1849] l'importance capitale de la grande voie du Nord à Marseille ; elle releva les fautes que le Gouvernement déchu avait commises, suivant elle, en disséminant ses ressources et ses efforts, au lieu de les concentrer sur cette ligne magistrale, et en ne faisant pas coïncider le terme des diverses concessions échelonnées sur son parcours ; puis, elle posa, en signalant la nécessité de la résoudre définitivement dans un avenir peu éloigné, la question de la reprise de possession des chemins de fer par l'État. Après un historique de la situation de la Compagnie concessionnaire de la section comprise entre Avignon et Marseille, elle passa en revue les diverses combinaisons propres à remédier à cette situation. La prolongation du séquestre ne pouvait être qu'un palliatif, un ajournement ; la déchéance donnerait lieu à des procès, à des retards, à un véritable désastre pour les actionnaires et les créanciers de la Compagnie. D'un autre côté, l'État ne pouvait rouvrir l'ère des subventions et, d'ailleurs, pour être efficace, son concours devrait être excessif. Restait le rachat amiable, que la Commission considérait comme la seule mesure sauvegardant tous les intérêts en jeu. Le rapport concluait à adopter le projet de loi, mais en le complétant par un article, aux termes duquel le Gouvernement était tenu de rendre compte à l'Assemblée, dans le délai d'un mois, du résultat des négociations qu'il était invité à engager avec la Compagnie du chemin de fer de Marseille à Avignon, pour le rachat de sa concession.

III. — Discussion. — Après un discours de M. Galy-Calazat [M. U., 3 février 1849], à l'appui des conclusions de la Commission, M. Morin (de la Drôme) vint combattre ces conclusions et demander l'adoption pure et simple du projet du Gouvernement. Suivant lui, en élaguant les travaux les moins urgents, en prêtant une faible somme à la Compagnie, en prolongeant le séquestre pour donner à cette Compagnie le temps de faire un nouvel appel au crédit, on pouvait la sauver et lui permettre de reprendre sa vitalité, au lieu de recourir à la construction et à l'exploitation par l'État. M. Morin se prononçait, d'ailleurs, catégoriquement pour le système des concessions.

M. Brunet exprima l'avis que le projet de la Commission, comme celui du Gouvernemnt, constituait un expédient incompatible avec la nécessité de liquider au plus tôt la situation de la Compagnie ; que, du reste, l'État, maître, ou sur le point de l'être, des lignes de Paris à Avignon et de Cette à Avignon, avait un intérêt capital à l'être également de la section d'Avignon à Marseille, et que, dès lors, il fallait procéder immédiatement au rachat, au lieu de le réserver pour une loi ultérieure.

M. Lacrosse, Ministre des travaux publics, qui succéda à M. Brunet à la tribune, fit une déclaration très ferme en faveur du système des concessions à l'industrie privée, et justifia plus particulièrement cette préférence par la situation de nos finances. En ce qui concernait spécialement le chemin de Marseille à Avignon, il demanda que l'Assemblée ne votât pas la clause trop impérative introduite dans le projet de loi par la Commission et laissât au Ministre le soin de faire son profit des indications données par cette Commission.

M. Victor Lefranc répliqua fort longuement à M. Brunet et surtout au Ministre. Il s'attacha à démontrer que la disposition additionnelle proposée par la Commission ne constituait nullement un ordre de rachat, mais seulement une invitation au Ministre de négocier et de venir ensuite apporter à l'Assemblée, avec son avis, le résultat de ses pourparlers. Il ne s'expliquait pas l'opposition faite à la clause ainsi interprétée; la Commission s'était bornée à indiquer une solution qu'elle croyait bonne, qui était conforme au précédent du chemin de fer de Paris à Lyon, qui devait être préférable au système des subventions. L'orateur mit d'ailleurs le Gouvernement en demeure de se prononcer sur le parti qu'il comptait prendre relativement aux sections de Paris à Lyon et de Lyon à Avignon.

L'Assemblée passa ensuite à la discussion des articles; tout le débat se concentra sur la clause additionnelle de la Commission.

M. Luneau, après avoir rappelé que la Compagnie avait fait des dépenses frustratoires, exagérées, exprima l'opinion que la clause en litige ne devait pas être sanctionnée et qu'il convenait de poursuivre la déchéance du concessionnaire, sauf à lui venir en aide par un prêt privilégié, si, sous la menace de cette pénalité rigoureuse, il se mettait en mesure de satisfaire à ses engagements.

M. Laboulée combattit la proposition de M. Luneau, en signalant d'une part les difficultés auxquelles pouvait donner naissance l'application de la clause de déchéance et, d'autre part, le retard qui en résulterait nécessairement pour l'achèvement des travaux et le rétablissement de l'exploitation régulière.

A la suite de quelques observations de M. Guérin, pour la défense du rachat, M. Lacrosse, Ministre des travaux publics, insista pour le rejet de la disposition ajoutée au projet de loi par la Commission. Cette disposition, même dans la forme mesurée dont elle était revêtue, désarmait le Ministre en face de la Compagnie et lui enlevait la liberté et l'indépendance dont il ne pouvait se dépouiller. Malgré les efforts du rapporteur, le Ministre obtint gain de cause.

Mais l'Assemblée adopta ensuite une autre clause que proposait M. Brunet, qui était repoussée par la Commission et par le Gouvernement, et qui impartissait à ce dernier un délai d'un mois « pour rendre compte à l'Assemblée « des mesures qu'il aurait prises en vue d'assurer l'exécution « du contrat passé entre l'État et la Compagnie du chemin de « fer de Marseille à Avignon [B. L., 1er sem. 1849, n° 123, « p. 103] ».

108. — Autorisation d'exploitation par l'État du chemin de Versailles à Chartres et à la Loupe.

I. — Projet de loi. — En 1847, nous l'avons vu, le Parlement, pressé par le temps, n'avait pas cru devoir donner sa sanction à une proposition qui tendait à amener la fusion des deux Compagnies de Versailles et à leur confier

la pose de la voie de fer, la fourniture du matériel roulant
et l'exploitation du chemin de Versailles à Chartres; il
s'était borné à autoriser l'administration à exécuter la superstructure de ce chemin aux frais de l'État. Une loi ultérieure, du 17 juin 1848, avait ouvert également le crédit
nécessaire pour l'achat du matériel et tout faisait prévoir
qu'à la fin d'avril ou au commencement de mai, la ligne
pourrait être livrée à la circulation. Il fallait pourvoir à
l'exploitation. Les tentatives de conciliation entre les deux
Compagnies de Versailles, rive droite et rive gauche, ayant
échoué à diverses reprises, force était de renoncer, au
moins provisoirement, à la combinaison qu'avait eue primitivement en vue le Gouvernement. M. Lacrosse, Ministre
des travaux publics, dut rechercher une autre solution qui,
sans compromettre d'une manière irrémédiable la réunion
si désirable des deux Compagnies, assurât l'ouverture immédiate de la ligne au public; il présenta donc, le 1er mars
[M. U., 2 mars 1849], un projet de loi qui l'autorisait : 1° à
préparer, sous la réserve de l'approbation ultérieure par
l'Assemblée nationale, une concession de vingt-cinq années
au plus, portant sur les sections de Versailles à Chartres et
de Chartres à la Loupe et subordonnée au remboursement
de la superstructure par le concessionnaire; 2° en attendant la réalisation de cette concession, à exploiter provisoirement la section de Versailles à Chartres, pour le compte
de l'État, et à régler les tarifs dans les limites des maxima
fixés par le cahier des charges annexé au projet de loi;
3° à traiter avec les Compagnies des deux lignes de Versailles, pour le parcours sur ces lignes. Dans son exposé des
motifs, le Ministre faisait connaître que, à son avis, des
considérations d'ordre supérieur devaient pousser l'État à
rechercher le concours de l'industrie privée pour les grandes
entreprises; il justifiait sa proposition de concession directe

par la nécessité de ne pas courir les chances d'une adjudication publique et de ne pas s'exposer à remettre le chemin
à une Compagnie qu'il eût été utile d'écarter ; il insistait,
d'ailleurs, sur l'opportunité du raccordement avec les deux
chemins de Versailles.

Quant au cahier des charges, il était conforme aux
documents analogues les plus récents, dont il reproduisait
les dispositions et notamment les tarifs.

II. — RAPPORT A L'ASSEMBLÉE NATIONALE. — La Commission, dont M. Deslongrais fut le rapporteur [M. U.,
5 avril 1849], considéra que, depuis de longues années,
l'État avait été tenu en échec, réduit à l'impuissance par la
rivalité des deux Compagnies de Versailles ; elle pensa, en
conséquence, qu'il était indispensable de rendre au Gouvernement son indépendance, en remettant entre ses mains
une des deux têtes de la ligne de l'Ouest et son arrivée à
Paris. Les conditions indiquées par le projet de loi pour la
concession lui paraissaient d'ailleurs inadmissibles ; cette
concession de la partie la plus productive de la ligne de
Rennes, faite isolément, constituerait un obstacle presque
insurmontable à la formation d'une Compagnie pour les
autres parties du chemin ; d'autre part, le remboursement
de la superstructure était insuffisant, eu égard au revenu
probable de la ligne ; enfin, les circonstances, l'état du
marché étaient mal choisis pour traiter avec des Compagnies. Pour ces divers motifs, la Commission conclut au
rejet de la proposition du Ministre des travaux publics et
lui substitua une combinaison différente qui était la suivante :

Le Ministre recevait l'autorisation d'exploiter, pour le
compte de l'État, le chemin de Versailles à Chartres et à la
Loupe, jusqu'à ce qu'il eût été statué définitivement sur

la concession ou l'exploitation du chemin de Paris à Rennes.

Il était autorisé, en outre, à racheter, sauf l'approbation du contrat par l'Assemblée nationale, le chemin de Paris à Versailles (rive gauche); à défaut de traité, dans un délai de trois mois, il devait poursuivre, même par voie d'expropriation, le remboursement des sommes avancées par le Trésor à la Compagnie concessionnaire de ce chemin. Cette disposition avait pour objet : 1° de mettre fin aux résistances de la Compagnie qui avait, plus encore que celle de rive droite, fait obstacle aux projets de fusion; 2° de donner à l'État, pour la ligne de l'Ouest, une entrée indépendante à Paris ; 3° d'assurer le recouvrement de la créance du Trésor vis-à-vis de la Compagnie de rive gauche. Elle entraînait d'ailleurs implicitement l'interdiction de toute dépense, pour le raccordement du chemin de Chartres avec celui de Paris à Versailles (rive droite), afin de placer le Gouvernement dans une position plus forte dans les négociations qui pourraient être reprises, le cas échéant, en vue de l'exécution de ce raccordement et du partage du trafic de la Bretagne entre les deux gares de Saint-Lazare et de Montparnasse.

Enfin, le projet de loi libellé par la Commission contenait une clause assez importante au sujet des tarifs à appliquer à la ligne de Versailles à Chartres et à la Loupe. Le Ministre était investi du droit de les régler dans les limites des maxima fixés par la loi du 21 juin 1836, mais après avoir pris l'avis d'un comité composé de deux représentants du département des travaux publics, deux représentants du département des finances et un représentant du département de l'agriculture et du commerce. La commission de l'Assemblée comptait concilier ainsi dans une juste mesure les intérêts du commerce et ceux du Trésor.

III. — DISCUSSION. — Lorsque la discussion s'ouvrit devant l'Assemblée, [M. U.. 22 avril 1849], M. Lacrosse, Ministre des travaux publics, demanda que l'exploitation par l'État conservât un caractère provisoire et ne prît pas un caractère presque définitif, comme l'impliquait le libellé de la Commission qui, d'ores et déjà, prescrivait ce mode d'exploitation jusqu'à l'achèvement de la ligne de Rennes, c'est-à-dire jusqu'à l'expiration d'un délai fort éloigné. M. Deslongrais n'eut pas de peine à démontrer que les observations du Ministre étaient peu justifiées ; que le but exclusif de la Commission avait été de ne pas laisser compromettre les intérêts de l'État par la concession isolée de la tête de ligne ; et que l'Assemblée pourrait toujours mettre fin à l'exploitation par l'État de la section de Versailles à Chartres et à la Loupe, quand elle le jugerait opportun. La proposition de M. Lacrosse fut, en conséquence, repoussée.

M. Jules Favre pria ensuite le Ministre de faire connaître ses intentions sur le mode de gestion auquel il comptait recourir. L'État exploiterait-il par ses propres agents ? Confierait-il à l'industrie privée une partie du service, en se réservant le surplus ? Se déchargerait-il de la totalité du service sur un régisseur intéressé ou sur une Compagnie fermière, en ne conservant que la surveillance et la police du chemin ?

De ces trois combinaisons, la première offrait les plus graves dangers. Il était absolument avéré que l'État administrait chèrement ; qu'il se montrait inférieur à l'industrie privée ; qu'il manquait des qualités et du stimulant nécessaires pour imprimer à l'exploitation commerciale une direction bonne, saine et intelligente, profitable à la prospérité publique ; qu'il ne saurait pas aller chercher et solliciter la production, adapter ses tarifs aux besoins si variables du public, leur donner la flexibilité indispensable.

En supposant que, malgré ses inconvénients, ce système vînt à prévaloir, la gestion serait-elle confiée au département des travaux publics, à celui des finances ou à celui du commerce? Quelle serait la juridiction compétente pour connaître des litiges entre l'administration et les usages des chemins de fer?

M. Jules Favre terminait son discours par ces paroles : « Je serais d'avis d'écrire dans la loi qu'au lieu de l'exploi-« tation par l'État, M. le Ministre aurait recours à une régie « intéressée, comme cela se pratique sur le chemin de fer « de Troyes à Montereau, ou à un bail à une Compagnie fer-« mière, comme cela se passe sur le chemin de fer de « Nîmes à Montpellier. Dès lors, vous auriez l'excitant, la « garantie de l'intérêt particulier ; vous auriez l'intérêt privé « placé vis-à-vis des intérêts privés, dans toutes les collisions « que ne manque pas de faire naître la moindre exploitation « industrielle ; vous auriez déchargé l'État d'une très grande « responsabilité ; vous auriez probablement mieux servi les « intérêts du Trésor..... »

Le Ministre des travaux publics évita de se prononcer catégoriquement dans sa réponse ; il se borna à donner l'assurance que toutes les mesures seraient prises pour assurer le service dans des conditions aussi bonnes que possible.

M. Trousseau présenta ensuite, sans succès, un amendement ayant pour objet d'autoriser le Ministre à traiter avec la Compagnie du chemin de Versailles, rive droite, pour relier ce chemin à celui de Chartres.

Enfin, l'ensemble du projet de la Commission fut voté, malgré les efforts du Ministre des travaux publics pour obtenir le rejet de la clause imposant le rachat ou l'expropriation de la ligne de Versailles, rive gauche [B. L., 1er sem. 1845, n° 153, p. 375.]

109. — Crédits supplémentaires pour les chemins de Tours à Nantes, du Centre et de Montpellier à Nîmes. — Le 10 avril, le Gouvernement déposa trois projets de loi portant dotations supplémentaires et ouverture de crédits, pour l'achèvement des chemins de Tours à Nantes et de Vierzon au Bec-d'Allier, et pour la liquidation des entreprises de la ligne de Montpellier à Nîmes [M. U., 12 avril 1849].

Nous nous bornons à en mentionner le vote dans la séance du 7 mai [M. U., 24 et 25 avril, 2 et 8 mai 1849. — B. L., 1er sem. 1849, n° 160, p. 420 et 422].

110. — Autorisation d'exploitation par l'État des parties terminées du chemin de Paris à Lyon. — Les travaux du chemin de fer de Paris à Lyon avançant à grands pas, il importait de prendre définitivement un parti pour son exploitation. Les circonstances ne comportant pas une concession immédiate, il parut indispensable de recourir à une exploitation provisoire par l'État.

Ce principe posé, le Ministre des travaux publics consulta la commission centrale sur le choix à faire entre les trois systèmes de l'affermage, de la régie intéressée et de l'exploitation directe par l'État.

La commission centrale écarta, pour ainsi dire de plano, l'affermage qui obligeait l'État à aliéner pendant un délai assez long la jouissance du chemin de fer, sans offrir les garanties d'une concession à long terme à une Compagnie puissante, au point de vue de l'amélioration de la ligne et des perfectionnements de l'exploitation.

La régie intéressée lui parut tout d'abord plus séduisante. Ce système se prêtait à un bail relativement court; il faisait entrer la presque totalité des revenus dans les caisses du Trésor, tout en intéressant le régisseur à développer ses produits; il débarrassait l'État des soucis, des embarras, des difficultés d'une gestion directe, notamment au point de vue du choix du personnel et du règlement des tarifs; il transportait les responsabilités sur le régisseur. Mais, à côté de ces avantages, il avait le défaut de provoquer un antagonisme d'intérêts entre l'État et le régisseur pour l'entretien de la ligne et de son matériel; il exigeait un contrôle permanent et sévère de l'administration sur la gestion financière du régisseur; il laissait trop d'aléa à la rémunération de cet intermédiaire.

Aussi la commission centrale exprima-t-elle finalement ses préférences pour une exploitation provisoire par l'État.

Le Ministre, adoptant cet avis, soumit à l'Assemblée, le 30 avril, un projet de loi destiné à le sanctionner, tout en autorisant le Ministre à préparer la concession de la ligne [M. U., 1er mai 1849].

Le rapport sur ce projet de loi fut présenté par M. Emmery [M. U., 9 mai 1849].

Comme la session touchait à sa fin, la Commission ne crut pas devoir engager la question du choix à faire entre l'exploitation définitive par l'État ou la concession à une Compagnie; elle tint à réserver entièrement cette question, supprima, par suite, de la proposition du Ministre, tout ce qui avait trait à la préparation d'une concession et conclut à autoriser purement et simplement l'exploitation provisoire, pour le compte de l'État, des parties terminées du chemin de Paris à Lyon, jusqu'à ce qu'il eût été statué définitivement sur le régime à adopter pour l'ensemble de ce chemin. Le libellé de la clause impliquait l'interdiction du fractionnement. La Commission stipulait d'ailleurs que le service serait dirigé par un directeur unique, que le Ministre instituerait une commission spéciale de neuf membres pour contrôler tous les actes de l'exploitation et qu'il statuerait sur les tarifs, l'organisation des trains et la nomination du personnel au vu de propositions du directeur et d'après l'avis de cette commission. Le rapport exprimait en outre le vœu que ladite commission, tout à fait assimilable à un conseil d'administration de Compagnie, fût composée non seulement d'hommes spéciaux en matière d'art et d'administration, mais encore de notabilités commerciales et de personnes qui, par leurs travaux parlementaires, eussent acquis une juste autorité dans les questions de chemins de fer.

Lors de la discussion [M. U., 11 mai 1849], le Ministre se borna à maintenir l'expression de ses préférences pour l'exploitation par l'industrie privée, tant à cause des avantages intrinsèques de ce système, qu'en raison de l'allègement qui devait en résulter pour les finances. Il demanda d'ailleurs une modification de rédaction spécifiant : 1° que l'avis de la commission, à instituer pour le contrôle des actes de l'exploitation, ne lierait pas l'administration supérieure, en ce qui touchait à la fixation des tarifs; 2° que les maxima des taxes seraient ceux de la loi du 16 juillet 1845.

La loi fut votée avec ce double amendement. [B. L., 1er sem. n° 161, p. 435 ; errata, p. 543].

111. — Allocation pour l'exécution du chemin de Paris à Lyon entre Paris et Chalon.

i. — Projet de loi. [M. U., 22 juin 1849]. — Le 18 juin, M. Lacrosse, Ministre des travaux publics, déposait un projet de loi portant allocation d'un nouveau crédit de 7 millions pour la ligne de Paris à Lyon. Sur cette somme, 6 millions devaient être employés à commencer la section de Chalon à Lyon.

ii. — Rapport a l'assemblée nationale. — La Commission, dont M. Lestiboudois fut le rapporteur [M. U., 5 août

1849], conclut à l'ouverture d'un crédit de 3 millions seulement et à l'ajournement de la section de Chalon à Lyon, ces deux villes étant mises en relation par une navigation facile et prospère, et l'état des finances ne permettant pas d'éparpiller les ressources du Trésor.

Elle jugea, en outre, à propos d'émettre son opinion sur la préférence à donner à l'État ou aux Compagnies, pour la construction et l'exploitation des chemins de fer. Il ne sera pas sans intérêt d'analyser la partie du rapport relative à cette question et même d'en reproduire *in extenso* certains extraits : « Il y a peu de temps, disait le rapporteur, on
« déclarait les Compagnies incompatibles avec le régime
« républicain. Une école a tenté de propager la pensée que
« ce système de Gouvernement exigeait qu'on confiât aux
« agents de l'autorité la gestion des principaux intérêts de
« la société... Ce système est celui de la liberté antique.
« organisé pour la conquête, pour l'asservissement des ci-
« toyens à l'institution publique. Les peuples modernes, qui
« se sont avancés dans la voie de la liberté, ont adopté une
« autre règle ; ils ont consacré, en principe, les droits de
« l'individualité ; ils ont donné au pouvoir la seule chose
« qui lui appartînt, le gouvernement proprement dit, la dé-
« fense des droits généraux, la garde des intérêts, la conser-
« vation des propriétés et des personnes ; ils ont seulement
« ajouté à ces attributions celle de favoriser le développe-
« ment de l'intelligence humaine, d'ouvrir les voies du pro-
« grès ; pour le reste, ils s'en sont rapportés aux incitations
« de l'intérêt individuel, à l'esprit d'association bien dirigé
« et éclairé encore par la vigilance de l'intérêt personnel.
« Cet esprit est dominant dans l'Europe actuelle et dans les
« contrées peuplées par les races européennes, quelle que
« soit d'ailleurs la forme constitutionnelle des États : les as-
« sociations industrielles prospèrent dans l'aristocratique

« Angleterre, comme au milieu de la démocratie absolue
« de l'Amérique; c'est donc à tort que, en demandant un dé-
« cret pour le rachat de tous les chemins de fer, on affirmait
« que les Compagnies créent un privilège, un monopole, ser-
« vant à consolider le monopole monarchique, et nécessai-
« rement antipathique à l'égalité; c'est à tort qu'on les ac-
« cusait de constituer une aristocratie nouvelle plus redou-
« table que l'ancienne, parce qu'elle asservirait toute la ri-
« chesse mobilière, battrait monnaie en émettant des ac-
« tions, ruinerait le crédit de l'État, réglerait le taux des
« intérêts, exercerait une irrésistible influence sur tous les
« capitaux et dominerait la puissance publique.

« Les Compagnies n'ont point un privilège; elles exploi-
« tent une propriété qu'elles créent, achètent, ou louent;
« elles sont profitables au pays, si les conditions de l'exploi-
« tation sont équitables; elles ne sont désavantageuses que
« si les conditions sont onéreuses; elles ne battent pas mon-
« naie, elles délivrent des titres à qui donne son argent;
« elles ne nuisent pas au crédit, si elles sont fondées dans
« des proportions déterminées par la fortune publique et
« privée; elles ne lui portent atteinte que si elles excèdent
« ces proportions; elles peuvent avoir une action sur les
« Gouvernements faibles, uniquement soutenus par des in-
« térêts individuels; elles n'ont pas d'influence sur les Gou-
« vernements forts, moins sur ceux qui sont l'expression du
« suffrage universel que sur tous les autres; assurément,
« elles ne sont pas inconciliables avec les institutions qui
« émanent de la souveraineté populaire.

« Ce n'est pas une des moindres singularités de notre
« temps que de voir les partis qui défendent l'existence des
« associations politiques, celles qui se donnent, pour ainsi
« dire, la même mission que le pouvoir public, repousser
« les associations fondées pour exploiter les diverses bran-

1

42

« ches d'industrie, ce qui n'est pas de l'essence gouverne-
« mentale. Il y a là une contradiction flagrante.

. . . .

« La construction des chemins de fer par l'État est d'un
« prix trop élevé.

« C'est là un fait passé à l'état de vérité démontrée.

. . . .

« Si l'État ne construit pas économiquement, son infé-
« riorité est bien mieux constatée encore dans ce qui re-
« garde la question commerciale des chemins de fer.

« D'abord il paie tout plus cher et reçoit tout en moindre
« qualité ; cela est proverbial ; de plus, il ignore générale-
« ment les besoins de l'industrie et des transports, et l'on
« ne peut attendre d'une administration désintéressée au
« succès d'une entreprise, les recherches de tous les jours,
« de tous les instants, qui dévoilent les conditions vitales
« du commerce. Vous ne rencontrerez jamais dans une ad-
« ministration publique cet empressement à saisir toutes
« les occasions d'être utile, les facilités données à tous ceux
« qui peuvent concourir à la prospérité d'une exploitation,
« ces combinaisons qui permettent la plus grande utilisation
« d'une voie de communication, cette politesse, ces égards
« qui engagent les voyageurs, les commodités qui les sédui-
« sent. Les fonctionnaires remplissent leurs devoirs, mais
« ne font rien au delà ; quand les prescriptions réglemen-
« taires sont accomplies, ils s'arrêtent ; assurément ils ne
« cherchent pas à leur donner de l'extension ; le résultat
« n'intéresse pas ; ils administrent, mais n'exploitent pas, ne
« tirent pas parti.

. . . .

« Les faits confirment les assertions générales ; les che-
« mins de fer de l'Angleterre, gérés par des Compagnies qui
« ne datent que de quelques années, sont supérieurs à

« ceux de la Belgique, remis à l'administration publique.
« Les chemins du royaume limitrophe sont en mauvais
« état, ils ont un matériel insuffisant, délabré ; ils ne per-
« mettent pas de voyage de nuit, excepté sur la ligne de
« Cologne ; ils transportent les marchandises dans de si
« mauvaises conditions que les diligences leur font concur-
« rence ; même sur les lignes les mieux desservies, les voya-
« geurs ne sont transportés qu'avec une vitesse moyenne
« de 5 lieues à l'heure. Le chemin du Nord, d'une ex-
« ploitation si récente, est pourvu d'un matériel commode,
« élégant, suffisant ; il donne de nombreux convois de jour
« et de nuit. Il a conquis déjà une vitesse de 14 lieues
« à l'heure ; il transporte les marchandises avec une ra-
« pidité et une ponctualité telles qu'il n'est pas d'entre-
« prise qui puisse lutter avec lui, sauf pour les distances
« extrêmement petites. C'est là la source de produits élevés
« et constants. On se plaint souvent des bénéfices considé-
« rables laissés aux Compagnies ; ils sont dus, dans la plu-
« part des cas, à leur habileté ; en vain on croirait pouvoir
« les leur enlever et les transporter à l'administration pu-
« blique : là où elles font des gains notables, l'État subi-
« rait des pertes infaillibles ; souvent il n'aurait pas l'inté-
« rêt de son capital ; souvent il ne couvrirait pas les frais
« d'exploitation.

« Mais tous ces avantages, inhérents au génie commer-
« cial des Compagnies, ne sont que les moindres de ceux
« que nous avons à constater en leur faveur. Habituelle-
« ment, on néglige de tenir compte d'un fait important
« dans la comparaison qu'on fait entre le système de con-
« cession et le système de construction et d'exploitation
« par l'État : les chemins concédés par le Gouvernement
« français font retour au domaine public, après une jouis-
« sance déterminée ; au bout d'un laps de temps plus ou

« moins considérable, l'État, qui ne sait pas créer de ca-
« pitaux, se trouve en possession d'une somme disponible
« excessivement importante.

. . . .

   « Mais ce n'est point tout encore ; voyons dans quelle
« situation l'exploitation des chemins de fer va placer le
« Gouvernement. Il perçoit des droits plus ou moins éle-
« vés sur le transport des marchandises et des voyageurs ;
« on verra là un impôt, un impôt onéreux, comme tous
« ceux qui pèsent sur les citoyens. On ne lui laissera pas de
« relâche qu'on n'ait obtenu des abaissements successifs ;
« on prouvera, comme toujours, qu'en abaissant les tarifs,
« on augmentera les recettes. Il n'aura ni paix, ni trêve, qu'il
« n'ait admis une réforme : tous les intéressés se ligueront
« pour faire diminuer les frais de parcours ; les nécessités
« de la politique vaincront la résistance raisonnée de l'ad-
« ministration et l'on verra le plus juste des impôts, celui
« qui est perçu pour un service rendu, diminuer et même
« disparaître entièrement. N'a-t-on pas réclamé sans cesse
« la diminution des droits sur les voies navigables ? N'a-t-on
« pas prouvé la nécessité de leur suppression ? La résis-
« tance de l'État serait considérée comme une pensée fiscale
« intolérable. Si le pouvoir abaisse les tarifs, d'autres diffi-
« cultés et des embarras plus grands l'attendent. La ligne
« qu'il possède fait concurrence à d'autres lignes, à des
« canaux, à des rivières peut-être concédés. Voilà une
« lutte engagée entre la puissance publique et des intérêts
« individuels ; la voilà attaquée, calomniée, déconsidérée ;
« la voilà engagée dans des débats commerciaux pleins d'ir-
« ritation, d'aigreur, d'injustice, la voilà ruinant des ci-
« toyens, en enrichissant d'autres.

. . . .

   « Parmi les objections faites au système de conces-

« sion, il en est deux qui ont encore une grande gravité.

« La première se tire de l'impossibilité dans laquelle se
« trouve l'État de faire concorder les tarifs avec les besoins
« locaux. Nous avons dit que la facilité d'abaisser les
« tarifs, selon les exigences du moment, pouvait avoir de
« très grands inconvénients; on ne peut nier, cependant,
« que, en de certaines occurrences, il ne soit nécessaire de
« les changer.

« Les conditions des concessions font obstacle à la réa-
« lisation des améliorations nécessaires; mais presque tous
« les cahiers des charges donnent à l'État le droit de ra-
« cheter les lignes concédées, de telle sorte que, s'il y a
« urgence réelle d'atténuer profondément les frais de trans-
« port, on peut y arriver par ce procédé. On arrivera
« encore à ce résultat par des moyens indirects, tels que
« l'établissement de lignes concurrentes, le prolongement
« des embranchements qui desservent des intérêts sem-
« blables, le développement des voies navigables, etc...
« Jamais une Compagnie de chemins de fer ne pourra tenir
« le public sous un joug intolérable.

« La deuxième objection, véritablement grave, sort
« d'un fait qu'on a énoncé comme général. Les Compa-
« gnies, a-t-on dit en présentant la loi de rachat, sont hors
« d'état de poursuivre leur entreprise au milieu de la crise
« commerciale qui, depuis février, a affecté toutes les va-
« leurs.

« Mais on a opposé une dénégation à cette assertion
« généralisée; on a fait voir que deux Compagnies seule-
« ment se trouvaient dans une situation périlleuse, et, en
« effet, toutes, excepté les deux dont il s'agit, ont résisté
« aux désastres commerciaux dont nous avons été les té-
« moins.

« On ne peut, d'ailleurs, faire entrer une révolution

« aussi profonde que celle que nous traversons dans les
« chances ordinaires de l'industrie.

. . . .

« Nous résumons ainsi notre opinion :

« La concession des chemins de fer n'est antipathique
« avec aucune forme de Gouvernement, quand la tendance
« du pouvoir n'est pas d'absorber tous les citoyens dans son
« action exclusive.

« Les Compagnies construisent plus économiquement
« et dirigent mieux leurs travaux, dans un but d'utilité
« industrielle.

« Elles exploitent surtout avec plus de profit pour elles
« et pour la généralité du pays.

« Elles permettent à l'État de devenir, dans un laps de
« temps déterminé, propriétaire d'un capital immense.

« Elles le débarrassent d'importunités qui finissent tou-
« jours par porter un préjudice notable aux intérêts pu-
« blics.

« Elles dégagent le Gouvernement de la position fausse
« dans laquelle il se trouverait, s'il devait faire une concur-
« rence aux intérêts industriels.

« Elles réduisent le budget des travaux publics et
« laissent à l'État toute sa puissance financière, si indis-
« pensable dans les moments de crise intérieure ou exté-
« rieure.

« Les objections nombreuses, parfois très sérieuses,
« qu'on présente contre elles, exigent une grande rigueur,
« une circonspection extrême dans les concessions ; mais
« ces objections reposent sur des faits qui ne sont pas inhé-
« rents au système des Compagnies et qu'on peut faire
« disparaître en grande partie ; ils ne peuvent conduire à
« proscrire ce système. Telle est au moins l'opinion de votre
« Commission. »

III. — DISCUSSION. — Lors de la discussion, M. Larabit insista pour que l'Assemblée rétablît le crédit sollicité par le Ministre, pour l'exécution du tronçon compris entre Chalon et Lyon, afin de ne pas interrompre la grande ligne de Paris à Lyon, de ne pas imposer aux voyageurs et aux marchandises des transbordements onéreux et gênants, ainsi qu'une navigation incontestablement sujette à des embarras, à des lenteurs, et de donner du travail aux ouvriers. Il protesta d'ailleurs contre le reproche adressé à l'exécution des chemins de fer par l'État.

M. Morellet joignit sa protestation à celle de M. Larabit et s'éleva, avec plus de force encore que cet orateur, contre la tendance de la Commission à rétablir le système des concessionnaires aux Compagnies puissantes.

Enfin, M. Latrade réclama la réduction du crédit proposé par la Commission ; suivant lui, il fallait renoncer, autant que possible, aux allocations supplémentaires en cours d'exercice, sous peine de jeter le désordre dans nos finances, comme l'avait fait le Gouvernement déchu ; il fallait ne plus pousser au développement de ces agglomérations d'ouvriers nomades, si préjudiciables à l'agriculture.

A la suite d'explications fournies par le rapporteur et d'observations du Ministre, le projet de loi amendé par la Commission fut voté par l'Assemblée [M. U., 9 août 1849.— B. L., 2ᵉ sem. 1849, n° 186, p. 145].

112. — Allocation d'une garantie d'intérêt à la Compagnie de Marseille à Avignon.

I. — PROJET DE LOI. — Le chemin d'Avignon à Marseille avait été mis sous séquestre, par arrêté du chef du pouvoir exécutif, en date du 21 novembre 1848 ; l'Assemblée nationale avait, en même temps, autorisé l'administration à affecter un million à la continuation des travaux qui ne pouvaient être interrompus sans danger pour leur conservation. Cette situation devait nécessairement avoir un caractère transitoire : d'une part les créanciers de la Compagnie étaient fondés à se plaindre de l'obstacle apporté à l'exercice de leurs droits, et, d'autre part, la mission confiée à l'administration publique, pour l'exploitation du chemin, faisait peser sur elle une responsabilité dont elle devait tenir à se dégager le plus promptement possible. D'ailleurs, l'Assemblée, comprenant la gravité des mesures provisoires qu'elle avait sanctionnées, avait elle-même prescrit au Gouvernement de lui rendre compte, dans un délai très court, de ce qu'il aurait fait pour assurer l'exécution de la loi de concession du 24 juillet 1843.

Le Ministre vint, dans la séance du 24 juillet, déférer à cette invitation [M. U., 29 juillet 1849].

A la suite d'une étude approfondie, à laquelle s'était livrée la commission centrale des chemins de fer, il n'avait pas cru devoir appliquer la déchéance dont la légalité pouvait être contestée et qui devait, d'ailleurs, entraîner une procédure longue et difficile, exigeant pendant plusieurs années peut-être le maintien du séquestre. Il s'était arrêté à une combinaison consistant à garantir à la Compagnie, pendant vingt-six ans environ, un maximum d'intérêt de 7 %, dont 2 % d'amortissement, sur le montant de l'emprunt qu'elle avait à contracter pour l'acquittement de ses dettes et l'achèvement de son entreprise. Le montant de l'emprunt ainsi garanti ne devait pas excéder 30 millions.

Le Gouvernement se réservait l'approbation de la quotité, du mode de négociation et des conditions de l'emprunt, afin d'empêcher de jeter simultanément sur le marché un trop grand nombre de titres privilégiés, qui viendraient peser d'une manière fâcheuse sur le cours des effets publics. Il s'attribuait la surveillance du remboursement des dettes de la Compagnie.

Les avances de l'État, au titre de la garantie d'intérêt, devaient lui être restituées au moyen de l'excédant des recettes, toutes les fois que le bénéfice net dépasserait 5 %.

La limite de produit net, à partir de laquelle l'État devait entrer en partage avec la Compagnie, était abaissée de 10 à 6 %.

Ces dispositions faisaient l'objet d'un projet de loi déposé le 27 juillet sur le bureau de l'Assemblée.

II.— RAPPORT A L'ASSEMBLÉE NATIONALE.— Le rapport fut rédigé, au nom de la Commission du budget, par M. Prosper de Chasseloup-Laubat [M. C., 28 septembre 1849]. Après avoir rappelé les origines et l'histoire du chemin, il fit connaître que des excédants de dépenses, de 20 millions sur l'infrastructure et de 10 millions sur la superstructure, étaient venus peser sur la situation de la Compagnie. Quoique très considérable, ce dépassement, comme tous les mécomptes analogues constatés depuis quelque temps, s'expliquait par l'impuissance dans laquelle étaient les ingénieurs les plus habiles, d'établir leurs calculs sur des bases certaines pour des travaux si gigantesques, par les modifications notables apportées aux conditions de construction des voies ferrées, par la nécessité où on s'était trouvé d'accepter les progrès réalisés depuis la rédaction des avant-projets, par les illusions que le pays s'était faites sur l'avenir financier des concessions et la parcimonie qui en était résultée dans les évaluations de premier établissement, enfin par l'insuffisance des éléments d'expérience nécessaires pour asseoir ces estimations.

Un examen détaillé des dettes de la Compagnie et des travaux qui restaient à exécuter avait inspiré à la Commission la conviction qu'un emprunt de 30 millions serait suffisant, pour rétablir l'équilibre du budget du concessionnaire et pourvoir à l'achèvement du chemin de fer.

Abandonnée à elle-même, la Compagnie succomberait inévitablement, malgré les produits croissants de son entreprise, et sa chute, en portant un nouveau coup à l'industrie, en livrant à la faillite l'une des voies de communication les plus importantes, compromettrait en même temps un grand intérêt public. Il convenait donc de lui prêter l'aide de l'État, et la Commission estimait que la forme de concours choisie par le Gouvernement était la meilleure; le système de la garantie d'intérêt, si efficace en général, se justifiait tout particulièrement dans l'espèce. En effet, l'emprunt de 30 millions ne représentait guère que le tiers de la valeur de la ligne, estimée alors à 86 millions, et les appréciations, même les plus pessimistes, ne permettaient pas de mettre en doute la possibilité de faire face aux charges de cet emprunt avec les bénéfices nets de l'entreprise; ainsi, en accordant sa garantie, l'État ne fournirait à la Compagnie qu'un appui moral, celui de la confiance qu'il inspirait et de la puissance de son crédit.

La Commission adhéra donc à la proposition du Gouvernement, mais en y apportant quelques changements.

Au lieu de restreindre à vingt-six ans la période d'amortissement, elle crut plus conforme à l'intérêt de l'État et à l'intérêt de la Compagnie d'en faire coïncider le terme avèc celui de la concession, c'est-à-dire de lui attribuer une durée de trente-trois ans environ. Elle y vit l'avantage de réduire l'annuité et par conséquent les probabilités du fonctionnement de la garantie et, d'autre part, d'augmenter les disponibilités pour la distribution d'un dividende aux actionnaires.

Le projet de loi ne prévoyait le remboursement des

avances de l'État que lorsque l'entreprise donnerait plus de
5 °/₀ de bénéfice net ; la Commission stipula : 1° que ce remboursement serait prélevé sur la totalité des produits nets,
avant toute allocation d'intérêt ou de dividende au profit de
la Compagnie ; 2° que, s'il n'était pas complet à l'expiration
de la concession, le montant de la créance de l'État serait
compensé jusqu'à due concurrence avec la somme due à la
Compagnie pour la reprise du matériel.

Enfin la Commission n'admit pas la réduction du bénéfice réservé à la Compagnie avant partage avec l'État ; cette
réduction s'expliquait, à la rigueur, dans le projet du Gouvernement, comme corollaire de la clause qui attribuait 5 °/₀
aux actionnaires avant tout remboursement des avances de
l'État : mais, reproduite dans le projet de loi plus rigoureux
de la Commission, elle aurait pris le caractère d'une mesure
de spéculation sur les embarras dans lesquels se débattait la
Compagnie.

III. — Première délibération [M. U., 24 octobre 1849]. —
Lors de la première délibération, M. Martin demanda
l'ajournement de la discussion, jusqu'à ce que l'Assemblée
se prononçât sur le chemin de Paris à Avignon. Si ce chemin était placé entre les mains de l'État, il serait naturel de
faire suivre le même sort à la ligne d'Avignon à Marseille ;
si, au contraire, on le remettait à une Compagnie, rien ne
serait plus facile que d'y rattacher la section d'Avignon à
Marseille. On éviterait ainsi d'engager le Trésor, pour
70 millions (y compris sa subvention primitive), dans une
entreprise de 92 millions et de prêter un appui véritablement
excessif à une voie de concurrence contre la navigation.

M. le Ministre des travaux publics ayant insisté sur
l'urgence d'une solution, la proposition de M. Martin fut
repoussée.

M. de Mouchy, tout en donnant son adhésion au projet
de loi, exprima le vœu que le Gouvernement proposât des
mesures d'ensemble pour venir en aide aux Compagnies de
chemins de fer dont la situation était embarrassée et demanda, en outre, que, en ce qui concernait plus spécialement le chemin d'Avignon à Marseille, on se préoccupât
d'améliorer le sort des actionnaires par une augmentation
dans la durée de la concession.

IV. — DEUXIÈME DÉLIBÉRATION [M. U., 7, 10 et 11 novembre 1849]. — Quand s'ouvrit la deuxième délibération,
M. de Mouchy présenta un amendement qui portait la durée
de la concession à quatre-vingt-dix-neuf ans. Suivant l'orateur, les Compagnies avaient rendu d'immenses services au
pays, en consacrant 700 millions à la construction de
4 000 kilomètres de chemins de fer, en provoquant l'amélioration et le perfectionnement de la fabrication du fer et
de la fonte, en donnant naissance à de grands établissements
métallurgiques, en développant l'exploitation de la houille.
Cependant, à l'exception de celles d'Orléans et de Rouen,
toutes avaient leurs titres au-dessous du pair. La crise dont
elles souffraient était surtout le résultat d'erreurs d'appréciation sur le prix de revient et le revenu probable des nouvelles voies de communication, erreurs dont la responsabilité incombait tout autant, si ce n'est davantage, aux pouvoirs
publics qu'aux concessionnaires et dont il était injuste de
faire peser exclusivement les conséquences sur ces derniers.
A cette cause il fallait ajouter les rigueurs de l'administration dans l'application du cahier des charges, la commotion
de février 1848, les menaces du Gouvernement provisoire.
La justice, l'équité exigeaient donc que l'État vînt en aide
aux Compagnies. Sans doute, le projet du Gouvernement ou
celui de la Commission constituaient un premier pas dans

cette voie, pour la ligne d'Avignon à Marseille ; mais ils
étaient insuffisants, car ils n'assuraient aucun revenu aux
actionnaires. L'amendement pouvait seul ranimer la confiance, le crédit et l'activité des transactions.

La proposition de M. de Mouchy fut très vivement attaquée par M. Morellet. La concession du chemin de Marseille
à Avignon avait été une faute qu'il importait de ne pas
aggraver, quand se présentait précisément l'occasion de la
réparer ; la Compagnie n'avait pas tenu les engagements
qu'elle avait contractés en toute liberté, en toute connaissance de cause ; pourquoi ne pas la frapper de la déchéance
nettement stipulée au contrat? Pourquoi ne pas reprendre
la ligne et ne pas remettre entre les mains de l'État, pour
la soustraire au monopole, la grande voie de Paris à la
Méditerranée? Les chemins de fer, comme toutes les voies
publiques, devaient être livrés à la libre circulation ; les
concessions à longue durée étaient contraires aux intérêts
de la liberté commerciale ; les concessions à courte durée
elles-mêmes pouvaient s'imposer, dans certains cas, comme
des nécessités temporaires, mais ne s'excusaient qu'à ce
titre. Il convenait donc, non seulement de repousser l'amendement, mais encore de discuter à fond la proposition du
Gouvernement et de la Commission, avant de la sanctionner.

M. Bineau, Ministre des travaux publics, vint à son tour
combattre l'amendement de M. de Mouchy, mais pour des
motifs tout différents. Son discours était une véritable profession de foi sur la question de l'intervention de l'industrie
privée et sur la durée des concessions; nous croyons utile
d'en reproduire des extraits : « Pour ceux qui, comme le
« Gouvernement, sont fermement convaincus de la néces-
« sité de laisser aux mains de l'industrie privée la construc-
« tion et l'exploitation des chemins de fer; pour ceux qui
« comprennent que, pour être bien administrées, ces en-

« treprises ne doivent pas être, aux mains de leurs action-
« naires, une cause de perte et de ruine; pour ceux qui,
« persuadés de l'urgente nécessité de ranimer le travail na-
« tional et de l'impossibilité où se trouve aujourd'hui le
« Trésor public de faire les avances, veulent faire appel à
« l'industrie privée, pour ceux-là, dis-je, la situation des
« chemins de fer doit être l'objet de sérieuses préoccupa-
« tions; car, tant qu'il durera, le discrédit qui les frappe
« aujourd'hui sera un obstacle des plus graves à la création
« de nouvelles entreprises. Aussi le Gouvernement est-il
« disposé à chercher les moyens d'améliorer cette situation
« et de relever ce crédit; aussi est-il, dès à présent, à
« l'œuvre pour étudier et préparer les mesures qu'il désire
« vous soumettre à ce sujet. Des divers moyens à employer
« pour arriver à ce but, le meilleur, le plus efficace, le
« moins onéreux pour l'État me paraît être, comme à l'ho-
« norable M. de Mouchy, celui qui consiste à prolonger la
« durée des concessions. Mais en consentant à prolonger
« ainsi la durée des concessions, dont le terme est trop
« court, le Gouvernement pense que cette amélioration ne
« saurait être accordée à titre purement gratuit, comme le
« propose, par son amendement, l'honorable M. de Mouchy.
« Nous pensons qu'en échange des avantages que réclament
« les Compagnies, dont les entreprises sont aujourd'hui en
« souffrance, l'État, sans perdre de vue ses pensées d'amé-
« lioration, l'État doit à son tour demander, soit au profit
« du public, soit au profit du Trésor, des avantages que
« les Compagnies peuvent et doivent lui accorder. » M. Bineau expliqua ensuite que ces modifications, nécessairement variables avec la nature et les conditions particulières des diverses entreprises, pourraient être, tantôt la
réduction de la part contributive de l'État dans les dépenses
de construction, de manière à substituer le système « beau-

coup de temps et peu d'argent » au système « peu de
temps et beaucoup d'argent », tantôt l'exécution d'embranchements ou de prolongements, tantôt la révision des cahiers
des charges.

M. Sainte-Beuve vint au contraire appuyer l'amendement,
en invoquant la solidarité du crédit public avec le crédit
privé ; l'exemple de l'Angleterre où la perpétuité des concessions avait imprimé un si rapide essor à l'œuvre des chemins de fer; la nécessité de faire revivre l'industrie si compromise, notamment par le désastre de la Compagnie de
Paris à Lyon; la supériorité des concessions à longue
échéance, au point de vue de l'apport des capitaux sérieux.

Comme dans diverses circonstances antérieures, M. Lherbette affirma la nécessité d'assurer le respect des contrats
et de la moralité, de ne pas grever le contribuable au profit
d'intérêts particuliers.

Après une réplique, M. de Mouchy déclara retirer son
amendement, en raison des déclarations du Ministre.

M. Versigny fit ensuite une véritable conférence d'économie sociale sur le rôle respectif qui convenait à l'État et
aux citoyens dans la production, la consommation et le mé-
canisme intermédiaire de la circulation ; autant les deux
premiers éléments lui paraissaient devoir rester dans le
domaine de l'initiative privée, autant le troisième rentrait,
à ses yeux, dans le domaine de l'action publique; c'était le
seul moyen déviter le retour des abus scandaleux tels que
ceux dont on avait été témoin de la part de la Compagnie
méridionale de navigation du Rhône, lors de la disette de
1847. Il était donc franchement partisan du maintien des
voies ferrées entre les mains de l'État. Dans la circonstance,
il n'existait, suivant lui, ni raison de droit, ni raison d'intérêt public, ni raison de commisération, pour concéder à la
Compagnie l'avantage qu'on voulait lui accorder. Au point

de vue du droit, en effet, la Compagnie avait manqué à ses engagements et encouru la déchéance ; au point de vue de l'intérêt public, le prétendu réveil de l'industrie privée, qui avait été invoqué dans le débat, ne pouvait se produire, attendu que le chemin était à peu près achevé et ne comportait pour ainsi dire plus de travaux, ni de fournitures ; le sort de l'industrie n'était, d'ailleurs, pas lié à l'existence de telle ou telle société ; enfin, au point de vue de la commisération, l'État ne pouvait évidemment assumer le rôle de réparateur de toutes les infortunes pécuniaires.

M. de Chasseloup-Laubat défendit les conclusions de son rapport, en développant les considérations qui y étaient exposées et que nous avons antérieurement résumées. Il s'attacha à démontrer que la déchéance conseillée par l'un de ses contradicteurs n'était pas conforme à l'équité et donnerait lieu aux plus sérieuses difficultés ; que, d'autre part, il était impossible d'abandonner la Compagnie à la faillite, sous peine de compromettre les intérêts de la ligne de communication la plus importante du territoire ; que, dès lors, il fallait venir en aide à la Compagnie et que les moyens proposés par le Gouvernement et amendés par la Commission étaient incontestablement les meilleurs.

M. Aubry (du Nord) répondit à M. de Chasseloup-Laubat par un long discours, dans lequel il s'efforça de prouver par des analogies que le revenu du chemin de fer de Marseille à Avignon serait fort considérable ; que le projet du Gouvernement et surtout celui de la Commission, dans lequel la limite du partage des bénéfices n'était pas modifiée, faisaient un véritable pont d'or à la Compagnie ; et qu'il y avait lieu par suite de les repousser. Il affirma, en outre, son opinion sur l'opportunité de conserver à l'État les chemins de fer, instruments de la puissance publique et sources de produits susceptibles d'être employés à la réduction des impôts.

Puis M. Charamaule développa un amendement qui, eu égard à l'importance des sacrifices de l'État, lui conférait le droit d'intervenir dans la gestion de l'entreprise, pour la conservation de ses intérêts ; de contrôler les dépenses et les recettes ; de constater les bénéfices nets et d'en assurer l'application au remboursement des sommes dont il se trouverait à découvert. Le rapporteur et le Ministre repoussèrent cet amendement, qui ne tendait à rien moins qu'au maintien déguisé du séquestre et qui devait imposer à l'État une responsabilité excessive. M. Charamaule en modifia alors la rédaction, en se rapprochant beaucoup du libellé de la Commission : mais il n'en échoua pas moins et la loi fut votée en deuxième délibération.

v. — TROISIÈME DÉLIBÉRATION [M. U., 20 novembre 1849]. — Enfin, à la troisième délibération, M. Aubry et M. Versigny formulèrent une série nouvelle d'amendements.

Le premier stipulait que l'État serait remboursé, en capital et intérêts, du million voté par la loi du 2 février 1849, sur les bénéfices nets de l'entreprise, dès qu'ils atteindraient 6 1/4 %, et avant tout partage des produits nets : il était inutile, car cette somme n'avait été que prêtée à la Compagnie et le remboursement devait en être prélevé sur le montant de l'emprunt ; l'Assemblée le repoussa.

Le second amendement avait pour objet de décider que l'État entrerait en partage des bénéfices, quand le produit net moyen, calculé sur toutes les années écoulées depuis l'origine de la concession, atteindrait 6 1/4 %, de manière à procurer au Trésor une compensation des avantages faits à la Compagnie. Les raisons données dans le rapport, contre toute modification du cahier des charges à ce sujet, déterminèrent l'Assemblée à rejeter également cette deuxième proposition.

1

Le troisième amendement portait que, si les avances de l'État n'étaient pas remboursées dans un délai de trois ans, le droit de rachat serait immédiatement ouvert, de manière à ne pas poursuivre inutilement les efforts faits pour empêcher la Compagnie de mourir, si l'expérience en démontrait l'inutilité. Il eut le même sort que les précédents.

Il en fut de même d'un quatrième amendement disposant que les transports militaires seraient gratuits.

Puis la loi fut votée, le 19 novembre, avec addition d'un paragraphe stipulant qu'un règlement d'administration publique déterminerait, la Compagnie entendue, les emplois, dont la moitié devrait être réservée aux anciens militaires libérés du service [B. L., 2ᵉ sem. 1849, n° 212, p. 454].

Une convention fut conclue avec la Compagnie pour l'exécution de cette loi et approuvée par décret du 13 mai 1850 [B. L., 1ᵉʳ sem. 1850, n° 259, p. 536].

113. — Propositions d'initiative parlementaire présentées à l'Assemblée législative en 1849. Modification de la commission centrale des chemins de fer. — Plusieurs propositions d'initiative parlementaire furent présentées, en 1849, à l'Assemblée législative, concernant les chemins de fer. Nous citerons notamment :

1° Une proposition de M. Dufournel tendant à instituer dorénavant les concessions de travaux publics de manière à assurer aux actionnaires l'intérêt et l'amortissement du montant de leurs titres, ainsi qu'un bénéfice déterminé. Cette proposition, dont la prise en considération avait été admise par la commission d'initiative, ne fut pas discutée.

2° Une proposition de M. de Vatry, ayant pour objet d'accoler des passerelles de piétons à tous les ponts de chemin de fer. Elle fut retirée sur la promesse du Ministre

de faire étudier dans chaque cas particulier l'opportunité
de cette adjonction.

Il reste à mentionner, pour 1849, un arrêté du Président de la République, du 20 janvier, augmentant le
nombre des membres de la commission centrale des chemins de fer [M. U., 23 janvier 1849].

114. — **Loi relative aux attributions des commissaires de surveillance administrative des chemins de fer.**

I. — PROJET DE LOI. — Le règlement d'administration publique du 15 novembre 1846 avait institué deux ordres de fonctionnaires pour la police des chemins de fer, à savoir :

1° Des commissaires de police, nommés par le Ministre de l'intérieur, attachés aux principales gares, et chargés, sous l'autorité immédiate du procureur de la République, de constater les crimes et délits de droit commun et, sous l'autorité des préfets, de veiller à la sécurité publique, en assurant l'exécution des mesures de sûreté générale ;

2° Des commissaires administratifs investis par le Ministre des travaux publics, chargés de veiller, concurremment avec les ingénieurs des ponts et chaussées et les ingénieurs des mines, à l'exécution des clauses des cahiers des charges, à la régularité de l'exploitation et à l'exacte application des tarifs.

Cette dualité d'agents dont les attributions, quoique distinctes, avaient une certaine corrélation, ayant présenté des inconvénients et suscité les plaintes du public et des Compagnies, un arrêté du chef du pouvoir exécutif, du 29 juillet 1848, avait supprimé les commissaires et agents de police spéciaux et créé des commissaires et des sous-commissaires de surveillance administrative, placés sous la direction des ingénieurs des ponts et chaussées et des mines pour l'exploitation technique, et des inspecteurs de l'exploitation commerciale pour cette dernière partie du service.

Les attributions des commissaires et des sous-commissaires de surveillance étaient toutefois purement administratives ; ils étaient sans qualité pour constater les crimes et délits de droit commun.

Le Gouvernement présenta le 26 octobre 1849, pour combler cette lacune, un projet de loi [M. U., 30 octobre 1849], qui leur donnait les pouvoirs d'officiers de police judiciaire, en ce qui concernait la constatation des crimes, délits et contraventions commis dans l'enceinte des chemins de fer. Ils étaient, à ce titre, sous la surveillance du procureur de la République et lui adressaient directement leurs procès-verbaux. Quant aux procès-verbaux constatant des infractions aux règlements de l'exploitation, ils les adressaient aux ingénieurs qui les transmettaient dans la huitaine au procureur, avec leurs observations.

II. — RAPPORT A L'ASSEMBLÉE NATIONALE. — Le 20 novembre, M. Salmon déposa un rapport [M. U., 27 novembre 1849], par lequel il concluait à l'adoption du projet de loi, mais avec l'addition d'un article aux termes duquel un règlement d'administration publique devait déterminer les conditions, ainsi que le mode de nomination et d'avancement des commissaires et des sous-commissaires. Il signalait d'ailleurs la nécessité de réviser l'ordonnance du 15 novembre 1846, afin de réduire les formalités, la réglementation, les entraves excessives dans lesquels étaient enserrés le public et les Compagnies.

III. — DISCUSSION ET VOTE. — La première délibération ne provoqua pas de discussion [M. U., 28 novembre 1849].

Lors de la deuxième délibération [M. U., 6 décembre 1849],

M. de Mouchy demanda que les ingénieurs ne fussent pas tenus de transmettre au procureur de la République les procès-verbaux constatant des infractions aux règlements d'exploitation, lorsque ces infractions ne leur paraîtraient pas comporter de poursuites judiciaires; mais sa proposition fut repoussée, comme contraire aux principes de notre législation, qui conférait exclusivement au ministère public le pouvoir discrétionnaire d'appréciation sur l'opportunité des poursuites. Il soumit ensuite à l'Assemblée un autre amendement dont l'objet était de réserver les emplois de commissaires et sous-commissaires aux officiers ayant six ans de grade et aux sous-officiers ayant douze ans de service effectif sous les drapeaux. Suivant lui, cette disposition devait avoir le précieux avantage de fournir des agents fermes, intelligents, assidus, dévoués et rompus à la discipline. M. Salmon combattit cet amendement, en faisant valoir qu'il constituerait un véritable privilège au profit d'une classe de citoyens; que les anciens militaires n'avaient pas toujours la compétence voulue; qu'une part leur serait faite d'ailleurs dans le commissariat, comme dans les autres carrières administratives, par une mesure d'ensemble alors à l'étude. M. Bineau, Ministre des travaux publics, se prononça dans le même sens que le rapporteur. Malgré l'appui de M. Larabit, qui invoqua l'intérêt du recrutement des cadres de l'armée, l'amendement fut rejeté.

Au cours de la troisième délibération [M. U., 28 février 1850], M. Labordère demanda que les commissaires de surveillance fussent considérés comme auxiliaires du procureur, de manière à pouvoir commencer l'instruction, en cas de flagrant délit, et à jouir du droit de réquisition, indispensable pour ne pas laisser disparaître la trace de l'infraction et de l'inculpé. Suivant l'orateur, c'était le seul moyen de rendre efficace la police des chemins de fer et de donner aux commissaires l'autorité morale dont ils avaient besoin au regard des Compagnies.

M. Salmon, rapporteur, sollicita le rejet de la proposition. Il jugeait impossible et dangereux de donner aux commissaires le droit de commettre des experts, d'apposer des scellés, de décerner des mandats d'amener; il redoutait les vexations et les perturbations qui pourraient en résulter dans le service; il craignait les effets de l'indépendance exagérée dans laquelle les commissaires seraient ainsi placés vis-à-vis des ingénieurs, leurs chefs hiérarchiques; il considérait ces agents comme suffisamment armés par le droit d'arrestation et de réquisition à la police locale, au cas de flagrant délit.

Le Ministre joignit ses efforts à ceux de M. Salmon; il rappela notamment les inconvénients auxquels avait donné naissance l'institution des commissaires de police, précisément investis de la qualité que M. Labordère voulait voir attribuer aux commissaires de surveillance. L'amendement fut repoussé.

L'Assemblée adopta au contraire un autre amendement de M. Labordère auquel adhérait la Commission et qui tendait à modifier la rédaction du projet de loi, pour obliger les commissaires de surveillance à adresser une expédition de leurs procès-verbaux concernant l'exploitation au procureur de la République, en même temps qu'ils en envoyaient une autre expédition à l'ingénieur; quant aux procès-verbaux de grande voirie, ils continuaient à n'être dressés qu'en une expédition et il appartenait aux ingénieurs de les transmettre au préfet avec leurs observations. Cette modification n'avait pas reçu l'assentiment des Ministres; elle avait été vivement attaquée par M. Talon, qui craignait de voir les procureurs exercer leurs poursuites, sans attendre l'avis des ingénieurs, et requérir trop souvent l'application de peines hors de proportion avec les fautes constatées par les procès-verbaux ; elle l'avait été également, pour des raisons analogues, par M. Benoist-d'Azy.

La loi, ainsi amendée, fut voté définitivement le 27 février 1850 [B. L., 1ᵉʳ sem. 1850, nº 240, p. 141].

Un décret du 27 mars 1851 [B. L., 2ᵉ sem. 1851, nº 436, p. 323] détermina les conditions d'admission et le traitement des commissaires et sous-commissaires. L'admissibilité était prononcée à la suite d'examens. Le tiers des emplois de sous-commissaires était réservé aux anciens officiers et sous-officiers, libérés ou retraités, ayant satisfait aux épreuves imposées aux candidats.

115. — Allocation pour faire face aux charges du séquestre du chemin de Paris à Sceaux. — à la suite d'une loi du 28 décembre 1848 portant autorisation au Gouvernement d'avancer, pour le compte de la Compagnie, les fonds nécessaires à l'exploitation du chemin de Paris à Sceaux, jusqu'au 1ᵉʳ avril 1849, ce chemin avait été mis sous séquestre par décret du 29 décembre 1848. A une première période de déficit avait succédé une période d'exédents de recettes, de telle sorte que l'État avait pu poursuivre le système jusqu'au 1ᵉʳ janvier 1850, sans outrepasser les sacrifices qu'il se serait imposés en ne dépassant pas le terme du 1ᵉʳ avril 1849, prévu par la loi du 28 décembre 1848. Mais les embarras s'étaient reproduits au commencement de 1850 ; un jugement du 19 juin 1849 avait même déclaré la Compagnie en état de liquidation judiciaire ; il était impossible, en l'état, de lever le séquestre, sans provoquer la suspension immédiate du service. Tout en annonçant qu'il était indispensable d'arriver le plus tôt possible à asseoir définitivement la situation du chemin de fer, le Gouvernement présenta le 18 février [M. U., 26 février 1850], un projet de loi par lequel il sollicitait l'autorisation d'en continuer l'exploitation pendant l'année 1850, étant entendu que les avances du Trésor lui seraient remboursées par privilège sur les produits nets ultérieurs de l'entreprise.

La Commission de l'Assemblée, par l'organe de M. Leverrier [M. U., 14 mars 1850], conclut à l'adoption de cette proposition, mais en limitant l'autorisation au 1er novembre 1850, afin de mettre l'administration des travaux publics en demeure de ne pas perpétuer un état de choses auquel il importait de remédier sans retard. Le rapport exprimait le regret que le Ministre eût continué l'exploitation au delà du délai fixé par la loi du 28 décembre 1848, sans y avoir été régulièrement autorisé : il constatait, d'ailleurs, chemin faisant, que le système Arnoux, intéressant et utile dans certains cas particuliers, n'était pas de nature à rendre de réels services sur les grandes lignes de chemins de fer.

L'Assemblée émit, le 6 avril, sans discussion, un vote conforme aux conclusions de sa commission [M. U., 7 avril 1850. — B. L., 1er sem. 1850, n° 251, p. 397].

116. — **Allocation pour l'exécution du chemin de Paris à Strasbourg.** — Des excédants de dépenses s'étaient révélés sur la section de la ligne de Paris à Strasbourg, comprise entre Hommarting et Strasbourg. M. Bineau, Ministre des travaux publics, dut solliciter le 18 février un crédit supplémentaire de 4 810 000 fr. [M. U., 28 février 1850].

M. Leverrier, rapporteur, conclut à n'allouer que 1 700 000 fr., de manière à réserver complètement les dispositions de la gare de Strasbourg, qui soulevaient des questions à étudier avec plus de maturité [M. U., 12 mai 1850].

Cet avis fut adopté le 7 mai par l'Assemblée, après quelques observations de M. Chauffour, tendant à ce que la gare des marchandises de Strasbourg fût placée dans l'enceinte des fortifications, comme la gare des voyageurs [M. U., 8 mai 1850. — B. L., 1ᵉʳ sem. 1850, n° 257, p. 465].

117. — Allocation pour faire face aux charges du séquestre du chemin de Bordeaux à la Teste. — Le chemin de Bordeaux à La Teste avait été mis sous séquestre, par arrêté du chef du pouvoir exécutif en date du 30 octobre 1848, et, le 17 novembre suivant, une loi avait autorisé le Ministre des travaux publics à dépenser les sommes nécessaires pour pourvoir au service jusqu'au 1ᵉʳ juin 1849.

La Compagnie continuant à se trouver dans l'impossibilité de reprendre l'exploitation, M. Bineau, Ministre des travaux publics, déposa le 25 avril 1850 [M. U., 4 et 5 mai 1850] un projet de loi portant ouverture des crédits dont il avait besoin pour assurer cette exploitation pendant l'année 1850, dans les conditions que nous avons déjà indiquées à propos de la ligne de Sceaux.

La loi fut votée le 1ᵉʳ juin, sans débat [M. U., 2 juin 1850], sur le rapport favorable de M. Benoist-d'Azy [M. U., 22 mai 1850. — B. L., 1ᵉʳ sem. 1850, n° 268, p. 624].

118. — Prorogation et modification des concessions des chemins de Tours à Nantes et d'Orléans à Bordeaux.

ɪ. — Pʀᴏᴊᴇᴛ ᴅᴇ ʟᴏɪ [M. U., 4 juillet 1850]. — Le Gouvernement avait, nous l'avons déjà fait connaître, l'intention de prolonger les concessions dont le terme avait été fixé à une époque trop rapprochée, mais en exigeant, en échange, des Compagnies, soit l'exécution d'embranchements ou de prolongements, soit une participation plus large aux travaux. Il comptait ainsi donner aux chemins de fer l'assistance dont ils avaient besoin, ranimer le travail

des forges qui subissaient une crise désastreuse, et bien
établir que les voies ferrées seraient laissées aux mains de
l'industrie privée.

Les premières propositions qu'il soumit à la Chambre,
dans ce sens, concernaient les deux chemins de Tours à
Nantes et d'Orléans à Bordeaux, qui étaient en voie de
construction et dont les concessionnaires ne pouvaient, en
l'état, réunir les fonds indispensables à une prompte exécution.

Le chemin de Tours à Nantes avait été concédé, en vertu
de la loi du 19 juillet 1845, pour une durée de trente-quatre
ans ; l'adjudicaire devait rembourser à l'État la valeur des
terrains et poser la voie de fer. Le projet de loi déposé le
1er juillet par le Ministre tendait : 1° à porter la durée de la
concession à cinquante ans, ce qui réduisait l'amortissement
annuel de 1,43 % à 0,655 % ; 2° à exonérer la Compagnie du remboursement des terrains, c'est-à-dire du
paiement d'une somme de 7 millions et demi, pour tenir
compte de l'insuffisance des évaluations primitives concernant les frais de premier établissement, ainsi que de l'exagération des estimations relatives au trafic ; 3° à autoriser
provisoirement l'exploitation à voie unique, pendant un
délai de deux années, pour échelonner sur un temps plus
long les appels de fonds aux actionnaires. En échange de
ces avantages, l'État demandait à la Compagnie : 1° de
prendre à sa charge les travaux d'établissement des gares,
stations et ateliers qui restaient encore à faire et dont l'estimation était de 2 millions, sauf à ne terminer ces travaux
que dans un délai de dix ans et à élever, en attendant, des
bâtiments provisoires ; 2° de réduire de deux années à une
année le délai fixé par le cahier des charges, pour la mise
en exploitation, à partir de la livraison de la plate-forme ;
3° de renoncer à l'indemnité qui pouvait lui être due, aux

termes de l'article 47 du cahier des charges, pour retard dans cette livraison.

Quant au chemin d'Orléans à Bordeaux, il avait été concédé en vertu de la loi du 26 juillet 1844, pour une durée de moins de vingt-huit ans. La Compagnie avait à sa charge les dépenses de superstructure. Le chemin était en partie livré à l'exploitation et donnait, entre Orléans et Tours, des produits considérables. Néanmoins le cours des actions était très déprimé. Le projet de loi stipulait que la durée de la concession serait portée à cinquante ans, de manière à réduire l'amortissement de 2 à 0,685 % ; il contenait, en outre, la même disposition que pour le chemin de Tours à Nantes, en ce qui touchait à l'exploitation provisoire sur une seule voie, à l'établissement des stations, à la réduction du délai pour l'exécution de la superstructure, à la renonciation de la Compagnie à toute indemnité pour retard dans la livraison de la plate-forme.

Des conventions ultérieures devaient être conclues, conformément à ces dispositions, si l'Assemblée les sanctionnait.

II. — RAPPORT A L'ASSEMBLÉE NATIONALE [M. U., 23 juillet 1850]. — La Commission à laquelle fut renvoyé le projet de loi et dont M. Ducos fut le rapporteur, commença par constater la situation difficile, dans laquelle se trouvaient presque toutes les Compagnies, et la nécessité d'y porter remède. Toutefois, elle s'attacha à réserver entièrement la question des mesures générales que comportait cette situation et à se renfermer dans le cadre restreint du projet de loi.

D'après les calculs auxquels elle se livra, si on s'en tenait purement et simplement au contrat primitif, le dividende des actionnaires de la Compagnie de Tours à Nantes ne dépasserait pas 1,1 °/₀ et celui des actionnaires de la Compagnie d'Orléans à Bordeaux, 1 3/4 °/₀; ce fait suffisait à expliquer la dépression du cours des actions et l'impossibilité pour les Compagnies de réaliser le capital nécessaire à l'achèvement de leur œuvre. On ne pouvait évidemment poursuivre la déchéance, prononcer la confiscation d'immenses capitaux dont le tort principal avait été de se confier trop aveuglément aux évaluations erronées des pouvoirs publics, subir tous les délais qu'entraînerait l'application de cette mesure de rigueur, s'exposer à voir échouer les adjudications auxquelles il faudrait procéder après la déchéance; le moyen le plus efficace, le plus prompt, le plus naturel, consistait donc à venir en aide aux deux Compagnies.

La combinaison proposée par le Gouvernement, pour la Compagnie de Tours à Nantes, n'imposait pas de charge nouvelle au Trésor; car, s'il renonçait au remboursement, par la Compagnie, du montant des terrains, en revanche, il n'avait plus à supporter les frais d'achèvement des stations et l'indemnité à laquelle il eût pu être tenu pour retard dans la livraison de la plate-forme. Pour le chemin d'Orléans à Bordeaux, il y avait évidemment économie de dépenses sur les deniers publics, puisque, sans rien abandonner, l'État mettait au compte de la Compagnie les stations et gares et se dégageait de toute revendication d'indemnité.

De toutes les clauses du projet de loi, celles qui méritaient l'examen le plus approfondi étaient les clauses relatives à la prorogation des concessions. La Commission considéra cette prorogation comme une rectification équitable des erreurs commises dans les calculs primitifs, comme une nécessité à laquelle il était impossible de se soustraire. Sans doute, une aliénation plus longue du Domaine public pouvait inspirer une certaine répugnance; cependant la réflexion devait faire évanouir les craintes et les préventions à cet égard : car, en faisant même abstraction de l'effet des concurrences, de l'obligation où se trouveraient les Compagnies d'abaisser leurs taxes pour développer leur, trafic, l'État n'était-il pas armé contre elles du droit de rachat ?

« En thèse générale (ajoutait le rapporteur), la prolon-
« gation des concessions, accordée dans de telles condi-
« tions, n'aurait pas seulement pour résultat moral de
« réagir indirectement sur le crédit, sur la confiance
« publique qui est le nerf des affaires: elle doit hâter
« l'achèvement des lignes entreprises et provoquerait pro-
« bablement la construction de nouveaux chemins; elle
« donnera immédiatement une valeur à des titres qui
« n'en ont pas ou qui ont subi une dépréciation considé-
« rable; elle reconstituera un capital circulant qui peut
« être un levier puissant pour les opérations financières du
« Trésor et un point d'appui pour l'ensemble des transac-
« tions industrielles et immobilières. »

Il convient de relever aussi, dans cette partie du rapport, que la Commission évaluait le revenu indirect, procuré à une contrée par l'exploitation d'un chemin de fer, à un chiffre égal au montant du produit brut de ce chemin; qu'elle estimait par suite à 40 millions la perte annuelle pouvant résulter du retard dans l'ouverture des deux lignes, et que, dès lors, elle considérait comme indispensable la proroga-tion qui seule pouvait déterminer une prompte livraison à la circulation.

La Commission émit, en définitive, un avis favorable à la proposition du Gouvernement, qu'elle se borna à compléter par l'addition d'un article stipulant que, au cas où les Com-pagnies n'achèveraient pas leurs travaux dans les délais prescrits, elles seraient replacées sous l'empire des clauses et conditions du contrat primitif.

III. — DISCUSSION [M. U., 31 juillet, 1ᵉʳ, 3, 4, 6 et 7 août 1850].—Lorsque la discussion publique s'ouvrit sur le projet de loi, le Gouvernement et la Commission demandèrent l'urgence. Cette demande fut combattue par M. Loyer ; suivant cet orateur, un examen approfondi de l'affaire n'eût pas été de nature à retarder l'achèvement des deux lignes ; le motif tiré de la nécessité d'assurer du travail aux usines métallurgiques n'était pas sérieux, puisque toutes les commandes de matériel étaient faites et que, d'ailleurs, le Gouvernement lui-même proposait l'ajournement de la pose de la deuxième voie ; il fallait d'ailleurs se donner le temps de la réflexion avant de briser un contrat : car le devoir des membres de l'Assemblée était de donner au pays l'exemple de la moralité, du respect des engagements et de l'économie, dans l'emploi des deniers publics. En outre, n'était-il pas utile de provoquer l'avis du Conseil d'État, qui était saisi d'autres propositions analogues et qui apporterait à l'ensemble des mesures de cette nature l'unité et l'harmonie indispensables.

M. Sautayra parla dans le même sens.

M. Paulin-Gillon rappela qu'en 1848, quand la question du rachat des chemins de fer se posait devant l'Assemblée constituante, la Compagnie de Tours à Nantes avait protesté et affirmé la possibilité pour elle d'achever les travaux de la ligne si, de son côté, l'État tenait ses engagements. D'où venait le revirement survenu depuis dans les appréciations de la Compagnie ? Après une déclaration si péremptoire, quelle serait l'excuse d'une décision hâtive de l'Assemblée ?

M. Grévy contesta que l'État pût être recherché par la Compagnie pour le paiement d'indemnités motivées par des retards dans la livraison de la plate-forme ; le cahier des charges stipulait nettement que ces indemnités étaient exclusivement afférentes aux avances faites par la Compagnie pour le matériel de la voie, et il était constaté que, par suite de la situation de son crédit, le concessionnaire n'avait pu réunir aucun approvisionnement sur les sections dont la remise n'avait pas encore été opérée entre ses mains; d'ailleurs il y avait lieu, le cas échéant, aux termes mêmes du contrat, d'établir une compensation entre la revendication de la Compagnie et les bénéfices qu'elle avait pu réaliser sur les portions, déjà livrées à l'exploitation. Il fallait, en outre, voir au fond du projet la pensée du Ministre de remanier toutes les concessions, d'en prolonger la durée, d'aliéner pour quatre-vingt-dix-neuf ans les voies de communication les plus importantes du pays. Pouvait-on, sans approfondir, sans examiner avec maturité de si graves problèmes, suivre le Gouvernement dans la voie où il voulait engager le législateur?

Mais, sur les instances du rapporteur et du Ministre, l'urgence fut prononcée à une très grande majorité.

M. Sautayra ouvrit la discussion générale, en invoquant le respect dû aux marchés librement contractés, aussi bien par les Compagnies que par l'État. Avait-on reculé devant la ruine des entrepreneurs des fortifications de Paris? Hésitait-on, le cas échéant, à exécuter les fournisseurs de l'armée? Pourquoi cette situation privilégiée faite à des sociétés qui s'étaient constituées sous l'empire d'un agiotage effréné? Si les erreurs commises dans les évaluations primitives avaient été au détriment de l'État, les concessionnaires auraient-ils consenti à voir abaisser leurs tarifs, réduire la durée de leurs baux? Passant à la discussion des conditions dans lesquelles se trouvaient les Compagnies de Tours à Nantes et d'Orléans à Bordeaux, M. Sautayra s'efforça de démontrer que les appréciations du rapport, notamment sur le revenu probable des chemins, étaient absolument contestables; que le droit des concessionnaires à une indemnité était plus que problématique; que l'intérêt de l'industrie métallurgique, appelée, en tout cas, à fournir les rails et les machines, devait être mis hors de cause ; que, d'ailleurs, les pouvoirs publics ne pouvaient songer à venir en aide à toutes les industries en péril. Il conclut au rejet pur et simple du projet de loi.

M. de Mouchy, membre de la Commission, répliqua à M. Sautayra. Il y avait véritablement urgence, au point de vue de l'intérêt public, à terminer le plus promptement possible les chemins d'Orléans à Bordeaux et de Tours à Nantes, et à mettre ainsi la capitale en communication avec deux de nos plus grands ports sur l'Océan. L'expropriation eût soulevé les plus graves difficultés et l'état de nos finances ne comportait pas l'achèvement des travaux par l'État. Il fallait donc venir en aide aux Compagnies par une révision de leurs contrats. D'ailleurs, quand un marché avait été passé entre des personnes honnêtes, animées de sentiments de justice et d'équité, et qu'après coup on reconnaissait l'inexactitude de ses bases, la bonne foi la plus vulgaire en imposait le remaniement. Or il était impossible de contester que l'État, comme les Compagnies, se fût grossièrement trompé sur les évaluations des dépenses et des recettes des chemins de fer ; les faits étaient là pour l'attester. Les propositions du Gouvernement ne tenaient qu'un compte étroit, insuffisant même pour certains esprits, des erreurs constatées dans les estimations primitives. On ne pouvait hésiter à les adopter.

M. Morellet soutint, au contraire, que l'on avait invoqué à tort les résultats de l'expérience, au sujet de l'évaluation des revenus des deux lignes ; que jusqu'alors aucun fait n'était venu infirmer les appréciations du rapport rédigé en 1844 par M. Dufaure ; et que, dès lors, la prorogation de la concession était, en tous cas, prématurée. L'adoption du projet de loi aurait pour unique résultat d'aug-

I   44

menter les dividendes à répartir entre les actionnaires;
mais elle n'assurerait nullement le versement du montant
total des souscriptions ; elle exposerait l'industrie française
à subir, pendant cinquante ans, la rançon des sociétés financières. N'y avait-il pas d'autres moyens de venir en aide
aux Compagnies, si on le jugeait nécessaire? Ne pouvait-on
pas, par exemple, autoriser les concessionnaires du chemin
de Tours à Bordeaux à payer à l'État, sous forme d'actions, la somme de 7 500 000 fr. qu'ils lui devaient?
N'était-ce pas plutôt par ce mode de concours, de participation de l'État, que le crédit des Compagnies se relèverait
sérieusement? N'eût-il pas été convenable que le Ministre,
sollicité de consentir des avantages au profit des actionnaires, subordonnât toute mesure de ce genre à la condition qu'il redeviendrait maître des tarifs? N'eût-il pas été
opportun aussi de consulter les chambres de commerce et
les conseils généraux? L'Allemagne avait été plus prévoyante ; elle avait eu soin de se ménager une participation
dans les intérêts, dans la constitution du personnel supérieur
des sociétés, et la reprise éventuelle de la gestion dans certains cas déterminés.

M. Emile Leroux commença par faire remarquer qu'il
ne fallait pas craindre de voir le projet de loi constituer un
précédent, pour ceux dont le Conseil d'État était actuellement
saisi et sur lesquels l'Assemblée serait ultérieurement appelée à statuer; les chemins auxquels s'appliquaient ces
divers projets étaient, en effet, dans des situations absolument différentes ; ceux qui faisaient l'objet de la discussion
étaient encore dans la période de construction et il importait d'en assurer l'achèvement: les autres, au contraire,
étaient terminés. Les contrats passés avec les Compagnies
d'Orléans à Bordeaux et de Tours à Nantes ne pouvaient
pas recevoir leur exécution de la part des Compagnies, qui

étaient dans l'impossibilité absolue de réunir les fonds nécessaires. On se trouvait conduit, par la force des choses,
soit à abandonner les deux chemins , soit à les continuer
aux frais de l'État, soit à les faire passer entre les mains
d'autres Compagnies, après application de la déchéance,
soit enfin à réviser les traités. La première solution n'était
même pas à examiner ; la seconde était incompatible avec
l'état de nos finances; la troisième ne comporterait sans
doute pas des conditions plus avantageuses; quant à la
quatrième, à laquelle la Commission avait adhéré, elle
serait tout à la fois conforme à l'intérêt public, à l'intérêt
des concessionnaires et à l'équité. L'orateur repoussait
d'ailleurs l'idée d'abaisser les tarifs, qui avait été émise par
M. Morellet ; on n'eût pu le faire sans aggraver encore les
mécomptes qui s'étaient révélés sur les évaluations primitives du revenu net.

M. Grévy prononça ensuite un discours remarquable,
par la puissance de sa dialectique et par la netteté de son
argumentation, contre le projet de loi soumis à l'Assemblée.
La pensée du Ministre, pensée du reste avouée par lui,
avait toujours été de remanier les concessions et d'en porter la durée à quatre-vingt-dix-neuf ans ; c'était dans cette
voie fatale que l'on voulait aujourd'hui entraîner la Chambre ; c'était le principe funeste de l'aliénation, à long terme,
des grandes voies de communication, que le Gouvernement
voulait faire consacrer. La pauvreté des motifs allégués
par le Ministre et par la Commission en était la meilleure
preuve. Ces motifs étaient, en effet, tirés de la nécessité de
donner plus de travail à l'industrie métallurgique ; d'exonérer l'État de dépenses et d'indemnités qui étaient à sa
charge; de secourir des Compagnies trompées dans leurs prévisions, induites en erreur par l'État, et, par suite, placées
dans l'impossibilité de tenir leurs engagements. Or, c'était

un singulier moyen de procurer du travail à l'industrie
métallurgique que de consentir à l'ajournement de la pose
de la seconde voie, de l'ouverture de certaines sections,
de la construction des bâtiments définitifs des stations;
c'était un procédé bizarre, pour soulager les finances de
l'État, que de le dispenser de 5 à 6 millions de travaux,
en lui faisant en même temps donner quittance d'une
créance de 7 millions et demi : car il fallait laisser de
côté les indemnités dues éventuellement par l'État, ces
indemnités étant insignifiantes et probablement nulles.
Enfin, il était impossible de soutenir que les Compagnies
eussent été induites en erreur ; les rapports de MM. Gillon
et Dufaure attestaient, d'une manière irrécusable, que la
plupart des éléments d'appréciation avaient été fournis
par les Compagnies elles-mêmes ; que les réserves les
plus expresses, sur la valeur de ces éléments, avaient été
formulées par les Commissions et par les Chambres. D'ailleurs, en entrant dans le détail des chiffres, il était facile
de se convaincre que les mécomptes éprouvés par les Compagnies, sur les estimations relatives aux dépenses de premier établissement, avaient été minimes et restreintes dans
les limites sur lesquelles tout industriel devait nécessairement compter, quand il contractait un marché; quant aux
produits, rien ne prouvait qu'ils dussent être inférieurs aux
prévisions ; la Commission avait commis une triple erreur
en tablant sur les résultats de l'exploitation de tronçons
isolés, en raisonnant sur des années calamiteuses et en né-
gligeant la progression inévitable des bénéfices. Le projet
de loi n'avait donc pas même l'ombre d'un prétexte; on
avait, il est vrai, invoqué la prétendue impossibilité où se
trouvaient les Compagnies d'achever les deux chemins dont
elles s'étaient rendues concessionnaires ; mais il était incontestable que leur capital social leur permettait de ter-

miner les travaux, sauf à l'État à accorder à la Compagnie
de Tours à Nantes des délais pour le paiement de sa dette
relative aux indemnités de terrains. La vérité était que les
Compagnies ne voulaient pas satisfaire à leurs engagements
et qu'elles comptaient pouvoir imposer à l'État des conditions plus favorables à leurs intérêts ; la morale publique
s'opposait à ce que l'Assemblée leur accordât ses sympathies.
Le jour où elles se sentiraient menacées, elles sauraient bien
s'exécuter ; au surplus, le cas échéant, si l'on était obligé
d'appliquer des mesures de rigueur, on obtiendrait certainement des contrats plus favorables des nouvelles sociétés
qui se substitueraient aux Compagnies actuelles, puisqu'elles
bénéficieraient des travaux faits par ces dernières. Le respect des conventions était une nécessité d'ordre public ; seul,
il pouvait mettre l'État en présence de Compagnies honorables et sérieuses, et écarter les agioteurs prêts à souscrire
n'importe quels engagements, sauf à les violer après coup.
La prorogation des concessions serait, en outre, désastreuse
pour le Trésor, en le privant de ressources sur lesquelles il
devait légitimement compter à l'expiration des délais fixés
par les contrats. Elle serait également désastreuse pour le
commerce, qu'elle soumettrait à des tarifs séculaires dont la
révision périodique n'était même pas prévue par le Gouvernement ; les arguments invoqués pour justifier l'inutilité
d'une révision et tirés, soit de l'action des concurrences, soit
de la faculté de rachat, ne supportaient pas la discussion ;
car la concurrence n'existerait pas en fait et le rachat serait
trop onéreux pour être réalisable. L'orateur insistait donc
pour le rejet de la proposition qu'il jugeait absolument néfaste pour l'avenir politique, financier et commercial de la
France.

Ce fut le Ministre des travaux publics qui répliqua à
M. Grévy, mais sans le suivre dans la généralité de la dis-

cussion à laquelle il s'était livré. Suivant le Ministre, les Compagnies étaient absolument incapables de réunir les fonds nécessaires à l'achèvement des deux lignes ; leurs titres' étaient tellement dépréciés que les actionnaires aimeraient mieux perdre le montant de leurs versements antérieurs que compléter ces versements ; la vente à la Bourse des actions appartenant aux retardataires aurait, d'ailleurs, exclusivement pour effet de déprécier encore davantage les cours. La déchéance ne pouvait être prononcée, aux termes du cahier des charges, avant 1852 ; les adjudications dont elle serait suivie seraient certainement infructueuses, malgré les travaux déjà exécutés, puisque les Compagnies actuelles jugeaient préférable de perdre la valeur de ces travaux, plutôt que de les continuer. Si on voulait user de rigueur vis-à-vis des concessionnaires, ils ne manqueraient pas de plaider et d'invoquer, soit le cas de force majeure résultant des événements politiques survenus en 1848, soit le retard des livraisons de la plate-forme par l'État. Il ne restait donc d'autre ressource que d'assurer l'achèvement des deux chemins par une révision équitable des contrats.

Après une courte réponse de M. Paulin-Gillon, la clôture de la discussion générale fut prononcée et l'Assemblée passa à la discussion des articles.

Au moment où cette discussion allait s'engager, M. Colfavru déposa une proposition portant :

1° Que le Ministre devrait préalablement produire l'état complet des actionnaires des Compagnies, pour mettre l'Assemblée à même de statuer en connaissance de cause ;

2° Que les représentants qui auraient des actions devraient le déclarer au bureau et s'abstenir aussi bien dans les délibérations que dans le vote.

Cette proposition fut prise en considération par 256 voix contre 241.

Son auteur la compléta alors en réclamant également les noms des fournisseurs et entrepreneurs, ainsi que des administrateurs et actionnaires des usines appelées à faire les fournitures de matériel ; les clauses des marchés ; l'état des sommes affectées par les Compagnies à l'exécution de leurs contrats.

A la séance suivante, le rapporteur vint faire connaître l'avis de la Commission sur le fond de cet amendement et conclure à son rejet, pour les motifs suivants. Les titres de la Compagnie de Tours à Nantes étaient presque tous au porteur ; il était donc matériellement impossible de fournir la liste de leurs détenteurs. Quant aux titres de la Compagnie d'Orléans à Bordeaux, ils étaient bien nominatifs, mais avaient une mobilité qui empêchait de dresser exactement l'état demandé par M. Colfavru. On ne pouvait, d'ailleurs, songer sérieusement à exiger des Compagnies qu'elles donnassent les autres renseignements visés par l'amendement : qu'elles livrassent à l'investigation publique le tableau de leurs ruines et de leurs misères ; qu'elles anéantissent ainsi, de leurs propres mains, le peu de crédit qui pouvait leur rester. La partie de l'amendement relative à l'interdit lancé contre certains membres de l'Assemblée avait, sans doute, été inspirée par une pensée loyale et honnête, mais elle était impraticable ; elle renfermait un principe dangereux et touchait à des questions réservées à la loi électorale.

M. Colfavru chercha à faire prévaloir son amendement, en invoquant l'agiotage auquel avaient donné naissance les chemins de fer à leur origine ; les scandales contre lesquels s'étaient élevés MM. Crémieux et Grandin à la Chambre des députés, sous le Gouvernement de Louis-Philippe ; la solidarité d'intérêts qui existait entre les Compagnies et les usines chargées de la fourniture du matériel ; la nécessité de faire connaître au grand jour l'état des affaires des sociétés au profit desquelles il s'agissait de consentir des largesses.

Après une protestation de M. Benoist d'Azy qui avait pris une part active à la création des chemins de fer et qui avait administré la grande usine d'Alais, l'amendement fut finalement repoussé à une forte majorité.

M. Versigny développa ensuite un autre amendement ayant pour objet de ne remettre à la Compagnie de Tours à Nantes sur la somme de 7.500 000 fr. par elle due à l'État à titre de remboursement des terrains, qu'une somme de 2 millions équivalente au coût des travaux de gares et stations mis à sa charge, et à lui accorder un délai de cinq ans pour le paiement du surplus et des intérêts à 4 %, à partir du 1er janvier 1853. Cette mesure lui paraissait constituer une faveur suffisante, étant établi qu'aucun fait n'était encore venu à l'appui des assertions de la Commission, relativement aux prétendus mécomptes sur les évaluations du produit net de la ligne. Elle réservait absolument l'avenir et si, plus tard, l'expérience donnait raison aux craintes exprimées par la Commission, il serait encore temps d'aviser.

L'amendement fut attaqué par le rapporteur. D'après M. Ducos, la Compagnie de Tours à Nantes était la seule des Compagnies concessionnaires des chemins exécutés dans le système de la loi de 1842, par laquelle on eût fait payer les terrains. Cette charge exceptionnelle lui avait été imposée, en raison du chiffre considérable auquel étaient estimés les bénéfices de l'entreprise ; or, un excédent notable s'était produit sur les frais de premier établissement et, d'autre part, le produit était inférieur aux prévisions ; il était donc équitable de replacer la Compagnie sous le régime de la loi commune. La proposition de M. Versigny devait avoir pour effet d'apporter un obstacle absolu, invincible, à l'achèvement du chemin. D'ailleurs, la Commission se propo-

sait de soumettre à l'Assemblée des dispositions abaissant à
6 °/₀ la limite du revenu réservé à la Compagnie avant partage, créant de nouvelles facilités au service postal, instituant de nouvelles immunités pour les transports militaires.

M. Paulin-Gillon donna lecture d'extraits d'un journal,
ainsi que du dernier compte rendu du conseil d'administration de la Compagnie de Tours à Nantes. Ces pièces semblaient établir que les administrateurs de la Compagnie ne
révoquaient pas en doute l'exactitude des appréciations
contenues dans le rapport de M. Dufaure, sur les produits
probables du chemin ; que la Société avait en caisse toutes
les ressources nécessaires pour continuer les travaux
jusqu'au 1ᵉʳ juin 1850 ; que toutes ses commandes de matériel avaient été faites et que la livraison en était opérée, au
moins pour la plus large part ; que les résistances opposées
par les actionnaires, pour le versement des termes échus de
leur souscription, avaient surtout pour objet d'effrayer l'administration qui n avait pas remis en temps utile à la Compagnie certaines sections de la plate-forme.

Dans une courte réplique, le rapporteur chercha à enlever à ces documents la portée que leur avait attribuée
M. Paulin-Gillon. De son côté, M. Victor Lefranc, membre
de la gauche, après avoir défendu M. Duclerc contre le reproche qu'on lui adressait, d'avoir présenté, en 1848, un
projet de loi comportant une véritable spoliation des Compagnies, se prononça pour l'adoption des propositions du
Gouvernement, non point dans l'intérêt des Compagnies,
mais dans l'intérêt de leur œuvre.

L'amendement de M. Versigny fut rejeté.

Puis l'Assemblée eut à se prononcer sur un autre
amendement émanant de M. Thomine-Desmazures et ayant
pour objet de stipuler qu'il serait fait remise à la Compagnie d'une somme de 3 500 000 fr. sur le prix des terrains

et que le surplus resterait entre ses mains, sans intérêts, jusqu'à la fin de son exploitation, à charge par elle d'en opérer le remboursement à cette époque, en déduction de la valeur du matériel qui lui serait due par l'État. Quoique plus favorable à la Compagnie que la proposition de M. de Versigny, cet amendement échoua également.

Il en fut de même de deux amendements présentés :

Le premier par MM. Duché, Morellet et autres, dans le but d'autoriser la Compagnie de Tours à Nantes à rembourser en actions les 7 500 000 fr. qu'elle devait à l'État; de relever ainsi son crédit par la participation du Trésor à l'entreprise; et, en même temps, d'assurer à la gestion des chemins de fer une direction loyale et offrant des garanties pour les petits actionnaires;

Le second, par M. de Flotte, dans le but d'ouvrir au Ministre des finances un crédit de 14 millions à affecter au rachat des actions, si ces titres ne tombaient pas à 175 fr.

Mais, d'accord avec la Commission, l'Assemblée sanctionna une proposition de M. Courbeval de Leyval, tendant à abaisser à 6 % le revenu réservé avant partage; elle repoussa, en revanche, deux propositions de MM. de la Rochette et autres et de M. de Lancastel, ayant pour objet de faire exécuter par l'État les travaux des bâtiments des gares et stations, sauf remboursement par la Compagnie de la dépense évaluée à 2 millions.

Elle rejeta également un amendement de M. Sautayra, portant que, si le Gouvernement usait de la faculté qu'il s'était originairement réservée de racheter le chemin de fer dans un délai déterminé, l'indemnité serait réglée en raison du temps à courir jusqu'à l'expiration de la concession primitive.

Après avoir ainsi épuisé la discussion de détail sur les articles principaux du projet de loi pour le chemin de Tours à Nantes, l'Assemblée passa au chemin d'Orléans à Bordeaux.

M. Dufournel demanda, pour cette ligne, le rejet des propositions du Gouvernement. Si la Chambre avait pu avoir quelque sympathie pour la Compagnie de Tours à Nantes qui avait sagement calculé ses offres et n'avait souscrit qu'un rabais insignifiant sur la durée maximum assignée à la concession, il n'en était pas de même de la Compagnie d'Orléans à Bordeaux. Il fallait absolument s'arrêter dans la voie fatale des remaniements successifs des conventions; tout ce qu'il était possible de faire, c'était d'accorder une garantie d'intérêt qui, du reste, ne serait pas compromettante pour le Trésor.

M. de Mouchy répondit à M. Dufournel; il défendit l'honorabilité des hommes qui composaient le conseil d'administration de la Compagnie et fit valoir le soin avec lequel ils avaient cherché à remplir leurs engagements; malheureusement, il était avéré que la Société concessionnaire éprouverait une déception profonde sur les prévisions primitives concernant le produit probable du chemin et que, dès lors, elle ne pourrait pas achever son œuvre. Sans doute, elle avait eu le tort de se rendre adjudicataire à des conditions trop onéreuses; mais l'entraînement auquel elle avait cédé était le résultat des illusions qui avaient cours à cette époque sur l'avenir des voies ferrées, et, avant tout, il fallait pourvoir à la continuation des travaux. Le projet de loi pouvait seul donner les garanties nécessaires à cet effet.

Après une réplique de M. Dufournel, le Ministre insista pour que, laissant de côté toutes les récriminations, l'Assemblée se préoccupât exclusivement de l'exécution de la ligne. Si la section d'Orléans à Tours était productive, il ne pouvait en être de même de la section de Tours à Bordeaux. La garantie d'intérêt proposée par M. Dufournel ne pouvait être accordée, car elle serait probablement effective ; la meilleure solution consistait donc à rendre à la durée de la concession la valeur que les pouvoirs publics avaient cru devoir lui attribuer à l'origine.

Après quelques observations de M. Benoist d'Azy à l'appui de l'argumentation du Ministre et quelques mots de M. Grévy en faveur des objections de M. Dufournel, le rapporteur s'efforça d'établir la justesse des considérations formulées dans son rapport, d'une part en ce qui touchait l'insuffisance de la durée de la concession, d'autre part en ce qui concernait les mécomptes éprouvés ou à éprouver par la Compagnie sur les produits nets de l'entreprise ; il invoqua en outre les avantages consentis par la Compagnie au profit de l'intérêt public. M. Victor Lefranc parla dans le même sens et l'Assemblée vota le principe de la proposition du Gouvernement.

M. Loyer soumit alors à l'Assemblée un amendement portant que, afin d'assurer la prompte et complète exécution des chemins, les Compagnies seraient tenues de verser au Trésor, en compte courant, 6 millions pour la ligne de Tours à Nantes et 16 millions pour la ligne d'Orléans à Bordeaux, lesdites sommes affectées au paiement des travaux et devant être restituées aux Compagnies, au fur et à mesure de l'avancement de ces travaux.

La Commission conclut à son adoption, mais en le modifiant de manière : 1° à réduire à 12 millions le dépôt de la Compagnie d'Orléans à Bordeaux ; 2° à attribuer aux Compagnies, sur le montant de leur dépôt, un intérêt équivalent à celui des bons du Trésor ; 3° à leur permettre de s'affranchir des versements, si, aux échéances prévues, elles justifiaient de dépenses égales au montant de ces versements, soit en travaux, soit en approvisionnements ; 4° à stipuler que, en cas d'inexécution, elles encourraient la déchéance.

L'Assemblée se rangea à l'avis de la Commission.

Elle adopta aussi des propositions nouvelles de cette Commission. tendant à concéder à l'État de sérieux avantages pour les transports militaires et postaux (transport de troupes de toutes armes voyageant en corps, au prix de revient ; mise à la disposition de l'administration des postes d'un train régulier et journalier).

Ensuite, M. Schœlcher demanda que les voitures de 3º classe fussent couvertes et fermées à vitres ; cet amendement humanitaire fut adopté. La Commission réclama alors, mais sans succès, une prolongation de jouissance de cinq ans pour les deux Compagnies, en compensation des charges supplémentaires qui leur étaient imposées.

M. Grévy proposa de décider que « l'État se réservait « d'apporter aux tarifs, pendant la durée de la concession, « les modifications nécessitées par l'intérêt public, cette « révision devant d'ailleurs être faite par une loi ». Il motiva cette proposition par les arguments suivants. Le prix des transports entrait comme facteur important dans le prix des marchandises et jouait un rôle suffisant pour pouvoir mettre, le cas échéant, le commerce d'une nation dans un état de supériorité ou d'infériorité relative. Il était donc indispensable que, là où l'industrie des transports devenait, par la loi ou la force des choses, un véritable monopole, l'intérêt général fût protégé contre l'intérêt privé par les règlements de l'autorité publique.

Les maxima, fixés par les cahiers des charges, donnaient bien, à cet égard, des garanties pour le présent, mais nullement pour l'avenir. Il était impossible de s'enchaîner ainsi à des taxes fixées d'après un état de choses que les années transformeraient profondément ; d'ajourner à un demi-siècle des réformes qui, dans d'autres pays voisins, seraient susceptibles d'une réalisation immédiate ou beaucoup plus prompte. Il était impossible de remettre aux mains des Compagnies l'avenir commercial du pays. Le Parlement anglais, sur l'initiative de sir Robert Peel, n'avait pas hésité à prendre, le 9 août 1844, la mesure que l'orateur proposait à l'Assemblée, en l'appliquant, non seulement à des contrats nouveaux, mais encore à tous les contrats antérieurement consentis.

M. Bineau, Ministre des travaux publics, combattit l'amendement en faisant valoir que l'État ne pouvait s'arroger ainsi le droit de changer la situation des Compagnies, qu'il était suffisamment armé contre leurs abus par la faculté de rachat, par le partage des bénéfices au delà de la limite de 6 %; le Parlement anglais n'avait pas pris la mesure radicale qui lui était attribuée; il s'était borné à stipuler le droit de révision des tarifs, quand, pendant trois années consécutives, les produits de l'exploitation auraient dépassé 10 %.

Après une réplique de M. Grévy, ayant particulièrement pour objet de maintenir son assertion, relativement aux concessions anglaises postérieures à 1844, l'amendement fut repoussé.

Enfin la loi fut votée dans son ensemble, par 298 voix contre 228, après le rejet d'un dernier amendement de M. Sautayra, portant que toute modification obligatoire ou facultative des tarifs serait nécessairement obligatoire pour la ligne entière [B. L., 2e sem. 1850, n° 302, p. 266].

Deux décrets du 18 octobre ratifièrent les conventions intervenues en exécution de cette loi [B. L., 2e sem. 1850, n° 320, p. 589 et 594].

119. — Projet de loi non voté concernant le chemin de Paris à Lyon et à Avignon.

i. — PROJET DE LOI. — Le 8 août 1849, M. Lacrosse,
alors Ministre des travaux publics, avait déposé sur le bureau de l'Assemblée un projet de loi tendant à la concession
directe du chemin de fer de Paris à Lyon et à Avignon
[M. U., 9 août 1849].

Dans son exposé des motifs, il rappelait que le chemin
de fer de Paris à Lyon avait dû être racheté, en exécution
d'une loi du 17 août 1848, en raison de l'impuissance où se
trouvait la Compagnie concessionnaire d'en achever la construction ; que l'État avait pu, aussitôt après, reprendre
avec vigueur les travaux et faire renaître l'activité sur les
chantiers et dans les usines ; qu'il importait au plus haut
point de terminer d'urgence cette grande voie de transit ;
que cependant il convenait de ne pas demander au Trésor les
sacrifices considérables nécessaires à cet effet ; et que, dès
lors, l'intervention de l'industrie privée s'imposait inévitablement. L'administration était entrée en pourparlers avec
une Compagnie et s'était mise d'accord avec elle aux conditions suivantes. L'État devait donner, à titre de subvention, les travaux déjà exécutés par l'État au 31 décembre
1849 et montant à 147 millions, et faire en plus la traversée de Lyon estimée à 24 millions ; de son côté, la Compagnie conservait à son compte le surplus de la dépense, soit
240 millions, mais avec une garantie d'intérêt de 5 %, pour
toute la durée de la concession fixée à quatre-vingt-dix-neuf
ans. En outre, et pour faciliter la réunion des capitaux nécessaires, le Trésor devait fournir un concours en argent de
15 millions et demi, la dite somme étant destinée à être offerte
aux actionnaires des anciennes Compagnies de Bordeaux à
Cette, de Fampoux à Hazebrouck, et de Lyon à Avignon,
qui voudraient prendre part à l'opération. Le Ministre exprimait d'ailleurs l'opinion que la garantie serait purement
nominale et, d'autre part, qu'à défaut d'argent, il fallait

se résoudre à augmenter la durée des contrats, quelles que fussent les objections de principe soulevées par cette mesure.

Le cahier des charges était conforme au type consacré par l'usage ; il stipulait le partage des bénéfices entre la Compagnie et l'État, au-delà de 8 °/₀.

II. — RAPPORT A L'ASSEMBLÉE NATIONALE [M. U., 6 février 1850]. — Ce projet de loi, renvoyé à la Commission du budget, fit l'objet d'un rapport de M. Vitet, que nous allons résumer succintement.

Par suite de mécomptes sur les évaluations antérieures, bien qu'on eût consacré à la ligne plus de 150 millions, on se trouvait en 1850 dans l'obligation de faire face à une dépense de 260 millions, précisément égale à celle que l'on avait considérée, en 1845, comme suffisante pour l'exécution entière de l'œuvre. Assurément l'État ne pouvait songer à faire face à une charge si écrasante ; le budget ordinaire offrait en effet trop peu d'élasticité pour être grevé de nouveaux sacrifices ; la dette flottante ne pouvait pas davantage y pourvoir ; quant à l'emprunt, il fallait en réserver les ressources pour régulariser la situation de la banque de France. La Commission partageait donc l'avis du Ministre sur la nécessité de recourir à l'industrie privée.

Sur quelles bases devait-on traiter avec une Compagnie ? Tout d'abord l'abandon des travaux déjà faits s'imposait inévitablement, puisqu'il laissait encore le concessionnaire aux prises avec des charges égales à celles qui avaient servi de base aux calculs de 1845 et se chiffrant à 350 000 fr. par kilomètre. Il en était de même de l'augmentation de durée de la concession, eu égard à la dépression des cours depuis 1845 et à la compensation qu'il fallait, par suite, chercher dans une diminution de l'amortissement. Quant à la garantie d'intérêt, elle ne paraissait pas devoir être effective ; on ne

devait donc pas hésiter à en user pour rassurer les souscripteurs. Ainsi, la Commission était d'accord avec le Gouvernement, non seulement sur le principe, mais encore sur
les traits généraux de la concession; toutefois elle n'admettait, ni la subvention en argent qui avait été stipulée au projet de loi, ni l'exécution par l'État de la traversée de Lyon.

Une question très grave se posait : c'était celle du choix
à faire entre une concession unique ou, au contraire, une
concession divisée. Les adversaires de la concession unique
lui reprochaient de constituer une exploitation trop difficile
et un monopole écrasant, et de permettre à la Compagnie
d'accaparer par le jeu de ses tarifs, non seulement les transports de la Méditerranée sur Paris, mais encore ceux qui
auraient dû naturellement quitter la ligne pour se diriger
vers le centre et l'ouest de la France, sans passer par la
capitale. Les partisans du système soutenaient, au contraire,
que le service concentré entre les mêmes mains serait dirigé avec plus d'unité et d'ordre; que les craintes exprimées, au sujet des détournements de trafic, étaient absolument chimériques ; que la division du chemin pourrait
compromettre l'achèvement de certaines sections. Après
un examen minutieux, après de longues conférences avec
le Ministre et avec les demandeurs en concession, la Commission du budget conclut à laisser à l'administration la
faculté de traiter soit avec une, soit avec deux Compagnies,
mais à la condition expresse, dans ce dernier cas, que les
deux sociétés fussent complètement solidaires. Elle prit
d'ailleurs acte d'un contrat intervenu entre l'administration
et la Compagnie de Saint-Étienne, contrat aux termes duquel cette dernière se chargeait d'exécuter la ligne entre
Lyon et Givors, sur la rive droite du Rhône, moyennant une
somme à forfait de 11 millions, dont l'intérêt à 5 % lui était
garanti par l'État ou, en son lieu et place, par le conces-

1   45

sionnaire du chemin de Paris à Avignon; elle devait percevoir le péage et en partager le produit avec le Trésor au delà de 8 %; cette combinaison paraissait devoir faire tomber les craintes relatives aux difficultés éventuelles du passage du trafic de la ligne principale à celle du centre.

La Commission fixa à forfait à 13 millions le revenu net annuel garanti; elle compléta le cahier des charges, en stipulant que, le cas échéant, les avances de l'État lui seraient restituées sur les excédents de recette au delà de ce chiffre forfaitaire, et que, si, contre toute prévision, le remboursement n'était pas effectué intégralement à la fin de la concession, la dette de la Compagnie serait compensée jusqu'à due concurrence avec la valeur du matériel.

Elle donna son adhésion au taux de 8 % fixé pour le revenu réservé avant partage, en faisant remarquer que le capital de la Compagnie se diviserait nécessairement en deux parties, à savoir le capital-obligations cherchant un placement sûr et se contentant d'un faible revenu, et le capital-actions plus aventureux, recherchant des chances plus grandes de bénéfice et ayant d'ailleurs à faire face à l'insuffisance de la garantie.

Elle inscrivit au cahier des charges une clause qui arrêtait à 130 millions au moins, dont 40 provenant du capital-actions, les appels de fonds à faire par la Compagnie, dans un délai de dix-huit mois, et qui rendait obligatoire le dépôt au Trésor du montant des souscriptions; les fonds ainsi déposés devaient porter intérêt à 4 % et étaient tenus à la disposition de la Compagnie pour le paiement des travaux.

Elle interdit absolument tout arrangement, qui aurait eu pour but d'accorder à certaines personnes ou à certaines marchandises des avantages dont n'auraient pas été admises à jouir également toutes les personnes et toutes les mar-

chandises parcourant le même trajet ; elle interdit, en
outre, de percevoir, entre Avignon et Givors, des taxes
kilométriques supérieures à celles d'Avignon à Lyon ; elle
disposa que le prix du transport du blé serait réduit de
moitié, dès que les marchés régulateurs indiqueraient des
symptômes de disette.

La bataille s'engagea à l'Assemblée par une demande de
MM. Latrade, Charras et Grévy [M. U., 23 février 1850],
tendant à l'examen préalable du projet de loi par le Conseil
d'État, conformément à la Constitution. Quoique s'appuyant
sur un texte qui ne pouvait guère prêter au doute, cette demande fut repoussée.

III. — PREMIÈRE DÉLIBÉRATION [M. U., 29 février, 2, 3 et
5 mars 1850]. — M. Victor Lefranc ouvrit la discussion
proprement dite par un long et remarquable discours, dans
lequel il attaqua vigoureusement le projet de loi.

Selon l'orateur, ce projet conduisait à l'institution d'un
monopole périlleux, plus périlleux encore que celui de l'exploitation par l'État. Le concessionnaire unique, entre les
mains duquel on voulait remettre la plus grande et la plus
importante des lignes de transit du territoire, ne serait-il pas
inévitablement poussé à barrer les divers bassins qu'il était
essentiel de relier à celui du Rhône ? Ce danger n'était-il pas
d'autant plus redoutable que la Compagnie à laquelle il s'a-
gissait d'accorder la concession avait pour principal soutien
M. de Rothschild, et présentait, par suite, une étroite solidarité avec celle du Nord ? Les pouvoirs publics constitueraient ainsi une puissance qui ne tarderait pas à absorber
la grande ligne de l'Est, le réseau de l'Ouest et le tronçon
d'Avignon à Marseille, et qui deviendrait véritablement
écrasante ; ils feraient renaître le système de la ferme générale ; ils s'exposeraient à la ruine des consommateurs et à

la suppression du principe de la liberté d'association; ils voueraient à l'anéantissement tous les chemins d'embranchement, qui tomberaient écrasés par les tarifs différentiels; ce serait un malheur pour l'industrie générale, pour la France.

Ne s'exposait-on pas, du reste, à un agiotage scandaleux sur une affaire d'une telle importance? Cet agiotage n'était-il pas favorisé par l'autorisation, d'ores et déjà donnée à la Compagnie, de former dès l'origine, une grande partie de son capital au moyen d'émissions d'obligations? La combinaison qui consistait à faire prêter en compte-courant au Trésor, par une société à laquelle l'État garantissait un minimum d'intérêt et qui avait besoin de ses fonds pour l'exécution de ses travaux, n'avait-elle pas quelque chose de bien anormal?

Il était regrettable d'aliéner ainsi, pour un siècle, l'un des plus puissants instruments du travail national, à un moment où l'incertitude la plus complète régnait sur l'avenir financier du pays. Si le crédit se relevait rapidement, quels regrets n'aurait-on pas d'avoir ainsi concédé à des intérêts privés d'immenses avantages, que ne justifieraient plus les conditions nouvelles du marché? Dans le cas contraire, la ruine d'une des plus grandes industries, qu'on eût jamais vues, ne tuerait-elle pas à jamais l'esprit d'association et d'initiative?

Pour obvier à tant d'inconvénients, un certain nombre d'autres combinaisons se présentaient à l'esprit. On pouvait, par exemple, concéder le chemin de Paris à Lyon, dont on connaissait parfaitement la dépense et le produit, subordonner cette concession au paiement de 60 à 80 millions dans les caisses du Trésor, et, au moyen de ladite somme, soit poursuivre les travaux entre Lyon et Avignon, ou, au moins, entre Valence et Avignon, soit aider une Compagnie à laquelle serait remise cette section.

On pouvait aussi emprunter, pour se procurer les ressources nécessaires à la construction de la ligne : car le crédit de l'État valait au moins celui des Compagnies.

Le mieux était, pour l'heure, d'agir avec prudence, sans précipitation : de combler la lacune de Tonnerre à Dijon; de continuer transitoirement l'exploitation par l'État; et d'attendre avec patience le jour auquel plusieurs Compagnies viendraient se disputer les concessions et où il serait loisible de faire ces concessions à des conditions moins onéreuses pour le Trésor et pour l'intérêt public.

Après quelques mots prononcés par M. Dufournel, pour démontrer que les chiffres donnés par le rapport comme représentant le produit net de diverses sections étaient inférieurs à la réalité, M. Delessert vint prendre la défense du projet de loi. Le prompt achèvement du chemin de fer de Paris à Lyon et Avignon touchait aux intérêts vitaux du pays; sans doute quelques personnes désiraient voir la ligne s'arrêter à Chalon et la grande communication entre Paris et Lyon s'établir par le Bourbonnais; mais la question avait été mûrement discutée et jugée par le Parlement en 1842. La navigation de la Saône et du Rhône était impuissante à faire face aux besoins du commerce; il était indispensable, ne fût-ce que pour le transport des blés, de la doubler d'une voie ferrée. Ce principe admis, le concours de l'industrie privée s'imposait à l'État; seul, il pouvait permettre à la France de reprendre son rang parmi les nations civilisées, au point de vue du développement du réseau de chemins de fer; seul, il pouvait produire les résultats merveilleux obtenus en Angleterre et aux États-Unis; seul, il pouvait assurer l'exécution du chemin, dans la situation obérée et difficile où étaient les finances publiques. M. Delessert reproduisit à cette occasion les considérations, si souvent invoquées déjà pour prouver la supériorité des Compagnies sur l'État, en matière de construction et d'exploitation.

Puis il reprit et développa l'argumentation du rapport de la Commission, pour établir que les conditions de la concession n'étaient pas trop onéreuses.

La séance suivante fut occupée par un long discours de M. Barthélemy Saint-Hilaire, qui parla dans le même sens que M. Victor Lefranc.

L'orateur ne méconnaissait, ni la nécessité de terminer au plus tôt le chemin, ni l'opportunité de s'appuyer à cet effet sur l'industrie privée, mais à la condition que les bases du traité fussent acceptables.

Tout d'abord, le projet de loi provoquait les objections si bien formulées par M. Lefranc, au sujet du monopole écrasant qu'il tendrait à instituer par le fait de la réunion des deux concessions.

Ensuite, la Commission avait singulièrement dénaturé les choses, en proclamant l'impossibilité, pour l'État, de continuer lui-même les travaux. Rien n'empêchait de faire un emprunt, soit sous une forme spéciale, en donnant pour gage aux prêteurs les revenus du chemin, soit sous la forme générale d'une émission de rentes. Mieux valait, pour l'État, garder son crédit, que d'en faire bénéficier des intérêts privés.

Dans cette situation, comment aurait-on pu souscrire aux conditions si lourdes de l'abandon d'un capital considérable, d'une garantie d'intérêt, d'une concession à longue échéance? L'affaire n'avait certainement été instruite d'une manière suffisante, ni par le Gouvernement, ni par la Commission. Avait-on seulement des données un peu précises sur la dépense de construction entre Lyon et Avignon? Avait-on fait des études, des enquêtes, avant de reporter le tracé de la rive gauche sur la rive droite, entre Lyon et Givors? Avait-on assez tenu compte des intérêts que pouvait léser une concession unique, de la navigation du Rhône? Pourquoi n'avait-on pas consulté la commission centrale des chemins de fer? Était-on bien certain d'être en présence d'une Compagnie sérieuse et de ne pas fournir simplement matière à l'agiotage?

En statuant, l'Assemblée devait laisser de côté les considérations présentées en faveur de l'industrie métallurgique; car l'État aurait, le cas échéant, les mêmes commandes à faire qu'une Compagnie. Elle devait également laisser de côté l'argument tiré des avantages que procurerait au Trésor le dépôt en compte courant de capitaux considérables; ces dépôts faits la veille, repris le lendemain, ne seraient d'aucun secours aux finances publiques.

M. Barthélemy Saint-Hilaire concluait à la continuation des travaux par l'État et à un supplément d'instruction de la part du Gouvernement.

M. de Mouchy s'efforça de détruire l'effet produit par les discours de MM. Victor Lefranc et Barthélemy Saint-Hilaire.

On n'avait à choisir qu'entre trois systèmes : 1° exécution des travaux et exploitation par l'État; 2° application de la loi de 1842; 3° exécution et exploitation par les Compagnies.

De ces trois systèmes, le premier était incompatible avec la situation de nos finances. D'ailleurs l'État ne savait apporter à la construction, ni l'intelligence, ni l'économie voulues; il ne pouvait réaliser une bonne exploitation.

Le second soulevait des objections du même ordre, quoique à un degré moindre.

Restait le troisième moyen. C'était celui que proposait la Commission, dans des conditions qui, quoi qu'on eût dit, étaient parfaitement acceptables. M. de Mouchy développa à ce sujet les termes du rapport de M. Vitet, pour justifier l'abandon des travaux déjà exécutés entre Paris et Lyon, la longue durée de la concession, la garantie d'intérêt. Il s'attacha notamment à prouver que les concessions trop courtes étaient fatales à l'État, en éloignant les placements sérïeux et en compromettant l'entretien et les améliorations des voies ferrées, et fatales aux Compagnies qui étaient grevées d'un amortissement trop considérable; que les Compagnies pouvaient, tout comme l'État, et même mieux, abaisser les tarifs; que l'État restait parfaitement armé par la clause du rachat, dont l'exécution ne rencontrerait pas de difficultés sérieuses; que la combinaison consistant à composer le capital d'actions et d'obligations était absolument rationnelle et féconde; qu'au lieu de créer un monopole désastreux, la réunion des deux sections l'évitait, en empêchant la Compagnie du Bourbonnais d'accaparer toutes les communications entre Paris et Marseille.

M. Bineau, Ministre des travaux publics, prit à son tour la parole. L'état de la navigation de la Saône et du Rhône, l'importance du transit, les nécessités de la concurrence contre l'étranger, les souffrances de l'industrie métallurgique, tout commandait l'achèvement immédiat de la ligne, non-seulement jusqu'à Lyon, mais encore jusqu'à Avignon. L'opinion bien arrêtée du Gouvernement était « que l'exploitation des chemins de fer devait être confiée « à l'industrie privée et que leur construction devait également « ment lui être confiée, sauf à l'État à intervenir par une » subvention, dont la forme et la proportion devaient varier « avec la nature et l'importance de chaque ligne ». Cette opinion était fondée sur l'expérience des autres nations, sur celle de la France elle-même, sur les saines doctrines de l'économie politique; en tout état de cause, d'ailleurs, l'importance des engagements de l'État, pour achever les travaux de chemins de fer, de navigation ou de routes,

inscrits au budget, ne lui permettait pas de faire davantage.
La translation du tracé sur la rive droite du Rhône, entre
Lyon et Givors, et la clause relative aux tarifs entre ces
deux points étaient de nature à aplanir toutes les objections
qu'avait fait naître le système de la concession unique, au
point de vue des échanges entre la ligne de Paris à Avignon
et les lignes se dirigeant vers le centre de la France. Ceux
qui criaient au monopole étaient des partisans conscients
ou inconscients des Compagnies d'Orléans et du Centre qui,
en provoquant la division de la ligne, espéraient faire
ajourner la traversée de Lyon et conserver ainsi l'avantage
pour les communications vers Marseille. La subvention qu'il
s'agissait d'accorder à la Compagnie ne représentait que
37 % de la dépense totale, alors que les allocations avaient
été de 45 % pour Marseille-Avignon, 61 % pour Paris-
Strasbourg, 60 % pour Tours-Nantes, 70 % pour le Centre,
71 % pour Orléans-Bordeaux ; pourtant, sur les seize Compagnies principales, concessionnaires de 2 136 kilomètres,
quatorze avaient leurs actions au-dessous du pair et perdaient
de 12 1/2 à 80 %, soit 180 millions sur 548 ; en Angleterre
même, où on avait engagé 7 à 8 milliards dans les chemins
de fer, sur 55 Compagnies, 43 étaient en perte. Ainsi, les
conditions proposées étaient nécessaires pour un concours
efficace de l'industrie privée.

M. Crémieux répliqua au Ministre ; il rappela les spéculations effrénées auxquelles avaient donné lieu les subventions accordées aux Compagnies qui s'étaient constituées
sous la Monarchie ; les améliorations qu'on avait réalisées,
en se refusant de souscrire trop rapidement à des contrats
reconnus onéreux pour l'État ; l'intérêt qu'il y avait, par
suite, à ne pas conclure trop hâtivement pour le chemin de
Paris à Avignon. Les travaux n'en seraient pas pour cela
suspendus ; car une somme importante avait été inscrite au

budget et, le cas échéant, l'État trouverait des fonds aussi facilement qu'une Compagnie, puisqu'il était contraint de prêter son crédit au demandeur en concession par l'allocation d'une garantie d'intérêt. La société en face de laquelle on se trouvait n'avait pas de corps ; l'autorisation qu'on voulait lui donner d'emprunter, dès l'origine, 140 millions était extrêmement dangereuse ; les obligations qui seraient émises pour cet emprunt devaient nécessairement rapporter un assez gros intérêt et seraient souscrites, au moyen de fonds actuellement consacrés à la rente sur l'État ; le crédit public en souffrirait inévitablement. D'un autre côté, comment pouvait-on affirmer que la garantie d'intérêt ne dût pas être effective, soit par suite d'une nouvelle transformation des voies de communication, soit pour toute autre cause ? Comment pouvait-on s'engager dans de telles conditions pour un avenir séculaire ? Comment pouvait-on accorder quatre-vingt-dix-neuf ans de concession, alors que le chemin était partiellement exécuté, tandis qu'en 1845 on s'était borné à quarante et un ans, quand tout était à faire ? N'allait-on pas provoquer un mouvement général des Compagnies pour la prorogation de leurs baux ? A un autre point de vue, l'opportunité de renoncer au tracé par la rive gauche du Rhône, entre Lyon et Givors, auquel on s'était arrêté en 1845, après des études complètes et minutieuses, n'était attestée, ni par une instruction sérieuse, ni par des enquêtes ; le chemin de Saint-Etienne était établi dans des conditions si défectueuses qu'il n'était pas possible de l'emprunter. Il n'y avait donc qu'un parti à prendre, rejeter le projet de loi tel qu'il était présenté.

M. Fould, Ministre des finances, monta alors à la tribune pour établir l'impossibilité de faire un emprunt et même de charger la dette flottante, en continuant provisoirement les travaux.

A la suite de son discours, la Chambre décida qu'elle passerait à une deuxième délibération.

IV. — DEUXIÈME DÉLIBÉRATION [M. U., 9, 10, 11, 12 et 13 avril 1850]. — La bataille recommença, plus vive et plus ardente, à l'occasion de cette seconde délibération.

M. Grévy présenta un amendement, aux termes duquel la construction du chemin de fer devait être achevée par l'État à l'aide des produits des sections en exploitation et, pour le surplus, par voie d'emprunt. Il posait ainsi nettement et sans détour la question qui était au fond du débat.

Pour justifier la concession et les conditions exorbitantes auxquelles elle était subordonnée, on avait invoqué, d'une part, l'impuissance financière, où se trouvait l'État, de continuer et de terminer les travaux ; d'autre part, la nécessité de donner de l'ouvrage aux ouvriers et des commandes aux établissements industriels, et de favoriser ainsi le retour de la confiance et du crédit. De ces deux motifs, le premier pouvait avoir quelque valeur, si la Compagnie apportait, soit de l'argent, soit un crédit qui lui fût propre ; mais il n'en était rien, puisque cette Compagnie proposait de contracter un emprunt public, à la place de l'État, avec la chose de l'État, avec le crédit de l'État, aux risques de l'État. Le seul résultat du recours à un intermédiaire serait de faire revenir l'argent à un taux bien plus élevé que par la voie de l'emprunt direct ; d'enlever à l'épargne, non seulement le capital nécessaire aux travaux, mais encore le montant des primes reçues par les spéculateurs au détriment des petites fortunes ; d'avilir, par le jeu de ces primes, l'intérêt servi aux actionnaires sérieux ; de faire baisser la rente, en jetant sur le marché des titres produisant un intérêt plus élevé ; de peser sur le marché pendant plus de quatre ans ; de compromettre le succès des emprunts que l'État pourrait être conduit à faire pendant cette période. Quant au second motif, il n'était pas plus plausible : que le chemin fût exécuté par l'État ou par une Compagnie, il y aurait autant de travail pour les ouvriers, autant de commandes pour les établissements industriels ; la construction par l'État donnerait même plus de garantie à cet égard ; il suffisait, pour s'en convaincre, de se rappeler l'impuissance d'un grand nombre de Compagnies, la désinvolture avec laquelle elles s'étaient soustraites à leurs engagements. Ainsi, les raisons invoquées à l'appui du projet de loi ne pouvaient être prises en considération.

Les arguments les plus sérieux militaient, au contraire, pour le rejet de la proposition. Quoi qu'en eussent dit les défenseurs de cette proposition, jamais conditions si onéreuses n'avaient été soumises à la sanction du Parlement. Indépendamment des 154 millions de travaux abandonnés à la Compagnie, on lui laissait les produits des sections livrées à la circulation, jusqu'à l'origine légale de l'exploitation, soit 30 millions, et on s'était bien gardé de le faire remarquer. Quant à la garantie d'intérêt, on disait bien qu'elle ne serait pas effective ; mais alors, comment pouvait-on soutenir qu'un emprunt, dont le revenu serait plus qu'assuré à l'avance, serait une charge pour le budget ? Enfin l'aliénation de la ligne pour quatre-vingt-dix-neuf ans, qui serait bientôt suivie de celle de tous les chemins de fer, c'était la perte irréparable pour l'État d'un instrument nécessaire de gouvernement, l'immobilité séculaire des tarifs, de l'industrie et du commerce, au profit d'un intérêt privé, égoïste et étroit, que rien ne pourrait vaincre dans sa résistance.

L'Angleterre avait au moins conservé au Parlement un droit de révision des tarifs ; la Belgique était absolument maîtresse des chemins de fer ; l'Allemagne et l'Autriche

tendaient à reprendre les lignes qu'elles avaient concédées ;
seule la France allait au rebours de ce mouvement. Le
rachat que l'on indiquait comme le palliatif, le correctif de
cette faute incalculable, était un leurre ; les stipulations
relatives au règlement de l'indemnité étaient telles que
l'application en serait impossible, puisque la mesure aurait
pour objet principal un abaissement des tarifs et qu'elle conduirait précisément à augmenter les charges de l'entreprise,
c'est-à-dire à rendre cet abaissement irréalisable.

En vain invoquait-on les droits de l'industrie privée. Il
était des choses qui n'étaient point de son domaine.; et,
d'ailleurs, ce n'était point l'esprit d'association, mais l'esprit de spéculation qui venait en ce moment au devant des
pouvoirs publics.

Après ce discours très applaudi, M. Léon Faucher, qui,
pendant son court passage au ministère des travaux publics,
avait pris l'initiative de la combinaison, vint combattre l'a-
mendement. Il refit le tableau de la situation financière de
l'État, des difficultés qui s'opposaient à l'augmentation du
budget extraordinaire ; il reproduisit les arguments que l'on
avait déjà si souvent mis en avant contre l'exploitation par
l'État ; il soutint qu'il y avait avantage à confier la construction à celui qui aurait à exploiter, afin de bien adapter
l'instrument à l'usage qui devrait en être fait ; il chercha à
démontrer que, contrairement à l'assertion de M. Grévy,
l'emprunt, par l'intermédiaire de la Compagnie, serait moins
onéreux pour l'État que l'emprunt direct ; il défendit le
système de la division du capital de la société en capital-
actions et capital-obligations ; enfin il repoussa les accusations lancées contre les administrateurs des grandes Compagnies de chemins de fer.

M. Lestiboudois, tout en se déclarant partisan en principe de l'exécution par les Compagnies, proclama l'impossi-

bilité d'accéder, en l'espèce, aux conditions du projet de
traité présenté par le Gouvernement. Il s'efforça de le
prouver par le rapprochement de chiffres précis, empruntés,
d'une part, au rapport de M. Dufaure et à la loi de 1845,
et, d'autre part, à l'exposé des motifs et au rapport actuelle-
lement en discussion. En 1845, en effet, on avait, après un
examen approfondi, fixé à quarante et un ans la durée de
la concession, bien que l'on eût adjoint à la ligne de Lyon à
Avignon un embranchement coûteux et peu productif sur
Grenoble; le seul fait nouveau dont il y eût à tenir compte
était l'augmentation constatée dans les dépenses de premier
établissement, augmentation qui ne dépassait pas 100 millions, si l'on considérait que le concessionnaire devait être
déchargé de la branche de Grenoble. Non content de donner
en plus 64 millions, on y ajoutait une garantie d'intérêt et
près de soixante ans de jouissance : c'était véritablement
agir en enfant prodigue.

M. Raudot attaqua le système de l'exécution par l'État,
en faisant valoir que, les ressources nécessaires devant être
puisées dans la bourse de tous les contribuables, on serait
inévitablement conduit à multiplier les chemins de fer au
delà de toute limite; que, plus tard, le Gouvernement et
l'Assemblée, maîtres des tarifs, ne sauraient résister aux
sollicitations et aux entraînements qui les pousseraient à
des abaissements excessifs; et que le pays courrait à la
ruine.

M. d'Olivier appuya l'amendement de M. Grévy par des
motifs qui ne présentaient rien de nouveau.

Puis M. de Lamartine, qui, sous la Monarchie, avait été
l'apôtre du maintien des voies ferrées entre les mains de
l'État, et qui, par conséquent, était d'accord sur les principes avec M. Grévy, vint rappeler que les doctrines de son
collègue n'avaient pas prévalu, que les pouvoirs publics

avaient adopté le régime des Compagnies et qu'on ne pouvait faire table rase des faits accomplis. Le budget était obéré ; il fallait songer aux éventualités extérieures ; l'État ne pouvait assumer une nouvelle charge aussi écrasante que celle de l'exécution de la grande ligne de Paris à Avignon ; l'unique parti à prendre était donc de ne pas refuser la seule solution possible, celle qui était éclose du bon sens de la Commission, des lumières du Gouvernement, de l'instinct du pays, de la longue et triste expérience du passé. Sans doute le projet de loi avait les apparences les plus favorables à la Compagnie avec laquelle il s'agissait de contracter ; mais les leçons de l'histoire des chemins de fer devaient rendre timides et scrupuleux les jugements portés sur ce projet de loi. Le grand mot d'agiotage produisait toujours une vive impression ; il importait pourtant de distinguer entre les spéculations immorales sur des valeurs fictives, et la spéculation inhérente à toute opération financière, c'est-à-dire l'escompte des chances bonnes ou mauvaises de toute entreprise. Les petits capitaux étaient trop peu abondants pour fournir les ressources nécessaires ; force était de s'adresser aux gros capitaux. La subvention promise à la Compagnie n'était que la rectification d'une erreur ; la longue durée attribuée à la concession n'était qu'un moyen de diminuer les sacrifices immédiats en argent et de répartir sur plusieurs générations les charges d'un travail dont elles étaient appelées à bénéficier ; la garantie d'intérêt, critiquable elle-même, se justifiait par la nécessité de ressusciter l'activité nationale, de réaliser une œuvre démocratique, de donner travail et assistance à une nombreuse population ouvrière. Le pays était menacé par le communisme, une puissante diversion était indispensable ; il fallait donner du travail au peuple pour lui faire saisir les bénéfices de l'ordre et de l'organisation sociale.

Le discours de M. de Lamartine avait été acclamé, bien plus, sans doute, en raison de la parole brillante et de la fertilité d'imagination de l'orateur, qu'en considération de la puissance de ses arguments. M. Crémieux lui répliqua. Descendant des hauteurs auxquelles s'était élevé le génie de son contradicteur, il fit remarquer que l'État, comme une Compagnie, ferait renaître le travail, s'il achevait le chemin, et produirait par suite les effets sociaux visés par M. de Lamartine. Il présenta, sous une forme nouvelle, la plupart des arguments qui avaient été déjà invoqués contre le projet de loi ; il s'éleva avec force contre la durée assignée au contrat, en rappelant que jamais, même sous le Gouvernement de Juillet, on n'aurait osé présenter une proposition pareille, et contre la garantie d'intérêt, en montrant les facilités qu'elle donnerait à la Compagnie pour tuer la concurrence de la batellerie ; il retorqua les considérations développées par M. de Lamartine sur la spéculation, sur les menaces du communisme ; il accusa le projet de loi d'être un acte de mauvaise politique et de mauvaise finance, et de préparer une catastrophe.

M. Vitet, rapporteur, répondit tout à la fois à M. Grévy et à M. Crémieux. Suivant lui, deux emprunts effectués, l'un par une Compagnie et l'autre par l'État, devaient, nécessairement, rendre davantage que deux emprunts effectués simultanément par l'État ; il était donc inexact de dire que l'État eût les mêmes facilités que l'industrie privée, pour recueillir les fonds indispensables à l'exécution des travaux. Les craintes exprimées, au sujet de la concurrence que les titres de la Compagnie feraient aux effets publics, étaient absolument chimériques ; la valeur de ces titres serait réglée par la situation du marché, ainsi que par le montant de la garantie de l'État. Le cours de la rente correspondant à 6 °/₀ environ, il était évident que la garantie de 5 °/₀ accordée à la Compagnie chargerait moins le Trésor qu'un emprunt direct ; encore fallait-il ajouter à cette différence un élément que l'on avait négligé en cas d'appel direct au crédit public, à savoir l'amortissement. La clause du rachat, qui constituait le correctif de la durée de la concession et que l'on avait tant critiquée, ne présentait pas les défauts qui lui avaient été imputés ; à l'inverse des stipulations analogues de plusieurs cahiers des charges, elle n'attribuait aucune plus-value d'avenir ; l'éventualité d'une résistance insurmontable de la Compagnie à l'abaissement des tarifs n'était guère à redouter, car elle serait contraire aux résultats de l'expérience et aux intérêts bien entendus du concessionnaire.

Après cette réponse, l'Assemblée repoussa par 443 voix contre 205 le principe de l'achèvement du chemin de fer par l'État.

Elle eut ensuite à se prononcer sur un amendement de M. Darblay, portant que le chemin serait provisoirement continué par l'État jusqu'à Chalon. Selon l'auteur de cette proposition, il était impossible de méconnaître que les circonstances fussent absolument défavorables pour faire une concession et qu'il fût préférable d'attendre des temps meilleurs ; d'autre part, la Compagnie avec laquelle on se proposait de traiter n'existait pas et, en tout état de cause, la succession de sa gestion à celle du Gouvernement entraînerait une suspension des travaux, c'est-à-dire un mal que tout le monde voulait éviter ; enfin les études, notamment entre Lyon et Avignon, étaient trop incomplètes pour permettre de prendre une décision définitive. Le mieux était de continuer l'exécution directe du chemin, en concentrant ses ressources sur la section de Tonnerre à Dijon et en achevant ainsi, moyennant une dépense de 40 millions, le tronçon de Paris à Dijon, long de 384 kilomètres et susceptible de rapporter près de 9 millions par an ; par ce moyen on ferait,

1 46

avec un faible capital, une excellente affaire, tout en réservant complètement l'avenir.

M. Berryer qui avait sans cesse préconisé la prompte construction de la ligne de Paris à Marseille et qui s'était toujours montré partisan de l'exécution par les Compagnies, combattit l'amendement. Ce n'était point 40 millions seulement, mais bien 53 millions au moins qu'il fallait dépenser entre Paris et Dijon ; d'un autre côté, tant que la ligne ne serait pas prolongée, les recettes n'atteindraient pas 9 millions par an. La proposition de M. Darblay conduirait à un résultat détestable, celui de laisser subsister entre Dijon et Avignon une lacune, comblée provisoirement par des services de navigation, et de compromettre notre plus grande ligne de transit au détriment des intérêts français et au grand avantage de l'Étranger. Un tel ajournement était indigne de la France ; il suspendait le travail, il suspendait les commandes, tout en surchargeant le budget. M Darblay avait fait valoir, pour le justifier, que l'on ne se trouvait pas en présence d'une Compagnie ; mais c'était la Commission elle-même qui n'avait pas voulu voir constituer par avance une société, afin d'éviter le retour de l'agiotage qu'avaient provoqué les anciens errements. Il avait fait valoir aussi que, après avoir achevé une section productive, l'État serait dans une meilleure situation pour traiter ; mais savait-on au juste ce que rendrait cette section, serait-elle immédiatement d'un bon rapport, pouvait-on ainsi atermoyer ? Il serait encore temps de se résoudre à l'adoption du système de M. Darblay, si on ne trouvait pas de société consentant à souscrire aux conditions arrêtées par l'Assemblée. En se ralliant de suite à ce système, on serait conduit à réduire les dotations des autres travaux publics, sous peine d'écraser la dette flottante. La Chambre devait avoir assez d'énergie pour prendre une résolution.

M. Victor Lefranc répliqua à M. Berryer. L'évaluation

donnée par le grand orateur, pour les dépenses à faire entre Paris et Dijon, était exagérée : car on pouvait se contenter, jusqu'à nouvel ordre, de stations provisoires ; d'autre part, l'appréciation de M. Darblay sur le revenu probable du chemin n'avait rien d'excessif, eu égard aux plus-values considérables dont avaient bénéficié toutes les grandes artères livrées à l'exploitation. L'amendement ne cachait aucune pensée secrète d'ajournement entre Chalon et Avignon ; il n'avait qu'un but, c'était de repousser une proposition inacceptable, sans suspendre les travaux ; et au surplus les travaux faisaient-ils défaut sur d'autres points du territoire ? N'allait-on pas tarir les sources du crédit des autres Compagnies ? La dette flottante était-elle si surchargée qu'on ne pût y ajouter 40 millions devant rapporter plus de 6 millions annuellement ? Était-il convenable, digne du pays, d'approuver un contrat si onéreux, sans seulement être sûr de son acceptation ?

M. Bineau, Ministre des travaux publics, combattit, comme M. Berryer, l'amendement, pire, suivant lui, que celui de M. Grévy : car il devait peser lourdement sur le budget ; exiger la diminution des dotations afférentes aux autres travaux publics ; entraîner, comme conséquence rationnelle, l'ajournement des lignes moins importantes que celle de Lyon à Avignon, et la suspension des commandes aux usines dont les ouvriers ne pouvaient cependant attendre plus longtemps. Le sacrifice demandé au pays était indispensable pour ranimer l'industrie nationale, pour réveiller la confiance dans nos destinées ; il était urgent de prendre un parti et il ne fallait pas fuir la discussion et l'examen de détail du projet de loi.

Après quelques mots de M. André, en faveur de l'amendement de M. Darblay, cet amendement fut repoussé par 358 voix contre 314.

La discussion s'engagea alors sur un troisième amendement, émanant de MM. Combarel de Leyval, Randoing et
Desmaroux et tendant à la division de la concession entre
deux Compagnies, comme l'avait admis le législateur de 1845.

M. Desmaroux défendit vivement cette proposition. Selon
l'orateur, le monopole écrasant que l'on allait constituer
était repoussé par le pays, par un grand nombre de conseils
municipaux et spécialement par celui de Lyon. Il était contraire aux intérêts généraux de la France, qu'il fallait sauvegarder en ménageant la possibilité d'une concurrence
efficace entre Paris et Lyon par le Bourbonnais. Il était en
contradiction avec les réserves formulées à ce sujet en 1845
par le Gouvernement; par M. Dufaure, rapporteur à la
Chambre des députés; par M. Daru, rapporteur à la
Chambre des pairs. On provoquerait sans difficulté la formation de deux Compagnies. Pour la section de Paris à
Lyon, en effet, il ne pouvait y avoir le moindre doute à cet
égard : le montant des dépenses était parfaitement déterminé, celui des recettes n'était soumis qu'à un aléa insignifiant. Quant à la section de Lyon à Avignon, quoique moins
bonne, elle l'était encore assez pour attirer les efforts de
l'industrie privée.

M. Vitet, rapporteur, fit observer que, si la Commission avait exprimé des préférences pour l'unité de concession, elle avait cependant prévu la division, pourvu qu'il y
eût entre les deux concessionnaires une solidarité empêchant celui de la section de Lyon à Avignon d'abandonner
son œuvre, tandis que celui de la section de Paris à Lyon
continuerait la sienne. La Commission s'était déterminée
par le désir d'assurer l'exécution de toute la ligne; de ne
pas rendre la garantie effective, en l'appliquant séparément
à la section médiocre comme à la section la meilleure; de
faciliter les réductions de tarifs, plus aisément réalisables

sur un grand réseau que sur un réseau restreint. La navigation du Rhône, dont on avait défendu la cause, devait
infailliblement être écrasée par le chemin de fer, si on insti-
tuait une concession isolée entre Lyon et Avignon : ce serait
une question de vie ou de mort pour cette concession. On
avait aussi invoqué l'intérêt des populations du Centre, que
l'on redoutait de voir à jamais privées du chemin du Bourbonnais ; le seul moyen efficace, raisonnable, pour ces populations, d'avoir la ligne qu'elles désiraient, était de commencer par laisser exécuter le chemin de Paris à Marseille
et d'attendre que l'expérience eût révélé l'utilité de doubler
ce chemin entre Paris et Lyon. M. Vitet conclut en résumé
au rejet de l'amendement.

M. Combarel de Leyval prit à son tour la parole pour
défendre la proposition, en insistant surtout sur les dangers du monopole d'une Compagnie unique, qui, par le jeu
des tarifs différentiels et par des combinaisons avec les
services de navigation entre Marseille et Avignon, arriverait
à tuer toute concurrence, à empêcher les transports sur le
chemin de fer d'Avignon à Marseille, à détourner le trafic
des voies naturelles par lesquelles il devait s'écouler, à détruire le cabotage entre Marseille et les ports du Nord.

Ce fut le Ministre des travaux publics qui lui répliqua.
Les raisons qui avaient déterminé le Gouvernement à proposer le système de la concession unique étaient les suivantes : tout d'abord la garantie d'intérêt avait paru, dans
l'état du marché, être le seul moyen d'assurer à l'industrie
privée les capitaux dont elle avait besoin ; or cette garantie
impliquait l'unité de concession, sans laquelle elle risquerait
d'être effective, pour la section de Lyon à Avignon. Ensuite
il avait semblé plus facile de trouver un concessionnaire
unique que d'en trouver deux. Enfin, il n'avait été fait d'ouverture au Ministre, pour la section de Paris à Lyon, que

par des hommes qui administraient, pour la plupart, le chemin de Paris vers Orléans et le Centre et qui avaient, par suite, intérêt à retarder l'ouverture de cette section.

Après quelques mots de M. Béchard, en faveur de l'amendement, M. Berryer insista pour l'adoption de la rédaction de la Commission, qui assurait l'exécution du chemin entre Lyon et Avignon. Néanmoins la proposition de division formulée par MM. Combarel, Randoing et Desmaroux fut votée par l'Assemblée.

A la suite de ce vote, la discussion fut ajournée à la demande de M. Bineau, Ministre des travaux publics, pour lui permettre de modifier le cahier des charges.

Peu de jours après, le Gouvernement communiqua à la Commission du budget le résultat de l'étude à laquelle il s'était livré pour entrer dans les vues de l'Assemblée.

Les modifications apportées à la combinaison primitive étaient les suivantes : 1° la Compagnie de Paris à Lyon devait verser en cinq termes semestriels, à partir du 1ᵉʳ juillet 1851, une somme de 50 millions appliquée à subventionner le chemin de Lyon à Avignon ; 2° elle ne bénificiait plus de la garantie d'intérêt ; mais elle recevait la faculté de renoncer à sa concession, pendant les trois années qui suivraient l'époque fixée pour l'achèvement du chemin, et de restituer le chemin à l'État en échange d'un titre de rente 3%, calculé au taux de 75 fr. et représentant l'intérêt à 4 % du capital consacré à l'exécution de l'entreprise ; 3° quant à la Compagnie de Lyon à Avignon, elle recevait la même faculté, elle était dotée d'une subvention de 50 millions et elle était de même dépouillée de la garantie d'intérêt.

La Commission du budget repoussa cette combinaison, qui était inacceptable en raison de l'éventualité qu'elle comportait, d'une émission considérable de rente à un moment donné.

Le Ministre lui soumit alors une autre proposition tendant à ne concéder, jusqu'à nouvel ordre, que la section de Paris à Lyon ; à suspendre toute décision pour le tronçon de Lyon à Valence, dont le tracé était controversé, et à entreprendre les travaux aux frais de l'État entre Valence et Avignon. La concession de la section de Paris à Lyon devait d'ailleurs être faite pour quatre-vingt-dix-neuf ans, avec allocation d'une garantie d'intérêt de 4 %, limitée à cinquante ans et avec obligation de verser à l'État, en cinq termes annuels, une somme de 50 millions productive d'intérêts à partir du 31 décembre 1851 ; elle était limitée à la presqu'île de Perrache, à l'exclusion de la gare à y établir. M. Vitet présenta, au nom de la Commission du budget, un rapport [M. U., 1er août 1850], par lequel il concluait : 1° à l'adoption de la nouvelle proposition du Ministre, sauf à laisser un peu plus de latitude à la Compagnie de Paris à Lyon pour le paiement de la somme de 50 millions ; 2° à la reprise des délibérations de l'Assemblée.

Ce rapport ne reçut pas de suite en 1850.

120. — Propositions d'initiative parlementaire en 1850. — Diverses propositions d'initiative parlementaire furent déposées sur le bureau de l'Assemblée, pendant le cours de l'année. Nous croyons inutile de les reproduire, attendu qu'elles restèrent sans effet ; elles portaient, soit sur le chemin de Paris à Avignon, soit sur celui de l'Ouest.

121. — Réponse du Ministre à une question posée par M. Barthélemy Saint-Hilaire. — Nous croyons utile de mentionner une question posée le 8 mai 1850 au Gouvernement par M. Barthélemy Saint-Hilaire, à l'occasion de la discussion du budget, au sujet des moyens de relever la situation des Compagnies et de pourvoir à la continuation de l'œuvre des chemins de fer. M. Bineau, Ministre des travaux publics, répondit à cette question, en faisant connaître qu'il lui paraissait nécessaire de traiter avec les Compagnies sur la base de la prolongation de leurs concessions, en échange des sacrifices à faire par elles pour les lignes nouvelles, et qu'il avait récemment conclu deux conventions fondées sur ce principe.

122. — Décrets divers intervenus en 1850. — Les principaux décrets intervenus en 1850, en dehors de ceux que nous avons déjà mentionnés, furent les suivants : 1° décret du 18 février, concédant pour quatre-vingt-dix-neuf ans à la Société des mines d'Aniche une ligne desdites mines au chemin de fer du Nord, près Somain, avec service public de voyageurs et de marchandises [B. L., 1ᵉʳ sem. 1850, n° 250, p. 373] ; 2° décrets des 10 et 11 mai 1850, autorisant la Compagnie d'Avignon à Marseille à contracter un emprunt de 30 millions, conformément à une convention conclue en exécution de la loi du 19 novembre 1849, avec garantie d'intérêt de 5 % [B. L., 1ᵉʳ sem. 1850, n° 259, p. 535 et 536] ; 3° décret du 14 novembre, levant le séquestre du chemin de Paris à Sceaux [B. L.; 2ᵉ sem. 1850, n° 32, p. 669].

123. — Enquête du Conseil d'État sur les tarifs, en 1850. — Le Conseil d'État, saisi d'un projet de loi qui tendait à porter à quatre-vingt-dix-neuf ans la durée de la concession de la Compagnie du Nord, reçut, des chambres de commerce, des conseils municipaux et de la Compagnie d'Amiens à Boulogne, des réclamations nombreuses, au sujet de l'application des tarifs et de l'exécution des cahiers des charges des Compagnies.

La Commission, que présidait M. Vivien et qui était chargée de préparer la discussion du projet de loi, crut

devoir procéder à une enquête sur ces réclamations. Elle y
consacra huit séances, dans le cours desquelles elle inter-
rogea et entendit les représentants des principales Compagnies de chemins de fer, le président et un membre de la
chambre de commerce de Paris ; des membres des chambres
de commerce de Lille, Rouen, Amiens, le Havre, Calais ;
des administrateurs de canaux ou entrepreneurs de transports par eau, des commissionnaires de roulage, des fonctionnaires et, notamment, un inspecteur général des ponts et
chaussées, membre de la commission centrale des chemins
de fer, et le directeur général des douanes.

Les principales questions sur lesquelles portèrent ses
investigations furent les suivantes :

I. — Application des tarifs différentiels relatifs a
la distance. — L'origine légale des tarifs différentiels relatifs à la distance remontait à l'année 1843, époque à laquelle
le chemin d'Avignon à Marseille avait été concédé. Lors de
la discussion de la loi de concession, les entrepreneurs de
navigation avaient demandé que la Compagnie fût obligée
d'appliquer des tarifs proportionnels à la distance ; après de
longs débats, le Parlement vota l'insertion au cahier des
charges d'une clause prévoyant l'abaissement des taxes
« soit pour le parcours total, soit pour les parcours partiels
« de la voie de fer ».

Les administrateurs de chemins de fer, entendus à cet
égard, considéraient les tarifs différentiels comme absolument indispensables. Les voies ferrées étaient, suivant eux,
des instruments de commerce devant s'adapter aux circonstances locales, aux besoins du moment. Le décroissement
des taxes, au fur et à mesure que la distance augmentait,
pouvait seul favoriser et développer le transport des marchandises entre des points éloignés ; les concurrences des
voitures et des bateaux à vapeur pouvaient aussi nécessiter

l'abaissement des prix sur certains parcours ; dans d'autres cas, les Compagnies avaient à tenir compte des inégalités résultant de ce que le chemin de fer était plus long que les voies concurrentes, de l'importance relative du trafic de retour, des conditions défavorables de l'exploitation des chemins de fer au point de vue de la remise et de la livraison des marchandises, du degré de richesse ou de pauvreté des régions traversées, de la nécessité d'activer certains courants de circulation locale et d'utiliser les vides des voitures et wagons, etc.

L'idée dominante des chambres de commerce était également favorable aux tarifs différentiels. Elle est nettement exposée dans la déposition du président de la chambre de commerce de Paris, dont voici un extrait : « Les chemins « de fer représentent deux intérêts : un intérêt public que « le Gouvernement leur confère, en leur donnant le mo- « nopole des transports ; un intérêt particulier, celui des « actionnaires qui placent leurs fonds. Ces deux intérêts « doivent recevoir en même temps satisfaction ; mais il y a « là cet avantage, que l'intérêt particulier n'est presque « jamais satisfait que quand l'intérêt général l'est aussi ; car « c'est évidemment en développant la circulation que les « Compagnies font les meilleures affaires. En principe, je « ne puis donc admettre qu'on enchaîne les Compagnies par « des règles absolument fixes ; qu'on les assujettisse à des « tarifs uniformes, invariables, rigoureusement propor- « tionnels à la distance parcourue et au poids transporté. « L'égalité pour tous ceux qui sont dans des conditions « égales, soit ; mais l'égalité absolue, radicale, cela n'est « pas praticable. Qu'est-ce que le trafic ? C'est un échange « débattu entre ceux qui traitent ; si la Compagnie peut faire « un rabais de 25 % et trouver encore un bénéfice, il n'est « pas utile de l'empêcher de le faire. On dit : ce sera au

« préjudice des tiers qui ne jouiront pas du même rabais.
« Cela pourra arriver sans doute ; mais c'est la loi du progrès ;
« le bien général ne s'acquiert qu'au prix de sacrifices par-
« ticuliers ; agir autrement, c'est faire payer une prime au
« profit de ceux qui sont dans une mauvaise condition
« d'exploitation, et la faire payer par ceux qui sont dans
« une condition meilleure. En fin de compte, c'est le public
« qui l'acquitte : c'est mauvais en principe. Ainsi, dans les
« chemins de fer, il y a des portions qui traversent des
« contrées très peuplées et qui rapportent beaucoup ; on
« peut y multiplier les convois et il ne serait pas juste de
« vouloir que la Compagnie prît aussi cher sur ces points-là
« que sur ceux où elle ne fait pas ses frais. Ce que je dis là
« pour les distances parcourues, je le dirai aussi pour les
« quantités à transporter. Quand le commerce se fait en
« gros, il épargne une foule de petites dépenses et peut
« consentir à une réduction de prix. Sans doute, des abus
« et des abus fort graves peuvent se produire ; les cahiers
« des charges y pourvoient par les obligations qu'ils im-
« posent aux Compagnies et les restrictions qui circons-
« crivent leurs droits. Si les prescriptions des cahiers des
« charges actuels ne sont pas suffisantes, il faut recourir à
« des précautions plus rigoureuses, mais sans porter atteinte
« au principe de la liberté d'action des Compagnies. Les
« renfermer dans des tarifs absolus, c'est enlever à leur
« exploitation l'émulation, le zèle et l'activité qui peuvent
« en faire le succès ; c'est, en quelque sorte, leur ôter la vie
« et rendre impossible une prospérité qui profiterait à tous.
« Il faut seulement exiger qu'elles ne puissent pas avoir des
« faveurs pour les uns et des rigueurs pour les autres ;
« qu'elles accordent les mêmes avantages à tous ceux qui
« sont placés dans les mêmes conditions. »

M. Didion, membre de la commission centrale des che-

mins de fer, émit également l'avis que, sans une certaine facilité de modifier les tarifs, l'exploitation deviendrait impossible. Suivant lui, l'avantage des prix différentiels ne
pouvait être contesté par personne. Toutefois, il serait
imprudent de laisser toute latitude aux Compagnies. Pour
éviter les abus, on pourrait déférer le règlement des tarifs
au Ministre des travaux publics, assisté d'un jury compétent, tel que la commission centrale, une section du Conseil d'État, une commission commerciale particulière.

II. — APPLICATION DES TARIFS DIFFÉRENTIELS, RELATIFS
AUX QUANTITÉS TRANSPORTÉES, A LA POSITION PARTICULIÈRE
DES EXPÉDITEURS OU A D'AUTRES CONDITIONS RÉSULTANT DE
TRAITÉS SPÉCIAUX (1). — Les représentants des Compagnies
soutenaient la nécessité de ces tarifs conditionnels, établis
à raison de la quantité expédiée simultanément, de la pério-
dicité des expéditions, de l'importance annuelle des envois
et de diverses autres circonstances.

Certains industriels, au contraire, combattaient ces tarifs. A leurs yeux, les Compagnies, investies d'un monopole,
ne pouvaient bénéficier des principes généraux de la concurrence ; dépositaires d'un véritable service public, elles devaient employer des procédés plus paternels, moins égoïstes
qu'une entreprise fondée seulement par des spéculations
individuelles ; il fallait leur interdire des inégalités de traitement fatales aux voies concurrentes et aux petits commerçants.

Aux tarifs conditionnels, il y avait lieu d'ajouter les traités particuliers. Les Compagnies estimaient que la faculté,
pour elles, de conclure des marchés de cette nature déri-
vait de l'article suivant de leur cahier des charges : « Dans
« le cas où la Compagnie aurait accordé à un ou plusieurs

---

(1) On désignait alors, sous la dénomination de tarifs différentiels, les tarifs connus aujourd'hui sous le nom de tarifs spéciaux.

« expéditeurs une réduction sur les prix portés aux tarifs,
« avant de la mettre à exécution, elle devrait la faire con-
« naître à l'administration qui la rendrait obligatoire vis-à-
« vis de tous les expéditeurs….. » L'obligation d'aviser
l'administration des traités particuliers n'était même pas
inscrite dans tous les actes de concession ; néanmoins, les
Compagnies, qui n'étaient pas soumises à cette obligation, ne
refusaient jamais de faire à l'administration et aux intéressés les communications nécessaires pour qu'il n'y eût
rien de secret dans leur exploitation. Enfin, la différence
principale, entre les traités spéciaux et les tarifs conditionnels, tenait à ce que les premiers étaient affranchis des formalités préalables d'homologation et des délais minima
d'application et s'adaptaient mieux aux nécessités urgentes
ou temporaires.

III. — APPLICATION DES TARIFS DIFFÉRENTIELS AUX
EMBRANCHEMENTS SUR LES TRONCS COMMUNS. — Un certain
nombre de Compagnies avaient des troncs communs ; cette
communauté était sans inconvénients, si les prolongements
qui y faisaient suite aboutissaient à des points séparés d'intérêts, s'ils étaient exploités par une tierce Compagnie et
dans un intérêt distinct de ceux des prolongements. Elle
donnait, au contraire, naissance à des conflits inévitables,
quand les deux chemins, auxquels le tronc commun servait
de tête, aboutissaient, par des directions différentes, au
même point, au même débouché, et lorsque ce tronc commun était exploité par l'une des deux Compagnies concessionnaires de lignes rivales. Cette dernière Compagnie avait
alors des avantages décisifs et pouvait facilement conserver
le trafic sur ses rails, ne fût-ce qu'en profitant de l'inertie
des voyageurs et des marchandises.

A diverses reprises, l'opinion publique s'était émue de
la concurrence ruineuse que la Compagnie, en possession

du tronc commun, pouvait faire à la Compagnie rivale, en ne la faisant pas bénéficier des tarifs différentiels établis, pour son propre trafic, sur ce tronc commun ; les cahiers des charges ne paraissant pas contenir de dispositions propres à empêcher ces abus, les pouvoirs publics avaient étudié diverses clauses pour y porter obstacle, soit à l'occasion des concessions nouvelles, soit à l'occasion du remaniement des concessions antérieures ; mais aucune formule satisfaisante et pratique n'avait été trouvée.

Les représentants des Compagnies estimaient que le mieux serait d'éviter, autant que possible, la communauté partielle des lignes placées entre les mains de concessionnaires différents, au lieu de chercher à soumettre les troncs communs à un régime anti-commercial.

IV. — EFFETS DE L'ABAISSEMENT DES TARIFS, RELATIVEMENT AUX CANAUX ET A LA BATELLERIE. — Les représentants des Compagnies réclamaient, à cet égard, une liberté complète de concurrence, conformément à la pratique anglaise. Quant aux opinions des concessionnaires de canaux et des entrepreneurs de transport par eau, elles étaient assez divergentes : les uns craignaient la ruine de la batellerie, au grand détriment de l'intérêt public ; les autres, au contraire, ne redoutaient pas la lutte, pour les matières lourdes et encombrantes, et paraissaient même admettre que, finalement, l'activité imprimée au mouvement industriel et commercial pour les voies ferrées pourrait, dans certains cas, augmenter le trafic des voies navigables.

V. — EFFETS DE L'ABAISSEMENT DES TARIFS, RELATIVEMENT AUX MESSAGERIES. — Les représentants des messageries n'élevaient pas de plaintes contre les Compagnies ; ils se louaient, au contraire, des traités qu'ils avaient pu conclure avec elles.

VI. — EFFETS DE L'ABAISSEMENT DES TARIFS, RELATIVE-

MENT AU ROULAGE. — Les commissionnaires de roulage se plaignaient du préjudice que les chemins de fer leur causaient ; ils réclamaient des garanties à cet égard et demandaient, notamment, que les Compagnies ne pussent abaisser leurs taxes au-dessous du prix de revient, ni les relever, après les avoir abaissées, ou, tout au moins, qu'elles fussent tenues de les maintenir pendant un délai très long, après leur abaissement. Mais l'opinion générale paraissait être que le roulage devait disparaître avec le temps.

VII. — TRAITÉS PASSÉS PAR LES COMPAGNIES AVEC CERTAINES ENTREPRISES DE TRANSPORT. — Les représentants des Compagnies soutenaient qu'elles avaient, non seulement le droit, mais encore presque le devoir de subventionner les entreprises de transport, par terre ou par eau, qui pouvaient leur apporter du trafic ; elles estimaient que, tout en servant ainsi l'intérêt public, elles compensaient largement le préjudice causé aux transports à grande distance, par des voies autres que les chemins de fer, en développant les transports à petite distance.

VIII. — DROIT D'HOMOLOGATION ATTRIBUÉ AU GOUVERNEMENT, EN MATIÈRE DE TARIFS. — Les représentants des Compagnies affirmaient que le droit du Gouvernement se bornait à vérifier si les tarifs étaient inférieurs aux maxima déterminés par l'acte de concession, mais que, une fois cette vérification faite, il ne pouvait refuser son adhésion, son exequatur. Ils protestaient contre toute mainmise, plus ou moins complète, de l'État sur les tarifs, comme compromettante pour l'administration, contraire aux cahiers des charges et attentatoire à la liberté déjà restreinte des Compagnies, relativement aux entreprises concurrentes ; ils signalaient les délais d'application des tarifs abaissés, comme portant obstacle à certains essais, à certaines expériences utiles au public. Interrogés sur l'opportunité de l'institution d'une commission, d'une sorte de jury qui statuerait sur les difficultés en matière d'homologation de tarifs, ils paraissaient en accepter le principe, pourvu qu'il s'agît d'un conseil supérieur composé d'hommes indépendants.

. Les représentants du commerce, notamment le président de la chambre de commerce de Paris, admettaient que l'intervention de l'administration ne devait pas être limitée à un simple enregistrement et que son rôle devait être plus étendu et plus élevé.

L'enquête portait également sur des réclamations d'un caractère spécial et local de diverses chambres de commerce, qu'il nous paraît inutile de reproduire.

CHAPITRE IV. — ANNÉE 1851

124. — Concession du chemin de Versailles à Rennes. Allocation d'une garantie d'intérêt à la Compagnie.

I. — PROJET DE LOI. — A la fin de 1858, la ligne de Versailles à Rennes était ouverte à la circulation et exploitée par l'État entre Versailles et Chartres, presque terminée entre Chartres et la Loupe, et en voie de construction entre la Loupe et Rennes. Le Gouvernement pensa qu'il était impossible d'en ajourner plus longtemps la concession. M. Bineau, Ministre des travaux publics, déposa donc, le 7 décembre 1850, sur le bureau de l'Assemblée un projet de loi [M. U., 11 décembre 1850] autorisant:

1° La concession de cette ligne à des capitalistes anglais, à charge par eux d'exploiter le chemin de Paris à Versailles (rive gauche) conformément à un traité intervenu entre eux et la Compagnie concessionnaire dudit chemin ;

2° La concession à la Compagnie du chemin de Paris à Versailles (rive droite) d'un raccordement reliant ce chemin à celui de l'Ouest.

Le projet de loi portait en outre dotation et ouverture d'un crédit, pour l'exécution de l'embranchement de Chartres à Alençon.

Dans son exposé des motifs, le Ministre, après avoir rappelé les précédents de l'affaire, faisait connaître les mesures prises par le Gouvernement, en exécution de la loi du 21 avril 1849, qui avait autorisé le rachat du chemin de Versailles (rive gauche) et prescrit, à défaut de traité, dans un délai de trois mois, le recouvrement d'office, même par voie d'expropriation, des sommes avancées au Trésor par la Compagnie concessionnaire.

Des négociations avaient été engagées, mais sans succès, avec cette Société, et l'administration s'était vue réduite à entamer la procédure nécessaire pour la vente judiciaire du chemin de fer.

Cette procédure était sur le point d'aboutir, lorsque le Ministre s'entendit sur les bases suivantes avec MM. Peto, Stokes et consorts, capitalistes anglais.

La ligne de Versailles à Rennes leur était concédée pour quatre-vingt-dix-neuf ans. La répartition des dépenses de premier établissement entre l'État et la Compagnie était conforme à la loi de 1842, sauf cette différence que, d'une part, l'État gardait à son compte la voie de fer entre Versailles et Chartres, et que, d'autre part, il était déchargé de la construction des stations. Un intérêt de 4 %, était garanti à la Compagnie pendant les cinquante premières années de la concession sur le montant des dépenses réelles, jusqu'à concurrence d'un chiffre maximum de 55 millions ; cette garantie était considérée comme ne devant jamais être effective ; toutefois il était stipulé que, le cas échéant, les versements du Trésor lui seraient remboursés sur les excédents des recettes des exercices ultérieurs et, s'il le fallait, sur la valeur du matériel, à l'expiration de la concession. Le cahier des charges prévoyait le partage des bénéfices, dès qu'ils dépasseraient 8 %. Il disposait, à titre de clause transitoire : 1° que, tant que l'exploitation ne dépasserait pas la Loupe, la Compagnie prélèverait seulement 5 % de sa mise de fonds, l'excédent étant attribué pour les deux tiers à l'État ; 2° que le revenu réservé s'élèverait respectivement à 6 et 7 %, lorsque l'exploitation atteindrait le Mans ou l'aurait dépassé, le partage de l'excédent continuant à se faire dans la proportion d'un tiers au profit de la Compagnie et de deux tiers au profit de l'État. Les autres stipulations étaient calquées sur celles du type le plus récent, c'est-à-dire de celui qui avait été appliqué aux lignes de Nantes et de Bordeaux.

MM. Peto et consorts étaient en outre chargés de l'exploitation du chemin de Paris à Versailles (rive gauche), conformément à un traité passé entre eux et la Compagnie concessionnaire dudit chemin, traité aux termes duquel ils s'engageaient à terminer, à compléter, à mettre en état et à entretenir cette ligne ; à servir à la Compagnie un péage égal à la moitié des taxes perçues par eux ; enfin à garantir à l'État le remboursement, en principal et accessoires, du prêt de 5 millions fait à cette Compagnie, et ce, dans les conditions fixées par la loi du 21 juin 1846. Le Gouvernement adhérait à ce traité, étant entendu : 1° que, pendant le délai à courir entre l'expiration de la concession du chemin de Versailles (rive gauche) et celle du chemin de Versailles à Rennes, la société concessionnaire de ce dernier chemin continuerait à exploiter le premier, en versant à l'État el montant du péage déterminé comme il est dit ci-dessus ; 2° qu'elle serait soumise, pour le service de la ligne de Versailles (rive gauche), aux tarifs et aux principales dispositions inscrites au cahier des charges du chemin de Versailles à Rennes.

Le service de la ligne de l'Ouest devait être mis en relation avec celui des deux chemins de Versailles à Paris, de manière à assurer la continuité des transports et l'égalité de traitement sur les voyageurs et les expéditeurs de marchandises, pour l'une ou l'autre des deux branches ; en cas de difficultés, l'administration s'armait des droits nécessaires pour y pourvoir d'office.

Ce sont ces diverses stipulations que le projet de loi proposait de sanctionner.

Il tendait, en outre, comme nous l'avons dit: 1° à concéder à la Compagnie du chemin de Versailles (rive droite), moyennant allocation d'une somme de 550 000 fr. représentant le coût de l'infrastructure, un embranchement reliant ce chemin à celui de l'Ouest ; 2° à engager les travaux de construction de la section de Chartres à Alençon.

II. — RAPPORT A L'ASSEMBLÉE NATIONALE [M. U., 1ᵉʳ avril 1851]. — M. Gustave de Beaumont présenta à l'Assemblée nationale un rapport très développé sur le projet de loi dont nous venons d'indiquer l'économie générale. Après avoir repoussé diverses propositions qui tendaient, les unes à remettre en question le tracé de la ligne de Versailles à Rennes, antérieurement arrêté par le législateur en 1846, et les autres à établir une solidarité intime entre cette ligne et l'embranchement de Chartres sur Alençon, la Commission avait admis, à l'unanimité, le principe de la concession directe portant sur toute la longueur de la ligne principale entre Versailles et Rennes. Elle avait constaté que l'État était libre de tout engagement vis-à-vis de l'une ou l'autre des deux Compagnies de Paris à Versailles, contrairement à leurs assertions, et que les précédents, l'exécution de la gare de Montparnasse, les poursuites engagées contre la Compagnie de Versailles, rive gauche, le traité intervenu entre cette Compagnie et la société Stokes, tout justifiait le parti auquel s'était arrêté le Gouvernement pour assurer l'entrée dans Paris de la ligne de l'Ouest. Elle avait reconnu la capacité financière de MM. Stokes et consorts ; puis elle s'était livrée à un examen approfondi des clauses du contrat passé avec ces entrepreneurs. Elle avait donné son assentiment au principe de la répartition des dépenses de construction entre l'État et la Compagnie ; toutefois, au lieu de chercher dans un abaissement du revenu réservé avant partage, jusqu'à l'exploitation de la ligne sur toute sa longueur, une compensation au petit excédent que présentaient les dépenses incombant à l'État sur la part déterminée par la loi de 1842, elle avait conclu à puiser cette compensation : 1° dans des avances, sans intérêt, à faire par la Compagnie pour hâter l'achèvement de l'infrastructure entre la Loupe et le Mans; 2° dans un concours de trois millions à fournir par cette Compagnie pour l'embranchement de la Loupe à Caen. Elle avait adopté la durée de quatre-vingt-dix-neuf ans attribuée à la concession. Elle avait également admis la garantie d'intérêt, qui lui avait paru justifiée par l'utilité publique de la ligne, motivée par la nécessité de donner à l'affaire le sceau de la confiance dans le crédit de l'État, assez peu rémunératrice pour ne pas désintéresser la Compagnie et pour sauvegarder son initiative et sa bonne gestion. Étudiant si cette garantie serait effective, elle avait évalué : 1° le maximum des dépenses de premier établissement laissées à la charge de la Compagnie, à 43 millions jusqu'au jour où la seconde voie serait posée au delà de la Loupe, et à 55 millions quand la double voie existerait sur toute la longueur de la ligne ; 2° le revenu net probable, à 11 1/2 %, pendant la période de l'exploitation isolée de Versailles à la Loupe, à 7 1/2 % pendant la période de l'exploitation de Versailles au Mans, à 4,65 %, au moins, après l'ouverture complète de la ligne. Elle avait déduit de ces chiffres que la garantie serait purement morale et que, d'autre part, l'entreprise serait suffisamment fructueuse pour la Compagnie. Elle avait émis un avis favorable à toutes les autres stipulations du cahier des charges, en adoucissant toutefois la clause relative au train de la poste et en se bornant à inscrire le droit pour les deux Ministres des finances et des travaux publics de régler l'horaire de l'un des trains réguliers à affecter, tant à l'aller qu'au retour, au transport gratuit des dépêches. Ainsi, la

Commission avait donné son adhésion presque absolue aux propositions du Ministre concernant le chemin de Versailles à Rennes; elle avait d'ailleurs discuté minutieusement une offre de la Compagnie de Versailles, rive droite, mais conclu à la rejeter comme moins avantageuse.

Quant au raccordement destiné à relier la ligne de l'Ouest au chemin de Paris à Versailles (rive droite), elle l'avait jugé si nécessaire et si fructueux qu'elle avait supprimé toute subvention de l'État et laissé au Gouvernement la faculté de le concéder, soit à la Compagnie de l'Ouest, soit à celle de Versailles, dans des conditions qui assurassent un partage impartial du trafic entre les deux rives.

En ce qui touchait le chemin de la Loupe à Alençon, ou plutôt de la Loupe à Caen, malgré les demandes tendant à oacorder la priorité à la ligne directe de Paris à Caen par Évreux, Bernay et Lisieux, la Commission avait proclamé la nécessité de l'exécuter, attendu qu'il comportait une dépense notablement moindre, qu'il donnait une satisfaction plus large à la contrée à desservir, enfin qu'il devait compléter heureusement le chemin de Versailles à Rennes et en augmenter les produits; mais, en l'état des finances publiques, elle n'avait pas cru devoir le doter immédiatement et s'était contentée de prendre acte de l'engagement de la Compagnie Stokes d'y concourir pour 3 millions.

Telles étaient les déterminations qu'exposait le rapport de M. de Beaumont.

III. — PREMIÈRE DÉLIBÉRATION [M. U., 25 avril 1851]. — Lors de la première délibération, M. Hennequin s'éleva énergiquement contre la nouvelle application que l'on voulait faire de la loi de 1842, en ajoutant encore aux avantages résultant de cette loi pour la Compagnie celui d'une garantie d'intérêt et en retombant ainsi dans les abus scandaleux du Gouvernement déchu. La démocratie avait manqué à sa mission, en ne reprenant pas possession des grandes voies de communication ; elle devait ne pas aggraver cette faute, en adhérant à une concession aussi onéreuse que celle dont l'approbation était demandée au Parlement.

M. Crémieux fit valoir qu'une commission spéciale, chargée de l'examen d'une proposition relative au chemin de Paris à Avignon, débattait la question de l'exploitation des voies ferrées par l'État ou l'industrie privée, qu'il convenait d'attendre les résultats de ses travaux et qu'il fallait dès lors se borner à donner à l'administration les ressources nécessaires pour continuer la construction de la ligne de l'Ouest.

Le rapporteur répondit qu'il n'y avait pas d'analogie entre les deux lignes ; que le chemin de l'Ouest était très avancé, à l'inverse de celui de Lyon à Avignon, qui n'était pas commencé ; qu'il avait moins d'importance au point de vue général ; que d'ailleurs, au moment de la discussion du dernier projet de loi relatif à la ligne de Paris à Avignon, le Gouvernement avait échoué, non sur le principe de la concession, mais sur celui de l'unité de concession. Il insista donc pour que l'Assemblée passât à une deuxième délibération, et obtint gain de cause.

IV. — Deuxième délibération [M. U., 2, 3 et 4 mai 1851]. Quand s'ouvrit cette seconde délibération, M. Sautayra formula un amendement tendant à la construction par l'État de la ligne de Versailles à Rennes. Dans les développements qu'il présenta à la tribune à l'appui de cet amendement, il exprima tout d'abord le regret que les prescriptions de la loi de mai 1849 concernant l'expropriation du chemin de Versailles (rive gauche), ne fussent pas encore exécutées, et que le Gouvernement eût tant d'égards pour une société insolvable et récalcitrante. Il s'efforça ensuite de démontrer l'impossibilité de souscrire à une concession séculaire dans laquelle on abandonnait complètement au concessionnaire la section en exploitation de Versailles à Chartres, dont le produit net était de 1 million et monterait à 2 millions et demi aussitôt après l'achèvement du tronçon de Chartres à la Loupe, travail n'exigeant pas une dépense de plus de 6 millions. Pourquoi l'État ne gardait-il pas un chemin si fructueux, dont le revenu lui permettrait de faire progressivement les emprunts nécessaires, pour le pousser jusqu'à Rennes, sans grever son budget? Pourquoi, en outre, écrasait-on la Compagnie de Versailles (rive droite), au profit de celle de Versailles (rive gauche), alors que la première avait sur la seconde le mérite d'avoir tenu ses engagements?

M. de Mouchy répliqua en invoquant les discussions approfondies de 1842 et la détermination sage, prudente, prise à cette époque, l'état de nos finances, le défaut de capacité de l'État pour l'exploitation, le déficit des chemins de fer belges, la nécessité de ne pas ajourner les travaux.

M. Magne, Ministre des travaux publics, contesta les chiffres cités par M. Sautayra et fit remarquer en outre que le revenu probable du chemin, suffisant pour empêcher la garantie d'intérêt d'être effective, ne le serait pas pour servir l'intérêt d'un emprunt d'État.

Suivant M. Versigny, le projet de loi ne pouvait trouver de justification que s'il permettait d'obtenir une entrée à Paris dans de meilleures conditions et s'il facilitait la constitution des ressources nécessaires à l'exécution de la ligne. Or, en profitant de la lutte et de la concurrence des deux chemins de Versailles, le Gouvernement arriverait, sans aucun doute, à obtenir sur l'un ou sur l'autre une réduction du péage et à s'assurer une entrée dans Paris, sans passer par l'intermédiaire de la Compagnie Stokes et sans consacrer un traité, qui devait avoir pour effet d'élever immédialement, de 170 francs à 600 francs, le cours des actions du chemin de Versailles, rive gauche ; d'un autre côté, le crédit public étant au moins égal à celui de l'industrie privée, il était évident que l'État réaliserait les fonds nécessaires sans plus de difficulté que la Compagnie, à laquelle il s'agissait d'octroyer la concession.

Le rapporteur répondit à M. Versigny, en faisant l'éloge des résultats obtenus par la participation simultanée de l'État et de l'industrie privée à l'œuvre des chemins de fer, telle qu'elle était sortie du vote des Chambres en 1842 ; en contestant les allégations de cet orateur, sur le bénéfice énorme qui avait été attribué à la Compagnie de Versailles (rive gauche); en montrant que la plus-value restreinte dont bénéficieraient les titres de cette Compagnie résulterait, non de la loi en discussion, mais du fait même du prolongement du chemin ; et enfin en faisant valoir la difficulté pedoter les travaux sur les fonds du budget.

Après un échange d'observations entre M. Sainte-Beuve et M. Versigny, l'amendement de M. Sautayra fut repoussé et l'Assemblée vota la concession de la ligne de Versailles à Rennes à la Compagnie Stokes.

A l'occasion de la discussion du cahier des charges, M. Schœlcher développa une proposition ayant pour objet de stipuler, dans l'intérêt des classes pauvres, que jamais un convoi ne partirait sans voitures de 3° classe et que le nombre des voitures de cette classe serait au moins égal à celui des voitures de première. Cette proposition, qui faisait obstacle à la mise en circulation des trains de grande vitesse, fut rejetée sur la demande du rapporteur et du Ministre.

M. Versigny présenta, de son côté, un amendement aux termes duquel la Compagnie Stokes était tenue de rapporter, dans le délai d'un mois, l'adhésion de la Compagnie

de Versailles (rive gauche), aux clauses du cahier des
charges concernant le rachat, de telle sorte que, si l'État
reprenait ultérieurement la ligne de Versailles à Rennes, il
pût également reprendre l'entrée à Paris. Mais sur l'observation que, en cas de rachat de la ligne de l'Ouest, l'État
serait substitué à la Compagnie dans son traité avec celle
de Versailles (rive gauche), l'amendement fut repoussé.

L'Assemblée rétablit, sur la proposition du général
Baraguay-d'Hilliers et de M. Bineau, un article que la
Commission avait supprimé et aux termes duquel la moitié
des emplois, à déterminer par un règlement d'administration publique, serait réservé aux anciens militaires.

Un amendement de M. Sautayra, ayant pour but de
faire rétablir le taux de 4 %, qui avait été primitivement
stipulé pour l'intérêt du prêt de l'État à la Compagnie de
rive gauche et que le projet de loi abaissait à 3 %, ne fut
pas adopté.

Il en fut de même d'un autre amendement du même
député portant suppression de la garantie d'intérêt et subsidiairement réduction de cette garantie à 3 %.

Conformément à la demande du Ministre, l'Assemblée
rétablit l'article relatif au service postal, tel que l'avait
proposé le Gouvernement.

Le Ministre, puis la Commission avaient, nous l'avons
dit, inscrit au cahier des charges des dispositions de nature
à assurer, dans des conditions d'égalité, le débouché de
la ligne de l'Ouest par les deux chemins de Versailles;
après coup, un accord étant intervenu entre les deux Compagnies de Versailles, la Commission avait pu préciser encore ces dispositions. M. Ferdinand de Lasteyrie combattit
la proposition, qu'il considérait comme fatale pour les
quartiers de la rive gauche de la Seine à Paris. M. Vavin
joignit ses efforts à ceux de M. de Lasteyrie et fit observer

que l'on risquait de compromettre l'exécution du chemin
de fer de ceinture de Paris, auquel il importait de maintenir son unité et son intégrité. Mais l'Assemblée se rallia
à la rédaction de la Commission, qui fut défendue par
M. de Mouchy et par le Ministre et qui lui parut absolument conforme à l'intérêt général.

L'article du projet de loi, qui avait trait à l'établissement du chemin de Paris à Caen, par la Loupe, donna lieu
à un débat assez vif. M. Passy en demanda la suppression,
afin de ne pas préjuger le choix entre ce tracé et celui de
Lisieux, qui était beaucoup plus favorable au point de vue
de la rapidité des communications entre Caen et Paris, et
de laisser entière une question qui n'avait pas été suffisamment étudiée.

M. Bocher appuya au contraire le projet de loi ; il rappela que la loi du 21 juin 1846, dans un but de transaction,
avait décidé tout à la fois la création du chemin de Paris à
Cherbourg par Lisieux et Évreux, avec embranchement sur
Rouen, et celle de la ligne de Rennes par le Mans, avec embranchement sur Alençon et Caen ; qu'elle avait établi une
solidarité complète, au point de vue de l'exécution, entre
ce dernier embranchement et la ligne à laquelle il se rattachait ; mais que les circonstances n'avaient permis de trouver
des concessionnaires sérieux, ni pour l'une, ni pour l'autre
des deux lignes. Il ajouta que l'occasion se présentait, non
pas de réaliser les promesses faites en 1846, au profit de la
ville d'Alençon, mais d'en préparer et d'en faciliter la réalisation ultérieure, sans compromettre le sort de la ligne de
Cherbourg, et qu'il serait imprudent et impolitique de ne
pas en profiter.

M. de Vatimesnil insista sur ce fait, que le projet de loi
constituait un préjugé en faveur de la ligne de Paris à
Cherbourg par la Loupe, qu'on reculerait probablement

pendant de longues années devant l'exécution simultanée
de deux chemins reliant Cherbourg à la capitale et qu'il
convenait de ne pas prendre d'ores et déjà parti pour la
direction la plus longue et la moins favorable aux intérêts
généraux du pays, pour une direction qui grèverait les
transports entre la Manche et Paris d'un supplément de
parcours de 56 kilomètres, et par suite d'un supplément
de frais considérable. Il soutint que l'écart entre les dépenses afférentes aux deux directions ne dépassait pas
6 millions, que l'offre de 3 millions formulée par la Compagnie du chemin de fer de Rennes ne pouvait être un élément
de décision, qu'en effet la Compagnie du chemin de Rouen
était disposée à fournir la même subvention. Comme
M. Passy, il réclama la suppression de l'article 6.

M. Daru prononça un long discours en faveur des conclusions de la Commission et s'attacha à justifier, par des
considérations d'économie, la priorité attribuée au tracé
de la Loupe-Alençon-Caen; puis M. Thiers, dans un langage lumineux, spirituel et nourri de faits, vint demander à
son tour l'ajournement du choix entre les deux tracés, en
invoquant la supériorité de la ligne la plus directe, au point
de vue de la défense des côtes et de l'approvisionnement de
Cherbourg.

Malgré une réplique du rapporteur, la Commission fut
battue.

v. — Troisième délibération [M. U., 11, 13 et 14 mai
1851]. — A la troisième délibération, M. Sautayra reproduisit sans succès l'amendement qu'il avait déjà présenté,
pour l'exécution par l'État de la ligne de l'Ouest, mais qu'il
complétait en prévoyant, pour faire face à la dépense, des
emprunts gagés par les produits du chemin.

M. Barthélemy Saint-Hilaire demanda des justifications

de nature à lever ses scrupules sur la longue durée assignée au bail. Le rapporteur s'étant borné à lui répondre que le délai de quatre-vingt-dix-neuf ans était motivé par le peu d'importance des prélèvements susceptibles d'être opérés sur les recettes annuelles, pour l'amortissement du capital de premier établissement, il insista pour obtenir des renseignements plus précis. M. Lacrosse rappela les évaluations données dans le rapport, au sujet des dépenses de premier établissement et des bénéfices probables, et invoqua la nécessité de réduire autant que possible l'annuité d'amortissement, pour ne pas rendre effective la garantie d'intérêt.

M. Pougeard chercha à prouver, d'après les chiffres mêmes du rapport, que le revenu net de la ligne serait suffisant pour permettre l'amortissement en un nombre d'années de beaucoup inférieur à quatre-vingt-dix-neuf ans, tout en laissant aux capitaux un intérêt largement rémunérateur.

M. Sainte-Beuve, membre de la Commission, contesta les allégations de M. Pougeard.

Puis M. Crémieux prononça un long réquisitoire contre l'abandon séculaire de nos chemins de fer et de leurs tarifs, contre les largesses exorbitantes auxquelles on s'abandonnait à l'égard des Compagnies.

Après une réponse du Ministre des travaux publics, l'Assemblée repoussa un amendement de M. Crémieux tendant à stipuler que le délai de quatre-vingt-dix-neuf ans serait ramené à cinquante ans, si, dans le courant des trente premières années, les revenus nets s'élevaient à 7 % pendant quatre années consécutives, et un amendement de M. Pougeard ayant pour objet de disposer que la concession prendrait fin aussitôt après l'amortissement du capital, majoré de 25 %, l'intérêt de ce capital étant réglé à 5 %.

A la suite d'une proposition de M. Schœlcher et conformément aux conclusions de la Commission, l'Assemblée modifia la division de la taxe des voyageurs de 3° classe en péage et frais de transport, de manière à établir plus d'harmonie entre cette division et celle des taxes afférentes aux autres classes et, en même temps, à réduire l'impôt dont était frappé le prix de transport des classes pauvres.

Elle rejeta au contraire un amendement de M. Maissiat, ayant pour but de ne taxer que comme la houille les bois de construction destinés à la marine de l'État.

Ensuite un débat intéressant s'engagea sur l'article du cahier des charges qui, après avoir posé le principe de l'égalité de traitement pour tous les expéditeurs ou voyageurs, laissait à l'administration la faculté de déclarer ou de ne pas déclarer obligatoire à tous les expéditeurs et à tous les articles de même nature la réduction consentie par la Compagnie, au profit de l'un ou de plusieurs d'entre eux. M. Kestner demanda que, pour éviter tout abus, cette faculté fût transformée en une clause impérative.

M. Daru, déplaçant la question, prit la défense des tarifs spéciaux qui se justifiaient, soit par la quantité et l'importance des expéditions, soit par la distance parcourue, soit par les concurrences; ces tarifs profitaient, suivant lui, au public comme à la Compagnie; ils se prêtaient à des échanges qui, sans le jeu de ces taxes réduites, auraient été impossibles; ils constituaient l'élément essentiel de la vie de toute voie de transport; ils étaient en usage dans tous les pays du monde. Tous les intérêts étaient suffisamment sauvegardés par l'homologation préalable des taxes, par l'interdiction de les relever pendant un certain délai, par la faculté qu'attribuait au Ministre l'article en discussion. On ne pourrait renoncer aux tarifs différentiels, sans diminuer l'effet utile des chemins de fer et leur revenu, et, par suite, sans nuire à leur développement.

Tout en faisant ses réserves sur les abus que pouvaient

entraîner, le cas échéant, les tarifs spéciaux, M. Dupont
(de Bussac) chercha à ramener le débat sur son véritable terrain. Mais l'amendement n'en fut pas moins
rejeté.

La loi fut votée dans son ensemble le 12 mai (B. L.,
1ᵉʳ sem. 1851, n° 390, p. 575].

Un décret du 16 juillet 1851 [B. L., 1ᵉʳ sem. 1851, n° 420,
p. 133] approuva la convention passée en exécution de cette
loi : 1° avec la Société Stokes, pour la concession du chemin de Versailles à Rennes et des gares de Paris-Vaugirard
(rive gauche); 3° avec la même Société ainsi qu'avec MM. Emile
Pereire et d'Eichtal, représentant la Compagnie de Saint-
Germain et stipulant au nom de la Compagnie de Versailles
(rive droite), pour la concession de l'embranchement destiné
à raccorder à Viroflay les deux chemins de Versailles et
l'exploitation du chemin de Versailles (rive droite).

La ligne fut ouverte sur toute sa longueur en 1857.

**125. — Allocation pour l'exécution des chemins de Tours
à Bordeaux et de Paris à Strasbourg.**—Le chemin de Tours
à Bordeaux était terminé entre Tours et Poitiers, ainsi
qu'entre Angoulême et Bordeaux, tout au moins pour la part
afférente à l'État, en exécution des lois du 11 juin 1842 et du
26 juillet 1844; on comptait que l'exploitation serait complètement ouverte de Paris à Poitiers, en juillet ou en août
1851, et d'Angoulême à Bordeaux, en août 1852; mais on
avait reconnu la nécessité de crédits supplémentaires pour
la construction de l'infrastructure entre Poitiers et Angoulême ; ces crédits étaient évalués à 14 600 000 fr.

Le chemin de fer de Paris à Strasbourg était livré à la
circulation entre Paris et Vitry-le-François; au 1ᵉʳ juin 1851,
les sections de Vitry à Bar-le-Duc, de Frouard à Nancy et

de Sarrebourg à Strasbourg devaient également être mises en service.

La dotation nécessaire à l'achèvement des travaux à la charge de l'État, entre Paris et Hommarting, comportait néanmoins une augmentation de 17 700 000 fr.

Le Ministre des travaux publics présenta le 22 mai un projet de loi tendant à cette double allocation supplémentaire [M. U., 27 mai 1851].

Le 14 juin [M. U., 17 juin 1851], M. de Mouchy déposa un rapport favorable à ce projet de loi, qui fut voté sans discussion le 30 du même mois [M. U., 1er juillet 1851. — B. L., 1er sem. 1851, n° 408, p. 761].

126. — **Allocation pour l'exécution des sections de Chalon à Lyon et de Valence à Avignon.** — Le Gouvernement avait présenté, les 9 avril et 3 mai, des projets de loi dont nous aurons à parler incessamment, au sujet des lignes de Paris à Lyon et de Lyon à Avignon. Comme la décision de l'Assemblée se faisait attendre et que, d'autre part, il importait de fournir du travail aux ateliers, le Ministre sollicita, le 1er août, un crédit de 6 millions pour commencer les travaux entre Chalon et Lyon, ainsi qu'entre Valence et Avignon [M. U., 4 août 1851].

La Commission du budget de 1852 émit l'avis que l'allocation fût réduite au strict nécessaire pour la continuation purement provisoire des travaux, soit pendant la prorogation de l'Assemblée, soit jusqu'à la fin de 1851. Elle se prononça d'ailleurs, chemin faisant, contre les conclusions de la commission spéciale du chemin de Paris à Lyon, que nous aurons à relater ultérieurement.

Le 2 août, M. Gasc, au nom de la Commission du budget de 1851, proposa l'adoption des dispositions soumises à la sanction de l'Assemblée [M. U., 3 et 5 août 1851].

Lors de la discussion [M. U., 6 et 7 août 1851], M. Crémieux présenta un amendement ayant pour objet d'élever
la dotation à 10 millions, dont 6 pour la section de Paris à
Lyon et 4 pour celle de Lyon à Avignon. M. Gasc, rapporteur, combattit cet amendement, d'accord avec les Ministres des travaux publics et des finances, comme portant les
crédits à un chiffre qu'il était impossible d'atteindre pendant la prorogation de l'Assemblée. M. Morellet le soutint,
au contraire, en faisant remarquer que la somme de 6 millions serait absorbée par les indemnités de terrains et qu'il
fallait nécessairement ouvrir les chantiers, non seulement
entre Chalon et Lyon, ainsi qu'entre Valence et Avignon,
mais encore entre la Guillotière et Vienne; il formula, pour
assurer le commencement des travaux sur ce dernier tronçon, un sous-amendement qui fut repoussé. L'amendement
proprement dit de M. Crémieux fut de même rejeté. Puis
l'Assemblée sanctionna le projet de loi [B. L., 2e sem. 1851,
n° 431, p. 213].

127. — Allocation pour l'exécution du chemin de Paris à Lyon.

I. — PROJET DE LOI [M. U., 10 avril 1851]. Comme nous
l'avons fait connaître antérieurement, l'Assemblée avait
émis, en 1850, un vote favorable à l'exécution du chemin de
fer de Paris à Avignon par l'État, mais contraire à la concession à une Compagnie unique.

Le Ministre des travaux publics avait, en conséquence,
préparé deux cahiers des charges devant servir de base à
la concession distincte du chemin de Paris à Lyon et du
chemin de Lyon à Avignon et les avait remis à la Commission du budget.

Bien que cette Commission eût déposé son rapport le

1

31 juillet, la discussion ne s'était pas ouverte devant l'Assemblée.

Depuis, une société, comptant parmi ses membres des capitalistes et des entrepreneurs anglais, déjà connus en France par leur participation à de grands travaux publics, avait offert de soumissionner le chemin de Paris à Lyon aux conditions suivantes : concession de quatre-vingt-dix-neuf ans ; garantie d'intérêt de 4 °/₀ pendant cinquante ans ; achèvement à ses frais de la ligne, y compris la traversée de Lyon jusqu'à Perrache ; construction, également à ses frais, d'une gare de marchandises et de voyageurs à Vaise ; participation, pour moitié, aux dépenses de construction de la gare de Perrache ; remboursement à l'État de 100 millions, dont 20 avant la prise de possession, 22 avant la fin de 1852, et le surplus en dix annuités, au moyen d'obligations négociables portant intérêt à 4 °/₀ ; enfin garantie de l'État que, si le prolongement du chemin du Centre jusqu'au Rhône était concédé, la communication par cette voie entre Paris et Givors ne serait pas terminée, avant l'achèvement du chemin de Paris à Lyon et son raccordement avec celui de Lyon à Avignon.

M. Magne, Ministre des travaux publics, présenta, le 9 avril 1851, un projet de loi tendant à la concession dans ces conditions.

II. — RAPPORT A L'ASSEMBLÉE NATIONALE [M. U., 26 juillet 1851]. — Ce fut M. Dufaure qui eut à présenter le rapport à l'Assemblée.

Après avoir rappelé les précédents, l'éminent rapporteur fit connaître que la Commission avait eu à se prononcer, non seulement sur le projet de loi, mais encore sur une proposition de MM. de Rancé et le colonel Laborde, qui avait été prise en considération et qui tendait à autoriser le Ministre des travaux publics :

1° A traiter directement, moyennant une somme de 200 millions au plus, avec une Compagnie anglaise, Ridont-Read et consorts, pour la construction de la ligne de Paris à Avignon entre Chalon et Avignon (la section de Paris à Chalon était en exploitation), pour celle des embranchements d'Auxerre et d'Aix, et pour la fourniture du matériel de ces divers chemins ;

2° A affermer à M. Rousselet, entrepreneur de messageries, l'exploitation pendant quarante ans de la ligne de Paris à Avignon et des deux embranchements, avec obligation pour cet industriel de verser entre les mains de la Compagnie Ridont-Read, dans un délai de cinq années, une somme de 50 millions, à employer à la construction du chemin de Moulins à Roanne et à Clermont, et de payer un prix de ferme égal à 7 °/₀ du prix de construction.

Après coup, M. Ridont-Read avait modifié son offre en la réduisant à la ligne de Chalon à Avignon, tout en maintenant le prix à forfait à 200 millions ; il avait en outre proposé, soit d'être régisseur intéressé du chemin pendant la durée des travaux, avec le cinquième des revenus pour salaire, soit de devenir fermier après l'achèvement de la ligne, pour une durée de trente-six ans, moyennant paiement d'un canon annuel de 15 millions et avec participation de l'État aux bénéfices, au-dessus de 18 millions.

De son côté, M. Jules Séguin avait également formulé des offres pour l'exécution à forfait des travaux, l'entretien de la ligne pendant vingt ans et la traction.

Enfin, la Commission avait reçu, indépendamment de la demande en concession qui faisait l'objet du projet de loi, deux autres demandes, à savoir : 1° l'une émanant d'une Compagnie représentée par MM. Letellier et Gaillard

et formée des principaux entrepreneurs de la section de
Paris à Chalon, pour l'achèvement de la ligne jusqu'à Lyon
et sa concession pendant cinquante-cinq ans, avec garantie
d'intérêt de 4 °/₀ sur un capital de 140 millions, moyennant
remboursement à l'État de 170 millions, dont 20 avant la
prise de possession, 40 en cinq annuités et 110 en cinquante-
cinq annuités sans intérêt, prélèvement fait de 5 1/2 sur
les produits nets;

2° La seconde, émanant d'autres entrepreneurs, pour
l'exécution de la ligne de Chalon à Avignon et la concession, pendant quatre-vingt-dix-neuf ans, du chemin de
Paris à Lyon, avec garantie d'intérêt de 4 °/₀ sur 190 millions et subvention de l'État de 26 millions ; les bénéfices devaient être partagés au-delà de 8 °/₀.

La Commission avait dû, avant tout, résoudre la question du tracé à adopter à la traversée de Lyon et celle de
l'emplacement à assigner aux gares de voyageurs et de marchandises, devant servir de tête aux deux lignes de Paris et
d'Avignon, à leur jonction dans cette ville. Elle avait pensé
qu'il convenait de suivre le courant commercial préexistant ; de côtoyer, à cet effet, la Saône ; et, par suite, d'a-
dopter la direction par Vaise et Saint-Irénée, déjà engagée, d'ailleurs, par des expropriations. L'une des
deux lignes avait sa gare de marchandises à Vaise, l'autre
à la Guillotière; une gare commune de voyageurs était
établie à Perrache.

Ensuite la Commission avait évalué, à 90 millions le
montant des dépenses nécessaires à l'achèvement du chemin
de Paris à Lyon.

Quant au produit probable, elle l'estimait à un chiffre
qui variait de 10 600 000 fr. à 11 500 000 fr. par an, pour
l'exploitation de la section de Paris à Chalon, et de
14 400 000 fr. à 15 500 000 fr. pour l'exploitation du che-

min complet de Paris à Lyon. Cette évaluation était basée
sur les recherches très consciencieuses de 1845, et sur les
résultats de l'expérience des deux lignes d'Orléans et de
Rouen, où on avait vu le produit de la petite vitesse s'élever
respectivement de 1 à 2,79 et de 1 à 2,19 en six années.

Ces calculs préliminaires terminés, la Commission avait
examiné si la durée de la concession et les conditions auxquelles elle était subordonnée étaient en rapport avec les
sacrifices consentis par la Compagnie ; jugeant le contrat
beaucoup trop défavorable à l'intérêt public, elle en avait
demandé la modification ; non seulement elle n'avait rien
obtenu, mais elle avait même pu constater qu'elle ne se
trouvait pas en présence d'une société constituée ou de capitalistes prenant en leur nom des engagements suffisants ;
elle avait donc conclu au rejet de loi.

Les deux autres demandes en concession donnaient lieu
aux mêmes objections.

Quant aux marchés à forfait, ils paraissaient beaucoup
trop importants pour être conclus en connaissance de cause
par l'une ou l'autre des deux parties, et, du reste, ils exposaient l'État à des conflits avec l'entrepreneur, dont l'ob-
jectif eût été évidemment de dépenser le moins possible
au détriment des qualités techniques de la ligne et de sa
bonne exécution.

La Commission avait, par suite, pensé que la seule mesure à prendre était de décider la continuation provisoire
des travaux par l'État, et d'ouvrir à cet effet un crédit extraordinaire de 15 millions sur l'exercice 1851 et de 35 millions sur l'exercice 1852, de manière à préparer l'exploita-
tation sur toute la longueur comprise entre Paris et Vaise,
pour 1853. Ces sommes ne devaient constituer que des avances
remboursables par le futur concessionnaire.

III. — Discussion. — Un premier débat s'ouvrit le 1er août [M. U., 2 août 1851]; mais il ne porta que sur une question de procédure. Il s'agissait de savoir si la Commission du budget serait consultée ou si, au contraire, elle n'aurait pas à fournir préalablement son avis. Malgré M. Dufaure, rapporteur, et M. Passy, président de la commission du budget, le Ministre des finances et le Ministre des travaux publics obtinrent le renvoi à cette Commission qui conclut, comme nous l'avons dit antérieurement, au rejet de la combinaison financière soumise à l'Assemblée par la commission spéciale du chemin de fer de Paris à Lyon.

La discussion ne se rouvrit que le 13 novembre. Elle commença par une escarmouche entre M. Lacrosse, Ministre des travaux publics qui, voulant se donner le temps de reprendre des négociations avec une Compagnie, sollicitait la priorité de délibération pour la section de Lyon à Avignon, et MM. Morellet et Sain qui, partisans de l'exécution par l'État, s'opposaient à cette demande. Tout en affirmant qu'il paraissait impossible de réaliser une concession satisfaisante, M. Dufaure déclara se désintéresser de l'ordre à assigner aux deux projets de loi. Ce fut encore cette fois le Ministre qui succomba.

Un délai de quelques jours s'étant écoulé entre ces premières hostilités et le débat sur le fond, le Ministre en profita, pour négocier avec la Compagnie qui avait été désignée dans le projet de loi du 9 avril et pour obtenir d'elle un certain nombre de modifications aux stipulations primitives du cahier des charges; il vint donc déclarer à la Chambre qu'il maintenait ses propositions antérieures tendant à la concession du chemin de Paris à Lyon [M. U., 27 novembre 1851]. De son côté, le rapporteur, M. Dufaure, fit connaître que la Commission persistait dans ses conclusions.

Les positions étant ainsi nettement prises, M. Martin

(du Loiret) prononça un discours contre le projet de loi.
Après avoir soutenu qu'on s'était fait illusion sur les effets
de la concurrence entre les diverses lignes de chemin de
fer, et, surtout, que l'on n'avait pas eu la sagesse de prévoir
les redoutables effets de l'entente entre les diverses Compagnies qui, par le jeu de leurs tarifs, pouvaient troubler absolument les situations acquises, tuer le commerce ou l'industrie de certaines villes pour les développer sur d'autres
points, provoquer de véritables révolutions commerciales,
il signala les dangers de la concession d'une ligne aussi
importante que celle de Lyon ; il montra le monopole écrasant de la Compagnie, entre les mains de laquelle serait
aliénée cette ligne, s'étendant peu à peu sur tous nos ports
de mer, sur toutes nos voies de communication, et subordonnant pendant quatre-vingt-dix-neuf ans l'intérêt général
à son caprice et à son arbitraire.

Puis, sur la demande de M. Crémieux, le Ministre
indiqua les modifications qui avaient été apportées au projet
primitif de contrat et qui consistaient : 1° dans l'abréviation
des délais accordés par la Compagnie pour achever les diverses sections ; 2° dans l'adjonction d'une maison française
aux capitalistes anglais, qui constituaient exclusivement la
Société avec laquelle avaient été engagés les pourparlers
primitifs ; 3° dans l'obligation de verser un cautionnement
avant que le décret de concession fût intervenu.

L'Assemblée passa immédiatement à la discussion des
articles du contre-projet présenté par la Commission.

Le premier article, qui stipulait la continuation provisoire du chemin de fer aux frais de l'État, fut vivement
combattu par le Ministre des travaux publics. M. Lacrosse
rappela le caractère exceptionnel d'urgence de la ligne
de Paris à Lyon et Marseille, au point de vue de la concurrence contre les nations voisines; la nécessité d'y con-

sacrer des sommes considérables ; la difficulté de recourir, à cet effet, soit à l'impôt, soit à l'emprunt d'État ;
l'avis très catégorique de la Commission du budget de 1852.
Il insista pour le rejet de l'article, dont l'adoption ne permettrait même pas à l'Assemblée d'examiner les clauses du
cahier des charges préparé par le Gouvernement.

M. Sain critiqua le projet de loi que le Ministre voulait
faire prévaloir. D'après ce projet de loi, la Compagnie était
censée donner au Trésor une somme de 100 millions, dont
20 le jour de la prise de possession, 22 autres un an après et
le surplus en dix annuités avec intérêt à 4 %. ; mais comme,
pendant cette période décennale, la section de Paris à Chalon devait, à elle seule, rapporter 121 millions, la Compagnie recevrait en fait un cadeau de 6 millions. Elle aurait,
il est vrai, à dépenser 90 millions pour l'achèvement du
chemin ; mais, le revenu net devant alors s'élever annuellement à 15 millions, elle pourrait amortir cette dépense en
un petit nombre d'années et réaliser pendant la durée de
la concession un bénéfice de 1 215 millions en capital ou de
3 milliards 600 millions avec les intérêts à 5 %. Il suffisait de
citer ces chiffres pour condamner le projet de concession ;
en outre les pourparlers, que la Commission venait d'avoir
avec les fondateurs de la Société, avaient démontré surabondamment que cette société n'existait pas et que la constitution en était absolument problématique. Les arguments
tirés, par le Gouvernement, de la situation du Trésor étaient
sans valeur. Ce qui pressait, c'était l'achèvement de la
ligne jusqu'à Vaise : il suffisait à cet effet de 60 millions,
soit 20 millions par an, pendant trois ans ; la moitié au
moins de cette somme devant être fournie par les produits
de l'exploitation, il ne resterait à trouver annuellement
que 10 millions et il était impossible d'alléguer que le
budget ne pût faire face à une charge si minime. A cette

considération en faveur de l'exécution par l'État, M. Sain en ajouta d'autres empruntées à l'intérêt du commerce et de l'industrie.

M. Raudot attaqua au contraire l'avis de la Commission, en invoquant le chiffre élevé de notre dette flottante ; les entraînements auxquels l'État céderait inévitablement dans la voie des abaissements de tarifs, s'il conservait l'exploitation du chemin ; les déficits auxquels il s'exposerait et qui ne pourraient être couverts que par des impôts supplémentaires ; la facilité avec laquelle il glisserait sur la pente des travaux improductifs, si on renonçait au système des concessions ; le gaspillage dont souffriraient, par suite, le Trésor et les forces de la France. Il contesta les chiffres donnés par M. Sain, en faisant remarquer que, si l'affaire avait présenté les avantages qui lui étaient attribués, de nombreuses demandes en concession auraient dû surgir de toutes parts, et que son contradicteur n'avait tenu compte, ni de l'éventualité d'inventions détrônant les chemins de fer, ni de la concurrence de la ligne de Paris à Lyon par le Centre. Il mit en relief l'intérêt politique qu'il y aurait à faire une concession importante afin d'affirmer le confiance dans l'avenir du pays.

M. Dufaure, rapporteur, tout en reconnaissant la situation peu prospère de nos finances, soutint que les craintes relatives à cette situation devaient fléchir devant la nécessité d'achever au plus tôt le chemin de Lyon ; que, à défaut d'une Compagnie consentant à traiter dans des conditions acceptables, il était indispensable de poursuivre les travaux, tant pour sauvegarder les intérêts du commerce national que pour alimenter les usines et les ateliers ; que les sommes dépensées par l'État lui seraient remboursées, le cas échéant, par le concessionnaire. ou seraient productives d'un revenu très rémunérateur. Quoique favorable au sys-

tème des concessions, M. Dufaure était ennemi des principes absolus, dont il fallait savoir au besoin se départir
pour ne pas rester dans l'immobilité.

M. Magne continua la discussion par un long discours
contre l'exécution par l'État. Les dépenses auxquelles le
Trésor aurait à faire face, si la Commission triomphait,
comprendraient, non seulement les 50 millions strictement
indispensables pour la jonction de Lyon et de Chalon, mais
encore les 60 millions de subvention à donner à la Compagnie de Lyon à Avignon et, peut-être même, les 100 millions
à ajouter à cette subvention pour l'exécution complète de la
ligne de Paris à Avignon, si, une fois engagé dans la construction par l'État, on était conduit à en étendre l'application à toute la longueur de cette ligne. Comment pouvait-on
envisager avec quelque confiance une éventualité si mena-
çante? Si l'on n'avait pas eu recours à l'industrie privée, la
France eût-elle été dotée, en 1851, de 3 000 kilomètres de
chemins de fer ayant coûté 1 300 millions, dont 800 fournis
par le crédit privé? Notre état d'infériorité vis-à-vis des
autres pays n'eût-il pas été encore bien plus accusé? A ce
seul point de vue, le principe de l'exécution par l'État devait
être absolument condamné. On avait prétendu à tort que la
Compagnie, avec laquelle il s'agissait de traiter, n'offrait pas
les garanties morales et matérielles que l'on était en droit
d'exiger d'elle. Quant aux conditions du projet de contrat,
elles étaient loin d'être aussi mauvaises qu'on l'avait affirmé;
les erreurs d'appréciation qui avaient été commises à cet
égard résultaient de ce que l'on avait évalué beaucoup trop
haut le revenu de la ligne entre Chalon et Lyon, sans avoir
égard à la concurrence de la Saône, et de ce que l'on avait
escompté à tort les plus-values du produit net, qui exigeraient nécessairement des travaux complémentaires et, par
suite, un supplément de charges d'intérêt et d'amortissement.

Ce fut M. Dufaure qui répondit à M. Magne; il éloigna
tout d'abord du débat ce qui avait trait au choix à faire
entre les deux systèmes absolus de l'exécution par l'État et
de l'exécution par l'industrie privée, et montra que la combinaison de ces deux modes de construction avait seule
permis de créer le réseau de nos voies ferrées. Il s'attacha
ensuite à prouver que les demandeurs en concession ne
donnaient pas les garanties voulues; qu'une loi rendue à
leur profit risquerait de devenir caduque; qu'il en résulterait une suspension des travaux, fatale au pays; que, d'ailleurs, contrairement à tous les précédents, le Gouvernement
n'avait pas même cru devoir exiger le versement d'un cautionnement, avant la présentation du projet de loi. Il réfuta
les allégations de M. Magne concernant la prétendue exagération de la valeur attribuée par la Commission au produit
net du chemin; l'expérience avait montré que le rendement
des voies ferrées suivait une progression rapide; le fait
s'était vérifié pour le chemin d'Orléans, pour le chemin
du Nord, pour le chemin du Centre, pour le chemin de
Strasbourg; il se vérifierait certainement pour le chemin
de Lyon. Cette ligne était celle pour laquelle les évaluations
de trafic avaient été faites avec le plus de soin; M. Fould
n'avait pas hésité, dans la séance de la Chambre des députés
du 20 juillet 1847, à estimer à 22 millions le produit net
que fournirait le capital de 300 millions à dépenser pour
son exécution; le syndicat d'entrepreneurs, qui sollicitait la
concession, formulait la même appréciation. Une voie de
communication d'une telle importance, que devaient nécessairement emprunter les relations entre l'Europe septentrionale et l'Orient, avait un avenir presque illimité; des
embranchements viendraient s'y greffer et y déverser leur
trafic. Loin d'être exagérées, les évaluations de la Commission étaient des plus modestes, et le Gouvernement ne pou-

vait se dessaisir d'une source de revenus si certaine, aux conditions indiquées par le projet de loi qu'il avait soumis à la sanction de l'Assemblée.

M. Fould, reprenant la thèse de M. Magne, chercha à établir, d'une part, que la Compagnie, avec laquelle il s'agissait de traiter, était une société sérieuse et, d'autre part, que le revenu de 7 %, sur lequel était basée la combinaison soumise à la sanction de l'Assemblée, était le revenu normal des actions de chemin de fer. La concession soulagerait le budget de 190 millions, en assurant au Trésor un versement de 100 millions et en lui évitant une charge de 90 millions ; elle permettrait de ne pas ralentir les travaux sur d'autres points du territoire et ne pas recourir à un emprunt qui aggraverait la situation, déjà si critique, de nos finances.

Déférant à une invitation du Ministre, M. Passy, président de la Commission du budget, fit connaître que cette Commission considérait l'exécution par l'industrie privée comme très désirable ; toutefois, en présence des doutes exprimés sur la solidité de la Compagnie, il proposa d'ouvrir au Gouvernement un crédit de 10 millions lui permettant de ne pas interrompre les travaux, au cas où la constitution de la Société rencontrerait des obstacles. La commission spéciale du chemin de fer de Lyon aurait d'ailleurs eu, dans cette hypothèse, à examiner et à réviser la cahier des charges qu'elle avait pour ainsi dire rejeté *de plano*.

L'amendement de M. Passy, pris en considération et appuyé par le Ministre, fut combattu par M. Frémy, qui proposa de porter le crédit à 16 millions, et par M. Dufauré, qui, au nom de la Commission, déclara adhérer à l'amendement Frémy : cette dernière proposition fut adoptée par 340 voix contre 326 [B. L., 2e sem. 1851, n° 463, p. 975]. Dès lors, le projet de loi primitivement rédigé par la Commission avait disparu et n'était plus à discuter.

128. — Concession du chemin de Lyon à Avignon. Attribution d'une subvention et d'une garantie d'intérêt à la Compagnie.

I. — Projet de loi [M. U., 4 mai 1851]. Le Ministre des travaux publics avait reçu, le 11 février 1851, des propriétaires et directeurs de dix usines à fer situées dans les départements de l'Ardèche, du Cher, du Gard, de l'Isère, de la Loire et de la Nièvre, une soumission par laquelle ils s'engageaient à exécuter la section de Lyon à Valence en cinq ans et celle de Valence à Avignon en deux ans et demi, moyennant une concession de quatre-vingt-dix-neuf ans, une garantie d'intérêt de 4 °/₀ sur un capital de 70 millions, ainsi qu'une subvention de 55 millions et la restitution du cautionnement fourni, en 1846, par l'ancienne Compagnie concessionnaire. Cette soumission servit de base à un projet de loi du 13 mai 1851 qui, néanmoins, y apportait les modifications suivantes : le délai de construction était légèrement augmenté ; le cautionnement de 1846 n'était pas restitué ; la subvention était portée à 60 millions ; sur cette somme, 30 millions devaient être versés, en quinze termes successifs de 2 millions, pourvu que la Compagnie justifiât de l'emploi d'un appoint de 15 millions, à provenir, pour 7 millions au moins, des ressources personnelles des soumissionnaires et, pour 8 millions au plus, d'un emprunt ; l'autre moitié, soit 30 millions, ne devait être payée que lorsque la Compagnie aurait versé 50 millions ; une fois les travaux achevés, si la dépense totale n'atteignait pas 120 millions, il devait être tenu compte à l'État, par la Compagnie, de toute la différence entre la somme de 60 millions et la moitié de la dépense effective. En outre, l'État garantissait l'intérêt à 5 °/₀ et l'amortissement d'un emprunt de 30 millions. Ce projet de loi transportait sur la rive droite du Rhône, entre Lyon et

Condrieu, le chemin jusque-là projeté sur la rive gauche et se référait à une convention passée le 20 avril 1850 entre le Ministre et la Compagnie du chemin de Saint-Étienne.

Le 18 mai 1851, M. le général Daullé et six autres personnes déclarèrent accepter toutes les conditions stipulées dans le projet de loi du 13 mai, en réduisant la durée de la concession de quatre-vingt-dix-neuf à soixante-cinq ans et celle de la garantie d'intérêt, pour le prêt de 30 millions, de cinquante à trente ans.

Enfin, le 12 juin, MM. Séguin frères offrirent de réduire le délai d'exécution à trois ans, la subvention à 55 millions et la durée de la concession à cinquante-neuf ans.

II. — Rapport a l'assemblée nationale [M. U., 26 juillet et 5 août 1851]. — Le rapport sur l'affaire fut présenté par M. Dufaure.

La Commission examina tout d'abord, avec la plus grande attention, si le changement de tracé entre Lyon et Condrieu était motivé ; elle se prononça contre cette modification qui allait à l'encontre des avis réitérés du corps des ponts et chaussées, des préférences exprimées dans les enquêtes locales, des habitudes et des relations préexistantes, de la loi de 1845, et qui conduisait à emprunter le chemin de Lyon à Saint-Etienne, établi dans des conditions défectueuses et concédé à perpétuité.

En ce qui concernait l'emplacement des gares de Lyon, la Commission pensa que la section de Lyon à Avignon devait avoir sa gare des marchandises à la Guillotière et sa gare des voyageurs à Perrache, en communauté avec la section de Paris à Lyon.

Passant au cahier des charges, elle dut, avant tout, se rendre compte des dépenses de premier établissement et du produit net probable. En 1845, le prix de revient de la ligne

avait été estimé à 332 000 fr. par kilomètre, soit à 76 millions
au total ; depuis, M. Talabot avait porté cette évaluation
à 516 000 fr. par kilomètre ; malheureusement la Commission manquait d'éléments pour arrêter son estimation en
connaissance de cause ; elle dut donc se borner à exprimer
l'opinion que le chiffre de 1845 serait notablement dépassé.
Quant au produit brut, elle l'estima à 30 000 fr. par kilomètre ; c'était, pour un coefficient d'exploitation de 45 %, un
produit net de 16 500 fr.

Rapprochant ces divers chiffres, elle jugea que les conditions stipulées par le projet de loi du Gouvernement
n'étaient pas trop onéreuses ; elle proposa, en conséquence,
d'autoriser le Ministre à concéder le chemin de Lyon à
Avignon, aux conditions d'un cahier des charges peu différent
de celui qu'avait rédigé le Gouvernement. Les stipulations
principales étaient les suivantes : le tronçon de Lyon à
Valence devait être achevé en deux ans et celui de Valence
à Avignon en deux autres années ; la subvention de l'État
était de la moitié des dépenses effectives, sans pouvoir
dépasser 60 millions ; sa participation aux dépenses de construction du matériel d'exploitation et aux frais généraux
d'administration ne pouvait excéder respectivement 34 000 fr.
et 10 000 fr. par kilomètre ; la subvention devait être versée
en trente termes de 2 millions, à charge par la Compagnie
de justifier de la réalisation et de l'emploi, pour les quinze
premiers termes, d'une somme supérieure de 50 % au montant de chaque versement, et, pour les quinze derniers,
d'une somme calculée de manière que la Compagnie eût
versé 50 millions quand l'État en aurait versé 60 ; l'État
garantissait à la Compagnie l'intérêt à 5 % et l'amortissement calculé également à 5 %, pendant cinquante ans,
d'une somme de 30 millions que cette société était autorisée
à emprunter ; il devait être remboursé de ses avances, avant

tout prélèvement d'intérêts ou de dividendes au profit de la Compagnie, et, le cas échéant, à l'expiration de la concession, sa créance devait être compensée jusqu'à due concurrence avec la valeur du matériel. Après un délai de quinze ans, si le produit net dépassait 8 °/₀, la moitié de l'excédent était attribuée à l'État. Un cautionnement de 3 millions devait être constitué avant le vote de la loi.

III. — DISCUSSION [M. U., 26, 27, 28, 30 novembre et 2 décembre 1851]. — Quand s'ouvrit la discussion devant l'Assemblée, plusieurs orateurs demandèrent que le débat fût ajourné jusqu'à ce qu'un vote définitif fût intervenu sur la section de Paris à Lyon ; cette proposition fut agréée, malgré l'opposition du Ministre des travaux publics.

L'Assemblée s'étant prononcée sur le chemin de Paris à Lyon, la discussion du projet de loi fut reprise le 27 novembre. M. Morellet, invoquant l'insuffisance des études, la multiplicité des offres faites au Gouvernement, l'importance de la concession, formula un amendement ayant pour objet d'interdire toute concession avant l'étude complète du tracé et de stipuler qu'après cette étude, le Ministre devrait recourir à la publicité et à la concurrence pour concéder la ligne dans les formes déterminées par la loi du 16 juillet 1845, sans que le maximum de la durée du bail pût excéder quarante-cinq ans. Cet amendement, combattu sommairement par le Ministre, fut repoussé.

M. de Mouchy, se basant sur ce qu'il y avait d'anormal à faire entrer dans la constitution de la Compagnie les entrepreneurs et fournisseurs qui seraient ainsi juges et parties dans leur propre cause, sur l'exagération des devis de M. Paulin Talabot, sur le défaut des études nécessaires à l'administration pour contrôler ces devis, conclut à l'ajournement de la concession et au vote d'un crédit de 10 millions

devant permettre au Gouvernement d'entamer les travaux.
M. Dufaure combattit cet amendement, en faisant valoir qu'il
était impossible de frapper de proscription certaines catégories de demandeurs en concession ; que les garanties
offertes par de grands entrepreneurs, par des chefs
d'usines importantes, étaient au moins équivalentes aux garanties offertes par des capitalistes ; que d'ailleurs rien n'assurait aux fondateurs de la Compagnie la qualité d'administrateurs ; que la Commission n'avait pas cru pouvoir se
résoudre à un nouvel ajournement, pour donner à l'administration le temps de compléter ses études ; qu'elle avait pu
asseoir son appréciation concernant les dépenses de premier
établissement, sur des avant-projets dressés par les ingénieurs de l'État pour la section de Lyon à Vienne et sur
l'expérience des chemins voisins ; qu'en outre la subvention
de l'État était basée sur le chiffre des dépenses effectives et
que le Gouvernement aurait un droit de surveillance continuelle sur ces dépenses. M. Sain appuya au contraire la
proposition de M. de Mouchy ; suivant lui, les propriétaires
de forges, qui sollicitaient la concession, n'y recherchaient
que les moyens de vendre à un prix élevé leurs produits métallurgiques ; la somme de 90 millions que l'État allait dépenser, d'une part, en versant une subvention de 60 millions,
et, d'autre part, en garantissant un emprunt de 30 millions,
suffirait pour faire le chemin et pour assurer au Trésor un
revenu de 4 millions ; un cadeau pareil à la Compagnie
prenait le caractère d'une véritable spoliation vis-à-vis de
l'industrie de la navigation du Rhône, que le chemin de fer
ruinerait inévitablement à l'aide des ressources mises à sa
disposition avec les fonds du Trésor, sauf à relever ensuite
ses tarifs et à faire payer avec usure par le public les avantages temporaires dont il aurait bénéficié. Dans une courte
réplique, M. Dufaure montra que le concours de l'État

1

49

n'était pas de 90 millions, mais bien de 60 millions seulement, et, en outre, que le sort redouté pour la navigation du
Rhône était la conséquence inévitable de l'évolution survenue dans les voies de communication; l'amendement de
M. de Mouchy ne fut pas pris en considération.

Un troisième amendement émanant de M. Morellet et
tendant à réduire à dix-huit mois le délai d'exécution de
chacune des deux sections de Lyon à Valence et de Valence
à Avignon fut également repoussé.

Il en fut de même d'un amendement de ce député, ayant
pour objet de transformer la subvention de 60 millions en
une simple avance et d'attribuer à l'État, dans la gestion de
la Société, un intérêt et une participation en rapport avec le
capital engagé par lui.

M. Raudot prit à son tour la parole pour combattre la
subvention de 60 millions. Selon cet orateur, ou bien le chemin n'était pas appelé à un brillant avenir, il ne devait pas
avoir un trafic de transit considérable, et alors les pouvoirs
publics seraient coupables de le doter au moyen d'impôts
prélevés en partie sur les départements pauvres; ou bien
il serait rémunérateur et, dès lors, le concours des finances
de l'État ne pouvait se justifier. Le Ministre lui répondit en
alléguant qu'à défaut de la subvention de 60 millions, l'État
serait contraint de faire lui-même le chemin, dont l'ajournement serait fatal à la grandeur du pays; l'Assemblée
donna gain de cause au Gouvernement.

A propos de l'emplacement des gares de Lyon, M. Sautayra, faisant valoir l'insuffisance des terrains disponibles à
Perrache, demanda que la tête de la ligne de Lyon à Avignon fût placée aux Brotteaux (la Guillotière), mais sa motion échoua devant l'Assemblée.

M. Heurtyer vint ensuite, sans succès, s'efforcer de faire
prévaloir le tracé de la rive droite du Rhône, sur celui de la

rive gauche, entre Lyon et Condrieu. Il invoqua l'importance
de la population et du mouvement commercial et industriel,
dans la région dont il défendait les intérêts ; l'imprudence
que l'on commettrait en plaçant le chemin du côté de l'é-
tranger ; la possibilité de juxtaposer la ligne de Lyon à Avignon à celle de Lyon à Saint-Étienne ; l'utilité de fournir à
la Compagnie concessionnaire de ce dernier chemin les
moyens de le transformer et de le placer dans des conditions parfaites de viabilité, de solidité et de sécurité générale ; la préférence attribuée à la rive droite par les divers
demandeurs en concession, et notamment par MM. Séguin.
Toutes ces considérations n'avaient pas grande importance ;
M. de Vogué le démontra sans peine, en faisant remarquer
que le chemin de Lyon à Avignon serait mis, par un port à
construire sur le Rhône, à Givors, en relation avec le chemin de Lyon à Saint-Étienne et, par suite, avec le centre de
la France et que, au point de vue stratégique, si, contre
toute attente, la ligne de la rive gauche était compromise,
celle de Lyon à Saint-Étienne viendrait jouer son rôle.

L'Assemblée repoussa un amendement de M. de Vatry,
portant qu'il serait accolé une passerelle pour piétons aux
ponts destinés au passage du chemin de fer sur les canaux
et cours d'eau, toutes les fois que le Gouvernement le jugerait
utile aux populations riveraines.

Elle rejeta également une proposition de M. Schœlcher,
qui était analogue à celle dont cet orateur s'était déjà fait
l'organe dans d'autres circonstances et qui avait pour but
d'obliger la Compagnie à pourvoir tous les trains de voitures
de 3ᵉ classe, en nombre au moins triple de celui des voitures
de 1ʳᵉ classe pour les convois ordinaires, et en nombre au
moins égal pour les trains express.

Elle refusa, de même, d'adopter une proposition de
M. Morellet, stipulant que l'État aurait le droit d'apporter

tous les dix ans aux tarifs du cahier des charges les modifications réclamées par les intérêts commerciaux ou politiques.

M. Sain ne fut pas plus heureux en demandant que la durée de la concession fût réduite à cinquante ans, délai qui lui paraissait suffisant pour donner aux actionnaires un large dividende, tout en assurant l'amortissement du capital.

M. Morellet ne put davantage faire triompher un amendement qui ramenait les blés, grains, farines, sels, vins, boissons, spiritueux, huiles, denrées coloniales et objets manufacturés, de la deuxième à la troisième classe.

Au contraire, l'Assemblée admit, comme elle l'avait déjà fait pour le chemin de fer de l'Ouest, une modification réclamée par M. Schœlcher dans la répartition des taxes de voyageurs en péage et prix de transport.

Elle repoussa un amendement de M. Saint-Romme, stipulant que le chemin de fer ferait gratuitement le transport des animaux reproducteurs achetés, soit par les départements, soit par les sociétés et les écoles d'agriculture, soit par les particuliers autorisés par le préfet de leur département.

Elle refusa aussi sa sanction à une proposition de M. Morellet, aux termes de laquelle, en cas de rachat, l'indemnité à payer à la Compagnie devait être limitée au remboursement du capital dépensé par elle pour l'exécution du chemin.

M. Desmaroux ayant, eu égard à la qualité des soumissionnaires, signalé la nécessité de prendre certaines précautions pour éviter des abus de leur part, l'Assemblée, d'accord avec la Commission, inscrivit au cahier des charges un article additionnel obligeant la Compagnie à soumettre à l'approbation du Gouvernement les marchés pour travaux de terrassements et ouvrages d'art, et pour fourniture de rails et de matériel.

Après un débat auquel participèrent MM Victor Lefranc, Jules Favre, Frémy, de Rancé et Crémieux, l'Assemblée adopta un amendement de M. Sain substituant la concession avec publicité et concurrence à la concession directe.

Cette détermination devait avoir pour corollaire l'indication de l'élément sur lequel aurait lieu le rabais de l'adjudication. M. Crémieux proposa de le faire porter tout à la fois sur le chiffre de la subvention de l'État et sur la durée de la concession, toute réduction d'une année étant considérée comme équivalente à une réduction de 800 000 fr. sur la subvention ; en cas d'égalité d'offres, il aurait été procédé à une enchère sur le montant du cautionnement. M. Dufaure s'opposa à la prise en considération de cette formule, qui reposait sur une appréciation arbitraire de la valeur d'une année de bail et qui, en cas d'égalité d'offres, attribuait la concession au plus riche. Au nom de la Commission, il soutint qu'il convenait de ne pas faire porter le rabais sur la subvention, qui, dans l'état actuel des finances, constituait la charge la plus lourde pour l'État, et soumit à l'Assemblée une rédaction ainsi conçue : « Le rabais portera « sur la part proportionnelle de la dépense que l'État devra « fournir à titre de subvention ; cette part ne pourra excé- « der, ni la moitié de la dépense totale, ni le chiffre de « 60 millions. »

M. Crémieux défendit sa proposition, sans insister pour le chiffre de 800 000 francs qu'il avait indiqué ; il fit valoir l'intérêt qu'avait l'État, en cas de rachat, à réduire le nombre des annuités à servir à la Compagnie. De son côté, M. de Rancé exprima ses préférences pour le système qui consistait à faire porter le rabais sur le chiffre maximum de la subvention, de manière à éviter la vérification par l'État des comptes de la Compagnie et toutes les difficultés inhérentes à cette vérification. Ce fut la rédaction de la Commission qui prévalut.

Malgré les observations de M. Crémieux qui voulait subordonner l'adjudication à l'accomplissement des formalités prévues par la loi du 15 juillet 1845 et, par suite, donner un délai suffisant aux sociétés désireuses de concourir, l'Assemblée décida, conformément à l'avis de la Commission, que l'adjudication aurait lieu dans le mois qui suivrait la promulgation de la loi. Elle stipula en outre que, dans le cahier des charges définitif qui serait joint au décret de concession, le mode et les termes des paiements à faire par l'État seraient réglés d'après les résultats de l'adjudication et le chiffre proportionnel de la subvention.

Puis, après avoir repoussé un amendement de M. Morellet, d'après lequel le crédit mis provisoirement à la disposition du Ministre devait être réparti également entre les deux sections de Lyon à Valence et de Valence à Avignon, elle adopta à une forte majorité l'ensemble de la loi, dans sa séance du 1er décembre 1851 [B. L., 2e sem. 1851, n° 466, p. 1003].

Un décret du 9 décembre 1851 [B. L., 2e sem. 1851, n° 466, p. 1024] modifia le cahier des charges annexé à cette loi, en stipulant que la situation définitive de la gare de la Guillotière, soit à l'intérieur, soit dans le voisinage des fortifications, serait arrêtée par le Ministre des travaux publics, après enquête préalable et après avis de la Commission mixte des travaux publics.

Un autre décret du 16 décembre 1851 [B. L., 2e sem. 1851, n° 470, p. 1125] apporta à ce cahier des charges d'autres changements et disposa notamment : 1° que le rabais porterait sur le chiffre de la subvention fixe à la charge de l'État, dont le maximum serait déterminé par le Ministre dans un billet cacheté avant l'adjudication, sans pouvoir excéder 60 millions ; 2° que cette subvention serait versée en trente termes égaux, à charge par la Compagnie de justifier de la réalisation et de l'emploi, pour les quinze premiers versements, d'une somme excédant de 50 °/₀ le montant de chacun d'eux, et pour les quinze derniers, d'une somme calculée de telle sorte que la Compagnie eût versé 50 millions, quand l'État aurait versé le montant total de la subvention à sa charge.

MM. Génissieu, Boignes et Cⁱᵉ, Émile Martin et Cⁱᵉ, Édouard Blount, Parent (Basile), Drouillard, Benoist et Cⁱᵉ, se rendirent adjudicataires du chemin dans ces conditions, moyennant un rabais de 11 millions sur la subvention, et l'adjudication fut homologuée par décret du 3 janvier 1852 [B. L., 1ᵉʳ sem. 1852, n° 478, p. 32].

129. — **Propositions d'initiative parlementaire en 1851.** — Plusieurs propositions d'initiative parlementaire, au sujet desquelles il nous suffira de dire quelques mots, furent présentées ou discutées pendant le cours de l'année 1851.

La première émanait de MM. Heurtier, Callet et Levet [M. U., 23 février 1851] et tendait à compléter le système des chemins de fer de Nantes à Marseille, par le centre de la France, suivant le mode prévu par la loi du 11 juin 1842. La Commission d'initiative, chargée de l'examiner, pensa [M. U., 13 mars 1851] qu'en présence des charges qui pesaient sur le Trésor, des difficultés qui s'opposaient à l'achèvement des lignes antérieurement classées, des satisfactions déjà accordées aux régions appelées à être desservies par les nouvelles lignes, il n'y avait pas lieu de donner suite à la proposition, qui ne fut dès lors pas mise en délibération.

La seconde émanait de MM. de Rancé et le colonel Laborde [M. U., 31 janvier 1851] et avait trait à l'achèvement du chemin de Paris à Avignon, par une Compagnie de construction liée à une Compagnie d'exploitation. Conformément à l'avis de la Commission d'initiative [M. U., 22 février 1851], elle fut prise en considération après un débat assez vif [M. U., 29 mars 1851]. Dans ce débat, M. de Rancé attaqua le système des concessions aux Compagnies financières, les abus, les dépenses frustratoires auxquelles il donnait lieu. Il préconisa un autre mode de procéder, consistant à traiter de la construction avec des spécialistes et de l'exploitation avec des entrepreneurs de messageries, de roulage.

Le Ministre des travaux publics combattit les idées émises par M. de Rancé, en faisant remarquer, notamment, qu'elles aboutissaient à l'exécution par l'État, déjà reconnue impossible dans la situation de nos finances. Puis, M. Crémieux prononça un discours dans lequel, après s'être à nouveau proclamé l'adversaire des Compagnies et le partisan de l'exécution des chemins de fer par l'État et de leur exploitation par l'administration ou par des fermiers, après avoir rappelé les ruines accumulées par les anciennes concessions, il s'éleva contre les propositions nouvelles du Gouvernement, contre sa tendance avouée à porter à quatre-vingt-dix-neuf ans la durée de tous les baux, contre la garantie d'intérêt et l'abandon de travaux considérables que le Ministre voulait obtenir de la Chambre au profit de la Compagnie nouvelle, contre le monopole écrasant que l'on cherchait à constituer entre les mains de cette Compagnie déjà si fortement assise sur d'autres points du territoire ; subsidiairement, l'orateur jugeait les offres appuyées par M. de Rancé bien plus avantageuses au Trésor que la combinaison du Gouvernement et en demandait le renvoi, soit à une Commission spéciale, soit à la Commission du budget de 1852. M. Berryer soutint, au

contraire, que, si la prise en considération était prononcée,
l'affaire pourrait être examinée au fond par la Commission
du budget de 1850, déjà saisie des autres propositions concernant le chemin de Paris à Lyon ; que l'exécution par les
Compagnies s'imposerait à toute Assemblée ayant une majorité éclairée et vigilante ; que la spéculation était inhérente à toute affaire industrielle ; qu'il fallait cesser d'agiter
le spectre de l'agiotage ; que d'ailleurs l'agiotage se porterait sur les obligations du Trésor remises en paiement à la
Compagnie, tout comme sur les actions. Voici en quels
termes il fit, avec son éloquence ordinaire, une véritable profession de foi contre la construction et l'exploitation par
l'État : « La Commission du budget est convaincue qu'il ne
« faut pas engager l'argent de l'État, qu'il ne faut pas engager
« l'argent de tous les contribuables pour entreprendre des
« travaux sur certains points du territoire. La Commission
« du budget est convaincue qu'il y a plus de véritable éco-
« nomie, plus d'intelligence, plus d'activité commerciale,
« industrielle, dans les Compagnies que dans l'État ; elle
« croit que les intérêts si importants de nos transports se-
« raient mal servis par une administration qui a ses lois,
« qui a ses règles, qui doit s'assujettir à une certaine hié-
« rarchie, hiérarchie très lente, très précautionneuse, très
« méticuleuse, très compliquée dans son organisation, dans
« sa responsabilité ; et qu'au contraire, le génie intelligent
« des Compagnies industrielles va au devant des véritables
« besoins et peut résoudre dans de grandes proportions
« toutes ces questions de transport, qui sont des questions
« vitales pour la France : car, de leur solution dépend le
« développement de la propriété, de la richesse de notre
« sol ; c'est le développement naturel du sol par l'indus-
« trie, c'est la solution de la question de la concurrence
« de notre commerce avec les autres pays. Avec les Compa-

« gnies, il y a activité, intelligence dans le maniement des
« capitaux et dans l'établissement des moyens de trans-
« port. » M. Berryer signala, en outre, les inconvénients de
la dualité des Compagnies de construction et d'exploitation,
l'antagonisme de leurs intérêts, la difficulté de dresser un
bon cahier des charges pour la construction séparée de
l'exploitation et émit l'avis que le système préconisé par
M. de Rancé était inadmissible.

M. Crémieux répliqua à M. Berryer ; il développa, avec
toutes les ressources de son grand talent, les considérations
qu'il avait déjà présentées sur les vices inhérents aux concessions, sur l'agiotage auquel elles donnaient naissance, sur la
nécessité de profiter de l'expérience du passé, de ne plus
aliéner les chemins de fer, de rester maître de leurs tarifs ;
il combattit le renvoi à la Commission du budget de 1850,
qui avait d'ores et déjà son opinion faite et arrêtée. M. Bineau mit en relief l'impossibilité de contracter un marché
à forfait de 200 millions, pour des travaux dont les projets
n'étaient même pas dressés, et les économies que réaliserait
inévitablement l'entrepreneur chargé de la construction,
sauf à sacrifier les qualités techniques du chemin ; il cita,
à l'appui de ses allégations, la tentative malheureuse faite
dans cette voie pour le chemin de Bâle à Strasbourg ; suivant lui, le système de M. de Rancé aboutissait à une exécution par l'État dans les conditions les plus désavantageuses et les plus détestables ; il supplia l'Assemblée de
repousser la prise en considération. Après quelques mots du
rapporteur, la proposition fut renvoyée à une Commission
spéciale par 349 voix contre 305.

Nous avons fait connaître précédemment l'avis de la Commission et la décision de l'Assemblée à l'occasion de la discussion du projet de loi présenté le 9 avril 1851 par le Gouvernement pour la concession du chemin de Paris à Lyon.

Une autre proposition avait été déposée par M. Aubry (du Nord) [M. U., 4 mai 1851] dans le but : 1° de faire déclarer que désormais tous les chemins de fer seraient construits et exploités par l'État, sauf à déroger exceptionnellement à ce principe général en ce qui concernait l'exploitation, mais seulement pour une durée de neuf années, et par bail résultant d'une adjudication publique; 2° de créer, pour les dépenses de construction, d'exploitation et d'entretien des voies ferrées, des bons au porteur ne produisant pas d'intérêts, ayant cours légal, subdivisés en coupures de 1 000 à 10 fr., et reçus comme numéraire dans les caisses publiques. Deux caisses devaient être instituées, l'une, pour l'amortissement de ces bons, l'autre pour leur échange sans frais contre de la monnaie métallique ; la première de ces deux caisses devait être alimentée, au moyen des produits nets des lignes en exploitation, et la seconde, au moyen des produits de l'exploitation partielle des lignes en construction, ainsi que d'emprunts productifs d'intérêts à 5 %, et pouvant donner droit à une prime de 1/2 %.

Cette proposition ne pouvait évidemment résister à un examen sérieux. M. Vitet, rapporteur [M. U., 8 juin 1851], conclut à ne pas la prendre en considération et elle ne reçut aucune autre suite.

Enfin, le 5 juillet 1851, MM. Allengry, Anglade et cinquante et un de leurs collègues déposaient sur le bureau de la Chambre une proposition [M. U., 6 juillet 1851], tendant à concéder à une Compagnie le chemin de fer de Bordeaux à Toulouse et à Cette en utilisant, pour la partie comprise entre Castets et Toulouse, les travaux du canal latéral à la Garonne. L'État devait abandonner, à titre de subvention à la Compagnie, les parties exécutées ou en cours d'exécution du canal, lui garantir un intérêt de 4 1/2 °/₀ du capital employé utilement à la construction du chemin et à l'acquisition du matériel, concourir à l'établissement de la section de Toulouse à Cette dans les conditions et la proportion prévues par la loi du 11 juin 1842.

La commission d'initiative, appelée à examiner cette proposition [M. U., 11 août 1851], dut, avant tout, se rendre compte de la situation du canal latéral à la Garonne. Cette voie navigable, d'abord concédée à un sieur Douin, qui n'avait pas tenu ses engagements, avait été ensuite entreprise par l'État; la dépense primitivement évaluée à 40 millions avait été ensuite portée à 65 millions; les travaux étaient achevés entre Toulouse et Agen, sur 116 kilomètres, ainsi que dans toute l'étendue de l'embranchement de Montech à Montauban, sur 11 kilomètres. Il restait à dépenser 8 millions. Le revenu net ne paraissait pas devoir dépasser 120 000 fr.

Quant au chemin de Bordeaux à Cette, il avait été concédé en 1846, avec une subvention de 15 millions; mais, après la crise financière et politique de 1848, la Compagnie s'était retirée en abandonnant son cautionnement de 11 millions. La dépense de premier établissement était évaluée à 400 000 fr. par kilomètre et le produit net à 8 500 fr., soit 2 °/₀ seulement de cette dépense; le rapprochement de ces chiffres montrait qu'il était impossible de réaliser une nouvelle concession sans une subvention très élevée.

La Commission, considérant qu'en Angleterre des bills autorisant la transformation des canaux en chemins de fer avaient été obtenus du Parlement et que, au cas particulier, l'utilisation du canal latéral à la Garonne semblait susceptible de procurer une économie considérable, conclut à la prise en considération, malgré l'opposition du Ministre des travaux publics. Mais l'affaire ne reçut pas de suite.

130. — Observations sur la période de 1848 à 1851.

— Si nous jetons un coup d'œil rétrospectif sur la période du 24 février 1848 au 2 décembre 1851, nous voyons qu'elle fut peu productive pour les chemins de fer. La crise politique de 1848, venant se greffer sur la crise commerciale et financière de 1847, eut nécessairement son contre-coup sur nos grands travaux publics. La désorganisation qu'elle provoqua dans le personnel, l'interruption momentanée du service, la diminution des produits, la dépréciation des actions, compromirent la situation d'un certain nombre de Compagnies, dont les lignes étaient déjà livrées à la circulation, et obligèrent le Gouvernement à mettre sous séquestre les chemins d'Orléans, de Bordeaux à La Teste, de Marseille à Avignon et de Paris à Sceaux. D'autres Compagnies, qui n'étaient pas encore entrées dans la période d'exploitation, éprouvèrent les plus grands embarras pour se procurer les ressources indispensables à la continuation de leurs travaux ; les menaces de rachat qui pesaient sur elles ne pouvaient qu'aggraver cet état de choses ; il fallut que l'État reprît la ligne de Paris à Lyon, et qu'il vînt en aide aux Compagnies d'Orléans à Bordeaux et de Tours à Nantes, en prolongeant leurs concessions et en les déchargeant de diverses obligations stipulées par leur contrat primitif. Quant à la constitution de Compagnies nouvelles, elle était à peu près irréalisable ; aussi la seule concession faite de 1848 à 1851 fut-elle celle de la ligne de Paris à Rennes. D'un autre côté, le Trésor était trop obéré et les sources des revenus publics trop atteintes pour que l'État pût engager par lui-même de grandes entreprises. Aussi le développement du réseau d'intérêt général concédé ou réservé à l'État, qui était de 4 704 kilomètres à la fin de 1847 ne s'était-il élevé qu'à 4 967 kilomètres à la fin de 1851 ; la longueur des chemins concédés était tombée de 4 042 kilomètres à 3 918 kilomètres; toutefois, l'exploitation avait pu s'étendre de 1 832 kilomètres à 3 554 kilomètres, dont 383 kilomètres placés entre les mains de l'État.

Au point de vue économique, les quatre années que nous venons de parcourir furent marquées par une lutte très ardente entre les partisans du maintien des voies ferrées dans les mains de l'État et les partisans de l'industrie privée ; le Gouvernement, tout d'abord favorable au premier système, se prononça ensuite pour le second qui prévalut finalement devant [l'Assemblée.

FIN DU TOME PREMIER.

I. — TABLE DES MATIÈRES

PREMIÈRE PARTIE

PÉRIODE DE 1823 à 1841. — ORIGINE DES CHEMINS DE FER

CHAPITRE I. — ANNÉES DE 1823 à 1832.

Pages.

1. Concession du chemin d'Andrézieux à Saint-Étienne 3
2. Concession du chemin de Saint-Étienne à Lyon 5
3. Concession du chemin d'Andrézieux à Roanne 7
4. Concession du chemin d'Epinac au canal de Bourgogne 8
5. Concession du chemin de Toulouse à Montauban 8
6. Observations sur le caractère des chemins concédés de 1823 à 1832. 9

CHAPITRE II. — ANNÉES 1833 à 1834

7. Intervention du législateur dans les concessions 11
8. Concession des chemins de Montbrison à Montrond 11
9. Loi du 27 juin 1833 ouvrant un crédit pour des études de chemin de fer 14
10. Concession des chemins d'Alais à Beaucaire 21
11. Loi du 7 juillet 1833 sur l'expropriation 23
12. Concession du chemin des carrières de Long-Rocher au canal du Loing 24

CHAPITRE III. — ANNÉE 1835.

13. Projet de loi non voté concernant le chemin de Paris au Havre et à Rouen 25
14. Concession du chemin de Paris à Saint-Germain 31
15. Concession des chemins de Saint-Waast et d'Abscon à Denain, d'Alais à la Grand'Combe et de Villers-Cotterets au Port-aux-Perches 35

CHAPITRE IV. — ANNÉE 1836.

16. Concession du chemin de Montpellier à Cette 37
17. Concession du chemin de Paris à Versailles, rive droite et rive gauche 39

CHAPITRE V. — ANNÉE 1837.

18. Prêt de l'État à la Compagnie des chemins d'Alais à Beaucaire et d'Alais à la Grand'Combe 44
19. Concession du chemin de Mulhouse à Thann. 49
20. Projets de lois non voté concernant les chemins de Paris à la frontière de Belgique, de Lyon à Marseille et de Paris à Orléans 52
21. Concession des chemins d'Epinac au canal du Centre 63
22. Concession du chemin de Bordeaux à La Teste 64

Pages.

23. Projets de loi non votés concernant les chemins de Paris à Rouen,
    au Havre et à Dieppe ; de Paris à Tours; et d'Andrézieux à
    Roanne...   66
24. Discussion générale sur les chemins de fer à la Chambre des députés
    en 1837..   71
25. Travaux de la Commission extraparlementaire instituée à la fin
    de 1837...   78
26. Concession du chemin du Creuzot au canal du Centre...........   90

CHAPITRE VI. — ANNÉE 1838

27. Concession du chemin de Bâle à Strasbourg...................   91
28. Projet de classement et discussion générale sur les chemins de fer
    à la Chambre des députés en 1838.........................   96
29. Observations sur la discussion générale de 1838.................   126
30. Loi du 2 juillet 1838 relative à l'impôt sur le transport des voyageurs.   128
31. Concession des chemins de Paris à Rouen, au Havre et à Dieppe,
    avec embranchement sur Elbeuf et sur Louviers et annulation
    de cette concession en 1839...............................   129
32. Concession du chemin de Paris à Orléans...................   141
33. Projets de loi concernant six chemins. Concession, restée sans effet,
    du chemin de Lille à Dunkerque et de deux chemins industriels
    dans l'Allier...   149
34. Projet de loi concernant le chemin de Lille à Calais.............   158

CHAPITRE VII. — ANNÉE 1839

35. Modification de la concession du chemin de Bordeaux à la Teste.   159
36. Prêt à la Compagnie du chemin de Paris à Versailles (rive gauche).   160
37. Modification de la concession du chemin de Paris à Orléans......   164
38. Loi de principe autorisant des modifications aux cahiers des charges
    des concessions...   175
39. Travaux de la commission extraparlementaire instituée à la fin de 1839   178

CHAPITRE VIII. — ANNÉE 1840.

40. Allocation d'une garantie d'intérêt à la Compagnie de Paris à Orléans.
    Prêt aux Compagnies de Hambourg à Bâle et d'Andrézieux à
    Roanne. Exécution par l'État des chemins de Montpellier à Nîmes,
    de Lille et de Valenciennes à la frontière de Belgique.........   194
41. Concession du chemin de Paris à Rennes. Prêt de l'État à la
    Compagnie...   220
42. Concession d'un chemin à rails de bois de l'Adour à Magesq......   225
43. Relèvement du droit de péage sur le chemin de Saint-Étienne à
    Lyon...   225

CHAPITRE IX. — ANNÉE 1841.

44. Prorogation de la concession du chemin de Bordeaux à la Teste...   226